電腦輔助機械設計製圖乙級技術士技能檢定評審表(A.工作圖)

試題編號	20800-990201-A	評審結果	☐及格　☐不及格　☐缺考
檢定日期	年　月　日	監評人員簽名	(請勿於測試結束前先行簽名)
准考證號碼			

項目	評審標準及扣分要項	評審記錄	
一、有下列情形之一者爲不及格，第二大項不予評審		不予評審	
(一)	放棄出圖或大部份未完成者		
(二)	變更設計 **X**、**Y** 皆未依規定繪製者		
(三)	視圖繪製或投影嚴重錯誤者		
(四)	未依比例 1：1(足尺)尺度標註者		
(五)	未依試題說明繪製者(說明：　　)		
(六)	違反試場規則規定者(說明：　　)		
(七)	其他嚴重錯誤者(說明：　　)		
二、無第一大項之各種情形，但有下列情形，扣分總計達 41 分(含)以上者亦爲不及格		評分單元扣分記錄	單項小計
變更設計 X	1. 數據表錯誤者扣 1～6 分(每處扣 1 分)		
	2. 尺度錯誤者扣 2～6 分(每處扣 2 分)		
變更設計 Y	1. 設計錯誤者扣 3～6 分(每處扣 3 分)		
	2. 尺度錯誤者扣 2～6 分(每處扣 2 分)		
變更設計	其他錯誤扣 1～3 分(說明：　　)		
共同項目	1. 線條粗細、式樣或尺度標註式樣未依規定繪製者扣 1～2 分		
	2. 佈圖不理想或出圖比例錯誤者扣 1～2 分		
	3. 圖框、標題欄或零件表未依規定繪製、填妥者扣 1～2 分		
	其他錯誤扣 1～5 分(說明：　　)		
零件 2	1. 視圖錯誤或不理想者扣 1～2 分		
	2. 剖面錯誤或不理想者扣 1 分		
	3. 尺度錯誤或遺漏者扣 1～3 分		
	4. 配合公差錯誤或遺漏者扣 1～3 分		
	5. 幾何公差錯誤或遺漏者扣 1～2 分		
	6. 表面織構符號錯誤者扣 1～3 分		
	其他錯誤扣 1～2 分(說明：　　)		
零件 3	1. 視圖錯誤或不理想者扣 1～2 分		
	2. 剖面錯誤或不理想者扣 1 分		
	3. 尺度錯誤或遺漏者扣 1～2 分		
	4. 配合公差錯誤或遺漏者扣 1～2 分		
	5. 幾何公差錯誤或遺漏者扣 1～2 分		

備註

1. 本評審表總分爲 100 分，各單項配分如下：
   (1)變更設計：24 分
   (2)共同項目：6 分
   (3)零件 **2**：14 分
   (4)零件 **3**：11 分
   (5)零件 **4**：17 分
   (6)零件 **5**：18 分
   (7)手寫計算：10 分
2. 各單項中之「其他錯誤」扣分，不包含在總分 100 分內；但各單項扣分＋「其他錯誤」不得超過該單項配分。
3. 在第一大項勾選不予評審時，第二大項無須評審，得分總計爲 0 分，亦即爲不及格。
4. 本評審表採整數扣分制，扣分總計達 41 分(含)以上者爲不及格。
5. 評審完後，請於評審表最下方成績欄內註記「扣分總計」及「得分總計」(扣分總計加得分總計應爲 100 分)，並於評審結果欄以『✓』填記。

項目	評審標準及扣分要項	評分單元扣分記錄	單項小計
零件 3	6. 表面織構符號錯誤或遺漏者扣 1～2 分		
	其他錯誤扣 1～2 分(說明：　　)		
零件 4	1. 視圖錯誤或不理想者扣 1～4 分		
	2. 剖面錯誤或不理想者扣 1 分		
	3. 尺度錯誤或遺漏者扣 1～4 分		
	4. 配合公差錯誤或遺漏者扣 1～2 分		
	5. 幾何公差錯誤或遺漏者扣 1～2 分		
	6. 表面織構符號錯誤或遺漏者扣 1～4 分		
	其他錯誤扣 1～2 分(說明：　　)		
零件 5	1. 視圖錯誤或不理想者扣 1～3 分		
	2. 剖面錯誤或不理想者扣 1～2 分		
	3. 尺度錯誤或遺漏者扣 1～3 分		
	4. 配合公差錯誤或遺漏者扣 1～4 分		
	5. 幾何公差錯誤或遺漏者扣 1～3 分		
	6. 表面織構符號錯誤或遺漏者扣 1～3 分		
	其他錯誤扣 1～2 分(說明：　　)		
手寫計算	1. 蝸桿導程角計算錯誤或不理想者扣 2～6 分		
	2. 軸向節距計算錯誤或不理想者扣 1～2 分		
	3. 中心距離計算錯誤或不理想者扣 1～2 分		
	其他錯誤扣 1～5 分(說明：　　)		

註：尺度、配合公差及表面織構符號等，每錯 1 處皆扣 1 分，至該小項配分為止。

放棄出圖者，請簽名：＿＿＿＿＿＿＿＿

扣分總計(　　)分	得分總計(　　)分

電腦輔助機械設計製圖乙級技術士技能檢定評審表(A.工作圖)

試題編號	20800-990202-A	評審結果	□及格　□不及格　□缺考
檢定日期	年　月　日	監評人員簽名	(請勿於測試結束前先行簽名)
准考證號碼			

項目		評審標準及扣分要項	評審記錄		備註
一、有下列情形之一者爲不及格，第二大項不予評審			不予評審		
(一)		放棄出圖或大部份未完成者			1. 本評審表總分爲 100 分，各單項配分如下：(1)變更設計 20 分 (2)共同項目 6 分 (3)零件 1(M)：8 分 (4)零件 1(N)：7 分 (5)零件 1(O)：13 分 (6)零件 1(P)：10 分 (7)零件 1(Q)：7 分 (8)零件 1(R)：5 分 (9)零件 1(S)：8 分 (10)零件 1(T)：3 分 (11)零件 6：13 分
(二)		變更設計 **X**、**Y** 皆未依規定繪製者			
(三)		視圖繪製或投影嚴重錯誤者			
(四)		未依比例 1：1(足尺)尺度標註者			
(五)		未依試題說明繪製者(說明：　　)			
(六)		違反試場規則規定者(說明：　　)			
(七)		其他嚴重錯誤者(說明：　　)			
二、無第一大項之各種情形，但有下列情形，扣分總計達 41 分(含)以上者亦爲不及格			評分單元扣分記錄	單項小計	
變更設計	X	1. 設計錯誤者扣 3～6 分(每處扣 3 分)			
		2. 尺度錯誤或遺漏者(含公差)扣 2～12 分(每處扣 2 分)			
	Y	中心距或公差錯誤者扣 2 分			2. 各單項中之「其他錯誤」扣分，不包含在總分 100 分內；但各單項扣分＋「其他錯誤」不得超過該單項配分。
		其他錯誤扣 1～3 分(說明：　　)			
共同項目		1. 線條粗細、式樣或尺度標註式樣未依規定繪製者扣 1～2 分			
		2. 佈圖不理想或出圖比例錯誤者扣 1～2 分			3. 在第一大項勾選不予評審時，第二大項無須評審，得分總計爲 0 分，亦即爲不及格。
		3. 圖框、標題欄或零件表未依規定繪製、填妥者扣 1～2 分			
		其他錯誤扣 1～5 分(說明：　　)			
零件 1 (M)		1. 視圖錯誤或不理想者扣 1～3 分			4. 本評審表採整數扣分制，扣分總計達 41 分(含)以上者爲不及格。
		2. 剖面錯誤或不理想者扣 1 分			
		3. 尺度錯誤或遺漏者扣 1～3 分			
		4. 表面織構符號錯誤者扣 1 分			
		其他錯誤扣 1 分(說明：　　)			5. 評審完後，請於評審表最下方成績欄內註記「扣分總計」及「得分總計」(扣分總計加得分總計應爲 100 分)，並於評審結果欄以『✓』填記。
件 1 (N)		1. 視圖錯誤或不理想者扣 1～3 分			
		2. 剖面錯誤或不理想者扣 1 分			
		3. 尺度錯誤或遺漏者扣 1～3 分			
件 1 (O)		1. 視圖錯誤或不理想者扣 1～5 分			
		2. 剖面錯誤或不理想者扣 1 分			
		3. 尺度錯誤或遺漏者扣 1～3 分			

項目	評審標準及扣分要項	評分單元扣分記錄	單項小計	備註
	4. 配合公差錯誤者扣 1～2 分			註：尺度、配合公差及表面織構符號等，每錯 1 處皆扣 1 分，至該小項配分為止。
	5. 幾何公差錯誤者扣 1 分			
	6. 表面織構符號錯誤者扣 1 分			
	其他錯誤扣 1 分(說明：　　)			
零件 1 (P)	1. 視圖錯誤或不理想者扣 1～3 分			
	2. 剖面錯誤或不理想者扣 1 分			
	3. 尺度錯誤或遺漏者扣 1～3 分			
	4. 配合公差錯誤者扣 1～2 分			
	5. 表面織構符號錯誤者扣 1 分			
	其他錯誤扣 1 分(說明：　　)			
零件 1 (Q)	1. 視圖錯誤或不理想者扣 1～3 分			
	2. 剖面錯誤或不理想者扣 1 分			
	3. 尺度錯誤或遺漏者扣 1～2 分			
	4. 表面織構符號錯誤者扣 1 分			
件 1 (R)	1. 視圖錯誤或不理想者扣 1～3 分			
	2. 尺度錯誤或遺漏者扣 1～2 分			
零件 1 (S)	1. 視圖錯誤或不理想者扣 1～2 分			
	2. 剖面錯誤或不理想者扣 1 分			
	3. 尺度錯誤或遺漏者扣 1 分			
	4. 螺紋標註錯誤者扣 1～2 分			
	5. 配合公差錯誤者扣 1 分			
	6. 表面織構符號錯誤者扣 1 分			
件 1 (T)	1. 視圖錯誤或不理想者扣 1～2 分			
	2. 尺度錯誤或遺漏者扣 1 分			
零件 6	1. 視圖錯誤或不理想者扣 1～3 分			
	2. 剖面錯誤或不理想者扣 1～2 分			
	3. 尺度錯誤或遺漏者扣 1～2 分			
	4. 配合公差錯誤者扣 1～2 分			
	5. 幾何公差錯誤者扣 1～2 分			
	6. 表面織構符號錯誤者扣 1～2 分			
	其他錯誤扣 1 分(說明：　　)			

放棄出圖者，請簽名：________________

扣分總計(　　)分	得分總計(　　)分

電腦輔助機械設計製圖乙級技術士技能檢定評審表(A.工作圖)

試題編號	20800-990203-A	評審結果	□及格　□不及格　□缺考
檢定日期	年　月　日	監評人員簽名	(請勿於測試結束前先行簽名)
准考證號碼			

項目	評審標準及扣分要項	評審記錄	備註
一、有下列情形之一者為不及格，第二大項不予評審		不予評審	1. 本評審表總分為 100 分，各單項配分如下： (1)變更設計 25 分 (2)共同項目 6 分 (3)零件 **1：**40 分 (4)零件 **5：**8 分 (5)零件 **6：9** 分 (6)銲接圖：**12** 分 2. 各單項中之「其他錯誤」扣分，不包含在總分 100 分內；但各單項扣分＋「其他錯誤」不得超過該單項配分。 3. 在第一大項勾選不予評審時，第二大項無須評審，得分總計為 0 分，亦即為不及格。 4. 本評審表採整數扣分制，扣分總計達 41 分(含)以上者為不及格。 5. 評審完後，請於評審表最下方成績欄內註記「扣分總計」及「得分總計」(扣分總計加得分總計應為 100 分)，並於評審結果欄以『✓』填記。
(一)	放棄出圖或大部份未完成者		
(二)	變更設計 **X**、**Y** 皆未依規定繪製者		
(三)	視圖繪製或投影嚴重錯誤者		
(四)	未依比例 1：1(足尺)尺度標註者		
(五)	未依試題說明繪製者(說明：　　　　)		
(六)	違反試場規則規定者(說明：　　　　)		
(七)	其他嚴重錯誤者(說明：　　　　)		

項目		二、無第一大項之各種情形，但有下列情形，扣分總計達 41 分(含)以上者亦為不及格	評分單元扣分記錄	單項小計
變更設計	**X**	1. 設計錯誤者扣 1～11 分(含件 1 與件 6 之銲接符號及詳圖)		
		2. 尺度錯誤者扣 1～6 分(含件 1 與件 6 之銲接符號及詳圖)		
	Y	1. 設計錯誤者扣 1～5 分		
		2. 尺度錯誤者扣 1～3 分		
		其他錯誤扣 1～3 分(說明：　　　　)		
共同項目		1. 線條粗細、式樣或尺度標註式樣未依規定繪製者扣 1～2 分		
		2. 佈圖不理想或出圖比例錯誤者扣 1～2 分		
		3. 圖框、標題欄或零件表未依規定繪製、填妥者扣 1～2 分		
		其他錯誤扣 1～5 分(說明：　　　　)		
零件 1		1. 視圖錯誤或不理想者扣 1～17 分		
		2. 剖面錯誤或不理想者扣 1～4 分		
		3. 尺度錯誤或遺漏者扣 1～9 分(每 2 處扣 1 分)		
		4. 配合公差錯誤或遺漏者扣 1～4 分(每 1 處扣 1 分)		
		5. 幾何公差錯誤或遺漏者扣 1～3 分(每 1 處扣 1 分)		
		6. 表面織構符號錯誤或遺漏者扣 1～3 分(每 2 處扣 1 分)		
		其他錯誤扣 1～4 分(說明：　　　　)		
零件 5		1. 視圖錯誤或不理想者扣 1～3 分		
		2. 尺度錯誤或遺漏者扣 2～3 分(每 2 處扣 1 分)		
		3. 表面織構符號錯誤或遺漏者扣 1～2 分		
		其他錯誤扣 1 分(說明：　　　　)		
零件 6		1. 視圖錯誤或不理想者扣 1～2 分		
		2. 剖面錯誤或不理想者扣 1～2 分		
		3. 尺度錯誤或遺漏者扣 1～2 分(每 2 處扣 1 分)		
		4. 配合公差錯誤或遺漏者扣 1～2 分		
		5. 表面織構符號錯誤或遺漏者扣 1 分(每 2 處扣 1 分)		
		其他錯誤扣 1 分(說明：　　　　)		
銲接圖		1. 件 1 與件 2 銲接符號錯誤或不理想者扣 1～3 分		
		2. 件 1 與件 3 銲接符號錯誤或不理想者扣 1～3 分		
		3. 件 2 與件 3 銲接符號錯誤或不理想者扣 1～4 分		
		4. 件 6 銲接後之中心線與件 1 底部之垂直度公差未標或不理想者扣 1 分		
		5. 件 2 與件 3 銲接後之中心線與件 1 底部之垂直度公差未標或不理想者扣 1 分		
		其他錯誤扣 2 分(說明：　　　　)		

註：尺度、配合公差及表面織構符號等，每錯 1 處皆扣 1 分，至該小項配分為止。

放棄出圖者，請簽名：＿＿＿＿＿＿＿＿＿＿

扣分總計(　　　)分	得分總計(　　　)分

電腦輔助機械設計製圖乙級技術士技能檢定評審表(A.工作圖)

試題編號	20800-990204-A	評審結果	□及格　□不及格　□缺考
檢定日期	年　月　日		
准考證號碼		監評人員簽名	(請勿於測試結束前先行簽名)

項目		評審標準及扣分要項	評審記錄	
一、有下列情形之一者為不及格，第二大項不予評審			不予評審	
(一)		放棄出圖或大部份未完成者		
(二)		變更設計 **X**、**Y** 皆未依規定繪製者		
(三)		視圖繪製或投影嚴重錯誤者		
(四)		未依比例 1：1(足尺)尺度標註者		
(五)		未依試題說明繪製者(說明：　)		
(六)		違反試場規則規定者(說明：　)		
(七)		其他嚴重錯誤者(說明：　)		
二、無第一大項之各種情形，但有下列情形，扣分總計達 41 分(含)以上者亦為不及格			評分單元扣分記錄	單項小計
變更設計	X	1. 斜齒輪設計錯誤者扣 2～6 分		
		2. 斜齒輪尺度錯誤或數據表未填者扣 2～8 分		
	Y	1. 錐度設計或尺度錯誤者扣 2～4 分		
		2. 軸承孔尺度錯誤者扣 1～2 分		
		其他錯誤扣 1～3 分(說明：　)		
共同項目		1. 線條粗細、式樣或尺度標註式樣未依規定繪製者扣 1～2 分		
		2. 佈圖不理想或出圖比例錯誤者扣 1～2 分		
		3. 圖框、標題欄或零件表未依規定繪製、填妥者扣 1～2 分		
		其他錯誤扣 1～5 分(說明：　)		
零件 1		1. 視圖錯誤或不理想者扣 1～20 分		
		2. 剖面錯誤或不理想者扣 1～8 分		
		3. 尺度錯誤或遺漏者扣 1～12 分		
		4. 配合公差錯誤或遺漏者扣 1～5 分		
		5. 幾何公差錯誤或遺漏者扣 1～3 分		
		6. 表面織構符號錯誤或遺漏者扣 1～4 分		
		其他錯誤扣 1～6 分(說明：　)		
零件 3		1. 視圖錯誤或不理想者扣 1～4 分		
		2. 剖面錯誤或不理想者扣 1～2 分		
		3. 尺度錯誤或遺漏者扣 1～5 分		
		4. 配合公差錯誤或遺漏者扣 1～3 分		
		5. 幾何公差錯誤或遺漏者扣 1～2 分		
		6. 表面織構符號錯誤或遺漏者扣 1～2 分		
		7. 斜齒輪數據表錯誤或遺漏者扣 1～4 分(每處扣 1 分)		
		其他錯誤扣 1～3 分(說明：　)		

備註

1. 本評審表總分為 100 分，各單項配分如下：
   (1)變更設計 20 分
   (2)共同項目 6 分
   (3)零件 **1**：52 分
   (4)零件 **3**：22 分
2. 各單項中之「其他錯誤」扣分，不包含在總分 100 分內；但各單項扣分＋「其他錯誤」不得超過該單項配分。
3. 在第一大項勾選不予評審時，第二大項無須評審，得分總計為 0 分，亦即為不及格。
4. 本評審表採整數扣分制，扣分總計達 41 分(含)以上者為不及格。
5. 評審完後，請於評審表最下方成績欄內註記「扣分總計」及「得分總計」(扣分總計加得分總計應為 100 分)，並於評審結果欄以『✓』填記。

註：尺度、配合公差及表面織構符號等，每錯 1 處皆扣 1 分，至該小項配分為止。

放棄出圖者，請簽名：＿＿＿＿＿＿＿＿

扣分總計(　　)分	得分總計(　　)分

電腦輔助機械設計製圖乙級技術士技能檢定評審表(A.工作圖)

試題編號	20800-990205-A	評審結果	□及格　□不及格　□缺考
檢定日期	年　月　日	監評人員簽名	(請勿於測試結束前先行簽名)
准考證號碼			

項目	評審標準及扣分要項		評審記錄	
一、有下列情形之一者為不及格，第二大項不予評審			不予評審	
(一)	放棄出圖或大部份未完成者			
(二)	變更設計 **X**、**Y** 皆未依規定繪製者			
(三)	視圖繪製或投影嚴重錯誤者			
(四)	未依比例 1：1(足尺)尺度標註者			
(五)	未依試題說明繪製者(說明：　　　　)			
(六)	違反試場規則規定者(說明：　　　　)			
(七)	其他嚴重錯誤者(說明：　　　　)			
二、無第一大項之各種情形，但有下列情形，扣分總計達 41 分(含)以上者亦為不及格			評分單元扣分記錄	單項小計
變更設計	**X**	1. 設計錯誤者扣 5～10 分(每 1 處扣 5 分)		
		2. 尺度錯誤者扣 5 分(每 1 處扣 3 分)		
	Y	1. 設計錯誤者扣 4 分(每 1 處扣 4 分)		
		2. 尺度錯誤者扣 2 分(每 1 處扣 2 分)		
	其他錯誤扣 1～3 分(說明：　　　　)			
共同項目	1. 線條粗細、式樣或尺度標註式樣未依規定繪製者扣 1～2 分			
	2. 佈圖不理想或出圖比例錯誤者扣 1～2 分			
	3. 圖框、標題欄或零件表未依規定繪製、填妥者扣 1～2 分			
	其他錯誤扣 1～5 分(說明：　　　　)			
零件 **1**	1. 視圖錯誤或不理想者扣 2～20 分			
	2. 剖面錯誤或不理想者扣 5 分			
	3. 尺度錯誤或遺漏者扣 1～13 分			
	4. 配合公差錯誤或遺漏者扣 1～6 分			
	5. 幾何公差錯誤或遺漏者扣 1～5 分			
	6. 表面織構符號錯誤或遺漏者扣 1～5 分			
	其他錯誤扣 1～6 分(說明：　　　　)			
零件 **3**	1. 視圖錯誤或不理想者扣 1～8 分			
	2. 剖面錯誤或不理想者扣 1～3 分			
	3. 尺度錯誤或遺漏者扣 1～4 分			
	4. 配合公差錯誤或遺漏者扣 1 分			
	5. 表面織構符號錯誤或遺漏者扣 1～3 分			
	其他錯誤扣 1～3 分(說明：　　　　)			

備註

1. 本評審表總分為 100 分，各單項配分如下：
   (1)變更設計：21 分
   (2)共同項目：6 分
   (3)零件 **1**：54 分
   (4)零件 **3**：19 分
2. 各單項中之「其他錯誤」扣分，不包含在總分 100 分內；但各單項扣分＋「其他錯誤」不得超過該單項配分。
3. 在第一大項勾選不予評審時，第二大項無須評審，得分總計為 0 分，亦即為不及格。
4. 本評審表採整數扣分制，扣分總計達 41 分(含)以上者為不及格。
5. 評審完後，請於評審表最下方成績欄內註記「扣分總計」及「得分總計」(扣分總計加得分總計應為 100 分)，並於評審結果欄以『✓』填記。

註：尺度、配合公差及表面織構符號等，每錯 1 處皆扣 1 分，至該小項配分為止。

放棄出圖者，請簽名：________________

扣分總計(　　　)分	得分總計(　　　)分

電腦輔助機械設計製圖乙級技術士技能檢定評審表(A.工作圖)

試題編號	20800-990206-A	評審結果	□及格　□不及格　□缺考
檢定日期	年　月　日	監評人員簽名	
准考證號碼			(請勿於測試結束前先行簽名)

項目	評審標準及扣分要項	評審記錄	
一、有下列情形之一者爲不及格，第二大項不予評審		不予評審	
(一)	放棄出圖或大部份未完成者		
(二)	變更設計 **X**、**Y** 皆未依規定繪製者		
(三)	視圖繪製或投影嚴重錯誤者		
(四)	未依比例 1：1(足尺)尺度標註者		
(五)	未依試題說明繪製者(說明：　　　)		
(六)	違反試場規則規定者(說明：　　　)		
(七)	其他嚴重錯誤者(說明：　　　)		
二、無第一大項之各種情形，但有下列情形，扣分總計達 41 分(含)以上者亦爲不及格		評分單元扣分記錄	單項小計
變更設計 X	1. 設計錯誤者扣 2～5 分(每 1 處扣 2 分)		
變更設計 X	2. 尺度錯誤者扣 1～5 分		
變更設計 Y	1. 設計錯誤者扣 2～5 分(每 1 處扣 2 分)		
變更設計 Y	2. 尺度錯誤者扣 1～5 分		
變更設計	其他錯誤扣 1～3 分(說明：　　　)		
共同項目	1. 線條粗細、式樣或尺度標註式樣未依規定繪製者扣 1～2 分		
共同項目	2. 佈圖不理想或出圖比例錯誤者扣 1～2 分		
共同項目	3. 圖框、標題欄或零件表未依規定繪製、填妥者扣 1～2 分		
共同項目	其他錯誤扣 1～5 分(說明：　　　)		
零件 1	1. 視圖錯誤或不理想者扣 1～23 分		
零件 1	2. 剖面錯誤或不理想者扣 1～5 分		
零件 1	3. 尺度錯誤或遺漏者扣 1～12 分		
零件 1	4. 配合公差錯誤或遺漏者扣 1～6 分		
零件 1	5. 幾何公差錯誤或遺漏者扣 1～4 分		
零件 1	6. 表面織構符號錯誤或遺漏者扣 1～3 分		
零件 1	其他錯誤扣 1～5 分(說明：　　　)		
零件 3	1. 視圖錯誤或不理想者扣 1～5 分		
零件 3	2. 剖面錯誤或不理想者扣 1～2 分		
零件 3	3. 尺度錯誤或遺漏者扣 1～4 分		
零件 3	4. 配合公差錯誤或遺漏者扣 1～2 分		
零件 3	5. 表面織構符號錯誤或遺漏者扣 1～2 分		

備註

1. 本評審表總分爲 100 分，各單項配分如下：
   (1)變更設計 20 分
   (2)共同項目 6 分
   (3)零件 **1**：53 分
   (4)零件 **3**：15 分
   (5)零件 **4**：6 分
2. 各單項中之「其他錯誤」扣分，不包含在總分 100 分內；但各單項扣分＋「其他錯誤」不得超過該單項配分。
3. 在第一大項勾選不予評審時，第二大項無須評審，得分總計爲 0 分，亦即爲不及格。
4. 本評審表採整數扣分制，扣分總計達 41 分(含)以上者爲不及格。
5. 評審完後，請於評審表最下方成績欄內註記「扣分總計」及「得分總計」(扣分總計加得分總計應爲 100 分)，並於評審結果欄以『✓』填記。

註：尺度、配合公差及表面織構符號等，每錯 1 處皆扣 1 分，至該小項配分為止。

零件 3	其他錯誤扣 1～2 分(說明：　　　)		
零件 4	1. 視圖錯誤或不理想者扣 1～2 分		
零件 4	2. 尺度錯誤或遺漏者扣 1～2 分		
零件 4	3. 配合公差錯誤或遺漏者扣 1 分		
零件 4	4. 表面織構符號錯誤或遺漏者扣 1 分		
零件 4	其他錯誤扣 1 分(說明：　　　)		

放棄出圖者，請簽名：____________________

扣分總計(　　　)分	得分總計(　　　)分

電腦輔助機械設計製圖乙級技術士技能檢定評審表(A.工作圖)

試題編號	20800-990207-A	評審結果	□及格　□不及格　□缺考
檢定日期	年　月　日	監評人員簽名	(請勿於測試結束前先行簽名)
准考證號碼			

項目	評審標準及扣分要項	評審記錄		備註
一、有下列情形之一者為不及格，第二大項不予評審		不予評審		1. 本評審表總分為 100 分，各單項配分如下：(1)變更設計：24 分 (2)共同項目：6 分 (3)零件 1：31 分 (4)零件 2：16 分 (5)零件 5：10 分 (6)零件 6：13 分
(一)	放棄出圖或大部份未完成者			
(二)	變更設計 X、Y 皆未依規定繪製者			
(三)	視圖繪製或投影嚴重錯誤者			
(四)	未依比例 1：1(足尺)尺度標註者			
(五)	未依試題說明繪製者(說明：　)			
(六)	違反試場規則規定者(說明：　)			
(七)	其他嚴重錯誤者(說明：　)			2. 各單項中之「其他錯誤」扣分，不包含在總分 100 分內；但各單項扣分＋「其他錯誤」不得超過該單項配分。
二、無第一大項之各種情形，但有下列情形，扣分總計達 41 分(含)以上者亦為不及格		評分單元扣分記錄	單項小計	
變更設計 X	1. 設計尺度錯誤者扣 2～8 分(每 1 處扣 2 分)			
變更設計 Y	1. 設計尺度錯誤者扣 2～16 分(每 1 處扣 2 分)			3. 在第一大項勾選不予評審時，第二大項無須評審，得分總計為 0 分，亦即為不及格。
變更設計	其他錯誤扣 1～3 分(說明：　)			
共同項目	1. 線條粗細、式樣或尺度標註式樣未依規定繪製者扣 1～2 分			
共同項目	2. 佈圖不理想或出圖比例錯誤者扣 1～2 分			4. 本評審表採整數扣分制，扣分總計達 41 分(含) 以上者為不及格。
共同項目	3. 圖框、標題欄或零件表未依規定繪製、填妥者扣 1～2 分			
共同項目	其他錯誤扣 1～5 分(說明：　)			5. 評審完後，請於評審表最下方成績欄內註記「扣分總計」及「得分總計」(扣分總計加得分總計應為 100 分)，並於評審結果欄以『✓』填記。
零件 1	1. 視圖錯誤或不理想者扣 2～12 分			
零件 1	2. 剖面錯誤或不理想者扣 1～2 分			
零件 1	3. 尺度錯誤或遺漏者扣 1～8 分			
零件 1	4. 配合公差錯誤或遺漏者扣 1～3 分			
零件 1	5. 幾何公差錯誤或遺漏者扣 1～2 分			
零件 1	6. 表面織構符號錯誤或遺漏者扣 1～4 分			註：尺度、配合公差及表面織構符號等，每錯 1 處皆扣 1 分，至該小項配分為止。
零件 1	其他錯誤扣 1～4 分(說明：　)			
零件 2	1. 視圖錯誤或不理想者扣 1～3 分			
零件 2	2. 剖面錯誤或不理想者扣 1～2 分			
零件 2	3. 尺度錯誤或遺漏者扣 1～5 分			
零件 2	4. 配合公差錯誤或遺漏者扣 1 分			
零件 2	5. 幾何公差錯誤或遺漏者扣 1～2 分			

項目	評審標準及扣分要項	評分單元扣分記錄	單項小計	備註
零件 2	6. 表面織構符號錯誤或遺漏者扣 1～3 分			
零件 2	其他錯誤扣 1～2 分(說明：　)			
零件 5	1. 視圖錯誤或不理想者扣 1～4 分			
零件 5	2. 剖面錯誤或不理想者扣 1 分			
零件 5	3. 尺度錯誤或遺漏者扣 1～2 分			
零件 5	4. 配合公差錯誤或遺漏者扣 1 分			
零件 5	5. 幾何公差錯誤或遺漏者扣 1 分			
零件 5	6. 表面織構符號錯誤或遺漏者扣 1 分			
零件 5	其他錯誤扣 1～2 分(說明：　)			
零件 6	1. 視圖錯誤或不理想者扣 1～4 分			
零件 6	2. 剖面錯誤或不理想者扣 1 分			
零件 6	3. 尺度錯誤或遺漏者扣 1～2 分			
零件 6	4. 配合公差錯誤或遺漏者扣 3 分			
零件 6	5. 幾何公差錯誤或遺漏者扣 1 分			
零件 6	6. 表面織構符號錯誤或遺漏者扣 2 分			
零件 6	其他錯誤扣 1～2 分(說明：　)			

放棄出圖者，請簽名：＿＿＿＿＿＿＿＿＿＿＿＿

扣分總計(　　)分	得分總計(　　)分

電腦輔助機械設計製圖乙級技術士技能檢定評審表(A.工作圖)

試題編號	**20800-990208-A**	評審結果	□及格　□不及格　□缺考
檢定日期	年　月　日	監評人員簽名	(請勿於測試結束前先行簽名)
准考證號碼			

項目	評審標準及扣分要項		評審記錄	
一、有下列情形之一者爲不及格，第二大項不予評審			不予評審	
(一)	放棄出圖或大部份未完成者			
(二)	變更設計 **X**、**Y** 皆未依規定繪製者			
(三)	視圖繪製或投影嚴重錯誤者			
(四)	未依比例 1：1(足尺)尺度標註者			
(五)	未依試題說明繪製者(說明：　　)			
(六)	違反試場規則規定者(說明：　　)			
(七)	其他嚴重錯誤者(說明：　　)			
二、無第一大項之各種情形，但有下列情形，扣分總計達 41 分(含)以上者亦爲不及格			評分單元扣分記錄	單項小計
變更設計	**X**	1. 設計錯誤者扣 3～5 分(每處扣 3 分)		
		2. 尺度錯誤者扣 3～5 分(每處扣 3 分)		
	Y	1. 設計錯誤者扣 3～5 分(每處扣 3 分)		
		2. 尺度錯誤者扣 3～5 分(每處扣 3 分)		
	其他錯誤扣 1～2 分(說明：　　)			
共同項目	1. 線條粗細、式樣或尺度標註式樣未依規定繪製者扣 1～2 分			
	2. 佈圖不理想或出圖比例錯誤者扣 1～2 分			
	3. 圖框、標題欄或零件表未依規定繪製、填妥者扣 1～2 分			
	其他錯誤扣 1～5 分(說明：　　)			
零件 1	1. 視圖錯誤或不理想者扣 1～16 分			
	2. 剖面錯誤或不理想者扣 1～8 分			
	3. 尺度錯誤者扣 1～15 分			
	4. 配合公差錯誤者扣 1～6 分			
	5. 幾何公差錯誤者扣 1～3 分			
	6. 表面織構符號錯誤者扣 1～8 分			
	其他錯誤扣 1～5 分(說明：　　)			
零件 2	1. 視圖錯誤或不理想者扣 1～4 分			
	2. 剖面錯誤或不理想者扣 2 分			
	3. 尺度錯誤者扣 1～3 分			
	4. 配合公差錯誤者扣 1～4 分			
	5. 幾何公差錯誤者扣 1～2 分			
	6. 表面織構符號錯誤者扣 1～3 分			
	其他錯誤扣 1～2 分(說明：　　)			

備註

1. 本評審表總分爲 100 分，各單項配分如下：
   (1) 變更設計：20 分
   (2) 共同項目：6 分
   (3) 零件 1：56 分
   (4) 零件 **2**：18 分
2. 各單項中之「其他錯誤」扣分，不包含在總分 100 分內；但各單項扣分＋「其他錯誤」不得超過該單項配分。
3. 在第一大項勾選不予評審時，第二大項無須評審，得分總計爲 0 分，亦即爲不及格。
4. 本評審表採整數扣分制，扣分總計達 41 分(含) 以上者爲不及格。
5. 評審完後，請於評審表最下方成績欄內註記「扣分總計」及「得分總計」(扣分總計加得分總計應爲 100 分)，並於評審結果欄以『✓』填記。

註：尺度、配合公差及表面織構符號等，每錯 1 處皆扣 1 分，至該小項配分爲止。

放棄出圖者，請簽名：＿＿＿＿＿＿＿＿＿＿

扣分總計(　　)分	得分總計(　　)分

電腦輔助機械設計製圖乙級技術士技能檢定評審表(A.工作圖)

試題編號	**20800-990209-A**	評審結果	□及格　□不及格　□缺考
檢定日期	年　月　日	監評人員簽名	(請勿於測試結束前先行簽名)
准考證號碼			

項目		評審標準及扣分要項	評審記錄		備註
一、有下列情形之一者為不及格，第二大項不予評審			不予評審		1. 本評審表總分為 100 分，各單項配分如下： (1)變更設計：20 分 (2)共同項目：6 分 (3)零件 **1**：35 分 (4)零件 **2**：24 分 (5)零件 **4**：15 分
(一)		放棄出圖或大部份未完成者			
(二)		變更設計 **X**、**Y** 皆未依規定繪製者			
(三)		視圖繪製或投影嚴重錯誤者			
(四)		未依比例 1：1(足尺)尺度標註者			
(五)		未依試題說明繪製者(說明：　)			
(六)		違反試場規則規定者(說明：　)			2. 各單項中之「其他錯誤」扣分，不包含在總分 100 分內；但各單項扣分＋「其他錯誤」不得超過該單項配分。
(七)		其他嚴重錯誤者(說明：　)			
二、無第一大項之各種情形，但有下列情形，扣分總計達 41 分(含)以上者亦為不及格			評分單元扣分記錄	單項小計	
變更設計	**X**	1. 設計尺度錯誤者扣 2～4 分(每處扣 2 分)			
		2. 尺度錯誤者扣 2～10 分(每處扣 2 分)			3. 在第一大項勾選不予評審時，第二大項無須評審，得分總計為 0 分，亦即為不及格。
	Y	1. 設計錯誤或不理想者扣 2 分			
		2. 尺度錯誤者扣 2～4 分(每處扣 2 分)			
		其他錯誤扣 1～2 分(說明：　)			
共同項目		1. 線條粗細、式樣或尺度標註式樣未依規定繪製者扣 1～2 分			4. 本評審表採整數扣分制，扣分總計達 41 分(含)以上者為不及格。
		2. 佈圖不理想或出圖比例錯誤者扣 1～2 分			
		3. 圖框、標題欄或零件表未依規定繪製、填妥者扣 1～2 分			5. 評審完後，請於評審表最下方成績欄內註記「扣分總計」及「得分總計」(扣分總計加得分總計應為 100 分)，並於評審結果欄以『✓』填記。
		其他錯誤扣 1～5 分(說明：　)			
零件 **1**		1. 視圖錯誤或不理想者扣 1～12 分			
		2. 剖面錯誤或不理想者扣 1～4 分			
		3. 尺度錯誤或遺漏者扣 1～8 分			
		4. 配合公差錯誤或遺漏者扣 1～5 分			註：尺度、配合公差及表面織構符號等，每錯 1 處皆扣 1 分，至該小項配分為止。
		5. 幾何公差錯誤或遺漏者扣 1～3 分			
		6. 表面織構符號錯誤或遺漏者扣 1～3 分			
		其他錯誤扣 1～4 分(說明：　)			
零件 **2**		1. 視圖錯誤或不理想者扣 1～9 分			
		2. 剖面錯誤或不理想者扣 1～3 分			
		3. 尺度錯誤或遺漏者扣 1～7 分			
		4. 幾何公差錯誤或遺漏者扣 2 分			
		5. 表面織構符號錯誤或遺漏者扣 1～3 分			
		其他錯誤扣 1～3 分(說明：　)			

零件 **4**	1. 視圖錯誤或不理想者扣 1～6 分			
	2. 剖面錯誤或不理想者扣 1～2 分			
	3. 尺度錯誤或遺漏者扣 1～4 分			
	4. 幾何公差錯誤或遺漏者扣 1 分			
	5. 表面織構符號錯誤或遺漏者扣 1～2 分			
	其他錯誤扣 1～2 分(說明：　)			

放棄出圖者，請簽名：________________

扣分總計(　　)分	得分總計(　　)分

電腦輔助機械設計製圖乙級技術士技能檢定評審表(A.工作圖)

試題編號	20800-990210-A	評審結果	□及格 □不及格 □缺考
檢定日期	年 月 日	監評人員簽名	
准考證號碼			(請勿於測試結束前先行簽名)

項目		評審標準及扣分要項	評審記錄	
一、有下列情形之一者為不及格，第二大項不予評審			不予評審	
(一)		放棄出圖或大部份未完成者		
(二)		變更設計 **X**、**Y** 皆未依規定繪製者		
(三)		視圖繪製或投影嚴重錯誤者		
(四)		未依比例 1：1(足尺)尺度標註者		
(五)		未依試題說明繪製者(說明：)		
(六)		違反試場規則規定者(說明：)		
(七)		其他嚴重錯誤者(說明：)		
二、無第一大項之各種情形，但有下列情形，扣分總計達 41 分(含)以上者亦為不及格			評分單元扣分記錄	單項小計
變更設計	**X**	1. 設計錯誤或不理想者扣 3～6 分		
		2. 尺度錯誤者扣 2～6 分(每處扣 2 分)		
	Y	1. 設計錯誤或不理想者扣 3～6 分		
		2. 尺度錯誤者扣 2～6 分(每處扣 2 分)		
		其他錯誤扣 1～5 分(說明：)		
共同項目		1. 線條粗細、式樣或尺度標註式樣未依規定繪製者扣 1～2 分		
		2. 佈圖不理想或出圖比例錯誤者扣 1～2 分		
		3. 圖框、標題欄或零件表未依規定繪製、填妥者扣 1～2 分		
		其他錯誤扣 1～5 分(說明：)		
零件 1		1. 視圖錯誤或不理想者扣 1～20 分		
		2. 剖面錯誤或不理想者扣 1～4 分		
		3. 尺度錯誤或遺漏者扣 1～12 分		
		4. 配合公差錯誤或遺漏者扣 1～6 分		
		5. 幾何公差錯誤或遺漏者扣 1～3 分		
		6. 表面織構符號錯誤或遺漏者扣 1～5 分		
		7. 其他錯誤扣 1～5 分(說明：)		
零件 2		1. 視圖錯誤或不理想者扣 1～5 分		
		2. 剖面錯誤或不理想者扣 1 分		
		3. 螺紋標註錯誤或遺漏者扣 1～2 分		
		4. 尺度標註錯誤或遺漏者扣 1～4 分		
		5. 配合公差錯誤或遺漏者扣 1～4 分		

備註

1. 本評審表總分為 100 分，各單項分數如下：
   (1)變更設計 24 分
   (2)共同項目 6 分
   (3)零件 **1**：50 分
   (4)零件 **2**：20 分
2. 各單項中之「其他錯誤」扣分，不包含在總分 100 分內。
3. 在第一大項勾選不予評審時，第二大項無須評審，得分總計為 0 分，亦即為不及格。
4. 本評審表採整數扣分制，扣分總計達 41 分(含) 以上者為不及格。
5. 評審完後，請於評審表最下方成績欄內註記「扣分總計」及「得分總計」(扣分總計加得分總計應為 100 分)，並於評審結果欄以『✓』填記。

註：尺度、配合公差及表面織構符號等，每錯 1 處皆扣 1 分，至該小項配分為止。

6. 幾何公差錯誤或遺漏者扣 1～2 分		
7. 表面織構符號錯誤或遺漏者扣 1～2 分		
8. 其他錯誤扣 1～2 分(說明：)		

放棄出圖者，請簽名：________________

扣分總計( )分	得分總計( )分

電腦輔助機械設計製圖乙級技術士技能檢定評審表(B.相關圖)

試題編號	20800-990201-B	評審結果	□及格　□不及格　□缺考
檢定日期	年　月　日	監評人員簽名	(請勿於測試結束前先行簽名)
准考證號碼			

項目	評審標準及扣分要項	評審記錄	備註
一、有下列情形之一者爲不及格，第二大項不予評審		不予評審	
(一)	放棄出圖或大部份未完成者		
(二)	正投影組合圖未繪製或投影嚴重錯誤者		
(三)	立體零件大部份未繪製或嚴重錯誤者		
(四)	未依試題說明繪製者(說明：　)		
(五)	違反試場規則規定者(說明：　)		

備註：

1. 本評審表總分爲 100 分，各單項配分如下：(1)正投影組合圖 55 分 (2)立體分解系統圖 45 分
2. 各單項中之「其他錯誤」扣分，不包含在總分 100 分內；但各單項扣分＋「其他錯誤」不得超過該單項配分。
3. 在第一大項勾選不予評審時，第二大項無須評審，得分總計爲 0 分，亦即爲不及格。
4. 本評審表採整數扣分制，扣分總計達 41 分(含)以上者爲不及格。
5. 評審完後，請於評審表最下方成績欄內註記「扣分總計」及「得分總計」(扣分總計加得分總計應爲 100 分)，並於評審結果欄以『✓』填記。

項目	二、無第一大項之各種情形，但有下列情形，扣分總計達 41 分(含)以上者亦爲不及格	評分單元扣分記錄	單項小計
正投影組合圖	1. 零件 1～5 裝配位置錯誤扣 3～12 分(每零件扣 3 分)		
	2. 零件 6～14 裝配位置錯誤扣 1～5 分(每零件扣 1 分)		
	3. 零件 1～5 圖形錯誤扣 3～12 分(每零件扣 3 分)		
	4. 零件 6～14 圖形錯誤扣 1～8 分(每零件扣 1 分)		
	5. 視圖未(少)畫或不理想者扣 1～6 分		
	6. 剖面未繪製或不理想者扣 1～5 分		
	7. 件號未標或不理想者扣 1～3 分(每零件扣 1 分)		
	8. 圖框標題欄未依規定繪製或塡妥者扣 1 分		
	9. 組合尺度未繪製或不理想者扣 1 分		
	10. 比例錯誤或不理想者扣 1 分		
	11. 佈圖不理想者扣 1 分		
	其他錯誤扣 1～6 分(說明：　)		
立體分解系統圖	1. 零件 1 未繪製、錯誤或不理想者扣 1～4 分		
	2. 零件 2 未繪製、錯誤或不理想者扣 1～3 分		
	3. 零件 3 未繪製、錯誤或不理想者扣 1～3 分		
	4. 零件 4 未繪製、錯誤或不理想者扣 1～3 分		
	5. 零件 5 未繪製、錯誤或不理想者扣 1～2 分		
	6. 零件 6 未繪製、錯誤或不理想者扣 1 分		
	7. 零件 7 未繪製、錯誤或不理想者扣 1 分		
	8. 零件 8 未繪製、錯誤或不理想者扣 1 分		
	9. 零件 9 未繪製、錯誤或不理想者扣 1 分		
	10. 零件 10 未繪製、錯誤或不理想者扣 1 分		
	11. 零件 11 未繪製、錯誤或不理想者扣 1 分		
	12. 零件 12 未繪製、錯誤或不理想者扣 1 分		
	13. 零件 13 未繪製、錯誤或不理想者扣 1 分		
	14. 零件 14 未繪製、錯誤或不理想者扣 1 分		
	15. 零件裝配位置錯誤或不理想者扣 2～8 分(每零件扣 2 分)		
	16. 等角視圖方向錯誤或不理想者扣 1～3 分		
	17. 系統線未繪製或不理想者扣 1～3 分		
	18. 圖框標題欄未依規定繪製或塡妥者扣 1 分		
	19. 佈圖不理想者扣 1～2 分		
	20. 潤飾未表現或不理想者扣 1～2 分		
	21. 比例錯誤或不理想者扣 1～2 分		
	其他錯誤扣 1～5 分(說明：　)		

放棄出圖者，請簽名：＿＿＿＿＿＿＿＿＿＿

扣分總計(　　)分	得分總計(　　)分

電腦輔助機械設計製圖乙級技術士技能檢定評審表(B.相關圖)

試題編號	20800-990202-B	評審結果	□及格　□不及格　□缺考
檢定日期	年　月　日	監評人員簽名	(請勿於測試結束前先行簽名)
准考證號碼			

項目	評審標準及扣分要項	評審記錄	單項小計
一、有下列情形之一者爲不及格，第二大項不予評審		不予評審	
(一)	放棄出圖或大部份未完成者		
(二)	正投影組合圖未繪製或投影嚴重錯誤者		
(三)	立體零件大部份未繪製或嚴重錯誤者		
(四)	未依試題說明繪製者(說明：　　)		
(五)	違反試場規則規定者(說明：　　)		
二、無第一大項之各種情形，但有下列情形，扣分總計達41分(含)以上者亦爲不及格		評分單元扣分記錄	單項小計
正投影組合圖	1. 零件1～6裝配位置錯誤扣3～12分(每零件扣3分)		
	2. 零件7～12裝配位置錯誤扣1～4分(每零件扣1分)		
	3. 零件1～6圖形錯誤扣3～14分(每零件扣3分)		
	4. 零件7～12圖形錯誤扣1～4分(每零件扣1分)		
	5. 視圖未(少)畫或不理想者扣1～6分		
	6. 剖面未繪製或不理想者扣1～5分		
	7. 件號未標或不理想者扣1～3分(每零件扣1分)		
	8. 零件表未繪製或不理想者扣1～3分		
	9. 圖框標題欄未依規定繪製或填妥者扣1分		
	10. 組合尺度未繪製或不理想者扣1分		
	11. 比例錯誤或不理想者扣1分		
	12. 佈圖不理想者扣1分		
	其他錯誤扣1～6分(說明：　　)		
立體分解系統圖	1. 零件1未繪製、錯誤或不理想者扣1～6分		
	2. 零件2未繪製、錯誤或不理想者扣1～3分		
	3. 零件3未繪製、錯誤或不理想者扣1～2分		
	4. 零件4未繪製、錯誤或不理想者扣1～2分		
	5. 零件5未繪製、錯誤或不理想者扣1～2分		
	6. 零件6未繪製、錯誤或不理想者扣1～3分		
	7. 零件7未繪製、錯誤或不理想者扣1分		
	8. 零件8未繪製、錯誤或不理想者扣1分		
	9. 零件9未繪製、錯誤或不理想者扣1分		
	10. 零件10未繪製、錯誤或不理想者扣1分		
	11. 零件11未繪製、錯誤或不理想者扣1分		
	12. 零件12未繪製、錯誤或不理想者扣1分		
	13. 零件裝配位置錯誤或不理想者扣2～8分(每零件扣2分)		
	14. 等角視圖方向錯誤或不理想者扣1～3分		
	15. 系統線未繪製或不理想者扣1～3分		
	16. 圖框標題欄未依規定繪製或填妥者扣1分		
	17. 佈圖不理想者扣1分		
	18. 潤飾未表現或不理想者扣1～2分		
	19. 比例錯誤或不理想者扣1～2分		
	其他錯誤扣1～5分(說明：　　)		

備註

1. 本評審表總分爲100分，各單項配分如下：
   (1)正投影組合圖 55分
   (2)立體分解系統圖 45分
2. 各單項中之「其他錯誤」扣分，不包含在總分100分內；但各單項扣分＋「其他錯誤」不得超過該單項配分。
3. 在第一大項勾選不予評審時，第二大項無須評審，得分總計爲0分，亦即爲不及格。
4. 本評審表採整數扣分制，扣分總計達41分(含)以上者爲不及格。
5. 評審完後，請於評審表最下方成績欄內註記「扣分總計」及「得分總計」(扣分總計加得分總計應爲100分)，並於評審結果欄以『✓』填記。

放棄出圖者，請簽名：＿＿＿＿＿＿＿＿

扣分總計(　　)分	得分總計(　　)分

電腦輔助機械設計製圖乙級技術士技能檢定評審表(B.相關圖)

試題編號	20800-990203-B	評審結果	□及格　□不及格　□缺考
檢定日期	年　月　日	監評人員簽名	(請勿於測試結束前先行簽名)
准考證號碼			

項目	評審標準及扣分要項	評審記錄
一、有下列情形之一者爲不及格，第二大項不予評審		不予評審
(一)	放棄出圖或大部份未完成者	
(二)	正投影組合圖未繪製或投影嚴重錯誤者	
(三)	立體零件大部份未繪製或嚴重錯誤者	
(四)	未依試題說明繪製者(說明：　　　　)	
(五)	違反試場規則規定者(說明：　　　　)	

備註

1. 本評審表總分爲 100 分，各單項分數如下：(1)正投影組合圖 55 分 (2)立體組合圖 45 分
2. 各單項中之「其他錯誤」扣分，不包含在總分 100 分內；但各單項扣分＋「其他錯誤」不得超過該單項配分。
3. 在第一大項勾選不予評審時，第二大項無須評審，得分總計爲 0 分，亦即爲不及格。
4. 本評審表採整數扣分制，扣分總計達 41 分(含)以上者爲不及格。
5. 評審完後，請於評審表最下方成績欄內註記「扣分總計」及「得分總計」(扣分總計加得分總計應爲 100 分)，並於評審結果欄以『✓』填記。

項目	二、無第一大項之各種情形，但有下列情形，扣分總計達 41 分(含)以上者亦爲不及格	評分單元扣分記錄	單項小計
正投影組合圖	1. 零件 1～6、13 裝配位置錯誤扣 3～12 分(每零件扣 3 分)		
	2. 零件 7～12、14 裝配位置錯誤扣 1～4 分(每零件扣 1 分)		
	3. 零件 1～6、13 圖形錯誤扣 3～12 分(每零件扣 3 分)		
	4. 零件 7～12、14 圖形錯誤扣 1～4 分(每零件扣 1 分)		
	5. 視圖未(少)畫或不理想者扣 1～6 分		
	6. 剖面未繪製或不理想者扣 1～7 分		
	7. 件號未標或不理想者扣 1～3 分(每零件扣 1 分)		
	8. 零件表未繪製或不理想者扣 1～3 分		
	9. 圖框標題欄未依規定繪製或填妥者扣 1 分		
	10. 組合尺度未繪製或不理想者扣 1 分		
	11. 比例錯誤或不理想者扣 1 分		
	12. 佈圖不理想者扣 1 分		
	其他錯誤扣 1～6 分(說明：　　　　)		
立體組合圖	1. 零件 1 未繪、錯誤或不理想者扣 1～5 分		
	2. 零件 2 未繪、錯誤或不理想者扣 1～5 分		
	3. 零件 3 未繪、錯誤或不理想者扣 1～3 分		
	4. 零件 4 未繪、錯誤或不理想者扣 1～3 分		
	5. 零件 5 未繪、錯誤或不理想者扣 1～2 分		
	6. 零件 6 未繪、錯誤或不理想者扣 1～3 分		
	7. 零件 7 未繪、錯誤或不理想者扣 1 分		
	8. 零件 8 未繪、錯誤或不理想者扣 1 分		
	9. 零件 9 未繪、錯誤或不理想者扣 1 分		
	10. 零件 10 未繪、錯誤或不理想者扣 1 分		
	11. 零件 11 未繪、錯誤或不理想者扣 1 分		
	12. 零件 12 未繪、錯誤或不理想者扣 1～2 分		
	13. 零件 13 未繪、錯誤或不理想者扣 1 分		
	14. 零件裝配位置錯誤或不理想者扣 1～5 分(每零件扣 1 分)		
	15. 零件無傾角方向擺置或不理想者扣 1～5 分		
	16. 圖框標題欄未依規定繪製或填妥者扣 1 分		
	17. 佈圖不理想者扣 1 分		
	18. 潤飾未表現或不理想者扣 1～2 分		
	19. 比例錯誤或不理想者扣 1～2 分		
	其他錯誤扣 1～5 分(說明：　　　　)		

放棄出圖者，請簽名：＿＿＿＿＿＿＿＿＿＿

扣分總計(　　　)分	得分總計(　　　)分

電腦輔助機械設計製圖乙級技術士技能檢定評審表(B.相關圖)

試題編號	20800-990204-B	評審結果	□及格 □不及格 □缺考
檢定日期	年 月 日	監評人員簽名	
准考證號碼			(請勿於測試結束前先行簽名)

項目	評審標準及扣分要項	評審記錄	
一、有下列情形之一者爲不及格，第二大項不予評審		不予評審	
(一)	放棄出圖或大部份未完成者		
(二)	正投影組合圖未繪製或投影嚴重錯誤者		
(三)	立體零件大部份未繪製或嚴重錯誤者		
(四)	未依試題說明繪製者(說明：)		
(五)	違反試場規則規定者(說明：)		

項目	二、無第一大項之各種情形，但有下列情形，扣分總計達41分(含)以上者亦爲不及格	評分單元扣分記錄	單項小計
正投影組合圖	1. 零件 1、7、8、9、11、12、13 裝配位置錯誤扣 3～12 分(每零件扣 3 分)		
正投影組合圖	2. 零件 2、3、4、5、6、10、14、15、16、17、18、19 裝配位置錯誤扣 1～4 分(每零件扣 1 分)		
正投影組合圖	3. 零件 1、7、8、9、11、12、13 圖形錯誤扣 3～12 分(每零件扣 3 分)		
正投影組合圖	4. 零件 2、3、4、5、6、10、14、15、16、17、18、19 圖形錯誤扣 1～4 分(每零件扣 1 分)		
正投影組合圖	5. 視圖未(少)畫或不理想者扣 1～6 分		
正投影組合圖	6. 剖面未繪製或不理想者扣 1～6 分		
正投影組合圖	7. 件號未標或不理想者扣 1～3 分(每 2 件扣 1 分)		
正投影組合圖	8. 零件表未繪製或不理想者扣 1～3 分		
正投影組合圖	9. 圖框標題欄未依規定繪製或塡妥者扣 1 分		
正投影組合圖	10. 組合尺度未繪製或不理想者扣 1 分		
正投影組合圖	11. 比例錯誤或不理想者扣 2 分		
正投影組合圖	12. 佈圖不理想者扣 1 分		
正投影組合圖	其他錯誤扣 1～6 分(說明：)		
立體分解系統圖	1. 零件 1 未繪製、錯誤或不理想者扣 1～2 分		
立體分解系統圖	2. 零件 2 未繪製、錯誤或不理想者扣 1～2 分		
立體分解系統圖	3. 零件 3 未繪製、錯誤或不理想者扣 1～2 分		
立體分解系統圖	4. 零件 4 未繪製、錯誤或不理想者扣 1～2 分		
立體分解系統圖	5. 零件 5 未繪製、錯誤或不理想者扣 1 分		
立體分解系統圖	6. 零件 6 未繪製、錯誤或不理想者扣 1 分		
立體分解系統圖	7. 零件 7 未繪製、錯誤或不理想者扣 1～2 分		
立體分解系統圖	8. 零件 8 未繪製、錯誤或不理想者扣 1 分		
立體分解系統圖	9. 零件 9 未繪製、錯誤或不理想者扣 1 分		
立體分解系統圖	10. 零件 10 未繪製、錯誤或不理想者扣 1～2 分		
立體分解系統圖	11. 零件 11 未繪製、錯誤或不理想者扣 1～2 分		
立體分解系統圖	12. 零件 12 未繪製、錯誤或不理想者扣 1 分		
立體分解系統圖	13. 零件 13 未繪製、錯誤或不理想者扣 1～2 分		
立體分解系統圖	14. 零件 14 未繪製、錯誤或不理想者扣 1 分		
立體分解系統圖	15. 零件 15 未繪製、錯誤或不理想者扣 1 分		
立體分解系統圖	16. 零件 16 未繪製、錯誤或不理想者扣 1 分		
立體分解系統圖	17. 零件 17 未繪製、錯誤或不理想者扣 1 分		
立體分解系統圖	18. 零件 18 未繪製、錯誤或不理想者扣 1 分		
立體分解系統圖	19. 零件 19 未繪製、錯誤或不理想者扣 1 分		
立體分解系統圖	20. 零件裝配位置錯誤或不理想者扣 1～8 分(每零件扣 1 分)		
立體分解系統圖	21. 等角視圖方向錯誤或不理想者扣 1～2 分		
立體分解系統圖	22. 系統線未繪製或不理想者扣 1～2 分		
立體分解系統圖	23. 圖框標題欄未依規定繪製或塡妥者扣 1～2 分		
立體分解系統圖	24. 佈圖不理想者扣 1～2 分		
立體分解系統圖	25. 潤飾未表現或不理想者扣 1 分		
立體分解系統圖	26. 比例錯誤或不理想者扣 1 分		
立體分解系統圖	其他錯誤扣 1～5 分(說明：)		

備註

1. 本評審表總分爲 100 分，各單項配分如下：
   (1)正投影組合圖 55 分
   (2)立體分解系統圖 45 分
2. 各單項中之「其他錯誤」扣分，不包含在總分 100 分內；但各單項扣分＋「其他錯誤」不得超過該單項配分。
3. 在第一大項勾選不予評審時，第二大項無須評審，得分總計爲 0 分，亦即爲不及格。
4. 本評審表採整數扣分制，扣分總計達 41 分(含)以上者爲不及格。
5. 評審完後，請於評審表最下方成績欄內註記「扣分總計」及「得分總計」(扣分總計加得分總計應爲 100 分)，並於評審結果欄以『✓』塡記。

放棄出圖者，請簽名：＿＿＿＿＿＿＿＿

扣分總計( )分	得分總計( )分

電腦輔助機械設計製圖乙級技術士技能檢定評審表(B.相關圖)

試題編號	20800-990205-B	評審結果	□及格　□不及格　□缺考
檢定日期	年　月　日	監評人員簽名	
准考證號碼			(請勿於測試結束前先行簽名)

項目	評審標準及扣分要項	評審記錄		備註
一、有下列情形之一者爲不及格，第二大項不予評審		不予評審		1. 本評審表總分爲 100 分，各單項配分如下： (1)正投影組合圖 55 分 (2)立體分解系統圖 45 分 2. 各單項中之「其他錯誤」扣分，不包含在總分 100 分內；但各單項扣分＋「其他錯誤」不得超過該單項配分。 3. 在第一大項勾選不予評審時，第二大項無須評審，得分總計爲 0 分，亦即爲不及格。 4. 本評審表採整數扣分制，扣分總計達 41 分(含)以上者爲不及格。 5. 評審完後，請於評審表最下方成績欄內註記「扣分總計」及「得分總計」(扣分總計加得分總計應爲 100 分)，並於評審結果欄以『✓』填記。
(一)	放棄出圖或大部份未完成者			
(二)	正投影組合圖未繪製或投影嚴重錯誤者			
(三)	立體零件大部份未繪製或嚴重錯誤者			
(四)	未依試題說明繪製者(說明：　　　)			
(五)	違反試場規則規定者(說明：　　　)			
二、無第一大項之各種情形，但有下列情形，扣分總計達 41 分(含)以上者亦爲不及格		評分單元扣分記錄	單項小計	
正投影組合圖	1. 零件 1～7 裝配位置錯誤扣 3～12 分(每零件扣 3 分)			
	2. 零件 8～12 裝配位置錯誤扣 1～4 分(每零件扣 1 分)			
	3. 零件 1～7 圖形錯誤扣 3～12 分(每零件扣 3 分)			
	4. 零件 8～12 圖形錯誤扣 1～4 分(每零件扣 1 分)			
	5. 視圖未(少)畫或不理想者扣 1～6 分			
	6. 剖面未繪製或不理想者扣 1～7 分			
	7. 件號未標或不理想者扣 1～3 分(每零件扣 1 分)			
	8. 零件表未繪製或不理想者扣 1～3 分			
	9. 圖框標題欄未依規定繪製或填妥者扣 1 分			
	10. 組合尺度未繪製或不理想者扣 1 分			
	11. 比例錯誤或不理想者扣 1 分			
	12. 佈圖不理想者扣 1 分			
	其他錯誤扣 1～6 分(說明：　　　)			
立體分解系統圖	1. 零件 1 未繪製、錯誤或不理想者扣 1～3 分			
	2. 零件 2 未繪製、錯誤或不理想者扣 1～3 分			
	3. 零件 3 未繪製、錯誤或不理想者扣 1～3 分			
	4. 零件 4 未繪製、錯誤或不理想者扣 1～3 分			
	5. 零件 5 未繪製、錯誤或不理想者扣 1～2 分			
	6. 零件 6 未繪製、錯誤或不理想者扣 1～2 分			
	7. 零件 7 未繪製、錯誤或不理想者扣 1～2 分			
	8. 零件 8 未繪製、錯誤或不理想者扣 1～3 分			
	9. 零件 9 未繪製、錯誤或不理想者扣 1 分			
	10. 零件 10 未繪製、錯誤或不理想者扣 1 分			
	11. 零件 11 未繪製、錯誤或不理想者扣 1 分			
	12. 零件 12 未繪製、錯誤或不理想者扣 1 分			
	13. 零件 13 未繪製、錯誤或不理想者扣 1 分			
	14. 零件 14 未繪製、錯誤或不理想者扣 1 分			
	15. 零件裝配位置錯誤或不理想者扣 1～10 分(每零件扣 2 分)			
	16. 等角視圖方向錯誤或不理想者扣 1～2 分			
	17. 系統線未繪製或不理想者扣 1～2 分			
	18. 圖框標題欄未依規定繪製或填妥者扣 1 分			
	19. 佈圖不理想者扣 1 分			
	20. 潤飾未表現或不理想者扣 1 分			
	21. 比例錯誤或不理想者扣 1 分			
	其他錯誤扣 1～5 分(說明：　　　)			

放棄出圖者，請簽名：＿＿＿＿＿＿＿＿＿＿

扣分總計(　　　)分	得分總計(　　　)分

電腦輔助機械設計製圖乙級技術士技能檢定評審表(B.相關圖)

試題編號	20800-990206-B	評審結果	□及格　□不及格　□缺考
檢定日期	年　月　日	監評人員簽名	
准考證號碼			(請勿於測試結束前先行簽名)

項目	評審標準及扣分要項	評審記錄		備註
一、有下列情形之一者為不及格，第二大項不予評審		不予評審		1. 本評審表總分為 100 分，各單項配分如下：(1)正投影組合圖 55 分 (2)立體組合圖 45 分 2. 各單項中之「其他錯誤」扣分，不包含在總分 100 分內；但各單項扣分+「其他錯誤」不得超過該單項配分。 3. 在第一大項勾選不予評審時，第二大項無須評審，得分總計為 0 分，亦即為不及格。 4. 本評審表採整數扣分制，扣分總計達 41 分(含)以上者為不及格。 5. 評審完後，請於評審表最下方成績欄內註記「扣分總計」及「得分總計」(扣分總計加得分總計應為 100 分)，並於評審結果欄以『✓』填記。
(一)	放棄出圖或大部份未完成者			
(二)	正投影組合圖未繪製或投影嚴重錯誤者			
(三)	立體零件大部份未繪製或嚴重錯誤者			
(四)	未依試題說明繪製者(說明：　)			
(五)	違反試場規則規定者(說明：　)			
二、無第一大項之各種情形，但有下列情形，扣分總計達 41 分(含)以上者亦為不及格		評分單元扣分記錄	單項小計	
正投影組合圖	1. 零件 1～4 裝配位置錯誤扣 4～12 分(每零件扣 4 分)			
	2. 零件 5～7 裝配位置錯誤扣 2～4 分(每零件扣 2 分)			
	3. 零件 1～4 圖形錯誤扣 4～12 分(每零件扣 4 分)			
	4. 零件 5～7 圖形錯誤扣 2～4 分(每零件扣 2 分)			
	5. 視圖未(少)畫或不理想者扣 1～7 分			
	6. 剖面未繪製或不理想者扣 1～5 分			
	7. 件號未標或不理想者扣 1～3 分(每零件扣 1 分)			
	8. 零件表未繪製或不理想者扣 1～3 分			
	9. 圖框標題欄未依規定繪製或填妥者扣 1～2 分			
	10. 組合尺度未繪製或不理想者扣 1 分			
	11. 比例錯誤或不理想者扣 1 分			
	12. 佈圖不理想者扣 1 分			
	其他錯誤扣 1～6 分(說明：　)			
立體組合圖	1. 零件 1 未繪製、錯誤或不理想者扣 1～9 分			
	2. 零件 2 未繪製、錯誤或不理想者扣 1～4 分			
	3. 零件 3 未繪製、錯誤或不理想者扣 1～4 分			
	4. 零件 4 未繪製、錯誤或不理想者扣 1～4 分			
	5. 零件 5 未繪製、錯誤或不理想者扣 1～2 分			
	6. 零件 6 未繪製、錯誤或不理想者扣 1～2 分			
	7. 零件 7 未繪製、錯誤或不理想者扣 1～2 分			
	8. 零件裝配位置錯誤或不理想者扣 1～6 分(每零件扣 1 分)			
	9. 等角視圖方向錯誤或不理想者扣 1～2 分			
	10. 組合剖面未繪製或不理想者扣 1～2 分			
	11. 圖框標題欄未依規定繪製或填妥者扣 1～2 分			
	12. 佈圖不理想者扣 1～2 分			
	13. 潤飾未表現或不理想者扣 1～2 分			
	14. 比例錯誤者扣 1～2 分			
	其他錯誤扣 1～5 分(說明：　)			

放棄出圖者，請簽名：＿＿＿＿＿＿＿＿

扣分總計(　)分	得分總計(　)分

電腦輔助機械設計製圖乙級技術士技能檢定評審表(B.相關圖)

試題編號	20800-990207-B	評審結果	□及格 □不及格 □缺考
檢定日期	年 月 日	監評人員簽名	(請勿於測試結束前先行簽名)
准考證號碼			

項目	評審標準及扣分要項	評審記錄		備註
一、有下列情形之一者爲不及格，第二大項不予評審		不予評審		1. 本評審表總分爲 100 分，各單項配分如下：(1)正投影組合圖 55 分 (2)立體分解系統圖 45 分
(一)	放棄出圖或大部份未完成者			
(二)	正投影組合圖未繪製或投影嚴重錯誤者			
(三)	立體零件大部份未繪製或嚴重錯誤者			
(四)	未依試題說明繪製者(說明：)			2. 各單項中之「其他錯誤」扣分，不包含在總分 100 分內；但各單項扣分＋「其他錯誤」不得超過該單項配分。
(五)	違反試場規則規定者(說明：)			
二、無第一大項之各種情形，但有下列情形，扣分總計達 41 分(含)以上者亦爲不及格		評分單元扣分記錄	單項小計	
正投影組合圖	1. 零件 1～7 裝配位置錯誤扣 3～12 分(每零件扣 3 分)			3. 在第一大項勾選不予評審時，第二大項無須評審，得分總計爲 0 分，亦即爲不及格。
	2. 零件 8～13 裝配位置錯誤扣 1～4 分(每零件扣 1 分)			
	3. 零件 1～7 圖形錯誤扣 3～12 分(每零件扣 3 分)			
	4. 零件 8～13 圖形錯誤扣 1～4 分(每零件扣 1 分)			4. 本評審表採整數扣分制，扣分總計達 41 分(含)以上者爲不及格。
	5. 視圖未(少)畫或不理想者扣 1～6 分			
	6. 剖面未繪製或不理想者扣 1～7 分			
	7. 件號未標或不理想者扣 1～3 分(每零件扣 1 分)			5. 評審完後，請於評審表最下方成績欄內註記「扣分總計」及「得分總計」(扣分總計加得分總計應爲 100 分)，並於評審結果欄以『✓』填記。
	8. 零件表未繪製或不理想者扣 1～3 分			
	9. 圖框標題欄未依規定繪製或塡妥者扣 1 分			
	10. 組合尺度未繪製或不理想者扣 1 分			
	11. 比例錯誤或不理想者扣 1 分			
	12. 佈圖不理想者扣 1 分			
	其他錯誤扣 1～6 分(說明：)			
立體分解系統圖	1. 零件 1 未繪製、錯誤或不理想者扣 1～6 分			
	2. 零件 2 未繪製、錯誤或不理想者扣 1～4 分			
	3. 零件 3 未繪製、錯誤或不理想者扣 1～3 分			
	4. 零件 4 未繪製、錯誤或不理想者扣 1～3 分			
	5. 零件 5 未繪製、錯誤或不理想者扣 1～3 分			
	6. 零件 6 未繪製、錯誤或不理想者扣 1～2 分			
	7. 零件 7 未繪製、錯誤或不理想者扣 1 分			
	8. 零件 8 未繪製、錯誤或不理想者扣 1 分			
	9. 零件 9 未繪製、錯誤或不理想者扣 1 分			
	10. 零件 10 未繪製、錯誤或不理想者扣 1 分			
	11. 零件 11 未繪製、錯誤或不理想者扣 1 分			
	12. 零件 12 未繪製、錯誤或不理想者扣 1 分			
	13. 零件 13 未繪製、錯誤或不理想者扣 1 分			
	14. 零件裝配位置錯誤或不理想者扣 1～5 分(每零件扣 1 分)			
	15. 等角視圖方向錯誤或不理想者扣 1～2 分			
	16. 系統線未繪製或不理想者扣 1～2 分			
	17. 圖框標題欄未依規定繪製或塡妥者扣 1～2 分			
	18. 佈圖不理想者扣 1～2 分			
	19. 潤飾未表現或不理想者扣 1～2 分			
	20. 比例錯誤者扣 1～2 分			
	其他錯誤扣 1～5 分(說明：)			

放棄出圖者，請簽名：____________________

扣分總計( )分	得分總計( )分

電腦輔助機械設計製圖乙級技術士技能檢定評審表(B.相關圖)

試題編號	20800-990208-B	評審結果	□及格　□不及格　□缺考
檢定日期	年　月　日	監評人員簽名	
准考證號碼			(請勿於測試結束前先行簽名)

項目	評審標準及扣分要項	評審記錄		備註
一、有下列情形之一者爲不及格，第二大項不予評審		不予評審		1. 本評審表總分爲100分，各單項配分如下： (1)正投影組合圖 55分 (2)立體分解系統圖 45分 2. 各單項中之「其他錯誤」扣分，不包含在總分100分內；但各單項扣分+「其他錯誤」不得超過該單項配分。 3. 在第一大項勾選不予評審時，第二大項無須評審，得分總計爲0分，亦即爲不及格。 4. 本評審表採整數扣分制，扣分總計達41分(含)以上者爲不及格。 5. 評審完後，請於評審表最下方成績欄內註記「扣分總計」及「得分總計」(扣分總計加得分總計應爲100分)，並於評審結果欄以『✓』填記。
(一)	放棄出圖或大部份未完成者			
(二)	正投影組合圖未繪製或投影嚴重錯誤者			
(三)	立體零件大部份未繪製或嚴重錯誤者			
(四)	未依試題說明繪製者(說明：　)			
(五)	違反試場規則規定者(說明：　)			
二、無第一大項之各種情形，但有下列情形，扣分總計達41分(含)以上者亦爲不及格		評分單元扣分記錄	單項小計	
正投影組合圖	1. 零件1～10裝配位置錯誤扣3～12分(每零件扣3分)			
	2. 零件11～13裝配位置錯誤扣1～3分(每零件扣1分)			
	3. 零件1～5圖形錯誤扣3～12分(每零件扣3分)			
	4. 零件6～13圖形錯誤扣1～6分(每零件扣1分)			
	5. 視圖未(少)畫或不理想者扣1～6分			
	6. 剖面未繪製或不理想者扣1～5分			
	7. 件號未標或不理想者扣1～3分(每2件扣1分)			
	8. 零件表未繪製或不理想者扣1～3分			
	9. 圖框標題欄未依規定繪製或填妥者扣1分			
	10. 組合尺度未繪製或不理想者扣1分			
	11. 比例錯誤或不理想者扣2分			
	12. 佈圖不理想者扣1分			
	其他錯誤扣1～6分(說明：　)			
立體分解系統圖	1. 零件1未繪製、錯誤或不理想者扣1～6分			
	2. 零件2未繪製、錯誤或不理想者扣1～2分			
	3. 零件3未繪製、錯誤或不理想者扣1～2分			
	4. 零件4未繪製、錯誤或不理想者扣1～2分			
	5. 零件5未繪製、錯誤或不理想者扣1～2分			
	6. 零件6未繪製、錯誤或不理想者扣1分			
	7. 零件7未繪製、錯誤或不理想者扣1分			
	8. 零件8未繪製、錯誤或不理想者扣1分			
	9. 零件9未繪製、錯誤或不理想者扣1分			
	10. 零件10未繪製、錯誤或不理想者扣1分			
	11. 零件11未繪製、錯誤或不理想者扣1分			
	12. 零件12未繪製、錯誤或不理想者扣1分			
	13. 零件13未繪製、錯誤或不理想者扣1分			
	14. 零件裝配位置錯誤或不理想者扣1～10分(每零件扣1分)			
	15. 等角視圖方向錯誤或不理想者扣1～2分			
	16. 系統線未繪製或不理想者扣1～3分			
	17. 圖框標題欄未依規定繪製或填妥者扣1～2分			
	18. 佈圖不理想者扣1～2分			
	19. 潤飾未表現或不理想者扣1～2分			
	20. 比例錯誤或不理想者扣1～2分			
	其他錯誤扣1～5分(說明：　)			

放棄出圖者，請簽名：________________

扣分總計(　　)分	得分總計(　　)分

電腦輔助機械設計製圖乙級技術士技能檢定評審表(B.相關圖)

試題編號	20800-990209-B	評審結果	□及格　　□不及格　　□缺考
檢定日期	年　月　日	監評人員簽名	(請勿於測試結束前先行簽名)
准考證號碼			

項目	評審標準及扣分要項	評審記錄		備註
一、有下列情形之一者為不及格，第二大項不予評審		不予評審		1. 本評審表總分為 100 分，各單項配分如下： (1)正投影組合圖 55 分 (2)立體分解系統圖 45 分 2. 各單項中之「其他錯誤」扣分，不包含在總分 100 分內；但各單項扣分＋「其他錯誤」不得超過該單項配分。 3. 在第一大項勾選不予評審時，第二大項無須評審，得分總計為 0 分，亦即為不及格。 4. 本評審表採整數扣分制，扣分總計達 41 分(含)以上者為不及格。 5. 評審完後，請於評審表最下方成績欄內註記「扣分總計」及「得分總計」(扣分總計加得分總計應為 100 分)，並於評審結果欄以『✓』填記。
(一)	放棄出圖或大部份未完成者			
(二)	正投影組合圖未繪製或投影嚴重錯誤者			
(三)	立體零件大部份未繪製或嚴重錯誤者			
(四)	未依試題說明繪製者(說明：　　　)			
(五)	違反試場規則規定者(說明：　　　)			
二、無第一大項之各種情形，但有下列情形，扣分總計達 41 分(含)以上者亦為不及格		評分單元扣分記錄	單項小計	
正投影組合圖	1. 零件 1～7 裝配位置錯誤扣 3～12 分(每零件扣 3 分)			
	2. 零件 8～11 裝配位置錯誤扣 1～4 分(每零件扣 1 分)			
	3. 零件 1～7 圖形錯誤扣 3～12 分(每零件扣 3 分)			
	4. 零件 8～11 圖形錯誤扣 1～4 分(每零件扣 1 分)			
	5. 視圖未(少)畫或不理想者扣 1～6 分			
	6. 剖面未繪製或不理想者扣 1～6 分			
	7. 件號未標或不理想者扣 1～3 分(每 2 件扣 1 分)			
	8. 零件表未繪製或不理想者扣 1～3 分			
	9. 圖框標題欄未依規定繪製或填妥者扣 1 分			
	10. 組合尺度未繪製或不理想者扣 1 分			
	11. 比例錯誤或不理想者扣 2 分			
	12. 佈圖不理想者扣 1 分			
	其他錯誤扣 1～6 分(說明：　　　)			
立體分解系統圖	1. 零件 1 未繪製、錯誤或不理想者扣 1～5 分			
	2. 零件 2 未繪製、錯誤或不理想者扣 1～2 分			
	3. 零件 3 未繪製、錯誤或不理想者扣 1～3 分			
	4. 零件 4 未繪製、錯誤或不理想者扣 1～3 分			
	5. 零件 5 未繪製、錯誤或不理想者扣 1 分			
	6. 零件 6 未繪製、錯誤或不理想者扣 1～2 分			
	7. 零件 7 未繪製、錯誤或不理想者扣 1～2 分			
	8. 零件 8 未繪製、錯誤或不理想者扣 1 分			
	9. 零件 9 未繪製、錯誤或不理想者扣 1 分			
	10. 零件 10 未繪製、錯誤或不理想者扣 1 分			
	11. 零件 11 未繪製、錯誤或不理想者扣 1 分			
	12. 零件裝配位置錯誤或不理想者扣 1～10 分(每零件扣 1 分)			
	13. 等角視圖方向錯誤或不理想者扣 1～2 分			
	14. 系統線未繪製或不理想者扣 1～3 分			
	15. 圖框標題欄未依規定繪製或填妥者扣 1～2 分			
	16. 佈圖不理想者扣 1～2 分			
	17. 潤飾未表現或不理想者扣 1～2 分			
	18. 比例錯誤或不理想者扣 1～2 分			
	其他錯誤扣 1～5 分(說明：　　　)			

放棄出圖者，請簽名：＿＿＿＿＿＿＿＿

扣分總計(　　)分	得分總計(　　)分

電腦輔助機械設計製圖乙級技術士技能檢定評審表(B.相關圖)

試題編號	20800-990210-B	評審結果	□及格　□不及格　□缺考
檢定日期	年　月　日	監評人員簽名	(請勿於測試結束前先行簽名)
准考證號碼			

項目		評審標準及扣分要項	評審記錄	單項小計
一、有下列情形之一者為不及格，第二大項不予評審			不予評審	
(一)		放棄出圖或大部份未完成者		
(二)		正投影組合圖未繪製或投影嚴重錯誤者		
(三)		零件立體圖大部份未繪製或嚴重錯誤者		
(四)		未依試題說明繪製者(說明：　　)		
(五)		違反試場規則規定者(說明：　　)		
二、無第一大項之各種情形，但有下列情形，扣分總計達 41 分(含)以上者亦為不及格			評分單元扣分記錄	單項小計
正投影組合圖	1.	零件 1～3 裝配位置錯誤扣 3～9 分(每零件扣 3		
	2.	零件 4～9 裝配位置錯誤扣 2～8 分(每零件扣 2		
	3.	零件 1～3 圖形錯誤扣 2～6 分(每零件扣 2 分)		
	4.	零件 4～9 圖形錯誤扣 1～6 分(每零件扣 1 分)		
	5.	視圖未(少)畫或表達不理想者扣 4～10 分		
	6.	剖面未繪製或不理想者扣 2～6 分		
	7.	件號未標或不理想者扣 1～3 分(每零件扣 1 分)		
	8.	零件表未繪製或不理想者扣 1～3 分		
	9.	圖框標題欄未依規定繪製或填妥者扣 1 分		
	10.	組合尺度未繪製或不理想者扣 1 分		
	11.	比例錯誤或不理想者扣 1 分		
	12.	佈圖不理想者扣 1 分		
		其他錯誤扣 1～6 分(說明：　　)		
立體組合圖	1.	零件 1 未繪、錯誤或不理想者扣 1～5 分		
	2.	零件 2 未繪、錯誤或不理想者扣 1～4 分		
	3.	零件 3 未繪、錯誤或不理想者扣 1～3 分		
	4.	零件 4 未繪、錯誤或不理想者扣 1～2 分		
	5.	零件 5 未繪、錯誤或不理想者扣 1～2 分		
	6.	零件 6 未繪、錯誤或不理想者扣 1～2 分		
	7.	零件 7 未繪、錯誤或不理想者扣 1～2 分		
	8.	零件 8 未繪、錯誤或不理想者扣 1～2 分(每零件扣 1 分)		
	9.	零件 9 未繪、錯誤或不理想者扣 1～2 分(每零件扣 1 分)		
	10.	組合剖面未繪製或不理想者扣 2～6 分		
	11.	零件位置錯誤扣 1～5 分(每零件扣 1 分)		
	12.	等角視圖方向錯誤或不理想者扣 1～2 分		
	13.	圖框標題欄未依規定繪製或填妥者扣 1～2 分		
	14.	佈圖不理想者扣 1～2 分		
	15	潤飾未表現或不理想者扣 1～2 分		
	16.	比例錯誤者扣 1～2 分		
		其他錯誤扣 1～5 分(說明：　　)		

備註

1. 本評審表總分為 100 分，各單項分數如下：
   (1)正投影組合圖 55 分
   (2)立體組合圖 45 分
2. 各單項中之「其他錯誤」扣分，不包含在總分 100 分內；但各單項扣分＋「其他錯誤」不得超過該單項配分。
3. 在第一大項勾選不予評審時，第二大項無須評審，得分總計為 0 分，亦即為不及格。
4. 本評審表採整數扣分制，扣分總計達 41 分(含)以上者為不及格。
5. 評審完後，請於評審表最下方成績欄內註記「扣分總計」及「得分總計」(扣分總計加得分總計應為 100 分)，並於評審結果欄以『✓』填記。

放棄出圖者，請簽名：＿＿＿＿＿＿＿＿＿＿

扣分總計(　　)分	得分總計(　　)分

試題編號：20800-990201-A

工作圖試題說明：

一、 本工作圖試題繪製**時間4小時**(可提前交卷但不加分)，不含出圖時間。試題依第三角法 命題，應檢人可選用第一角法或第三角法繪製，惟不得混用。

二、 應檢人繪製時，圖中的線條、數字及符號等應依照最近公佈之CNS國家標準繪製。

三、 應檢人依規定可使用之自備工具爲：**直尺**、**量角器**、**比例尺**等。只可參閱場地提供之設計資料檔，嚴禁攜帶**自備之設計資料**及**任何儲存媒體**。

四、 『**變更設計**』由監評人員現場抽定(寫於黑板上)，依試題所示之變更設計X及Y處繪製，變更設計將加重計分。

五、 **試題**：(依監評人員抽定之變更設計繪製)

1. 繪製零件 2、零件 3 及零件 4：出圖於一張 A2 圖紙
   依 1：1 之比例，繪製零件 2、零件 3 及零件 4 之工作圖於一張 A2 圖紙，工作圖須含尺度標註、公差配合、幾何公差、表面織構符號及零件表等。(零件 2 及零件 3 須依試題所示繪製蝸桿與蝸輪數據表，並計算補足空白欄位)
2. 繪製零件 5：出圖於一張 A3 圖紙
   依 1：1 之比例，繪製零件 5 之工作圖於一張 A3 圖紙，工作圖須含尺度標註、公差配合、幾何公差、表面織構符號及零件表等。
3. 手寫計算：於一張 A3 試題卷（編號 4/4）
   依試題卷上之說明及抽定之變更設計，手寫計算蝸桿導程角、軸向節距及中心距離等於試題卷（編號 4/4）上，結束時連同出圖卷一併繳交。

六、 各圖面請繪製如**圖**(a)所示之A2及A3有裝訂邊圖框、標題欄及零件表，如**表**(a)所示，並填妥適當之內容。

七、 繪製時間結束時，請以『**准考證號碼**』為檔名，存入電腦資料碟中(嚴禁使用自備之任何儲存媒體)，並確認已存檔後，電腦螢幕須保留現況，即離開崗位將試題交回給監 評人員，並出場等候出圖之指示。

八、 **出圖**：

1. 中途離場或放棄出圖者須告知監評人員，並在評審表“放棄出圖者”處簽名後離場，若未依規定而離場者視同不及格。
2. 應檢人請依監評人員之指示，將電腦繪製之圖面以黑色列印於規定圖紙上；倘若圖面未完整列印，得重新出圖，並將前一張圖紙作廢。
3. 應檢人出圖後須確認圖面，並在**右下角簽名**後始得離場。監評人員則在右上角簽章確認。

表(a)　零件表

件 號	名 稱	數 量	材 料	備 註
2	蝸桿軸	1	S45C	
3	蝸輪	1	S25C	
4	下方軸蓋	1	FC200	
5	蝸輪軸	1	S45C	

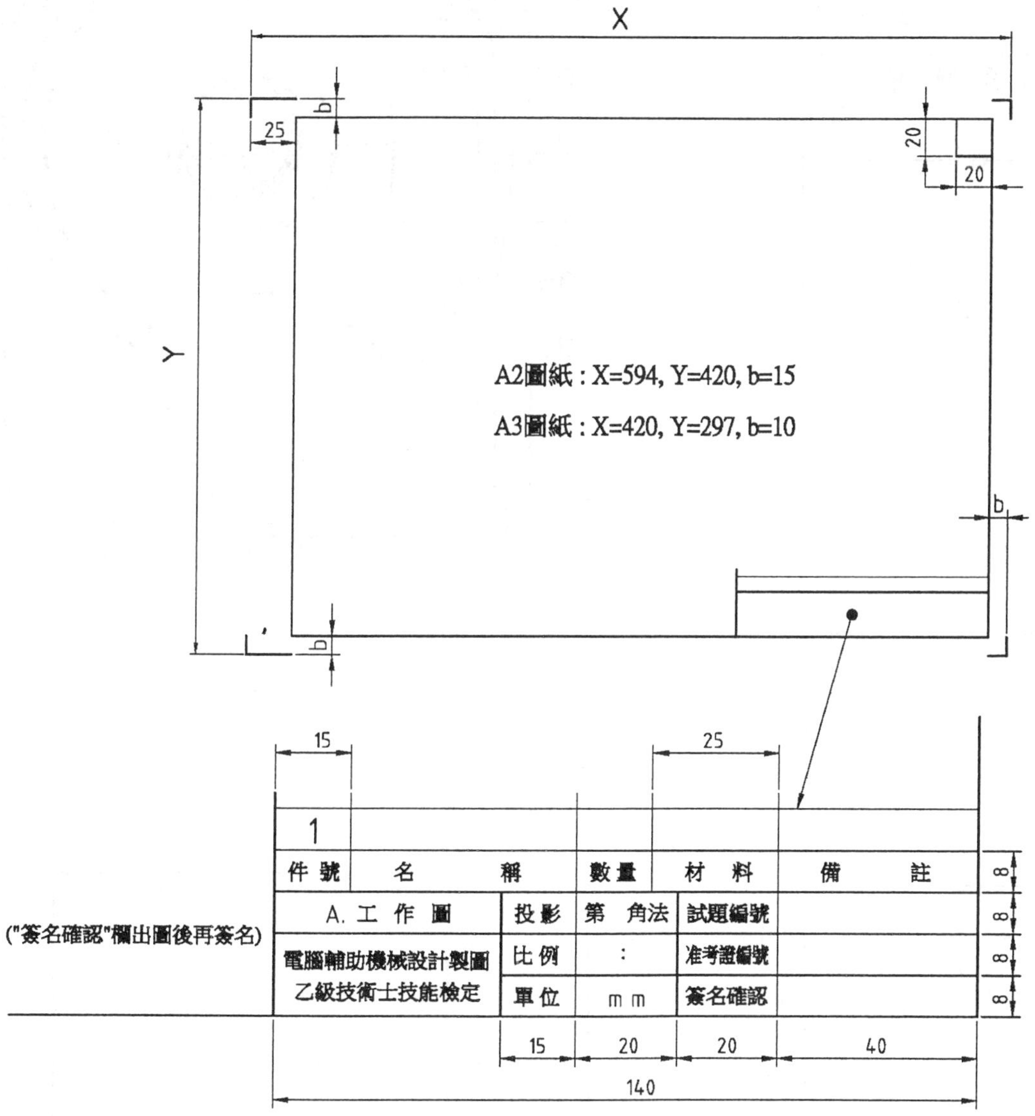

圖(a)

公佈題目

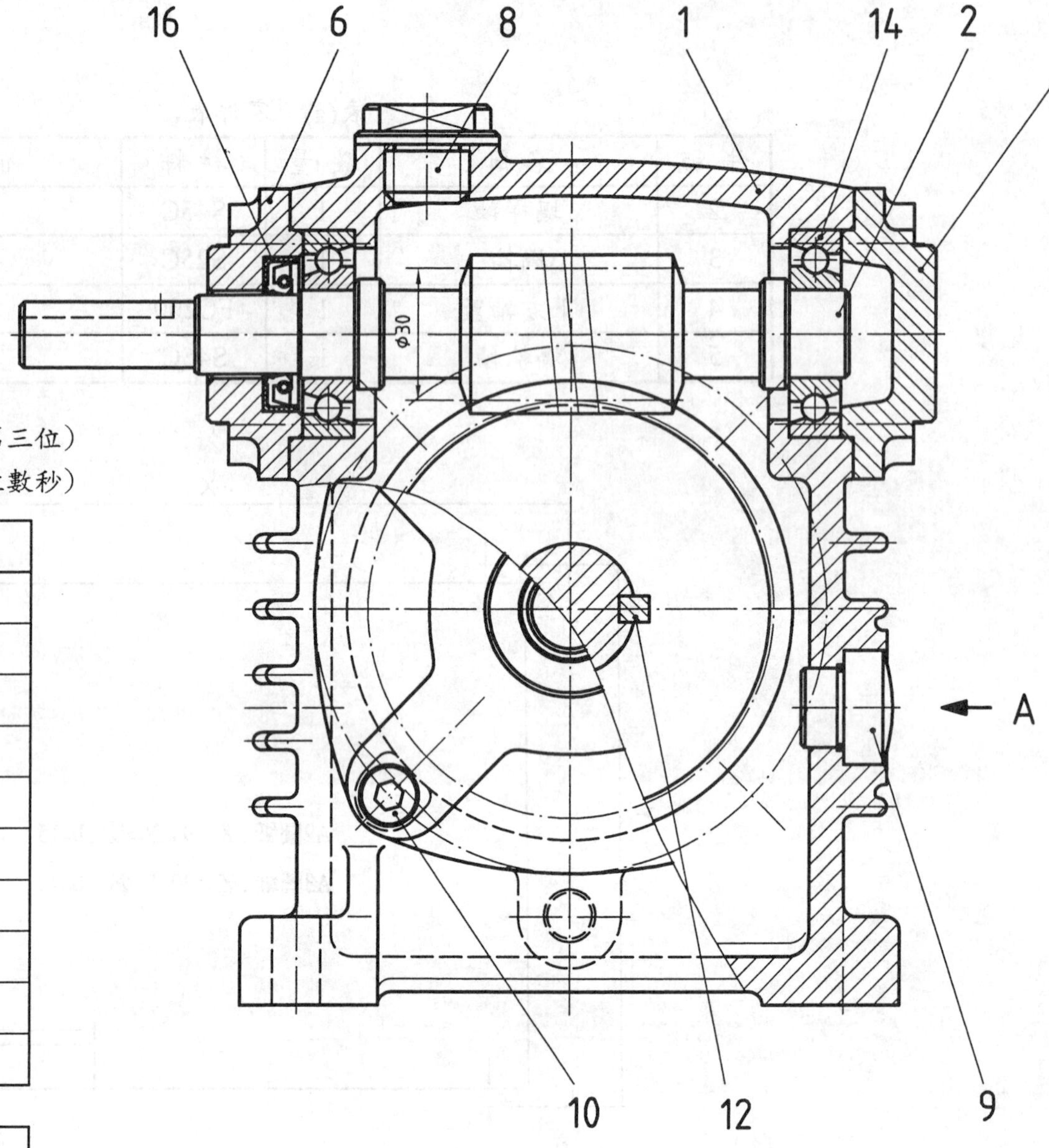

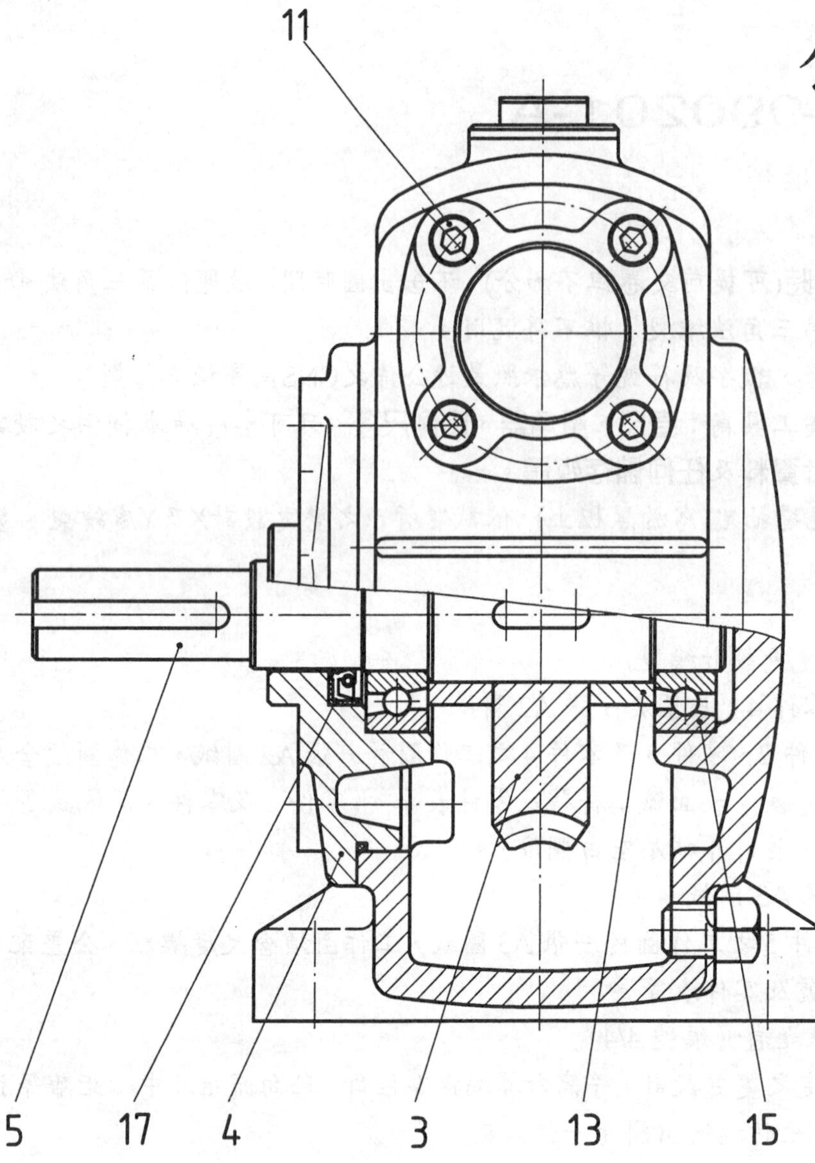

(計算誤差可允許至小數點第三位)
(計算角度誤差可允許至個位數秒)

件 2 蝸 桿 數 據 表	
法面模數	
法面壓力角	20°
軸向節距	
螺紋數	
旋向	右
節圓直徑	ϕ30
導程角	
嚙合蝸輪件號	3
嚙合蝸輪齒數	
中心距離	

件 3 蝸 輪 數 據 表		
法面模數		
法面壓力角		20°
節距		
齒數		
節圓直徑		
嚙合蝸桿	螺紋數	
	旋向	右
	節圓直徑	ϕ30
	導程角	
	軸向節距	
嚙合蝸桿件號		2
中心距離		

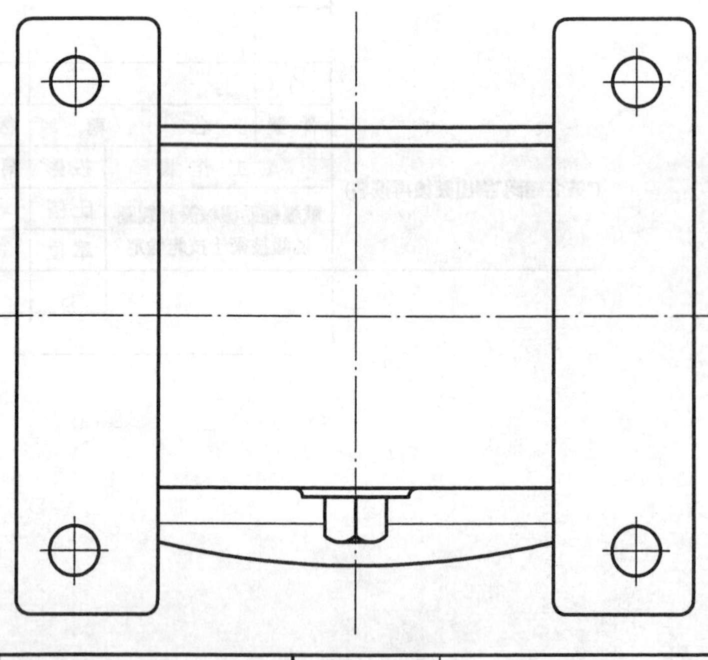

A

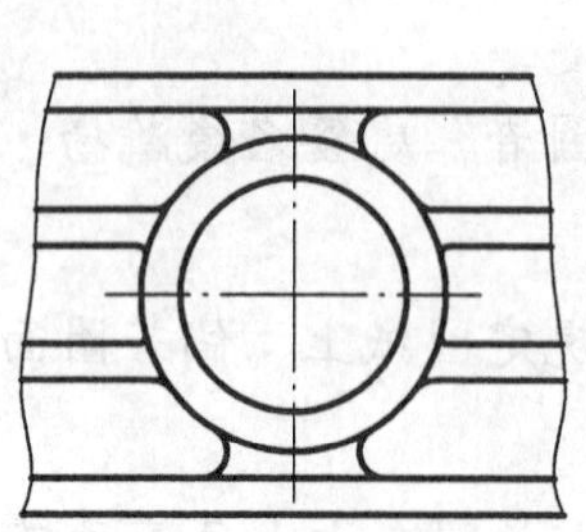

變 更 設 計 表		
設計 \ 選項	1	2
X	件2:法面模數3,螺紋數1 件3:齒數32	件2:法面模數2.5,螺紋數2 件3:齒數38
Y	件12:半圓鍵6x22	件12:雙頭圓平行鍵8x7

電腦輔助機械設計製圖 乙級技術士技能檢定	核定 單位	勞動力發展署 技能檢定中心	圖 名	蝸桿蝸輪減速機(一)			時 數	4 小時	A.工作圖	試 題 編 號	
			投 影	第三角法	比 例	3 : 5	日 期	民國 99 年12 月		20800-990201-A	1/4

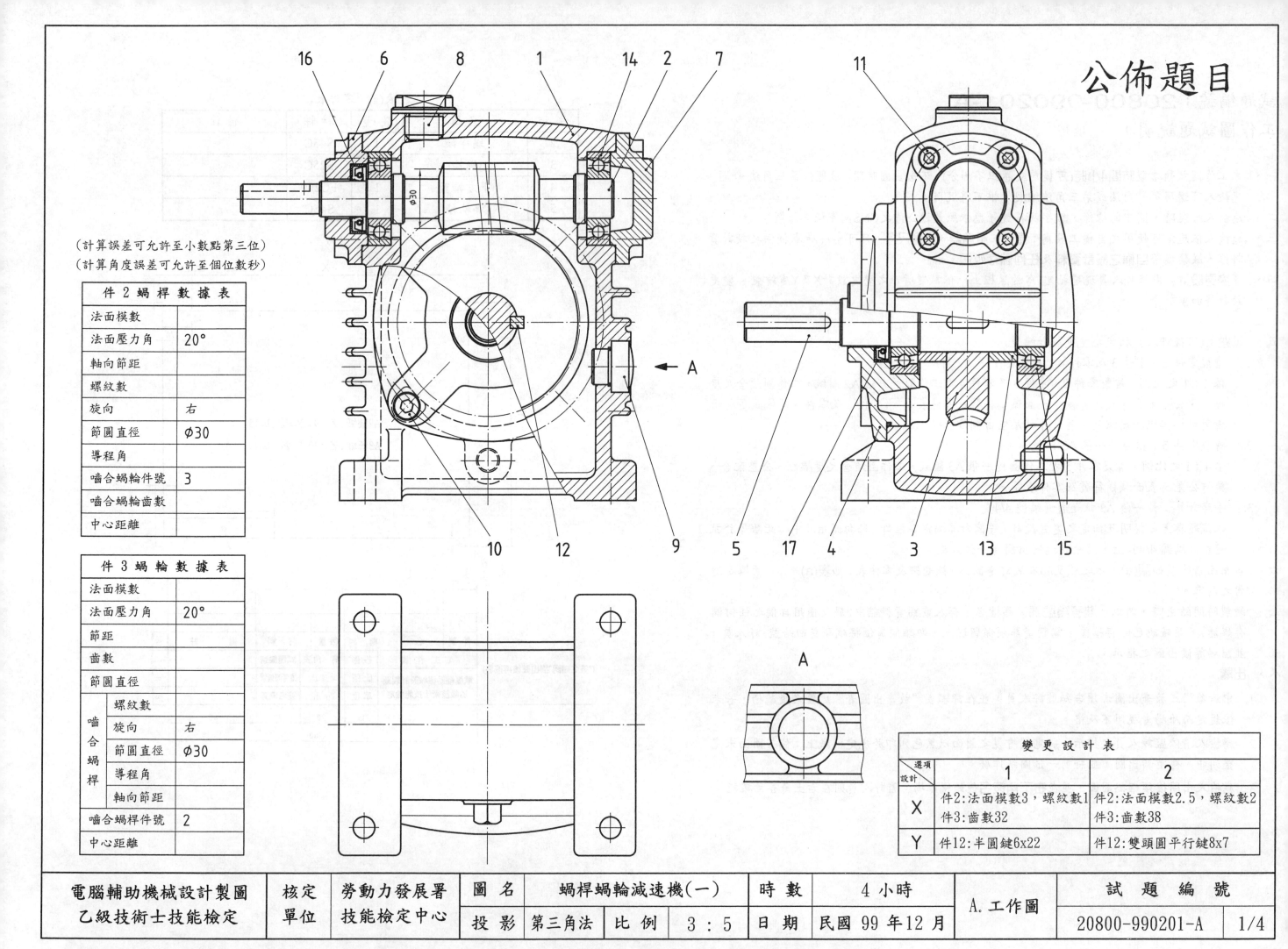

公佈題目

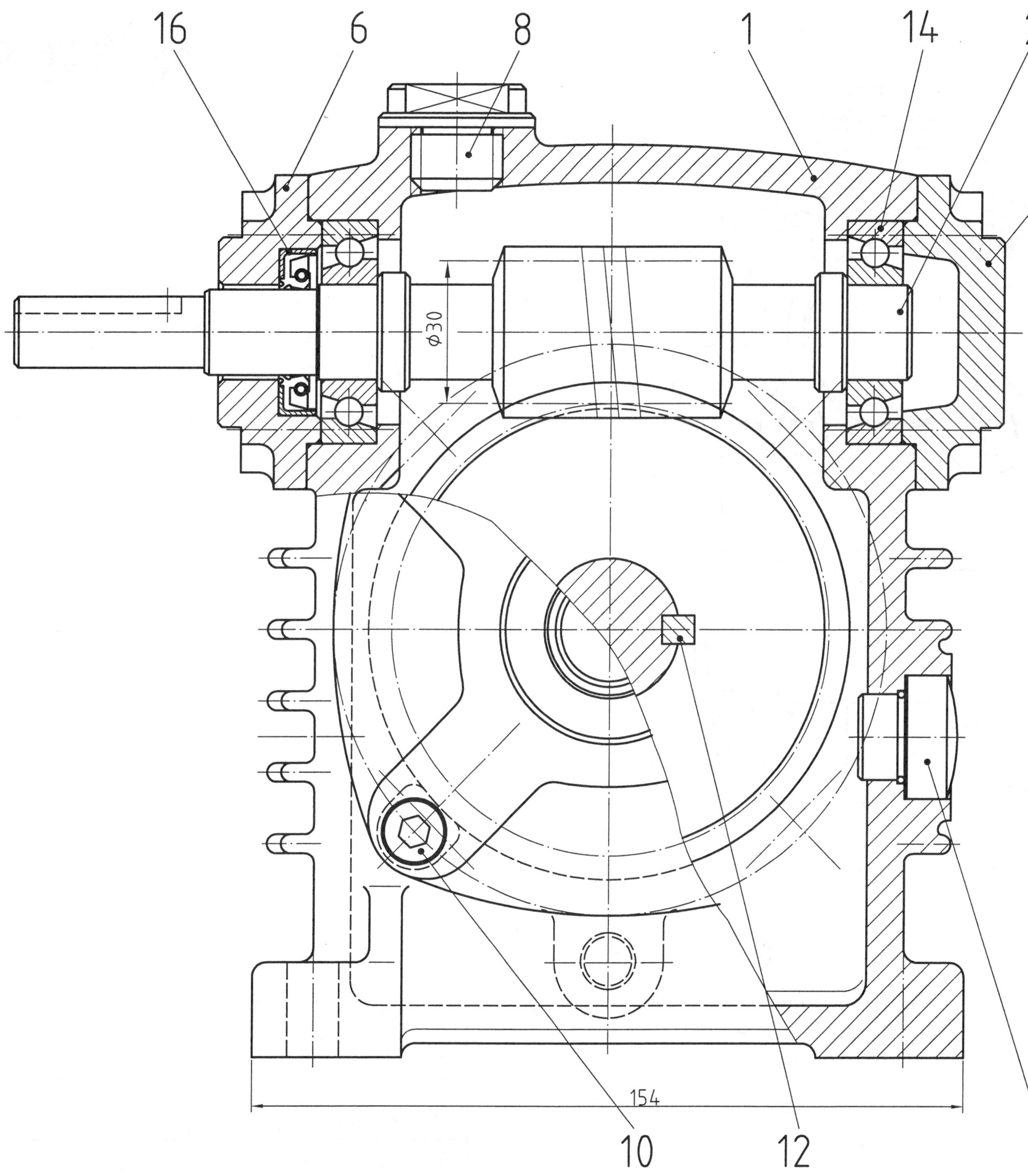

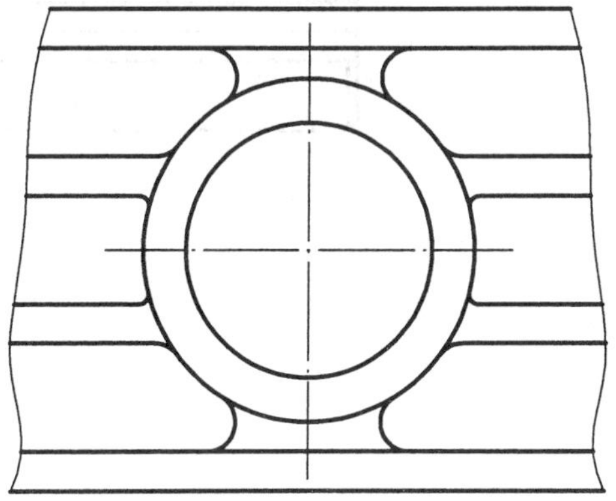

變 更 設 計 表		
選項 / 設計	1	2
X	件2:法面模數3，螺紋數1 件3:齒數32	件2:法面模數2.5，螺紋數2 件3:齒數38
Y	件12:半圓鍵6x22	件12:雙頭圓平行鍵8x7

電腦輔助機械設計製圖 乙級技術士技能檢定	核定 單位	勞動力發展署 技能檢定中心	圖 名	蝸桿蝸輪減速機(一)		時 數	4 小時	A.工作圖	試 題 編 號	
			投 影	第三角法	比 例 1 : 1	日 期	民國 99 年12 月		20800-990201-A	2/4

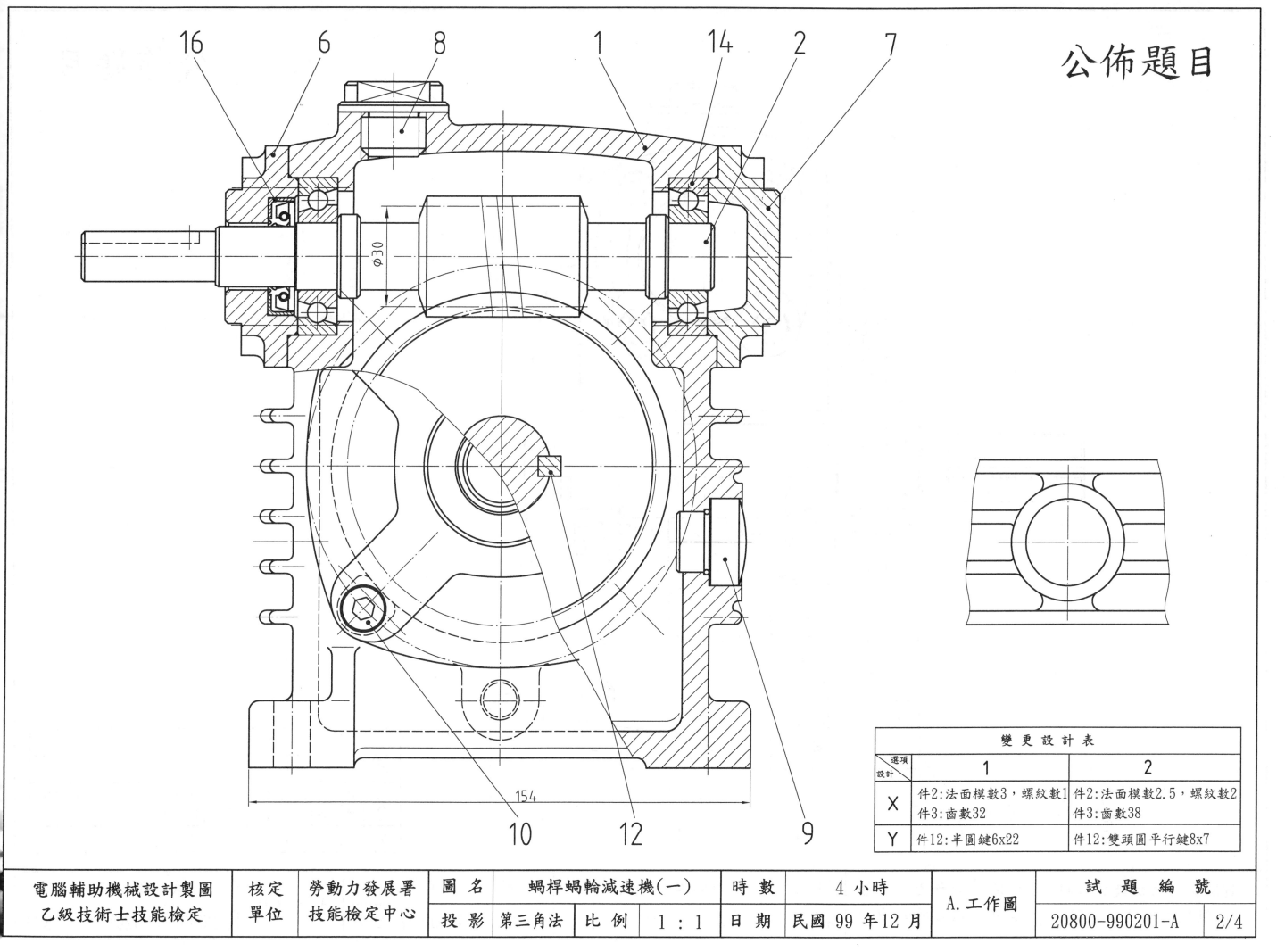

公佈題目

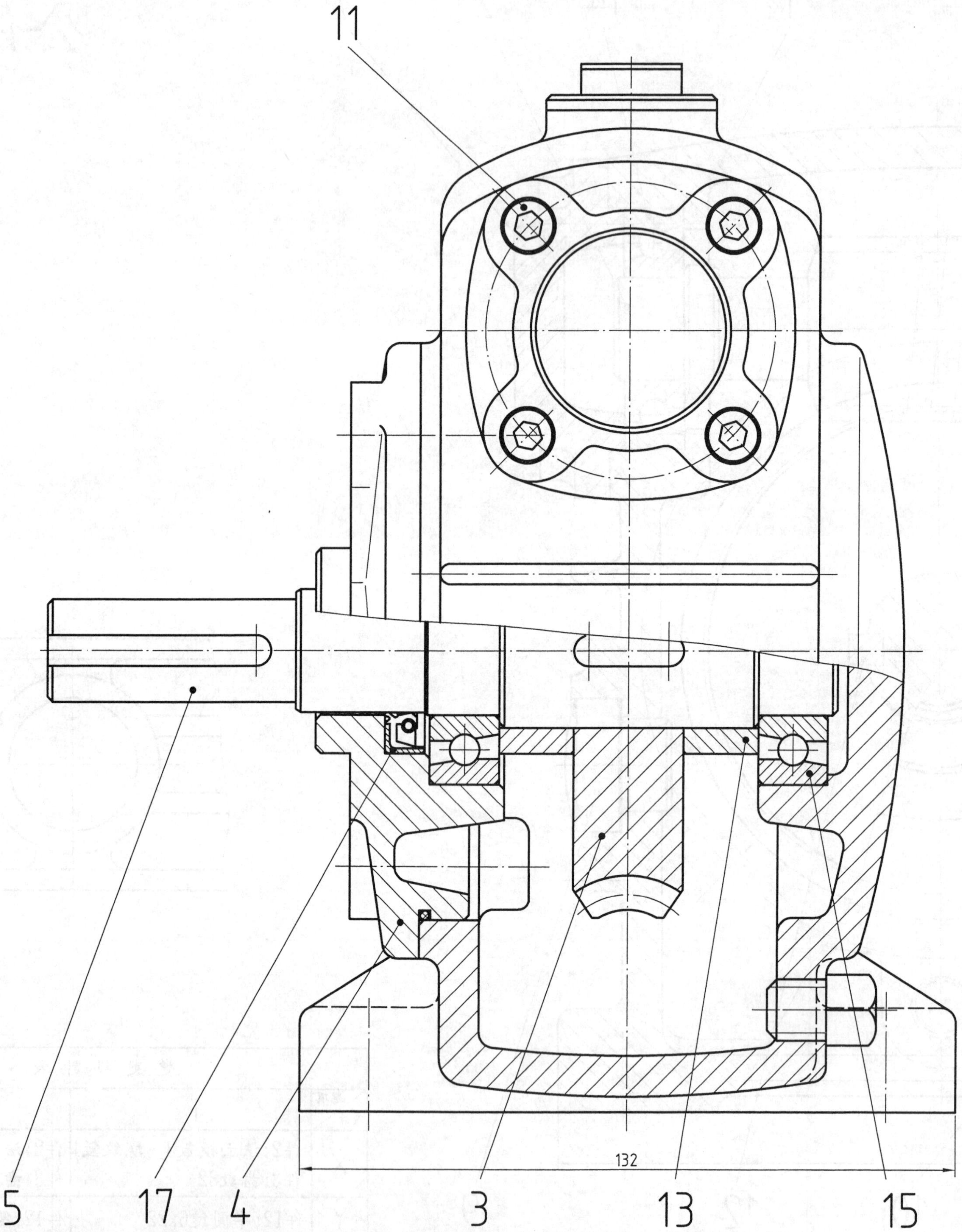

變更設計表

設計 \ 選項	1	2
X	件2:法面模數3，螺紋數1 件3:齒數32	件2:法面模數2.5，螺紋數2 件3:齒數38
Y	件12:半圓鍵6x22	件12:雙頭圓平行鍵8x7

電腦輔助機械設計製圖 乙級技術士技能檢定	核定 單位	勞動力發展署 技能檢定中心	圖 名	蝸桿蝸輪減速機(一)	時 數	4 小時	A. 工作圖	試 題 編 號
			投 影	第三角法	比 例	1：1	日 期	民國 99 年12 月
								20800-990201-A 3/4

公佈題目

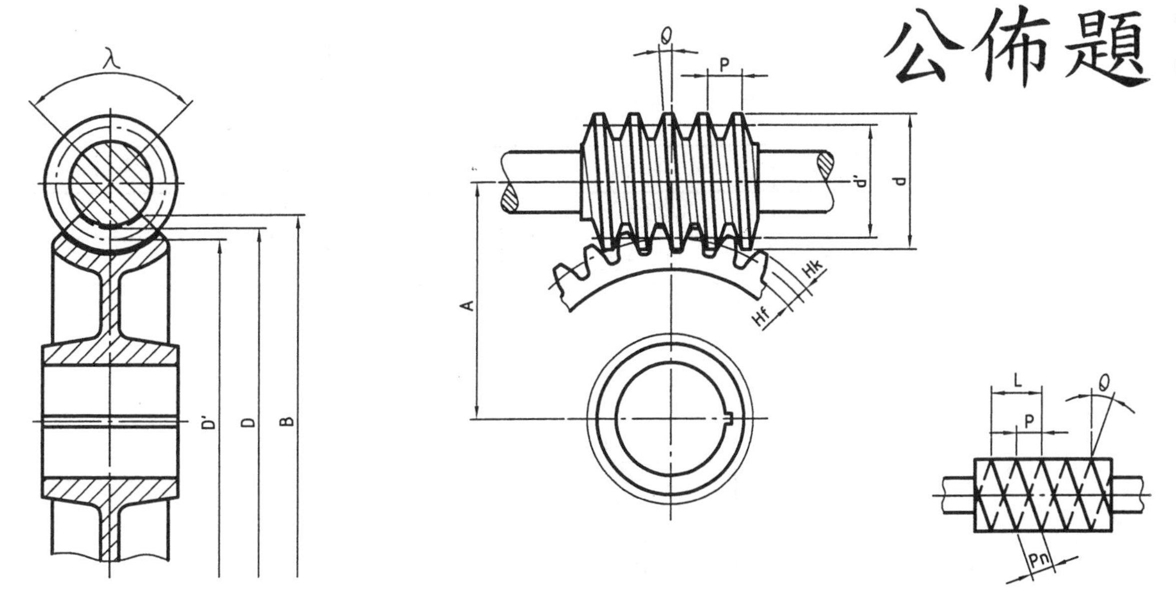

各部名稱	記號	計算公式
模數(軸直角)	Ms	Ms=D'/N=P/π=Mn/cosθ
法面模數(齒直角)	Mn	Mn=Ms×cosθ=Pn/π
(軸向)節距	P	P=πMs=(πD')/N=(πD)/(N+2)
法面節距	Pn	Pn=P×cos θ
齒數	N	N=D'/Ms=(D/Ms)-2=(π × D')/P
齒冠	Hk	Hk=Ms=0.3183P
齒根	Hf	Hf=Hk+C=1.25Ms=0.3979P
齒間隙	C	C<=0.25Ms
節線上之齒厚	T	T=P/2=(π ×Ms)/2
節線上法面齒厚	Tn	Tn=T×cosθ
齒有效高度	He	He=2Hk=2Ms=0.6366P
齒全高	H	H=Hk+Hf=He+C=0.7162P
蝸輪節圓直徑	D'	D'=Ms×N=(N×P)/π =0.3183NP
蝸輪喉直徑	D	D=D'+2Hk=(N+2)/Ms=((N+2)/π)P
蝸輪之面角	λ	λ =60°~80°
蝸輪之最大徑	B	B=D+(d'-2Hk)×(1-cos (λ/2))
蝸桿導程	L	L=P(1線螺紋), L=2P(2線螺紋), L=3P(3線螺紋)
蝸桿之節圓直徑	d'	d'=L/(π ×tanθ)
蝸桿之外徑	d	d=d'+2Hk=d'+2Ms
中心距離	A	A=(D'+d')/2
蝸桿之導程角	θ	tanθ =L/(π×d')

備考:tanθ=sinθ/cosθ,sin²θ+cos²θ=1,sin(90°-θ)=cosθ,cos(90°-θ)=sinθ,tan(90°-θ)=cotθ=1/tanθ

說明

1. 在底下空白處，依抽定之變更設計填入已知值，以手寫方式計算蝸桿之導程角θ、(軸向)節距P及中心距離A的值。
2. 手寫須清晰可讀，計算過程必須詳細並符合邏輯，否則酌以扣分。
3. 須依左側之記號及公式書寫詳細計算過程。只寫答案者不予計分。
4. 本試卷(4/4)亦為答案卷，在測驗後連同出圖卷一同交給監評人員。

已知

依抽定之變更設計填入:(變更設計填:X___Y___)

蝸桿節圓直徑d'=30　　法面模數 Mn = ______

螺紋數=_______　　蝸輪齒數 N = ______

蝸桿之導程角θ

蝸桿之導程角θ = ______

軸向節距P

(軸向)節距 P = ______

中心距離A

中心距離 A = ______

准考證號碼		簽名	

(計算誤差可允許至小數點第三位)(計算角度誤差可允許至個位數秒)

電腦輔助機械設計製圖 乙級技術士技能檢定	核定單位	勞動力發展署 技能檢定中心	圖名	蝸桿蝸輪減速機(一)		時數	4 小時	A. 工作圖	試題編號	
			投影	第三角法	比例	日期	民國 99 年12 月		20800-990201-A	4/4

試題編號：20800-990202-A

工作圖試題說明：

一、 本工作圖試題繪製**時間4小時**(可提前交卷但不加分)，不含出圖時間。試題依第三角法 命題，應檢人可選用第一角法或第三角法繪製，惟不得混用。

二、 應檢人繪製時，圖中的線條、數字及符號等應依照最近公佈之CNS國家標準繪製。

三、 應檢人依規定可使用之自備工具爲：**直尺**、**量角器**、**比例尺**等。只可參閱場地提供之設計資料檔，嚴禁攜帶**自備之設計資料**及**任何儲存媒體**。

四、 『**變更設計**』由監評人員現場抽定(寫於黑板上)，依試題所示之變更設計X及Y處繪製，變更設計將加重計分。

五、 **試題**：(依監評人員抽定之變更設計繪製)

1. 繪製零件 1：出圖於一張 A2 圖紙

   依 1：2 之比例，繪製零件 1 之工作圖於一張 A2 圖紙，工作圖須含尺度標註、公差配合、幾何公差、表面織構符號及零件表等。

2. 繪製零件 6：出圖於一張 A3 圖紙

   依 1：1 之比例，繪製零件 6 之工作圖於一張 A3 圖紙，工作圖須含尺度標註、公差配合、幾何公差、表面織構符號及零件表等。

六、 各圖面請繪製如圖(a)所示之A2及A3有裝訂邊圖框、標題欄及零件表，如表(a)所示，並填妥適當之內容。

七、 繪製時間結束時，請以『准考證號碼』爲檔名，存入電腦資料碟中(嚴禁使用自備之任 何儲存媒體)，並確認已經存檔後，電腦螢幕須保留現況，即離開崗位將試題交回給監 評人員，並出場等候出圖之指示。

八、 **出圖**：

1. 中途離場或放棄出圖者須告知監評人員，並在評審表勾選放棄出圖及簽名後離場，若未依規定而離場者視同不及格。
2. 應檢人請依監評人員之指示，將電腦繪製之圖面以黑色列印於規定圖紙上；倘若圖面未完整列印，得重新出圖，並將前一張圖紙作廢。
3. 應檢人出圖後須確認圖面，並在**右下角簽名**後始得離場。監評人員則在右上角簽章確認。

表(a) 零件表

件號	名稱	數量	材料	備註
1	齒輪箱	1	FCD300	
6	蝸桿蓋	1	FCD250	

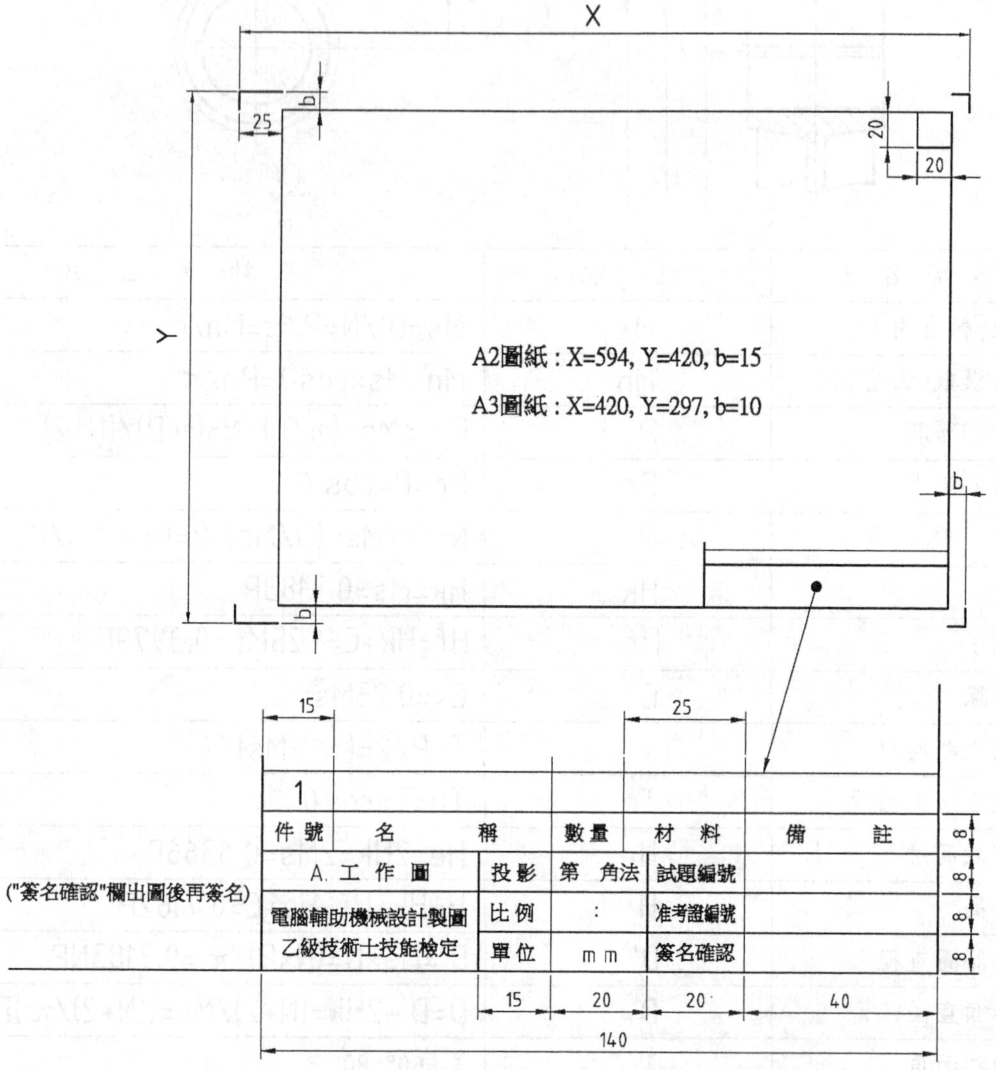

圖(a)

公佈題目

變更設計表		
選項 / 設計	1	2
X	件9:7204 件10:7205	件9:7205 件10:7206
Y	件3:模數(軸直角)2.5 齒數40	件3:模數(軸直角)3 齒數34

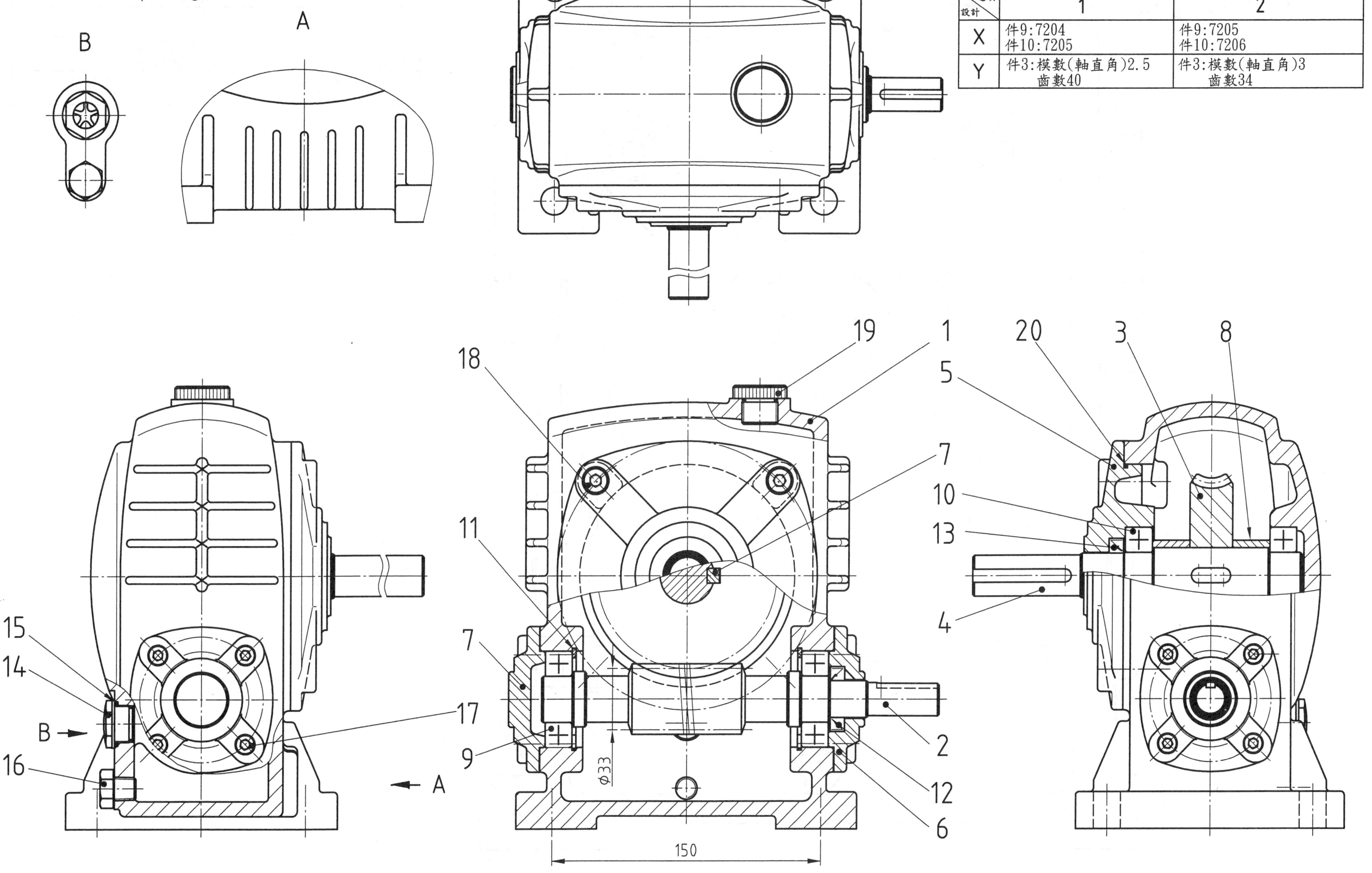

電腦輔助機械設計製圖 乙級技術士技能檢定	核定 單位	勞動力發展署 技能檢定中心	圖名	蝸桿蝸輪減速機(二)	時數	4 小時	A. 工作圖	試題編號
			投影	第三角法 比例 1 : 2	日期	民國 99 年12月		20800-990202-A 1/5

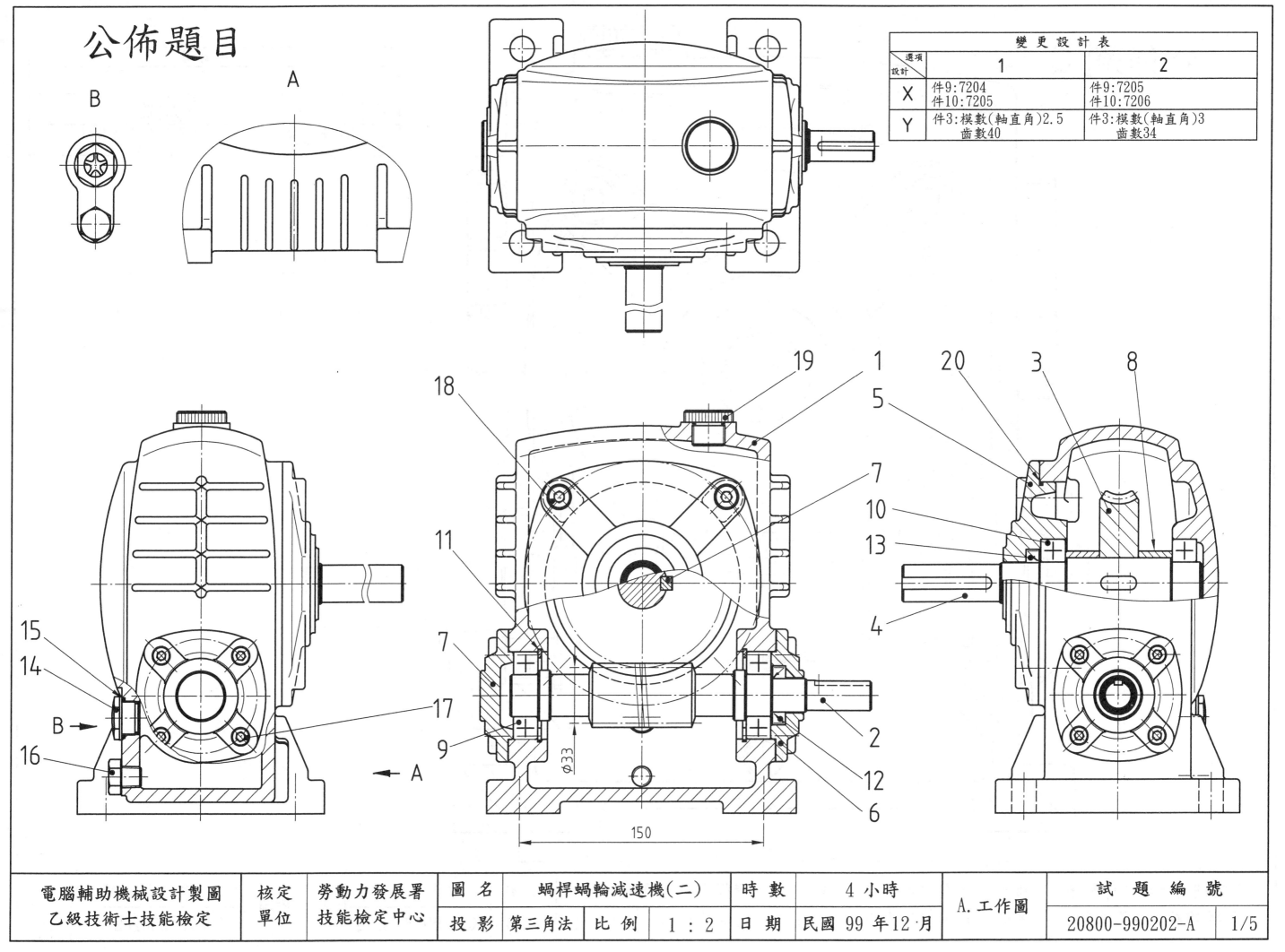

公佈題目

設計 \ 選項	1	2
變更設計表		
X	件9:7204 件10:7205	件9:7205 件10:7206
Y	件3:模數(軸直角)2.5 齒數40	件3:模數(軸直角)3 齒數34

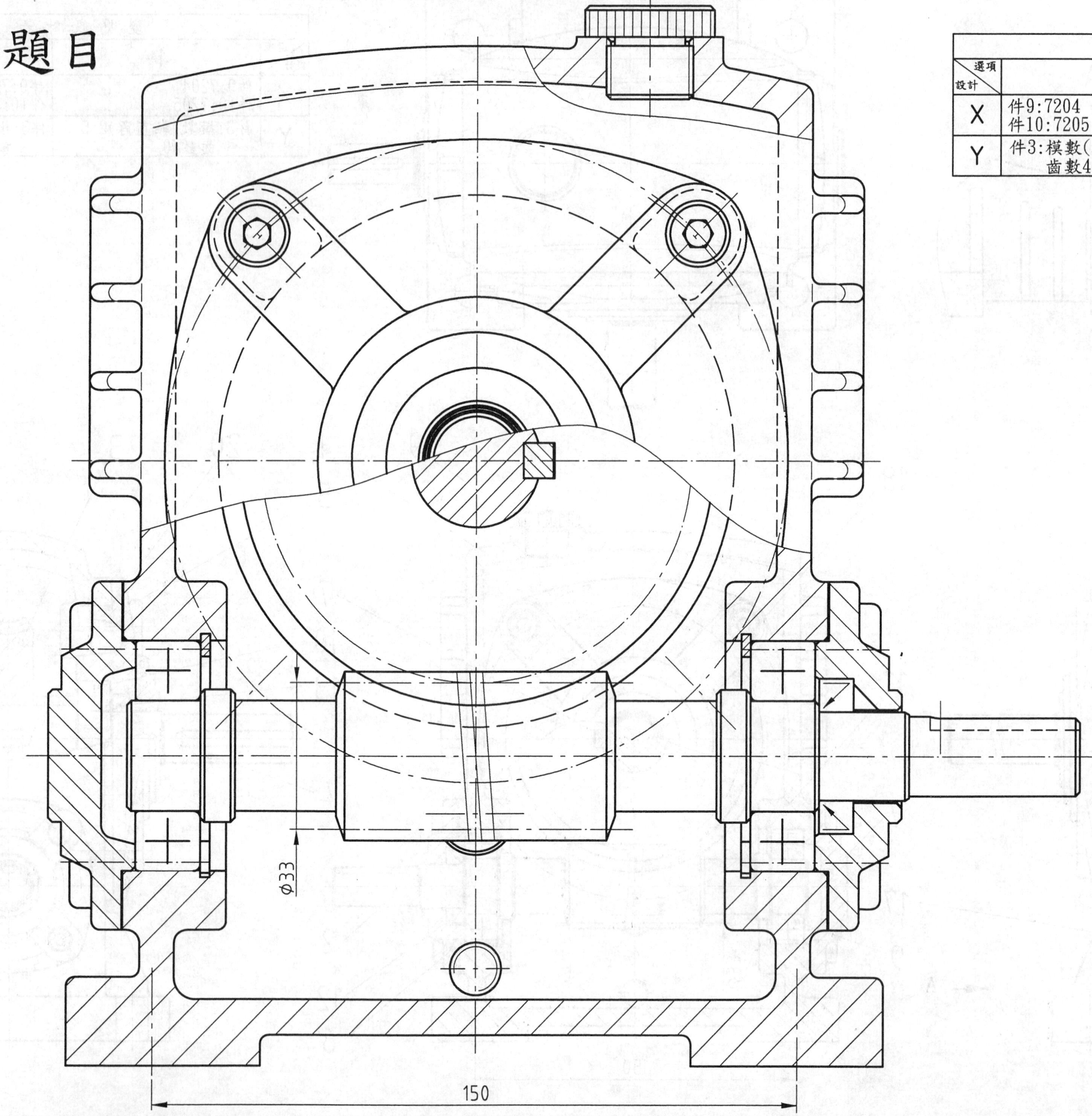

電腦輔助機械設計製圖	核定	勞動力發展署	圖 名	蝸桿蝸輪減速機(二)		時 數	4 小時	A. 工作圖	試 題 編 號
乙級技術士技能檢定	單位	技能檢定中心	投 影	第三角法	比 例 1:1	日 期	民國 99 年12 月		20800-990202-A 2/5

公佈題目

變更設計表		
選項 / 設計	1	2
X	件9:7204 件10:7205	件9:7205 件10:7206
Y	件3:模數(軸直角)2.5 齒數40	件3:模數(軸直角)3 齒數34

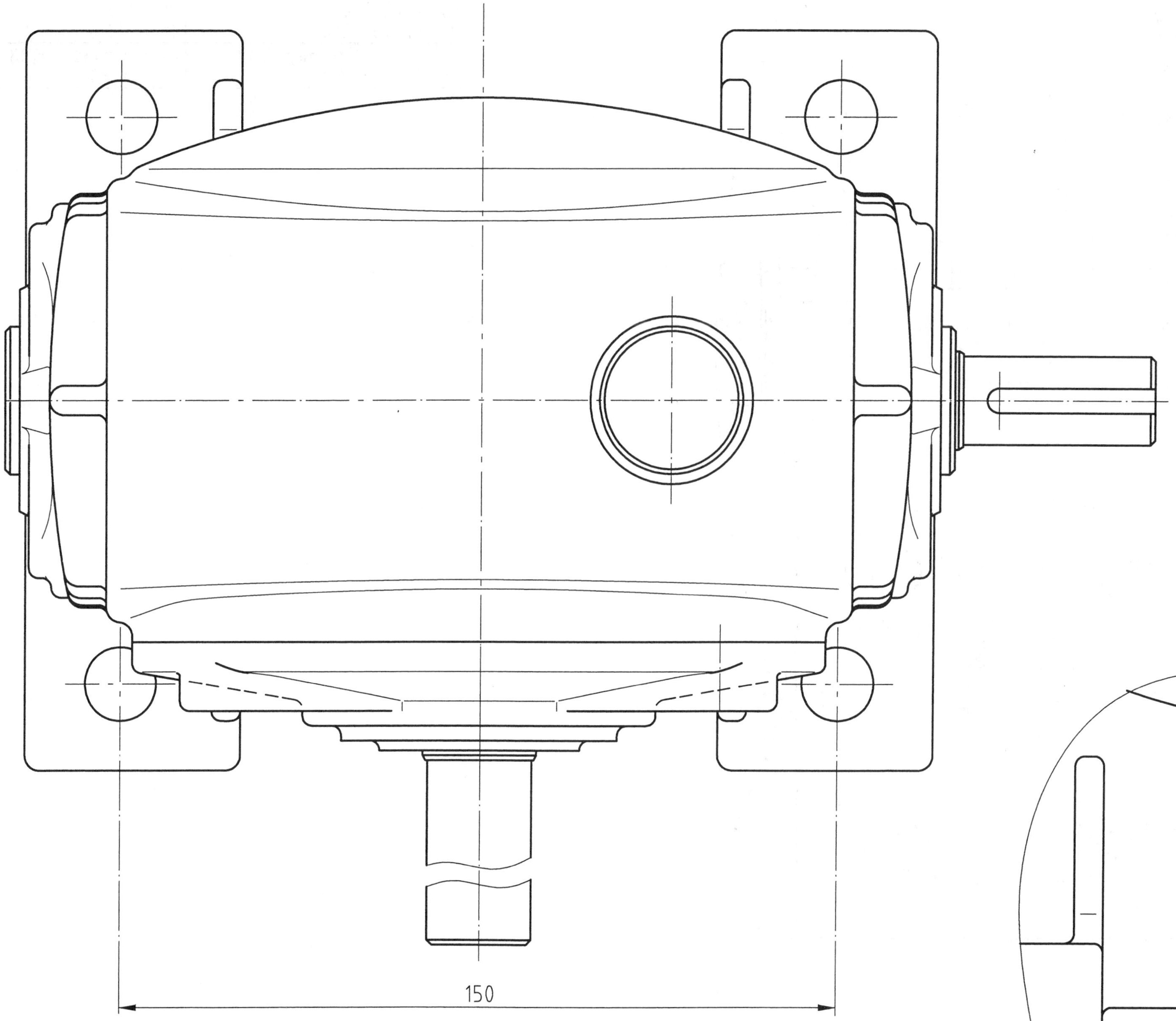

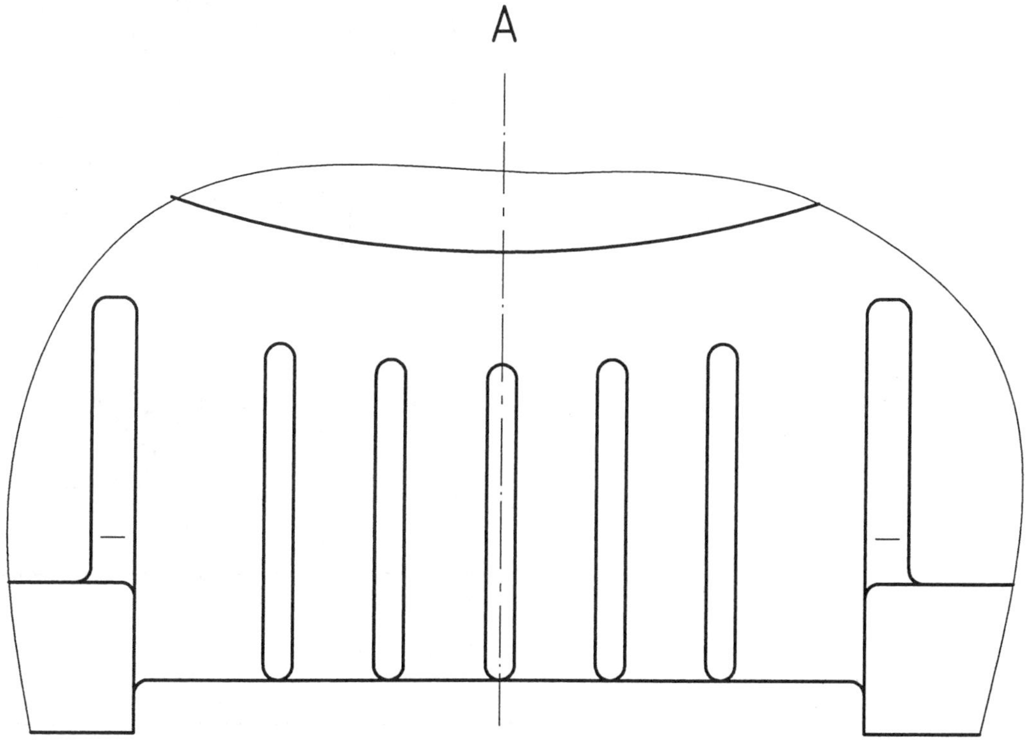

電腦輔助機械設計製圖 乙級技術士技能檢定	核定 單位	勞動力發展署 技能檢定中心	圖 名	蝸桿蝸輪減速機(二)	時 數	4 小時	A.工作圖	試 題 編 號
			投 影	第三角法 比 例 1 : 1	日 期	民國 99 年12 月		20800-990202-A 3/5

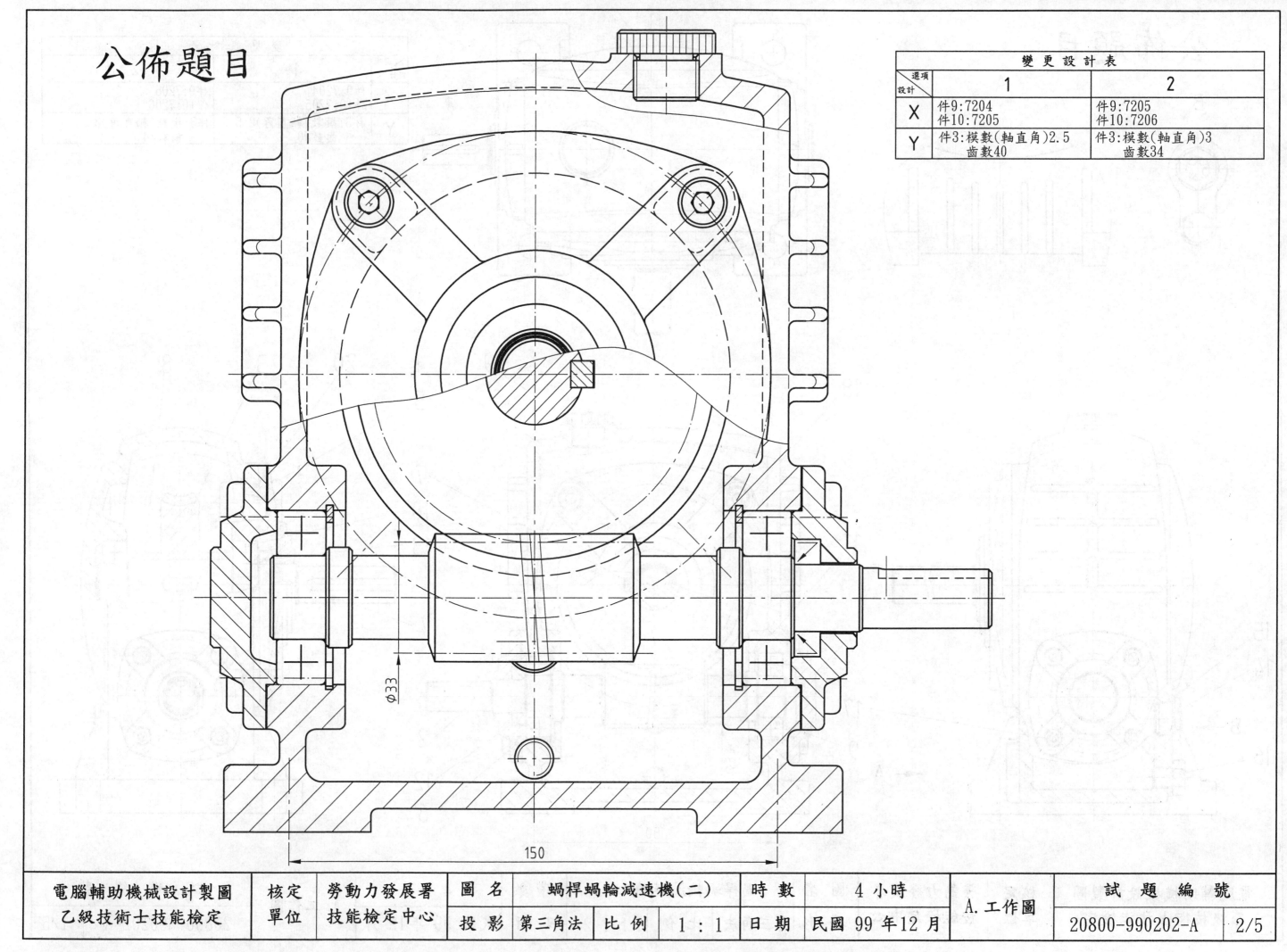

公佈題目

變更設計表		
選項 / 設計	1	2
X	件9:7204 件10:7205	件9:7205 件10:7206
Y	件3:模數(軸直角)2.5 齒數40	件3:模數(軸直角)3 齒數34

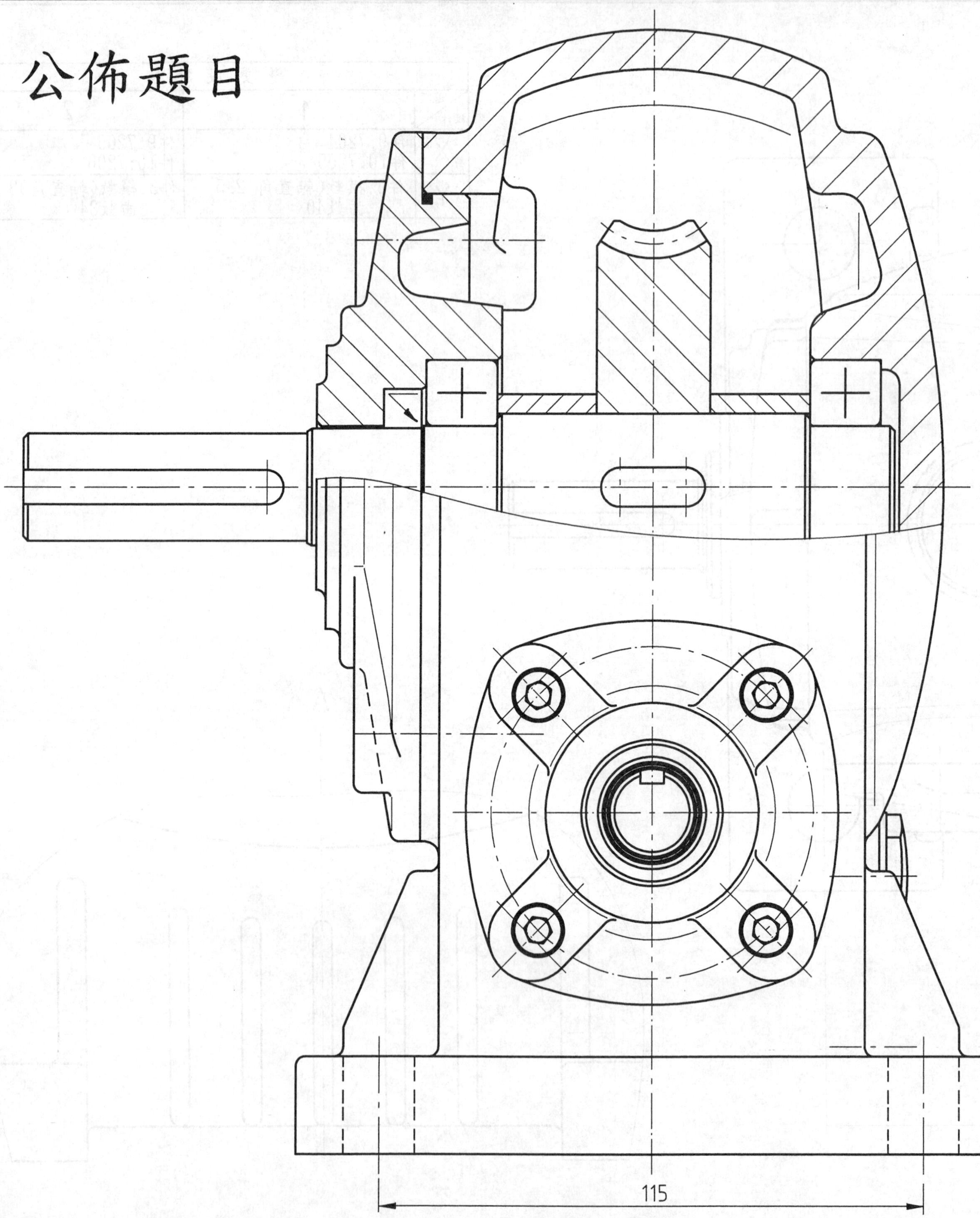

電腦輔助機械設計製圖	核定	勞動力發展署	圖 名	蝸桿蝸輪減速機(二)		時 數	4 小時	A.工作圖	試 題 編 號
乙級技術士技能檢定	單位	技能檢定中心	投 影	第三角法	比 例 1 : 1	日 期	民國 99 年12 月		20800-990202-A 4/5

公佈題目

變更設計表		
選項 / 設計	1	2
X	件9:7204 件10:7205	件9:7205 件10:7206
Y	件3:模數(軸直角)2.5 齒數40	件3:模數(軸直角)3 齒數34

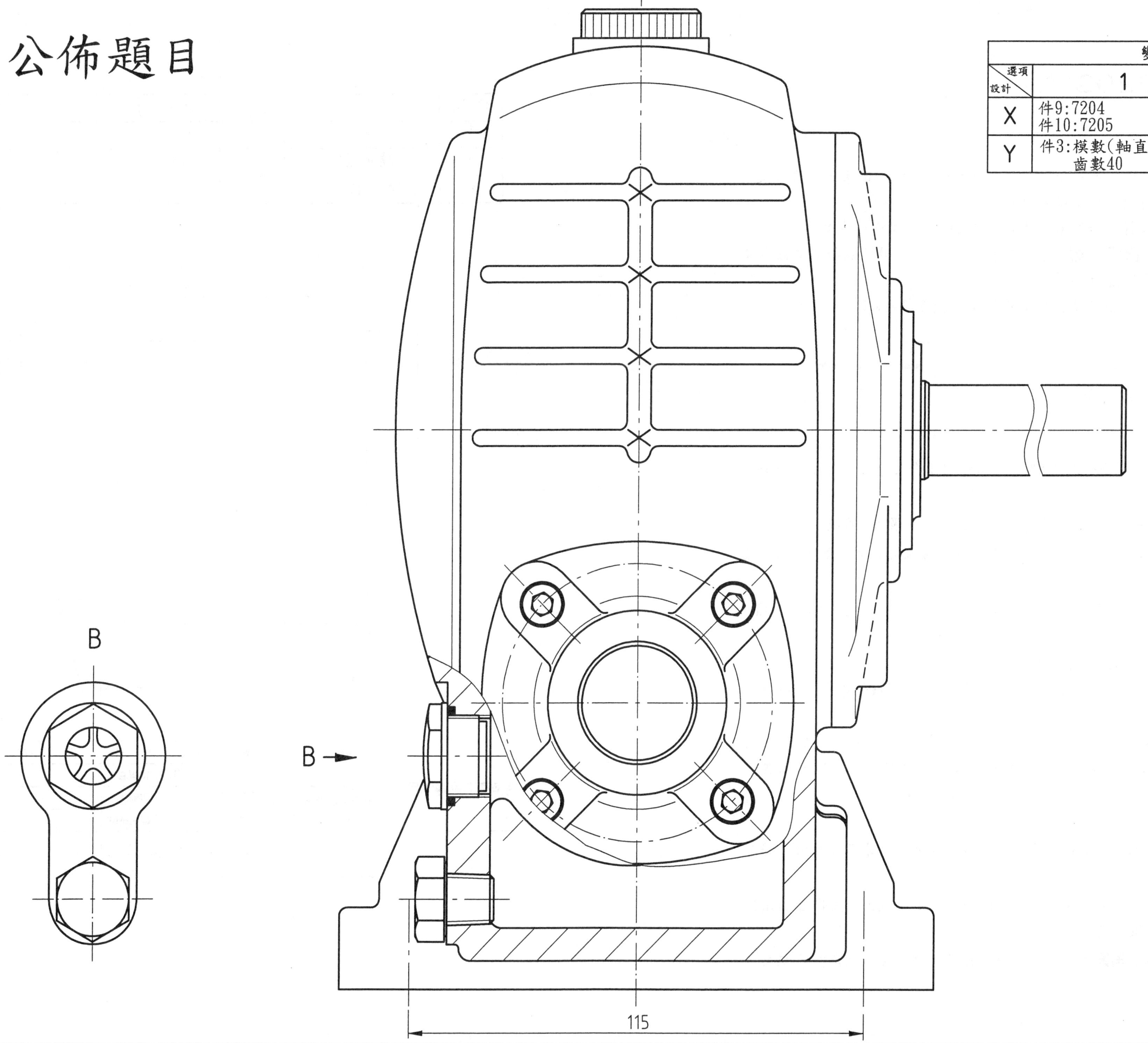

電腦輔助機械設計製圖 乙級技術士技能檢定	核定 單位	勞動力發展署 技能檢定中心	圖 名	蝸桿蝸輪減速機(二)	時 數	4 小時	A. 工作圖	試 題 編 號
			投 影	第三角法	比 例	1 : 1	日 期	民國 99 年12 月
								20800-990202-A 5/5

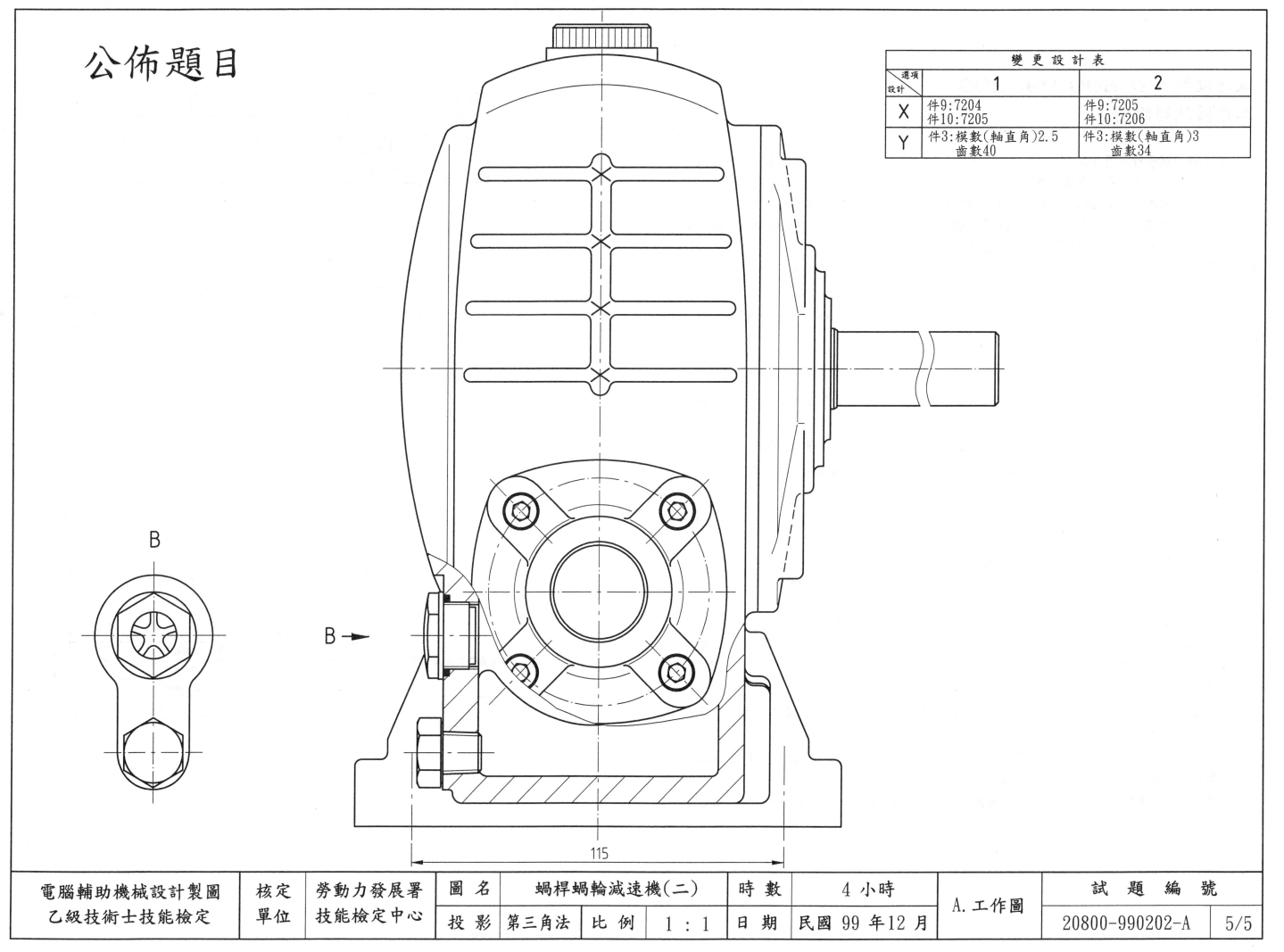

試題編號：20800-990203-A

工作圖試題說明：

一、 本工作圖試題繪製**時間4小時**(可提前交卷但不加分)，不含出圖時間。試題依第三角法 命題，應檢人可選用第一角法或第三角法繪製，惟不得混用。

二、 應檢人繪製時，圖中的線條、數字及符號等應依照最近公佈之CNS國家標準繪製。

三、 應檢人依規定可使用之自備工具爲：**直尺**、**量角器**、**比例尺**等。只可參閱場地提供之設計資料檔，嚴禁攜帶**自備之設計資料**及**任何儲存媒體**。

四、 『**變更設計**』由監評人員現場抽定(寫於黑板上)，依試題所示之變更設計X及Y處繪製， 變更設計將加重計分。

五、 **試題**：(依監評人員抽定之變更設計繪製)

1. 繪製零件 1：出圖於一張 A2 圖紙

   依 1：1 之比例，繪製零件 1 之工作圖於一張 A2 圖紙，工作圖須含尺度標註、公差配合、幾何公差及表面織構符號等。

2. 繪製零件 1、零件 2、零件 3、零件 5、零件 6 及銲接圖：出圖於一張 A3 圖紙

   A. 依 1：1 之比例，繪製零件 5 及零件 6 之工作圖，工作圖須含尺度標註、公差配合、幾何公差及表面織構符號等。

   B. 依 1：1 之比例，繪製零件 1、零件 2、零件 3 及零件 6 之簡易組合圖，並標註 P、Q、R、M 處之銲接符號。

   C. 依 1：1 之比例，繪製零件 1 與零件 6 銲接處詳圖。

六、 各圖面請繪製如**圖**(a)所示之A2及A3有裝訂邊圖框、標題欄及零件表，如**表**(a)所示，並填妥適當之內容。

七、 繪製時間結束時，請以『**准考證號碼**』爲檔名，存入電腦資料碟中(嚴禁使用自備之任 何儲存媒體)，並確認已經存檔後，電腦螢幕須保留現況，即離開崗位將試題交回給監 評人員，並出場等候出圖之指示。

八、 **出圖**：

1. 中途離場或放棄出圖者須告知監評人員，並在評審表"放棄出圖者"處簽名後離場，若未依規定而離場者視同不及格。
2. 應檢人請依監評人員之指示，將電腦繪製之圖面以黑色列印於規定圖紙上；倘若圖 面未完整列印，得重新出圖，並將前一張圖紙作廢。
3. 應檢人出圖後須確認圖面，並在**右下角簽名**後始得離場。監評人員則在右上角簽章 確認。

表(a) 零件表

件 號	名 稱	數 量	材 料	備 註
1	底座	1	SF450	
5	輔助螺桿	1	S45C	
6	打油圓筒	1	S45C	

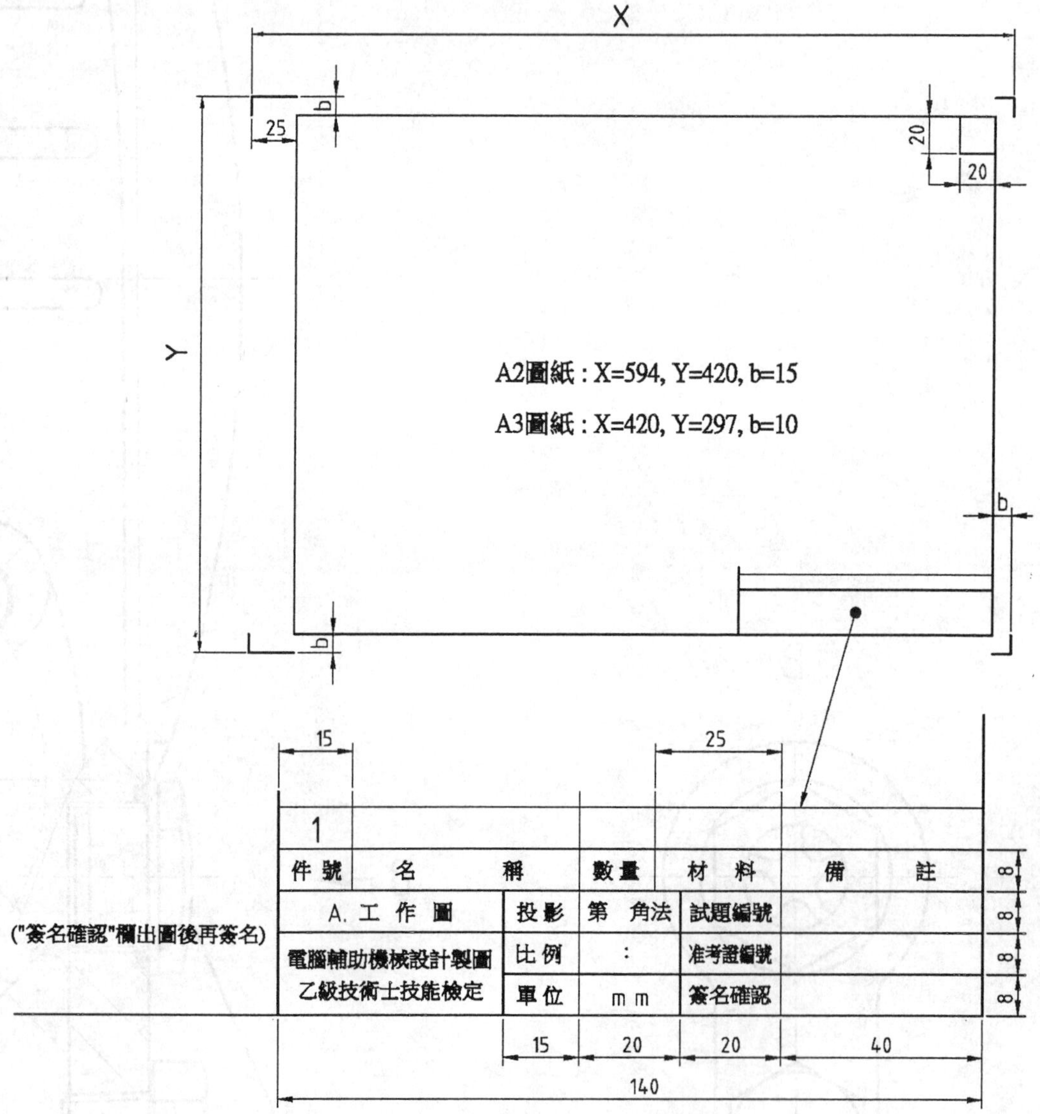

圖(a)

公佈題目

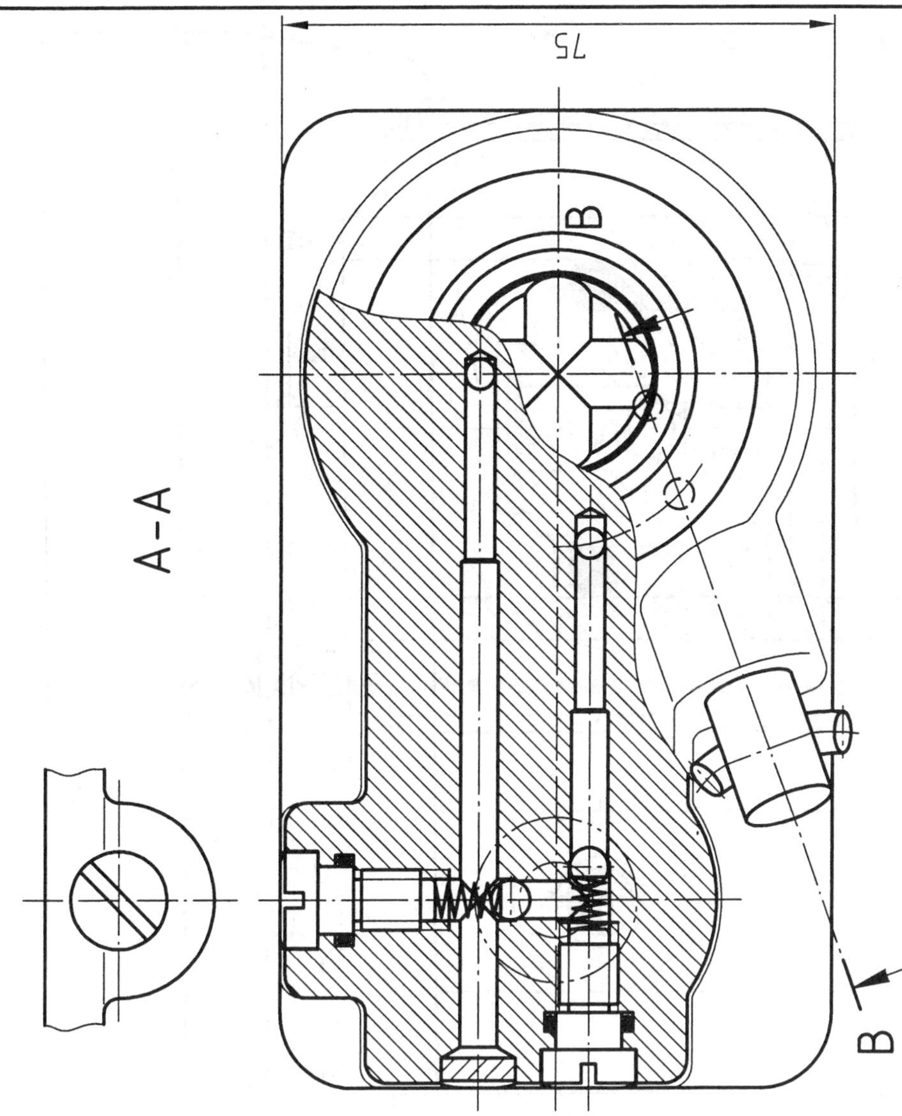

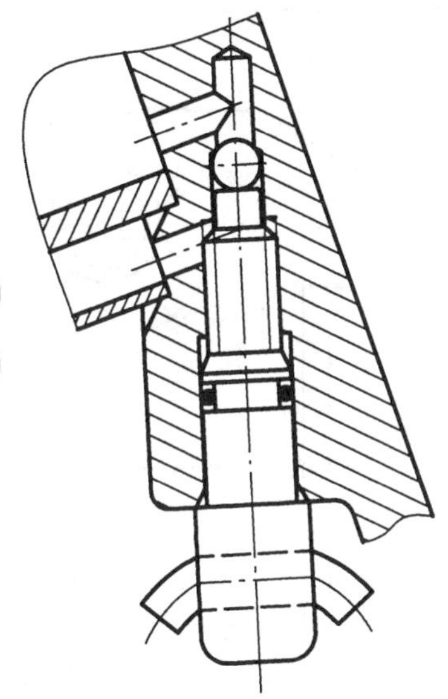

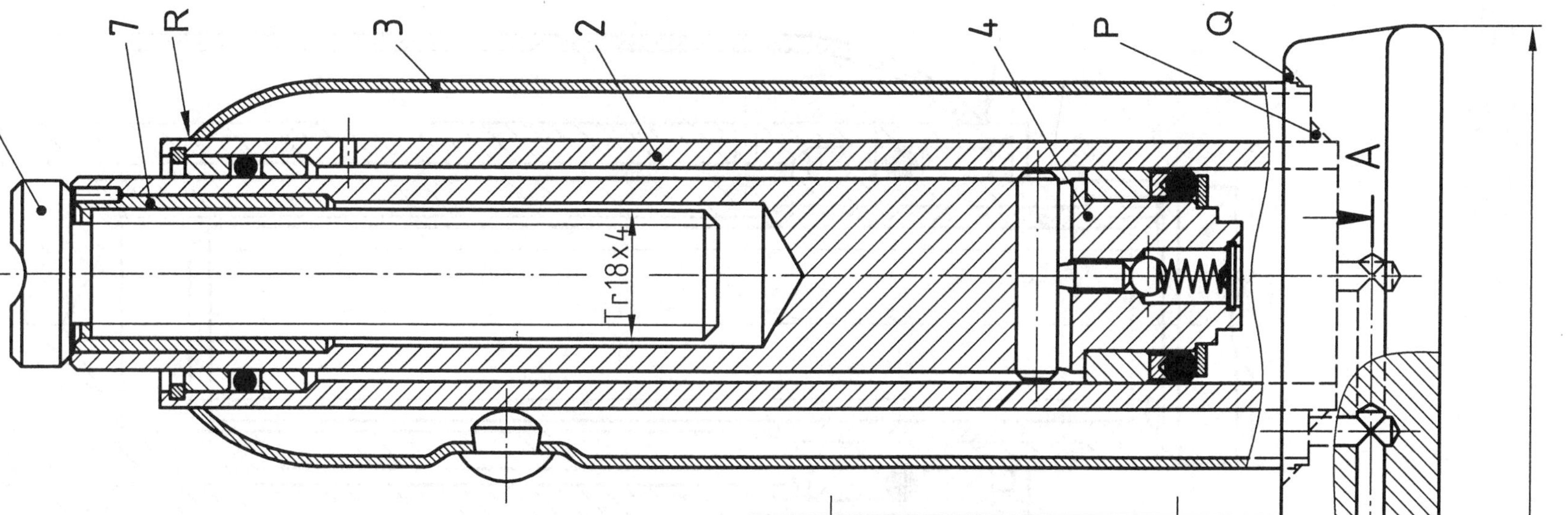

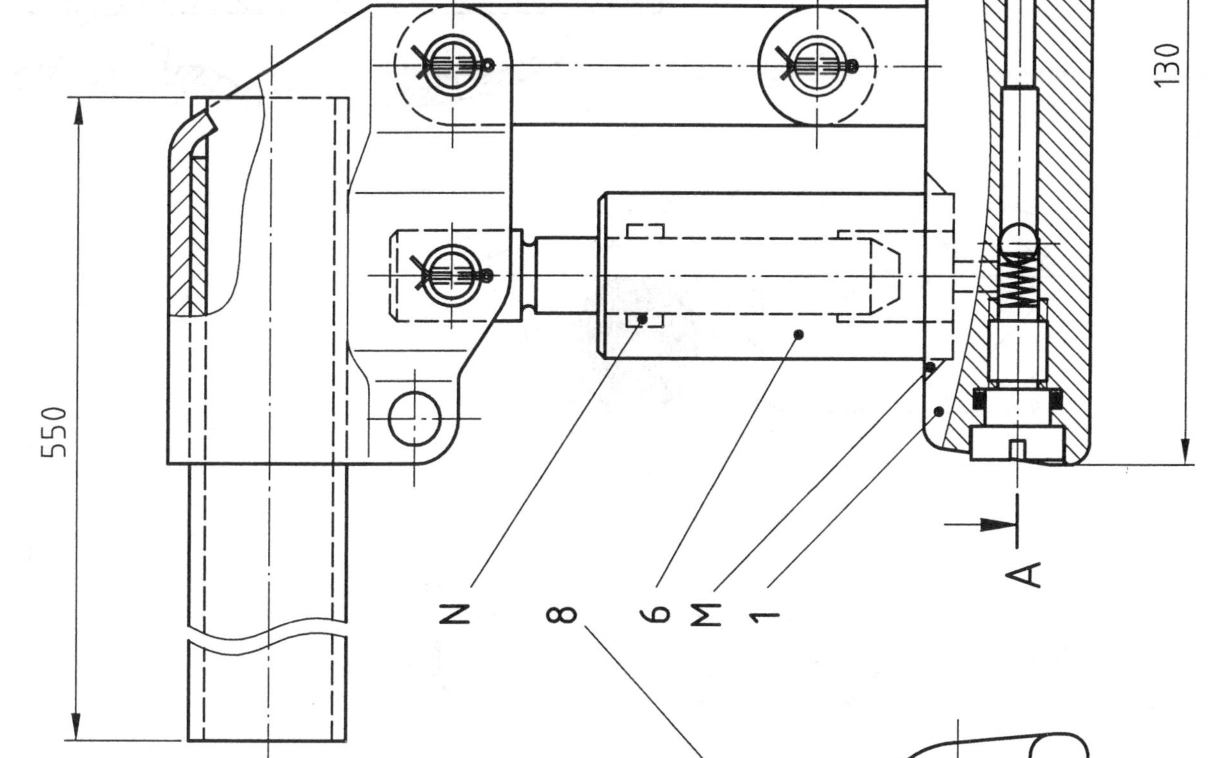

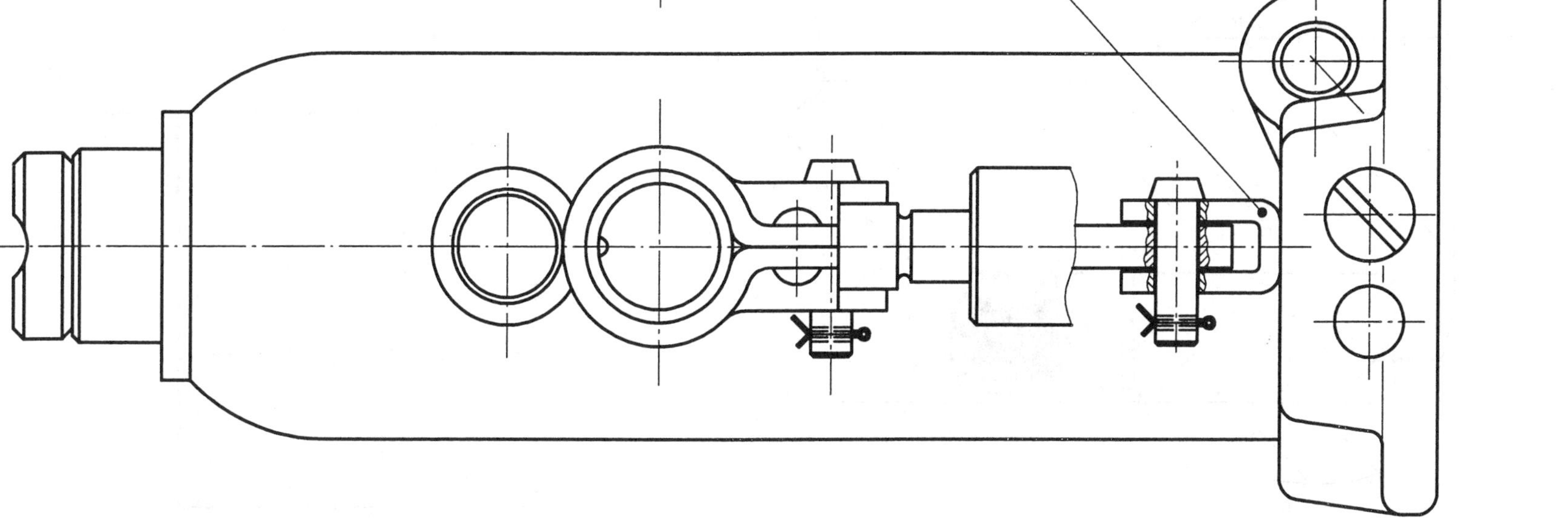

變更設計表

選項 設計	1	2
X	M處為斜Y槽銲接加填角銲接。銲接深度3mm，槽角45°；腳長4mm，表面呈凸面。	M處為J形槽銲接加填角銲接。槽底圓弧半徑2mm銲接深度3mm，槽角30°；腳長4mm，表面呈凸面。
Y	N處為P9之O形環油封。	N處為P10之O形環油封。

電腦輔助機械設計製圖 乙級技術士技能檢定	核定單位	勞動力發展署 技能檢定中心	圖 名	油壓千斤頂		時 數	4 小時	A.工作圖	試 題 編 號
			投 影	第三角法	比 例 1：1	日 期	民國 99 年12 月		20800-990203-A 1/3

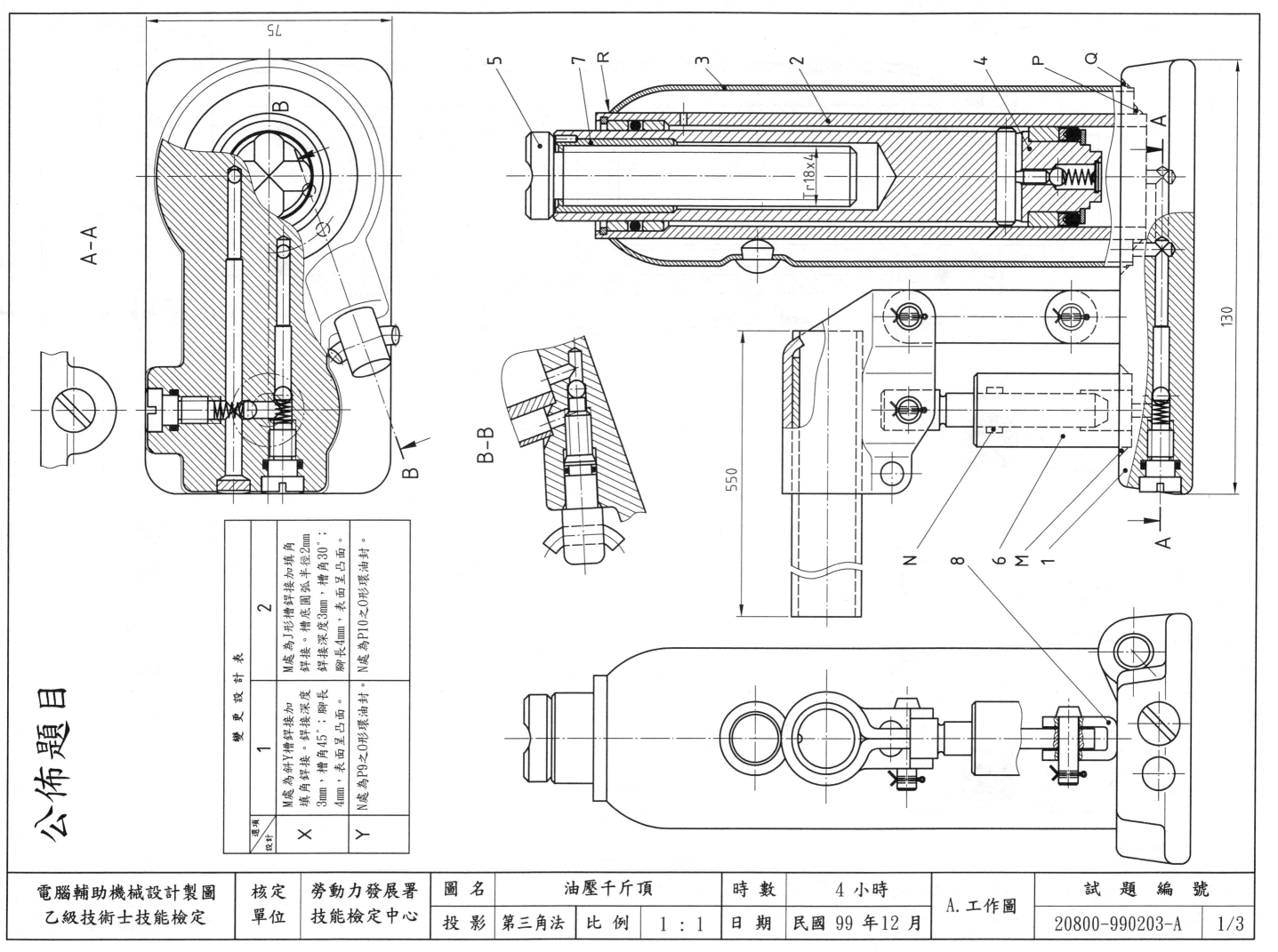

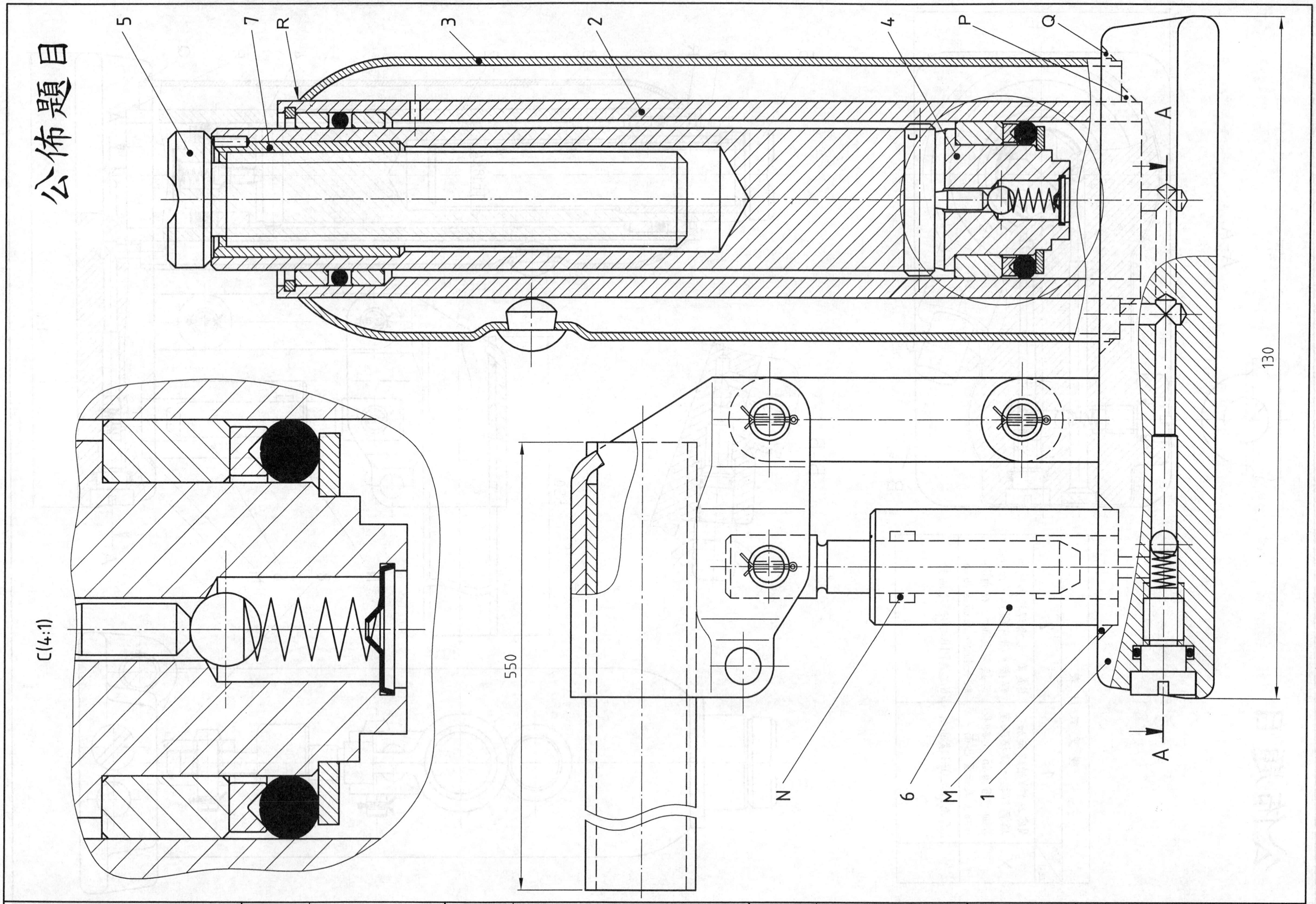

電腦輔助機械設計製圖	核定	勞動力發展署	圖 名	油壓千斤頂			時 數	4 小時	A.工作圖	試 題 編 號	
乙級技術士技能檢定	單位	技能檢定中心	投 影	第三角法	比 例	- - (4:1)	日 期	民國 99 年12 月		20800-990203-A	2/3

公佈題目

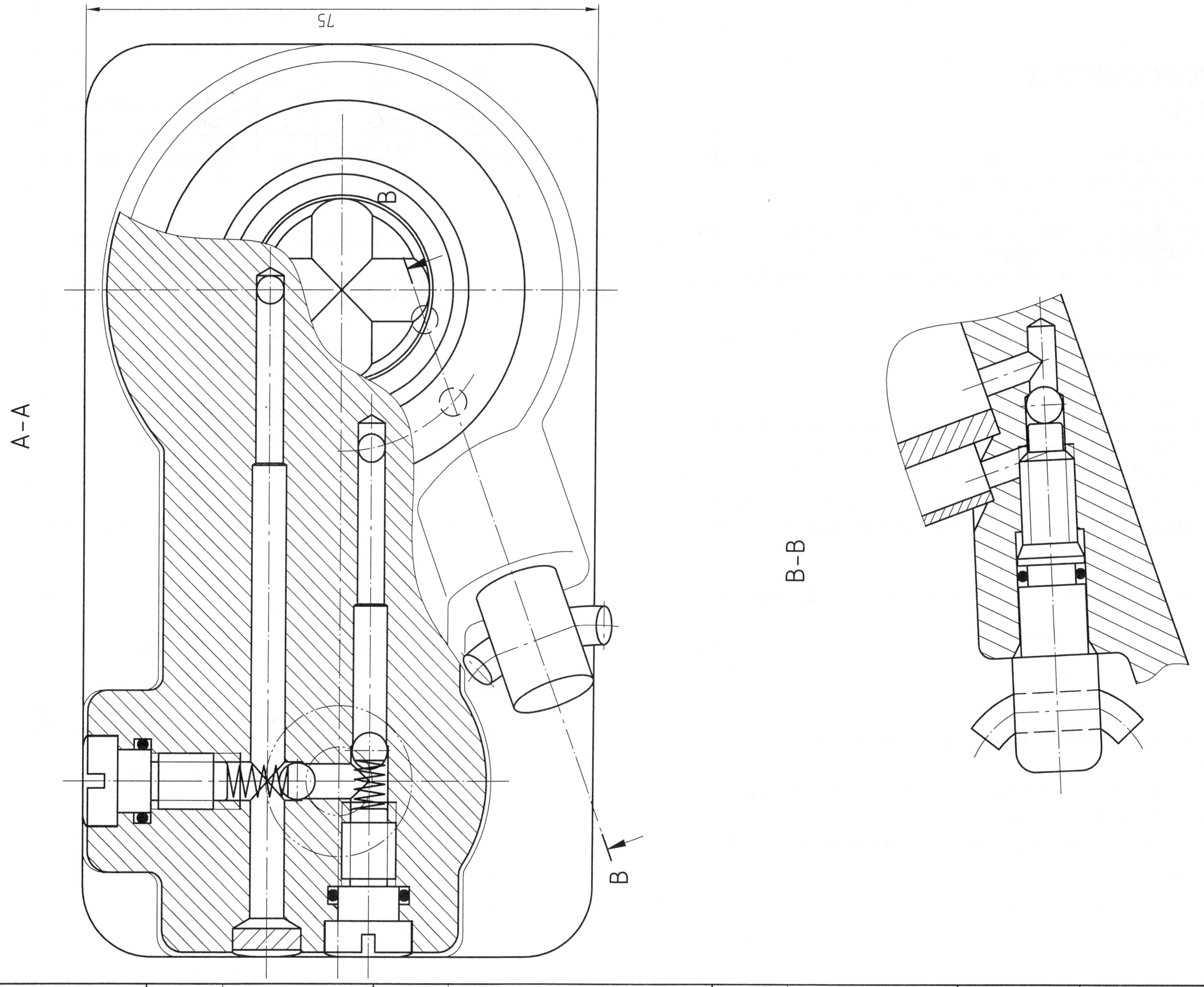

電腦輔助機械設計製圖	核定	勞動力發展署	圖 名	油壓千斤頂			時 數	4 小時	A.工作圖	試 題 編 號	
乙級技術士技能檢定	單位	技能檢定中心	投 影	第三角法	比 例	- -	日 期	民國 99 年12 月		20800-990203-A	3/3

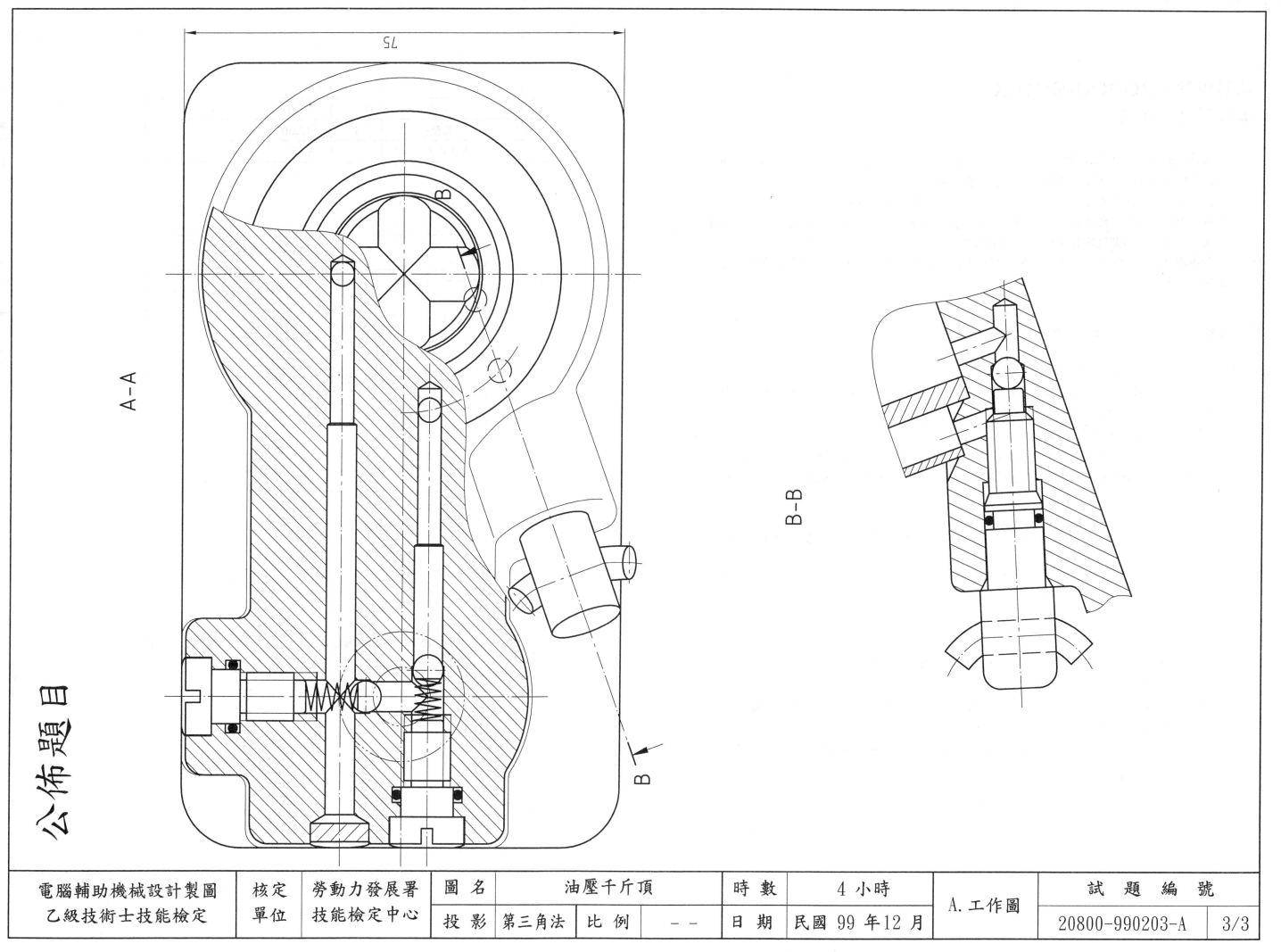

試題編號：20800-990204-A

工作圖試題說明：

一、 本工作圖試題繪製**時間4小時**(可提前交卷但不加分)，不含出圖時間。試題依第三角法 命題，應檢人可選用第一角法或第三角法繪製，惟不得混用。

二、 應檢人繪製時，圖中的線條、數字及符號等應依照最近公佈之CNS國家標準繪製。

三、 應檢人依規定可使用之自備工具為：**直尺**、**量角器**、**比例尺**等。只可參閱場地提供之設計資料檔，嚴禁攜帶**自備之設計資料**及**任何儲存媒體**。

四、 『**變更設計**』由監評人員現場抽定(寫於黑板上)，依試題所示之變更設計X及Y處繪製， 變更設計將加重計分。

五、 **試題**：(依監評人員抽定之變更設計繪製)

1. 繪製零件 1：出圖於一張 A2 圖紙

   依 1：1 之比例，繪製零件 1 之工作圖於一張 A2 圖紙，工作圖須含尺度標註、公差配合、幾何公差、表面織構符號及零件表等。

2. 繪製零件 3：出圖於一張 A3 圖紙

   依 1：1 之比例，繪製零件 3 之工作圖於一張 A3 圖紙，工作圖須含尺度標註、公差配合、幾何公差、表面織構符號、斜齒輪數據表(角度精度須達小數點第 3 位或達秒位數)及零件表等。

六、 各圖面請繪製如**圖**(a)所示之A2及A3有裝訂邊圖框、標題欄及零件表，如**表**(a)所示，並填妥適當之內容。

七、 繪製時間結束時，請以『**准考證號碼**』為檔名，存入電腦資料碟中(嚴禁使用自備之任 何儲存媒體)，並確認已經存檔後，電腦螢幕須保留現況，即離開崗位將試題交回給監 評人員，並出場等候出圖之指示。

八、 **出圖**：

1. 中途離場或放棄出圖者須告知監評人員，並在評審表勾選放棄出圖及簽名後離場，若未依規定而離場者視同不及格。
2. 應檢人請依監評人員之指示，將電腦繪製之圖面以黑色列印於規定圖紙上；倘若圖 面未完整列印，得重新出圖，並將前一張圖紙作廢。
3. 應檢人出圖後須確認圖面，並在**右下角簽名**後始得離場。監評人員則在右上角簽章 確認。

表(a) 零件表

件 號	名 稱	數 量	材 料	備 註
1	底座	1	FC250	
3	離合斜齒輪	2	S45C	

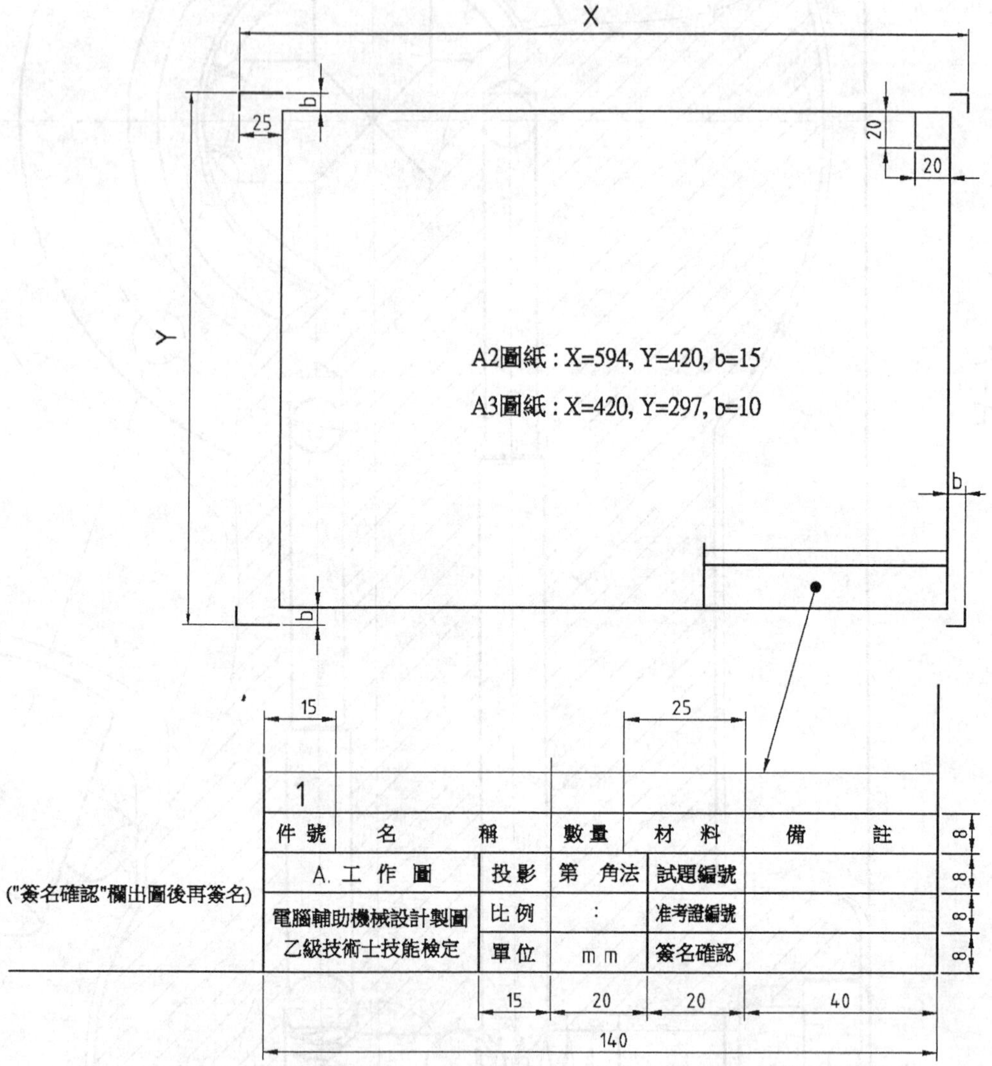

圖(a)

公佈題目

變更設計表		
設計＼選項	1	2
X	件3:模數2.5，齒數21，尺度D=8 件4:齒數26	件3:模數2.5，齒數23，尺度D=9 件4:齒數24
Y	件3:錐度 T=1:3（須同時以參考尺度標註半圓錐角） 件5:7202B	件3:錐度 T=1:2.5（須同時以參考尺度標註半圓錐角） 件5:7002B

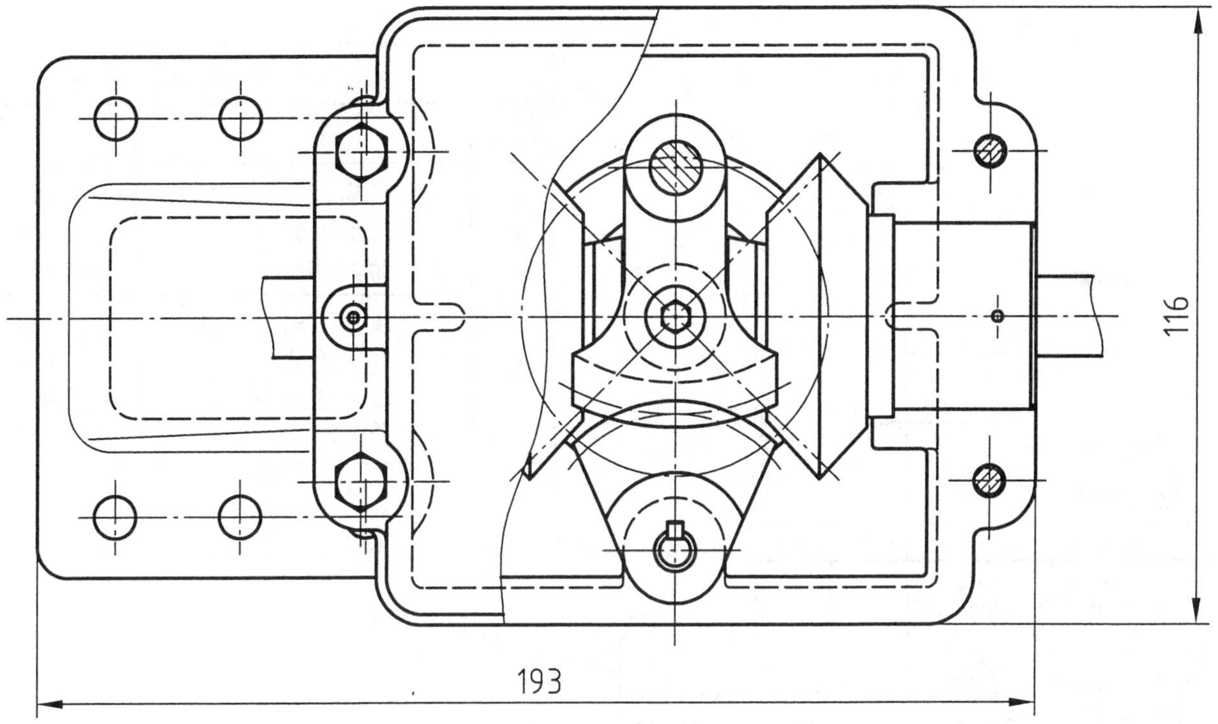

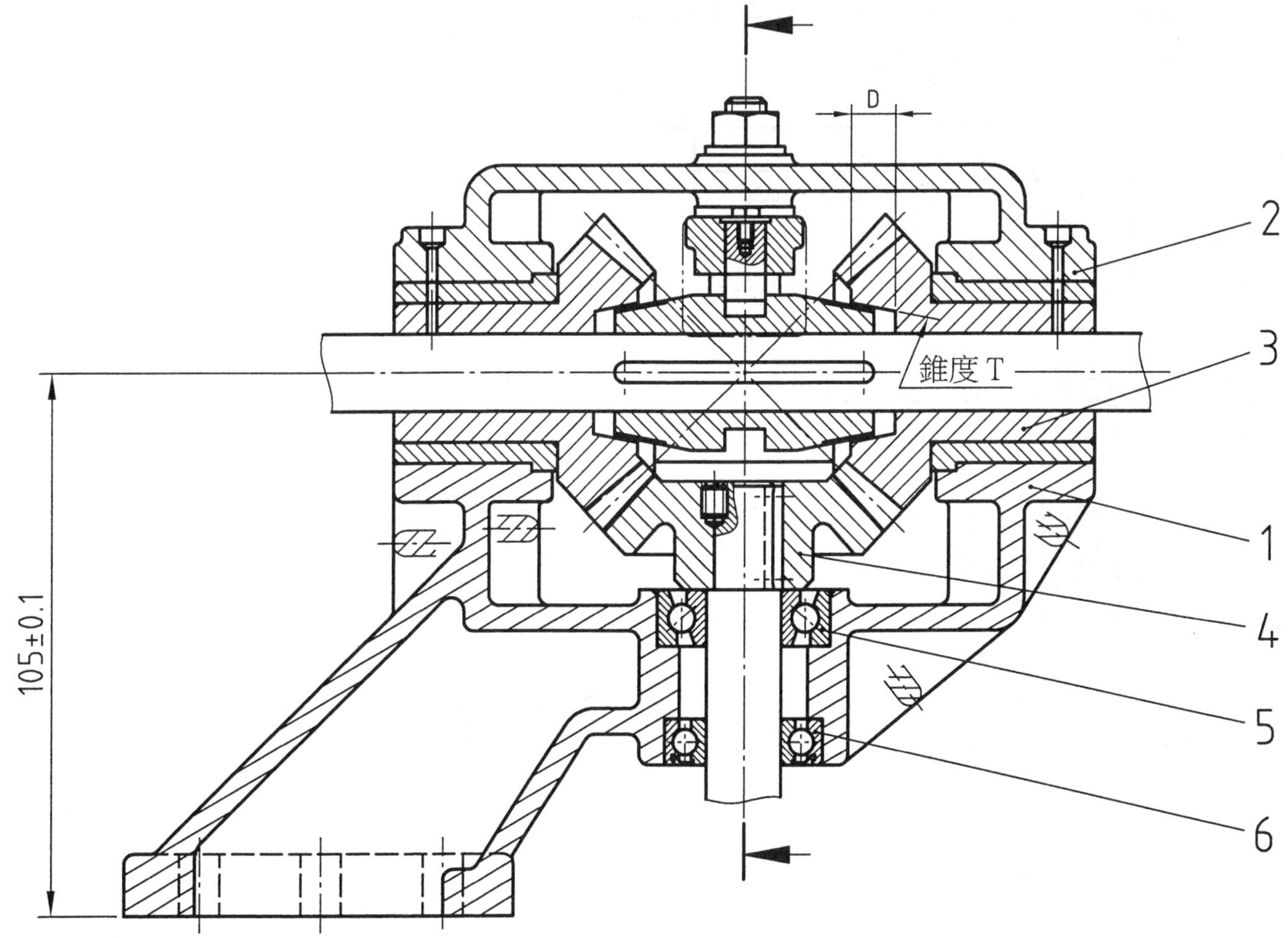

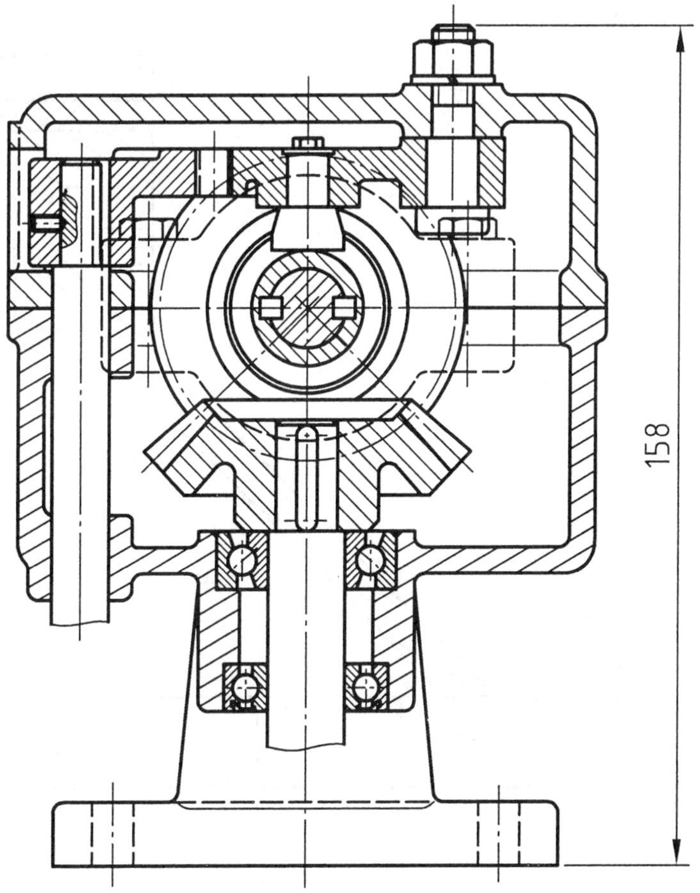

電腦輔助機械設計製圖 乙級技術士技能檢定	核定單位	勞動力發展署 技能檢定中心	圖 名	斜齒輪轉向離合器			時 數	4 小時	A. 工作圖	試 題 編 號	
			投 影	第三角法	比 例	- -	日 期	民國 99 年12 月		20800-990204-A	1/4

公佈題目

斜齒輪數據表	
件號	3
模數	
齒數	
壓力角	20°
齒制	標準齒
節圓直徑	
節圓錐角	
齒頂圓錐角	
齒底圓錐角	
嚙合齒輪件號	
嚙合齒輪齒數	
軸間角	90°

變更設計表		
選項 / 設計	1	2
X	件3:模數2.5，齒數21，尺度D=8 件4:齒數26	件3:模數2.5，齒數23，尺度D=9 件4:齒數24
Y	件3:錐度 T=1:3（須同時以參考尺度標註半圓錐角） 件5:7202B	件3:錐度 T=1:2.5（須同時以參考尺度標註半圓錐角） 件5:7002B

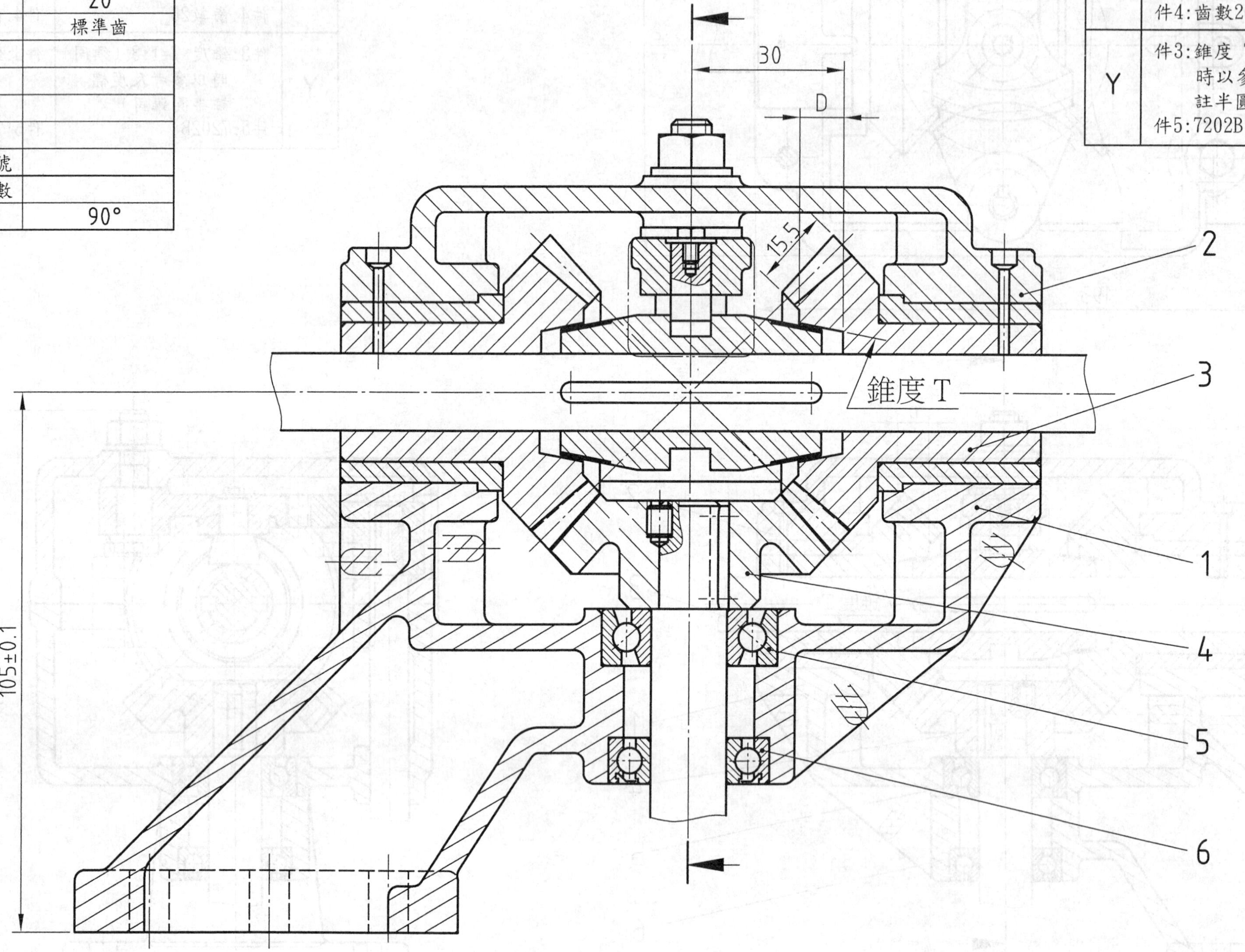

電腦輔助機械設計製圖 乙級技術士技能檢定	核定單位	勞動力發展署技能檢定中心	圖名	斜齒輪轉向離合器		時數	4小時	A.工作圖	試題編號
			投影	第三角法	比例 1:1	日期	民國99年12月		20800-990204-A 2/4

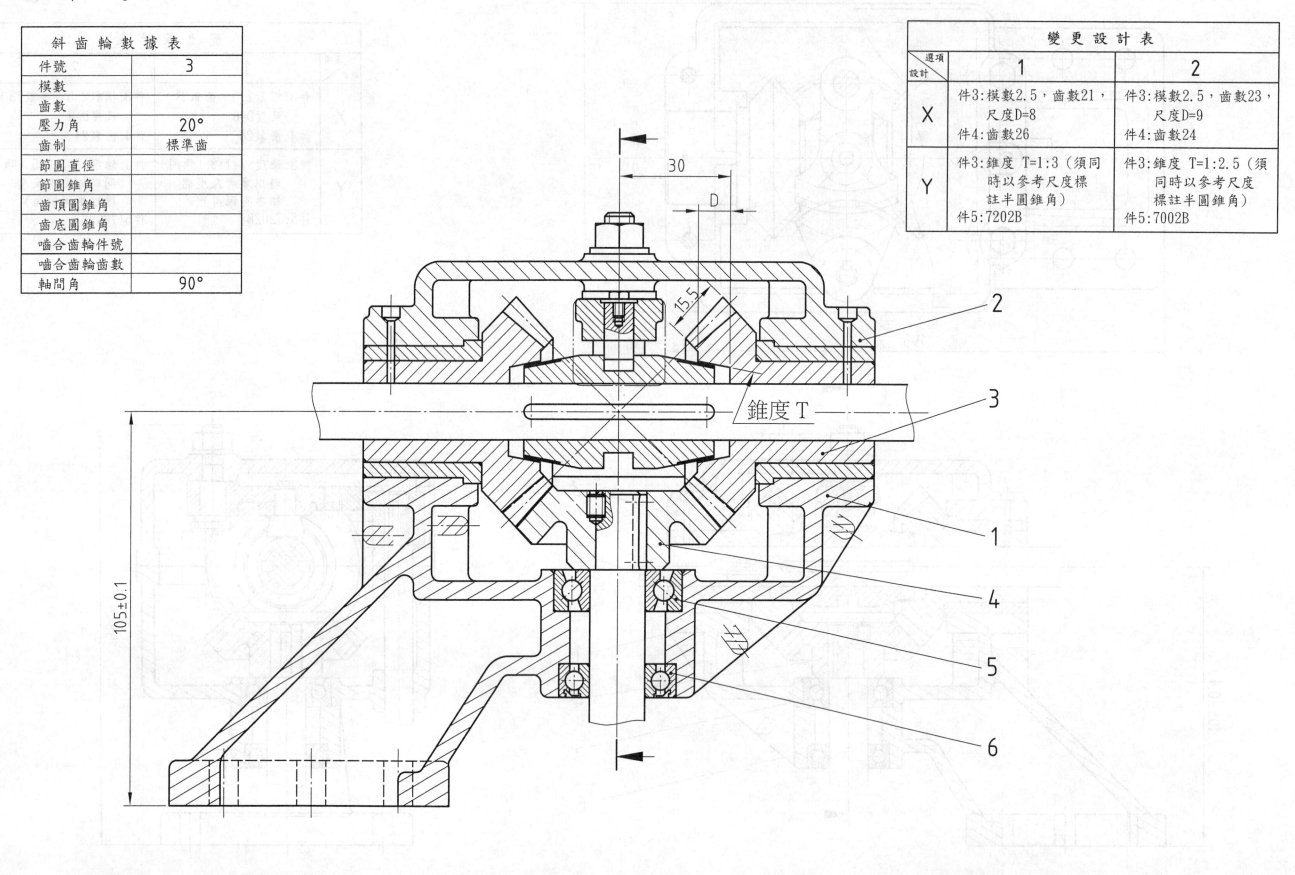

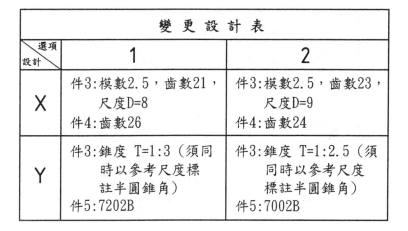

公佈題目

變更設計表		
選項／設計	1	2
X	件3:模數2.5，齒數21，尺度D=8 件4:齒數26	件3:模數2.5，齒數23，尺度D=9 件4:齒數24
Y	件3:錐度 T=1:3（須同時以參考尺度標註半圓錐角） 件5:7202B	件3:錐度 T=1:2.5（須同時以參考尺度標註半圓錐角） 件5:7002B

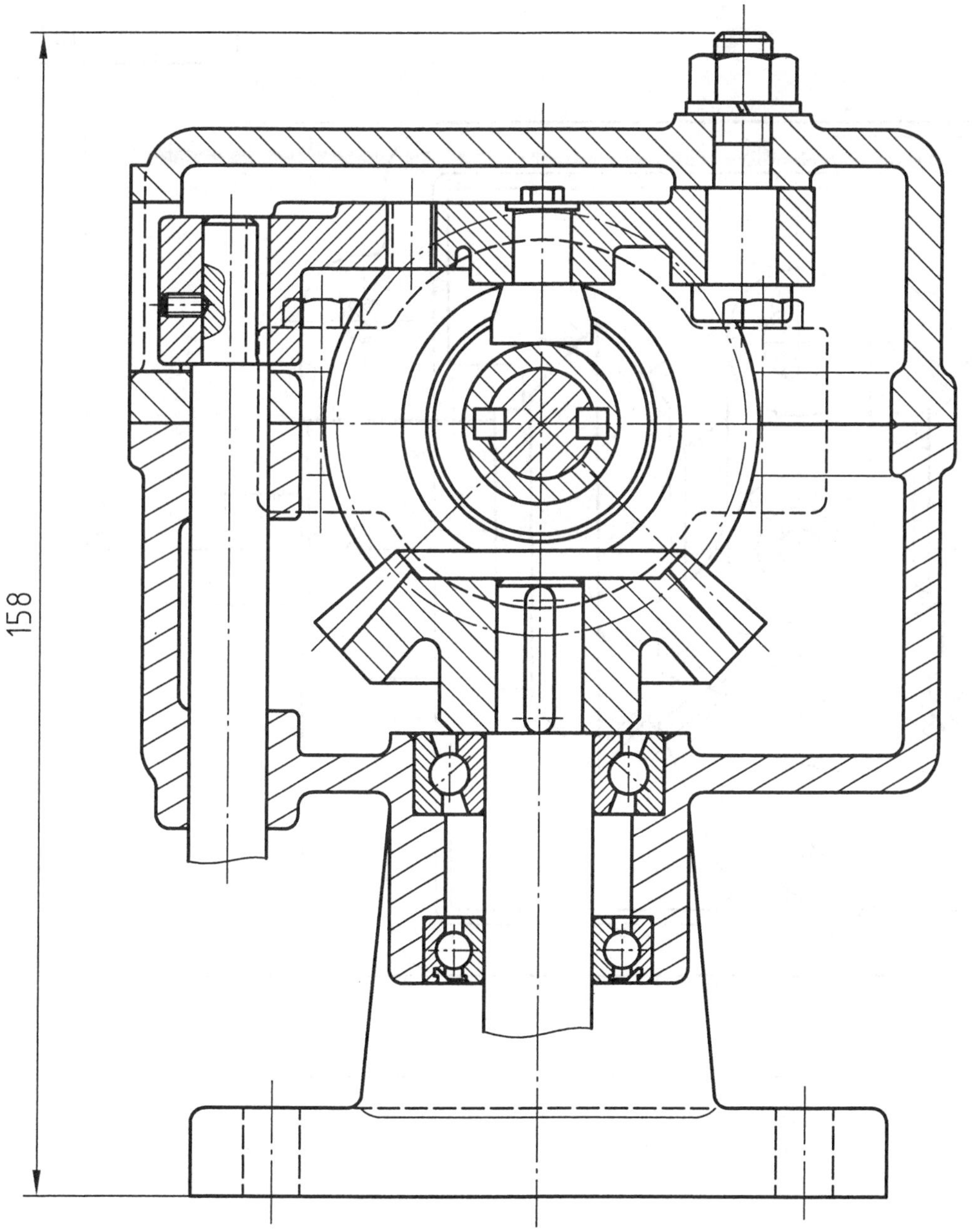

電腦輔助機械設計製圖 乙級技術士技能檢定	核定單位	勞動力發展署 技能檢定中心	圖名	斜齒輪轉向離合器			時數	4 小時	A. 工作圖	試題編號
			投影	第三角法	比例	1:1	日期	民國 99 年12 月		20800-990204-A　3/4

公佈題目

變更設計表

設計＼選項	1	2
X	件3:模數2.5，齒數21，尺度D=8 件4:齒數26	件3:模數2.5，齒數23，尺度D=9 件4:齒數24
Y	件3:錐度 T=1:3（須同時以參考尺度標註半圓錐角） 件5:7202B	件3:錐度 T=1:2.5（須同時以參考尺度標註半圓錐角） 件5:7002B

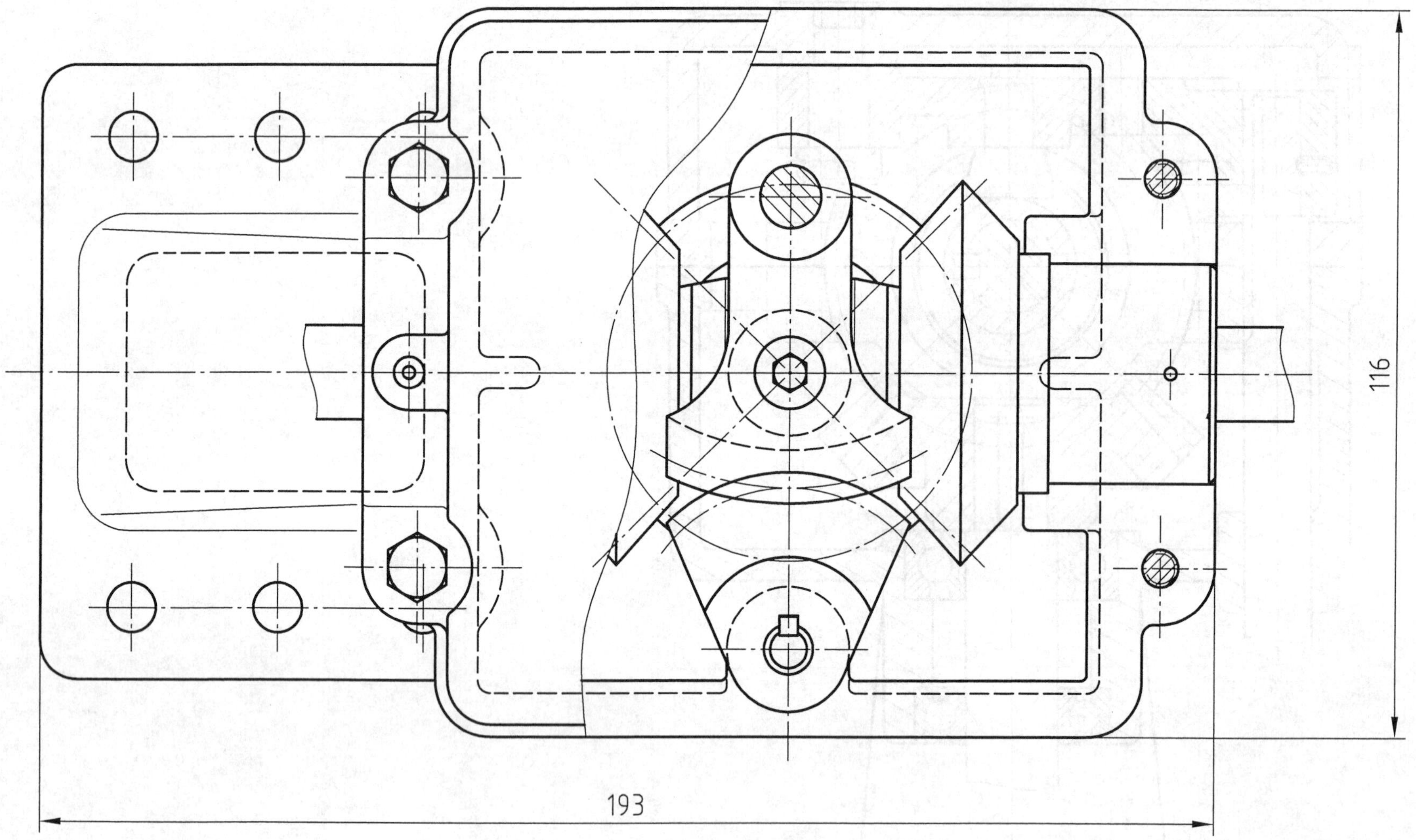

電腦輔助機械設計製圖 乙級技術士技能檢定	核定 單位	勞動力發展署 技能檢定中心	圖 名	斜齒輪轉向離合器	時 數	4 小時	A.工作圖	試 題 編 號
			投 影	第三角法　比 例　1:1	日 期	民國 99 年12 月		20800-990204-A　4/4

試題編號：20800-990205-A
工作圖試題說明：

一、 本工作圖試題繪製**時間4小時**(可提前交卷但不加分)，不含出圖時間。試題依第三角法 命題，應檢人可選用第一角法或第三角法繪製，惟不得混用。

二、 應檢人繪製時，圖中的線條、數字及符號等應依照最近公佈之CNS國家標準繪製。

三、 應檢人依規定可使用之自備工具為：**直尺**、**量角器**、**比例尺**等。只可參閱場地提供之設計資料檔，嚴禁攜帶**自備之設計資料**及**任何儲存媒體**。

四、 『**變更設計**』由監評人員現場抽定(寫於黑板上)，依試題所示之變更設計X及Y處繪製， 變更設計將加重計分，未依「變更設計」繪製者依零分計。

五、 **試題**：(依監評人員抽定之變更設計繪製)

1. 繪製零件 1：出圖於一張 A2 圖紙

   依 1：2 之比例，繪製零件 1 於一張 A2 圖紙，工作圖須含尺度標註、公差配合、幾何公差、表面織構符號及零件表等。

2. 繪製零件 3：出圖一張 A3 圖紙

   依 1：1 之比例，繪製零件 3 之工作圖於一張 A3 圖紙，工作圖須含尺度標註、公差配合、幾何公差、表面織構符號及零件表等。

六、 各圖面請繪製如**圖**(a)所示之A2及A3有裝訂邊圖框、標題欄及零件表，如**表**(a)所示，並填妥適當之內容。

七、 繪製時間結束時，請以『**准考證號碼**』為檔名，存入電腦資料碟中(嚴禁使用自備之任 何儲存媒體)，並確認已經存檔後，電腦螢幕須保留現況，即離開崗位將試題交回給監 評人員，並出場等候出圖之指示。

八、 **出圖**：

1. 中途離場或放棄出圖者須告知監評人員，並在評審表"放棄出圖者"處簽名後離場，若未依規定而離場者視同不及格。
2. 應檢人請依監評人員之指示，將電腦繪製之圖面以黑色列印於規定圖紙上；倘若圖 面未完整列印，得重新出圖，並將前一張圖紙作廢。
3. 應檢人出圖後須確認圖面，並在**右下角簽名**後始得離場。監評人員則在右上角簽章 確認。

表(a) 零件表

件 號	名 稱	數 量	材 料	備 註
1	尾座本體	1	FC300	
2	螺桿承蓋	1	FCD400	
3	手輪	1	FC300	
21a	直銷	1	S50C	ϕ6×70
21b	六角承窩螺釘	3	S40C	M5×24
22a	推拔銷	1	S50C	ϕ6×45
22b	固定螺釘	1	S40C	M10×15

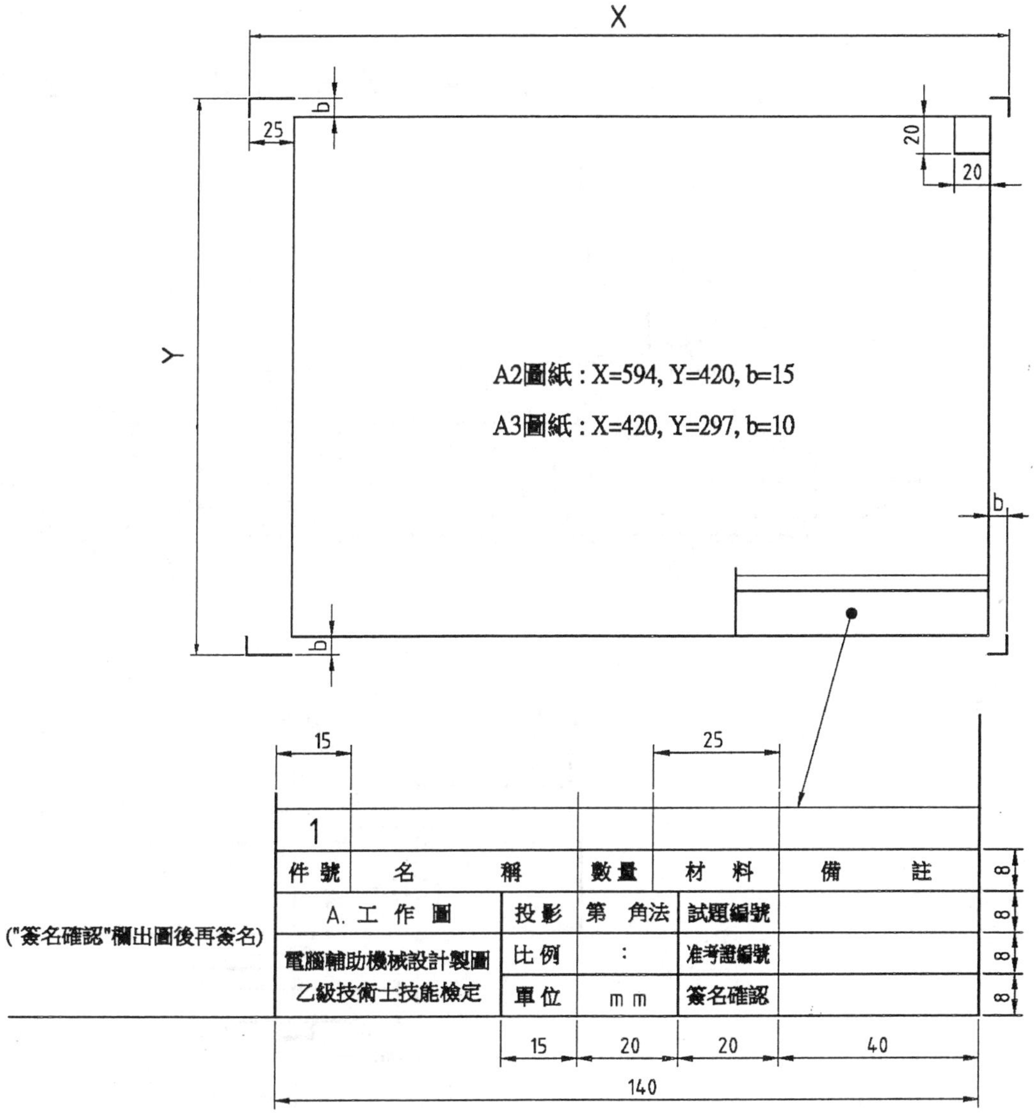

圖(a)

公佈題目

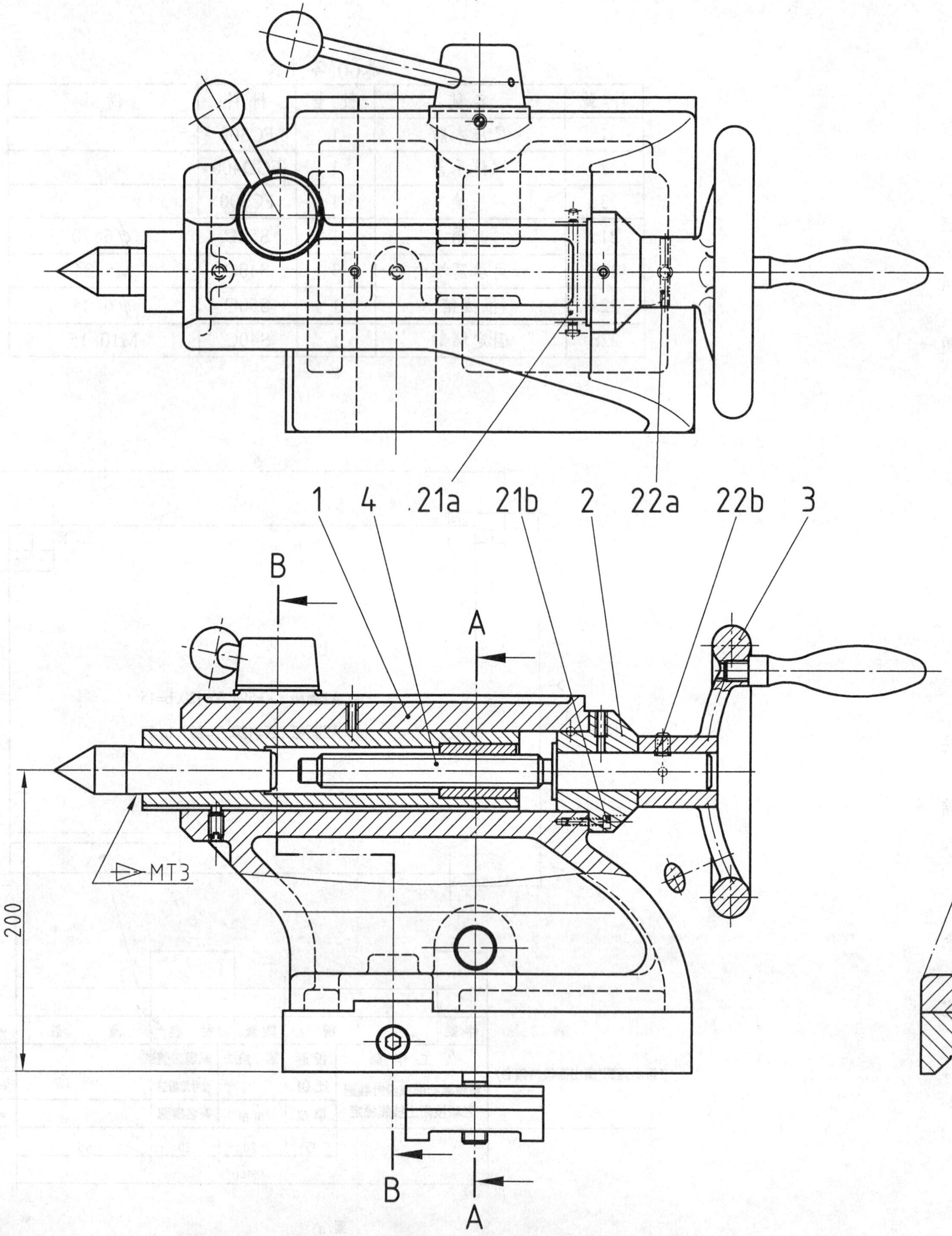

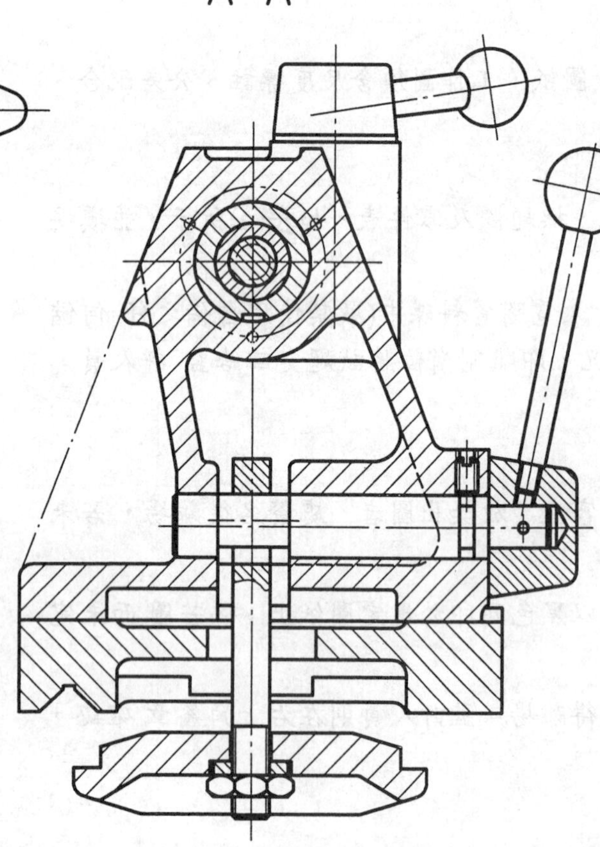

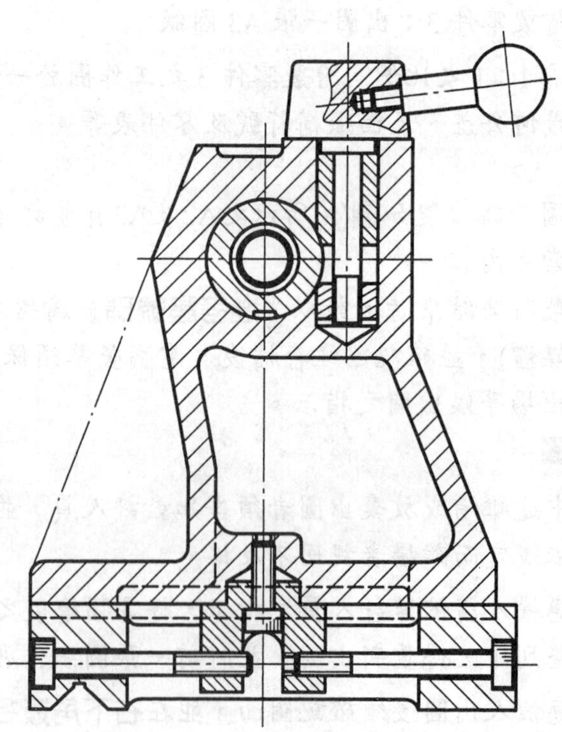

變更設計表		
設計 \ 選項	1	2
X	件1與件2以件21a結合 件21a：直銷φ6×70	件1與件2以件21b結合 件21b：承窩螺釘M5×24
Y	件3與件4以件22a結合 件3：輪輻為5支 件22a：推拔銷φ6×45	件3與件4以件22b結合 件3：輪輻為3支 件22b：固定螺釘M10×15

電腦輔助機械設計製圖 乙級技術士技能檢定	核定 單位	勞動力發展署 技能檢定中心	圖名	車床尾座			時數	4小時	A.工作圖	試題編號
			投影	第三角法	比例	3：10	日期	民國 99 年12 月		20800-990205-A　1/4

學校：________________

科別：________________

班級：_______年_______班

座號：________________

姓名：________________

76298-07E

乙級檢定學術科完全攻略

電腦輔助機械設計製圖

學科測驗卷

Win Cad 工作室 編著

TEST PAPER

全華

電腦輔助機械設計製圖乙級學科試題目錄

電腦輔助機械設計製圖乙級試題

得　分

＿＿＿科＿＿年＿＿班

座號：＿＿＿＿＿＿

姓名：＿＿＿＿＿＿

第 1 回

基本工作

選擇題：(每題 2 分，共計 60 分)

(　　) 1. 液晶顯示通稱爲　(1)LCD　(2)LDC　(3)LDE　(4)LED。

(　　) 2. 防止電腦感染病毒的最好方法，下列何者爲非？　(1)使用合法軟體　(2)經常使用解毒軟體執行掃毒　(3)開機時將偵查病毒常駐在 RAM 中執行偵毒　(4)至不明網站瀏覽及任意下載軟體。

(　　) 3. 下列視頻介面卡(Video Interface Card)中，解析度最高爲　(1)VGA 卡　(2)XGA 卡　(3)SVGA 卡　(4)UXGA 卡。

(　　) 4. CAD 系統中所用的滑鼠屬於　(1)輸入單元　(2)輸出單元　(3)記憶單元　(4)控制單元。

(　　) 5. 儲存容量較大的儲存體爲　(1)3.5"軟碟片　(2)5.25"磁碟片　(3)光碟片　(4)硬碟。

(　　) 6. 下列儲存設備中，存取速度較快的爲　(1)光碟機　(2)硬式磁碟機　(3)磁片機　(4)磁帶機。

(　　) 7. 視窗作業系統之檔案資料夾的結構爲　(1)樹狀　(2)星狀　(3)網狀　(4)環狀。

(　　) 8. 1MB 等於　(1)28　(2)210　(3)220　(4)230 Bytes。

(　　) 9. 評量噴墨繪圖機輸出品質之單位是　(1)cpi　(2)dpi　(3)ppm　(4)rpm。

(　　) 10. 分割硬碟容量所使用之程式爲　(1)DISKCUT　(2)FDISK　(3)FORMAT　(4)SECTION。

(　　) 11. 硬碟格式化所使用之程式爲　(1)DEVICE　(2)FDISK　(3)FORMAT　(4)SCANDISK。

(　　) 12. 電腦程式著作財產權之存續期限爲　(1)20 年　(2)30 年　(3)40 年　(4)50 年。

(　　) 13. CAD 軟體是屬於　(1)作業系統　(2)編譯程式　(3)應用軟體　(4)直譯程式。

(　　) 14. 使用視窗應用軟體要選取多個非連續的檔案，在選取前應先按住　(1)Alt 鍵　(2)Ctrl 鍵　(3)Esc 鍵　(4)Shift 鍵。

(　　) 15. 視窗應用軟體標題列右上角  中「」按鈕表示　(1)最大化　(2)最小化　(3)還原　(4)關閉。

(　　) 16. 電腦螢幕所顯示的字型，其矩陣的組成爲　(1)點　(2)線　(3)面　(4)體。

(　　) 17. 評量點矩陣印表機速度的單位是　(1)BPI　(2)DPI　(3)BPS　(4)CPS。

(　　) 18. 電腦螢幕解析度的單位是　(1)bit　(2)Byte　(3)dpi　(4)Pixel。

(　　) 19. 電腦螢幕輸出品質，其決定的標準爲　(1)顏色　(2)頻寬　(3)速度　(4)解析度。

(　　) 20. 電腦系統內部代表資料的最基本單位是　(1)bit　(2)Byte　(3)KB　(4)MB。

(　　) 21. 在 PC 中，磁碟機存取資料時之存取單位爲　(1)bit　(2)Byte　(3)Track　(4)Sector。

(　　) 22. 與電腦連接之繪圖機，其出圖速度較快的爲　(1)筆式　(2)點陣式　(3)噴墨式　(4)雷射式。

(　　) 23. 電腦 CPU 在處理磁碟機檔案時，其讀取資料之程序是　(1)CPU→RAM→DISK　(2)RAM→DISK→CPU　(3)DISK→CPU→RAM　(4)DISK→RAM→CPU。

(　　) 24. 滑鼠(Mouse)與電腦主機連接可透過介面爲　(1)VGA　(2)USB　(3)SCSI　(4)Centronic。

(　　) 25. 個人電腦電源供應器，其直流接頭之接地線的顏色一般爲　(1)白色　(2)黑色　(3)紅色　(4)黃色。

(　　) 26. 彩色顯示顏色的基本組成爲　(1)1 色　(2)2 色　(3)3 色　(4)4 色。

(　　) 27. 鮑率(BaudRate)9600bps 的 RS232 介面，連續傳送資料 10 秒，共可傳送資料爲多少位元組？　(1)1200　(2)12000　(3)9600　(4)96000。

(　　) 28. 當硬碟磁頭找到指定資料時，開始讀取資料的速度即「資料傳輸速率」，一般使用單位爲　(1)bps　(2)Gbps　(3)Kbps　(4)Mbps。

(　　) 29. 唯讀記憶體通稱爲　(1)MO　(2)MEM　(3)RAM　(4)ROM。

(　　) 30. 視窗應用軟體標題列右上角  中「」按鈕表示　(1)最大化　(2)最小化　(3)還原　(4)關閉。

複選題：(每題 2 分，共計 40 分)

(　　) 31. 產品及零件命名時應注意的規則為　(1)好唸易記，簡短有力　(2)縮略字應使用 5 個字以上　(3)注意諧音是否會引起不當聯想　(4)配合全球各地市場的不同語言命名與注意是否已被註冊。

(　　) 32. 如圖所示，以割面線切割直立圓錐，可得之曲線為下列何者？　(1)割面 A 為雙曲線，割面 B 為正圓　(2)割面 C 為拋物線，割面 A 為雙曲線　(3)割面 B 為正圓，割面 C 為雙曲線　(4)割面 A 為拋物線，割面 B 為正圓。

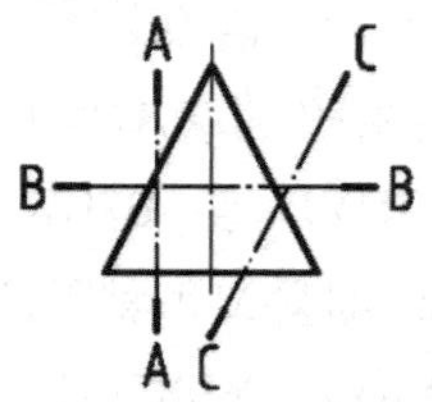

(　　) 33. 基本輸入輸出系統 BIOS(BasicInput/OutputSystem)的功能有　(1)檢查電腦系統硬體設備　(2)記憶體的管理　(3)檔案系統的管理　(4)呼叫作業系統開啓電腦。

(　　) 34. 下列有關橢圓形的敘述，何者正確？　(1)一動點與兩定點距離之和恆為常數時，動點所形成的軌跡　(2)橢圓上任一點至兩定點之距離和，恆等於 2 倍短軸　(3)四心法是最常用的橢圓近似畫法　(4)等角圖的橢圓以 30 度橢圓繪製。

(　　) 35. 下列何者以假想線繪製？　(1)虛擬視圖　(2)相同型態視圖　(3)機構模擬零件移動位置　(4)加工件於加工前之胚件形狀。

(　　) 36. 下列有關三原色光 RGB 混搭顯現顏色的敘述，何者正確？　(1)紅色加藍色呈現紫色　(2)紅色加綠色呈現青色　(3)綠色加藍色呈現黃色　(4)紅、綠、藍三色相加呈現白色。

(　　) 37. A1 圖紙其圖框大小，下列敘述何者正確？
(1)811×564mm　(2)801×564mm　(3)821×574mm　(4)806×574mm。

(　　) 38. A2 圖紙其圖框大小，下列敘述何者正確？
(1)554×390mm　(2)564×390mm　(3)574×400mm　(4)559×400mm。

(　　) 39. A3 圖紙其圖框大小，下列敘述何者正確？
(1)400×277mm　(2)385×277mm　(3)390×267mm　(4)380×267mm。

(　　) 40. 下列屬於一點鏈線的為　(1)節線　(2)中心線　(3)假想線　(4)表面處理範圍。

(　　) 41. 有關電腦輔助製圖之輸出裝置，下列敘述何者正確？　(1)顯示器　(2)繪圖機　(3)無線滑鼠　(4)燒錄器。

(　　) 42. 下列對於電腦相關資訊的敘述，何者正確？
(1)光碟是屬於輔助記憶體的一種　(2)500GB 硬式磁碟機表示其可儲存的容量有 500×1024×1024 個位元組　(3)電腦處理資料其最小記憶單位為 bit　(4)1200dpi 是表示噴墨式繪圖機印圖品質。

(　　) 43. 一點細鏈線在工程圖中之使用，下列何者正確？
(1)中心線　(2)假想線　(3)節線　(4)基準線。

(　　) 44. 細實線在工程圖中之使用，下列何者正確？　(1)尺度線　(2)投影線　(3)因圓角消失之稜線　(4)節線。

(　　) 45. 下列何者為彩色繪圖機墨水匣使用的顏色？　(1)紅色、橙色　(2)藍色、綠色　(3)黃色、紫紅色　(4)青藍色、黑色。

(　　) 46. 有關工程字的敘述，下列何者正確？　(1)中文工程字採用等線體　(2)英文單字間以能放下大寫字母 O 為原則　(3)斜體英文字的傾斜角度為 75 度　(4)長體中文字的字高為字寬的 3/4 倍。

(　　) 47.CNS 標準規範中，有關圖框型式設定的種類有　(1)圖面分區法　(2)圖紙中心記號　(3)圖紙邊緣記號　(4)圖面顏色分區記號。

(　　) 48. CNS 標準中，有關「圖面分區法」的圖框型式，下列敘述何者正確？　(1)使圖面內容易於搜尋，方便溝通　(2)圖框之外圍作偶數等分刻劃　(3)縱向由上而下以大楷拉丁字母順序記入　(4)分區之區域代號寫法以縱向橫向為順序，例如 A2。

(　　) 49. 如圖所示，下列之敘述何者正確？　(1)點 a 在第 1 象限　(2)點 b 在第 4 象限　(3)點 c 在第 3 象限　(4)點 d 在第 2 象限。

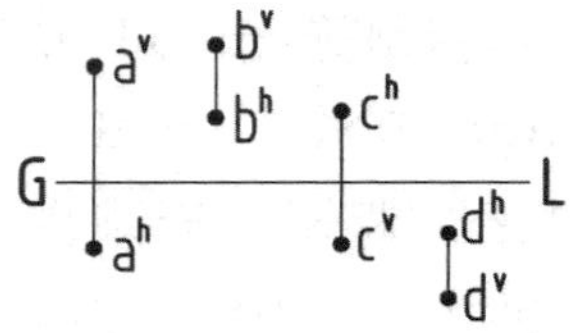

(　　) 50. 下列圖示何者為拋物線的繪製方法？

(1)
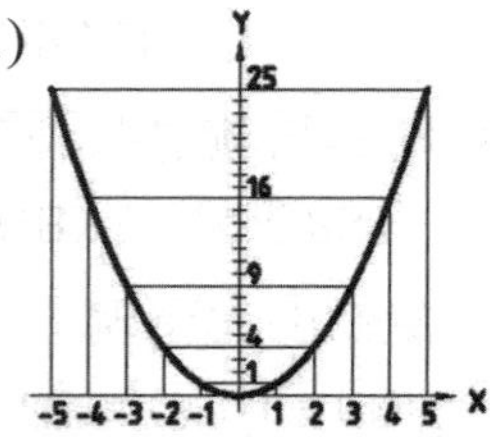

(2)
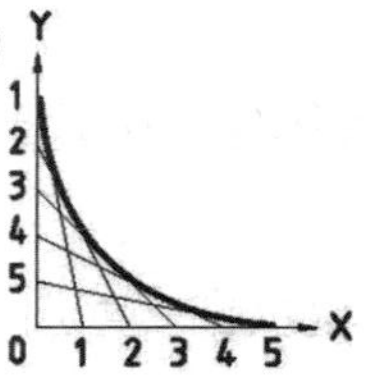

(3)
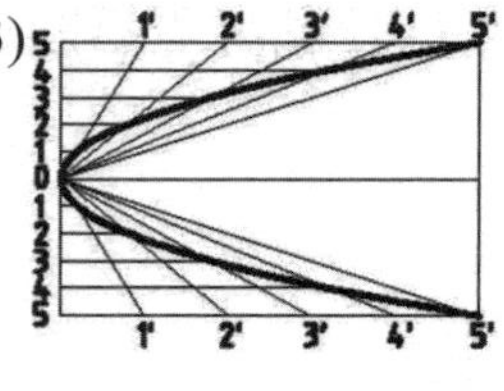

(4)
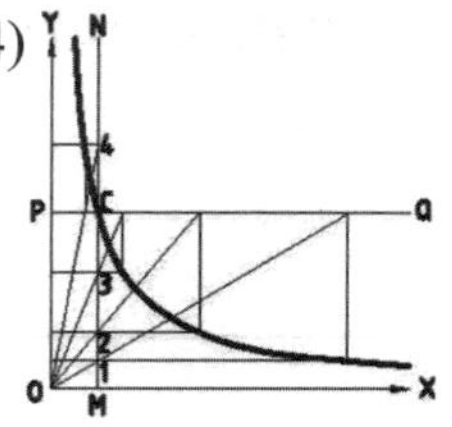
。

電腦輔助機械設計製圖乙級試題

得　分

______ 科____年____班

座號：______________

姓名：______________

第 2 回

視圖

選擇題：(每題 2 分，共計 68 分)

(　　) 1. 若角度方向定義以右手定則之逆時針方向爲正，則在直角座標系統中之 X-Y 平面之 Z 軸爲軸心旋轉"−90°"後，則此時 1　(1)新 X 軸在原 Y 軸位置的正向位置　(2)新 X 軸在 Z 軸位置的正向位置　(3)新 Z 軸在原 Y 軸位置的正向位置　(4)新 Y 軸在原 X 軸位置的正向位置。

(　　) 2. 下圖正確之右側視圖爲

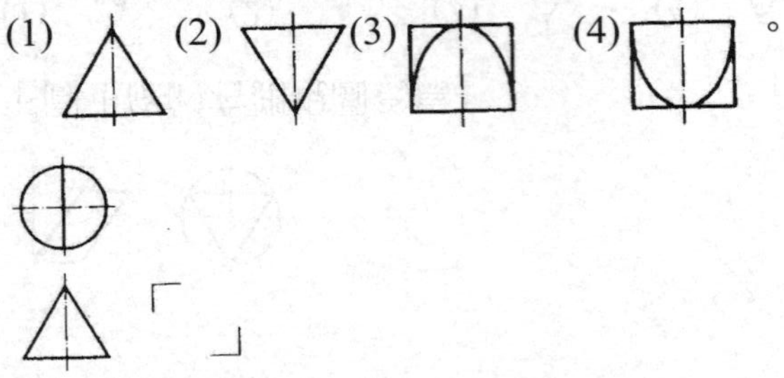

(　　) 3. 下圖正確之前視圖爲

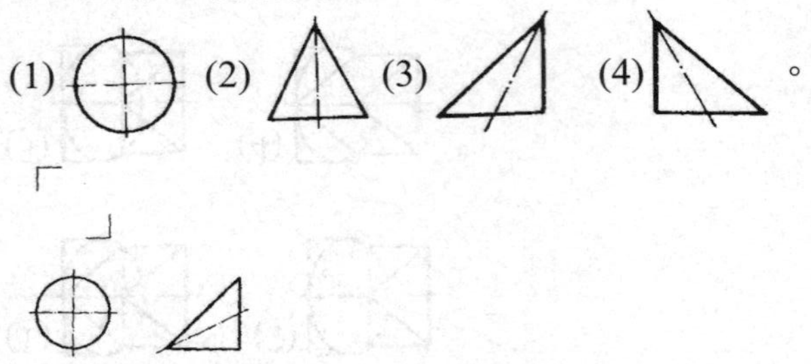

(　　) 4. 下圖正確之右側視圖爲

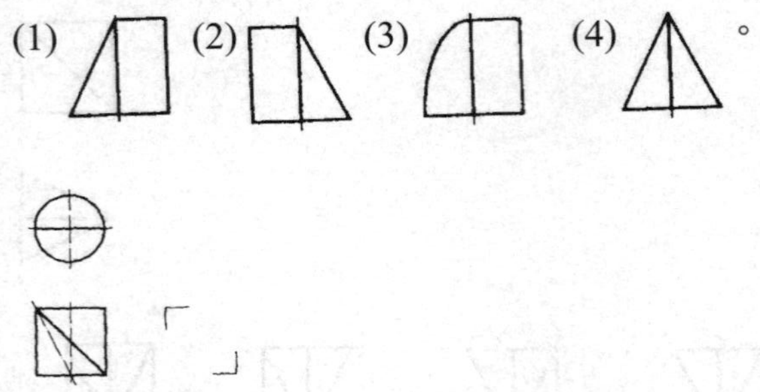

(　　) 5. 下圖中，線段 CD 穿越象限爲　(1) I 、IV、III　(2) I 、III、II　(3) I 、II、IV　(4)II、III、IV。

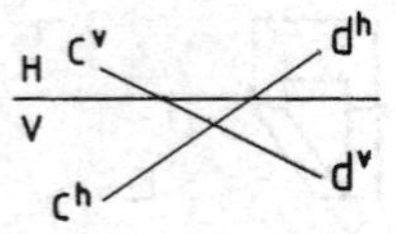

(　　) 6. 下圖中，AB、CD 兩線段　(1)平行　(2)垂直　(3)相交　(4)歪斜。

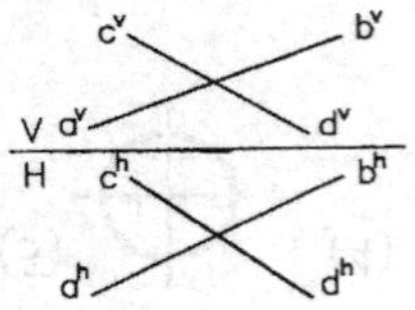

(　　) 7. 下圖表示兩直線　(1)垂直相交　(2)垂直不相交　(3)不垂直相交　(4)不垂直不相交。

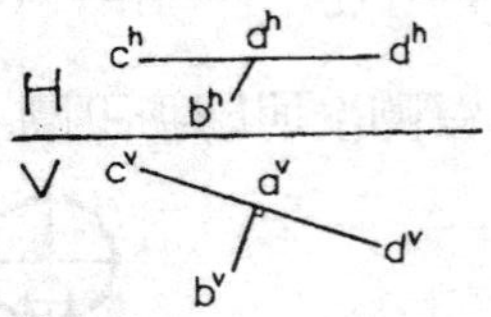

(　　) 8. 下圖中，線段 AB 是　(1)平行水平投影面　(2)垂直水平投影面　(3)平行直立投影面　(4)垂直直立投影面。

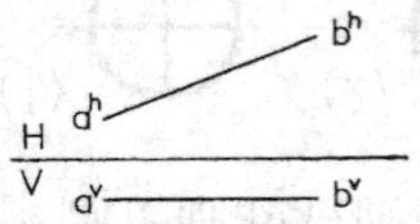

(　　) 9. 物件內部構造複雜，爲使圖面清晰易懂，通常以下列何種視圖表示？　(1)輔助視圖　(2)放大視圖　(3)剖視圖　(4)局部視圖。

(　　) 10. 下圖前視圖之全剖面爲

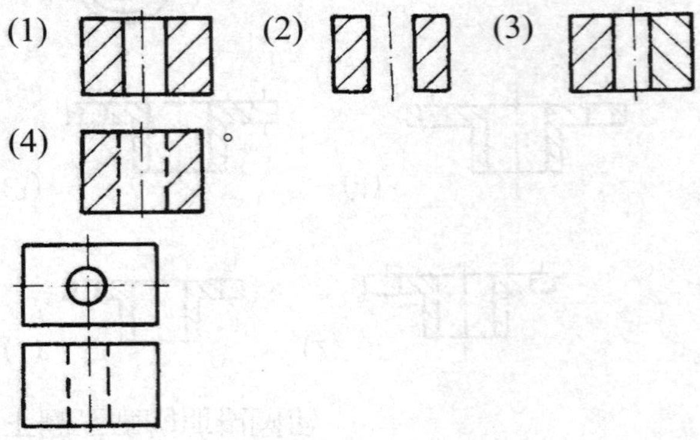

(　　) 11. 下圖正確的左側視圖為

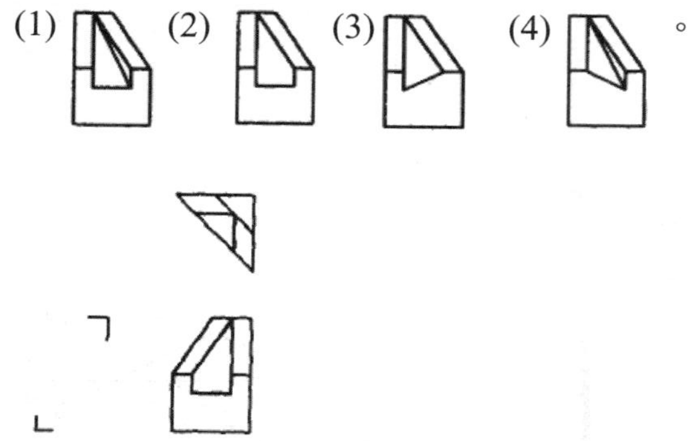

(　　) 12. 下圖正確的右側視圖為

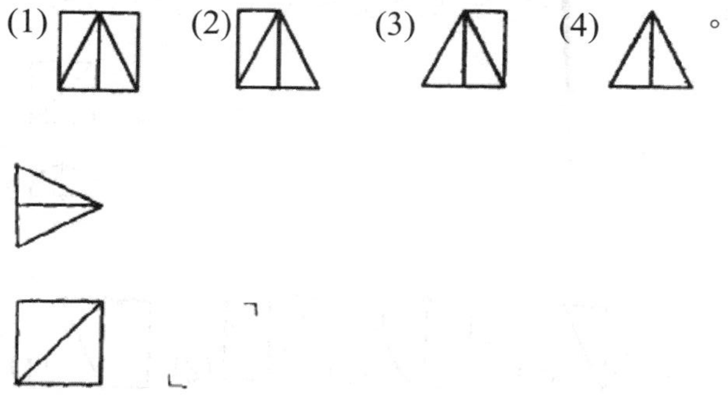

(　　) 13. 下圖正確的俯視圖為

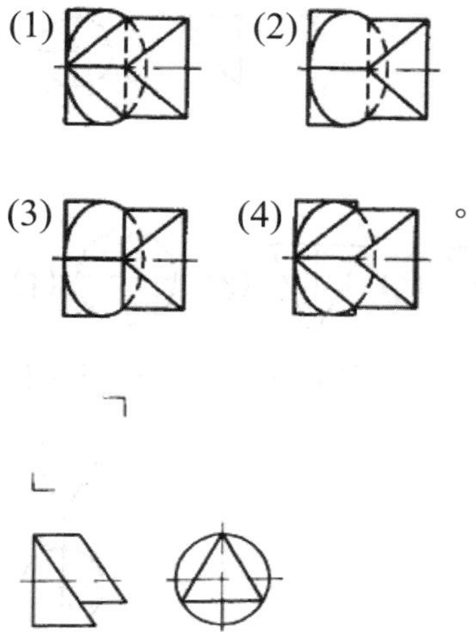

(　　) 14. 下圖正確的右側視圖為為

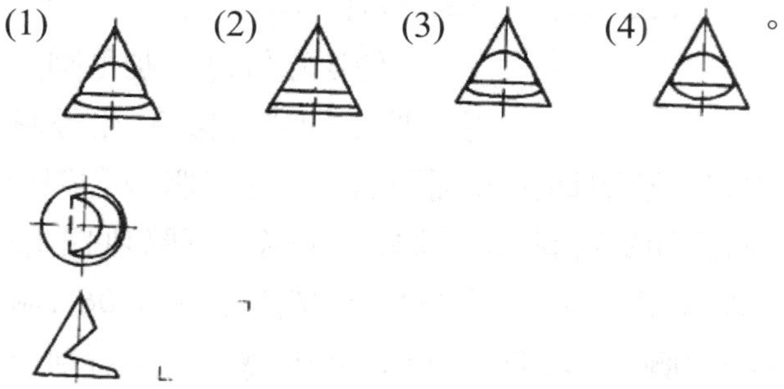

(　　) 15. 下圖正確的剖視圖為

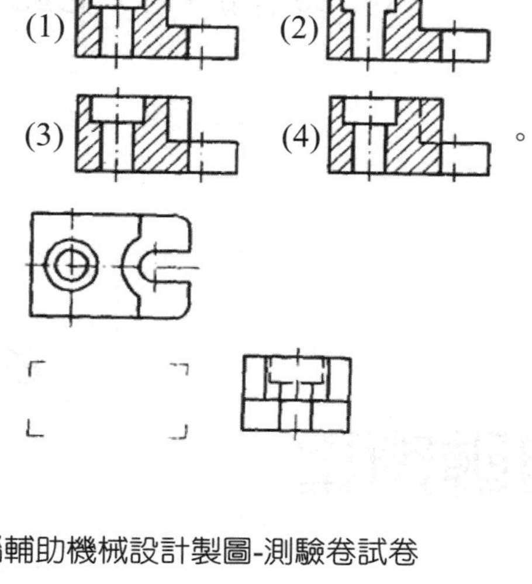

(　　) 16. 下圖正確的俯視圖為

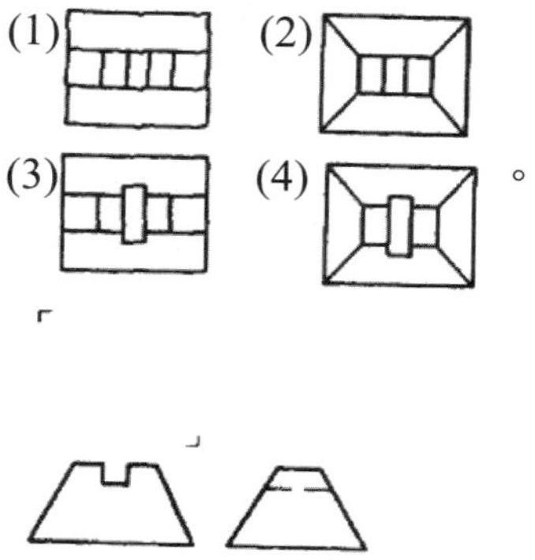

(　　) 17. 下圖正確的前視圖為

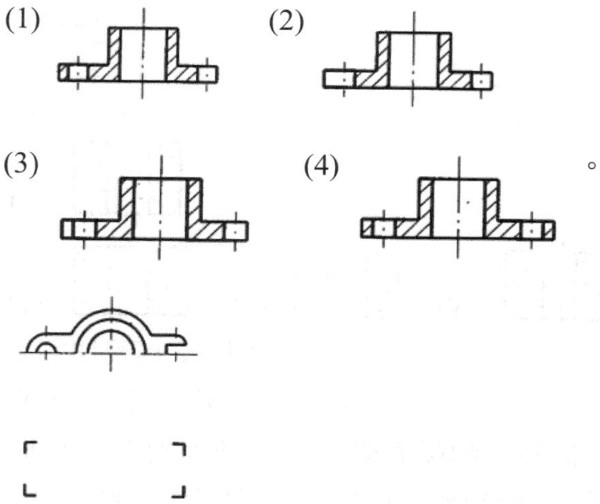

(　　) 18. 下圖正確的右側視圖為

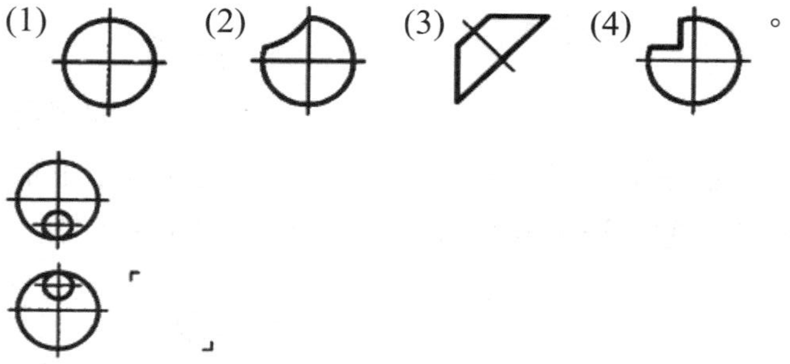

(　　) 19. 下圖正確的前視圖為

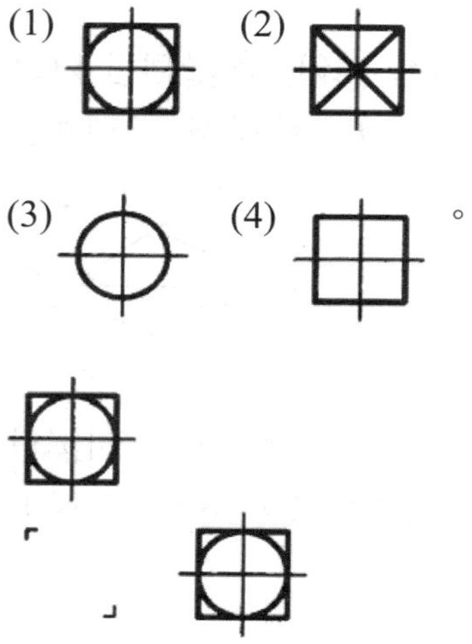

(　　) 20. 下圖正確的右側視圖為

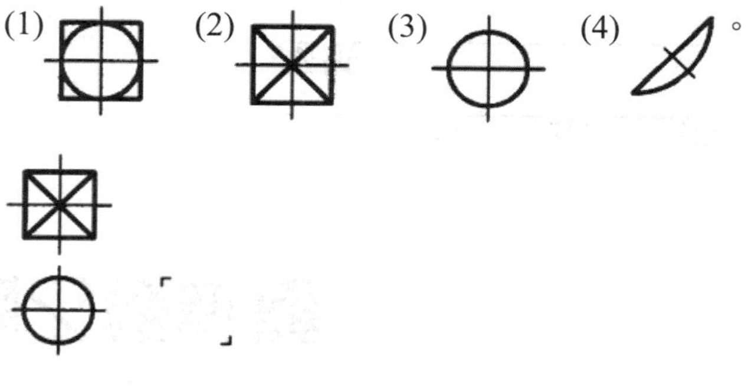

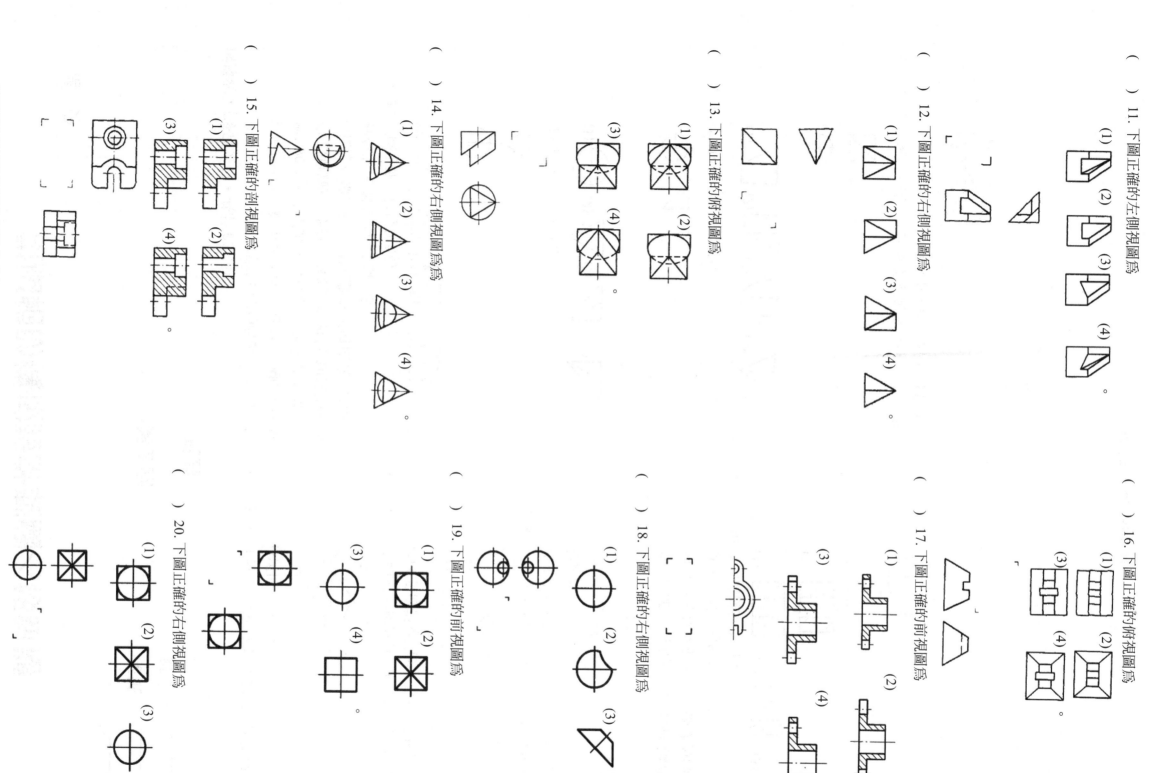

(　　) 21. 某平面在二個主要視圖中均呈現非實際形狀，但其中一個視圖呈現邊視圖，則此面應爲　(1)單斜面　(2)複斜面　(3)正垂面　(4)歪面。

(　　) 22. 不在基線上的一直線，若平行於基線時，則其可能通過的象限數爲　(1)1 個　(2)2 個　(3)3 個　(4)4 個。

(　　) 23. 機件以半剖視圖表示時，其內部與外部的分界線是　(1)粗實線　(2)細實線　(3)虛線　(4)細鏈線。

(　　) 24. 下圖正確的俯視圖爲

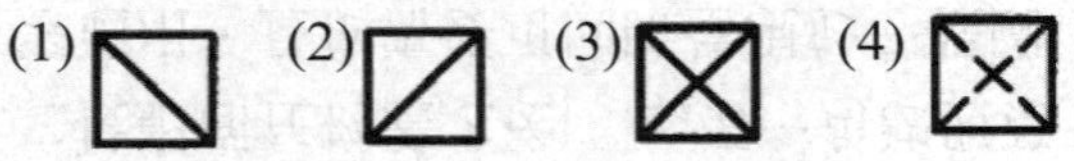

(　　) 25. 下圖正確之右側視圖爲

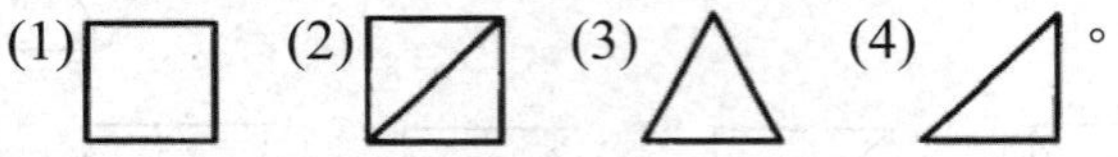

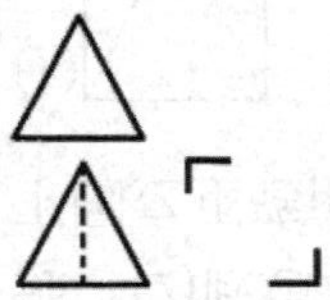

(　　) 26. 下圖正確的俯視圖爲

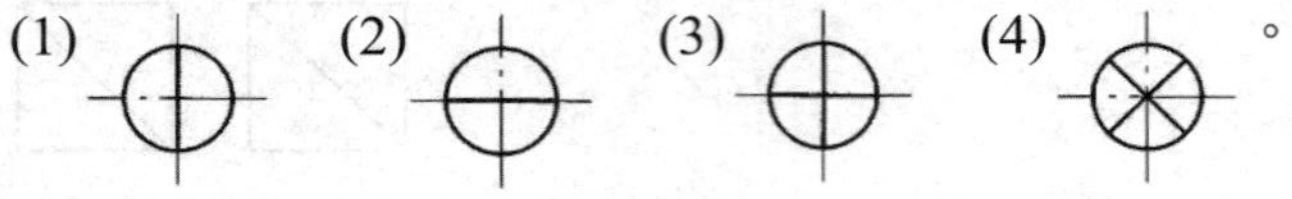

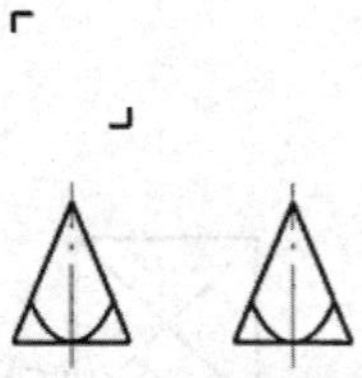

(　　) 27. 一直線在視圖中若形成一點，則稱此點爲該線之　(1)斜視圖　(2)端視圖　(3)邊視圖　(4)前視圖。

(　　) 28. 影響擺線形狀的因素爲　(1)滾圓　(2)基圓　(3)滾圓與基圓　(4)節圓。

(　　) 29. A1 圖紙尺度註解中之中文字高最小爲　(1)3.5mm　(2)4mm　(3)4.5mm　(4)5mm。

(　　) 30. 爲使圖在複製時，易於裁切，可在圖紙之四個角落畫兩垂直相交之粗短線或　(1)實心三角形　(2)空心三角形　(3)正方形　(4)實心圓點。

(　　) 31. 物面以正投影顯示其實形時，必與此投影面　(1)垂直　(2)平行　(3)相交　(4)傾斜。

(　　) 32. 下圖的右側視圖爲

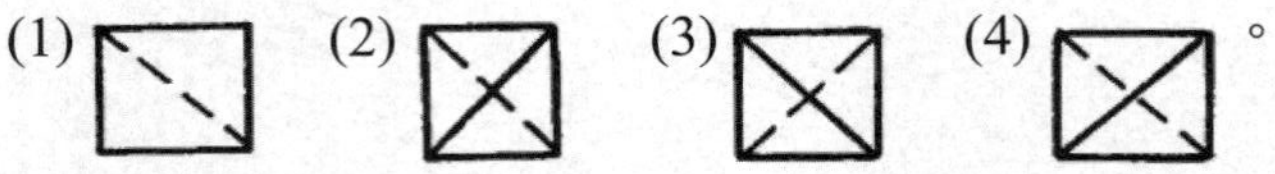

(　　) 33. 圖紙中心記號線爲　(1)細實線　(2)粗實線　(3)細鏈線　(4)粗鏈線。

(　　) 34. 拉丁字母與阿拉伯數字，行與行的間隔約爲字高的　(1)2/3　(2)3/5　(3)3/4　(4)4/5。

複選題：(每題 2 分，共計 32 分)

(　　) 35. 下圖中 A 面實形之正確求法爲

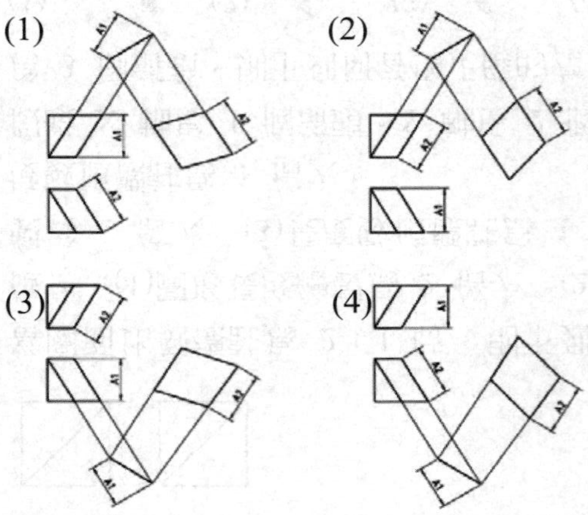

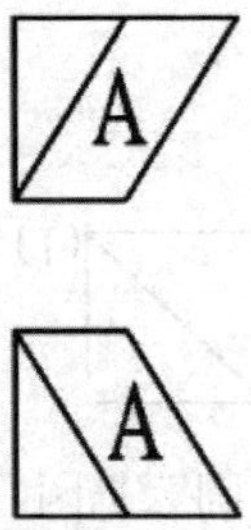

(　　) 36. 下圖所缺視圖，下列正確的爲？

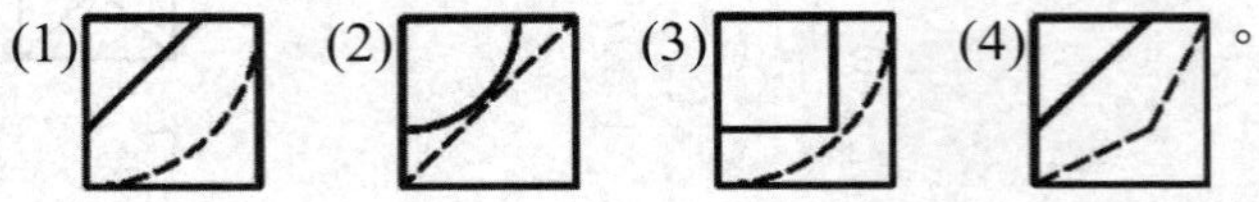

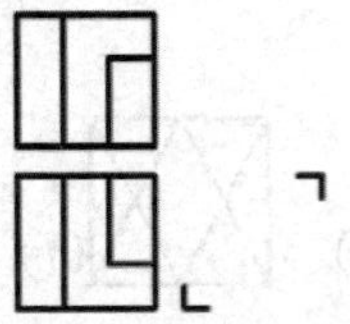

(　　) 37. 左側之俯視圖，下列何者爲正確？

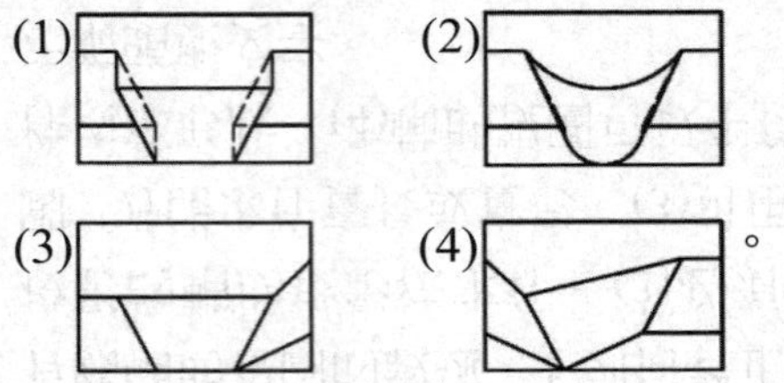

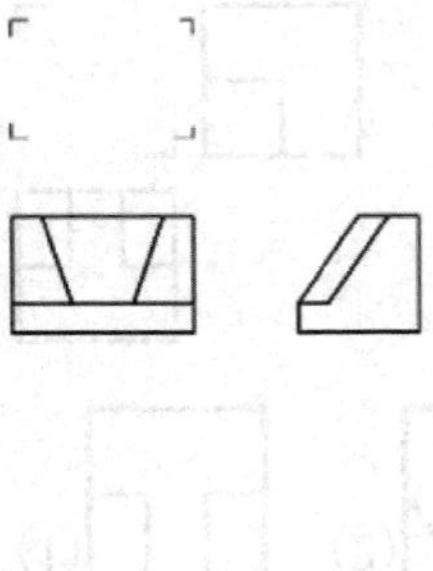

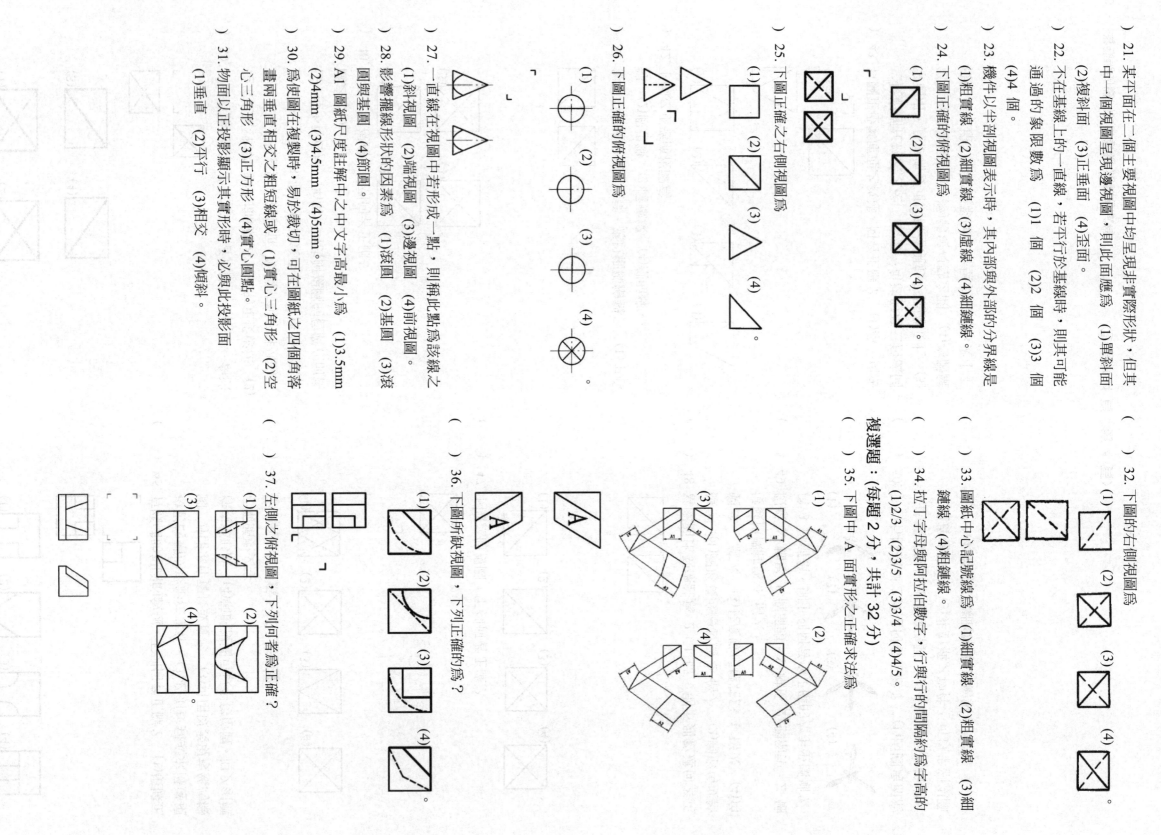

(　　) 38. 下圖的前視圖，下列何者正確？

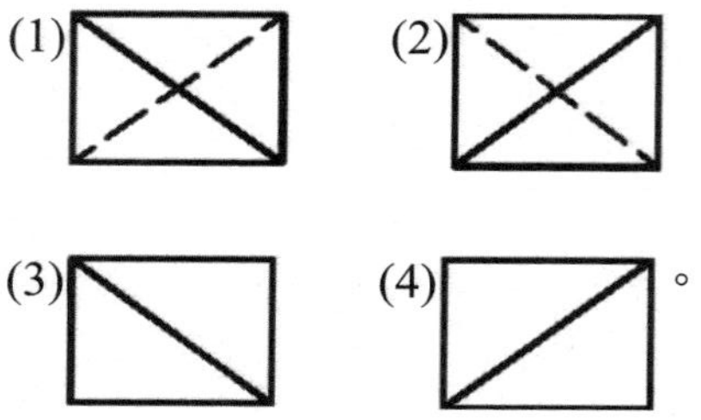

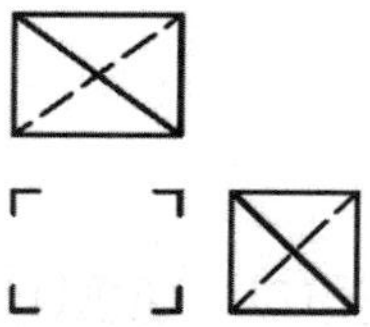

(　　) 39. 下列有關投影法的敘述，何者正確？ (1)第一角法是依視點、物體、投影面的順序排列的正投影法 (2)第三角法是以視點、投影面、物體的順序排列的正投影法 (3)CNS 圖面標準兼用第一角法與第三角法，惟不可混用 (4)第一角法俯視圖的位置在前視圖之上方。

(　　) 40. 下圖之俯視圖，下列何者正確？

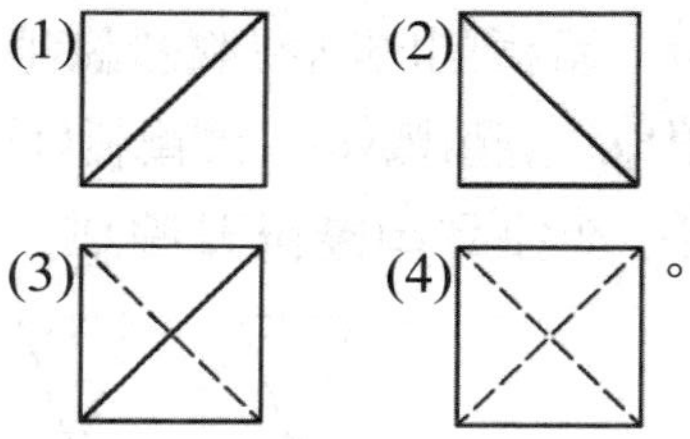

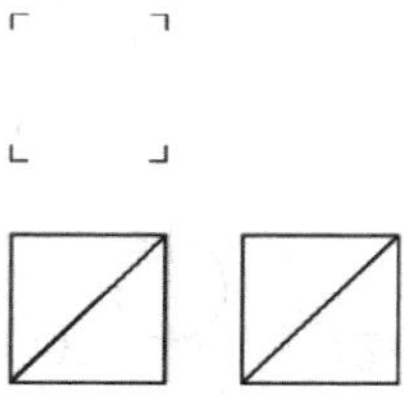

(　　) 41. 視圖中何種線條之式樣，應以細線繪製？ (1)中心線 (2)假想線 (3)隱藏線 (4)剖面線。

(　　) 42. 下圖之正確前視圖為

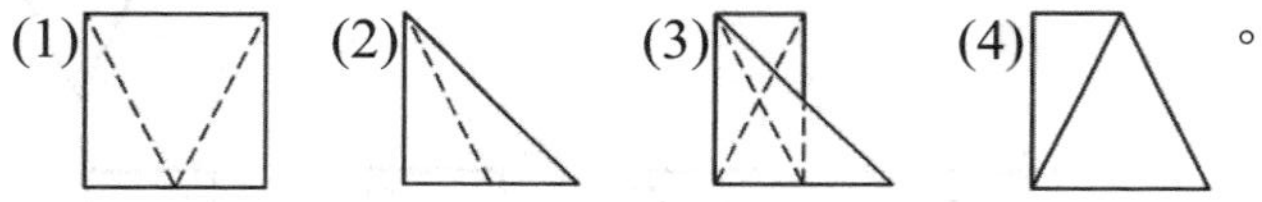

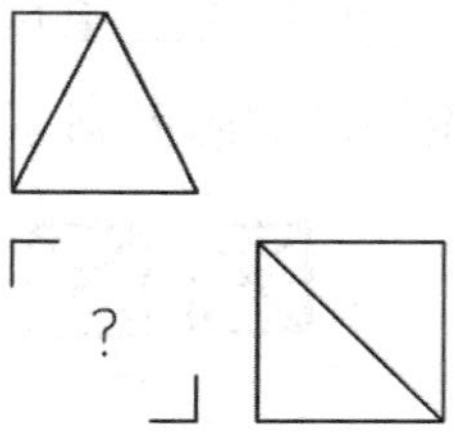

(　　) 43. 有關正投影原理之敘述，何者正確？ (1)第一角法之投影面在物體之後 (2)第一角法與第三角法同等適用，且依需要可同時呈現於一張圖紙上 (3)第三角法之投影面在物體與視點之間 (4)物體離投影面愈遠，其在投影面上所呈現之圖形大小不變。

(　　) 44. 下圖之前視圖，下列何者正確？

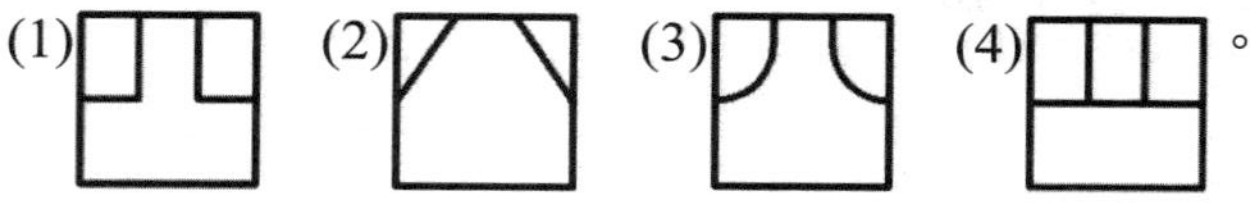

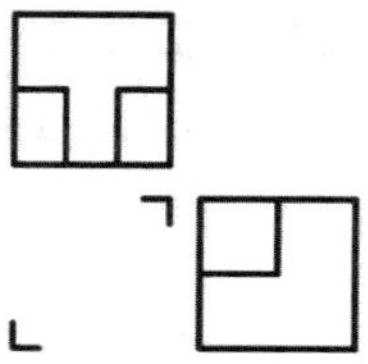

(　　) 45. 有關輔助視圖的敘述，下列何者正確？ (1)根據正投影的輔助投影法求作 (2)必須找到或求得邊視圖，方能求作實長或實形 (3)可用以表現複雜的機件內部形狀 (4)輔助視圖可以平移位置，但必須標示箭頭與文字。

(　　) 46. 下列何者可能為下圖之俯視圖？

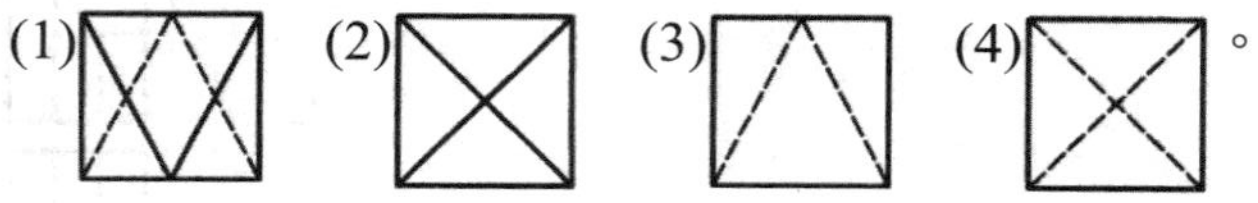

(　　) 47. 下圖之俯視圖，下列何者正確？

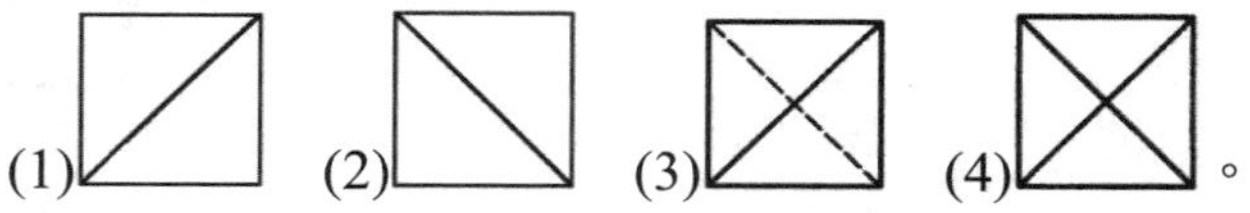

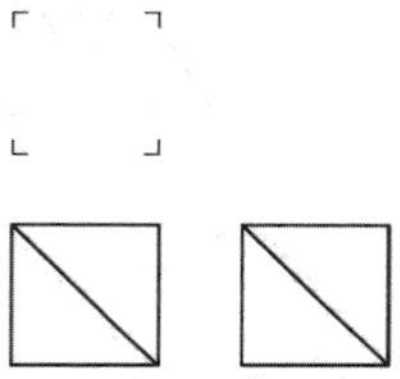

(　　) 48. 當圖面比例標註為 2：1 時，則下列敘述何者正確？ (1)圖形長度繪製為 2 倍大 (2)圖形角度繪製為 2 倍大 (3)長度數值標註為 1 倍大 (4)角度數值標註為 1 倍大。

(　　) 49. 假設 X 軸為 1 個箭頭，Y 軸為 2 個箭頭，Z 軸為 3 個箭頭，則下列何者為正確的左手坐標軸？

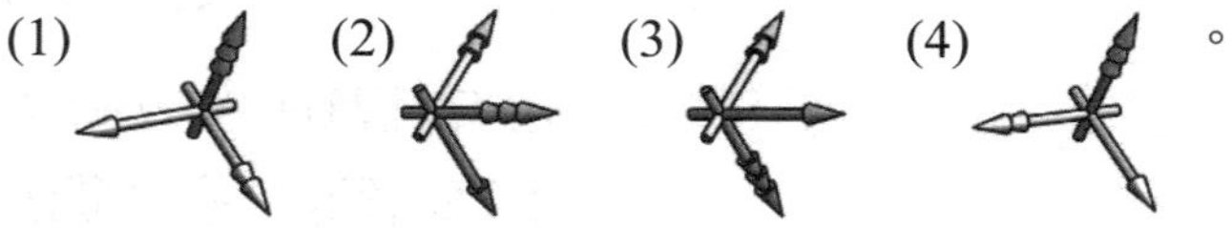

(　　) 50. 下列有關視圖之敘述何者正確？ (1)因圓角而消失的稜線應以細實線繪製 (2)旋轉剖面之輪廓應以粗實線繪製 (3)非對稱之物件不可以半剖視圖表示 (4)輥紋可以細實線局部繪製。

電腦輔助機械設計製圖乙級試題

得　分

______科____年____班

座號：____________

姓名：____________

第3回

尺度

選擇題：(每題2分，共計72分)

(　　) 1. H7/k6 屬於 (1)留隙(餘隙)配合 (2)過渡配合 (3)過盈(干涉)配合 (4)與配合無關。

(　　) 2. H7/s6 屬於 (1)留隙(餘隙)配合 (2)過渡配合 (3)過盈(干涉)配合 (4)與配合無關。

(　　) 3. 若圖面標註為 $75^{-0.03}_{-0.06}$，檢查結果下列合格的為 (1)75.00 (2)74.98 (3)74.95 (4)74.93。

(　　) 4. 傳達位移最精確的螺紋是 (1)圓螺紋 (2)滾珠螺紋 (3)梯形螺紋 (4)方螺紋。

(　　) 5. 車床加工中，使用量表檢查錐度，量工件外徑相距 30mm 之任何兩處，其量表顯示相差 3mm，其錐度為 (1)1：5 (2)1：10 (3)1：12 (4)1：20。

(　　) 6. 孔之尺度 $\phi101^{+0.035}_{0}$，軸之尺度 $\phi101^{+0.101}_{+0.079}$，其最大干涉量為 (1)0.022 (2)0.101 (3)0.044 (4)0.035。

(　　) 7. 標註尺度時應儘量置於視圖的 (1)外面 (2)內面 (3)中間 (4)固定上方。

(　　) 8. 上偏差為 (1)最大限界尺度與最小限界尺度差 (2)最大限界尺度與基本尺度差 (3)最大限界尺度與實際尺度差 (4)最小限界尺度與最大限界尺度差。

(　　) 9. 使用鍛造之扳手，常用之公差為 (1)±0.05 (2)±1 (3)±1.5 (4)±2。

(　　) 10. 斜圓錐的尺度，通常須記入 (1)斜錐角及高度 (2)兩斜邊長度 (3)高度、底直徑及錐軸傾斜角 (4)斜邊長度及角度。

(　　) 11. 標註不規則曲線的尺度時，常用 (1)等距法 (2)支距法 (3)半徑法 (4)切線法。

(　　) 12. 下圖 $36^{+0.06}_{-0.04}$ 所表示的公差值為 (1)0.02 (2)0.058 (3)0.10 (4)0.14。

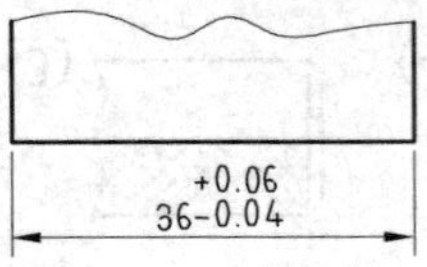

(　　) 13. 一般可達到 IT6 公差等級的切削加工法為 (1)鉋削 (2)車削 (3)鑽削 (4)搪削。

(　　) 14. 下列尺度上偏差為 0 的是 (1) $\phi14^{+0.020}_{-0.020}$ (2) $\phi14^{0}_{-0.005}$ (3) $\phi14^{+0.003}_{0}$ (4) $\phi14^{-0.009}_{-0.019}$

(　　) 15. 如下圖之合格品的大小為 (1)101.9 (2)102.19 (3)102.29 (4)102.39。

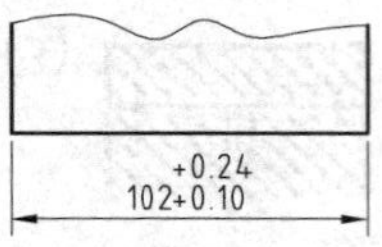

(　　) 16. ϕ45E7 比ϕ45F8 (1)下偏差低，公差大 (2)下偏差低，公差小 (3)上偏差高，公差大 (4)上偏差高，公差小。

(　　) 17. 若相鄰的兩尺度標註位置太窄時，可用 (1)四角形 (2)三角形 (3)小圓圈點 (4)小黑圓點 代替箭頭。

(　　) 18. 標註多層的尺度時，其尺度線與尺度線之間隔，約為字高的 (1)2 倍 (2)3 倍 (3)4 倍 (4)5 倍。

(　　) 19. 指線的使用，正確的為 (1)以粗實線繪製 (2)可作尺度標註用 (3)用於註解 (4)指線端的箭頭常用小黑圓點代替。

(　　) 20. 錐度符號的標註，其尖端 (1)朝左 (2)朝右 (3)朝上 (4)朝下。

(　　) 21. 如下圖所示機件，以車床之尾座偏置法加工，其偏置量為 3mm，此件之錐度為 (1)0.02 (2)0.05 (3)0.1 (4)0.5。

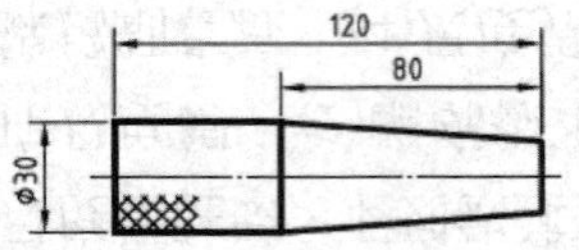

(　　) 22. 輥紋的表示法爲

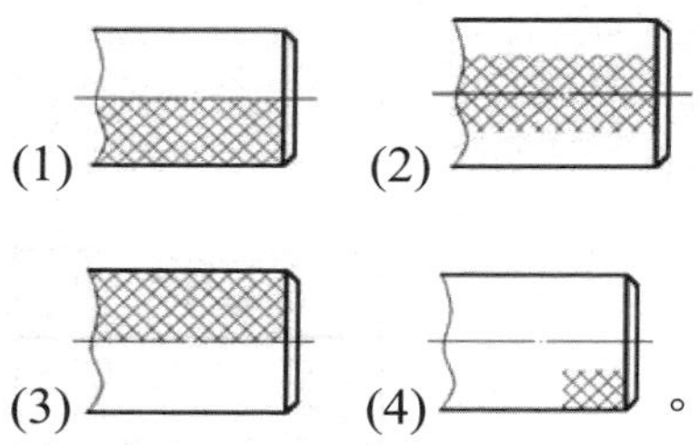

。

(　　) 23.尺度標註時，供製造者讀圖參考用的尺度，稱爲　(1)位置尺度　(2)大小尺度　(3)參考尺度　(4)功能尺度。

(　　) 24. 從下圖的標註中，可知 B 孔之 X 座標值爲　(1)16　(2)20　(3)80　(4)180。

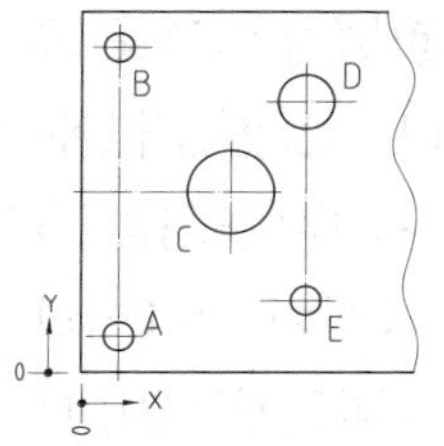

	A	B	C	D	E
X	20		80		
Y	20	180	100		
∅	16	16	46		

(　　) 25. 下圖之尺度標註中，其最小留隙(餘隙)爲　(1)0.050　(2)0.062　(3)0.112　(4)0.174。

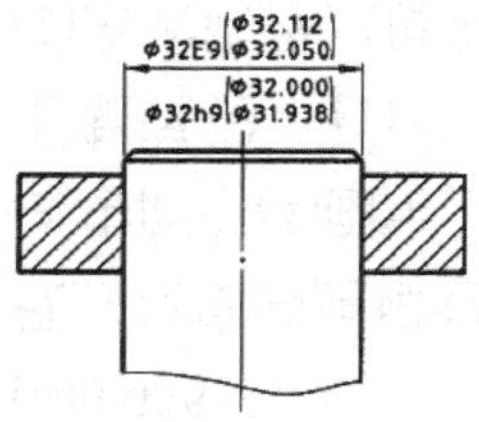

(　　) 26. 公差符號 G7 之偏差　(1)均爲正偏差　(2)均爲負偏差　(3)爲正負偏差　(4)下偏差爲 0。

(　　) 27. CNS 尺度數字之標註採用　(1)單向制　(2)對齊制　(3)對稱制　(4)配合制。

(　　) 28. 用於工具機心軸之加農錐度值爲　(1)1/36　(2)7/24　(3)1/24　(4)1/20。

(　　) 29. 一般推拔銷之錐度爲　(1)1/60　(2)1/50　(3)1/24　(4)1/16。

(　　) 30. 表面粗糙度值的單位爲　(1)cm　(2)mm　(3)μm　(4)dm。

(　　) 31. ϕ40H7 由表查得 IT7 爲 25μm，則其尺度公差爲
(1) $\phi 40 \pm 0.25$　(2) $\phi 40 \pm 0.025$
(3) $\phi 40^{+0.025}_{\ \ 0}$　(4) $\phi 40^{\ \ 0}_{-0.025}$。

(　　) 32. 公差符號 f6 之偏差
(1)均爲正偏差　(2)均爲負偏差
(3)爲正負偏差　(4)上偏差爲 0。

(　　) 33. 刀痕成同心圓狀之符號爲
(1)C　(2)M　(3)R　(4)X。

(　　) 34. 幾何公差中，圓柱度符號爲
(1) ⌖　(2) ◎　(3) ⌭　(4) ○

(　　) 35. 在同一公差等級內，孔之公差不變，擬配合軸之公差位置不同，而訂出不同之公差，此種配合制度稱爲　(1)基孔制　(2)基軸制　(3)國際制　(4)導向制。

(　　) 36. 尺度記入中的註解，必須先自圖形引出　(1)中心線　(2)指線　(3)尺度界線　(4)尺度線。

複選題：(每題 2 分，共計 28 分)

(　　) 37. 工作圖之尺度依其作用特性，可分爲　(1)基本尺度　(2)功能尺度　(3)非功能尺度　(4)參考尺度。

(　　) 38. 尺度標註時，下列敘述正確的爲　(1)中心線可以當作尺度線　(2)輪廓線不可以用作尺度線　(3)尺度線爲細實線　(4)尺度界線爲細實線。

(　　) 39. 埋頭平行鍵的鍵槽尺度公差，下列何者正確？　(1)F9　(2)JS9　(3)N9　(4)P9。

(　　) 40. 有關 CNS 之尺度標註，下列敘述何者正確？　(1)尺度線通常與尺度界線垂直，並距離尺度界線末端約 2mm　(2)全圓或大於半圓之圓弧，應標註其直徑　(3)全圓之直徑以標註在非圓形視圖爲原則　(4)輪廓線中心線必要時可作爲尺度線。

(　　) 41. 尺度標註時，下列敘述何者正確？　(1)尺度線避免相交叉　(2)小尺度標註於視圖與大尺度之間　(3)尺度必須標註於剖視圖中　(4)連續狹窄部位之尺度可用小圓點代替箭頭。

(　　) 42. 下列各圖中的尺度標註，何者有誤？

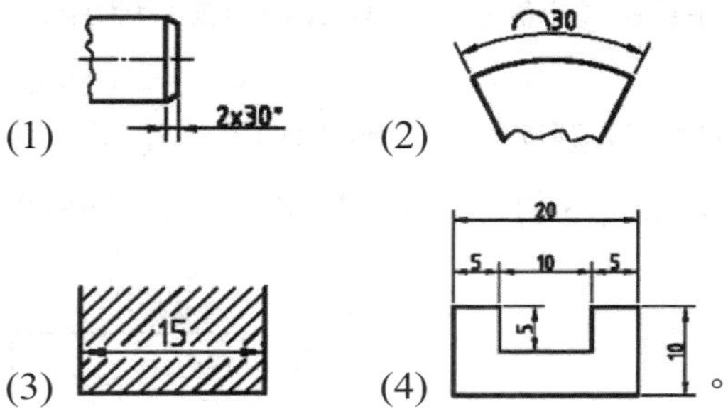

。

(　　) 43. 當有一尺度標註數值爲 30 時，可能使用下列何種標註法？　(1)R30　(2)C30　(3)M30　(4)N30。

(　　) 44. 有關於斜度標註之符號，下列何者正確？　(1)斜度符號以  表示　(2)符號高度爲尺度數字之半，粗細與數字相同　(3)符號水平方向之長度約爲高度的 3 倍　(4)符號之尖端恆指向右方。

(　　) 45. 圖形比例與尺度標註的關係，下列敘述何者正確？　(1)尺度標註的大小與圖形比例無關，均標註足尺(1：1)的數值　(2)圖形若爲縮小比例，標示的尺度數字會比繪製的圖形大　(3)圖形比例若有縮放，必須另外於圖形的下方標示比例大小　(4)未按比例繪製之尺度，必須於尺度數字下方標示底線。

(　　) 46. 下圖表面織構符號中，下列敘述何者正確？　(1)傳輸波域 λs=0.0025-0.1mm　(2)16%-規則　(3)未規定加工符號　(4)粗糙度圖形最大深度 0.2μm。

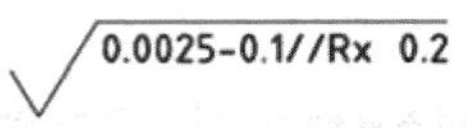

(　　) 47. 下圖邊緣型態符號，當指向內邊緣時，下列敘述何者正確？　(1)視爲銳邊　(2)避尖可至 0.05mm　(3)讓切可至 0.05mm　(4)毛頭可至 0.05mm。

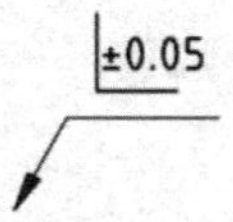

(　　) 48. 有關尺度標註的敘述，下列何者正確？　(1)尺度線均與尺度界線成垂直　(2)尺度箭頭長爲尺度數字字高，開尾夾角爲 20 度　(3)尺度符號規定放在尺度數字的左側，公差配合置右側　(4)尺度線均爲直線。

(　　) 49. 如下圖，斜度爲 1：10，L=40，兩端高度爲 H 及 h，下列何者正確？　(1)H=40 時，h=36　(2)h=46 時，H=50　(3)H=46 時，h=36　(4)h=40 時，H=46。

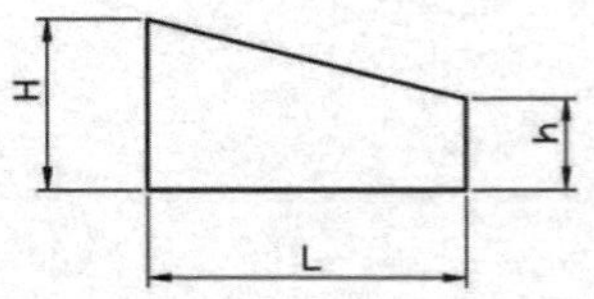

(　　) 50. 對於尺度標註之敘述，下列何者正確？　(1)爲避免累積公差，應採用基準位置標註法　(2)當精度要求不高時，可採用連續尺度標註法　(3)未按比例標註之尺度，其數值應加括弧　(4)參考用之尺度，其數值應加底線。

電腦輔助機械設計製圖乙級試題

得　分

______科____年____班

座號：____________

姓名：____________

第 4 回

機件元件

選擇題：(每題 2 分，共計 66 分)

(　　) 1. 標準正齒輪的齒高等於　(1)工作深度　(2)兩倍模數　(3)兩倍徑節　(4)工作深度加頂隙的距離。

(　　) 2. 「7206 滾動軸承」表示　(1)外徑記號爲 2　(2)寬度記號爲 2　(3)外徑 30mm　(4)內徑 6mm。

(　　) 3. 萬向接頭的兩軸中心線相交的角度，不宜超過　(1)5°　(2)10°　(3)20°　(4)30°。

(　　) 4. 可使兩軸迅速聯結或分離的機件，稱爲　(1)鍵　(2)聯結器　(3)離合器　(4)栓槽軸。

(　　) 5. 可同時承受徑向與軸向負荷之軸承爲　(1)深槽滾珠軸承　(2)滾針軸承　(3)錐形滾子軸承　(4)滾柱軸承。

(　　) 6. 下圖 V 型皮帶中之 θ 角爲(1)34°　(2)36°　(3)38°　(4)40°。

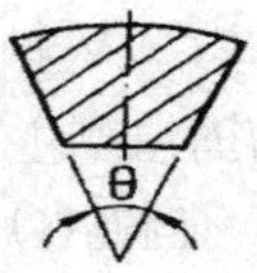

(　　) 7. V 型皮帶輪的槽角有　(1)28°、30°、32°　(2)32°、34°、36°　(3)34°、36°、38°　(4)36°、38°、40°　三種。

(　　) 8. 下列可設計來控制引擎進、排氣閥的開關機件爲　(1)液壓缸　(2)凸輪　(3)滑塊連桿　(4)齒輪。

(　　) 9. 模數 6、齒數 45 的標準正齒輪，其齒頂圓直徑爲　(1)270　(2)276　(3)282　(4)288.84。

(　　) 10. 下列螺旋齒輪之習用畫法，何者正確？

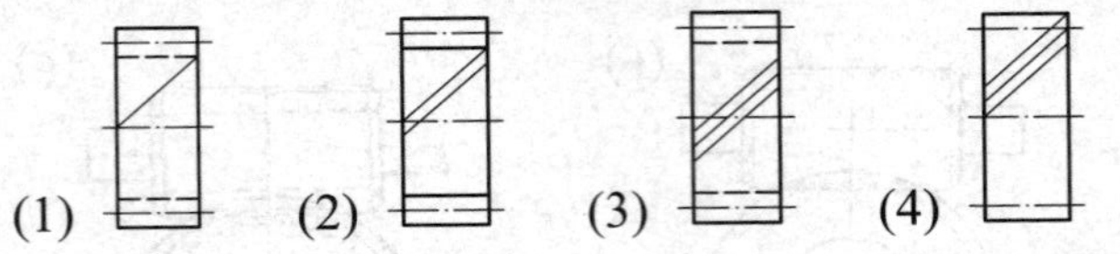

。

(　　) 11. 下列相嚙合正齒輪之習用畫法，何者正確？

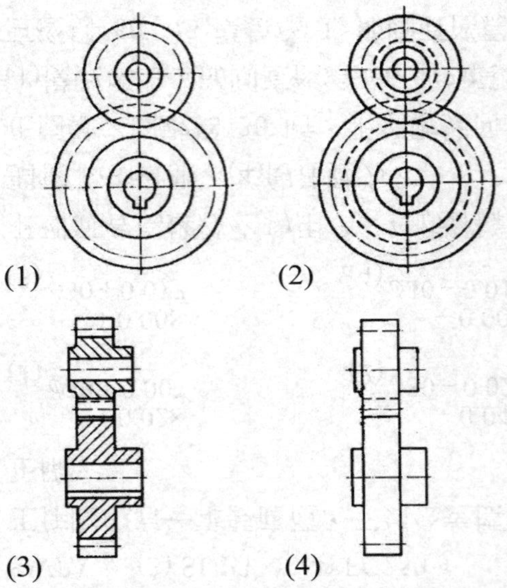

(　　) 12. 下列相嚙合螺旋齒輪之習用畫法，何者正確？

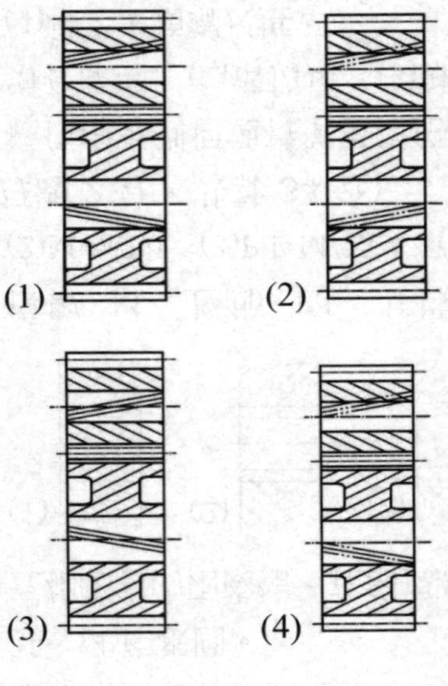

。

(　　) 13. 下列相嚙合蝸桿與蝸輪組合之習用畫法，何者正確？

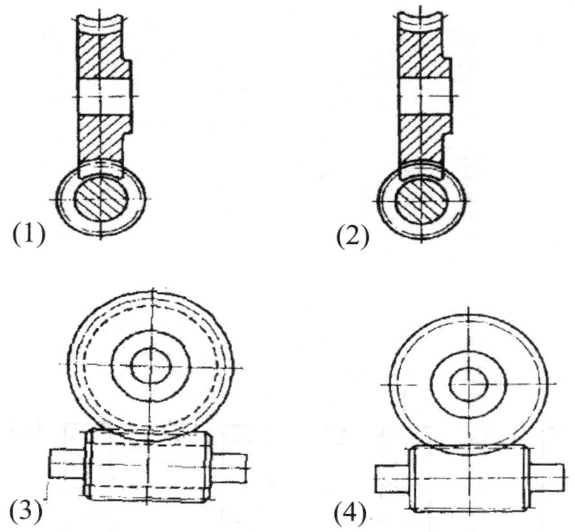

(　　) 14. 使用平行鍵時，軸之鍵座寬所採用最理想的配合爲 (1)D9 (2)H9 (3)Js9 (4)N9。

(　　) 15. 若漸開線正齒輪的壓力角爲 θ，節圓直徑爲 D，則其基圓直徑爲 (1)D×Sinθ (2)D×Cosθ (3)D/Sinθ (4)D/Cosθ。

(　　) 16. 漸開線齒輪之壓力角愈大時，則其齒根厚 (1)變大 (2)變小 (3)不變 (4)不一定。

(　　) 17. 繪製公制標準正齒輪時，除須註解齒制、節徑、齒數、壓力角等之外，尚須標明 (1)徑節 (2)模數 (3)旋向 (4)導程。

(　　) 18. 下圖爲使用滑鍵之輪轂鍵槽之局部視圖，其中尺度『A』所採用最適當的配合爲 (1)D10 (2)H9 (3)Js7 (4)N7。

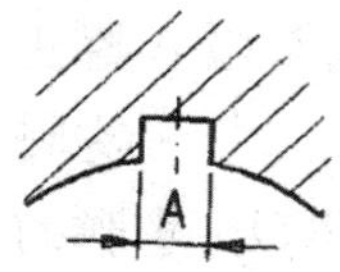

(　　) 19. 正齒輪泵(Gearpump)中，泵本體齒輪箱之孔徑與齒輪外徑的配合較適當者爲 (1)G7/h6 (2)H7/f6 (3)H8/e6 (4)E7/h7。

(　　) 20. 標準六角螺帽的厚度約爲標稱直徑的 (1)1 倍 (2)1/2 倍 (3)2/3 倍 (4)4/5 倍。

(　　) 21. 推拔管螺紋之錐度爲 (1)1：2 (2)1：5 (3)1：8 (4)1：16。

(　　) 22. 「6205P4」軸承規格中之 P4 表示 (1)公差等級 (2)軸承型式 (3)尺寸系列號碼 (4)內徑號碼。

(　　) 23. 標準正齒輪之模數 10、齒數 30，則齒冠高爲 (1)3mm (2)10/π mm (3)10mm (4)3π mm。

(　　) 24. 平行的兩軸，可用那一種齒輪來傳動 (1)蝸桿蝸輪 (2)螺輪 (3)斜齒輪 (4)正齒輪。

(　　) 25. 公制標準 V 形螺紋，螺距 P，則牙高 H= (1)0.5P (2)0.6134P (3)0.6495P (4)0.866P。

(　　) 26. 齒輪傳動之速比與 (1)兩齒輪節圓直徑成正比 (2)兩齒輪齒數成正比 (3)兩軸轉數成反比 (4)兩齒輪節圓直徑成反比。

(　　) 27. 兩平行軸傳動用的螺旋齒輪，此兩輪齒必須 (1)螺旋角相等，旋向相同 (2)螺旋角不等，旋向相同 (3)螺旋角相等，旋向相反 (4)螺旋角不等，旋向相反。

(　　) 28. 當兩嚙合齒輪之角速比一定時 (1)角速度與節圓直徑成反比 (2)角速度與節圓直徑成正比 (3)角速度與齒數成正比 (4)角速度與周節成正比。

(　　) 29. 撓性傳動能確保一定速比之傳動元件是 (1)三角皮帶輪 (2)齒輪 (3)繩輪 (4)鏈輪。

(　　) 30. 斜齒輪當節圓錐角爲 90°時，節圓錐即爲一平面，底圓變爲一大圓，此種斜齒輪稱爲 (1)冠狀齒輪 (2)蝸輪 (3)螺旋齒輪 (4)齒條。

(　　) 31. 擺線齒輪之齒形決定於 (1)基圓 (2)滾圓 (3)節圓 (4)齒根圓。

(　　) 32. 互相嚙合的兩齒輪，在剖視圖中應畫成

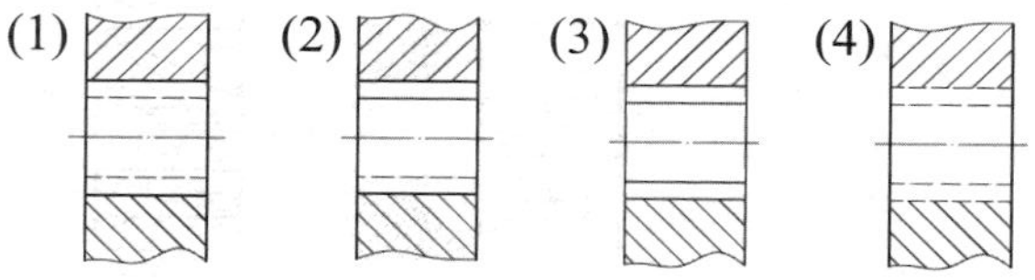
。

(　　) 33. 模數 M、徑節 Pd，其關係爲 (1)M=25.4/Pd (2)M=π/Pd (3)Pd=M/25.4 (4)Pd=πM。

複選題：(每題 2 分，共計 34 分)

(　　) 34. 機件中下列何種特徵可以免標註？ (1)螺紋孔之鑽孔深度 (2)鑽頂角 (3)軸之球面端的球面符號 (4)軸之去角端尺度。

(　　) 35. 彈簧機件中，常用以下何種材質？ (1) S45C (2) SWPA (3) SUP3 (4) FC250。

(　　) 36. 工作圖中有一重要直徑，下列公差標註方式何者爲正確？

(1) $\phi 30^{+0.028}_{+0.007}$　(2) $\phi 30^{-0.041}_{-0.020}$

(3) $\phi 30^{+0.008}_{+0.017}$　(4) $\phi 30^{-0.004}_{-0.017}$。

(　　) 37. 下列何者爲螺紋之功用？ (1)機件結合 (2)機件調整 (3)量測 (4)傳達動力。

(　　) 38. 正齒輪之齒數爲 30 時，下列數據何者正確？ (1)模數爲 3，節圓直徑爲 96 (2)模數爲 2，節圓直徑爲 60 (3)模數爲 1，節圓直徑爲 32 (4)模數爲 2.5，節圓直徑爲 75。

(　　) 39. 有關標準機件，下列之敘述何者正確？ (1)V 型皮帶之斷面形狀爲三角形，因此又稱爲三角皮帶 (2)螺栓 M10x25 的 25 是指螺栓長度 (3)推拔銷 ϕ6x25 的「ϕ 6」，指的是推拔銷的小徑 (4)壓縮彈簧未註明旋向時，均爲左旋。

(　　) 40. 滾動軸承規格，下列敘述何者正確？ (1)基本號碼只有軸承系列記號與內徑號碼 (2)接觸角記號與保持器記號 爲補助記號 (3)尺度系列號碼爲寬度級序、外徑級序所組合而成 (4)內徑號碼 9 以下直接爲內徑尺度 mm。

(　　) 41. 螺旋齒輪之齒數爲 30 時，下列數據何者正確？
(1)若法面(齒直角)模數爲 3，則節圓直徑爲 90
(2)若模數(軸直角模數)爲 2，則節圓直徑爲 60
(3)若法面(齒直角)模數爲 1，則節圓直徑爲 30
(4)若模數(軸直角模數)爲 2.5，則節圓直徑爲 75。

(　　) 42. 對於深槽滾珠軸承之敘述，下列何者正確？
(1)6200 之內徑爲ϕ10　(2)6201 之內徑爲ϕ12
(3)6002 之內徑爲ϕ15　(4)6003 之內徑爲ϕ20。

(　　) 43. 有關彈簧的敘述，下列何者正確？　(1)彈簧最常用的材料爲紅銅或黃銅　(2)壓縮彈簧之自由長度是以未壓縮之長度表示　(3)彈簧指數是平均直徑/線徑之比　(4)彈簧常數之單位爲 mm/kg。

(　　) 44. 消除齒輪干涉的方法，下列敘述何者正確？　(1)使用移位齒輪　(2)縮小中心距　(3)齒腹向內凹陷　(4)縮小齒冠圓。

(　　) 45. 檢測機件時，下列敘述何者正確？　(1)柱塞規不通過端之大小，採用機件圓孔最大尺度　(2)柱塞規通過端之大小，採用機件軸最小尺度　(3)環規不通過端之大小，採用機件軸最小尺度　(4)環規通過端之大小，採用機件圓孔最大尺度。

(　　) 46. 軸承型號 6205UU，下列敘述何者正確？　(1)深槽滾珠軸承　(2)斜角滾珠軸承　(3)軸承內徑 5　(4)兩面密封圈。

(　　) 47. 下列有關標準零件之敘述，何者正確？　(1)齒輪之模數愈大時，則齒輪之齒形也會愈大　(2)兩軸以交叉式皮帶傳動時，其轉向相同　(3)平皮帶輪之輪面製成略爲隆起，其皮帶較不易脫落　(4)V 形皮帶之截面夾角爲 40°。

(　　) 48. 有關凸輪元件的敘述，下列何者正確？　(1)板形凸輪之升程相同，其基圓越大，壓力角越大　(2)凸輪簡諧運動所繪的位移線圖爲正弦曲線　(3)凸輪等速運動所繪的位移線圖爲斜線　(4)板形凸輪周緣之形狀與側向壓力有關。

(　　) 49. 對於一對漸開線正齒輪的嚙合傳動，下列敘述何者正確？　(1)其轉速比固定　(2)其輪齒的接觸點必在節點上　(3)其壓力角爲定値　(4)齒輪的相對運動爲共軛作用。

(　　) 50. 有關皮帶的敘述，下列何者正確？　(1)正時皮帶(Timingbelt)常用來驅動控制車輛引擎氣門的凸輪軸，其特色爲速比準確運轉平順　(2)若忽略皮帶傳動可能發生之滑動與潛變的影響，皮帶節線的線速率各處均相等　(3)由變速皮帶及可改變節徑的槽輪組合可設計於摩托車的自動變速器上　(4)中心距離甚小或皮帶太寬，可用交叉皮帶之設計傳動。

電腦輔助機械設計製圖乙級試題

得 分

______科____年____班

座號：__________

姓名：__________

第5回

工作圖

選擇題：(每題2分，共計68分)

(　　) 1. 1μ 之物理量爲　(1)0.1　(2)0.01　(3)0.001　(4)0.000001。

(　　) 2. 一般拋光工作最適合採用的評估長度爲　(1)0.8mm　(2)2.5mm　(3)8mm　(4)25mm　。

(　　) 3. 1 μm　相等於　(1)0.1　(2)0.01　(3)0.001　(4)0.000001　mm。

(　　) 4. 表面織構符號中，評估長度的標準值所使用單位爲　(1)m　(2)mm　(3)μ　(4)μm。

(　　) 5. 一般而言，工件之表面粗糙度值愈大，則所需的加工成本　(1)愈高　(2)愈低　(3)無影響　(4)視加工方法而定。

(　　) 6. 零件圖繪製所使用的投影法爲　(1)透視投影　(2)斜投影　(3)正投影　(4)等角投影。

(　　) 7. 欲判別機件之表面粗糙度時，可採用的量具爲　(1)游標卡尺　(2)分厘卡　(3)標準片　(4)鋼尺。

(　　) 8. 零件表如用單頁書寫時，資料填寫次序之原則應爲　(1)由上向下　(2)由下向上　(3)由左向右　(4)由右向左。

(　　) 9. 下列尺度修改之標註正確的爲

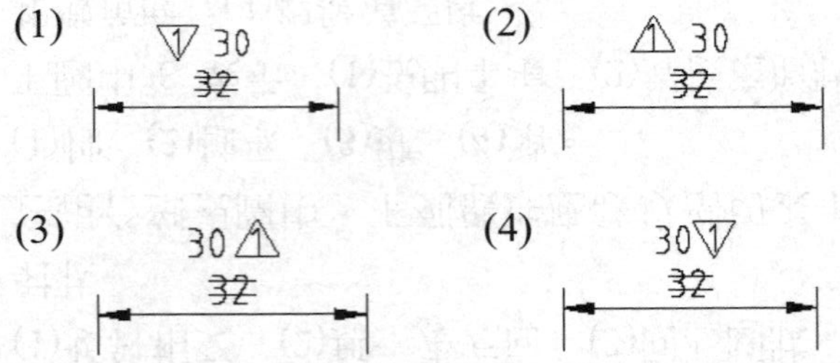

(　　) 10. 銲接符號之副基線爲　(1)粗實線　(2)細實線　(3)虛線　(4)鏈線。

(　　) 11. 下圖之銲接型式屬於　(1)搭接　(2)隅角接合　(3)T 形接合　(4)邊緣接合。

(　　) 12. 下圖之銲接符號爲

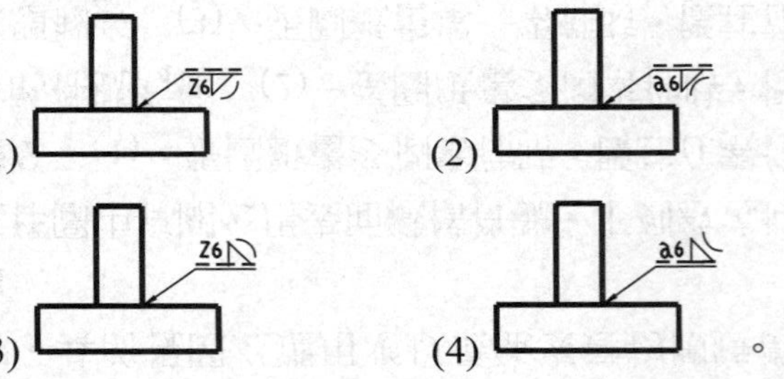

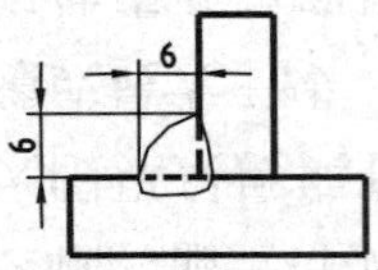

(　　) 13. 下圖爲一工件之前視圖，下列輔助視圖何者正確？

(1) (2) (3) (4)

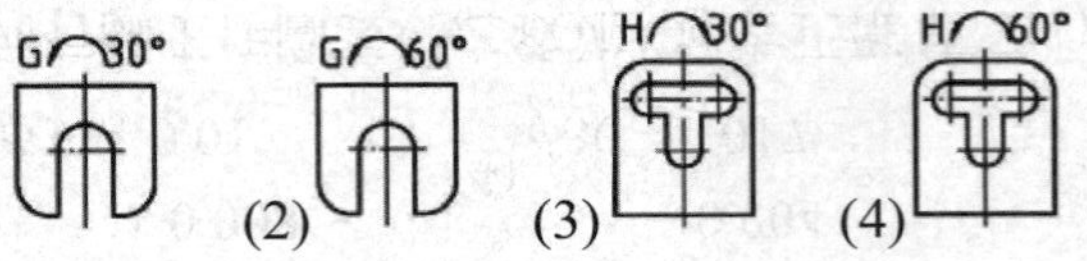

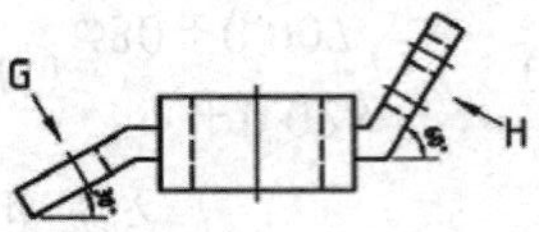

(　　) 14. 繪製立體組合圖時，通常可予以剖切的零件爲　(1)實心軸　(2)螺帽　(3)螺釘　(4)彈簧。

(　　) 15. 根據我國國家標準 CNS 的規範，表面織構符號中的輪廓參數 包含那三種表面輪廓？　(1)C、R、Z 輪廓　(2)R、K、Z 輪廓　(3)R、W、P 輪廓　(4)A、C、K 輪廓。

(　　) 16. $\sqrt{Rz\ 0.4}$ 表面織構符號中 Rz 0.4 之單位，下列那一個正確　(1) μm　(2) nm　(3) dm　(4) mm。

(　　) 17. 半圓鍵的鍵座尺度公差，下列何者正確？(1)F9　(2)H9　(3)JS9　(4)N9。

(　　) 18. 浮凸銲接屬下列何種銲接方法？(1)電弧銲接　(2)電阻銲接　(3)氣體銲接　(4)感應銲接。

(　　) 19. 工作圖中表面處理範圍，應繪製下列何種線條？　(1)細一點鏈線　(2)細兩點鏈線　(3)粗一點鏈線　(4)粗兩點鏈線。

(　　) 20. 工程圖中拉丁字母與阿拉伯數字，字高約為筆劃粗細之　(1)10 倍　(2)14 倍　(3)1/10 倍　(4)1/14 倍。

(　　) 21. 軸與油封相配合部位之軸面刀痕方向與軸線之間線成　(1)平行　(2)垂直　(3)交叉　(4)不特定方向。

(　　) 22. 下列何者為適當的孔深尺度標註？

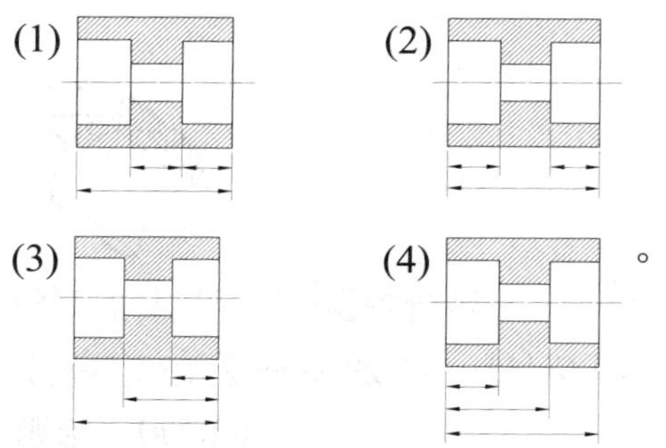

。

(　　) 23. 表面織構符號中，紋理方向符號「C」，表示紋理成　(1)傾斜相交　(2)無一定方向　(3)同心圓狀　(4)放射狀。

(　　) 24. 在組合剖視圖中，下列機件應該以剖切表示者為　(1)軸　(2)軸承　(3)鍵　(4)銷。

(　　) 25. 下圖中 S 表示　(1)說明事項　(2)銲接道形狀　(3)起槽角度　(4)銲接道深度。

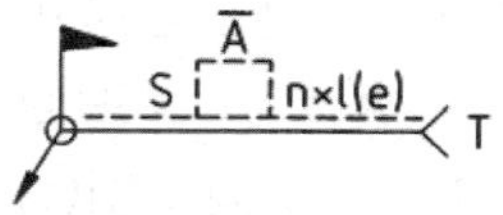

(　　) 26. 回火的熱處理可使麻田散鐵的延展性和韌性提高且使內應力釋放，回火係在溫度介於　(1)100~250℃　(2)250~650℃　(3)650~900℃　(4)900~1200℃實施。

(　　) 27. 低碳鋼的熔點約為 1538℃，含碳量 4.2%的鑄鐵其熔點約為　(1)1655℃　(2)1455℃　(3)1355℃　(4)1155℃。

(　　) 28. 一般軟銲材料常使用 60wt%錫，配 40wt%鉛之合金，主要是　(1)熔點最低　(2)熔點最高　(3)強度最強　(4)顏色最亮麗。

(　　) 29. 下列何種類型的不銹鋼屬無磁性？　(1)沃斯田鐵型　(2)肥粒鐵型　(3)麻田散鐵型　(4)雪明碳鐵型。

(　　) 30. 使用氧乙炔銲接時，其氧氣與乙炔的開關順序為　(1)先開氧氣後開乙炔　(2)先開乙炔後開氧氣　(3)先關氧氣後關乙炔　(4)氧氣與乙炔同時開關。

(　　) 31. 下列銲接法中，銲接表面較為乾淨的為　(1)硬銲　(2)氣銲　(3)電弧銲　(4)電阻銲。

(　　) 32. 下圖所示之銲道詳圖，其符號標註

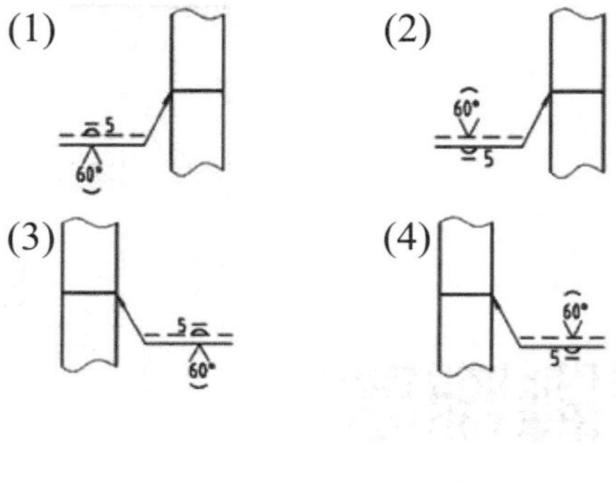

。

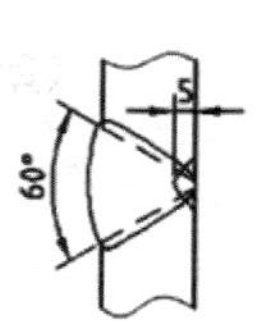

(　　) 33. 以點銲機實施點銲時，下列敘述何者正確？　(1)使用高電阻電極作銲接　(2)使用高電壓低電流作銲接　(3)使用於薄鐵板以搭接方式銲接　(4)金屬板表面不要清潔以增大電阻。

(　　) 34. 單邊錐坑孔遠邊錐坑，工廠鑽鉚釘孔符號為

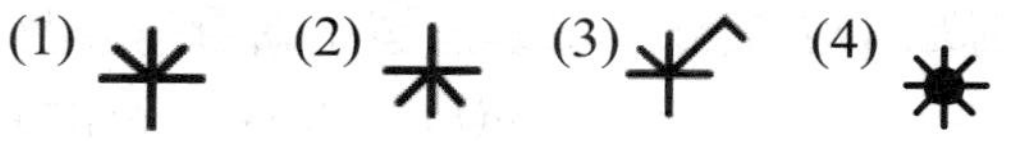

。

複選題：(每題 2 分，共計 32 分)

(　　) 35. 對於螺旋齒輪工作圖，下列敘述何者正確？　(1)應繪製及標註導程角　(2)相嚙合之二螺旋齒輪，其法面模數及螺旋角應相同　(3)通常其法面模數為標準值，法面模數則隨螺旋角而改變　(4)其齒頂高即等於法模數值。

(　　) 36. 幾何公差之公差類別中，下列何者屬於形狀公差？　(1)垂直度　(2)圓柱度　(3)曲面輪廓度　(4)同心度。

(　　) 37. 工作圖中有一重要直徑，下列公差標註方式何者為正確？

(1) $\phi30^{+0.028}_{+0.007}$　(2) $\phi30^{+0.041}_{+0.020}$

(3) $\phi30^{+0.008}_{+0.017}$　(4) $\phi30^{-0.004}_{-0.017}$。

(　　) 38. 下列有關工作圖表現之敘述，何者正確？　(1)基孔制之孔的偏差符號為小寫的拉丁字母「h」，基軸制之軸的偏差符號為大寫的拉丁字母「H」　(2)軸最大限界尺度與孔最小限界尺度之差稱之為最小間隙或最大干涉　(3)在表面織構符號中，「P」是表示工件表面紋理呈凸起之細粒狀者　(4)繪製零件圖時，其前視圖之選用應以最能表達物體特徵之視角。

(　　) 39. 工作圖中有關公用表面織構符號，下列敘述何者正確？　(1)一張圖紙畫多個零件時，標註在零件圖上方的件號右側　(2)一張圖紙畫多個零件時，標註在標題欄旁　(3)一張圖紙畫單一零件時，標註在零件圖上方的件號右側　(4)一張圖紙畫單一零件時，標註在標題欄旁。

(　　) 40. 下列有關尺度與公差之敘述何者正確？　(1)55H7 比 45H7 公差大　(2)55H7 比 55H6 下偏差大　(3)55h7 比 45h7 下偏差大　(4)45h6 比 45h7 下偏差小。

(　　) 41. 下列有關 CNS75 輥紋之種類及代號，何者正確？ (1)交叉紋(交點凹入)爲 KCW　(2)十字紋(交點突起)爲 KDV　(3)直行紋爲 KAA　(4)左旋斜紋爲 KBL。

(　　) 42. 下圖邊緣型態符號，當指向外邊緣時，下列敘述何者正確？　(1)邊緣之狀況方向不定　(2)避尖可至 0.3mm　(3)讓切可至 0.3mm　(4)毛頭可至 0.3mm。

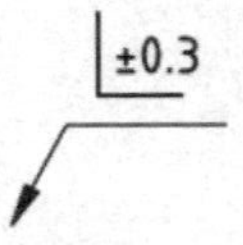

(　　) 43. 下列幾何公差符號，屬於定位公差的有 (1) ○　(2) //　(3) ⌖　(4) ◎。

(　　) 44. 絞孔表面織構 Ra 值，下列敘述何者正確？ (1)25　(2)3.2　(3)1.6　(4)0.8。

(　　) 45. 在工作圖中須註記視圖名稱時，下列寫法何者正確？　(1)剖面 A-A　(2)A-A　(3)A　(4)A1,A2。

(　　) 46. 下列幾何公差符號，屬於方向的有

(1) ⌯　(2) //　(3) ⊥　(4) ∠。

(　　) 47. 下列那幾種爲表面織構符號中的取樣長度？ (1)粗糙度輪廓取樣長度　(2)波紋輪廓取樣長度 (3)結構輪廓取樣長度　(4)最大濾波輪廓取樣長度。

(　　) 48. 組合圖件號線畫法，下列何者正確？

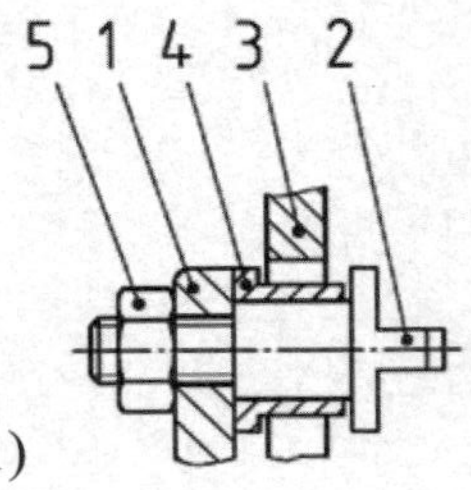

(1)

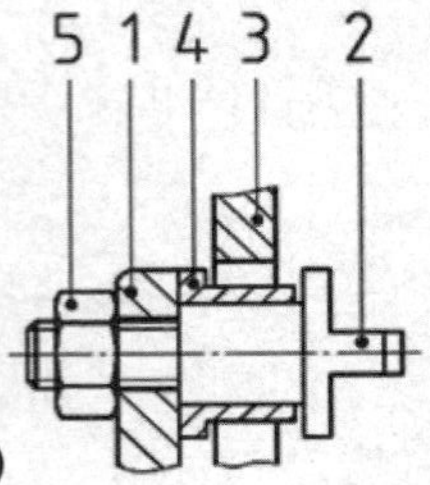

(2)

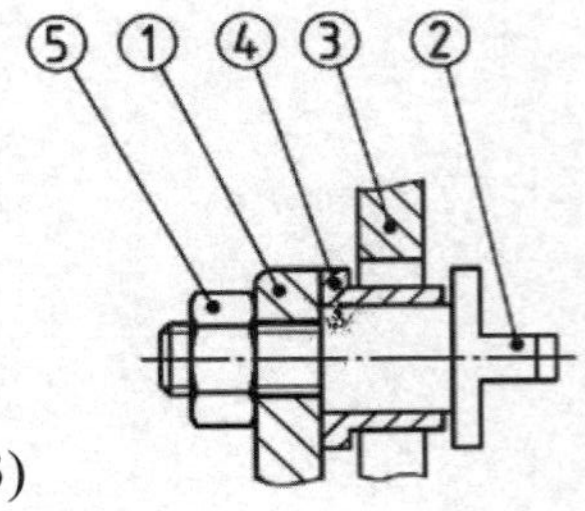

(3)

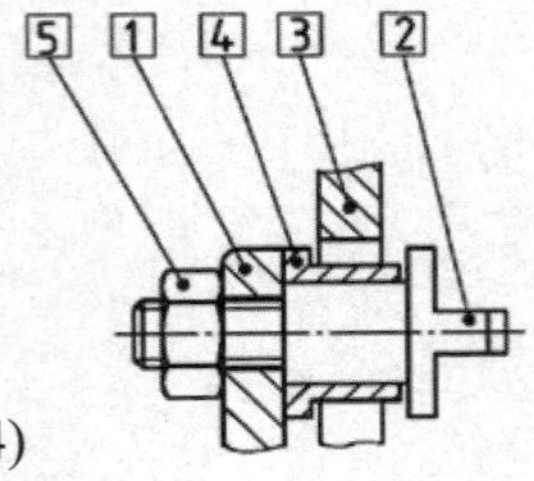

(4)

。

(　　) 49. 下列何種線條應以細實線繪製？　(1)折斷線　(2)陰螺紋大徑　(3)有效螺紋長度之界線　(4)齒根圓。

(　　) 50. 依 CNS 標準關於組合圖，下列之敘述何者正確？ (1)繪製件號線時，需在該零件內加畫一箭頭　(2)組合圖中的標準零件經剖切後，不需繪製剖面線 (3)零件之件號線以細實線表示　(4)相鄰兩零件之剖面線方向相反或間距不同。

電腦輔助機械設計製圖乙級試題

得　分

___科___年___班

座號：__________

姓名：__________

第 6 回

3D 模型圖

選擇題：(每題 2 分，共計 88 分)

(　　) 1. 等角圖與等角投影圖之關係是　(1)形狀大小皆相同　(2)形狀相同而大小不同　(3)形狀不同而大小相同　(4)形狀與大小皆不同。

(　　) 2. 下圖之立體圖爲

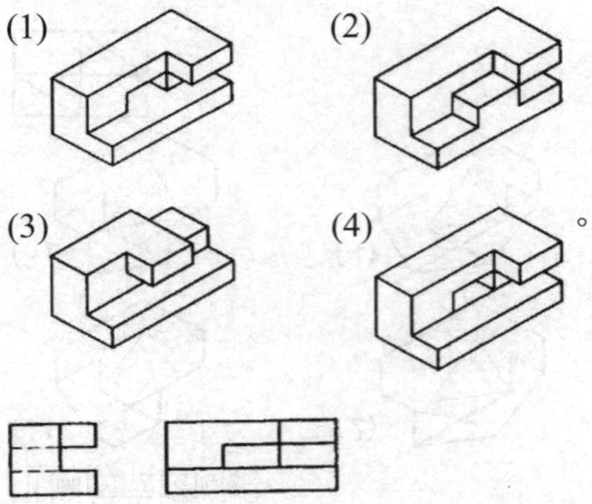

(　　) 3. 等角圖是依據那一種原理繪製而成　(1)正投影　(2)斜投影　(3)輔助投影　(4)透視投影。

(　　) 4. 下圖之立體圖爲

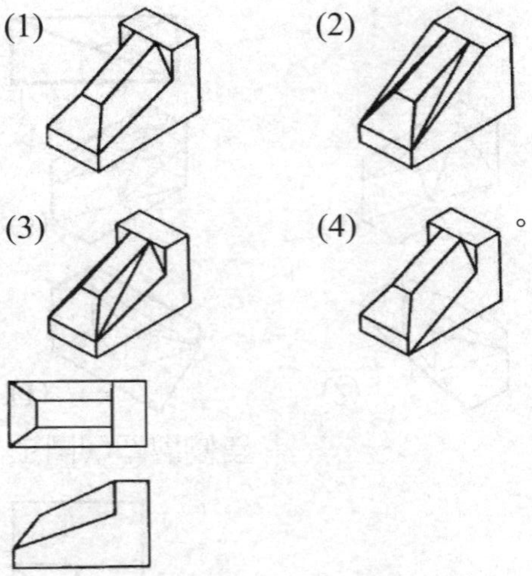

(　　) 5. 等角投影圖與等角圖之比例爲　(1)1：1　(2)1：1.22　(3)1.22：1　(4)1：0.82。

(　　) 6. 下圖之立體圖爲

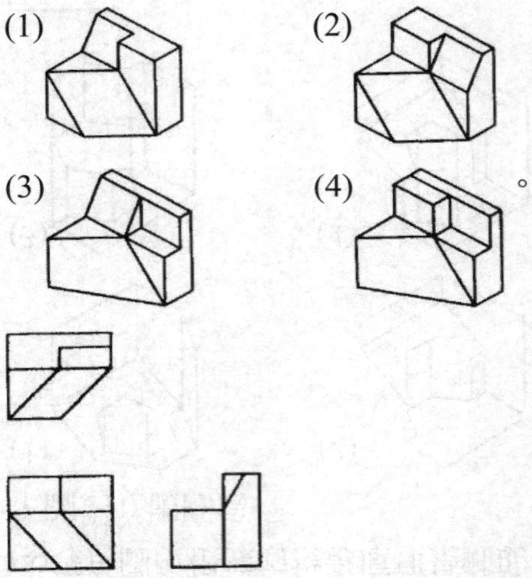

(　　) 7. 下圖等角投影圖之夾角爲　(1) α=30°，θ=35°16'　(2) α=θ=30°　(3) α=35°16'，θ=30°　(4) α=θ=35°16'。

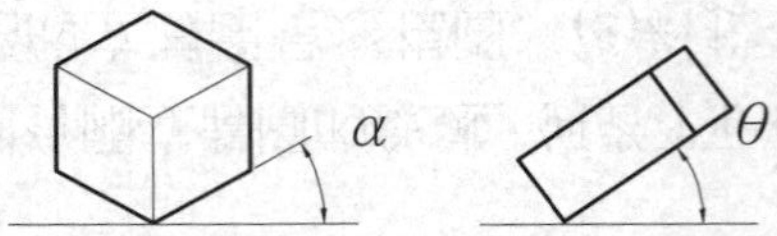

(　　) 8. 根據正投影原理繪製的立體圖爲　(1)等斜圖　(2)等角圖　(3)透視圖　(4)半斜圖。

(　　) 9. 下圖的立圖體爲

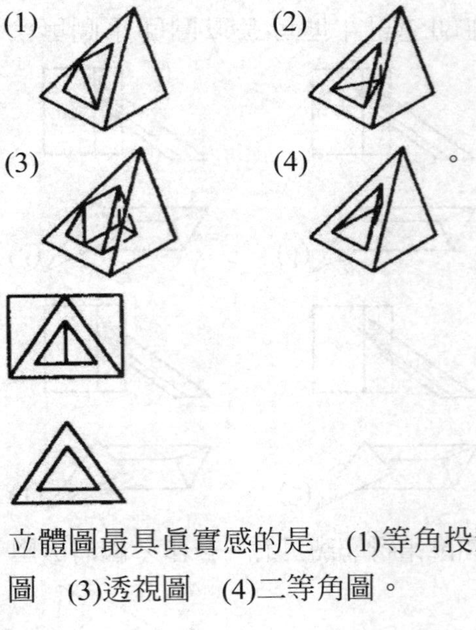

(　　) 10. 立體圖最具眞實感的是　(1)等角投影圖　(2)等斜圖　(3)透視圖　(4)二等角圖。

(　　) 11. 下圖的立體圖爲

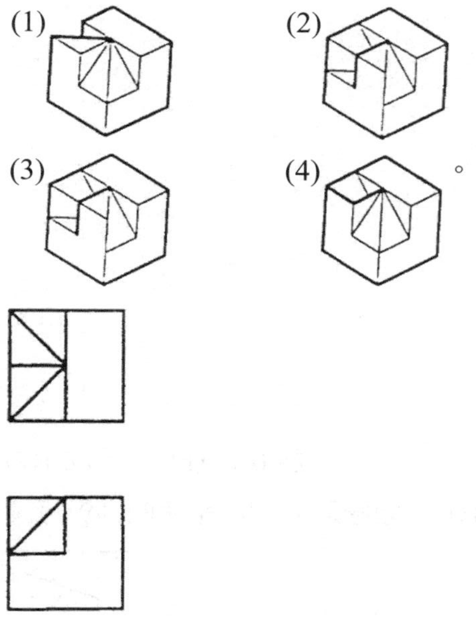

(　　) 12. 下圖的立體圖爲

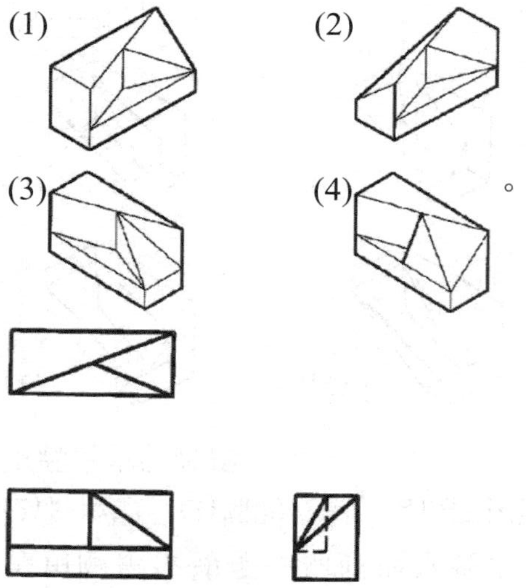

(　　) 13. 下圖的立體圖爲

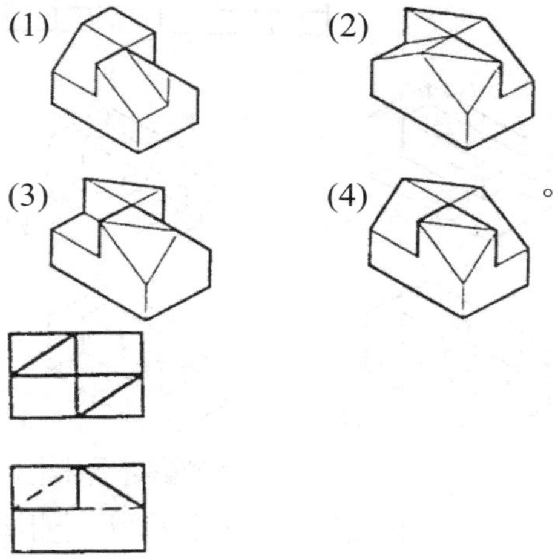

(　　) 14. 等角圖的投影原理是屬於　(1)透視投影　(2)斜投影　(3)正投影　(4)中心投影。

(　　) 15.下圖表示線條 ab 通過那些象限？　(1) I 、II　(2) I 、III　(3) I 、IV　(4)III、IV。

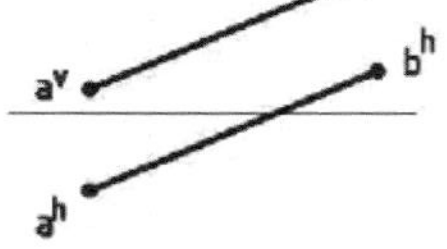

(　　) 16. 正二十面體，其外表面由 20 個　(1)正三角形　(2)正四角形　(3)正五角形　(4)正六角形　組成。

(　　) 17. 下圖所示之長方形實際面積應爲　(1)600　(2)800　(3)1000　(4)1200。

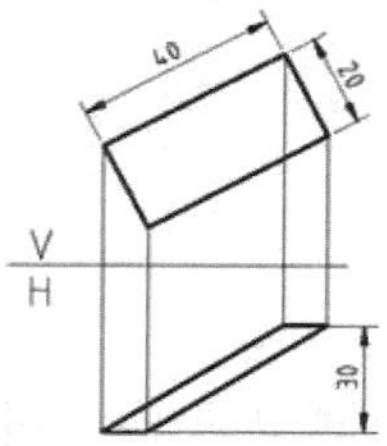

(　　) 18. 兩角柱體之相交，其正確的投影視圖爲

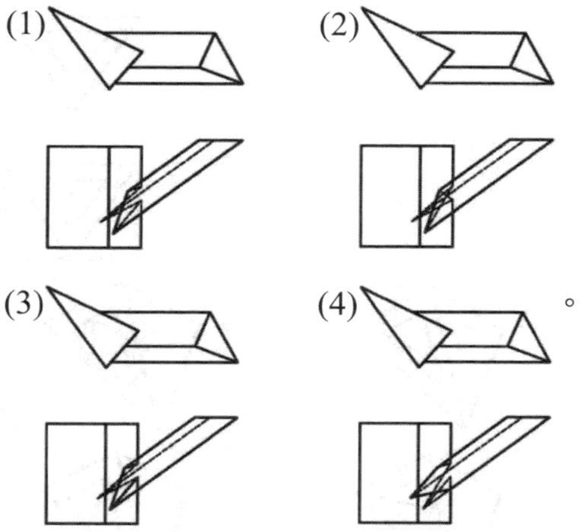

(　　) 19. 等角圖上的圓在等角面上投影的形狀呈　(1)圓　(2)橢圓　(3)傾斜線　(4)不規則曲線。

(　　) 20. 工程圖的投影規則中，觀察者不在無窮遠處的是　(1)正投影　(2)斜投影　(3)透視投影　(4)輔助投影。

(　　) 21. 下列有關立體圖的敘述，何者不正確？　(1)最具眞實感的立體圖是透視圖　(2)斜投影的投射線彼此平行且與投影面成 45°，所得視圖稱爲等斜圖　(3)等角圖與等角投影圖二者是大小不同而形狀相同　(4)等角圖所根據的投影原理是輔助投影。

(　　) 22. 下圖之立體圖爲

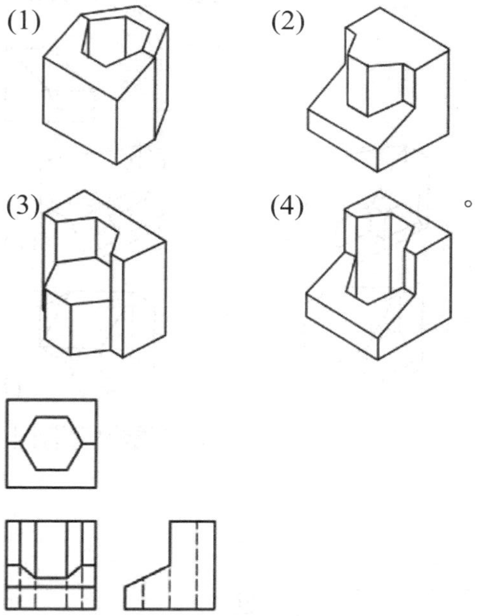

(　　) 23. 在等角圖中，任何兩軸所夾的角度爲　(1)90°　(2)120°　(3)150°　(4)60°。

(　　) 24. 等角投影圖的投影步驟，是先將物體作正投影得三視圖後，再　(1)水平轉 45°，前傾 35°16'　(2)水平轉 35°16'，前傾 60°　(3)水平轉 30°，前傾 45°　(4)水平轉 45°，前傾 30°。

(　　) 25. 等角圖中的圓，是一個橢圓內切於　(1)45°菱形　(2)60°菱形　(3)矩形　(4)正方形。

(　　) 26. 關於立體圖之使用場合，下列何者錯誤？　(1)工廠生產加工時使用的圖面　(2)機械使用說明書　(3)保養手冊　(4)廣告及產品型錄。

(　　) 27. 下圖之立體圖爲

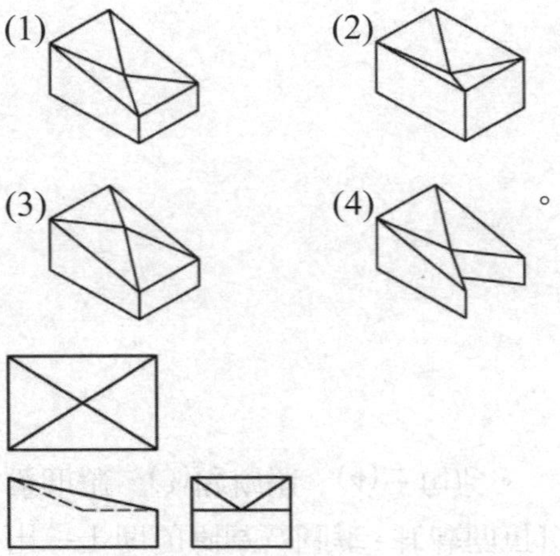

(　　) 28. 下圖之立體圖爲

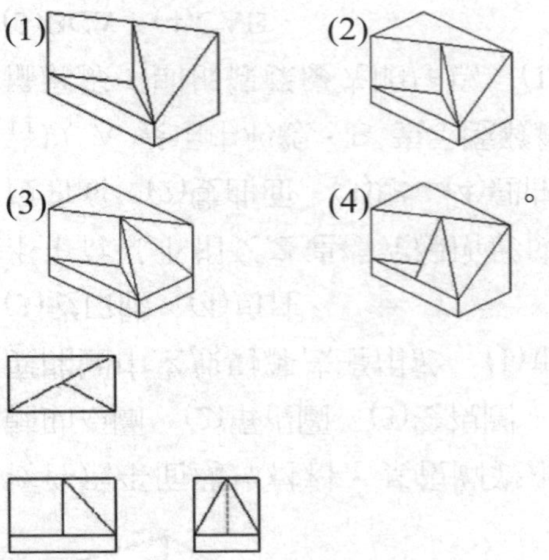

(　　) 29. 下圖之立體圖爲

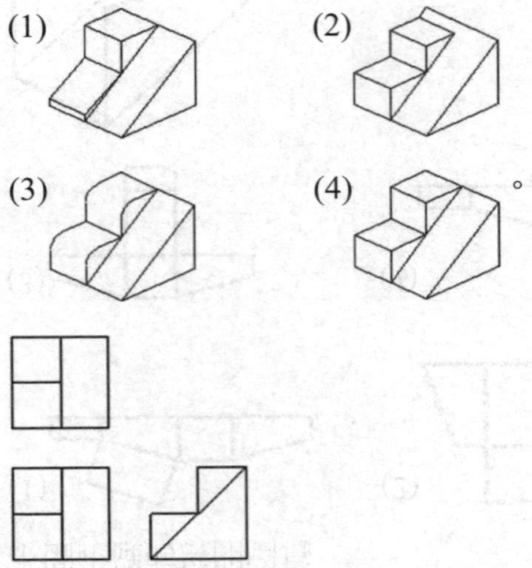

(　　) 30. 下圖之立體圖爲

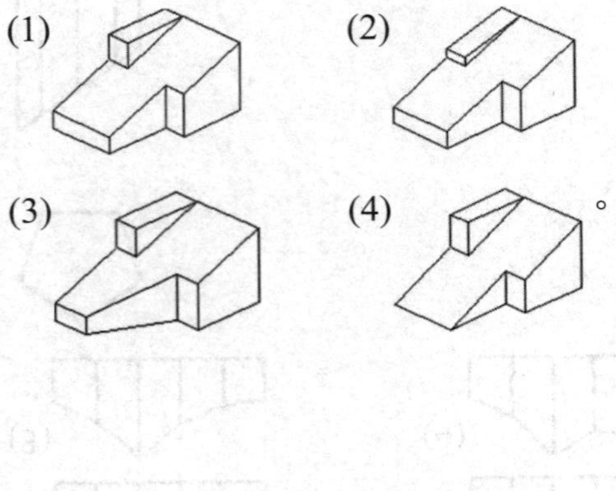

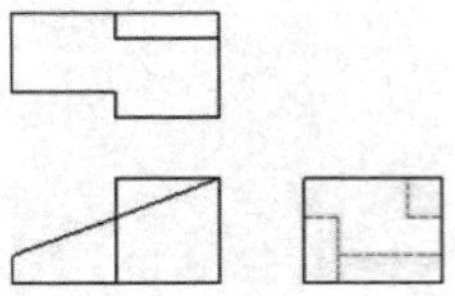

(　　) 31. 下圖之立體圖爲

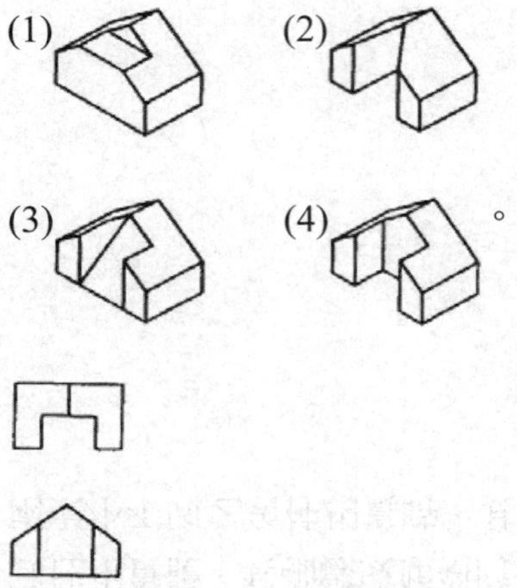

(　　) 32. 空間中，線與線相交可得到的一點，稱爲　(1)切點　(2)交點　(3)貫穿點　(4)中心點。

(　　) 33. 一平面或曲面若在視圖中形成一直線或曲線，則此直線或曲線即爲該平面或曲面之　(1)端視圖　(2)斜視圖　(3)正視圖　(4)邊視圖。

(　　) 34. 一平面切割正圓錐，因爲位置角度的不同會有幾種交線？　(1)六種　(2)三種　(3)五種　(4)四種。

(　　) 35. 下圖正確的交線畫法爲

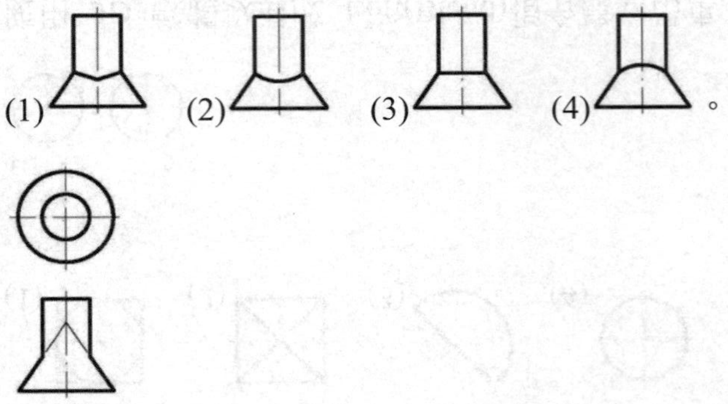

(　　) 36. 下圖正確的交線畫法爲

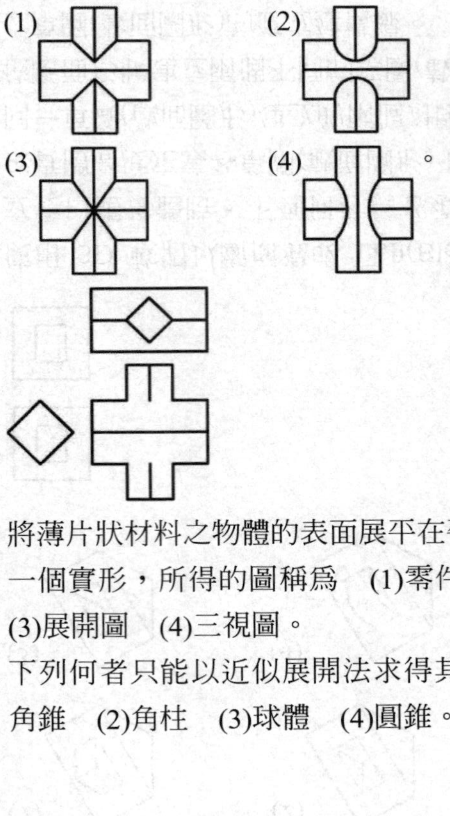

(　　) 37. 將薄片狀材料之物體的表面展平在平面上，而形成一個實形，所得的圖稱爲　(1)零件圖　(2)組合圖　(3)展開圖　(4)三視圖。

(　　) 38. 下列何者只能以近似展開法求得其展開圖？　(1)角錐　(2)角柱　(3)球體　(4)圓錐。

(　　) 39. 下圖正確的展開圖為

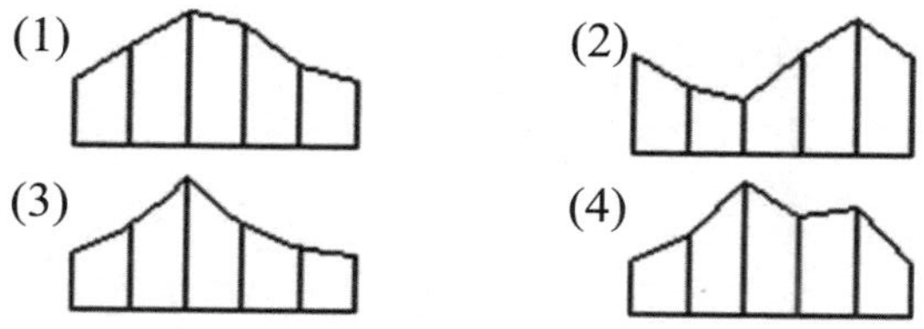

。

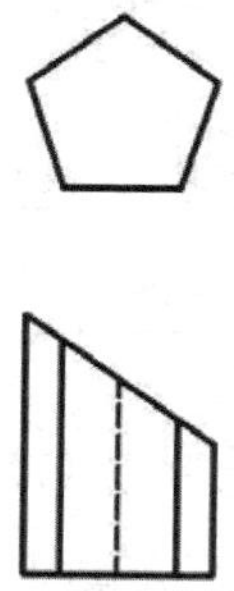

(　　) 40. 下圖正確的展開圖為

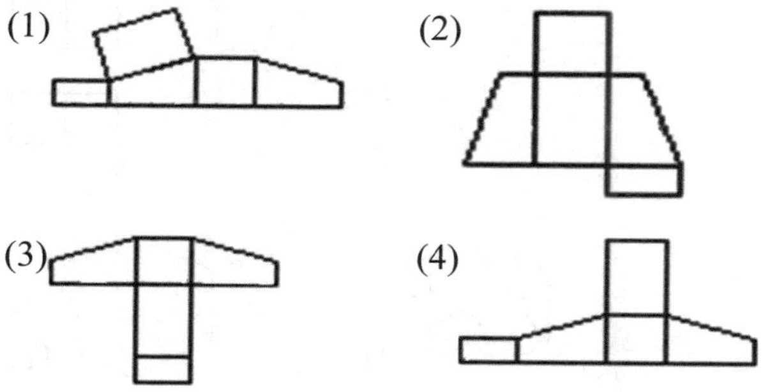

。

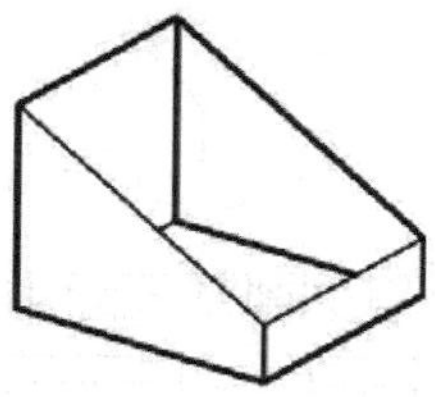

(　　) 41. 物件為平面薄片材料，其視圖表示方法可用　(1)輔助視圖　(2)單視圖　(3)雙視圖　(4)三視圖。

(　　) 42. 展開圖中之放射線法適用於　(1)錐體　(2)圓柱體　(3)變口體　(4)角柱。

(　　) 43. 不平行又不相交之連續元線所形成的曲面為　(1)複曲面　(2)雙曲面　(3)球　(4)翹曲面。

(　　) 44. 若以 A 表示中心線，B 表示隱藏線，C 表示可見輪廓線，則依線條優先順序為　(1)ABC　(2)CBA　(3)BCA　(4)CAB。

複選題：(每題 2 分，共計 12 分)

(　　) 45. 用一平面切割直立圓錐，其截面可以為　(1)圓　(2)雙曲線　(3)拋物線　(4)三角形。

(　　) 46. 下圖所示，其等角立體圖可能為下列何者？

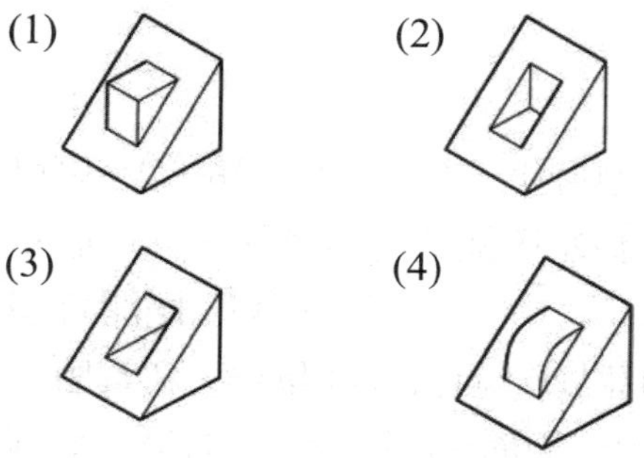

。

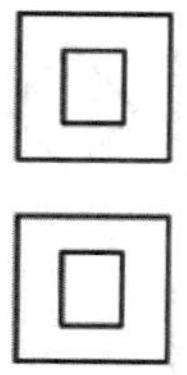

(　　) 47. 使用 3D 軟體以斷面混成 Loft(Blend)指令建立直立變口體實體時，下列何者為必須之步驟？　(1)依實體高度定義各草圖(截面圖形)平面或距離　(2)同一草圖(截面圖形)建立的兩個封閉混成路徑　(3)依斷面形狀建立兩個不同的草圖(截面圖形)　(4)建立草圖(截面圖形)的直立建構線。

(　　) 48. 下圖正確之俯視圖為下列何者？

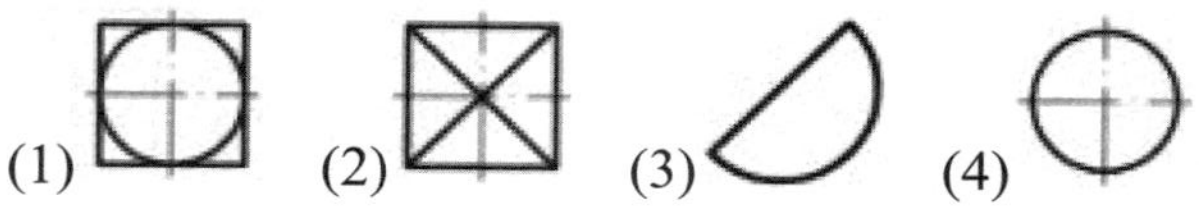

。

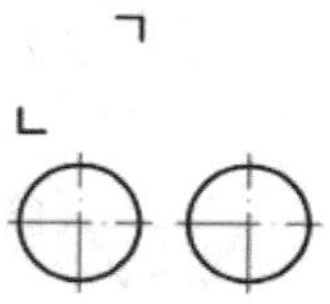

(　　) 49. 使用 3D 軟體以混成 Loft(Blend)指令建立吊車之掛勾弧形實體時，下列何者為必須之步驟？(1)混成之前先點選直立中心線　(2)建立斷面形狀所需要之工作平面　(3)建立混成路徑所需要的草圖　(4)不需要建立草圖工作平面，不需要輸入深度直接在同一位置各斷面混成。

(　　) 50. 兩相貫體的交線，下列敘述何者為正確？　(1)正三角錐與正三角柱相貫時，其交線為曲線　(2)圓錐與正三角柱相貫時，其交線為曲線　(3)兩大小相同之圓柱相貫體，其軸線成傾斜時，其交線為直線　(4)兩大小不同之角柱相貫時，其交線為直線。

電腦輔助機械設計製圖乙級試題

得　分

______科____年____班

座號：________

姓名：________

第7回

實物測繪

選擇題：(每題2分，共計80分)

(　　) 1. 測繪如下圖爲不規則外形且有一平面之零件時，可用下列何種方法取得正確的形狀？ (1)目測法 (2)刮印法 (3)拓印法 (4)攝影法。

(　　) 2. 繪製草圖時，圖形的大小與實物之關係爲 (1)1：1繪製 (2)2：1 繪製 (3)儘量放大 (4)依適當大小繪製。

(　　) 3. 測量下圖物件之盲孔(直徑小於 3mm)深度 L，其優先選用之測量工具爲 (1)深度分厘卡 (2)游標深度尺 (3)游標卡尺 (4)細圓棒轉量。

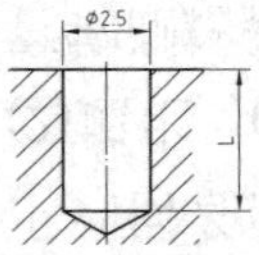

(　　) 4. 測繪錐形離合器時，其正常半圓錐角不得小於 (1)8° (2)24° (3)45° (4)60°。

(　　) 5. 洛氏 B 硬度(HRb)試片所用的荷重爲 (1)45kgf (2)60kgf (3)100kgf (4)150kgf。

(　　) 6. 鋼之主要元素爲鐵和碳，而鋼的碳含量範圍，一般定義在 (1)0.02％以下 (2)0.02％～2％之間 (3)2%～3%之間 (4)3%以上。

(　　) 7. 機械構造用鋼 S45C，其中的「45」表示 (1)含碳量 0.45% (2)伸長率 45% (3)抗拉強度 45N/mm^2 (4)含鐵量 45%。

(　　) 8. 滲碳用鋼材，一般採用 (1)純鐵 (2)低碳鋼 (3)中碳鋼 (4)高碳鋼。

(　　) 9. 一般常用的游標萬能量角器精度可達 (1)1" (2)5" (3)10" (4)30"。

(　　) 10. M型游標卡尺無法直接測量工件的 (1)深度 (2)階級差 (3)內徑 (4)錐度。

(　　) 11. 測量螺栓或螺帽每吋螺紋數，最常用的量具爲 (1)鋼尺 (2)螺距規 (3)螺紋分厘卡 (4)螺紋樣規。

(　　) 12. 測量齒輪之跨齒厚應使用 (1)尖頭分厘卡 (2)球面分厘卡 (3)圓盤分厘卡 (4)扁頭分厘卡。

(　　) 13. 表面織構參數代號，表示算術平均粗糙度的符號是 (1)Ra (2)Rz (3)Rt (3)RMS。

(　　) 14. 表面織構參數代號，表示最大高度粗糙度的符號是 (1)Ra (2)Rz (3)Rp (4)RMS。

(　　) 15. 下圖箭頭所指處表示刻度對齊，分厘卡的讀數爲 (1)6.702mm (2)6.722mm (3)7.202mm (4)7.222mm。

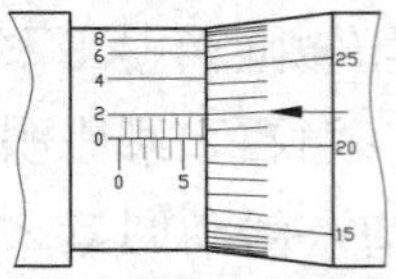

(　　) 16. 下圖箭頭所指處表示刻度對齊，游標卡尺的讀數爲 (1)6.332mm (2)63.32mm (3)6.832mm (4)68.32mm。

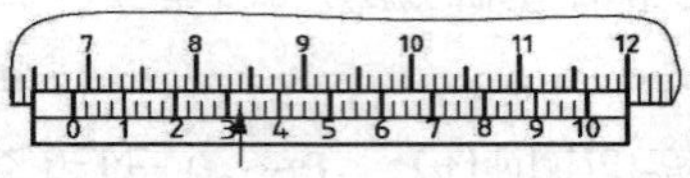

(　　) 17. 鋼材以砂輪機研磨，若火花爲暗紅色，流線甚短且分裂的數量多，則可能爲 (1)低碳鋼 (2)中碳鋼 (3)高碳鋼 (4)純鐵。

(　　) 18. 一般銅製之軸承襯套，其材質大都爲 (1)FC200 (2)BC3 (3)SUS304 (4)S45C。

(　　) 19. 下列何者爲中碳鋼的材料編號？ (1)FCD400 (2)S45C (3)SNC415 (4)SK7。

(　　) 20. 軸、齒輪、彈簧，爲了增加耐磨耗性和疲勞限，通常可再施予 (1)表面硬化處理 (2)均質處理 (3)調質處理 (4)正常化。

(　　) 21. 卡鉗一般與 (1)鋼尺 (2)卷尺 (3)游標卡尺 (4)分厘卡　配合使用。

(　　) 22. 一對模數爲 2 之正齒輪，大齒輪 30 齒，小齒輪 10 齒，若外接時，其中心距爲 (1)80mm (2)60mm (3)40mm (4)20mm。

(　　) 23. 下圖工作的角度 θ 爲
(1)cos-1L/H　(2)cos-1H/L
(3)sin-1L/H　(4)sin-1H/L。

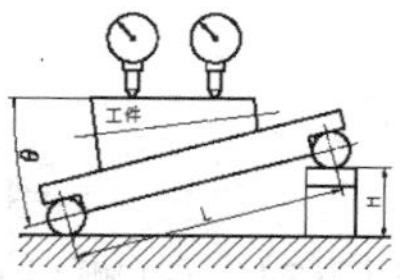

(　　) 24. 實物測繪時，相同線徑及外徑之壓縮彈簧，其圈數愈多，可判斷出　(1)彈簧係數(K)愈大　(2)彈簧係數(K)愈小　(3)彈性愈強　(4)無法分辨。

(　　) 25. 螺紋牙規之用途，爲量測　(1)螺紋外徑　(2)螺紋節徑　(3)螺紋根徑　(4)螺紋螺距。

(　　) 26. 花崗石平台之主要特性爲　(1)不易變形　(2)易受溫度影響　(3)易感磁性　(4)使用壽命短。

(　　) 27. 分厘卡轉軸旋轉一圈，轉軸位移 0.5mm，則此分厘卡轉軸之螺距爲　(1)0.25 mm　(2)0.5 mm　(3)1 mm　(4)2 mm。

(　　) 28. 下列何者屬於硬度之表示法的一種？　(1)HB　(2)HC　(3)HD　(4)HE。

(　　) 29. 公制標準推拔銷，其錐度爲　(1)1:10　(2)1:20　(3)1:50　(4)1:100。

(　　) 30. 萬能角度規主圓盤刻度之 11°，作爲游標刻度 12 等分，則其精度爲　(1)1 分　(2)2 分　(3)5 分　(4)10 分。

(　　) 31. 下列何者爲不銹鋼之表面處理？　(1)磷酸鹽　(2)鈍化　(3)鍍鉻　(4)黑氧。

(　　) 32. 實物測繪繪製草圖時，下列敘述何者正確？　(1)尺度不必太過精確　(2)切忌量測錯誤或遺漏　(3)可全部採用實線繪製　(4)不可在草圖中塡寫註解。

(　　) 33. 同一機件有數個視圖時，其表面織構符號　(1)集中註於一個視圖上　(2)分別註於適當之相關面上　(3)不須另註　(4)限制註明。

(　　) 34. 下列之各種表面硬化法，何者不需再行淬火處理？　(1)氮化法　(2)滲碳法　(3)氰化法　(4)火焰硬化法。

(　　) 35. 俗稱之馬口鐵及白鐵皮即　(1)前者鍍鋅，後者鍍錫　(2)前者鍍錫，後者鍍鉻　(3)前者鍍錫，後者鍍鋅　(4)前者鍍鎘，後者鍍鋅　之鐵皮。

(　　) 36. 中碳鋼含碳量約爲　(1)0.02～0.08%　(2)0.10～0.25%　(3)0.28～0.50%　(4)0.60～1.7%。

(　　) 37. 小孔規用來測量小孔，其本身並無刻度，測量後應使用　(1)直尺　(2)分厘卡　(3)內卡　(4)外卡　測定其尺度。

(　　) 38. 鑽削工作，鑽頭直徑與轉數之關係爲　(1)鑽頭直徑大，轉速要快　(2)鑽頭直徑小，轉速要快　(3)鑽頭直徑小，轉速要慢　(4)兩者無關係。

(　　) 39. 使用正弦桿需與　(1)分厘卡　(2)游標卡尺　(3)塊規　(4)直尺　配合使用。

(　　) 40. 組合圖中，下列機件可以沿中心線剖切的是　(1)軸　(2)鍵　(3)鉚釘　(4)皮帶輪。

複選題：(每題 2 分，共計 20 分)

(　　) 41. 實物測繪時，下列敘述正確的爲　(1)草圖是用徒手繪製　(2)各部位尺度依比例目測不需要使用量具　(3)草圖也需要注意線型分明　(4)測繪工作大都是在現場進行。

(　　) 42. 有關以右手持筆繪製徒手畫，下列敘述何者正確？　(1)畫垂直線時，由下往上畫　(2)畫水平線時，由左向右畫　(3)畫直線時，眼睛應注視於鉛筆尖端，以求一筆完成　(4)畫大圓時，可使用兩支鉛筆，一支爲圓心，一支取半徑距離，旋轉圖紙繪製。

(　　) 43. 下列何者爲實物測繪草圖常用之用具？　(1)鉛筆與橡皮擦　(2)圓規與分規　(3)比例尺　(4)鋼尺。

(　　) 44. 游標卡尺量測工件之前，應檢視其外觀包括　(1)內測爪是否損傷　(2)合爪時，內外測爪是否閉合　(3)合爪時，本尺與游尺是否歸零　(4)測定力檢驗。

(　　) 45. 下列有關實物測繪的敘述何者正確？　(1)使用表面粗糙度標準片時，應依加工方式來作選擇　(2)螺紋分厘卡的測頭和砧座，必須配合待測螺紋外徑的改變而更換　(3)萬能量角器主尺圓盤上的刻度是從 0°~90°　(4)利用正弦桿可以量測工件的錐角。

(　　) 46. 有一正齒輪，實際測得其齒冠圓爲 ϕ65.9，齒數爲 20 齒，則其下列數據何者正確？　(1)模數 3　(2)節圓直徑 ϕ60　(3)齒根圓ϕ54　(4)周節爲 9.425。

(　　) 47. 下列有關量具的敘述，何者正確？　(1)公制分厘卡之套筒旋轉一周時，心軸進退 0.5mm　(2)塊規係極精確之量具，被用來校正量具，不可用在工廠中之工作或測繪用　(3)高度規除可做爲量具外，尚可作爲鉗工劃線用途　(4)游標卡尺之測爪可作爲劃線之工具。

(　　) 48. 游標卡尺常用之精度，下列敘述何者正確？　(1)0.01mm　(2)0.02mm　(3)0.1mm　(4)0.2mm。

(　　) 49. 有關拆解工具的使用，下列敘述何者正確？　(1)分厘卡除可當量具外，也可當成 C 型夾使用　(2)螺絲起子使用時，應對準螺釘槽穴並稍加施力，再予以旋轉螺釘　(3)梅花扳手主要是用來鎖緊拆卸六角螺釘及螺帽　(4)機器進行拆卸如遇不易分解時，可用鐵鎚直接輕輕敲打。

(　　) 50. 機件之表面處理，下列敘述何者正確？　(1)低碳鋼之滲碳處理可增加其耐磨耗性能　(2)碳鋼之熱浸鍍鋅可增加其耐蝕性能　(3)碳鋼之浸錫處理稱爲白鐵　(4)鋁合金常使用陽極處理可增加其耐蝕性能。

電腦輔助機械設計製圖乙級試題

得　分

______科____年____班

座號：____________

姓名：____________

第 8 回

工作項目(一~四)

選擇題：(每題 1 分，共計 60 分)

(　　) 1. 評量點矩陣印表機速度的單位是　(1)BPI　(2)DPI　(3)BPS　(4)CPS。

(　　) 2. 彩色顯示卡若為 TrueColor，是表示可展現之顏色約為　(1)2^4　(2)2^8　(3)2^{16}　(4)2^{24}。

(　　) 3. 1GB 等於　(1)2^8　(2)2^{10}　(3)2^{20}　(4)2^{30}　KB。

(　　) 4. 計量電腦速度的時間單位中，「微秒(MicroSeconds)」是指　(1)千分之一秒　(2)萬分之一秒　(3)十萬分之一秒　(4)百萬分之一秒。

(　　) 5. 在 PC 中，CPU 之 GHz 的數值愈大，表示其 CPU　(1)品質愈高　(2)品質愈低　(3)速度愈快　(4)速度愈慢。

(　　) 6. 下列電腦裝置屬於輸出的為　(1)鍵盤　(2)滑鼠　(3)繪圖機　(4)數位板。

(　　) 7. 隨機存取記憶體通稱為　(1)RAM　(2)ROM　(3)MEM　(4)MOM。

(　　) 8. 電腦電源關閉後，若需再開啓電源，最好是大約等待 7～10 秒鐘再開機，原因是　(1)去除靜電　(2)預防過熱　(3)使電路回穩定狀態　(4)讓開關休息。

(　　) 9. 顯示器耗電量最少的為　(1)CRT　(2)LCD　(3)LED　(4)PLC。

(　　) 10. RS-232C 傳輸資料是採用　(1)串列式　(2)並列式　(3)串並列式　(4)並串列式。

(　　) 11. 電腦中處理資料最快速的元件是指　(1)RAM　(2)Monitor　(3)HD　(4)CPU。

(　　) 12. 對採用右手定則之座標系而言，若 X 軸朝左、Y 軸朝上，則 Z 軸之方向應朝螢幕之　(1)下　(2)右　(3)前　(4)後　方。

(　　) 13. 下圖正確之俯視圖為

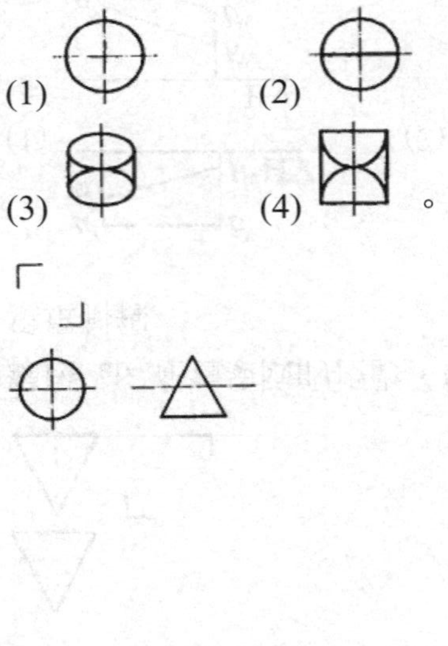

(　　) 14. 下圖正確之俯視圖為

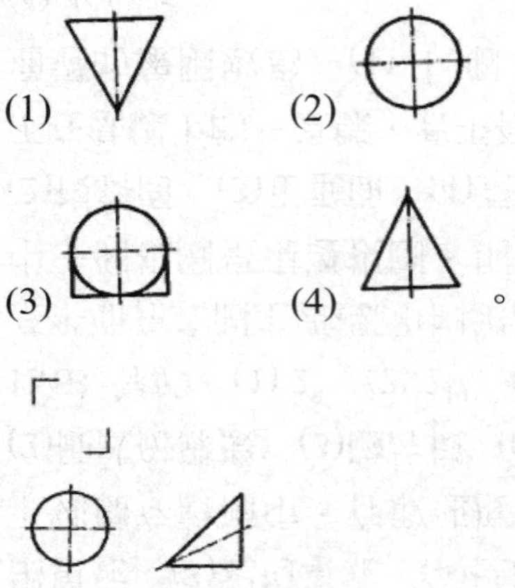

(　　) 15. 下圖正確之前視圖為

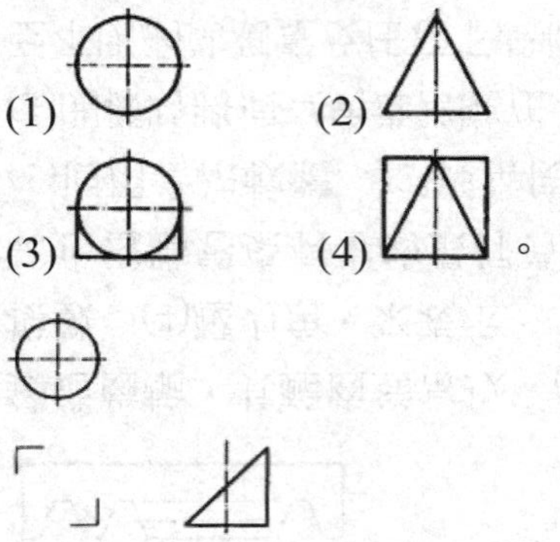

(　　) 16. 下圖中，線段 AB 所在象限為　(1) I　(2) II　(3) III　(4) IV　象限。

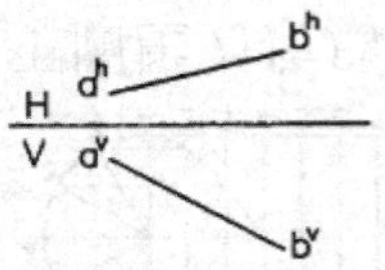

(　　) 17. 下圖中，線段 AB 應平行於　(1)水平投影面　(2)直立投影面　(3)側投影面　(4)基軸。

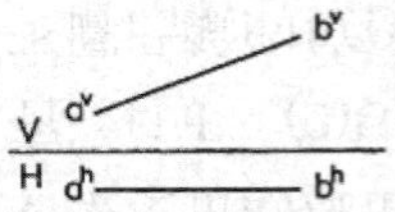

(　　) 18. 下圖正確之右側視圖為

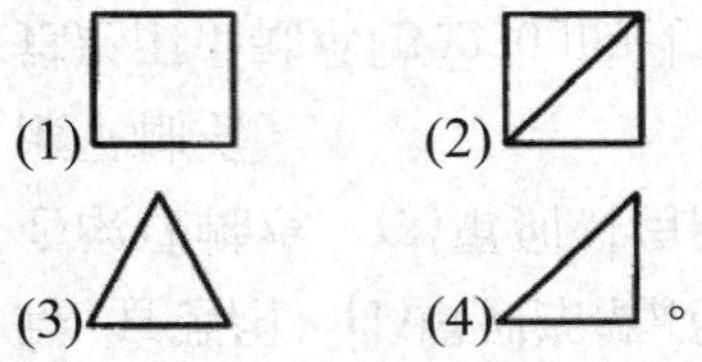

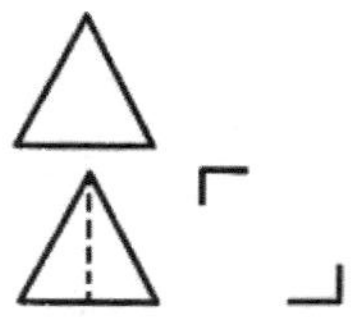

(　　) 19. 線段 ab 在各象限的投影，HV 為基線，下列何者為單斜線

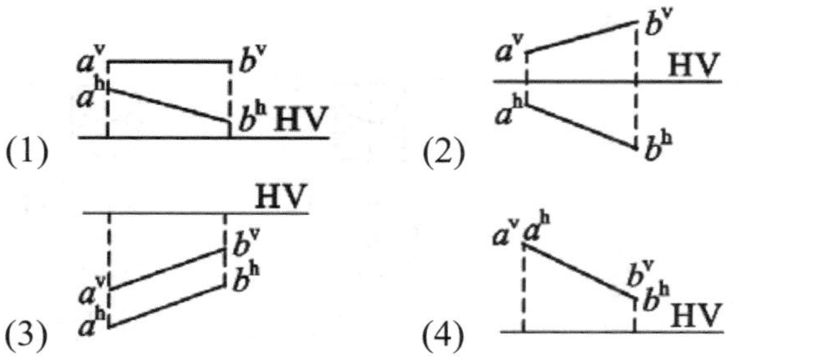

(　　) 20. 下圖中，線段 AB 穿越幾個象限？ (1)1 個 (2)2 個 (3)3 個 (4)4 個。

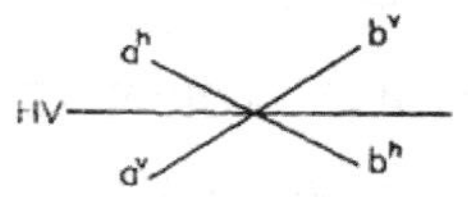

(　　) 21. 下列機件中，需用剖視圖的為 (1)半圓鍵 (2)皮帶輪 (3)鉚釘 (4)螺釘。

(　　) 22. 測量ϕ40H7 的最佳量具是 (1)外徑分厘卡 (2)1/50 游標卡尺 (3)三點式缸徑規 (4)槓桿式量表。

(　　) 23. H7/g6 屬於 (1)留隙(餘隙)配合 (2)過渡配合 (3)過盈(干涉)配合 (4)與配合無關。

(　　) 24. 下列何者為過盈(干涉)配合？ (1)ϕ30H7/r6 (2)ϕ30H7/m6 (3)ϕ30H10/b9 (4)ϕ30H7/f7。

(　　) 25. 一般車床導螺桿之螺紋為 (1)鋸齒螺 (2)梯形螺紋 (3)惠氏螺紋 (4)V形螺紋。

(　　) 26. 錐度 1:4，錐度長 80，小徑為 40，則大徑為 (1)56 (2)60 (3)80 (4)100。

(　　) 27. 兩配合件相配合部份所容許之尺度差，稱為 (1)極限 (2)裕度 (3)精度 (4)公差。

(　　) 28. 組合圖中，如果兩配合面的加工情形相同，通常其表面織構符號應 (1)一次標註 (2)不必標註 (3)分別標註 (4)視情形而定。

(　　) 29. 一般鍵槽是位於 (1)鍵上 (2)軸上 (3)輪轂上 (4)齒輪上。

(　　) 30. 機件中最小限界尺度與基本尺度之差稱為 (1)單向公差 (2)雙向公差 (3)上偏差 (4)下偏差。

(　　) 31. 下列公差符號中，公差範圍最小的為 (1)H7 (2)D10 (3)P6 (4)Js9。

(　　) 32. 在滑動軸承承面上開油槽時，應開在 (1)負荷最大處 (2)轉速最低處 (3)負荷最小處 (4)任何位置皆可。

(　　) 33. 承受與軸中心平行負荷的軸承，稱為 (1)整體軸承 (2)對合軸承 (3)止推軸承 (4)徑向軸承。

(　　) 34. 聯結兩軸，其軸中心線相互平行，但不在同一中心線上，應使用 (1)凸緣聯結器 (2)歐丹聯結器 (3)分角聯結器 (4)萬向接頭。

(　　) 35. 萬向接頭常成對使用的原因為 (1)調整兩軸的角度偏差 (2)使兩軸角速度相同 (3)增強輸出扭力 (4)延長傳動距離。

(　　) 36. 若軸與軸承箱孔兩者中心線產生角度對準誤差時，宜選用 (1)單列深槽滾珠軸承 (2)雙列自動調心滾珠軸承 (3)單列斜角滾珠軸承 (4)單列圓柱滾子軸承。

(　　) 37. 錐形滾子軸承「32230」的孔徑號碼是 (1)30 (2)23 (3)22 (4)150。

(　　) 38. V 型皮帶的規格，除有 A、B、C、D、E 型外，還有 (1)F (2)G (3)M (4)N 型。

(　　) 39. 下圖凸輪的位移圖，其運動形態為 (1)等速度 (2)等加速度 (3)等減速度 (4)簡諧運動。

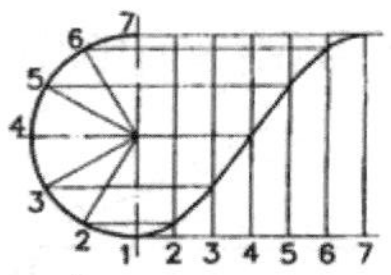

(　　) 40. 下圖壓力角為 20°的齒條，其 θ 角為 (1)14.5° (2)20° (3)29° (4)40°。

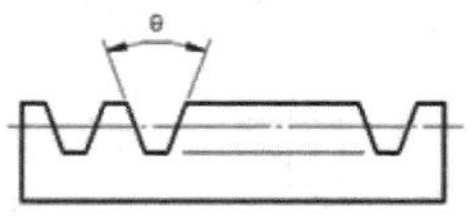

(　　) 41. 鑄造齒輪，其輪齒通常以 (1)周節 (2)徑節 (3)模數 (4)壓力角 來表示。

(　　) 42. 防止電腦感染病毒的最好方法，下列何者為非？ (1)使用合法軟體 (2)經常使用解毒軟體執行掃毒 (3)開機時將偵查病毒常駐在 RAM 中執行偵毒 (4)至不明網站瀏覽及任意下載軟體。

(　　) 43. CAD 系統中所用的滑鼠屬於 (1)輸入單元 (2)輸出單元 (3)記憶單元 (4)控制單元。

(　　) 44. 下列儲存設備中，存取速度較快的為 (1)光碟機 (2)硬式磁碟機 (3)磁片機 (4)磁帶機。

(　　) 45. 1MB 等於 (1) 2^8 (2) 2^{10} (3) 2^{20} (4) 2^{30}。

(　　) 46. 某平面在二個主要視圖中均呈現非實際形狀，但其中一個視圖呈現邊視圖，則此面應為 (1)單斜面 (2)複斜面 (3)正垂面 (4)歪面。

(　　) 47. 不在基線上的一直線，若平行於基線時，則其可能通過的象限數為 (1) 1 個 (2) 2 個 (3) 3 個 (4) 4 個。

(　　) 48. 機件以半剖視圖表示時，其內部與外部的分界線是 (1)粗實線 (2)細實線 (3)虛線 (4)細鏈線。

(　　) 49. 下圖正確的俯視圖為 (1) (2) (3) (4)。

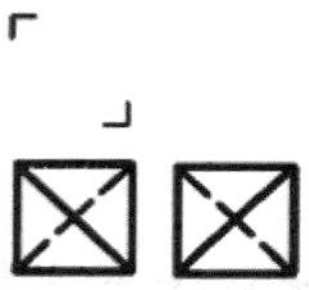

(　　) 60. 公制標準 V 形螺紋，螺距 P，則牙高 H=　(1) 0.5P　(2) 0.6134P　(3) 0.6495P　(4) 0.866P。

(　　) 50. 下圖正確的左側視圖爲　(1) 　(2) 　(3) 　(4) 。

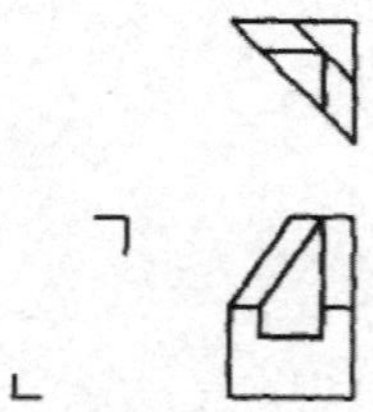

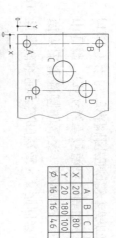

(　　) 51. 如下圖所示機件，以車床之尾座偏置法加工，其偏置量爲 3mm，此件之錐度爲　(1) 0.02　(2) 0.05　(3) 0.1　(4) 0.5。

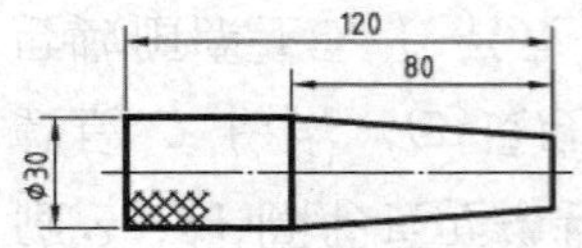

(　　) 52. 輥紋的表示法爲　(1) 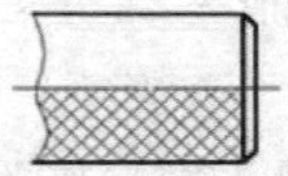　(2) 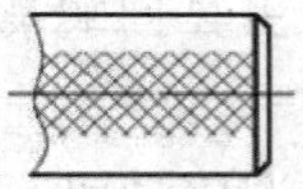　(3) 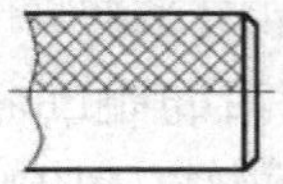　(4) 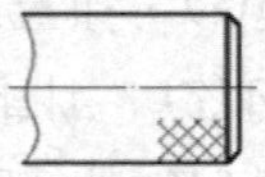。

(　　) 53.尺度標註時，供製造者讀圖參考用的尺度，稱爲　(1)位置尺度　(2)大小尺度　(3)參考尺度　(4)功能尺度。

(　　) 54. 從下圖的標註中，可知 B 孔之 X 座標値爲　(1) 16　(2) 20　(3) 80　(4) 180。

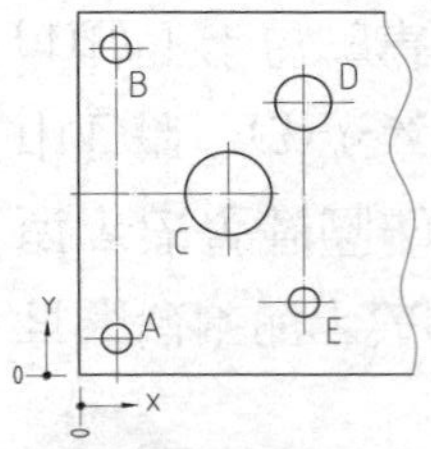

	A	B	C	D	E
X	20		80		
Y	20	180	100		
φ	16	16	46		

(　　) 55. 下圖之尺度標註中，其最小留隙(餘隙)爲　(1)0.050　(2)0.062　(3)0.112　(4)0.174。

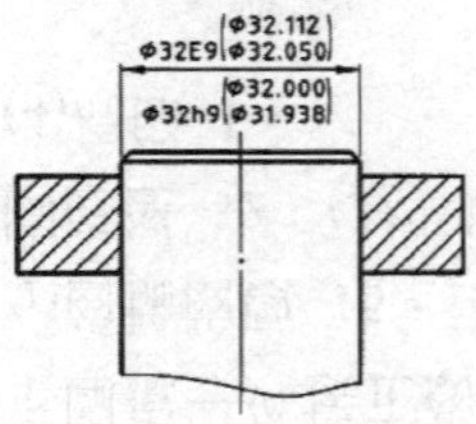

(　　) 56. 推拔管螺紋之錐度爲　(1)1：2　(2)1：5　(3)1：8　(4)1：16。

(　　) 57. 「6205P4」軸承規格中之 P4 表示　(1)公差等級　(2)軸承型式　(3)尺寸系列號碼　(4)內徑號碼。

(　　) 58. 標準正齒輪之模數 10、齒數 30，則齒冠高爲　(1)3mm　(2)10/π mm　(3)10mm　(4)3π mm。

(　　) 59. 平行的兩軸，可用那一種齒輪來傳動　(1)蝸桿蝸輪　(2)螺輪　(3)斜齒輪　(4)正齒輪。

複選題：(每題 2 分，共計 40 分)

(　　) 61. 有關輸出設備的敘述，下列何者正確？　(1)印表機的機型一般可分爲雷射式、噴墨式與撞針式　(2)VCD-W 的存取容量高於 DVD-W　(3)螢幕的規格是依尺寸大小、解析度與點距來區分　(4)複合式影印機結合列印、影印、掃描與傳眞的功能於一身。

(　　) 62. 下圖所缺視圖，下列正確的爲　(1) 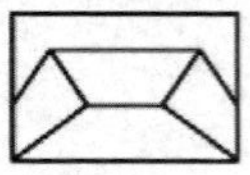　(2) 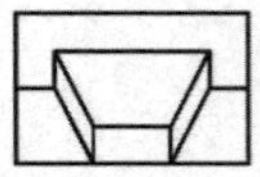　(3) 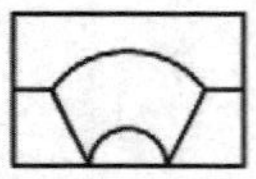　(4) 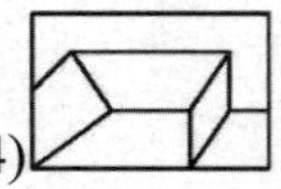。

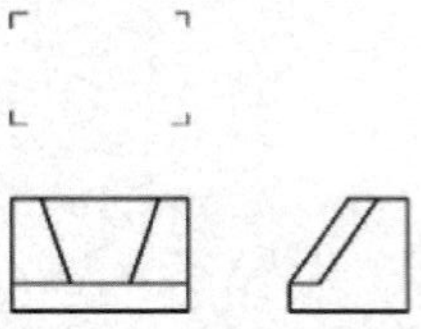

(　　) 63. 零件工作圖中，前視圖之選用原則爲　(1)該視圖能表現物件之主要特徵　(2)該視圖具有物件基準軸線或基準面之邊視　(3)該視圖應爲各視圖中較大者　(4)該視圖應爲各視圖中較複雜者。

(　　) 64. 如下圖所示，兩直線之水平投影和直立投影皆垂直於基線(HV)時，則下列敘述何者正確？　(1)兩直線相互平行　(2)兩直線平行側投影面(PP)　(3)兩直線平行直立投影面(VP)　(4)a 點最接近直立投影面(VP)。

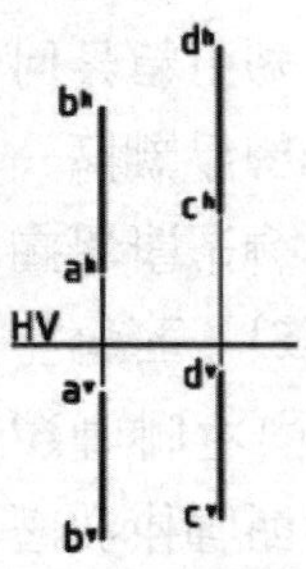

(　　) 65. 依 CNS 規定，下列有關尺度標註的敘述，何者正確？　(1)球面直徑爲 50mm，其標稱方式爲 Sφ50　(2)中心線及輪廓線皆可作爲尺度界線使用　(3)錐度符號之尖端恆指向左方　(4)在尺度數字外加一括弧，表示該尺度爲參考尺度。

(　　) 66. 有關尺度標註的敘述，下列何者正確？　(1)尺度標註的符號高度與數字高度相同　(2)尺度標註的數字內容與圖形比例無關　(3)錐度符號與斜度符號的尖端恆指向右方　(4)中心線與輪廓線可作尺度界線使用。

(　　) 67. 埋頭平行鍵的鍵座尺度公差，下列何者正確？　(1)F9　(2)JS9　(3)N9　(4)P9。

(　　) 68. 下圖為一內接正齒輪，模數 2、大齒輪齒數 72、小齒輪齒數 24，下列何者正確？ (1)周節 3.1416 (2)中心距 48 (3)大齒輪齒頂圓 140 (4)小齒輪齒頂圓 52。

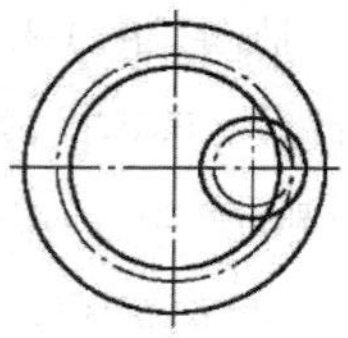

(　　) 69. 螺紋標註法中 L-2NM30x3-6H/5g6g 下列之敘述，何者正確？ (1)6g 為外螺紋節徑公差 (2)3 為螺距 (3)6H 為內螺紋公差 (4)L 表示左螺紋。

(　　) 70. 下圖為一外接正齒輪，模數 1、大齒輪齒數 30、小齒輪齒數 15，下列何者正確？ (1)大齒輪齒頂圓直徑 32 (2)小齒輪節圓直徑 15 (3)中心距 45 (4)周節 1。

(　　) 71. 有關線條與字法的敘述，下列何者正確？ (1)線條與字法是製圖的要素 (2)輪廓線的繪製順序優於中心線 (3)英文字行與行的間隔約為字高的 3/2 倍 (4)拉丁字母的筆劃粗細約為字高的 1/10。

(　　) 72. 有關正多面體之敘述，下列何者正確？ (1)由 24 個正三角形可以組成正二十四面體 (2)由 12 個正五邊形可以組成正十二面體 (3)由 8 個正三角形可以組成正八面體 (4)由 6 個正四邊形可以組成正六面體。

(　　) 73. 有關輔助視圖的敘述，下列何者正確？ (1)根據正投影的輔助投影法求作 (2)必須找到或求得邊視圖，方能求作實長或實形 (3)可用以表現複雜的機件內部形狀 (4)輔助視圖可以平移位置，但必須標示箭頭與文字。

(　　) 74. 當圖面比例標註為 2：1 時，則下列敘述何者正確？ (1)圖形長度繪製為 2 倍大 (2)圖形角度繪製為 2 倍大 (3)長度數值標註為 1 倍大 (4)角度數值標註為 1 倍大。

(　　) 75. 下列有關視圖之敘述何者正確？ (1)因圓角而消失的稜線應以細實線繪製 (2)旋轉剖面之輪廓應以粗實線繪製 (3)非對稱之物件不可以半剖視圖表示 (4)輥紋可以細實線局部繪製。

(　　) 76. 下列符號何者用於尺度標註中？ (1)⌒ (2)□ (3)○ (4)ϕ。

(　　) 77. 有關尺度標註的敘述，下列何者正確？ (1)不規則曲線的尺度，可採用座標法或支距法標註 (2)尺度的標註基準，一般使用基準面或基準線 (3)CNC 加工尺度，可採用單一尺度線，以基準面為起點，用小圓點並標註 0 為起點，各尺度以單向箭頭標示，尺度數字沿尺度界線之方向置於末端 (4)多孔的尺度標註，可以採用列表方式。

(　　) 78. 在表面織構符號中，有關輪廓參數的預設評估長度的敘述，下列何者正確？ (1)R 輪廓：評估長度為取樣長度的 5 倍 (2)W 輪廓：無預設評估長度 (3)P 輪廓：評估長度為測量之全長 (4)W 輪廓：評估長度為取樣長度的 5 倍。

(　　) 79. 對於滑動與滾動軸承之敘述，下列何者正確？ (1)滾動軸承適用於較小荷重 (2)滑動軸承適用於較低轉速 (3)滾動軸承耐衝擊性較大 (4)滑動軸承摩擦損失較大。

(　　) 80. 一對嚙合齒輪，齒數為 40 齒及 60 齒，下列選項何者為正確？ (1)若模數 2，中心距離為 100 (2)若模數 1，中心距離為 100 (3)若模數 1，中心距離為 50 (4)若模數 2，中心距離為 50。

電腦輔助機械設計製圖乙級試題

得　分

科＿＿年＿＿班

座號：＿＿＿＿＿＿

姓名：＿＿＿＿＿＿

第 9 回

工作項目(五~七)

選擇題：(每題 1 分，共計 60 分)

(　　) 1. CNS 表面織構符號中，MRR Ra 1.6 之評估長度為 (1)8 (2)2.5 (3)0.8 (4)0.25 mm。

(　　) 2. 表面粗糙度值使用的單位為 (1)m (2)mm (3)cm (4)μm。

(　　) 3. 工件之表面粗糙度值愈小，則 (1)工件表面愈光滑 (2)切削方法愈多 (3)基準長度愈大 (4)刀痕愈明顯。

(　　) 4. 一般機械工廠中，俗稱的『一條』相等於公制單位的 (1)0.1mm (2)0.01mm (3)0.001mm (4)0.000001mm。

(　　) 5. 表面織構符號中，評估長度值愈大，則所指之表面粗糙度值 (1)成定值 (2)愈小 (3)愈大 (4)無關。

(　　) 6. 零件圖中，一般可省略不畫者為 (1)齒輪 (2)導螺桿 (3)栓槽軸 (4)開口銷。

(　　) 7. 一般鑽孔加工所得之表面粗糙度，Ra 值約為 (1)50～12.5 (2)25～6.3 (3)6.3～1.6 (4)1.6～0.4。

(　　) 8. 組合圖中，件號線用 (1)細實線 (2)中心線 (3)隱藏線 (4)粗實線。

(　　) 9. 標題欄（畫 ▨ 處），一般置於圖紙的

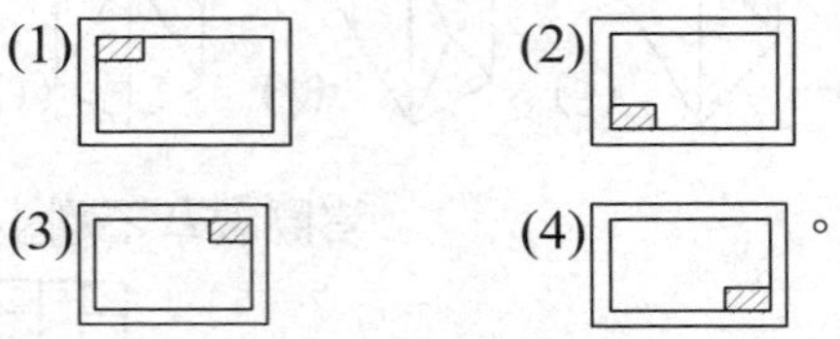

(　　) 10. 銲接符號之基線為 (1)粗實線 (2)細實線 (3)虛線 (4)細鏈線。

(　　) 11. 填角銲接道之表面必須磨平，其符號為

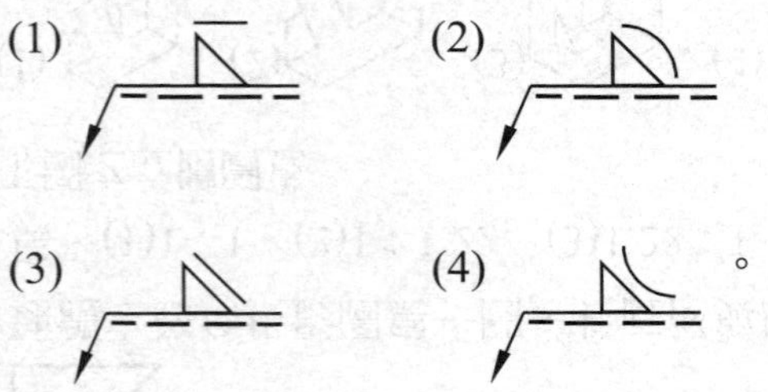

(　　) 12. 下圖之銲接符號為

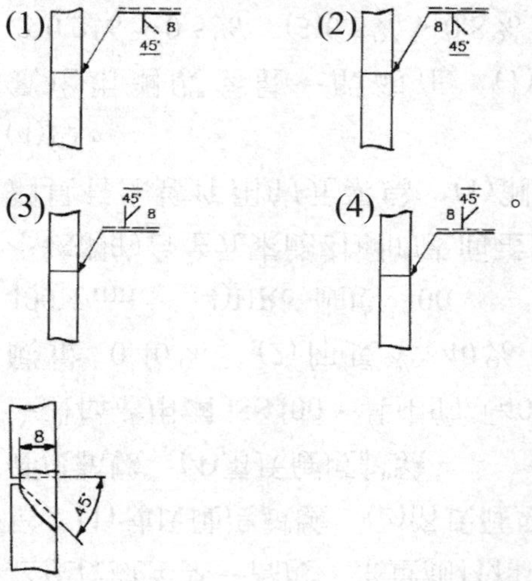

(　　) 13. 間接熔接之位置有八處，銲接長度 10mm，採用全周填角銲接之符號為

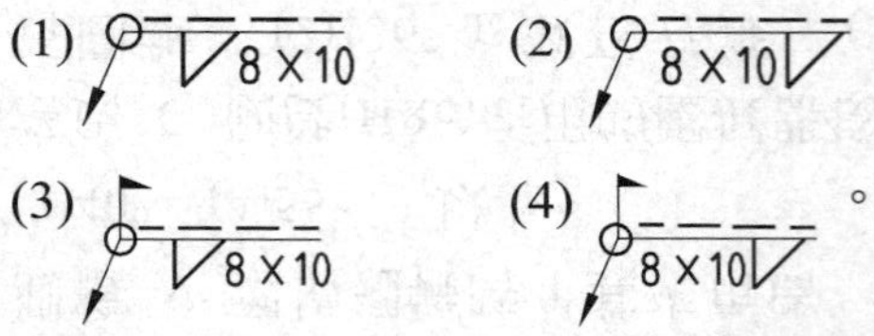

(　　) 14. 等角投影圖三軸上所繪製之長度與實際尺度之比例約為 (1)1：1 (2)0.82：1 (3)0.77：1 (4)0.65：1。

(　　) 15. 下圖之立體圖為

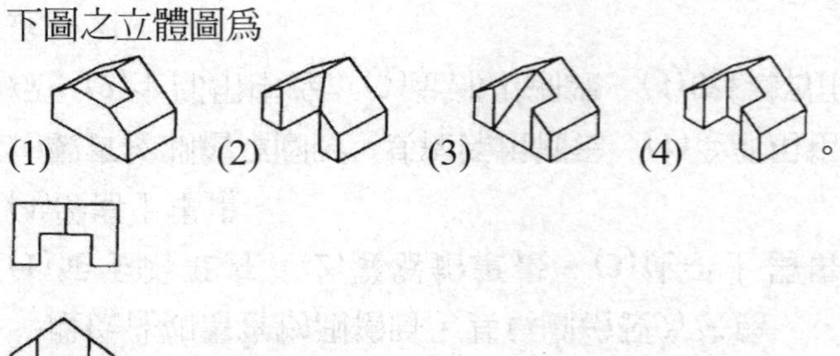

(　　) 16. 下圖之立體圖為

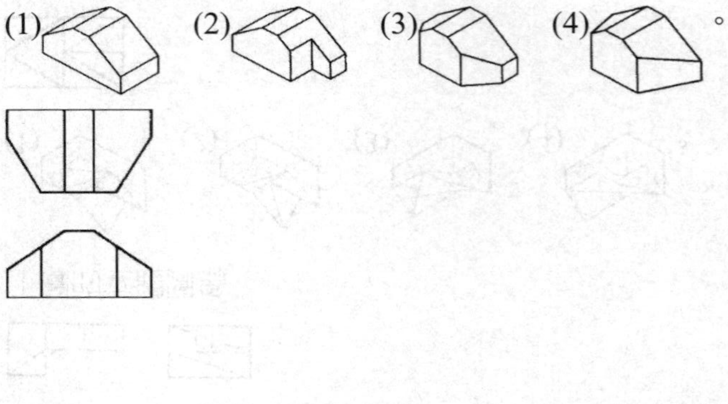

( ) 17. 下圖之立體圖爲

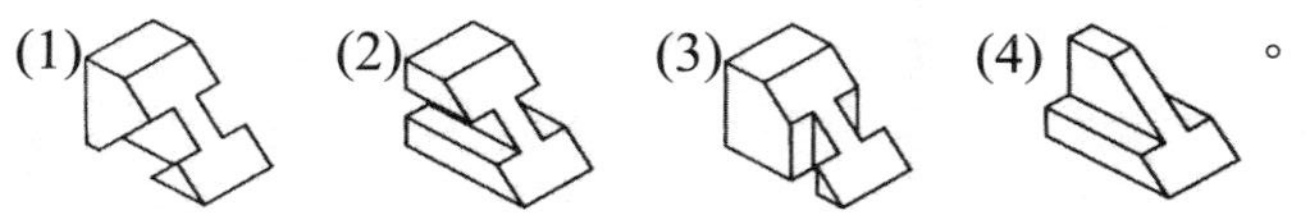

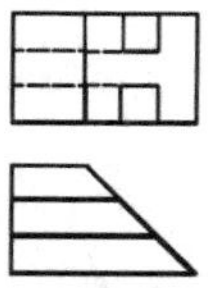

( ) 18. 球體之等角投影圖爲一圓，其直徑與原球徑之比例爲 (1)1：1 (2)1：1.22 (3)1.22：1 (4)1：0.82。

( ) 19. 下圖之立體圖爲

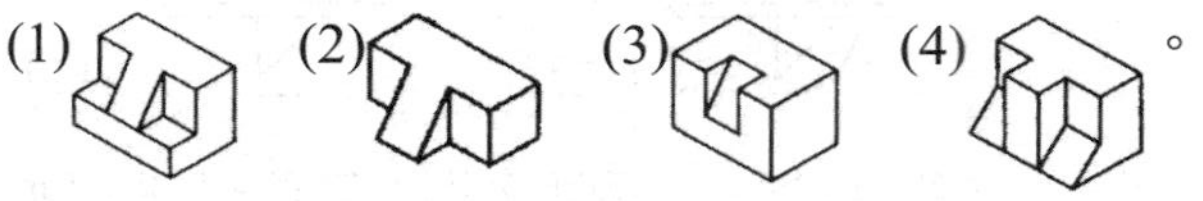

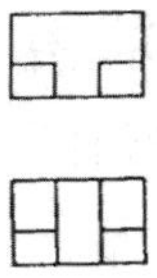

( ) 20. 下圖之立體圖爲

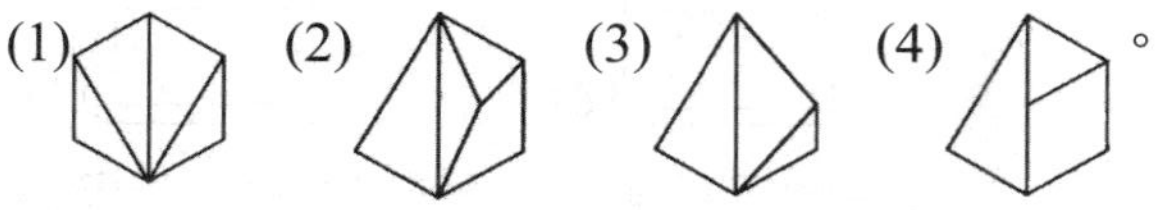

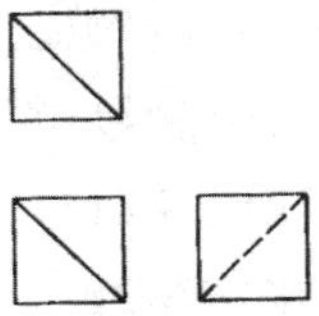

( ) 21. 一般產品的型錄或說明書內，最常用以表達各機件間關係的工程圖是 (1)組合圖 (2)立體系統圖 (3)零件圖 (4)輪廓組合圖。

( ) 22. 下圖之立體圖爲

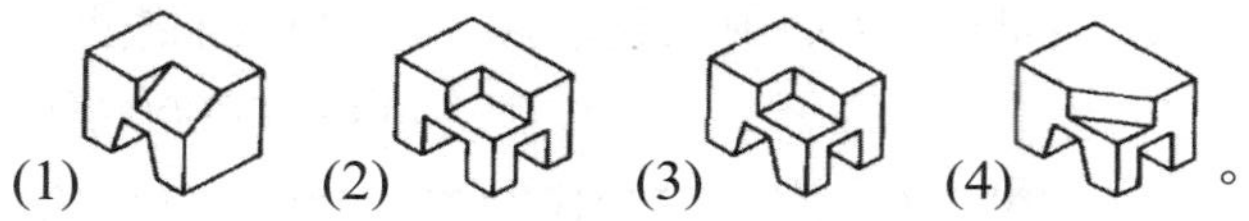

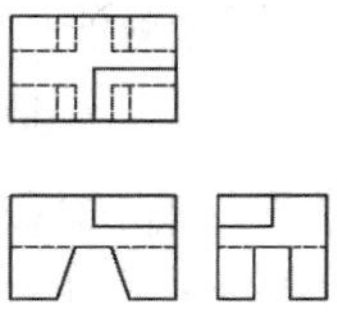

( ) 23. 下圖的立體圖爲

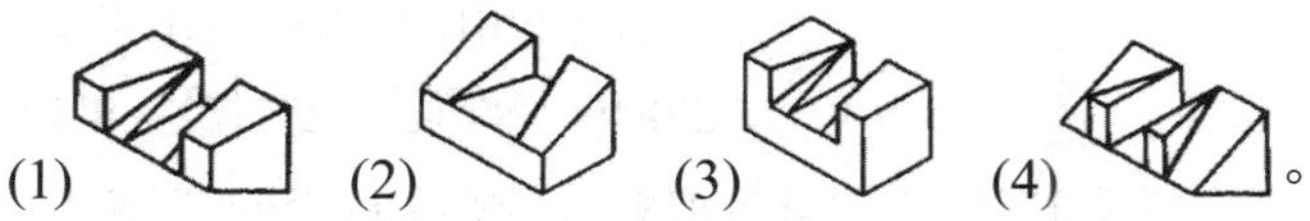

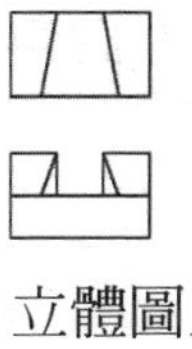

( ) 24. 立體圖上的等角軸或等角軸線的長度，均按實長量度的是 (1)等角投影圖 (2)等角圖 (3)二等角圖 (4)不等角圖。

( ) 25. 下圖的立體圖爲

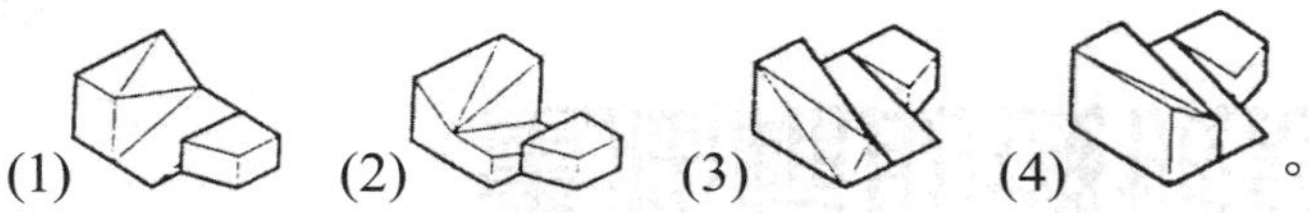

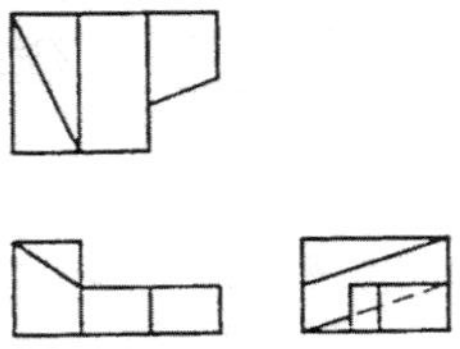

( ) 26. 下圖的立體圖爲

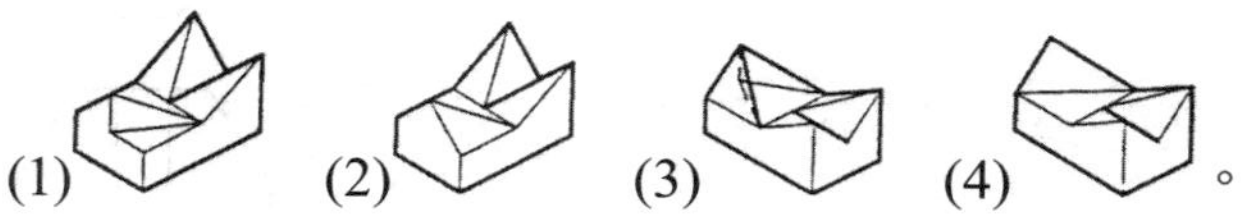

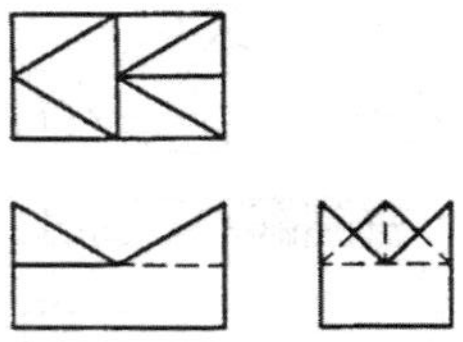

( ) 27. 一般機件如需實物測繪時，其草圖繪製方法爲 (1)徒手鉛筆畫 (2)儀器鉛筆畫 (3)徒手上墨畫 (4)儀器上墨畫。

( ) 28. 繪製實物測繪草圖時，其線條粗細爲 (1)全部用粗線 (2)全部用中線 (3)全部用細線 (4)依線條用途繪製。

( ) 29. 車床尾座頂心孔錐度爲 (1)傑可布斯錐度(Jacok's) (2)莫氏錐度(Morse) (3)伯朗夏普錐度(Brown&Sharpe) (4)嘉諾錐度(Jarno)。

( ) 30. 測繪 V 型槽繩輪時，其夾角爲 (1)14° (2)35° (3)40° (4)55° 以上。

( ) 31. 洛氏 C 硬度(HRc)所用的壓痕器爲 (1)120°金鋼石圓錐 (2)136°金鋼石方錐 (3) ϕ 1/16" 鋼球 (4) ϕ 10mm 鋼球。

( ) 32. 利用小金鋼石圓錐，由一定高度自由落下撞衝試片之後反跳至某一高度，來量測材料硬度的試驗方法爲 (1)勃氏硬度試驗 (2)洛氏硬度試驗 (3)維氏硬度試驗 (4)蕭氏硬度試驗。

( ) 33. 一般構造用鋼 SS400，其中的「400」表示 (1)含碳量 0.40％ (2)伸長率 40％ (3)抗拉強度 400N/mm^2 (4)HRc 硬度 400。

( ) 34. 不銹鋼的合金元素能對鋼的表面產生氧化膜，且對鋼具有保護作用的元素爲 (1)銅 (2)鉻 (3)錳 (4)鎳。

( ) 35. 氮化用鋼碳含量一般約在 (1)0.02％～0.2％ (2)0.2％～0.5％ (3)0.5％～0.8％ (4)0.8％～1.2％。

( ) 36. 精度爲 0.05mm 的游標卡尺，設本尺一格爲 1mm，而游尺取 19mm 長，則游尺上的刻劃有 (1)20 格 (2)30 格 (3)40 格 (4)50 格。

( ) 37. 螺紋分厘卡是用來量測螺紋的 (1)底徑 (2)外徑 (3)節徑 (4)牙深。

( ) 38. 一般分厘卡主軸之螺距爲 (1)0.5mm (2)1mm (3)2.5mm (4)5mm。

( ) 39. 游標高度規的精度可達 (1)0.02mm (2)0.04mm (3)0.06mm (4)0.08mm。

(　) 40. 工件內徑爲ϕ4.40mm，宜選用較正確的量具爲 (1)游標卡尺 (2)內徑分厘卡 (3)缸徑規 (4)小孔徑量錶規。

(　) 41. 根據我國國家標準 CNS 的規範，表面織構符號之參數型態包含那三大類？ (1)輪廓參數、圖面參數、比例曲線參數 (2)輪廓參數、實體參數、材料參數 (3)輪廓參數、視圖參數、表面比例參數 (4)輪廓參數、圖形參數、材料比曲線參數。

(　) 42. 一般鍵槽與鍵座的表面織構 Ra 值爲？ (1)1.6 (2)3.2 (3)12.5 (4)25。

(　) 43. 半圓鍵的鍵槽尺度公差，下列何者正確？ (1)F9 (2)H9 (3)JS9 (4)N9。

(　) 44. 設有一圓孔ϕ30mm，內裝配一般標準滾珠軸承，其公差設計下列何者較爲恰當 (1)ϕ30H7 (2)ϕ30h7 (3)ϕ30M7 (4)ϕ30g6。

(　) 45. 在工作圖中須註記視圖名稱時，下列寫法何者正確？ (1)粗線，視圖的下方 (2)中線，視圖的下方 (3)粗線，視圖的上方 (4)中線，視圖的上方。

(　) 46. 下圖銲接符號，下列敘述何者錯誤？ (1)箭頭邊之銲接深度爲 8mm (2)箭頭邊之根隙爲 4mm (3)起槽角度爲 60° (4)爲 V 形槽銲接。

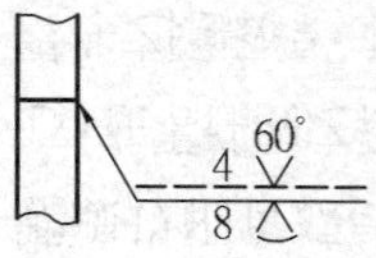

(　) 47. 一圓球以平面切割之，在該切割平面之法線視圖恆爲 (1)方柱形 (2)橢圓形 (3)圓形 (4)任意曲線。

(　) 48. 下圖所示之線段，其眞實長度應爲 (1)40 (2)50 (3)60 (4)80。

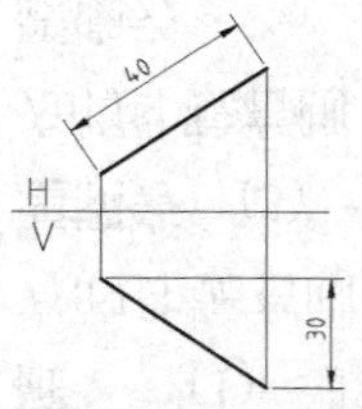

(　) 49. 一直線貫穿平面，其正確的第三角投影視圖爲

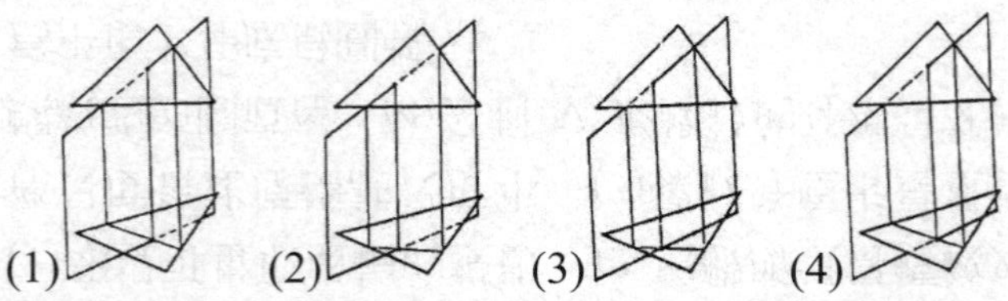

。

(　) 50. 最常被用於產品目錄、使用說明書及專利申請等應用的圖面爲 (1)立體圖 (2)剖視圖 (3)局部詳圖 (4)工作圖。

(　) 51. 繪製多角體的等角圖時，求得各頂點位置的方法爲？ (1)目測法 (2)近似法 (3)支距法 (4)同心圓法。

(　) 52. 工程圖面上，不可直接量度夾角作爲實際物件夾角的圖是 (1)前視圖 (2)等角圖 (3)俯視圖 (4)剖視圖。

(　) 53. 立方體的各面，在等角圖繪製法中是呈現 (1)正方形 (2)矩形 (3)45°菱形 (4)60°菱形。

(　) 54. 下圖箭頭所指處表示刻度對齊，游標卡尺的讀數爲？ (1) 6.665mm (2) 66.65mm (3) 7.265mm (4) 72.65mm。

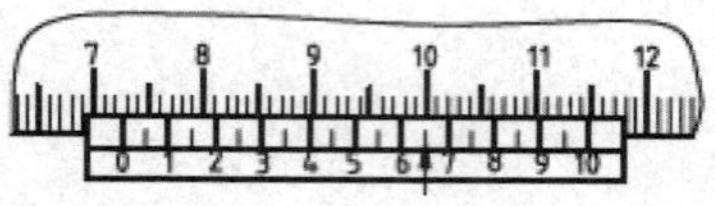

(　) 55.一般用來簡單迅速鑑定不明鋼質材料的實驗爲 (1)拉伸試驗 (2)硬度試驗 (3)超音波試驗 (4)火花試驗。

(　) 56. 下列材料中導電性和導熱性最佳者爲 (1)鋁 (2)鐵 (3)銅 (4)鋅。

(　) 57. 下列何者爲一般灰鑄鐵的材料編號？ (1)FC200 (2)S20C (3)SCr430 (4)SUS304。

(　) 58. 鋼的表面硬化法，其熱處理方式可爲 (1)正常化 (2)調質 (3)回火 (4)火焰淬火。

(　) 59. 常用卷尺上的最小刻度爲 (1) 0.5 mm (2) 1 mm (3) 5 mm (4) 10 mm。

(　) 60.公制螺距規在每一片鋼片上所刻的數字是代表 (1)螺紋數 (2)螺距大小 (3)螺紋標稱直徑 (4)螺紋角大小。

複選題：(每題 2 分，共計 40 分)

(　) 61. 組合圖剖面時，何種零件免畫剖面線？ (1)銷 (2)鍵 (3)彈簧 (4)扣環。

(　) 62. 表面紋理符號分別爲「M、C、R、P」，則下列選項之說明何者正確？ (1)M 之紋理呈多方向 (2)C 之紋理呈同心圓狀 (3)R 之紋理呈放射狀 (4)P 之紋理呈凸起之細粒狀。

(　) 63. 下列對表面織構符號的敘述何者正確？ (1)圖面以文字 APA 表示織構符號爲不得去除材料 (2)一般預設傳輸波域截止值(λs)爲 0.0025-0.8mm (3)W 爲波紋輪廓參數 (4)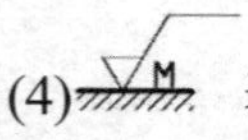

表示表面刀痕爲放射狀。

(　) 64. 下列何種檔案格式之副檔名可作爲 3D 模型之圖片使用？ (1)dwg (2)igs (3)jpg (4)tif。

(　) 65. 下列何者爲 3D 模型圖之立體組合圖的用途？ (1)模擬零組件之作動情形 (2)檢測零件間的干涉情形 (3)檢測零件間的餘隙 (4)可以產生立體分解系統圖。

(　) 66. 使用 3D 軟體以掃掠 Sweep 指令建立實體迴紋針時，下列何者爲必須之步驟？ (1)建立迴紋針的長度線 (2)建立迴紋針的路徑 (3)建立迴紋針之工作平面 (4)建立迴紋針的斷面形狀。

(　) 67. 下列實物測繪之步驟與要領，何者正確？ (1)依圖紙大小決定視圖之選用數量及比例 (2)依物件之複雜度決定視圖之多寡 (3)依視圖之複雜度決定視圖之比例大小 (4)依視圖之大小與數量選用圖紙大小。

(　) 68. 必須進行實物測繪的時機為 (1)機械欲改良 (2)欲製造相同或類似機械 (3)磨耗破損之零件欲修護 (4)欲提出請購計畫時。

(　) 69. 有關分厘卡之使用，下列敘述何者正確？ (1)應避免碰撞 (2)以單手握持量測 (3)可量測旋轉中工件 (4)使用前後須歸零。

(　) 70. 有關實物測繪工具的使用，下列敘述何者正確？ (1)牙規可量取齒輪的模數 (2)一般所量得螺紋外徑尺度皆比原標註尺度小 (3)螺紋分厘卡是量度螺紋的節圓直徑 (4)公制 V 形螺紋的牙型是牙峰為平頂，牙底為圓弧。

(　) 71. 工作圖中有關公用表面織構符號，下列敘述何者正確？ (1)一張圖紙畫多個零件時，標註在零件圖上方的件號右側 (2)一張圖紙畫多個零件時，標註在標題欄旁 (3)一張圖紙畫單一零件時，標註在零件圖上方的件號右側 (4)一張圖紙畫單一零件時，標註在標題欄旁。

(　) 72. 下列有關尺度與公差之敘述何者正確？ (1)55H7 比 45H7 公差大 (2) 5H7 比 55H6 下偏差大 (3)55h7 比 45h7 下偏差大 (4)45h6 比 45h7 下偏差小。

(　) 73. 下列對於組合圖之敘述，何者正確？ (1)組合圖之件號線以細實線表示，在零件外之線端對準件號數字中心，在零件內之線端加一小黑點 (2)組合圖中應繪製所有零件之隱藏線，並標註各零件之尺度 (3)組合圖主要為表示各零件間之相對位置，其各視圖不可出現剖面 (4)組合圖上可標註全長及全高尺度，必要時亦可標註規格尺度，有助於機械之安裝。

(　) 74. 下列有關 CNS75 輥紋之種類及代號，何者正確？ (1)交叉紋(交點凹入)為 KCW (2)十字紋(交點突起)為 KDV (3)直行紋為 KAA (4)左旋斜紋為 KBL。

(　) 75. 使用 3D 軟體以混成 Loft(Blend)指令建立吊車之掛勾弧形實體時，下列何者為必須之步驟？ (1)混成之前先點選直立中心線 (2)建立斷面形狀所需要之工作平面 (3)建立混成路徑所需要的草圖 (4)不需要建立草圖工作平面，不需要輸入深度直接在同一位置各斷面混成。

(　) 76. 兩相貫體的交線，下列敘述何者為正確？ (1)正三角錐與正三角柱相貫時，其交線為曲線 (2)圓錐與正三角柱相貫時，其交線為曲線 (3)兩大小相同之圓柱相貫體，其軸線成傾斜時，其交線為直線 (4)兩大小不同之角柱相貫時，其交線為直線。

(　) 77. 下列選項中，屬於平行投影的立體圖有那幾種？ (1)等角圖 (2)二等角圖 (3)不等角圖 (4)透視圖。

(　) 78. 下列何者為實物測繪常用之儀器或工具？ (1)游標卡尺與分厘卡 (2)銼刀與劃線針 (3)六角扳手與活動扳手 (4)手鉗與十字起子。

(　) 79. 游標卡尺常用之精度，下列敘述何者正確？ (1)0.01mm (2)0.02mm (3)0.1mm (4)0.2mm。

(　) 80. 有關拆解工具的使用，下列敘述何者正確？ (1)分厘卡除可當量具外，也可當成 C 型夾使用 (2)螺絲起子使用時，應對準螺釘槽穴並稍加施力，再予以旋轉螺釘 (3)梅花扳手主要是用來鎖緊拆卸六角螺釘及螺帽 (4)機器進行拆卸如遇不易分解時，可用鐵鎚直接輕輕敲打。

電腦輔助機械設計製圖乙級模擬試題

得　分

＿＿＿科＿＿年＿＿班

座號：＿＿＿＿＿＿

姓名：＿＿＿＿＿＿

第 10 回

共同學科全(不分級)

選擇題：(每題 1.25 分，共計 100 分)

(　　) 1. 下列何者之工資日數得列入計算平均工資？
(1)請事假期間　(2)職災醫療期間
(3)發生計算事由之前 6 個月　(4)放無薪假期間。

(　　) 2. 依勞動基準法規定，雇主應置備勞工工資清冊並應保存幾年？
(1)1 年　(2)2 年　(3)5 年　(4)10 年。

(　　) 3. 事業單位僱用勞工多少人以上者，應依勞動基準法規定訂立工作規則？
(1)200 人　(2)100 人　(3)50 人　(4)30 人。

(　　) 4. 依勞動基準法規定，雇主延長勞工之工作時間連同正常工作時間，每日不得超過多少小時？
(1)10　(2)11　(3)12　(4)15。

(　　) 5. 預防職業病最根本的措施為何？
(1)實施特殊健康檢查　(2)實施作業環境改善
(3)實施定期健康檢查　(4)實施僱用前體格檢查。

(　　) 6. 依職業安全衛生法施行細則規定，下列何者非屬特別危害健康之作業？
(1)噪音作業　(2)游離輻射作業
(3)會計作業　(4)粉塵作業。

(　　) 7. 勞工工作時手部嚴重受傷，住院醫療期間公司應按下列何者給予職業災害補償？
(1)前 6 個月平均工資　(2)前 1 年平均工資
(3)原領工資　(4)基本工資。

(　　) 8. 依勞動基準法規定，下列何者屬不定期契約？
(1)臨時性或短期性的工作　(2)季節性的工作
(3)特定性的工作　(4)有繼續性的工作。

(　　) 9. 下列何者非為防範有害物食入之方法？
(1)有害物與食物隔離
(2)不在工作場所進食或飲水
(3)常洗手、漱口
(4)穿工作服。

(　　) 10. 下列何者非屬於容易發生墜落災害的作業場所？
(1)施工架　(2)廚房　(3)屋頂　(4)梯子、合梯。

(　　) 11. 雇主於臨時用電設備加裝漏電斷路器，可避免下列何種災害發生？
(1)墜落　(2)物體倒塌；崩塌　(3)感電　(4)被撞。

(　　) 12. 雇主要求確實管制人員不得進入吊舉物下方，可避免下列何種災害發生？
(1)感電　(2)墜落　(3)物體飛落　(4)被撞。

(　　) 13. 勞工為節省時間，在未斷電情況下清理機臺，易發生危害為何？
(1)捲夾感電　(2)缺氧　(3)墜落　(4)崩塌。

(　　) 14. 工作場所化學性有害物進入人體最常見路徑為下列何者？
(1)口腔　(2)呼吸道　(3)皮膚　(4)眼睛。

(　　) 15. 安全帽承受巨大外力衝擊後，雖外觀良好，應採下列何種處理方式？
(1)廢棄　(2)繼續使用　(3)送修　(4)油漆保護。

(　　) 16. 下列何者非屬電氣災害類型？
(1)電弧灼傷　(2)電氣火災
(3)靜電危害　(4)雷電閃爍。

(　　) 17. 石綿最可能引起下列何種疾病？
(1)白指症　(2)心臟病
(3)間皮細胞瘤　(4)巴金森氏症。

(　　) 18. 作業場所高頻率噪音較易導致下列何種症狀？
(1)失眠　(2)聽力損失
(3)肺部疾病　(4)腕道症候群。

(　　) 19. 眼內噴入化學物或其他異物，應立即使用下列何者沖洗眼睛？
(1)牛奶　(2)蘇打水　(3)清水　(4)稀釋的醋。

(　　) 20. 以下何者不是發生電氣火災的主要原因？
(1)電器接點短路　(2)電氣火花
(3)電纜線置於地上　(4)漏電。

(　　) 21. 個人資料保護法為保護當事人權益，多少位以上的當事人提出告訴，就可以進行團體訴訟：
(1)5 人　(2)10 人　(3)15 人　(4)20 人。

(　　) 22. 請問下列何者非為個人資料保護法第 3 條所規範之當事人權利？
(1)查詢或請求閱覽
(2)請求刪除他人之資料
(3)請求補充或更正
(4)請求停止蒐集、處理或利用。

(　　) 23. 專利權又可區分爲發明、新型與設計三種專利權，其中發明專利權是否有保護期限？期限爲何？
(1)有，5 年　(2)有，20 年　(3)有，50 年　(4)無期限，只要申請後就永久歸申請人所有。

(　　) 24. 受雇人於職務上所完成之著作，如果沒有特別以契約約定，其著作人爲下列何者？
(1)雇用人　(2)受雇人　(3)雇用公司或機關法人代表　(4)由雇用人指定之自然人或法人。

(　　) 25. 受雇人於職務上所完成之發明、新型或設計，其專利申請權及專利權如未特別約定屬於下列何者？
(1)雇用人　(2)受雇人　(3)雇用人所指定之自然人或法人　(4)雇用人與受雇人共有。

(　　) 26. 下列何者「非」屬於營業秘密？
(1)具廣告性質的不動產交易底價
(2)須授權取得之產品設計或開發流程圖示
(3)公司內部管制的各種計畫方案
(4)客戶名單。

(　　) 27. 營業秘密可分爲「技術機密」與「商業機密」，下列何者屬於「商業機密」？
(1)程式　(2)設計圖　(3)客戶名單　(4)生產製程。

(　　) 28. 故意侵害他人之營業秘密，法院因被害人之請求，最高得酌定損害額幾倍之賠償？
(1)1 倍　(2)2 倍　(3)3 倍　(4)4 倍。

(　　) 29. 我國制定何種法律以保護刑事案件之證人，使其勇於出面作證，俾利犯罪之偵查、審判？
(1)貪污治罪條例　(2)刑事訴訟法
(3)行政程序法　(4)證人保護法。

(　　) 30. 企業內部之營業秘密，可以概分爲「商業性營業秘密」及「技術性營業秘密」二大類型，請問下列何者屬於「技術性營業秘密」？
(1)人事管理　(2)經銷據點
(3)產品配方　(4)客戶名單。

(　　) 31. 因故意或過失而不法侵害他人之營業秘密者，負損害賠償責任該損害賠償之請求權，自請求權人知有行爲及賠償義務人時起，幾年間不行使就會消滅？
(1)2 年　(2)5 年　(3)7 年　(4)10 年。

(　　) 32. 下列何者「不」屬於職業素養的範疇？
(1)獲利能力　(2)正確的職業價值觀
(3)職業知識技能　(4)良好的職業行爲習慣。

(　　) 33. 公司負責人爲了要節省開銷，將員工薪資以高報低來投保全民健保及勞保，是觸犯了刑法上之何種罪刑？
(1)詐欺罪　(2)侵占罪
(3)背信罪　(4)工商秘密罪。

(　　) 34. 下列何者「不是」菸害防制法之立法目的？
(1)防制菸害　(2)保護未成年免於菸害
(3)保護孕婦免於菸害　(4)促進菸品的使用。

(　　) 35. 在公司內部行使商務禮儀的過程，主要以參與者在公司中的何種條件來訂定順序？
(1)年齡　(2)性別　(3)社會地位　(4)職位。

(　　) 36. 下列有關貪腐的敘述何者錯誤？
(1)貪腐會危害永續發展和法治
(2)貪腐會破壞民主體制及價值觀
(3)貪腐會破壞倫理道德與正義
(4)貪腐有助降低企業的經營成本。

(　　) 37. 有關公司訂定誠信經營守則時，以下何者不正確？
(1)避免與涉有不誠信行爲者進行交易
(2)防範侵害營業秘密、商標權、專利權、著作權及其他智慧財產權
(3)建立有效之會計制度及內部控制制度
(4)防範檢舉。

(　　) 38. 目前菸害防制法規範，「不可販賣菸品」給幾歲以下的人？
(1)20　(2)19　(3)18　(4)17。

(　　) 39. 按菸害防制法規定，對於在禁菸場所吸菸會被罰多少錢？
(1)新臺幣 2 千元至 1 萬元罰鍰
(2)新臺幣 1 千元至 5 千元罰鍰
(3)新臺幣 1 萬元至 5 萬元罰鍰
(4)新臺幣 2 萬元至 10 萬元罰鍰。

(　　) 40. 乘坐轎車時，如有司機駕駛，按照國際乘車禮儀，以司機的方位來看，首位應爲？
(1)後排右側　(2)前座右側
(3)後排左側　(4)後排中間。

(　　) 41. 世界環境日是在每一年的
(1)6 月 5 日　(2)4 月 10 日
(3)3 月 8 日　(4)11 月 12 日。

(　　) 42. 下列何種行爲對生態環境會造成較大的衝擊？
(1)植種原生樹木　(2)引進外來物種
(3)設立國家公園　(4)設立保護區。

(　　) 43. 下列哪一種飲食習慣能減碳抗暖化？
(1)多吃速食　(2)多吃天然蔬果
(3)多吃牛肉　(4)多選擇吃到飽的餐館。

(　　) 44. 下列何者「不是」室內空氣污染源？
(1)建材　(2)辦公室事務機
(3)廢紙回收箱　(4)油漆及塗料。

(　　) 45. 外食自備餐具是落實綠色消費的哪一項表現？
(1)重複使用　(2)回收再生
(3)環保選購　(4)降低成本。

(　　) 46. 再生能源一般是指可永續利用之能源，主要包括哪些：A.化石燃料　B.風力　C.太陽能　D.水力？
(1)ACD　(2)BCD　(3)ABD　(4)ABCD。

(　　) 47. 一般而言，水中溶氧量隨水溫之上升而呈下列哪一種趨勢？
(1)增加　(2)減少　(3)不變　(4)不一定。

公佈題目

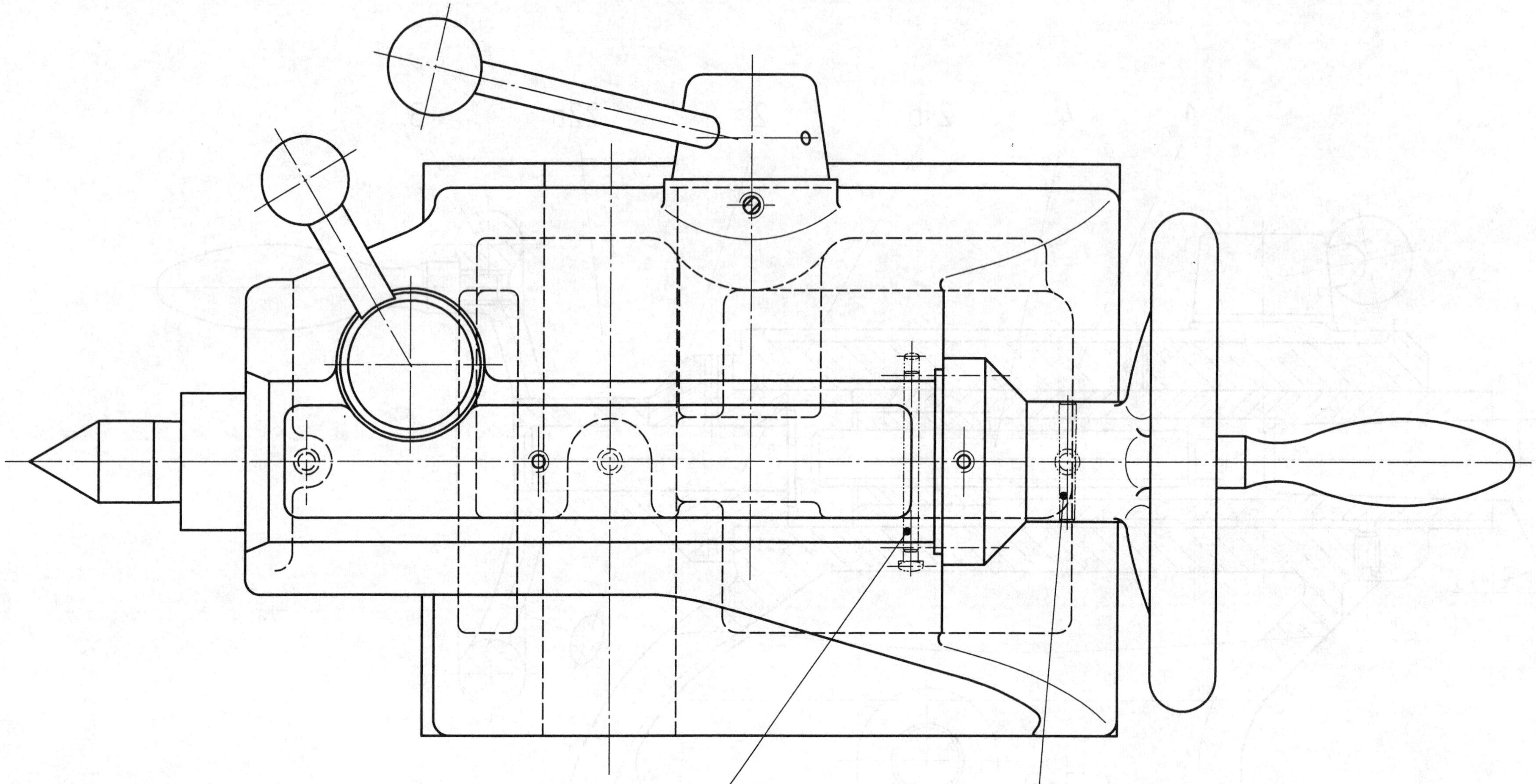

變更設計表		
選項 / 設計	1	2
X	件1與件2以件21a結合 件21a：直銷φ6×70	件1與件2以件21b結合 件21b：承窩螺釘M5×24
Y	件3與件4以件22a結合 件3：輪輻為5支 件22a：推拔銷φ6×45	件3與件4以件22b結合 件3：輪輻為3支 件22b：固定螺釘M10×15

電腦輔助機械設計製圖 乙級技術士技能檢定	核定 單位	勞動力發展署 技能檢定中心	圖名	車床尾座		時數	4小時	A. 工作圖	試題編號	
			投影	第三角法	比例 1：2	日期	民國99年12月		20800-990205-A	3/4

公佈題目

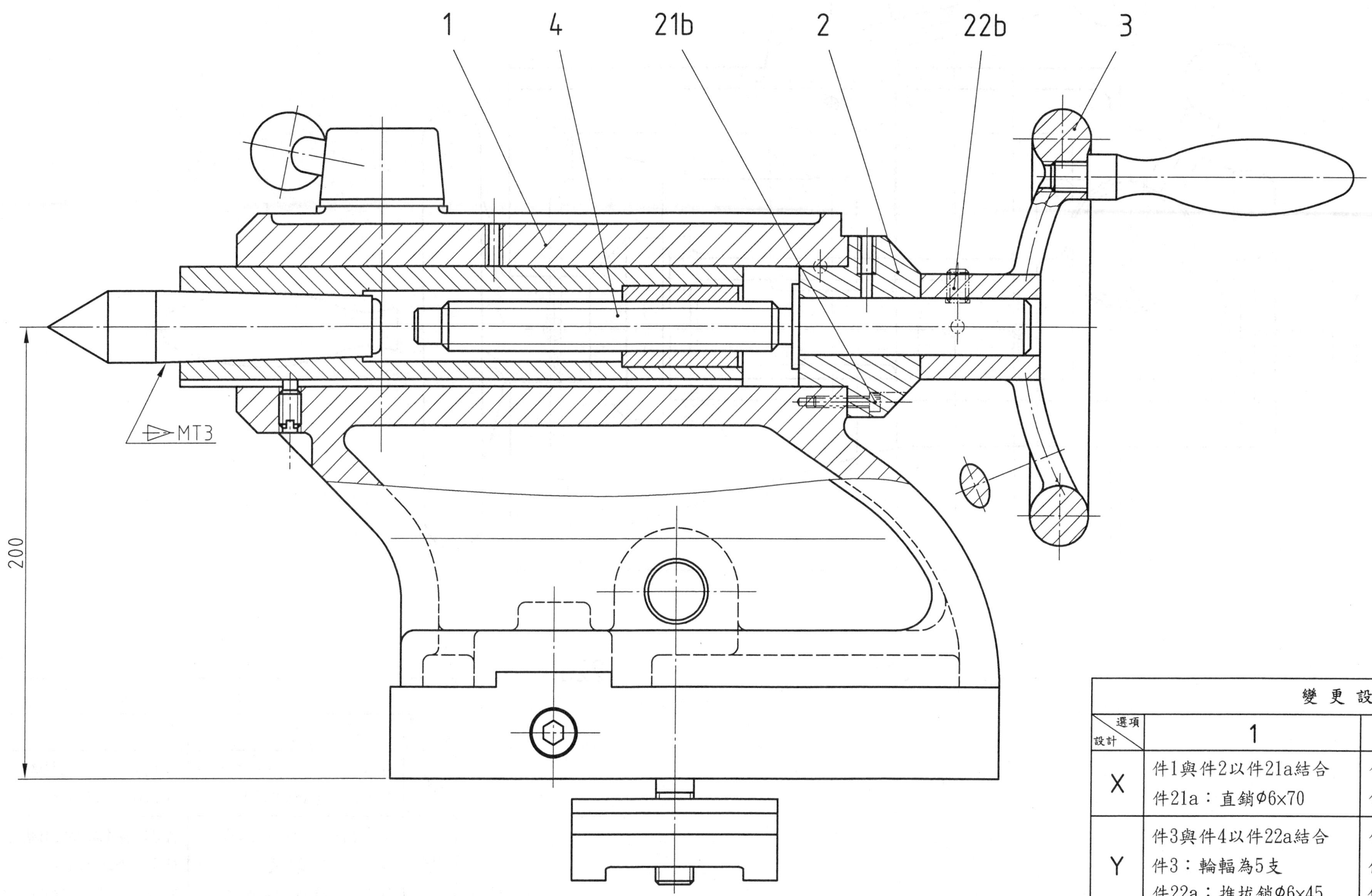

變更設計表		
設計 \ 選項	1	2
X	件1與件2以件21a結合 件21a：直銷Φ6×70	件1與件2以件21b結合 件21b：承窩螺釘M5×24
Y	件3與件4以件22a結合 件3：輪輻為5支 件22a：推拔銷Φ6×45	件3與件4以件22b結合 件3：輪輻為3支 件22b：固定螺釘M10×15

電腦輔助機械設計製圖 乙級技術士技能檢定	核定 單位	勞動力發展署 技能檢定中心	圖名	車床尾座		時數	4小時	A.工作圖	試題編號
			投影	第三角法	比例 1：2	日期	民國 99 年12 月		20800-990205-A 2/4

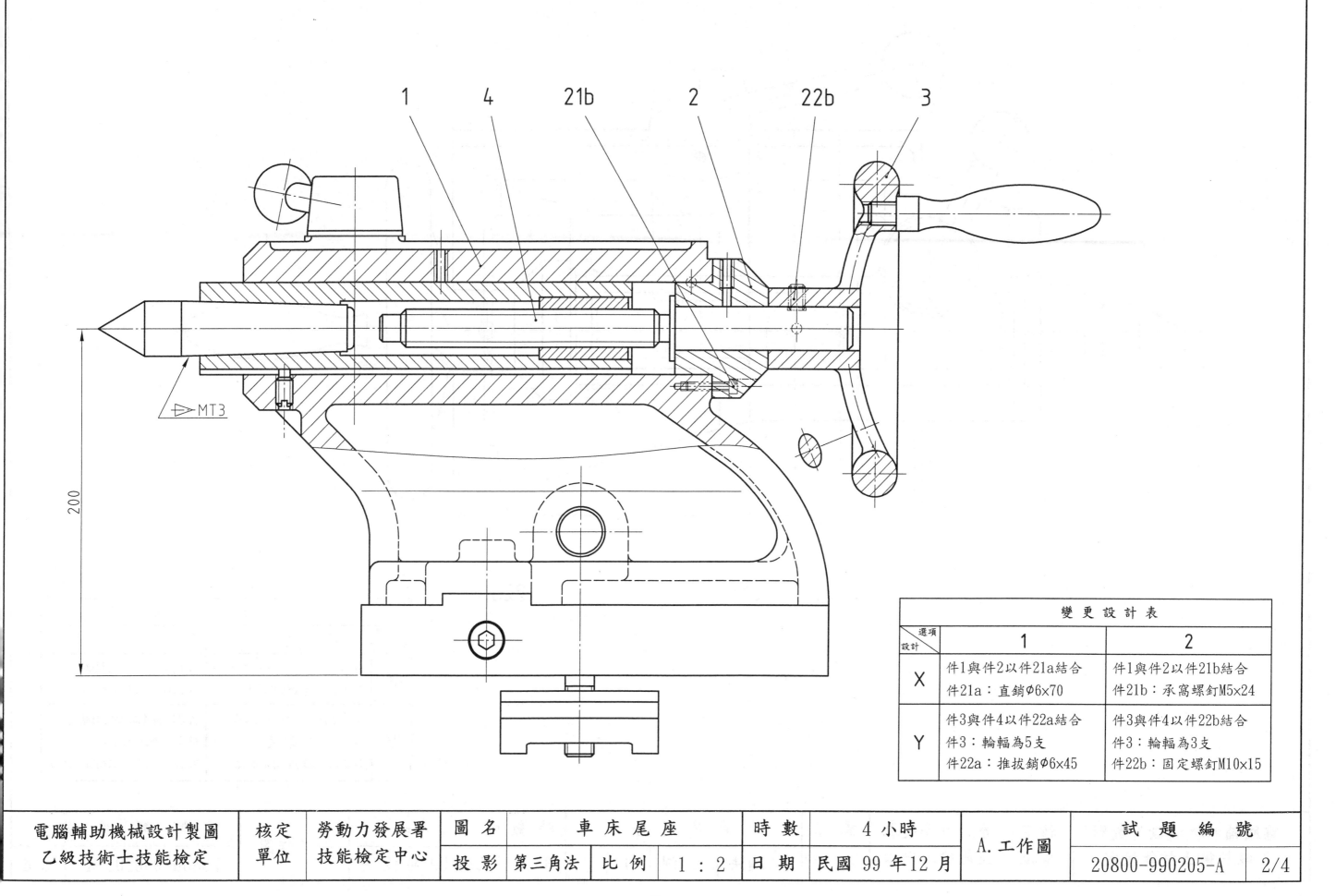

(　)48. 下列何者為環保標章？

(1) (2) (3) (4)

。

(　)49. 「酸雨」定義為雨水酸鹼值達多少以下時稱之？
(1)5.0　(2)6.0　(3)7.0　(4)8.0。

(　)50. 防治蚊蟲最好的方法是？
(1)使用殺蟲劑　(2)清除孳生源
(3)網子捕捉　(4)拍打。

(　)51. 台灣自來水之水源主要取自：
(1)海洋的水　(2)河川及水庫的水
(3)綠洲的水　(4)灌溉渠道的水。

(　)52. 冰箱在廢棄回收時應特別注意哪一項物質，以避免逸散至大氣中造成臭氧層的破壞？
(1)冷媒　(2)甲醛　(3)汞　(4)苯。

(　)53. 下列何者不是噪音的危害所造成的現象？
(1)精神很集中　(2)煩躁、失眠
(3)緊張、焦慮　(4)工作效率低落。

(　)54. 室內裝潢時，若不謹慎選擇建材，將會逸散出氣狀污染物。其中會刺激皮膚、眼、鼻和呼吸道，也是致癌物質，可能為下列哪一種污染物？
(1)臭氧　(2)甲醛　(3)氟氯碳化合物　(4)二氧化碳。

(　)55. 下列哪一項是我們在家中常見的環境衛生用藥？
(1)體香劑　(2)殺蟲劑　(3)洗滌劑　(4)乾燥劑。

(　)56. 家裡有過期的藥品，請問這些藥品要如何處理？
(1)倒入馬桶沖掉　(2)交由藥局回收
(3)繼續服用　(4)送給相同疾病的朋友。

(　)57. 台灣西部海岸曾發生的綠牡蠣事件是下列何種物質污染水體有關？　(1)汞　(2)銅　(3)磷　(4)鎘。

(　)58. 都市中常產生的「熱島效應」會造成何種影響？
(1)增加降雨　(2)空氣污染物不易擴散
(3)空氣污染物易擴散　(4)溫度降低。

(　)59. 依水污染防治法，事業排放廢(污)水於地面水體者，應符合下列哪一標準之規定？
(1)下水水質標準　(2)放流水標準
(3)水體分類水質標準　(4)土壤處理標準。

(　)60. 下列何項法規的立法目的為預防及減輕開發行為對環境造成不良影響，藉以達成環境保護之目的？
(1)公害糾紛處理法　(2)環境影響評估法
(3)環境基本法　(4)環境教育法。

(　)61. 下列產業中耗能佔比最大的產業為
(1)服務業　(2)公用事業
(3)農林漁牧業　(4)能源密集產業。

(　)62. 經濟部能源署的能源效率標示中，電冰箱分為幾個等級？　(1)1　(2)3　(3)5　(4)7。

(　)63. 氣候變遷因應法所稱主管機關，在中央為下列何單位？
(1)經濟部能源署　(2)環境部
(3)國家發展委員會　(4)衛生福利部。

(　)64. 氣候變遷因應法中所稱：一單位之排放額度相當於允許排放
(1)1 公斤　(2)1 立方米　(3)1 公噸　(4)1 公升　之二氧化碳當量。

(　)65. 下列何者不是全球暖化帶來的影響？
(1)洪水　(2)熱浪　(3)地震　(4)旱災。

(　)66. 一旦大氣中的二氧化碳含量增加，會引起哪一種後果？
(1)溫室效應惡化　(2)臭氧層破洞
(3)冰期來臨　(4)海平面下降。

(　)67. 我國已制定能源管理系統標準為
(1)CNS 50001　(2)CNS 12681
(3)CNS 14001　(4)CNS 22000。

(　)68. 有關觸電的處理方式，下列敘述何者錯誤？
(1)應立刻將觸電者拉離現場
(2)把電源開關關閉
(3)通知救護人員
(4)使用絕緣的裝備來移除電源。

(　)69. 目前電費單中，係以「度」為收費依據，請問下列何者為其單位？
(1)kW　(2)kWh　(3)kJ　(4)kJh。

(　)70. 高效率燈具如果要降低眩光的不舒服，下列何者與降低刺眼眩光影響無關？
(1)光源下方加裝擴散板或擴散膜
(2)燈具的遮光板
(3)光源的色溫
(4)採用間接照明。

(　)71. 下列何者為非再生能源？
(1)地熱能　(2)焦媒　(3)太陽能　(4)水力能。

(　)72. 冷氣外洩會造成能源之消耗，下列何者最耗能？
(1)全開式有氣簾　(2)全開式無氣簾
(3)自動門有氣簾　(4)自動門無氣簾。

(　)73. 為保持中央空調主機效率，每隔多少時間應請維護廠商或保養人員檢視中央空調主機？
(1)半年　(2)1 年　(3)1.5 年　(4)2 年。

(　)74. 家庭用電最大宗來自於
(1)空調及照明　(2)電腦　(3)電視　(4)吹風機。

(　)75. 臺灣在一年中什麼時期會比較缺水(即枯水期)？
(1)6 月至 9 月　(2)9 月至 12 月
(3)11 月至次年 4 月　(4)臺灣全年不缺水。

(　)76. 冷凍食品該如何讓它退冰，才是既「節能」又「省水」？
(1)直接用水沖食物強迫退冰
(2)使用微波爐解凍快速又方便
(3)烹煮前盡早拿出來放置退冰
(4)用熱水浸泡，每 5 分鐘更換一次。

(　　) 77. 澆花的時間何時較爲適當，水分不易蒸發又對植物最好？
(1)正中午　(2)下午時段
(3)清晨或傍晚　(4)半夜十二點。

(　　) 78. 自來水淨水步驟，何者爲非？
(1)混凝　(2)沉澱　(3)過濾　(4)煮沸。

(　　) 79. 爲了取得良好的水資源，通常在河川的哪一段興建水庫？
(1)上游　(2)中游　(3)下游　(4)下游出口。

(　　) 80. 依據我國現行國家標準規定，冷氣機的冷氣能力標示應以何種單位表示？
(1)kW　(2)BTU/h　(3)kcal/h　(4)RT。

電腦輔助機械設計製圖乙級模擬試題

得　分

______ 科____年____班

座號：______________

姓名：______________

第 11 回

總複習(一)

選擇題：(每題 1 分，共計 60 分)

(　　) 1. 電腦程式著作財產權之存續期限爲
(1)20 年　(2)30 年　(3)40 年　(4)50 年。

(　　) 2. CAD 軟體是屬於
(1)作業系統　(2)編譯程式
(3)應用軟體　(4)直譯程式。

(　　) 3. 鮑率(BaudRate)9600bps 的 RS232 介面，連續傳送資料 10 秒，共可傳送資料爲多少位元組？
(1)1200　(2)12000　(3)9600　(4)96000。

(　　) 4. 電腦中處理資料最快速的元件是指
(1)RAM　(2)Monitor　(3)HD　(4)CPU。

(　　) 5. 視窗應用軟體標題列右上角  中「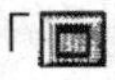」按鈕表示
(1)最大化　(2)最小化　(3)還原　(4)關閉。

(　　) 6. 若角度方向定義以右手定則之逆時針方向爲正，則在直角座標系統中之 X-Y 平面之 Z 軸爲軸心旋轉"-90°"後，則此時 1
(1)新 X 軸在原 Y 軸位置的正向位置
(2)新 X 軸在 Z 軸位置的正向位置
(3)新 Z 軸在原 Y 軸位置的 正向位置
(4)新 Y 軸在原 X 軸位置的正向位置。

(　　) 7. 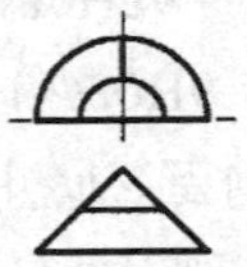 左圖正確的右側視圖爲
(1)  (2)  (3) 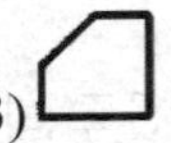 (4)  。

(　　) 8. 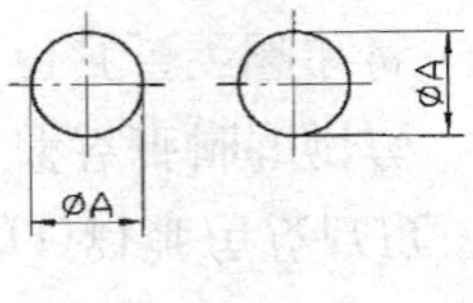

左圖正確的俯視圖爲
(1)  (2) 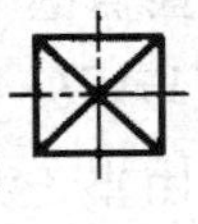 (3) 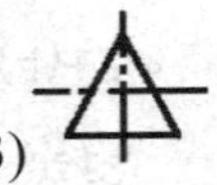 (4)  。

(　　) 9. 某平面在二個主要視圖中均呈現非實際形狀，但其中一個視圖呈現邊視圖，則此面應爲
(1)單斜面　(2)複斜面　(3)正垂面　(4)歪面。

(　　) 10. 平面沿錐軸切割正圓錐所得之截面形狀爲
(1)圓　(2)三角形　(3)橢圓　(4)拋物線。

(　　) 11. 包含一直線的平面可以有
(1)1 個　(2)2 個　(3)3 個　(4)無數個。

(　　) 12. 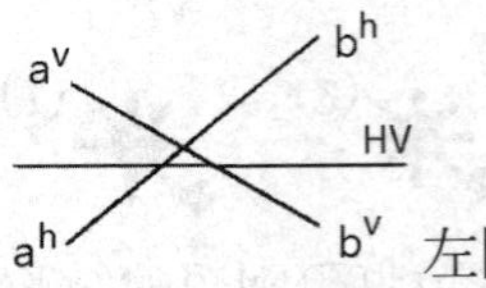

左圖之線段 AB 具有
(1)水平跡　(2)直立跡　(3)側面跡
(4)水平跡及直立跡。

(　　) 13. 

左側表面織構符號中，下列何者爲正確？
(1)R 輪廓算術平均值 0.2　(2)16%-規則　(3)R 輪廓最大高度値取最大 0.2　(4)評估長度爲取樣長度的 5 倍。

(　　) 14. 下列關於公差等級之敘述，何者有誤？
(1)CNS 標準公差實際採用 ISO 制度而定
(2)CNS 公差等級，由 0 級開始
(3)同一標稱尺度，公差級數愈大其公差値愈大
(4)同一公差等級，標稱尺度愈大其公差値愈大。

(　　) 15. H7/k6 屬於
(1)留隙(餘隙)配合　(2)過渡配合
(3)過盈(干涉)配合　(4)與配合無關。

(　　) 16. H7/g6 屬於
(1)留隙(餘隙)配合　(2)過渡配合
(3)過盈(干涉)配合　(4)與配合無關。

(　　) 17. 一般車床導螺桿之螺紋爲
(1)鋸齒螺　(2)梯形螺紋
(3)惠氏螺紋　(4)V 形螺紋。

(　　) 18. 兩配合件相配合部份所容許之尺度差，稱爲
(1)極限　(2)裕度　(3)精度　(4)公差。

(　　) 19. 上偏差爲
(1)最大限界尺度與最小限界尺度差
(2)最大限界尺度與基本尺度差
(3)最大限界尺度與實際尺度差
(4)最小限界尺度與最大限界尺度差。

(　　) 20. 使用鍛造之扳手，常用之公差爲
(1)±0.05　(2)±1　(3)±1.5　(4)±2。

(　　) 21. 斜圓錐的尺度，通常須記入
(1)斜錐角及高度　(2)兩斜邊長度　(3)高度、底直徑及錐軸傾斜角　(4)斜邊長度及角度。

(　　) 22. 可延長至圖形外，作爲尺度界線用的是
(1)割面線　(2)隱藏線　(3)假想線　(4)中心線。

(　　) 23. 在同一公差等級內，孔之公差不變，擬配合軸之公差位置不同，而訂出不同之公差，此種配合制度稱爲
(1)基孔制　(2)基軸制　(3)國際制　(4)導向制。

(　　) 24. 下列公差何者屬於基孔制？
(1)ϕ30H6　(2)ϕ30G6　(3)ϕ30R6　(4)ϕ30F6。

(　　) 25. ϕ30H7/p6 的配合屬於
(1)留隙(餘隙)配合　(2)過渡配合
(3)過盈(干涉)配合　(4)選標配合。

(　　) 26. 下列何者屬於幾何公差類別中之形狀公差？
(1)傾斜度　(2)對稱度　(3)平行度　(4)眞直度。

(　　) 27. 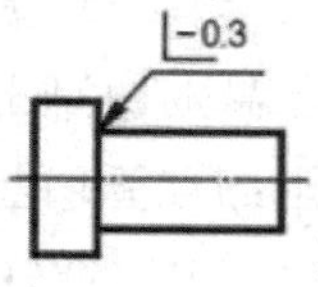

左圖屬於
(1)毛頭　(2)銳邊　(3)讓切　(4)避尖。

(　　) 28. 標準正齒輪的齒高等於
(1)工作深度　(2)兩倍模數
(3)兩倍徑節　(4)工作深度加頂隙的距離。

(　　) 29. 承受與軸中心平行負荷的軸承，稱爲
(1)整體軸承　(2)對合軸承
(3)止推軸承　(4)徑向軸承。

(　　) 30. 標準正齒輪之模數 10、齒數 30，則齒冠高爲
(1)3mm　(2)10/πmm　(3)10mm　(4)3π mm。

(　　) 31. 三角皮帶的規格有
(1)M、A、B、C、D、E 六種
(2)A、B、C、D、E 五種
(3)A、B、C、D 四種
(4)A、B、C 三種。

(　　) 32. 畫正齒輪時，可以略去不畫的圓爲
(1)節圓　(2)齒根圓　(3)外圓　(4)齒頂圓。

(　　) 33. 下列何者是利用接觸面之摩擦阻力來吸收運動機件之能量，並將其轉變的熱散發到空氣中？
(1)離合器　(2)制動器　(3)軸承座　(4)軸承。

(　　) 34. 圓盤離合器之特性爲
(1)構造複雜不易製造　(2)不易接合
(3)摩擦接觸較小　(4)散熱良好。

(　　) 35. 冷加工與熱加工界定的標準爲
(1)金屬的熔點　(2)金屬的共晶點　(3)金屬的再結晶溫度　(4)金屬的 A1 變態點。

(　　) 36. 下列材料何者最適合製作切削工具的鋼材？
(1)SKH2　(2)SUP12　(3)SKD4　(4)S20C。

(　　) 37. 表面粗糙度值使用的單位爲
(1)m　(2)mm　(3)cm　(4)μm。

(　　) 38. 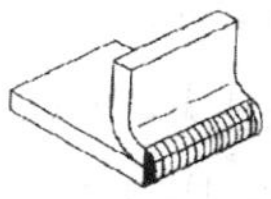
左圖之銲接型式屬於
(1)搭接　(2)隅角接合
(3)T 形接合　(4)邊緣接合。

(　　) 39. 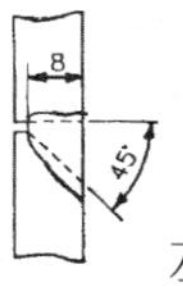

左圖之銲接符號爲
(1) 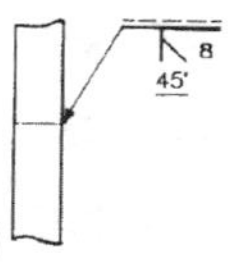
(2) 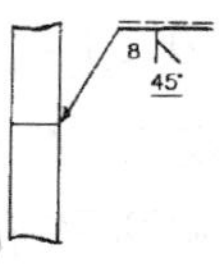
(3) 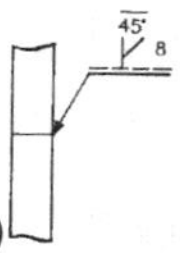
(4) 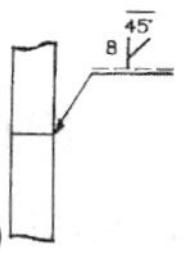。

(　　) 40. 表面織構符號中，紋理方向符號「C」，表示紋理成
(1)傾斜相交　(2)無一定方向　(3)同心圓狀　(4)放射狀。

(　　) 41. 利用兩個滾子爲電極，銲接件夾於電極間，沿一定路線銲接之方法爲
(1)電弧銲　(2)點銲　(3)浮凸銲　(4)縫銲。

(　　) 42. 現場鉚接兩邊錐坑孔，現場鑽鉚釘孔符號爲
(1) 
(2) 
(3) 
(4) 。

(　　) 43. 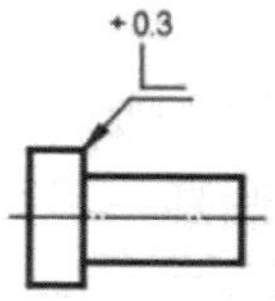

左圖所標註之符號表示爲
(1)外邊緣毛頭可向垂直方向凸出 0.3
(2)內邊緣毛頭可向垂直方向凸出 0.3
(3)外邊緣讓切可向垂直方向凸出 0.3
(4)內邊緣讓切可向垂直方向凸出 0.3。

(　　) 44. 下圖爲凸輪之位移線圖，從動件之位移行程與凸輪軸爲同工作平面，當凸輪旋轉角度 0°~120°時，從動件的行程運動爲
(1)等速直線運動　(2)等加速度運動
(3)拋物線運動　(4)簡諧運動。

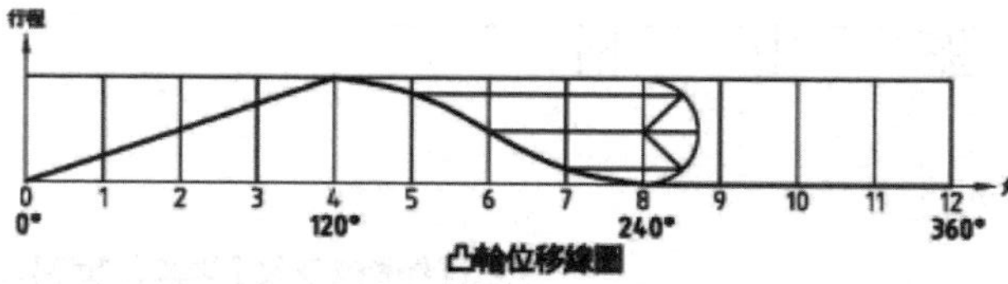

(　　) 45. 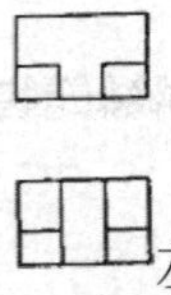左圖之立體圖為

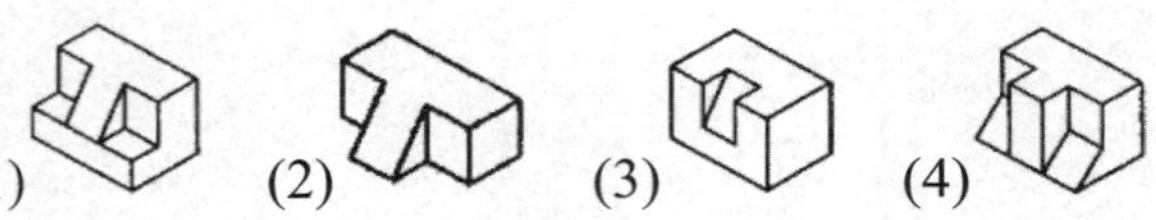
(1)　(2)　(3)　(4)。

(　　) 46. 根據正投影原理繪製的立體圖為
(1)等斜圖　(2)等角圖　(3)透視圖　(4)半斜圖。

(　　) 47. 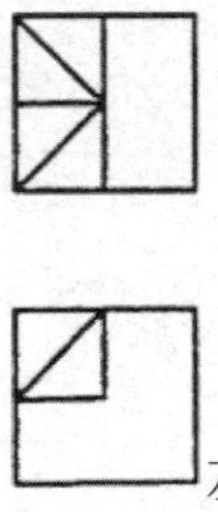左圖的立體圖為

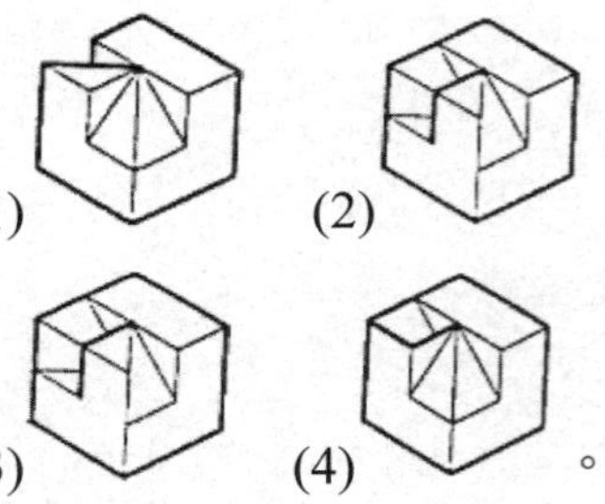
(1)　(2)　(3)　(4)。

(　　) 48. 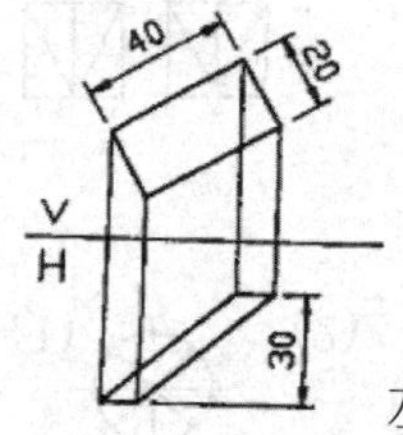

左圖所示之長方形實際面積應為
(1)600　(2)800　(3)1000　(4)1200。

(　　) 49. 工程圖面上，不可直接量度夾角作為實際物件夾角的圖是
(1)前視圖　(2)等角圖　(3)俯視圖　(4)剖視圖。

(　　) 50. 徒手畫含不規則曲線的等角圖時，通常用____繪之
(1)面積法　(2)支距法　(3)切線法　(4)等距法。

(　　) 51. 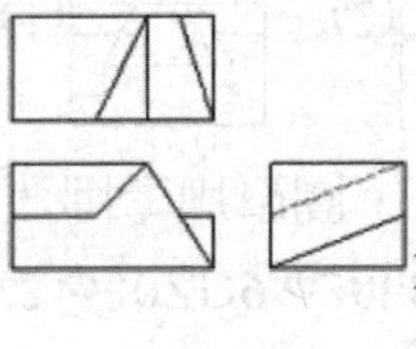左圖之立體圖為

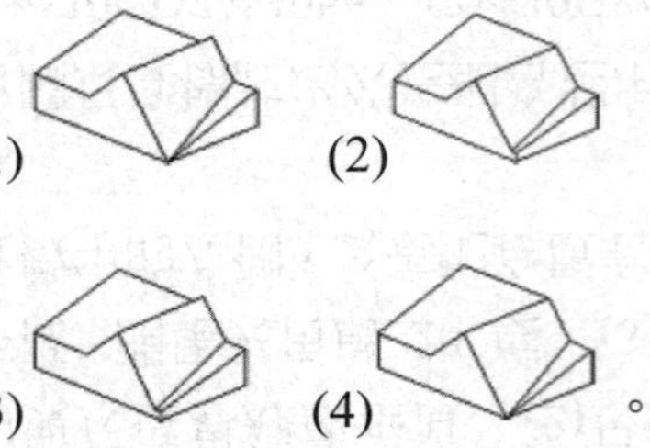
(1)　(2)　(3)　(4)。

(　　) 52. 一平面切割正圓錐，因為位置角度的不同會有幾種交線？
(1)六種　(2)三種　(3)五種　(4)四種。

(　　) 53. 一平面切割圓錐，若平面與軸平行，則所切的曲線為
(1)橢圓　(2)拋物線　(3)雙曲線　(4)正圓。

(　　) 54. 使用圓規量取下列何種長度，可將圓周等分或六等分？
(1)直徑　(2)半徑　(3)1/3 直徑　(4)2/3 直徑。

(　　) 55. 測量齒輪之跨齒厚應使用
(1)尖頭分厘卡　(2)球面分厘卡
(3)圓盤分厘卡　(4)扁頭分厘卡。

(　　) 56. 分厘卡轉軸旋轉一圈，轉軸位移 0.5mm，則此分厘卡轉軸之螺距為
(1)0.25 mm　(2)0.5 mm　(3)1 mm　(3)2 mm。

(　　) 57. 實物測繪繪製草圖時，下列敘述何者正確？
(1)尺度不必太過精確
(2)切忌量測錯誤或遺漏
(3)可全部採用實線繪製
(4)不可在草圖中填寫註解。

(　　) 58. 一般機器之切削加工，其精度約在
(1)IT1 至 IT4　(2)IT1 至 IT8
(3)IT5 至 IT10　(4)IT11 至 IT16。

(　　) 59. 正弦桿是用來測量____的精密量具
(1)長度　(2)角度　(3)深度　(4)直徑。

(　　) 60. 實物測繪時，比較常需繪製工作圖的標準元件為
(1)螺釘　(2)軸承　(3)銷　(4)栓槽軸。

複選題：(每題 2 分，共計 40 分)

(　　) 61. 尺度標註時，下列敘述正確的為　(1)中心線可以當作尺度線　(2)輪廓線不可以用作尺度線　(3)尺度線為細實線　(4)尺度界線為細實線。

(　　) 62. 彈簧機件中，常用以下何種材質？　(1)S45C　(2)SWPA　(3)SUP3　(4)FC250。

(　　) 63. 表面紋理符號分別為「M、C、R、P」，則下列選項之說明何者正確？　(1)M 之紋理呈多方向　(2)C 之紋理呈同心圓狀　(3)R 之紋理呈放射狀　(4)P 之紋理呈凸起之細粒狀。

(　　) 64. 下列何者為 3D 模型圖之立體組合圖的用途？　(1)模擬零組件之作動情形　(2)檢測零件間的干涉情形　(3)檢測零件間的餘隙　(4)可以產生立體分解系統圖。

(　　) 65. 必須進行實物測繪的時機為　(1)機械欲改良　(2)欲製造相同或類似機械　(3)磨耗破損之零件欲修護　(4)欲提出請購計畫時。

(　　) 66. 有關輔助視圖的敘述，下列何者正確？　(1)根據正投影的輔助投影法求作　(2)必須找到或求得邊視圖，方能求作實長或實形　(3)可用以表現複雜的機件內部形狀　(4)輔助視圖可以平移位置，但必須標示箭頭與文字。

(　　) 67. 當圖面比例標註為 2：1 時，則下列敘述何者正確？　(1)圖形長度繪製為 2 倍大　(2)圖形角度繪製為 2 倍大　(3)長度數值標註為 1 倍大　(4)角度數值標註為 1 倍大。

(　　) 68. 有關剖面之敘述，下列何者正確？ (1)鍵或銷在橫切面時，其斷面須繪製剖面線 (2)滾珠軸承之所有零件均可以剖切 (3)具有奇數之肋或輻之零件，須以轉正剖視表示 (4)當剖切位置相當明確時，可省略割面線不畫。

(　　) 69. 下列何種機件需使用到左螺紋 (1)自行車腳踏板的螺紋 (2)砂輪機主軸的螺紋 (3)電風扇主軸的螺紋 (4)燈泡的螺紋。

(　　) 70. 有關尺度標註的敘述，下列何者正確？ (1)尺度線均與尺度界線成垂直 (2)尺度箭頭長爲尺度數字字高，開尾夾角爲 20 度 (3)尺度符號規定放在尺度數字的左側，公差配合置右側 (4)尺度線均爲直線。

(　　) 71. 有關尺度標註之公差配合選用，下列何組錯誤？ (1)ϕ30CD7/ϕ30h6 (2)ϕ30H8/ϕ30i7 (3)ϕ30ZD9/ϕ30h8 (4)ϕ30H10/ϕ30w9。

(　　) 72. 下側之俯視圖，下列何者爲正確？

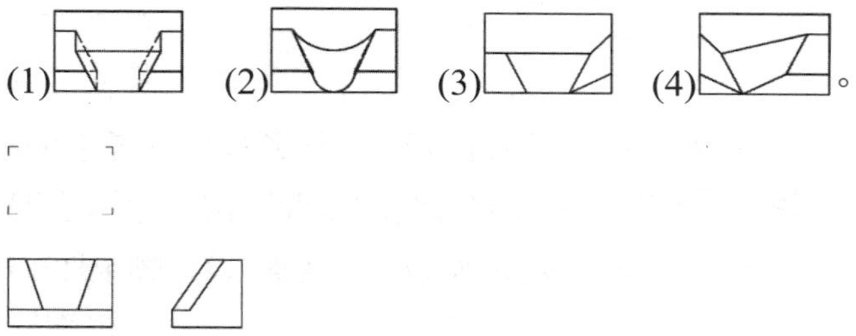

(　　) 73. 下圖的俯視圖，下列何者正確？

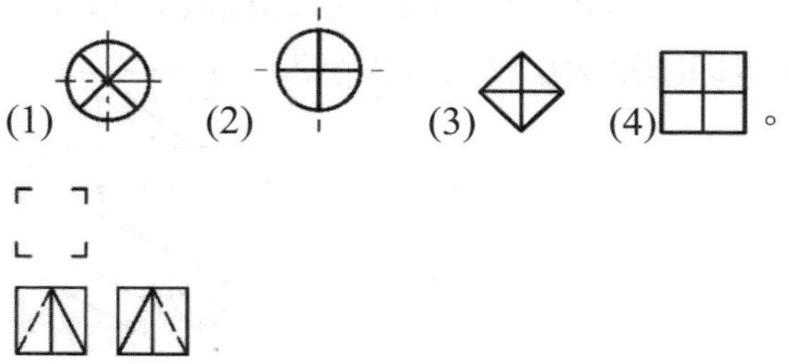

(　　) 74. 下圖的前視圖，下列何者正確？

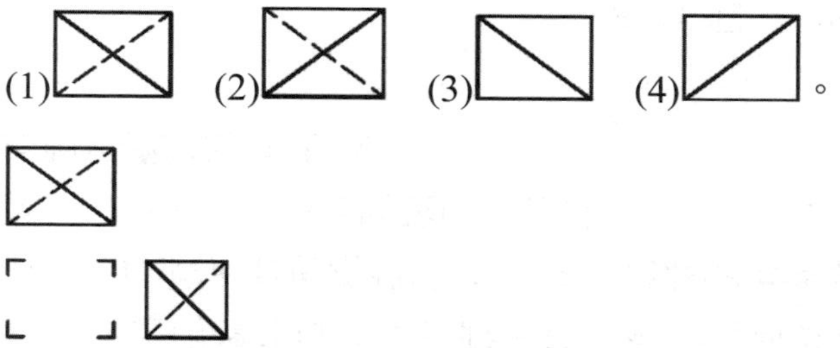

(　　) 75. 公制細螺紋常用之場合有 (1)微調機構 (2)防漏氣密 (3)機件連接固鎖 (4)高溫高壓處。

(　　) 76. 工作圖中，何種尺度須標註單向公差？ (1)斜齒輪組立距離 (2)齒輪中心距 (3)平行鍵之鍵座寬 (4)定位銷孔距。

(　　) 77. 下列何種線條應以細實線繪製？ (1)折斷線 (2)陰螺紋大徑 (3)有效螺紋長度之界線 (4)齒根圓。

(　　) 78. 使用 3D 軟體以斷面混成 Loft(Blend)指令建立直立變口體實體時，下列何者爲必須之步驟？ (1)依實體高度定義各草圖(截面圖形)平面或距離 (2)同一草圖(截面圖形)建立的兩個封閉混成路徑 (3)依斷面形狀建立兩個不同的草圖(截面圖形) (4)建立草圖(截面圖形)的直立建構線。

(　　) 79. 欲建構兩階級圓柱之 3D 實體模型，可使用下列何種指令完成？ (1) Extrude 擠出 (2) Revolve 迴轉 (3) Loft/Blend 混成 (4)Coil 螺旋。

(　　) 80. 兩相貫體的交線，下列敘述何者爲正確？ (1)正三角錐與正三角柱相貫時，其交線爲曲線 (2)圓錐與正三角柱相貫時，其交線爲曲線 (3)兩大小相同之圓柱相貫體，其軸線成傾斜時，其交線爲直線 (4)兩大小不同之角柱相貫時，其交線爲直線。

電腦輔助機械設計製圖乙級模擬試題

得　分

___科___年___班

座號：________

姓名：________

第 12 回

總複習(二)

選擇題：(每題 1 分，共計 60 分)

(　　) 1. 儲存容量較大的儲存體爲
(1)3.5"軟碟片　(2)5.25"磁碟片
(3)光碟片　(4)硬碟。

(　　) 2. 下列儲存設備中，存取速度較快的爲
(1)光碟機　(2)硬式磁碟機
(3)磁片機　(4)磁帶機。

(　　) 3. 電腦螢幕所顯示的字型，其矩陣的組成爲
(1)點　(2)線　(3)面　(4)體。

(　　) 4. 彩色顯示卡若爲 TrueColor，是表示可展現之顏色約爲 (1)2^4　(2)2^8　(3)2^{16}　(4)2^{24}。

(　　) 5. 電腦螢幕輸出品質，其決定的標準爲
(1)顏色　(2)頻寬　(3)速度　(4)解析度。

(　　) 6. RS-232C 傳輸資料是採用
(1)串列式　(2)並列式
(3)串並列式　(4)並串列式。

(　　) 7. 鮑率(BaudRate)9600bps 的 RS232 介面，連續傳送資料 10 秒，共可傳送資料爲多少位元組？
(1)1200　(2)12000　(3)9600　(4)96000。

(　　) 8. 電腦中處理資料最快速的元件是指
(1)RAM　(2)Monitor　(3)HD　(4)CPU。

(　　) 9. 組合圖中，如果兩配合面的加工情形相同，通常其表面織構符號應
(1)一次標註　(2)不必標註
(3)分別標註　(4)視情形而定。

(　　) 10. 標註尺度時應儘量置於視圖的
(1)外面　(2)內面　(3)中間　(4)固定上方。

(　　) 11. 機件之錐度 1：10，其錐度公差爲±0.0002，若大徑爲 $\phi 60$，小徑爲 $\phi 40$，則此錐度允許之公差爲
(1)0.02　(2)0.04　(3)0.08　(4)0.16。

(　　) 12. 標註多層的尺度時，其尺度線與尺度線之間隔，約爲字高的
(1)2 倍　(2)3 倍　(3)4 倍　(4)5 倍。

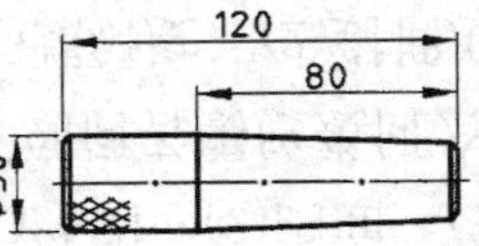

(　　) 13. 如左圖所示機件，以車床之尾座偏置法加工，其偏置量爲 3mm，此件之錐度爲
(1)0.02　(2)0.05　(3)0.1　(4)0.5 。

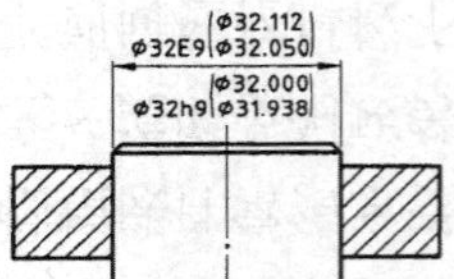

(　　) 14. 左圖之尺度標註中，其最大留隙(餘隙)爲
(1)0.050　(2)0.062　(3)0.112　(4)0.174。

(　　) 15. CNS 尺度數字之標註採用
(1)單向制　(2)對齊制　(3)對稱制　(4)配合制。

(　　) 16. 用於工具機心軸之加農錐度值爲
(1)1/36　(2)7/24　(3)1/24　(4)1/20。

(　　) 17. 一般推拔銷之錐度爲
(1)1/60　(2)1/50　(3)1/24　(4)1/16。

(　　) 18. 表面粗糙度值的單位爲
(1)cm　(2)mm　(3)μm　(4)dm。

(　　) 19. 圓錐面與圓柱面，具有共同之中心線所給予之公差，稱爲
(1)雙向公差　(2)單向公差　(3)累積公差　(4)同心度公差。

(　　) 20. ϕ40H7 由表查得 IT7 爲 25μm，則其尺度公差爲
(1)$\phi 40\pm0.25$　(2)$\phi 40\pm0.025$
(3)$\phi 40^{+0.025}_{0}$　(4)$\phi 40^{0}_{-0.025}$。

(　　) 21. 在同一公差等級內，孔之公差不變，擬配合軸之公差位置不同，而訂出不同之公差，此種配合制度稱爲
(1)基孔制　(2)基軸制　(3)國際制　(4)導向制。

(　　) 22. 下列何者屬於雙向公差？
(1)ϕ30h6　(2)ϕ30g6　(3)ϕ30m6　(4)ϕ30js6。

(　　) 23. 公差符號 t6 之上下偏差
(1)均爲正偏差　(2)均爲負偏差
(3)爲正負偏差　(4)爲零偏差。

(　　) 24. 算術平均粗糙度值 Ra 與最大粗糙度值 Rz 之比，一般約爲
(1)4　(2)1/4　(3)2　(4)1/2。

(　　) 25. 下列尺度標註何者屬於參考尺度？

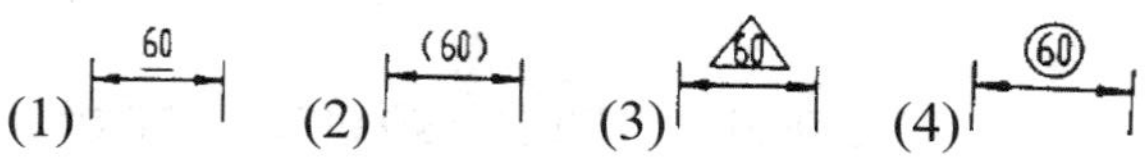

。

(　　) 26. 標註尺度時，要儘量標註於視圖的
(1)外側　(2)內面　(3)中間　(4)右側。

(　　) 27. 下列何者屬於幾何公差類別中之形狀公差？
(1)傾斜度　(2)對稱度　(3)平行度　(4)真直度。

(　　) 28. 總偏轉度之幾何公差符號為

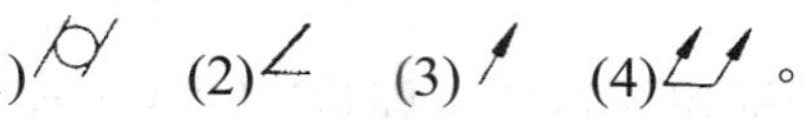

。

(　　) 29. 一般鑽孔加工所得之表面粗糙度，Ra 值約為
(1) 50～12.5　(2) 25～6.3
(3) 6.3～1.6　(4) 1.6～0.4。

(　　) 30. 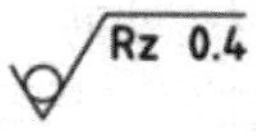

表面織構符號中 Rz 0.4 之單位，下列那一個正確？
(1)μm　(2)nm　(3)dm　(4)mm。

(　　) 31. 半圓鍵的鍵槽尺度公差，下列何者正確？
(1)F9　(2)H9　(3)JS9　(4)N9。

(　　) 32. 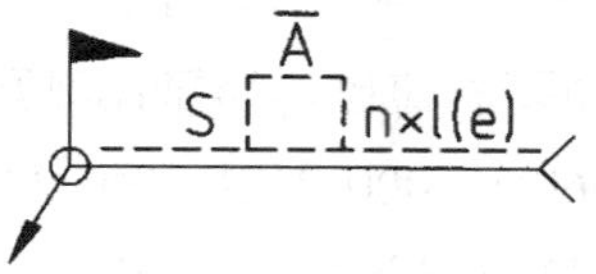

左圖中 S 表示
(1)說明事項　(2)銲接道形狀
(3)起槽角度　(4)銲接道深度。

(　　) 33. 在鐵碳合金中，細波來鐵、粗波來鐵及球化鐵間，硬度之關係為
(1)細波來鐵＞球化鐵＞粗波來鐵
(2)細波來鐵＞粗波來鐵＞球化鐵
(3)粗波來鐵＞細波來鐵＞球化鐵
(4)球化鐵＞細波來鐵＞粗波來鐵。

(　　) 34. 低碳鋼的熔點約為 1538℃，含碳量 4.2%的鑄鐵其熔點約為
(1)1655℃　(2)1455℃　(3)1355℃　(4)1155℃。

(　　) 35. 鑄鐵的含碳量為____wt%(重量比)
(1)0.008~1.0　(2)1.0~2.14
(3)2.14~6.7　(4)6.7~8.5。

(　　) 36. 以點銲機實施點銲時，下列敘述何者正確？
(1)使用高電阻電極作銲接
(2)使用高電壓低電流作銲接
(3)使用於薄鐵板以搭接方式銲接
(4)金屬板表面不要清潔以增大電阻。

(　　) 37. 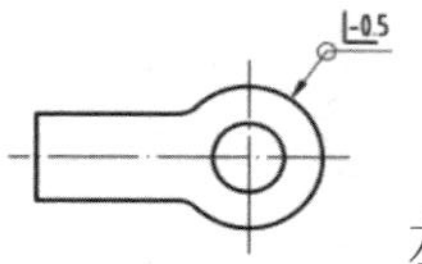

左圖所標註之符號表示為
(1)前後兩面之全周邊緣狀況相同
(2)圓弧部位之邊緣狀況
(3)前面之邊緣狀況
(4)全周之表面狀況。

(　　) 38. 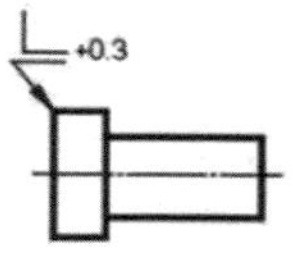

左圖之邊緣型態標註表示
(1)可向垂直方向凸出　(2)可向水平方向凸出
(3)不限定方向凸出　(4)讓切 0.3mm。

(　　) 39. 下圖為凸輪之位移線圖，從動件之位移行程與凸輪軸為同工作平面，當凸輪旋轉角度 0°~120°時，從動件的行程運動為
(1)等速直線運動　(2)等加速度運動
(3)拋物線運動　(4)簡諧運動。

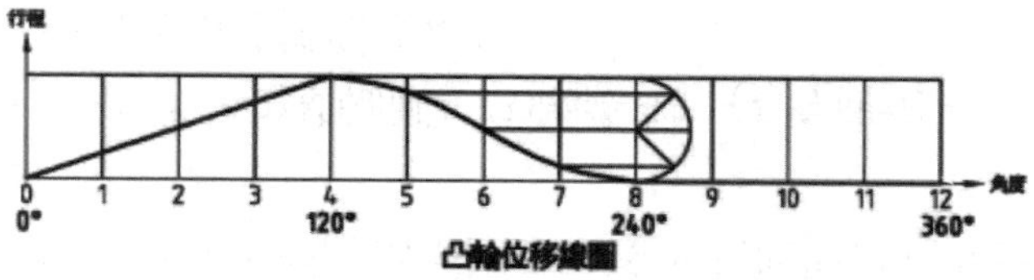

(　　) 40. 將二片或二片以上同材質之板金膠黏接合在一起的方法，稱為
(1)膠合　(2)黏合　(3)鉤合　(4)壓合。

(　　) 41. 結構工程圖中之符號 ，代表
(1)兩邊錐坑孔之工廠接合螺栓
(2)兩邊錐坑孔之工廠接合鉚釘
(3)兩邊錐坑孔之現場接合螺栓
(4)兩邊錐坑孔之現場接合鉚釘。

(　　) 42. 下列何者為工廠鑽孔現場栓接之符號？

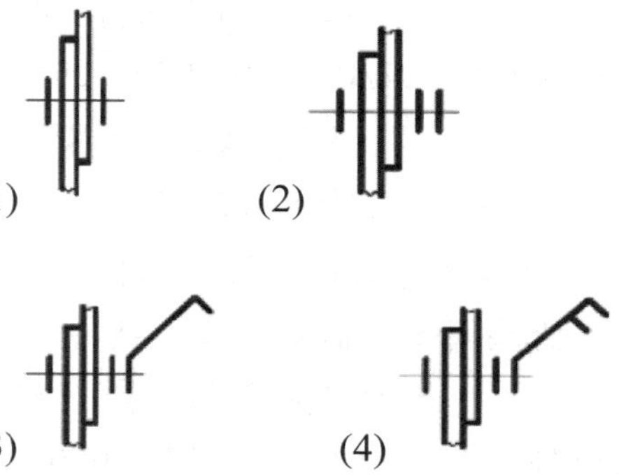

。

(　　) 43. 下列何種材料具有良好之吸振性且易於加工，常用於機械外部結構件？
(1)SCM1　(2)S45C　(3)FC250　(4)SUP3。

(　　) 44. 軸類機件常須承受動態負荷，應具有較佳之機械強度、撓度及耐疲勞性，且易於熱處理及表面硬化。下列何種材料較不適合應用於軸類機件？
(1)S45C　(2)SNC2　(3)PBC1　(4)SCM1。

(　　) 45. 鋼之主要元素為鐵和碳，而鋼的碳含量範圍，一般定義在
(1)0.02%以下　(2)0.02%～2%之間
(3)2%～3%之間　(4)3%以上。

(　　) 46. 機械構造用鋼 S45C，其中的「45」表示
(1)含碳量 0.45%　(2)伸長率 45%
(3)抗拉強度 45N/mm^2　(4)含鐵量 45%。

(　　) 47. 氮化用鋼碳含量一般約在
(1)0.02%～0.2%　(2)0.2%～0.5%
(3)0.5%～0.8%　(4)0.8%～1.2%。

(　　) 48. 測量螺栓或螺帽每吋螺紋數，最常用的量具為
(1)鋼尺　(2)螺距規
(3)螺紋分厘卡　(4)螺紋樣規。

(　　) 49. 游標高度規的精度可達
(1)0.02mm　(2)0.04mm　(3)0.06mm　(4)0.08mm。

(　　) 50. 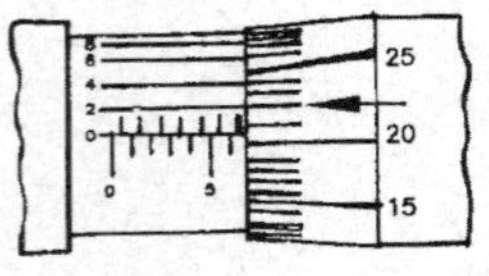

左圖箭頭所指處表示刻度對齊，分厘卡的讀數為
(1)6.702mm　(2)6.722mm
(3)7.202mm　(4)7.222mm。

(　　) 51. 鋼材以砂輪機研磨，若火花為暗紅色，流線甚短且分裂的數量多，則可能為
(1)低碳鋼　(2)中碳鋼　(3)高碳鋼　(4)純鐵。

(　　) 52. 一般銅製之軸承襯套，其材質大都為
(1)FC200　(2)BC3　(3)SUS304　(4)S45C。

(　　) 53. 測繪鑽床主軸孔時，其錐度為
(1)傑可布斯錐度(Jacok's)
(2)莫氏錐度(Morse)
(3)伯朗夏普錐度(Brown&Sharpe)
(4)嘉諾錐度(Jarno)。

(　　) 54. 螺紋牙規之用途，為量測
(1)螺紋外徑　(2)螺紋節徑
(3)螺紋根徑　(4)螺紋螺距。

(　　) 55. 實物測繪繪製草圖時，下列敘述何者正確？
(1)尺度不必太過精確
(2)切忌量測錯誤或遺漏
(3)可全部採用實線繪製
(4)不可在草圖中填寫註解。

(　　) 56. 公制內徑分厘卡可測得之最小孔徑為____mm
(1)0　(2)5　(3)10　(4)15。

(　　) 57. 金屬材料之衝擊試驗，可獲知材料的
(1)強度及延性　(2)硬度及展性
(3)韌性及脆性　(4)強度及硬度。

(　　) 58. 三次元量測之平台，最佳材質為
(1)花崗岩　(2)大理石　(3)鑄鐵　(4)鑄鋼。

(　　) 59. 適用於實驗室校驗量測儀器所用的塊規等級為____級
(1)2　(2)1　(3)0　(4)00。

(　　) 60. 實物測繪時，比較常需繪製工作圖的標準元件為
(1)螺釘　(2)軸承　(3)銷　(4)栓槽軸。

複選題：(每題 2 分，共計 40 分)

(　　) 61. 有關尺度標註的敘述，下列何者正確？　(1)指線僅專用於註解，不得用於標註尺度　(2)註解可自左而右，由上 而下寫成多行　(3)尺度若有不同單位，須將該單位置於尺度數字之後　(4)弧長符號置於尺度數字上方。

(　　) 62. 有關「鍵」的敘述，下列何者正確？　(1)方鍵鍵寬與鍵高相等　(2)鞍形鍵適用於重負荷之傳動　(3)栓槽鍵適用於轉矩較大，或轉軸與輪轂可有軸向移動之處　(4)半圓鍵有自動對心之優點。

(　　) 63. 有關組合圖的敘述，下列何者正確？　(1)組合圖繪製必須繪出所有零件，包含標準機件在內　(2)組合圖須標示各機件之件號　(3)組合圖不須像零件圖表示完整的製造尺度及公差，只需表示各機件的相對位置　(4)組合圖之零件表，均由下往上編號，繪製於同一張圖紙內。

(　　) 64. 欲建構兩階級圓柱之 3D 實體模型，可使用下列何種指令完成？　(1)Extrude 擠出　(2)Revolve 迴轉　(3)Loft/Blend 混成　(4)Coil 螺旋。

(　　) 65. 應用一般游標卡尺可直接量取工件之何種尺寸？
(1)外徑　(2)內徑　(3)孔深　(4)孔距。

(　　) 66. 對於尺度標註 M8×1 之敘述，下列何者正確？
(1)M 代表公制 V 形螺紋　(2)8 為螺紋節徑　(3)1 為螺紋節距　(4)此為細牙螺紋。

(　　) 67. 螺紋的螺紋角非 60°者，下列選項何者正確？
(1)公制梯形螺紋　(2)愛克姆螺紋　(3)鋸齒形螺紋
(4)公制螺紋。

(　　) 68. 下列有關工作圖的敘述，何者錯誤？　(1)孔與軸配合件之裕度(Allowance)為孔之最大尺度與軸之最小尺度之差　(2)公差乃最大極限尺度與基本尺度之差　(3)表面符號之基本符號上僅加註表面粗糙度而未再加任何符號，係表示不得切削加工　(4)一般測定表面粗糙度之公制單位為 μm。

(　　) 69. 一平面切割正圓錐產生的截面，下列何者為可能的圖形？　(1)直角等腰三角形　(2)擺線　(3)雙曲線　(4)漸開線。

(　　) 70. 有關實物測繪的敘述，下列何者正確？　(1)以游標卡尺測量孔徑時，應取最小讀數，而測量槽寬時，應取最大讀數　(2)使用卡鉗測量應配合鋼尺或其他量具　(3)萬能角度規係使用游標的原理，以達成精密角度量測　(4)可利用半徑規來測量工件之內外圓角。

(　　) 71. 下列符號何者用於尺度標註中？　(1)⌒　(2)□
(3)○　(4)ϕ。

(　　) 72. 在表面織構符號中，有關輪廓參數的預設評估長度的敘述，下列何者正確？　(1)R 輪廓：評估長度為取樣長度的 5 倍　(2)W 輪廓：無預設評估長度　(3)P 輪廓：評估長度為測量之全長　(4)W 輪廓：評估長度為取樣長度的 5 倍。

(　　) 73. 下列何者爲標準機件？ (1)彈簧銷 (2)襯套 (3)E 型扣環 (4)正齒輪。

(　　) 74. 下圖所示，其等角立體圖可能爲下列何者？

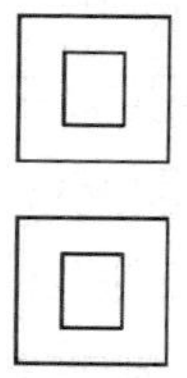

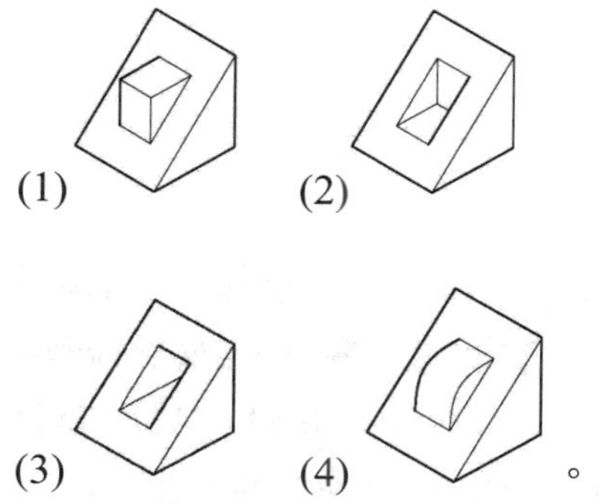

。

(　　) 75. 組合件之公差標註，下列何者正確？

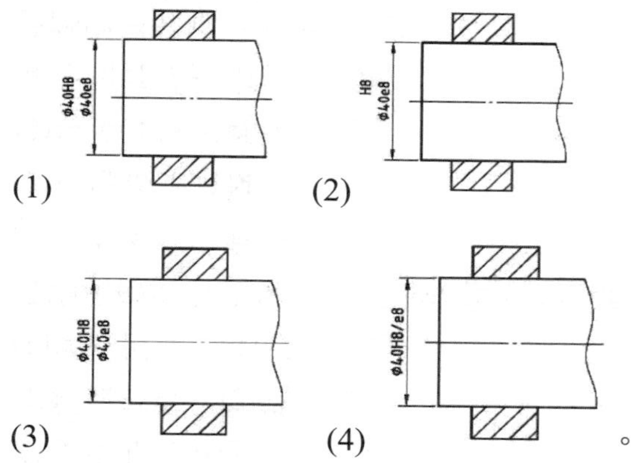

。

(　　) 76. 關於零件表的件號排列次序，下列敘述何者正確？ (1)零件表繪製於標題欄上方時，其零件編號排列應由下往上遞增 (2)零件表繪製於標題欄上方時，其零件編號排列應由上往下遞增 (3)零件表以單頁繪製時，其零件編號排列應由上往下遞增 (4)零件表以單頁繪製時，其零件編號排列應由下往上遞增。

(　　) 77. 下列何者爲 3D 模型圖之立體組合圖的用途？ (1)模擬零組件之作動情形 (2)檢測零件間的干涉情形 (3)檢測零件間的餘隙 (4)可以產生立體分解系統圖。

(　　) 78. 使用 3D 軟體以掃掠 Sweep 指令建立實體迴紋針時，下列何者爲必須之步驟？ (1)建立迴紋針的長度線 (2)建立迴紋針的路徑 (3)建立迴紋針之工作平面 (4)建立迴紋針的斷面形狀。

(　　) 79. 有關標準角度，下列敘述何者正確？ (1)油毛氈圈槽之夾角爲 14° (2)一般鑽頭之鑽頂角爲 118° (3)頂心之夾角 爲 90° (4)V 型皮帶之夾角爲 40°。

(　　) 80. 下列何者爲實物測繪常用之儀器或工具？ (1)游標卡尺與分厘卡 (2)銼刀與劃線針 (3)六角扳手與活動扳手 (4)手鉗與十字起子。

電腦輔助機械設計製圖乙級模擬試題

得　分

＿＿＿＿ 科＿＿＿年＿＿＿班

座號：＿＿＿＿＿＿＿

姓名：＿＿＿＿＿＿＿

第 13 回

總複習(三)

選擇題：(每題 1 分，共計 60 分)

(　　) 1. 「　」左圖正確之右側視圖為

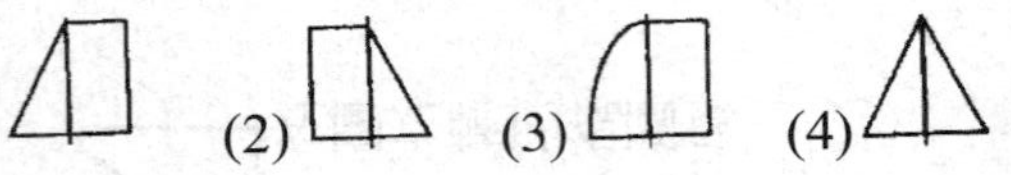

(1)　(2)　(3)　(4)。

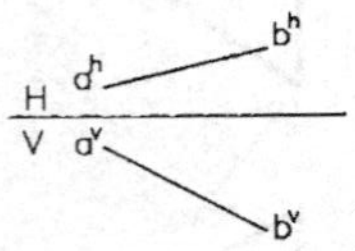

(　　) 2. 左圖中，線段 AB 所在象限為＿＿象限

(1) I　(2) II　(3) III　(4) IV。

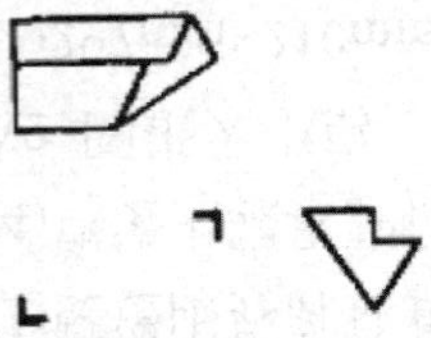

(　　) 3. 左圖正確的前視圖為

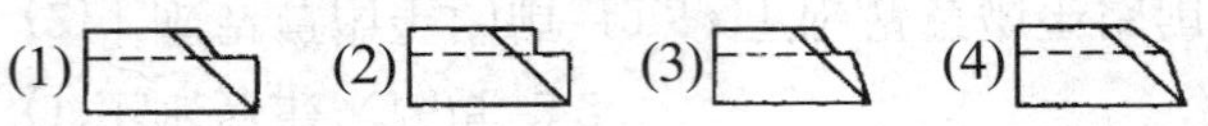

(1)　(2)　(3)　(4)。

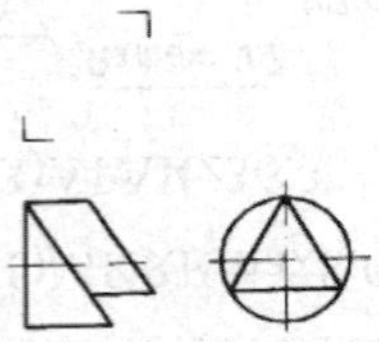

(　　) 4. 左圖正確的俯視圖為

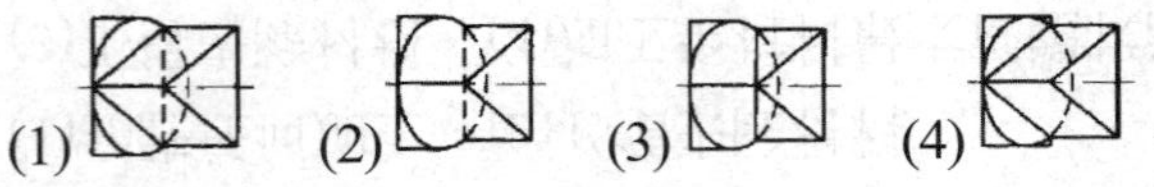

(1)　(2)　(3)　(4)。

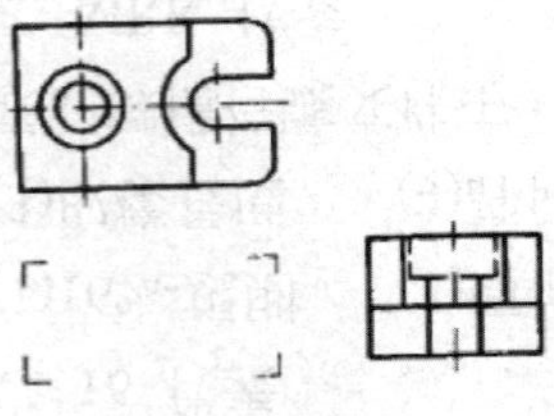

(　　) 5. 左圖正確的剖視圖為

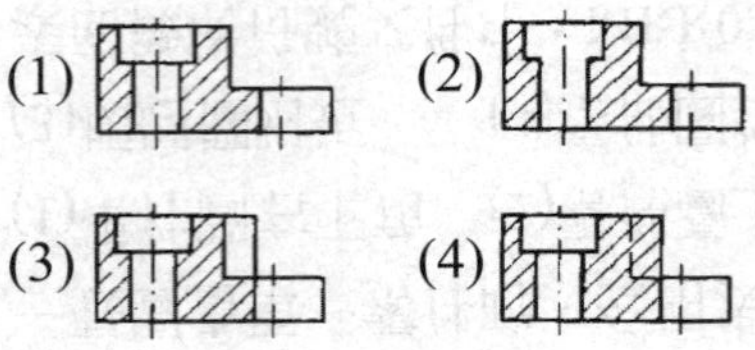

(1)　(2)　(3)　(4)。

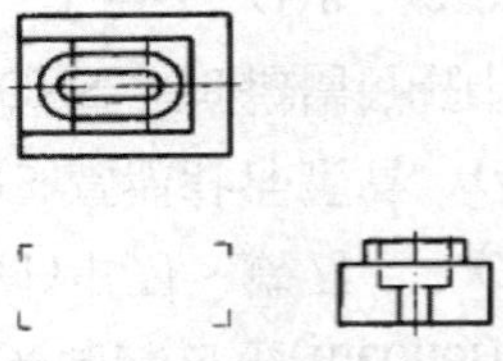

(　　) 6. 左圖正確的剖視圖為

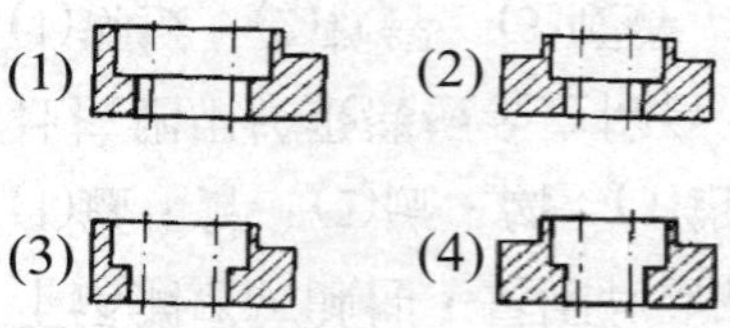

(1)　(2)　(3)　(4)。

(　　) 7. 正投影之條件為

(1)投影線相互平行　(2)投影線互相平行且垂直投影面　(3)投影線聚成一點　(4)投影線相互平行傾斜投影面。

(　　) 8. A4 圖紙，當不須裝訂時，其圖框應為＿＿mm

(1)287×410　(2)200×287

(3)190×277　(4)180×277。

(　　) 9. 等角圖的三主軸長度的比例應為

(1)1:3/4:3/4　(2)1:1:1/2　(3)1:1:1　(4)1:3/4:1/2。

(　　) 10. 下列剖面線最理想的為

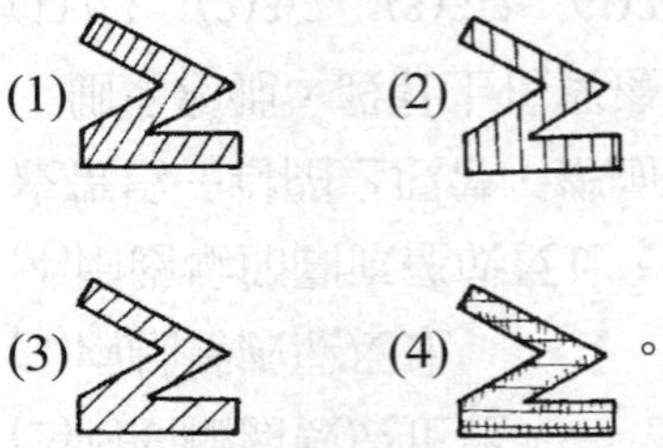

(1)　(2)　(3)　(4)。

(　　) 11. 等角投影圖與等角圖邊長之比約為

(1)1:1.15　(2)1:1.18　(3)1:1.22　(4)1:1.26。

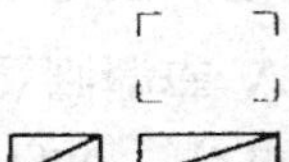

(　　) 12. 左圖所缺視圖正確的為

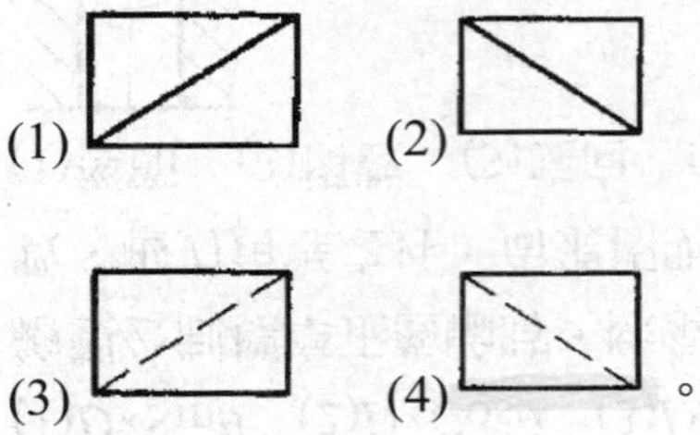

(1)　(2)　(3)　(4)。

(　　) 13. 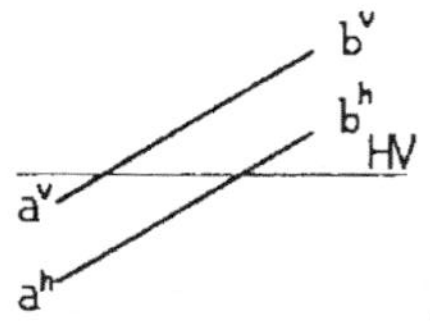

左圖之線段 AB 通過的象限有

(1)II、I、IV　(2)II、III、IV

(3) I、II、III　(4) I、IV、III。

(　　) 14. 一張圖畫單一零件時，公用表面織構符號應標註在

(1)零件圖右下角　(2)零件圖上方

(3)標題欄附近　(4)零件圖件號右側。

(　　) 15. 表面織構符號文件中，MRR0.008-0.5/16/R10，其中之 16 代表

(1)16%-規則　(2)傳輸波域

(3)取樣長度　(4)評估長度。

(　　) 16. 表面織構符號文件中，MRR0.008-0.5/16/R10，其中之 MRR 代表

(1)允許任何加工　(2)必須去除材料

(3)不得去除材料　(4)加工至材料最大實體狀況。

(　　) 17. 表面織構符號文件中，下列寫法內容何者錯誤？

(1)MRRRmax8.0　(2)NMRRamax8.0

(3)APARz36.3　(4)MRRW10。

(　　) 18. 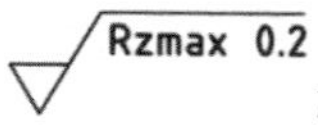

如左表面織構符號中，下列何者爲正確？

(1)上限界最大高度 3.2

(2)上限界算術平均值 12.5，下限界算術平均值 6.3

(3)雙邊限界評估長度 2.5mm

(4)單邊上限界評估長度 4mm。

(　　) 19. A2 圖紙大小爲

(1)297mm×210mm　(2)420mm × 297mm

(3)594mm × 420mm　(4)841mm × 594 mm。

(　　) 20. 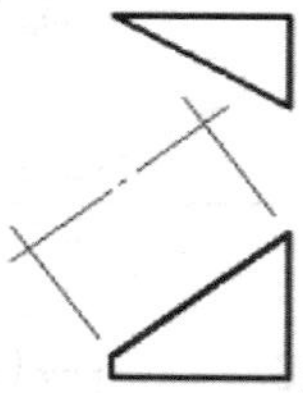
左圖之輔助視圖爲

(1) 　(2) 　(3) 　(4) 。

(　　) 21. 幾何公差中，限制平行度或垂直度時，亦同時限定了該平面之

(1)眞直度　(2)眞平度

(3)眞圓度　(4)位置度誤差。

(　　) 22. 下列相嚙合螺旋齒輪之習用畫法，何者正確？

(1) 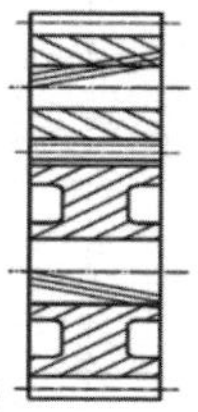　(2) 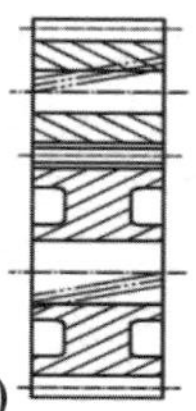　(3) 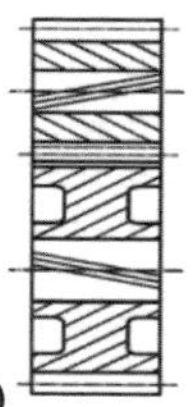　(4) 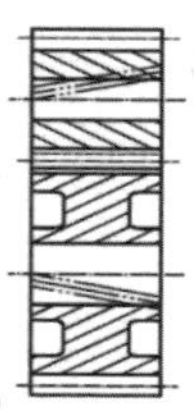。

(　　) 23. 若漸開線正齒輪的壓力角爲 θ，節圓直徑爲 D，則其基圓直徑爲

(1)$D\times\text{Sin}\theta$　(2)$D\times\text{Cos}\theta$　(3)$D/\text{Sin}\theta$　(4)$D/\text{Cos}\theta$。

(　　) 24. 繪製公制標準正齒輪時，除須註解齒制、節徑、齒數、壓力角等之外，尚須標明

(1)徑節　(2)模數　(3)旋向　(4)導程。

(　　) 25. 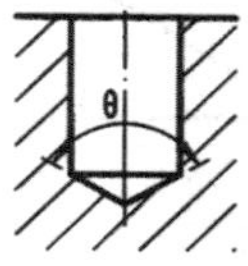

繪製鑽孔，如左圖之 θ 角，習用

(1)30°　(2)60°　(3)90°　(4)120°。

(　　) 26. 公制標準 V 形螺紋，螺距 P，則牙高 H=

(1)0.5P　(2)0.6134P　(3)0.6495P　(4)0.866P。

(　　) 27. 齒輪傳動之速比與

(1)兩齒輪節圓直徑成正比

(2)兩齒輪齒數成正比

(3)兩軸轉數成反比

(4)兩齒輪節圓直徑成反比。

(　　) 28. 皮帶爲一封閉之環帶，帶動時會產生一側拉緊，另一側爲鬆弛，設計上拉緊邊爲鬆弛邊的____倍

(1)7/3　(2)3/7　(3)3/2　(4)2/3。

(　　) 29. 汽車引擎內排氣閥之上下運動，常使用____凸輪

(1)多周圍柱　(2)圓柱　(3)三角　(4)平板。

(　　) 30. 斜角滾珠軸承之軸向負荷容量與徑向負荷容量之比爲

(1)1　(2)2　(3)1/2　(4)依斜角角度而定。

(　　) 31. 滾珠軸承的負荷減半，則軸承的預期壽命將

(1)不變　(2)提高一倍以上　(3)減半　(4)不一定。

(　　) 32. 內徑分厘卡的規格中，不包含下列何者？

(1)0～25mm　(2)25～50mm

(3)50～75mm　(4)75～100mm。

(　　) 33. 不銹鋼之防蝕性，是因其含有較多的____合金

(1)錳、鋅　(2)硫、磷　(3)鉻、鎳　(4)鎢、釩。

(　　) 34. 杜拉鋁用於飛機板金之接合，通常以____爲佳

(1)鉚接　(2)軟銲　(3)硬銲　(4)電弧銲。

(　　) 35. 英高鎳合金(Inconel)最適用於製作

(1)車刀、銑刀　(2)齒輪、鏈條

(3)高溫計保護管　(4)滾動軸承。

(　　) 36. CNS 表面織構符號中，MRR Ra 1.6 之評估長度爲____mm　(1)8　(2)2.5　(3)0.8　(4)0.25。

(　　) 37. 欲判別機件之表面粗糙度時，可採用的量具爲

(1)游標卡尺　(2)分厘卡　(3)標準片　(4)鋼尺。

(　　) 38. 組合圖中，件號線用

(1)細實線　(2)中心線　(3)隱藏線　(4)粗實線。

(　　) 39. 根據我國國家標準 CNS 的規範，表面織構符號之參數型態包含那三大類？

(1)輪廓參數、圖面參數、比例曲線參數　(2)輪廓參數、實體參數、材料參數　(3)輪廓參數、視圖參數、表面比例參數　(4)輪廓參數、圖形參數、材料比曲線參數。

(　　) 40. 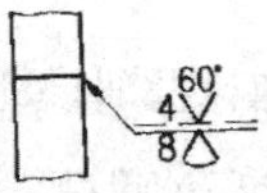 左圖銲接符號，下列敘述何者錯誤？

(1)箭頭邊之銲接深度爲 8mm

(2)箭頭邊之根隙爲 4mm

(3)起槽角度爲 60°

(4)爲 V 形槽銲接。

(　　) 41. 組合圖中，可省略的線條爲

(1)剖面線　(2)折斷線　(3)中心線　(4)隱藏線。

(　　) 42. 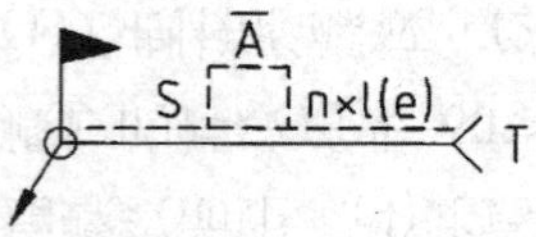 左圖中 A 表示

(1)說明事項　(2)銲接道形狀

(3)起槽角度　(4)銲接道深度。

(　　) 43. 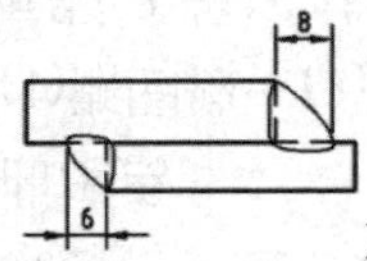 左圖所示之銲道詳圖，其銲接符號標註爲

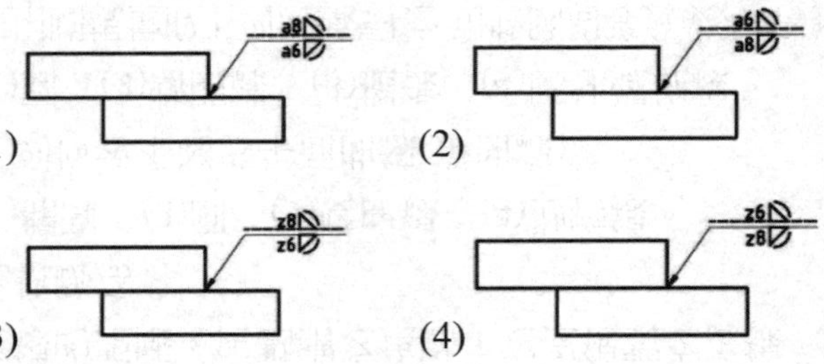

(1)　(2)　(3)　(4)　。

(　　) 44. 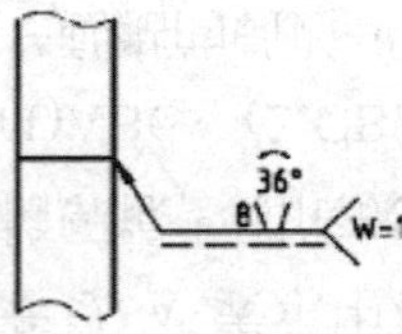 左圖之銲道詳圖爲

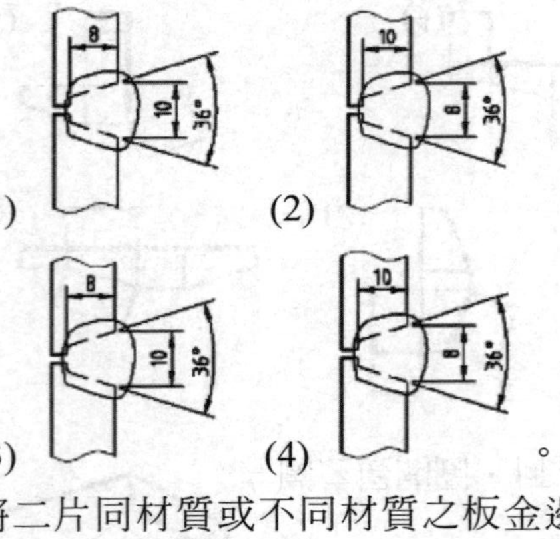

(1)　(2)　(3)　(4)　。

(　　) 45. 將二片同材質或不同材質之板金邊緣鉤扣接合在一起的方法，稱爲

(1)膠合　(2)鉤合　(3)扣合　(4)壓合。

(　　) 46. 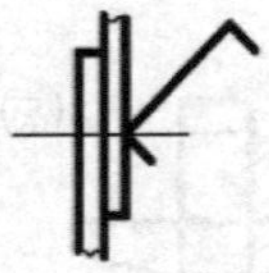 左圖鉚釘孔符號表示

(1)工廠鑽直孔　(2)現場鑽直孔

(3)工廠鑽錐坑孔　(4)現場鑽錐坑孔。

(　　) 47. 下列何種材料較適合用於鍵、銷等機件？

(1)SS400　(2)S50C　(3)FC250　(4)PBC1。

(　　) 48. 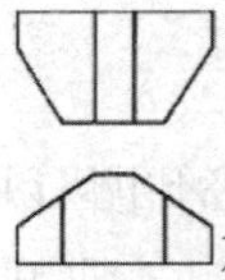 左圖之立體圖爲

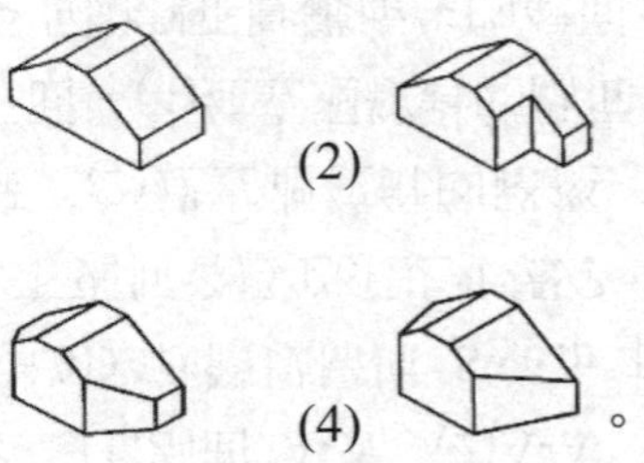

(1)　(2)　(3)　(4)　。

(　　) 49. 等角投影圖與等角圖之比例爲

(1)1：1　(2)1：1.22　(3)1.22：1　(4)1：0.82。

(　　) 50. 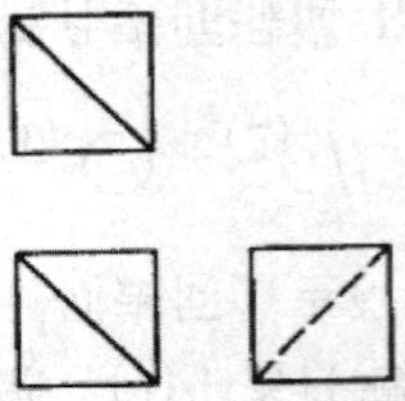 左圖之立體圖爲

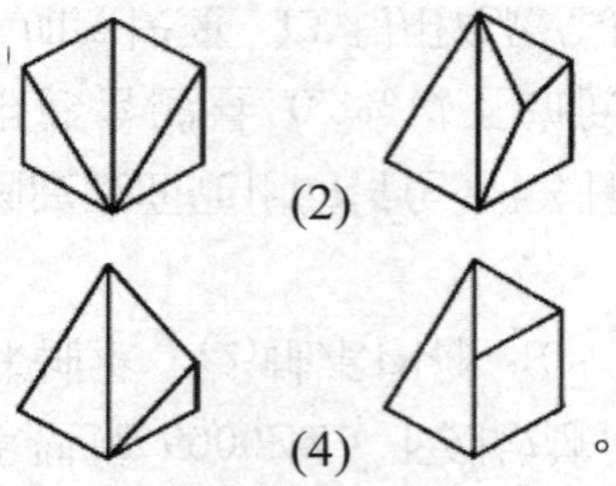

(1)　(2)　(3)　(4)　。

(　　) 51. 一圓球以平面切割之，在該切割平面之法線視圖恆爲

(1)方柱形　(2)橢圓形　(3)圓形　(4)任意曲線。

(　　) 52. 兩角柱體之相交，其正確的投影視圖爲

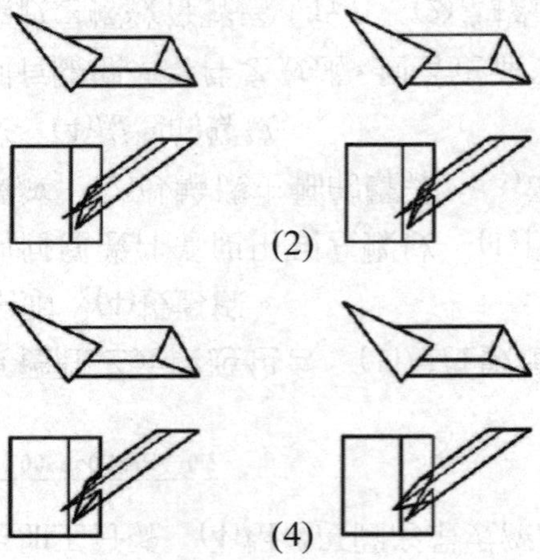

(1)　(2)　(3)　(4)　。

(　　) 53. 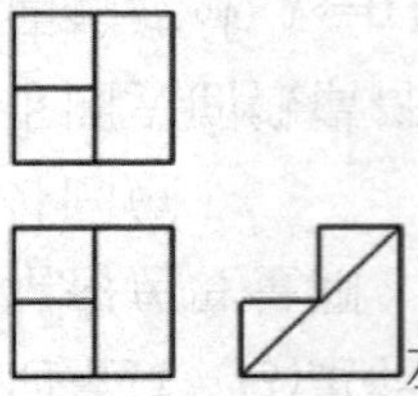 左圖之立體圖爲

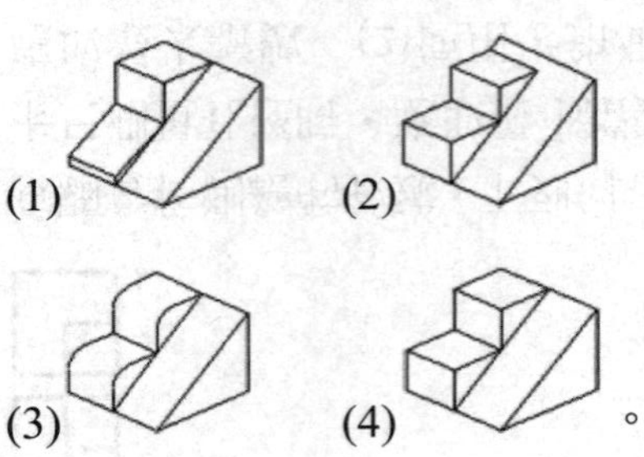

(1)　(2)　(3)　(4)　。

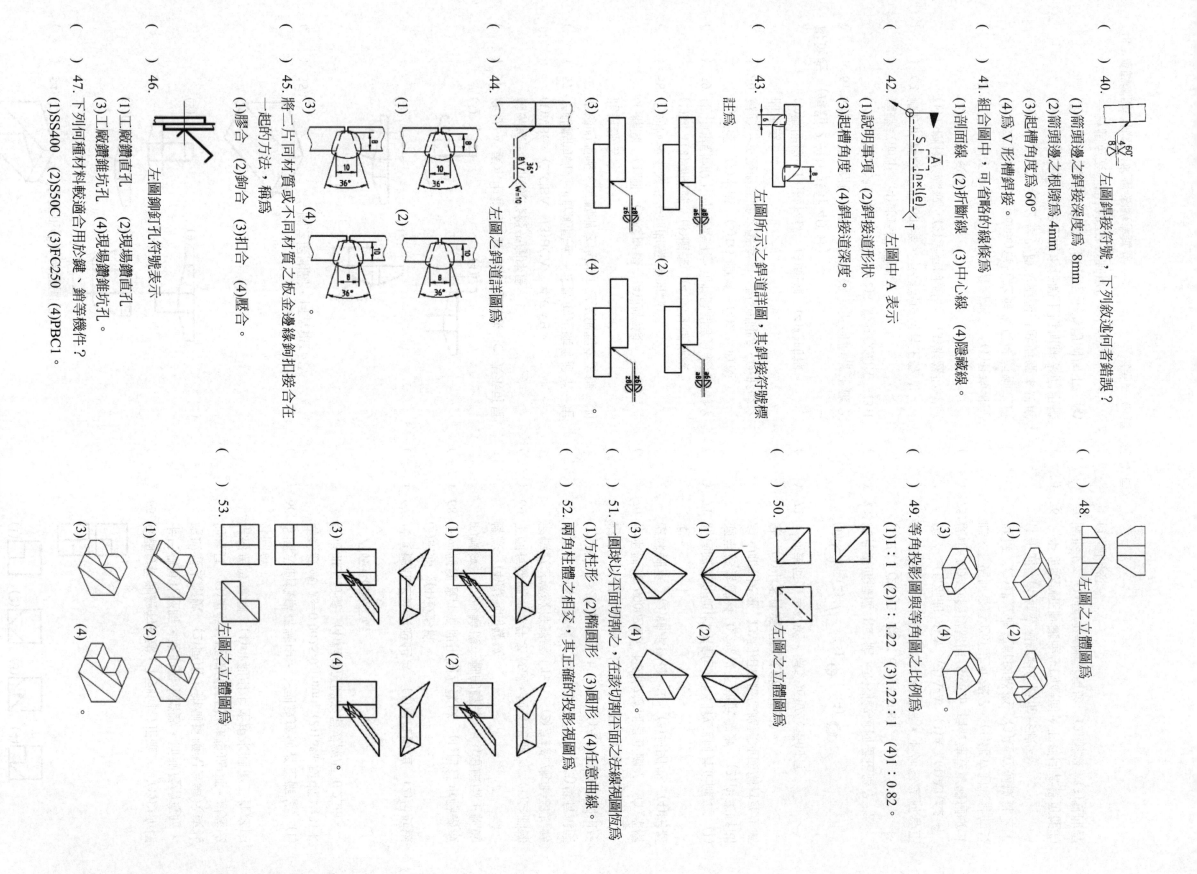

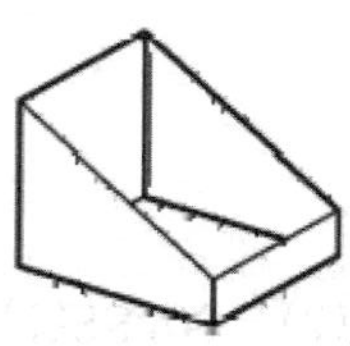

(　　) 54. 左圖正確的展開圖為

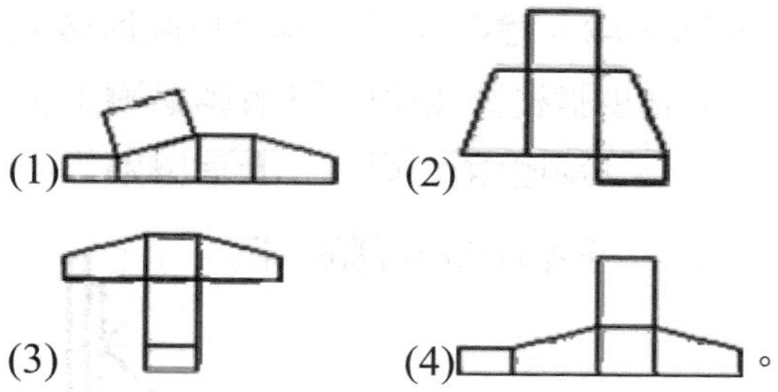

(1)　(2)　(3)　(4)。

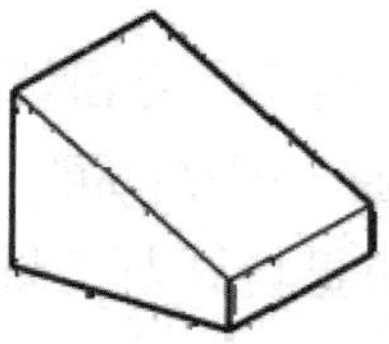

(　　) 55. 左圖之展開圖，何者錯誤？

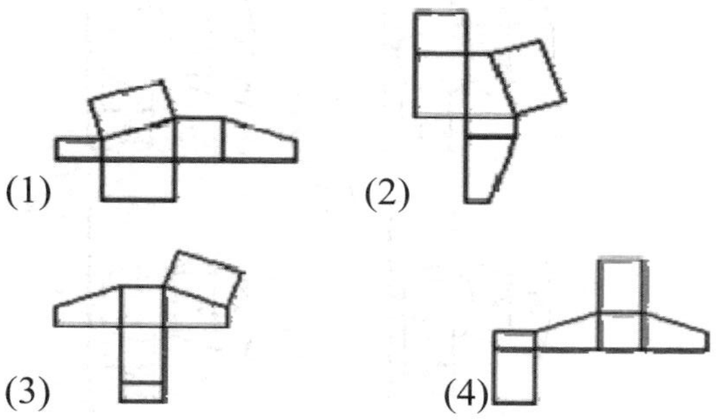

(1)　(2)　(3)　(4)。

(　　) 56. 若以 A 表示中心線，B 表示隱藏線，C 表示可見輪廓線，則依線條優先順序為
(1)ABC　(2)CBA　(3)BCA　(4)CAB。

(　　) 57. 一動點的軌跡，此動點至一定點的距離等於至一定直線的距離，定點謂之焦點，定直線謂之法線，則此軌跡為
(1)橢圓　(2)圓　(3)雙曲線　(4)拋物線。

(　　) 58. 下列何者不屬於平面曲線(單曲線)？
(1)圓　(2)漸開線　(3)擺線　(4)圓柱螺旋線。

(　　) 59. 使用圓規量取下列何種長度，可將圓周等分或六等分？
(1)直徑　(2)半徑　(3)1/3 直徑　(4)2/3 直徑。

(　　) 60. 繞於一多邊形或圓之緊索由一點轉開時，所形成之曲線為
(1)漸開線　(2)拋物線　(3)擺線　(4)雙曲線。

複選題：(每題 2 分，共計 40 分)

(　　) 61. 對於尺度標註 M8×1 之敘述，下列何者正確？
(1)M 代表公制 V 形螺紋　(2)8 為螺紋節徑　(3)1 為螺紋節距　(4)此為細牙螺紋。

(　　) 62. 螺紋的螺紋角非 60°者，下列選項何者正確？
(1)公制梯形螺紋　(2)愛克姆螺紋　(3)鋸齒形螺紋　(4)公制螺紋。

(　　) 63. 下列有關工作圖的敘述，何者錯誤？　(1)孔與軸配合件之裕度(Allowance)為孔之最大尺度與軸之最小尺度之差　(2)公差乃最大極限尺度與基本尺度之差　(3)表面符號之基本符號上僅加註表面粗糙度而未再加任何符號，係表示不得切削加工　(4)一般測定表面粗糙度之公制單位為 μm。

(　　) 64. 下圖之右側視圖，下列何者正確？

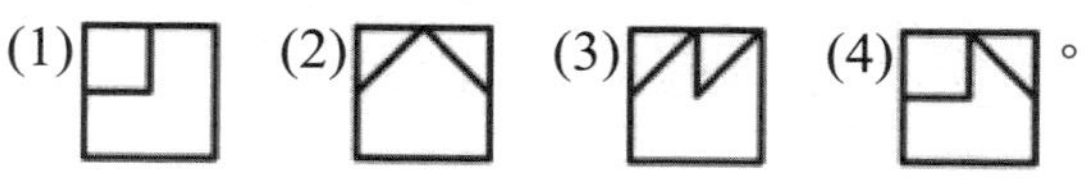

(1)　(2)　(3)　(4)。

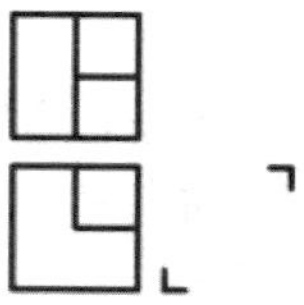

(　　) 65. 有關實物測繪的敘述，下列何者正確？　(1)以游標卡尺測量孔徑時，應取最小讀數，而測量槽寬時，應取最大讀數　(2)使用卡鉗測量應配合鋼尺或其他量具　(3)萬能角度規係使用游標的原理，以達成精密角度量測　(4)可利用半徑規來測量工件之內外圓角。

(　　) 66. 下圖表面織構符號中，下列敘述何者正確？　(1)傳輸波域 λs=0.0025-0.1mm　(2)16%-規則　(3)未規定加工符號　(4)粗糙度圖形最大深度 0.2μm。

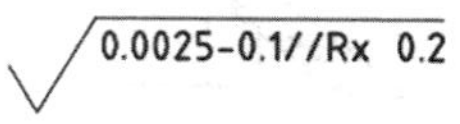

(　　) 67. 尺度標註之元素應包含　(1)尺度數值　(2)尺度線　(3)箭頭　(4)投影線。

(　　) 68. 下列何種機件需使用到左螺紋　(1)自行車腳踏板的螺紋　(2)砂輪機主軸的螺紋　(3)電風扇主軸的螺紋　(4)燈泡的螺紋。

(　　) 69. 下列有關標準零件之敘述，何者正確？　(1)公制梯形螺紋之螺紋符號為「Tr」　(2)當螺紋順時針旋轉會退後者為左螺紋，其代號為「L」　(3)具有錐度之管螺紋，其錐度為 1：16　(4)左旋雙線公制粗牙螺紋，外徑 60mm，其表示法為「L-N-M60」。

(　　) 70. 軸承型號 6000ZZ，下列敘述何者正確？　(1)深槽滾珠軸承　(2)軸承內徑 10　(3)封閉型　(4)閉蓋型。

(　　) 71. 高週波表面硬化的特色，下列敘述何者正確？　(1)適用於含碳量 0.2%以下的低碳鋼　(2)作業時間短，加熱快速　(3)利用電磁感應原理使鋼材產生高熱　(4)小零件適用週波數較高者。

(　　) 72. 下列幾何公差符號，屬於定位公差的有
(1) ○　(2) //　(3) ⌖　(4) ◎。

(　　) 73. 絞孔表面織構 Ra 值，下列敘述何者正確？
(1) 25　(2) 3.2　(3) 1.6　(4) 0.8。

(　　) 74. 在工作圖中須註記視圖名稱時，下列寫法何者正確？　(1)剖面 A-A　(2)A-A　(3)A　(4)A1,A2。

(　　) 75. 使用 3D 軟體以掃掠 Sweep 指令建立實體迴紋針時，下列何者為必須之步驟？　(1)建立迴紋針的長度線　(2)建立迴紋針的路徑　(3)建立迴紋針之工作平面　(4)建立迴紋針的斷面形狀。

(　　) 76. 一平面切割正圓錐產生的截面，下列何者為可能的圖形？　(1)直角等腰三角形　(2)擺線　(3)雙曲線　(4)漸開線。

(　) 77. 下列選項中，屬於平行投影的立體圖有那幾種？ (1)等角圖　(2)二等角圖　(3)不等角圖　(4)透視圖。

(　) 78. 游標卡尺量測工件之前，應檢視其外觀包括 (1)內測爪是否損傷　(2)合爪時，內外測爪是否閉合　(3)合爪時，本尺與游尺是否歸零　(4)測定力檢驗。

(　) 79. 下列有關實物測繪的敘述何者正確？　(1)使用表面粗糙度標準片時，應依加工方式來作選擇　(2)螺紋分厘卡的測頭和砧座，必須配合待測螺紋外徑的改變而更換　(3)萬能量角器主尺圓盤上的刻度是從 0°~90°　(4)利用正弦桿可以量測工件的錐角。

(　) 80. 有一正齒輪，實際測得其齒冠圓為 ϕ65.9，齒數為 20 齒，則其下列數據何者正確？　(1)模數 3　(2)節圓直徑 ϕ60　(3)齒根圓 ϕ54　(4)周節為 9.425。

電腦輔助機械設計製圖解答

第一回	1.	2.	3.	4.	5.	6.	7.	8.	9.	10.	11.	12.	13.	14.	15.	16.	17.	18.	19.	20.
	1	4	4	1	4	2	1	3	2	2	3	4	3	2	1	1	4	4	4	1
	21.	22.	23.	24.	25.	26.	27.	28.	29.	30.	31.	32.	33.	34.	35.	36.	37.	38.	39.	40.
	4	4	1	2	2	3	2	4	4	2	134	12	14	13	134	14	12	12	12	124
	41.	42.	43.	44.	45.	46.	47.	48.	49.	50.										
	124	134	134	123	34	123	123	1234	13	123										

第二回	1.	2.	3.	4.	5.	6.	7.	8.	9.	10.	11.	12.	13.	14.	15.	16.	17.	18.	19.	20.
	4	4	2	1	1	3	1	1	3	1	2	4	1	1	3	4	1	3	2	3
	21.	22.	23.	24.	25.	26.	27.	28.	29.	30.	31.	32.	33.	34.	35.	36.	37.	38.	39.	40.
	1	1	4	2	4	4	2	3	4	1	2	3	2	1	24	123	124	24	123	123
	41.	42.	43.	44.	45.	46.	47.	48.	49.	50.										
	124	123	134	123	124	234	123	134	34	134										

第三回	1.	2.	3.	4.	5.	6.	7.	8.	9.	10.	11.	12.	13.	14.	15.	16.	17.	18.	19.	20.
	2	3	3	2	1	2	1	2	2	3	2	3	2	2	2	4	4	1	3	2
	21.	22.	23.	24.	25.	26.	27.	28.	29.	30.	31.	32.	33.	34.	35.	36.	37.	38.	39.	40.
	2	4	3	2	1	1	2	4	2	3	3	2	1	3	1	2	234	234	24	123
	41.	42.	43.	44.	45.	46.	47.	48.	49.	50.										
	124	1234	13	1234	124	234	123	23	12	12										

第四回	1.	2.	3.	4.	5.	6.	7.	8.	9.	10.	11.	12.	13.	14.	15.	16.	17.	18.	19.	20.
	4	1	4	3	3	4	3	2	3	4	3	4	4	4	2	1	2	1	1	4
	21.	22.	23.	24.	25.	26.	27.	28.	29.	30.	31.	32.	33.	34.	35.	36.	37.	38.	39.	40.
	4	1	3	4	3	4	3	1	4	1	2	2	1	23	23	14	1234	24	23	34
	41.	42.	43.	44.	45.	46.	47.	48.	49.	50.										
	24	123	23	134	13	14	134	234	134	123										

第五回	1.	2.	3.	4.	5.	6.	7.	8.	9.	10.	11.	12.	13.	14.	15.	16.	17.	18.	19.	20.
	4	1	3	2	2	3	3	1	3	3	4	3	2	4	3	1	4	2	3	1
	21.	22.	23.	24.	25.	26.	27.	28.	29.	30.	31.	32.	33.	34.	35.	36.	37.	38.	39.	40.
	2	2	3	2	4	2	4	1	1	2	4	4	3	2	24	23	14	234	14	134
	41.	42.	43.	44.	45.	46.	47.	48.	49.	50.										
	34	134	34	234	234	234	123	13	12	34										

第六回	1.	2.	3.	4.	5.	6.	7.	8.	9.	10.	11.	12.	13.	14.	15.	16.	17.	18.	19.	20.
	2	1	1	1	2	2	1	2	1	3	1	1	3	3	1	1	3	1	2	3
	21.	22.	23.	24.	25.	26.	27.	28.	29.	30.	31.	32.	33.	34.	35.	36.	37.	38.	39.	40.
	4	4	2	1	2	1	1	3	4	1	4	2	4	3	3	1	3	3	1	3
	41.	42.	43.	44.	45.	46.	47.	48.	49.	50.										
	2	1	4	2	1234	124	13	24	23	24										

第七回	1.	2.	3.	4.	5.	6.	7.	8.	9.	10.	11.	12.	13.	14.	15.	16.	17.	18.	19.	20.
	3	4	4	1	3	2	1	2	2	4	2	3	1	2	1	4	3	2	2	1
	21.	22.	23.	24.	25.	26.	27.	28.	29.	30.	31.	32.	33.	34.	35.	36.	37.	38.	39.	40.
	1	3	4	2	4	1	2	1	3	3	2	2	2	1	3	3	2	2	3	4
	41.	42.	43.	44.	45.	46.	47.	48.	49.	50.										
	134	24	14	123	14	124	13	12	23	124										

第八回	1.	2.	3.	4.	5.	6.	7.	8.	9.	10.	11.	12.	13.	14.	15.	16.	17.	18.	19.	20.
	4	4	3	4	3	3	1	3	3	1	4	4	3	1	3	3	2	4	1	2
	21.	22.	23.	24.	25.	26.	27.	28.	29.	30.	31.	32.	33.	34.	35.	36.	37.	38.	39.	40.
	2	3	1	1	2	2	2	1	3	4	3	3	3	2	2	2	1	3	4	4
	41.	42.	43.	44.	45.	46.	47.	48.	49.	50.	51.	52.	53.	54.	55.	56.	57.	58.	59.	60.
	1	4	1	2	3	1	1	4	2	2	2	4	3	2	1	4	1	3	4	3
	61.	62.	63.	64.	65.	66.	67.	68.	69.	70.	71.	72.	73.	74.	75.	76.	77.	78.	79.	80.
	134	23	12	24	124	234	34	234	234	12	124	234	124	134	134	124	1234	123	124	13

第九回	1.	2.	3.	4.	5.	6.	7.	8.	9.	10.	11.	12.	13.	14.	15.	16.	17.	18.	19.	20.
	3	4	1	2	3	4	3	1	4	2	3	2	1	2	4	3	2	1	4	4
	21.	22.	23.	24.	25.	26.	27.	28.	29.	30.	31.	32.	33.	34.	35.	36.	37.	38.	39.	40.
	2	3	2	2	4	1	1	4	2	2	1	4	3	2	2	1	3	1	1	4
	41.	42.	43.	44.	45.	46.	47.	48.	49.	50.	51.	52.	53.	54.	55.	56.	57.	58.	59.	60.
	4	2	1	3	3	2	3	2	1	1	3	2	4	4	4	3	1	4	2	2
	61.	62.	63.	64.	65.	66.	67.	68.	69.	70.	71.	72.	73.	74.	75.	76.	77.	78.	79.	80.
	12	1234	23	34	1234	24	234	123	14	234	14	134	14	34	23	24	123	134	12	23

第十回	1.	2.	3.	4.	5.	6.	7.	8.	9.	10.	11.	12.	13.	14.	15.	16.	17.	18.	19.	20.
	3	3	4	3	2	3	3	4	4	2	3	3	1	2	1	4	3	2	3	3
	21.	22.	23.	24.	25.	26.	27.	28.	29.	30.	31.	32.	33.	34.	35.	36.	37.	38.	39.	40.
	4	2	2	2	1	1	3	3	4	3	1	1	1	4	4	4	4	1	1	1
	41.	42.	43.	44.	45.	46.	47.	48.	49.	50.	51.	52.	53.	54.	55.	56.	57.	58.	59.	60.
	1	2	2	3	1	2	2	1	1	2	2	1	1	2	2	2	2	2	2	2
	61.	62.	63.	64.	65.	66.	67.	68.	69.	70.	71.	72.	73.	74.	75.	76.	77.	78.	79.	80.
	4	3	2	3	3	1	1	1	2	3	2	2	1	1	3	3	3	4	1	1

第十一回	1.	2.	3.	4.	5.	6.	7.	8.	9.	10.	11.	12.	13.	14.	15.	16.	17.	18.	19.	20.
	4	3	2	4	1	4	2	2	1	2	4	4	4	2	2	1	2	2	2	2
	21.	22.	23.	24.	25.	26.	27.	28.	29.	30.	31.	32.	33.	34.	35.	36.	37.	38.	39.	40.
	3	4	1	1	3	4	3	4	3	3	1	2	2	4	3	1	4	4	2	3
	41.	42.	43.	44.	45.	46.	47.	48.	49.	50.	51.	52.	53.	54.	55.	56.	57.	58.	59.	60.
	4	2	1	1	4	2	1	3	2	2	4	3	3	2	3	2	2	3	2	4
	61.	62.	63.	64.	65.	66.	67.	68.	69.	70.	71.	72.	73.	74.	75.	76.	77.	78.	79.	80.
	234	23	1234	1234	123	124	134	134	123	23	234	124	23	24	12	123	12	13	123	24

第十二回	1.	2.	3.	4.	5.	6.	7.	8.	9.	10.	11.	12.	13.	14.	15.	16.	17.	18.	19.	20.
	4	2	1	4	4	1	2	4	1	1	3	1	2	4	2	4	2	3	4	3
	21.	22.	23.	24.	25.	26.	27.	28.	29.	30.	31.	32.	33.	34.	35.	36.	37.	38.	39.	40.
	1	4	1	2	2	1	4	4	3	1	1	4	2	4	3	3	1	2	1	1
	41.	42.	43.	44.	45.	46.	47.	48.	49.	50.	51.	52.	53.	54.	55.	56.	57.	58.	59.	60.
	2	3	3	3	2	1	2	2	1	1	3	2	2	4	2	2	3	1	4	4
	61.	62.	63.	64.	65.	66.	67.	68.	69.	70.	71.	72.	73.	74.	75.	76.	77.	78.	79.	80.
	123	134	123	123	123	134	123	123	13	234	124	123	13	124	234	13	1234	24	124	134

第十三回																				
	1.	2.	3.	4.	5.	6.	7.	8.	9.	10.	11.	12.	13.	14.	15.	16.	17.	18.	19.	20.
	1	3	3	1	3	1	2	3	3	3	3	4	1	3	4	2	1	4	3	2
	21.	22.	23.	24.	25.	26.	27.	28.	29.	30.	31.	32.	33.	34.	35.	36.	37.	38.	39.	40.
	2	4	2	2	4	3	4	1	4	4	2	1	3	1	3	3	3	1	4	2
	41.	42.	43.	44.	45.	46.	47.	48.	49.	50.	51.	52.	53.	54.	55.	56.	57.	58.	59.	60.
	4	3	4	1	2	4	2	3	2	4	3	1	4	3	2	2	4	4	2	1
	61.	62.	63.	64.	65.	66.	67.	68.	69.	70.	71.	72.	73.	74.	75.	76.	77.	78.	79.	80.
	134	123	123	234	234	234	123	123	123	124	234	34	234	234	24	13	123	123	14	124

公佈題目

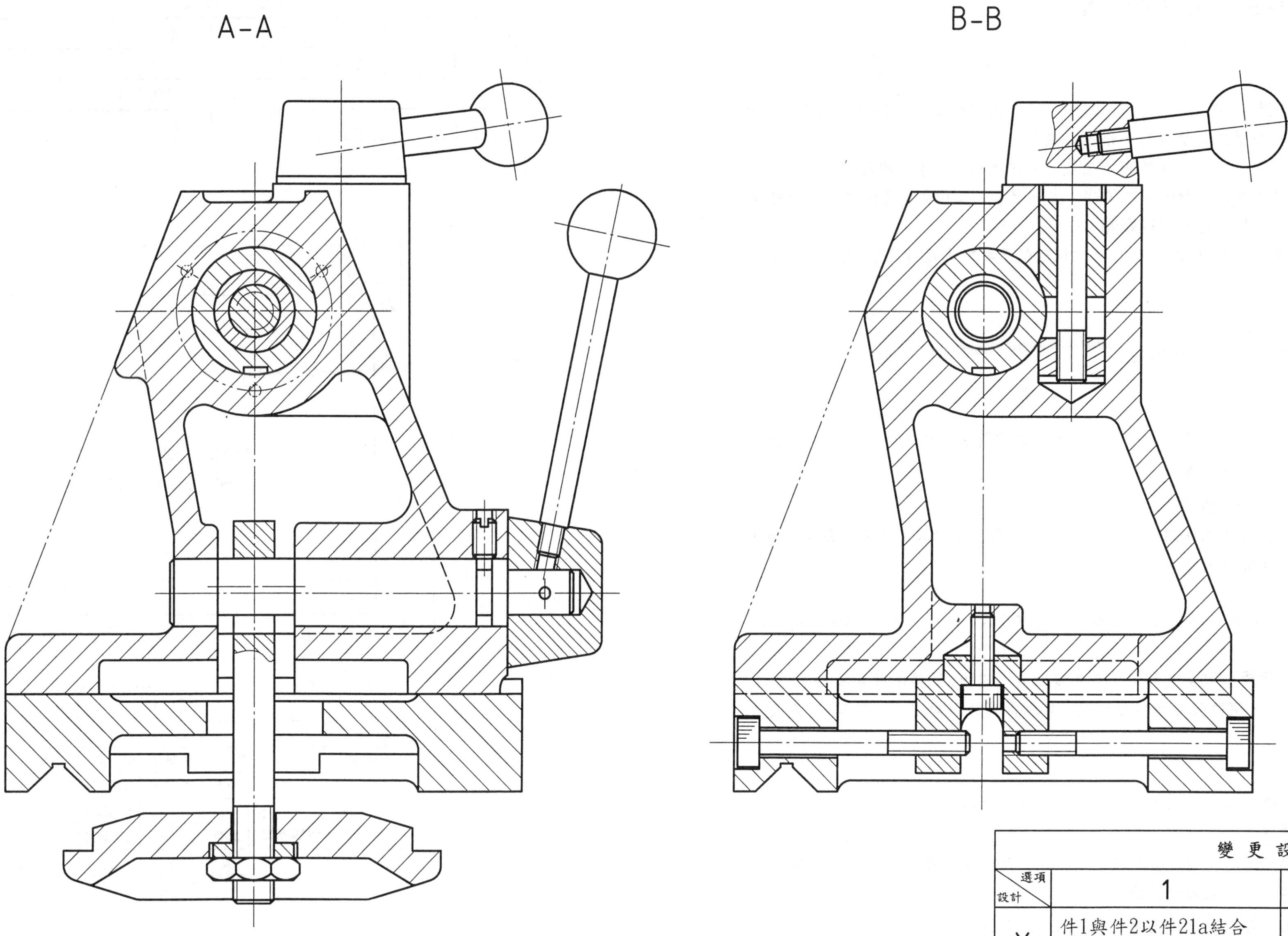

變更設計表		
選項／設計	1	2
X	件1與件2以件21a結合 件21a：直銷φ6×70	件1與件2以件21b結合 件21b：承窩螺釘M5×24
Y	件3與件4以件22a結合 件3：輪輻為5支 件22a：推拔銷φ6×45	件3與件4以件22b結合 件3：輪輻為3支 件22b：固定螺釘M10×15

電腦輔助機械設計製圖 乙級技術士技能檢定	核定 單位	勞動力發展署 技能檢定中心	圖名	車床尾座		時數	4小時	A.工作圖	試題編號	
			投影	第三角法	比例 1：2	日期	民國99年12月		20800-990205-A	4/4

試題編號：20800-990206-A

工作圖試題說明：

一、 本工作圖試題繪製**時間4小時**(可提前交卷但不加分)，不含出圖時間。試題依第三角法 命題，應檢人可選用第一角法或第三角法繪製，惟不得混用。

二、 應檢人繪製時，圖中的線條、數字及符號等應依照最近公佈之CNS國家標準繪製。

三、 應檢人依規定可使用之自備工具為：**直尺**、**量角器**、**比例尺**等。只可參閱場地提供之設計資料檔，嚴禁攜帶**自備之設計資料**及**任何儲存媒體**。

四、 『**變更設計**』由監評人員現場抽定(寫於黑板上)，依試題所示之變更設計X及Y處繪製，變更設計將加重計分。

五、 **試題**：(依監評人員抽定之變更設計繪製)

1. 繪製零件 1：出圖於一張 A2 圖紙
   依 1：2 之比例，繪製零件 1 之工作圖於一張 A2 圖紙，工作圖須含尺度標註、公差配合、幾何公差、表面織構符號及零件表等。
2. 繪製零件 3、4：出圖於一張 A3 圖紙
   依 1：1 之比例，繪製零件 3、4 之工作圖於一張 A3 圖紙，工作圖須含尺度標註、公差配合、幾何公差、表面織構符號及零件表等。

六、 各圖面請繪製如**圖(a)**所示之A2及A3有裝訂邊圖框、標題欄及零件表，如**表(a)**所示，並填妥適當之內容。

七、 繪製時間結束時，請以『**准考證號碼**』為檔名，存入電腦資料碟中(嚴禁使用自備之任 何儲存媒體)，並確認已經存檔後，電腦螢幕須保留現況，即離開崗位將試題交回給監 評人員，並出場等候出圖之指示。

八、 **出圖**：

1. 中途離場或放棄出圖者須告知監評人員，並在評審表勾選放棄出圖及簽名後離場，若未依規定而離場者視同不及格。
2. 應檢人請依監評人員之指示，將電腦繪製之圖面以黑色列印於規定圖紙上；倘若圖 面未完整列印，得重新出圖，並將前一張圖紙作廢。
3. 應檢人出圖後須確認圖面，並在**右下角簽名**後始得離場。監評人員則在右上角簽章 確認。

表(a) 零件表

件 號	名 稱	數 量	材 料	備 註
1	夾具本體	1	FC250	
3	立柱承座	1	S45C	
4	立柱	1	S45C	

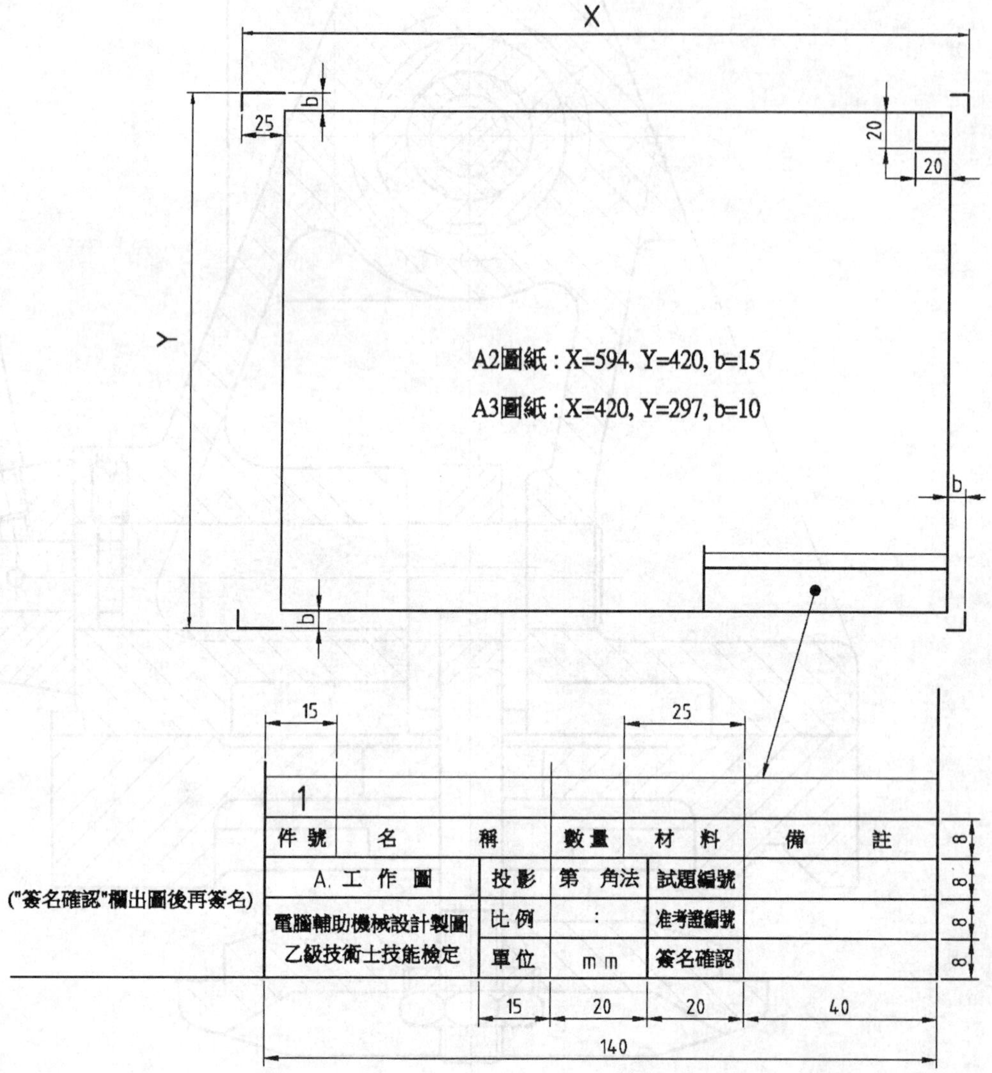

圖(a)

公佈題目

變更設計表		
選項 / 設計	1	2
X	138	144
Y	M5×20 六角承窩螺釘，深埋型柱坑4孔，等距分佈，螺釘孔牙深16。	M6×22 六角承窩螺釘，淺埋型柱坑3孔，等距分佈，螺釘孔牙深18。

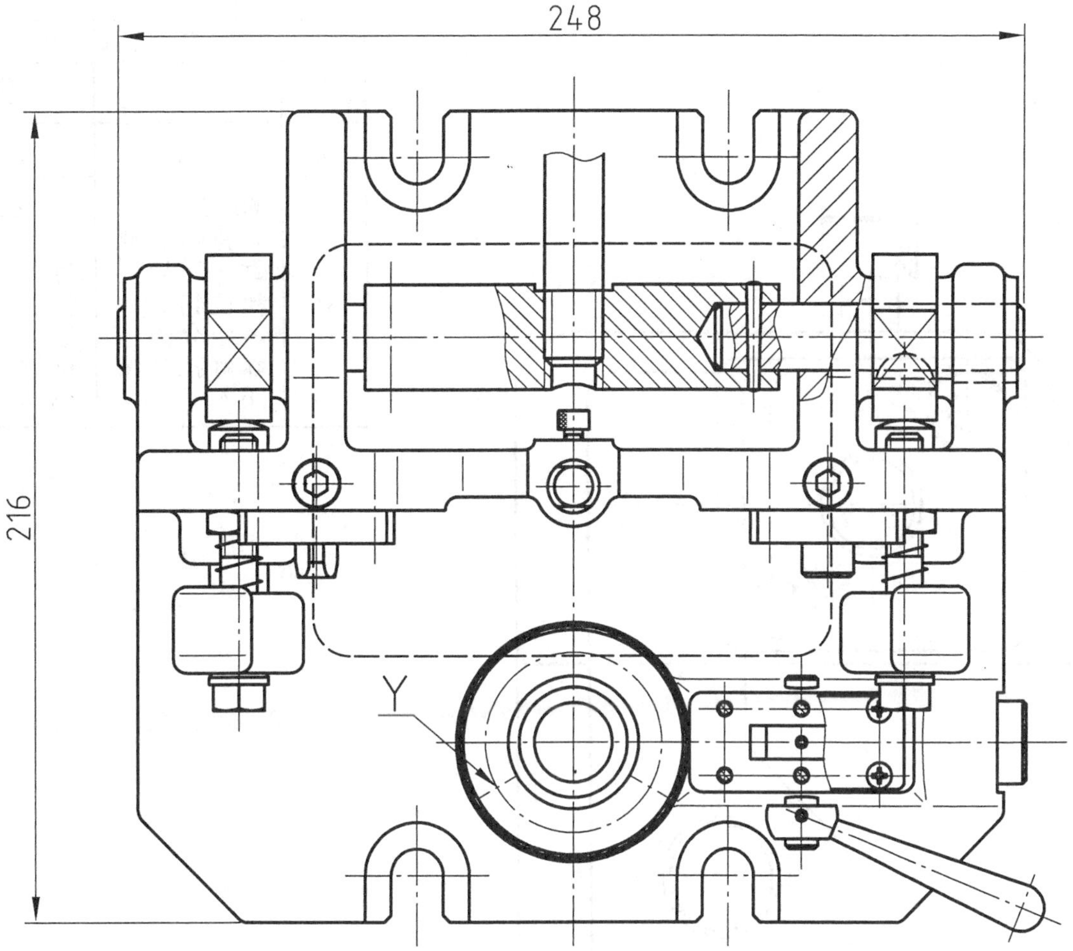

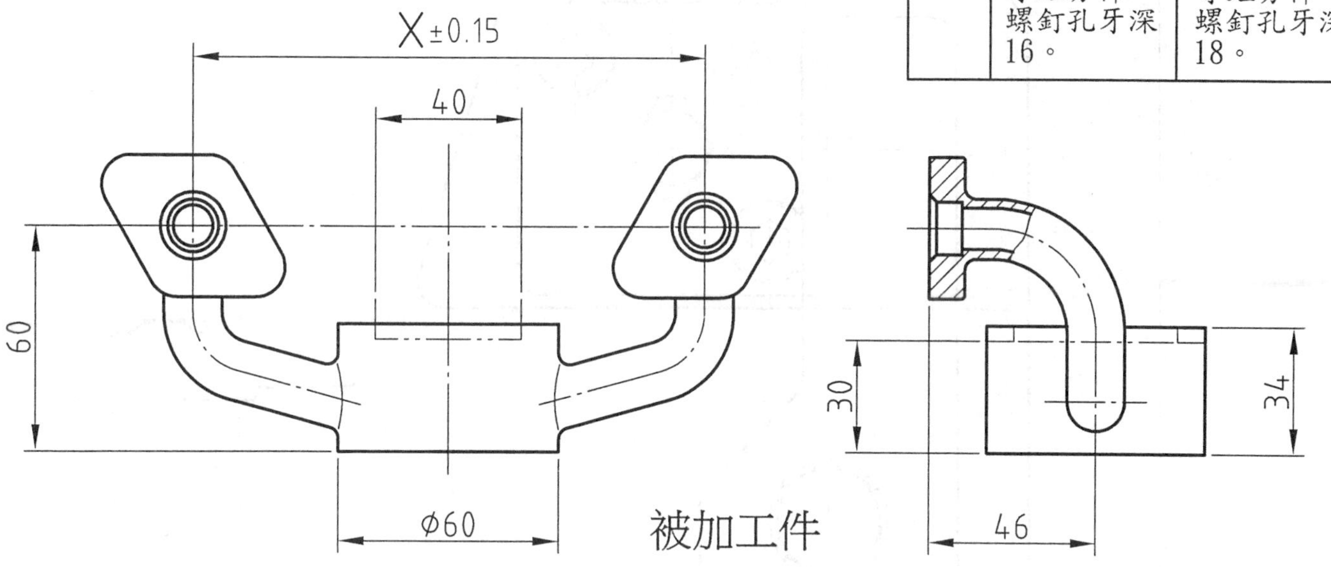

被加工件

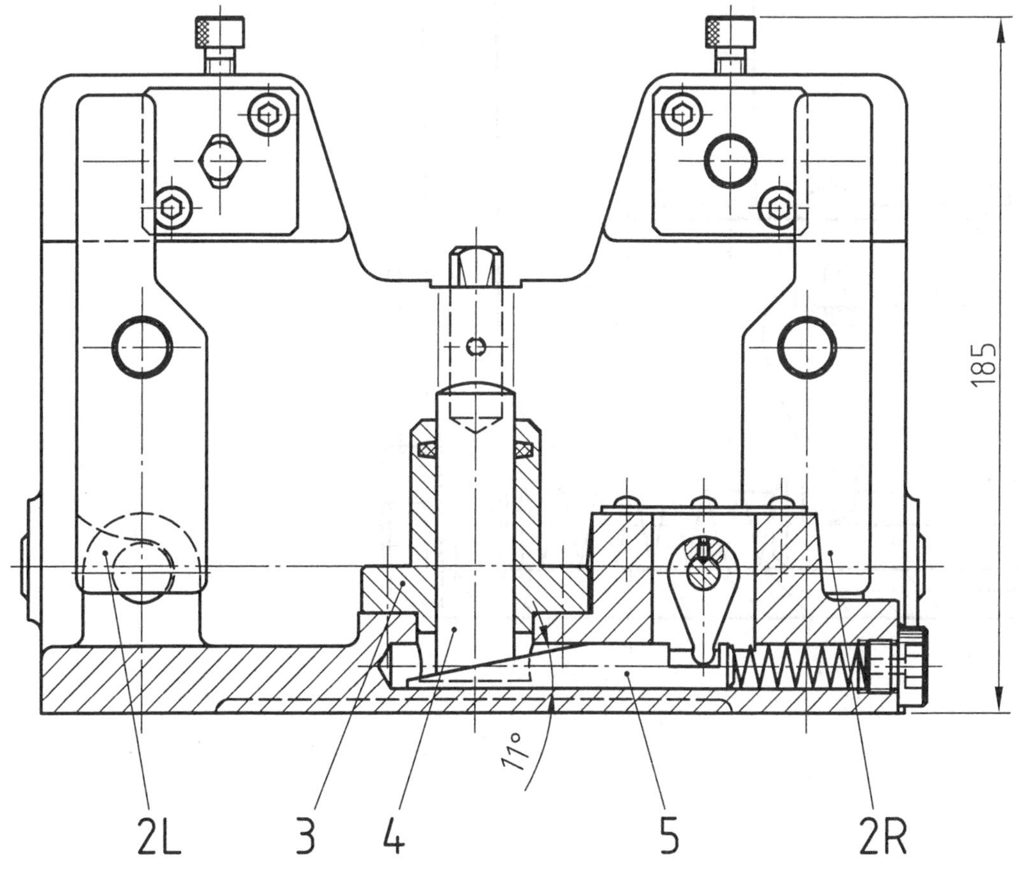

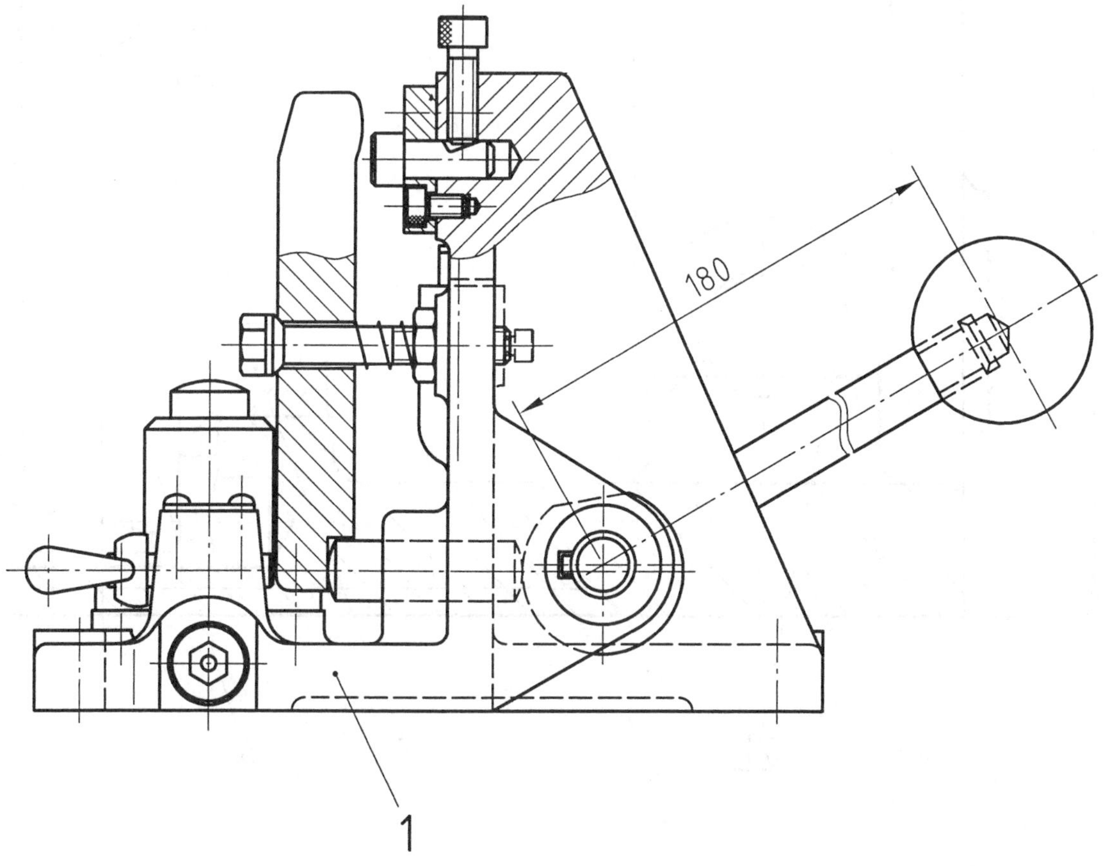

電腦輔助機械設計製圖 乙級技術士技能檢定	核定單位	勞動力發展署 技能檢定中心	圖名	銑削夾具		時數	4 小時	A. 工作圖	試題編號	
			投影	第三角法	比例 1：2	日期	民國 99 年12 月		20800-990206-A	1/4

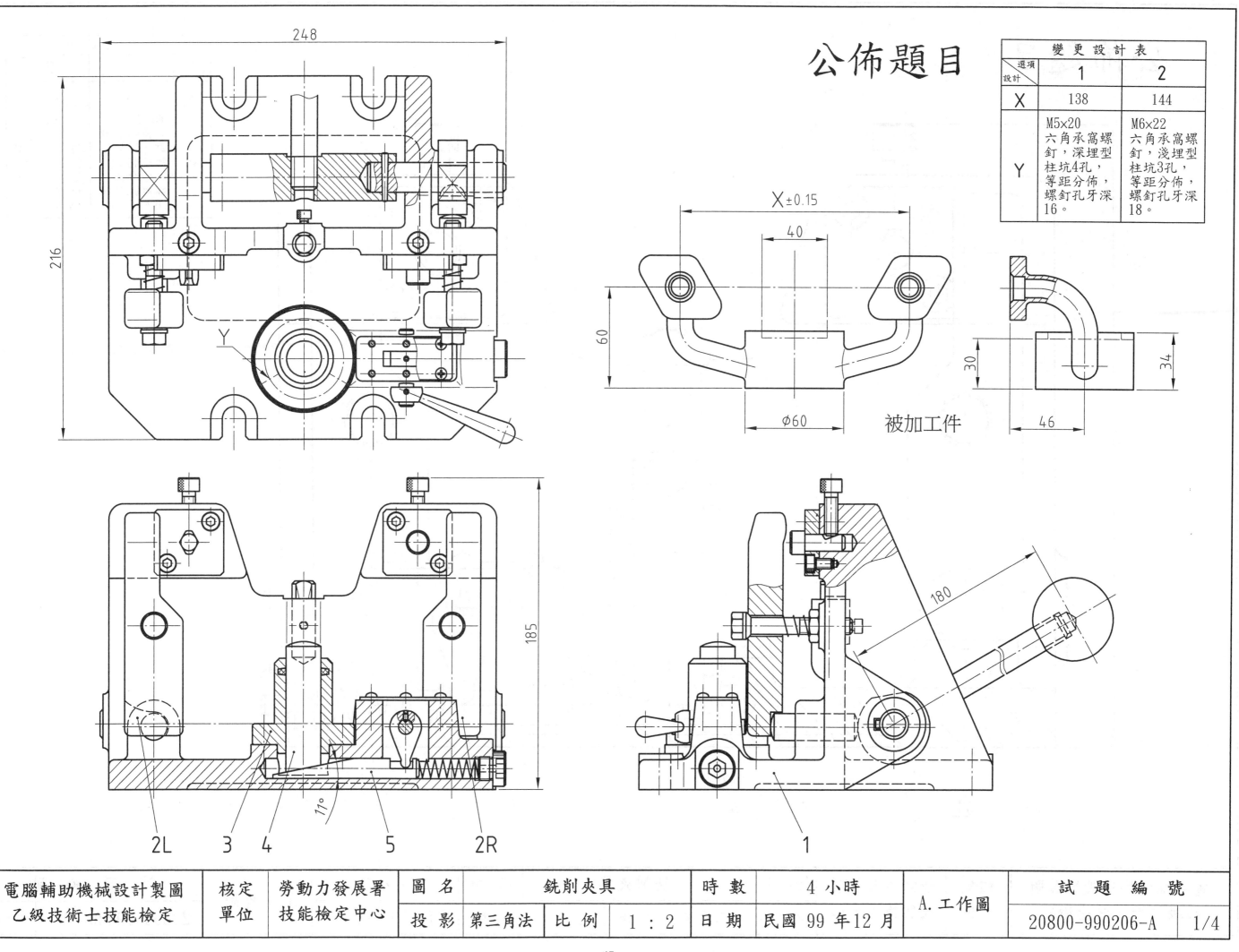

公佈題目

變更設計表		
設計＼選項	1	2
X	138	144
Y	M5×20 六角承窩螺釘，深埋型柱坑4孔，等距分佈，螺釘孔牙深16。	M6×22 六角承窩螺釘，淺埋型柱坑3孔，等距分佈，螺釘孔牙深18。

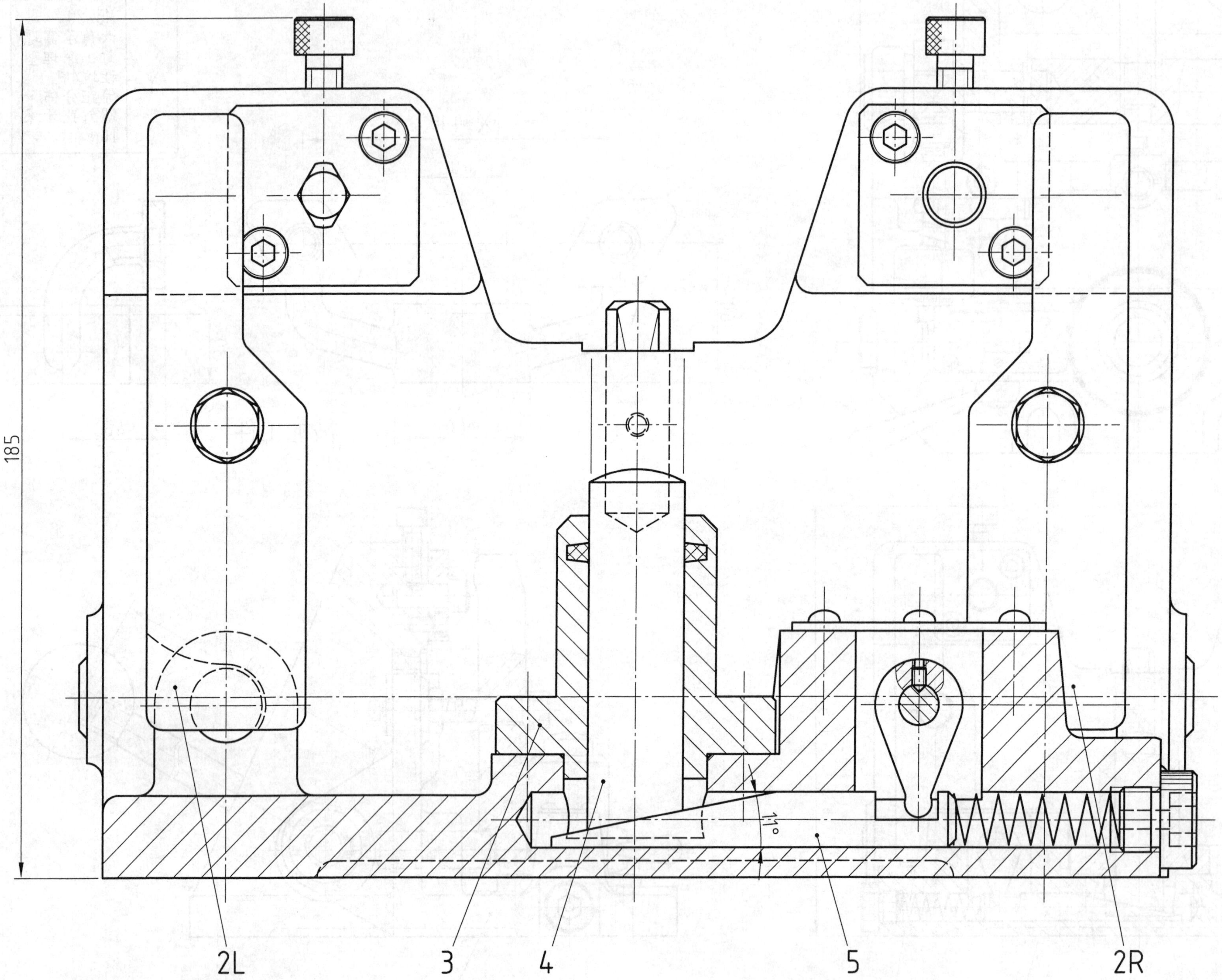

電腦輔助機械設計製圖	核定	勞動力發展署	圖 名	銑削夾具		時 數	4 小時	A. 工作圖	試 題 編 號	
乙級技術士技能檢定	單位	技能檢定中心	投 影	第三角法	比 例　1 : 1	日 期	民國 99 年12 月		20800-990206-A	2/4

公佈題目

變更設計表		
選項 / 設計	1	2
X	138	144
Y	M5×20 六角承窩螺釘，深埋型柱坑4孔，等距分佈，螺釘孔牙深16。	M6×22 六角承窩螺釘，淺埋型柱坑3孔，等距分佈，螺釘孔牙深18。

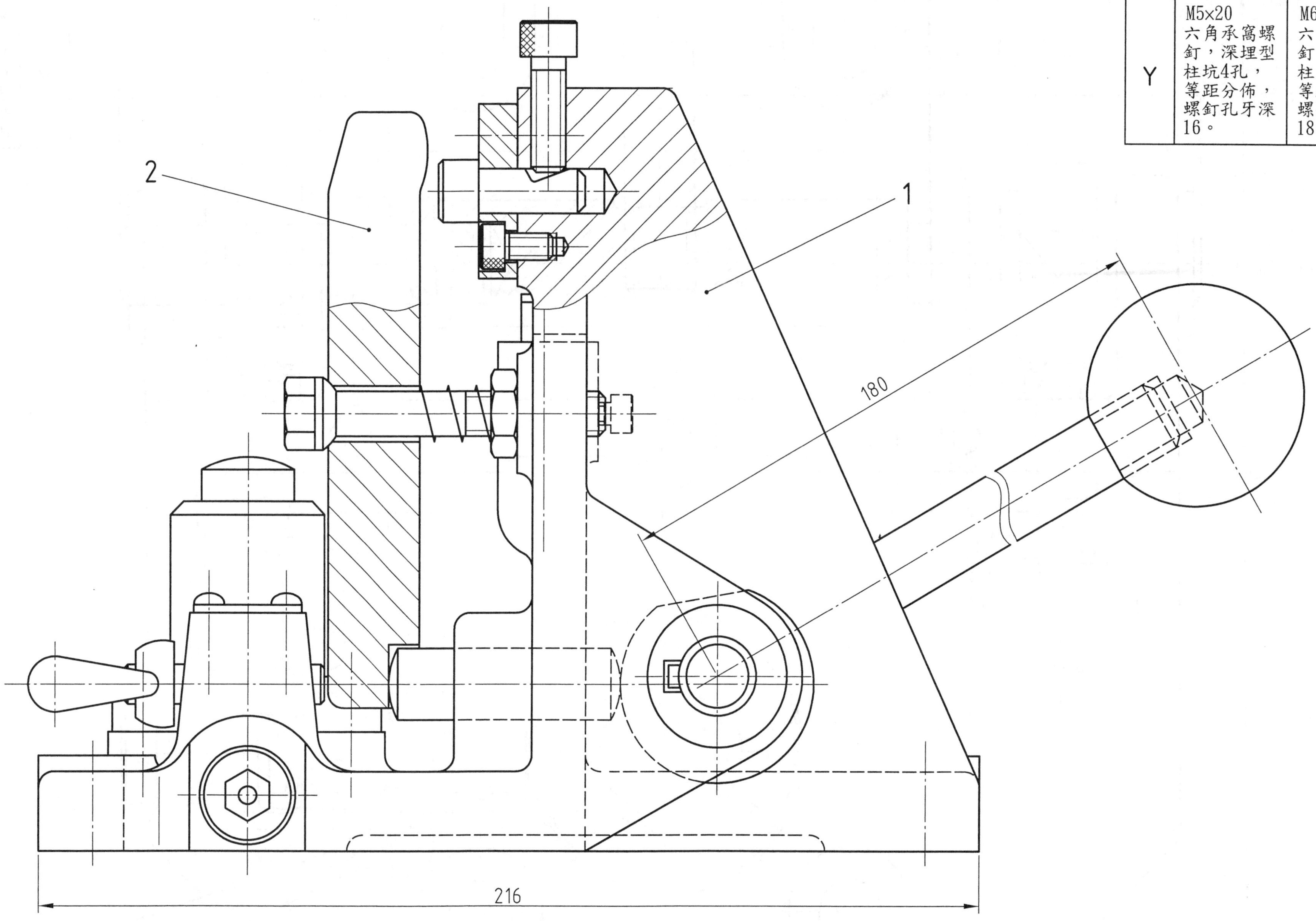

電腦輔助機械設計製圖 乙級技術士技能檢定	核定 單位	勞動力發展署 技能檢定中心	圖　名	銑削夾具		時　數	4 小時	A. 工作圖	試　題　編　號
			投　影	第三角法	比　例 1 : 1	日　期	民國 99 年12 月		20800-990206-A　3/4

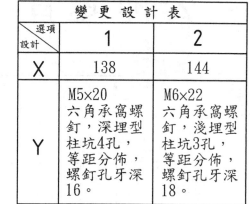

公佈題目

變 更 設 計 表		
選項 / 設計	1	2
X	138	144
Y	M5×20 六角承窩螺釘，深埋型柱坑4孔，等距分佈，螺釘孔牙深16。	M6×22 六角承窩螺釘，淺埋型柱坑3孔，等距分佈，螺釘孔牙深18。

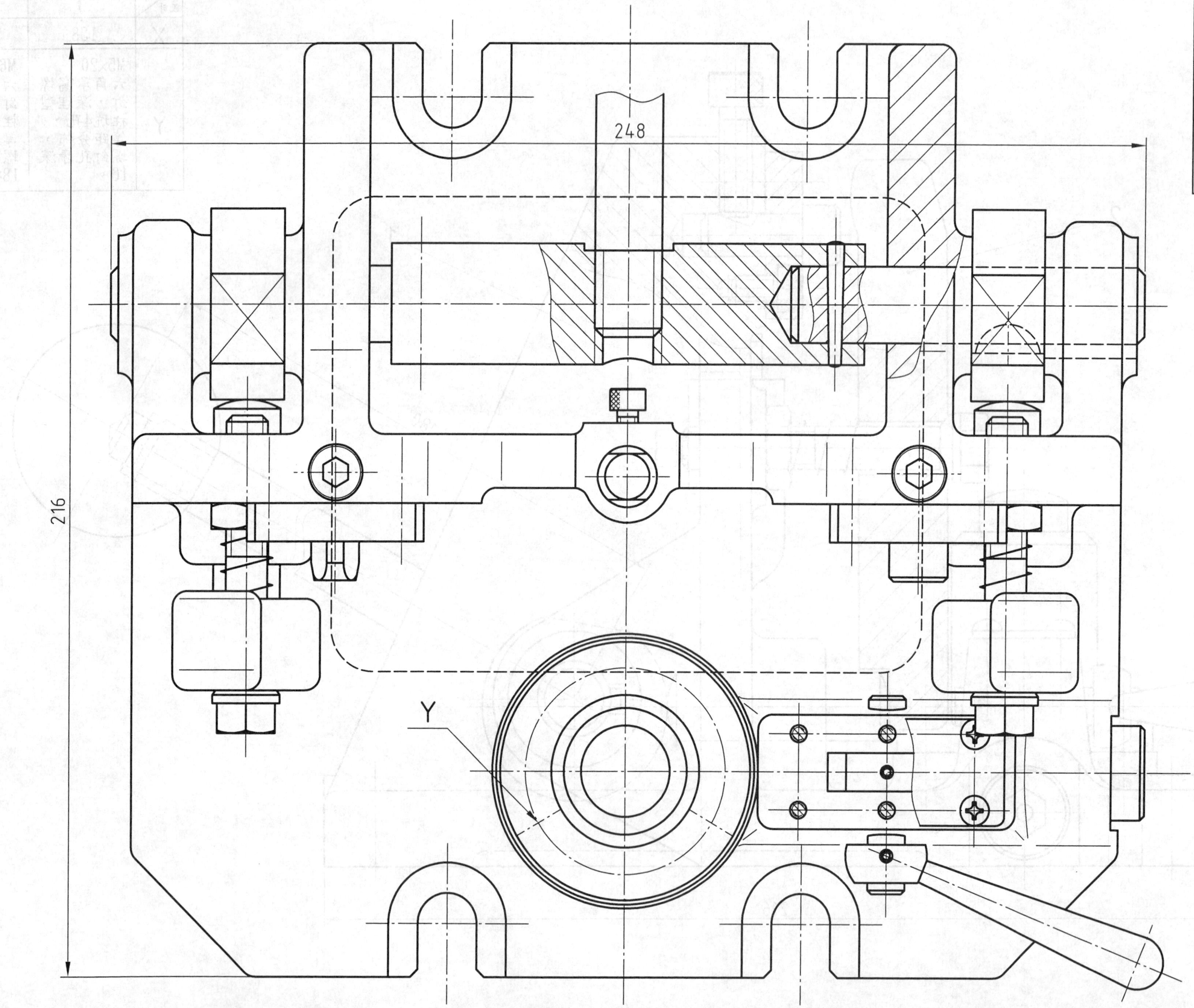

電腦輔助機械設計製圖 乙級技術士技能檢定	核定 單位	勞動力發展署 技能檢定中心	圖 名	銑削夾具		時 數	4 小時	A. 工作圖	試 題 編 號	
			投 影	第三角法	比 例 1 : 1	日 期	民國 99 年12 月		20800-990206-A	4/4

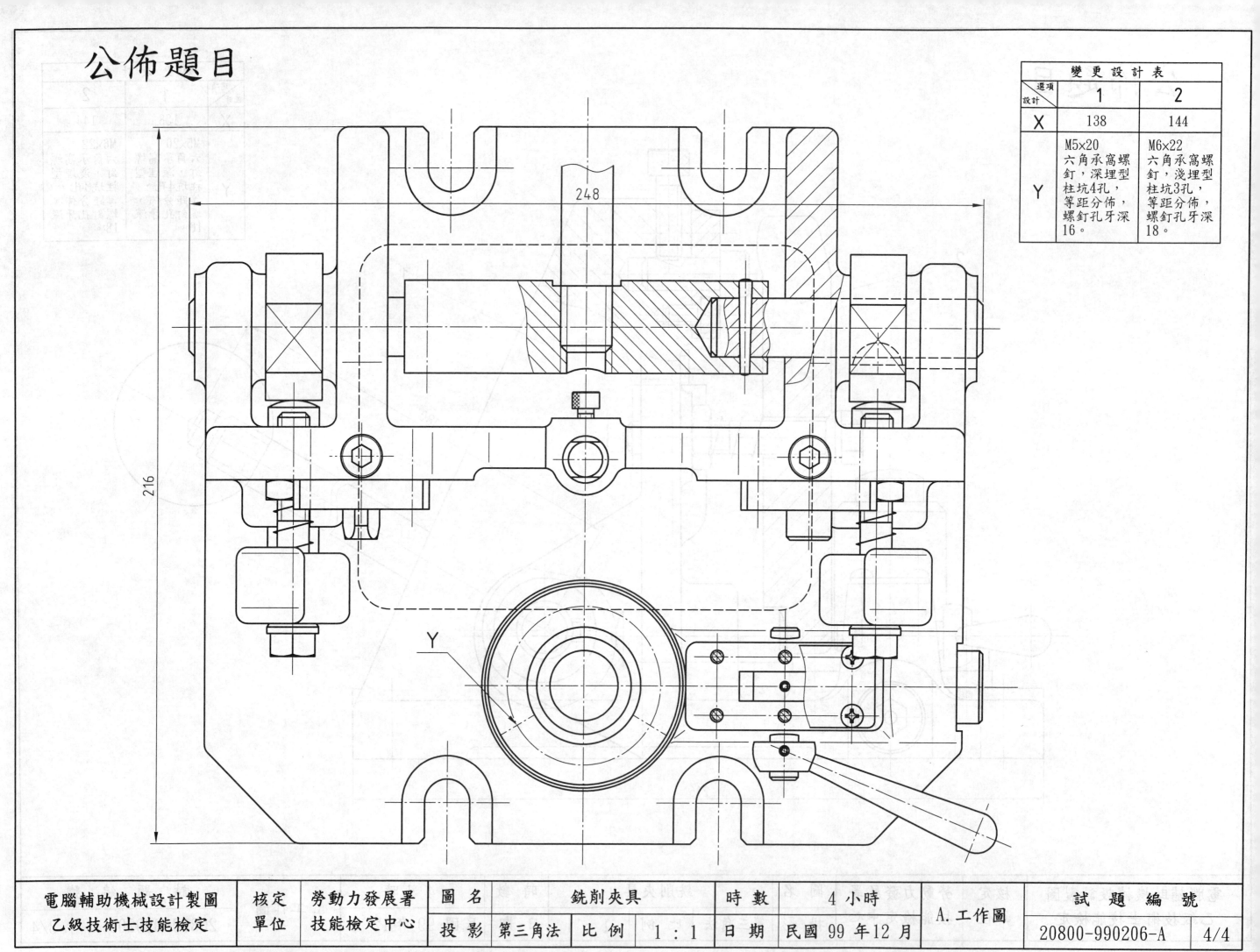

試題編號：20800-990207-A

工作圖試題說明：

一、 本工作圖試題繪製**時間4小時**(可提前交卷但不加分)，不含出圖時間。試題依第三角法 命題，應檢人可選用第一角法或第三角法繪製，惟不得混用。

二、 應檢人繪製時，圖中的線條、數字及符號等應依照最近公佈之CNS國家標準繪製。

三、 應檢人依規定可使用之自備工具爲：**直尺**、**量角器**、**比例尺**等。只可參閱場地提供之設計資料檔，嚴禁攜帶**自備之設計資料**及**任何儲存媒體**。

四、 『**變更設計**』由監評人員現場抽定(寫於黑板上)，依試題所示之變更設計X及Y處繪製， 變更設計將加重計分。

五、 **試題**：(依監評人員抽定之變更設計繪製)

1. 繪製零件 1 及零件 2：出圖於一張 A2 圖紙

   依 1：1 之比例，繪製零件 1 及零件 2 之工作圖於一張 A2 圖紙，工作圖須含尺度標註、公差配合、幾何公差、表面織構符號及零件表等。

2. 繪零件 5 及零件 6：出圖於一張 A3 圖紙

   依 1：1 之比例，繪製零件 5 及零件 6 之工作圖於一張 A3 圖紙，工作圖須含尺度標註、公差配合、幾何公差、表面織構符號及零件表等。

六、 各圖面請繪製如**圖**(a)所示之A2及A3有裝訂邊圖框、標題欄及零件表，如**表**(a)所示，並填妥適當之內容。

七、 繪製時間結束時，請以『**准考證號碼**』爲檔名，存入電腦資料碟中(嚴禁使用自備之任 何儲存媒體)，並確認已經存檔後，電腦螢幕須保留現況，即離開崗位將試題交回給監 評人員，並出場等候出圖之指示。

八、 **出圖**：

1. 中途離場或放棄出圖者須告知監評人員，並在評審表"放棄出圖者"處簽名後離場，若未依規定而離場者視同不及格。
2. 應檢人請依監評人員之指示，將電腦繪製之圖面以黑色列印於規定圖紙上；倘若圖 面未完整列印，得重新出圖，並將前一張圖紙作廢。
3. 應檢人出圖後須確認圖面，並在**右下角簽名**後始得離場。監評人員則在右上角簽章 確認。

表(a) 零件表

件 號	名 稱	數 量	材 料	備 註
1	本體	1	SF490	
2	後蓋	1	SF490	
5	定位蓋	1	S45C	
6	分流芯	1	FCD400	

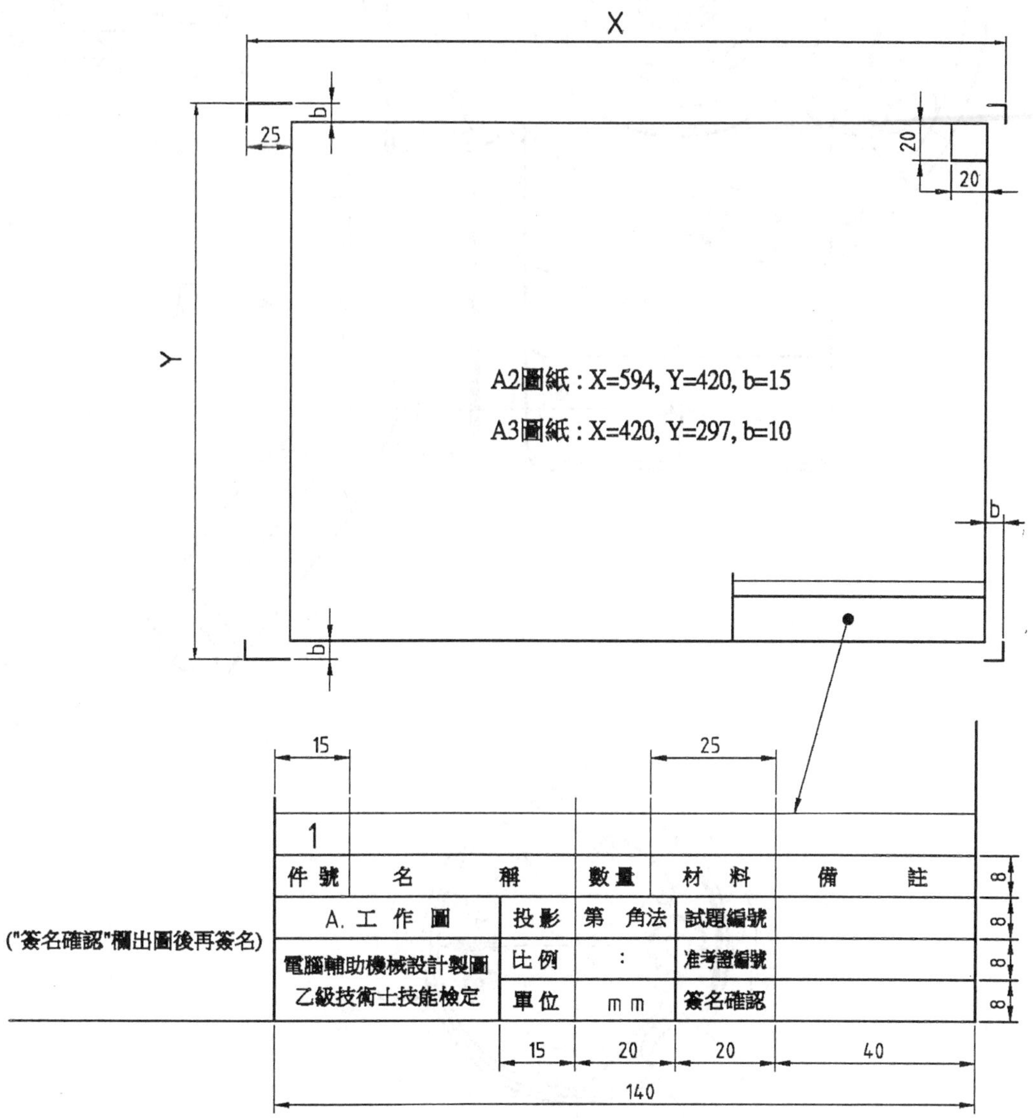

圖(a)

公佈題目

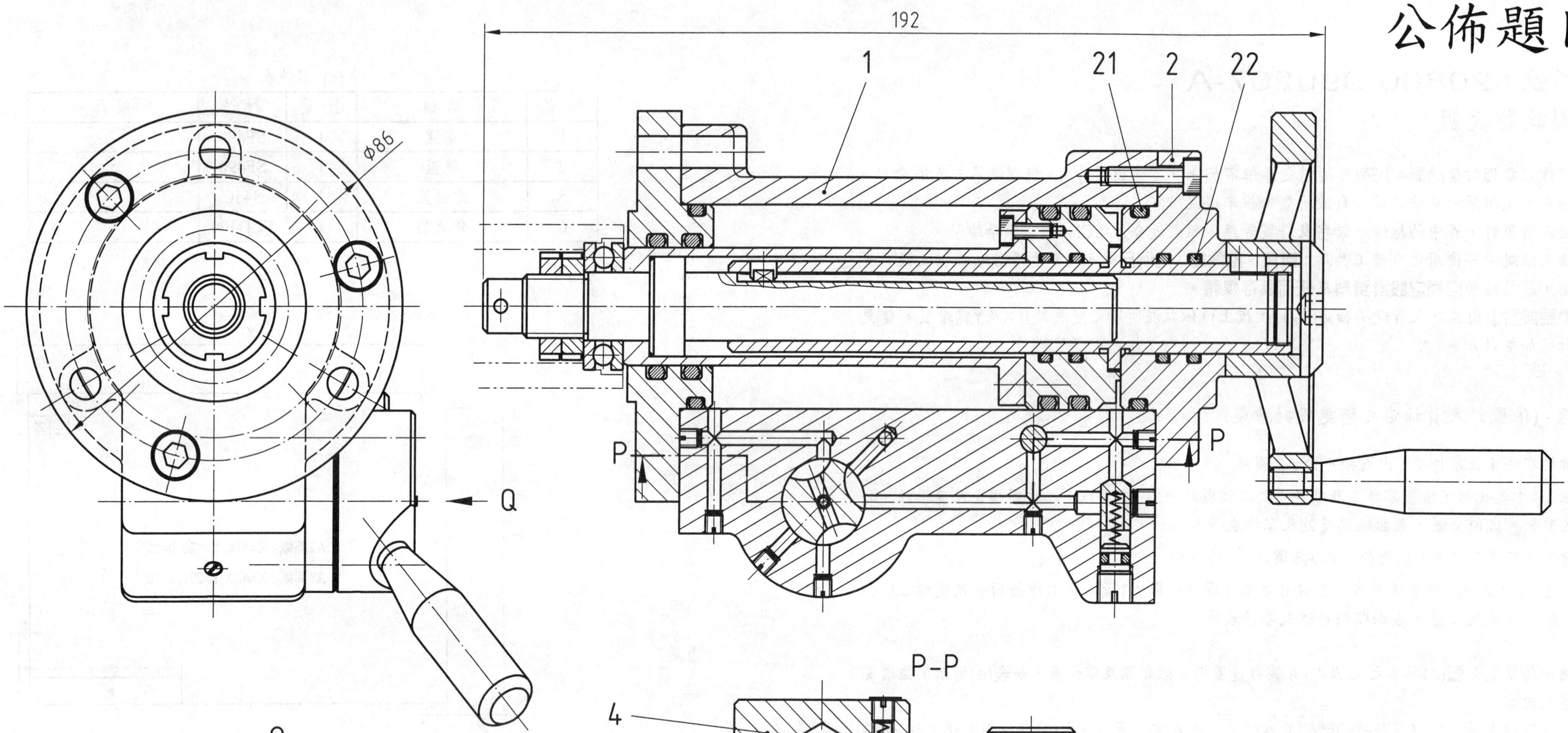

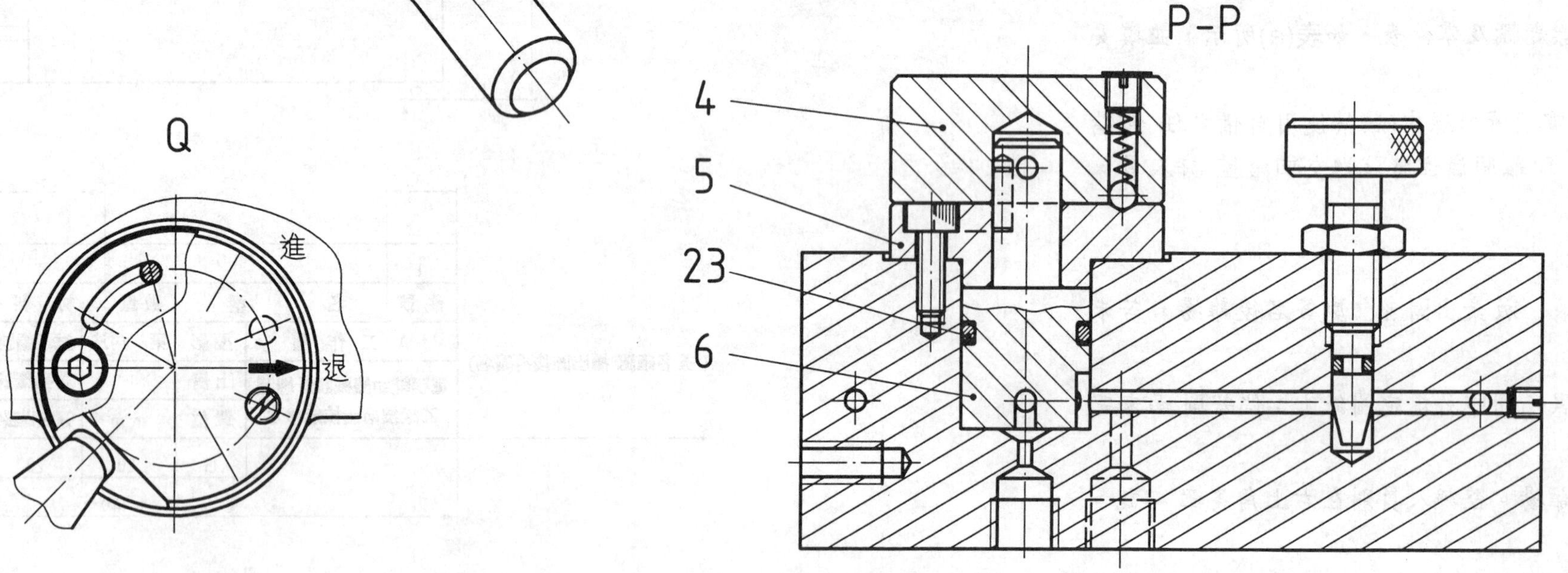

變更設計表		
設計 ＼ 選項	1	2
X	件21：O形環 G40(2件)	件21：O形環 G45(2件)
Y	件22：O形環 P20(4件) 件23：O形環 P16(1件)	件22：O形環 P22(4件) 件23：O形環 P14(1件)

電腦輔助機械設計製圖 乙級技術士技能檢定	核定 單位	勞動力發展署 技能檢定中心	圖 名	油壓進給裝置		時 數	4 小時	A.工作圖	試 題 編 號	
			投 影	第三角法	比 例 1 : 1	日 期	民國 99 年12 月		20800-990207-A	1/2

公佈題目

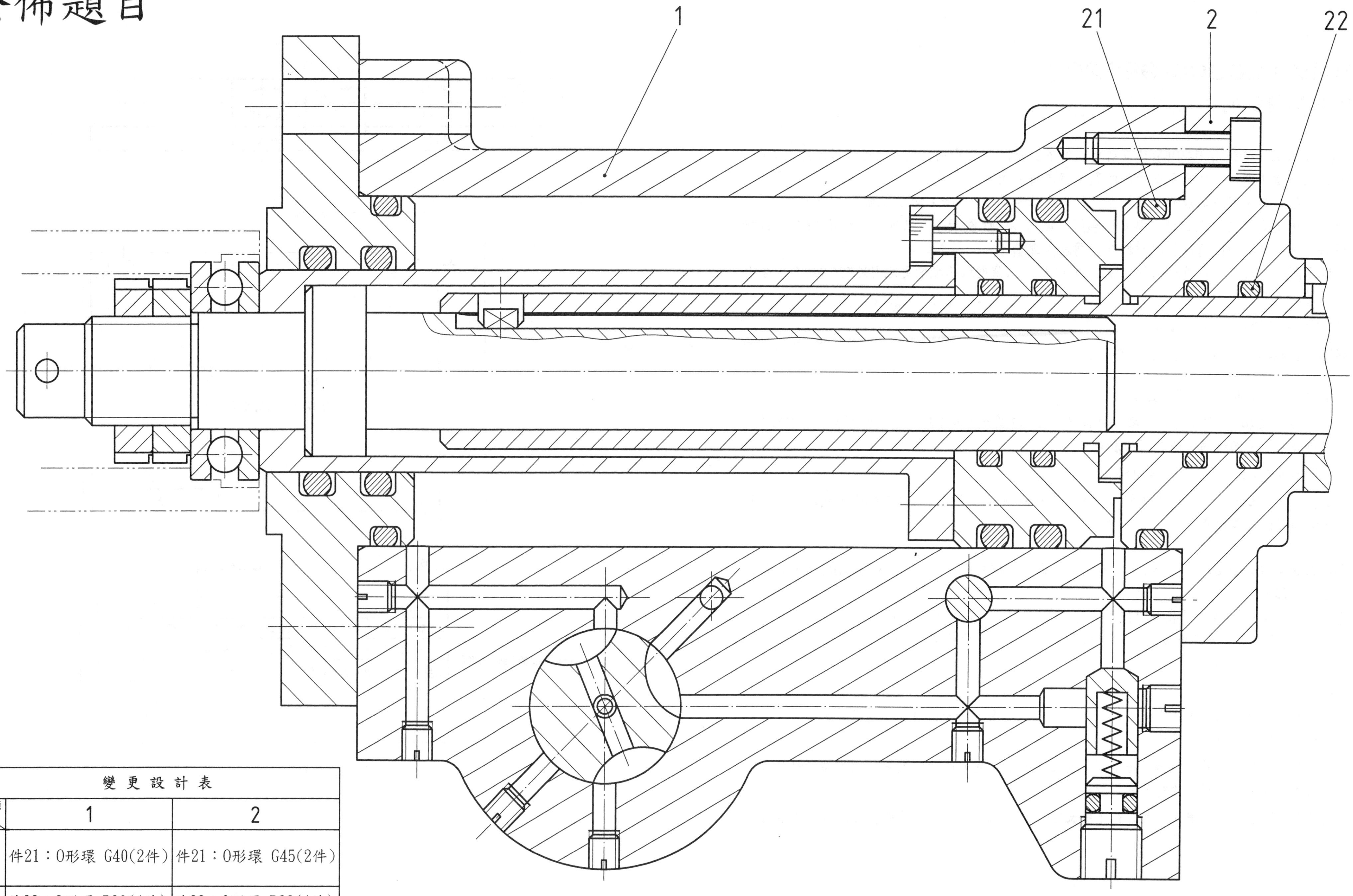

變更設計表		
選項/設計	1	2
X	件21：O形環 G40(2件)	件21：O形環 G45(2件)
Y	件22：O形環 P20(4件) 件23：O形環 P16(1件)	件22：O形環 P22(4件) 件23：O形環 P14(1件)

電腦輔助機械設計製圖 乙級技術士技能檢定	核定 單位	勞動力發展署 技能檢定中心	圖 名	油壓進給裝置		時 數	4 小時	A.工作圖	試 題 編 號
			投 影	第三角法	比 例 2：1	日 期	民國 99 年12 月		20800-990207-A 2/2

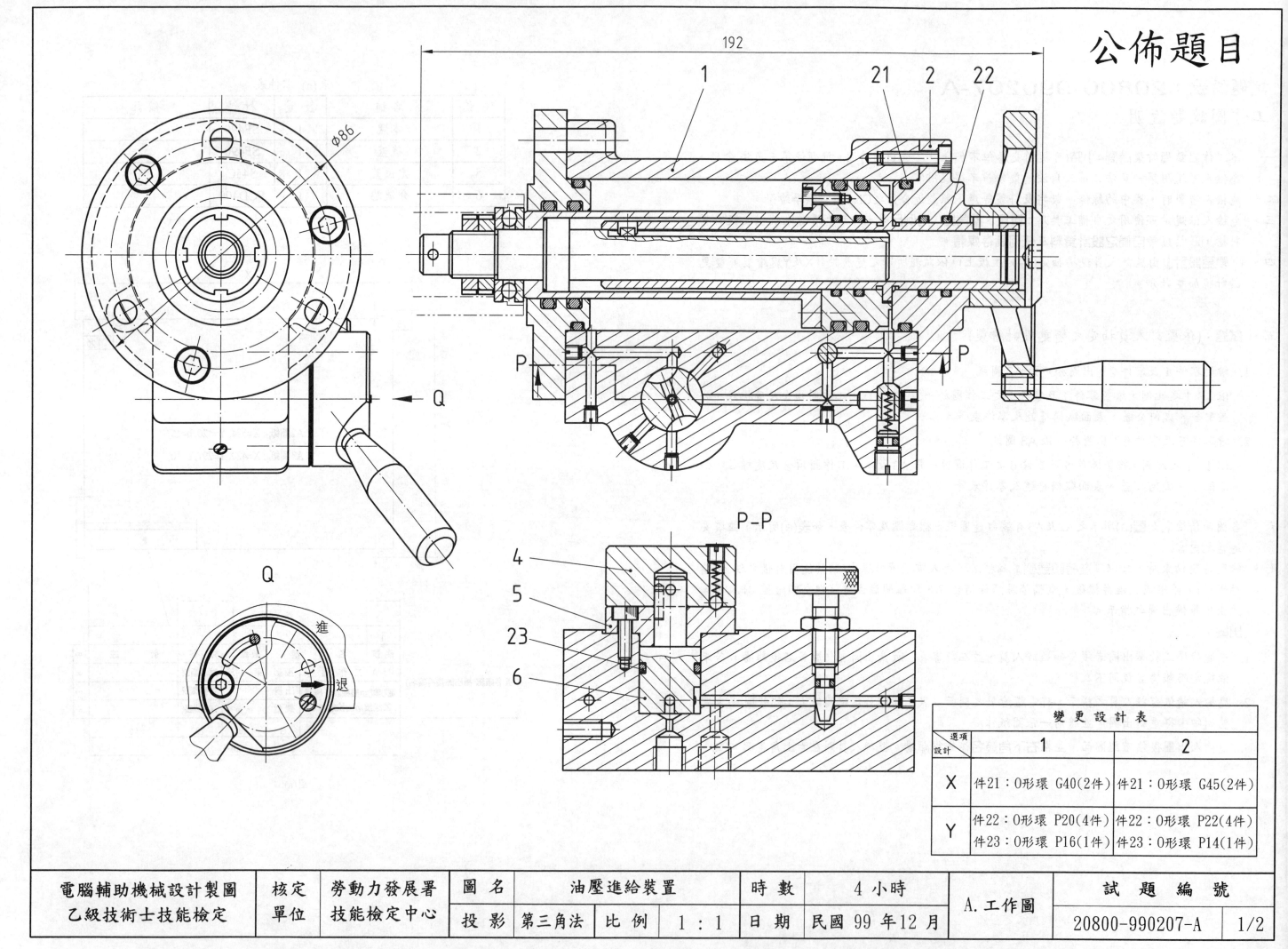

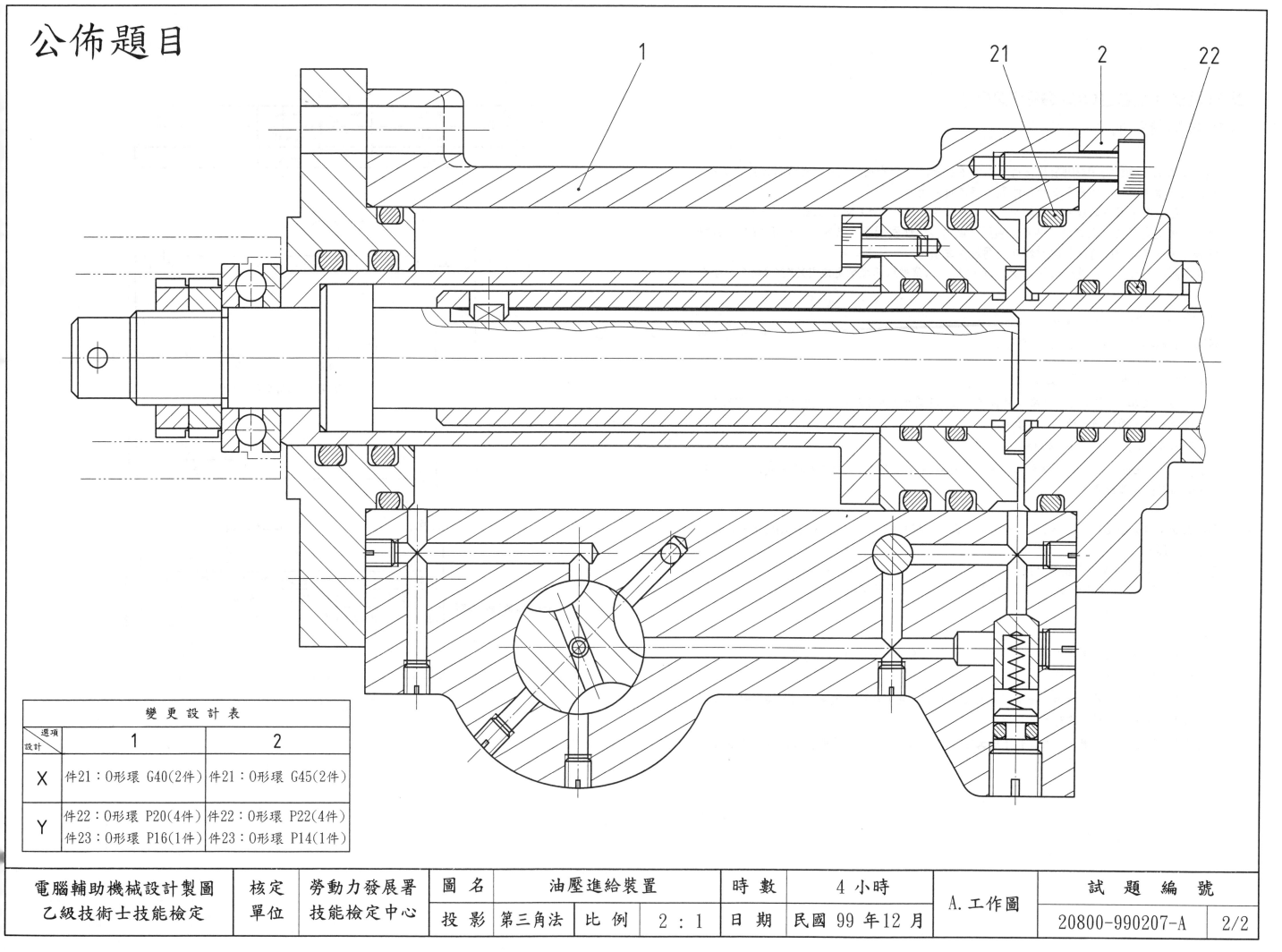

試題編號：20800-990208-A

工作圖試題說明：

一、 本工作圖試題繪製**時間4小時**(可提前交卷但不加分)，不含出圖時間。試題依第三角法命題，應檢人可選用第一角法或第三角法繪製，惟不得混用。

二、 應檢人繪製時，圖中的線條、數字及符號等應依照最近公佈之CNS國家標準繪製。

三、 應檢人依規定可使用之自備工具爲：**直尺**、**量角器**、**比例尺**等。只可參閱場地 提供之設計資料檔，嚴禁攜帶**自備之設計資料**及**任何儲存媒體**。

四、 『**變更設計**』由監評人員現場抽定(寫於黑板上)，依試題所示之變更設計X及Y處繪製，變更設計將加重計分。

五、 **試題**：(依監評人員抽定之變更設計繪製)

1. 繪製零件 1：出圖於一張 A2 圖紙

   依 1：2.5 之比例，繪製零件 1 之工作圖於一張 A2 圖紙，工作圖須含尺度 標註、公差配合、幾何公差、表面織構符號及零件表等。

2. 繪製零件 2：出圖於一張 A3 圖紙

   依 1：2 之比例，繪製零件 2 之工作圖，工作圖須含尺度標註、公差配合、幾何公差、表面織構符號及零件表等。

六、 各圖面請繪製如**圖**(a)所示之A2及A3有裝訂邊圖框、標題欄及零件表，如**表**(a)所示，並填妥適當之內容。

七、 繪製時間結束時，請以『**准考證號碼**』爲檔名，存入電腦資料碟中(嚴禁使用自備之任何儲存媒體)，並確認已經存檔後，電腦螢幕須保留現況，即離開崗位將試題交回給監評人員，並出場等候出圖之指示。

八、 **出圖**：

1. 中途離場或放棄出圖者須告知監評人員，並在評審表“放棄出圖者”處簽名後離場，若未依規定而離場者視同不及格。
2. 應檢人請依監評人員之指示，將電腦繪製之圖面以黑色列印於規定圖紙上；倘若圖面未完整列印，得重新出圖，並將前一張圖紙作廢。
3. 應檢人出圖後須確認圖面，並在**右下角簽名**後始得離場。監評人員則在右上角簽章確認。

表(a) 零件表

件 號	名 稱	數 量	材 料	備 註
1	閥體	1	SC450	
2	閥桿	1	S45C	

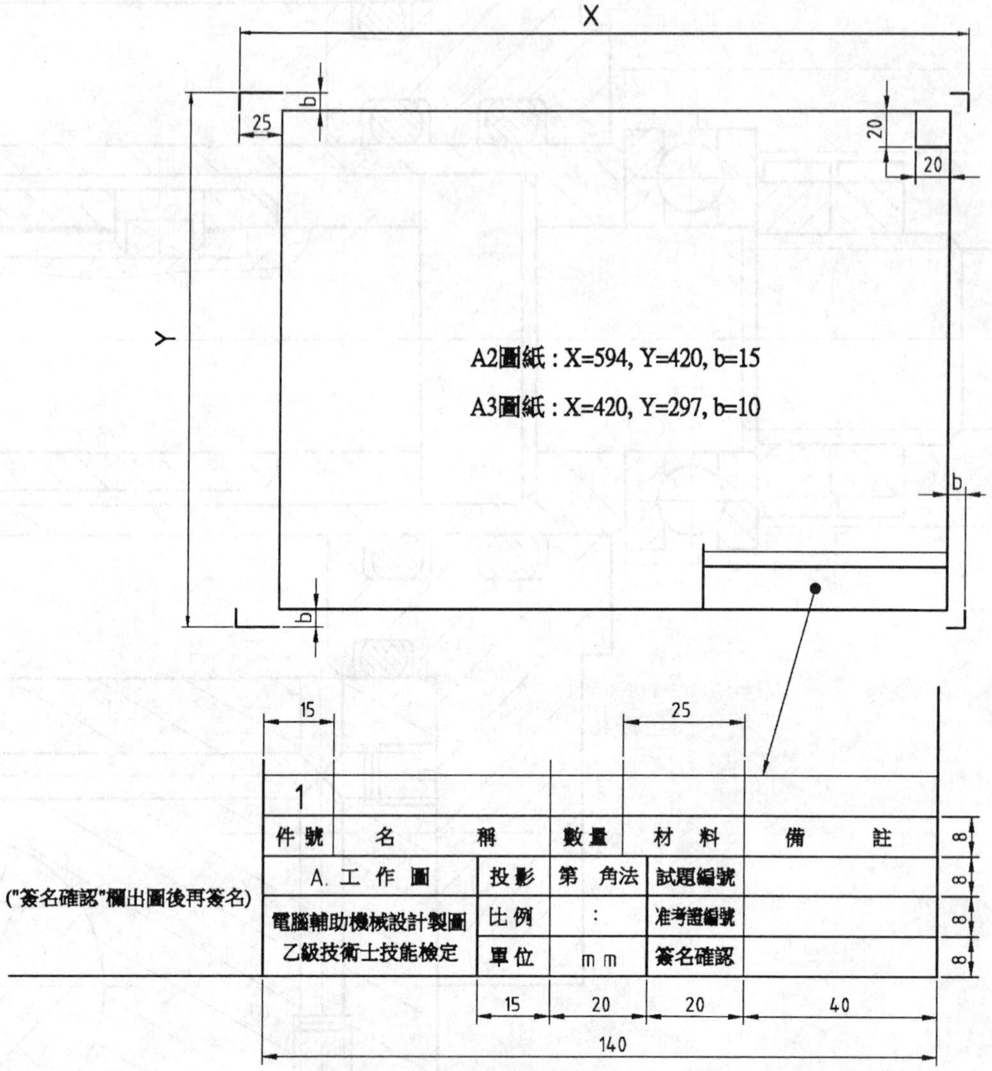

圖(a)

公佈題目

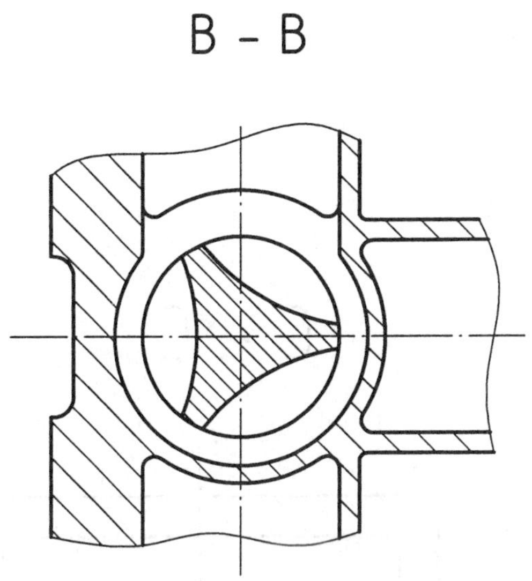

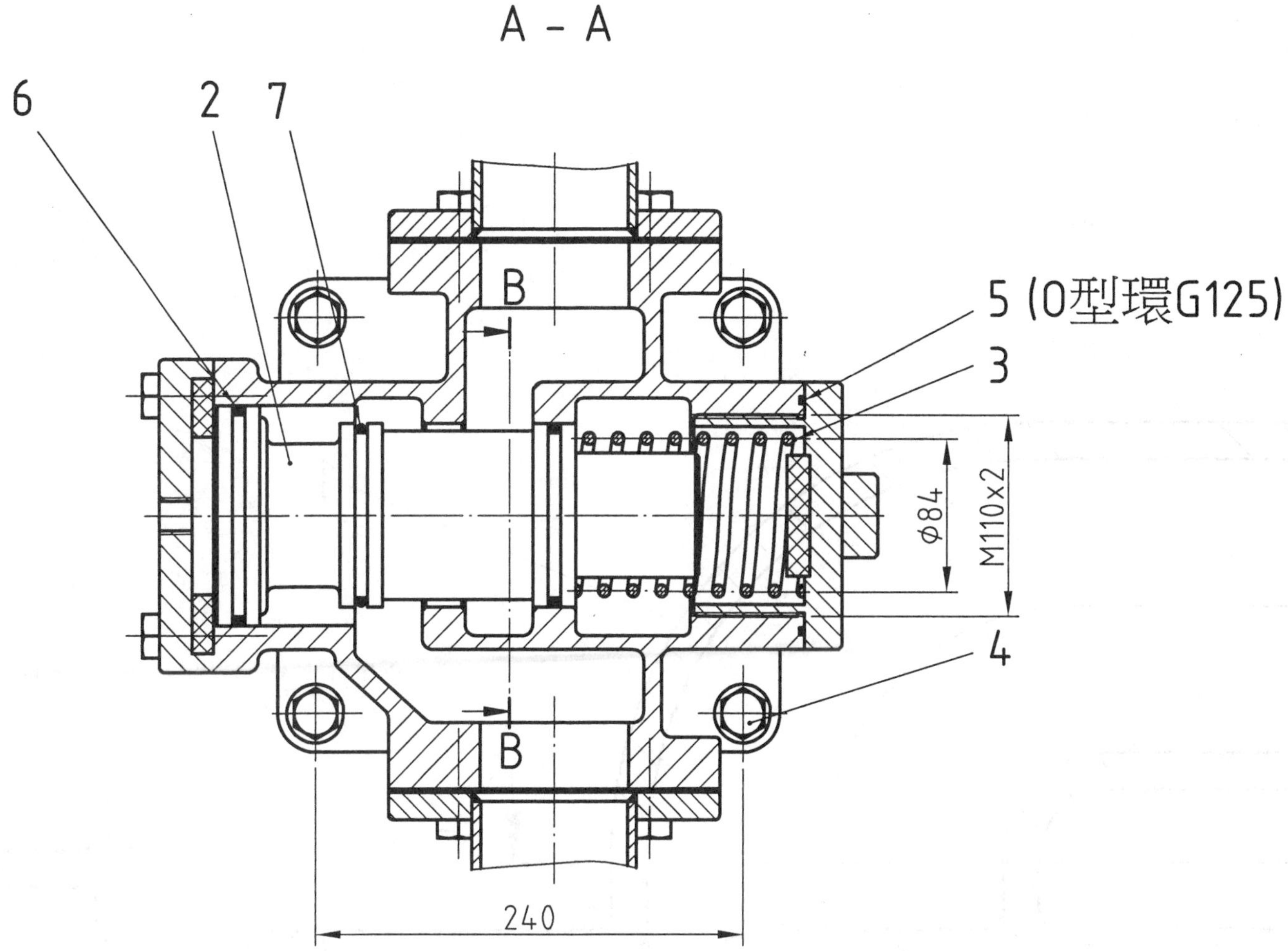

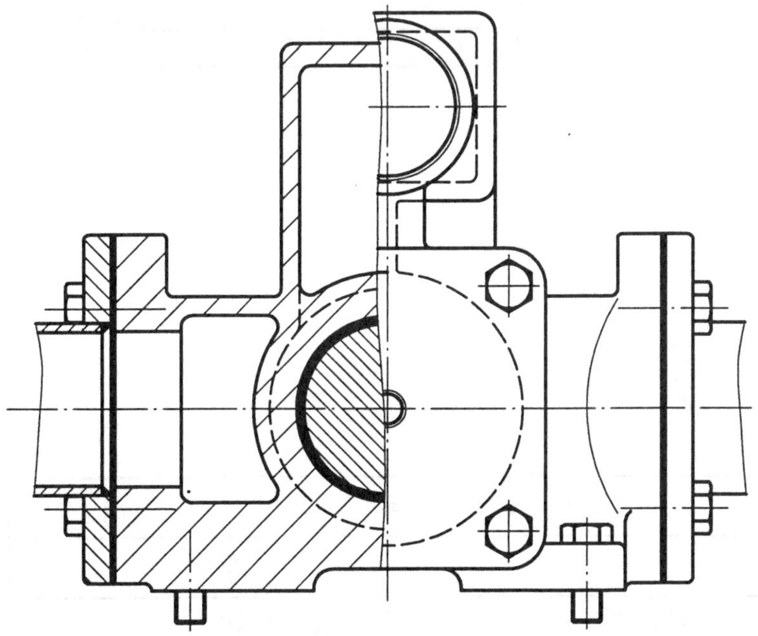

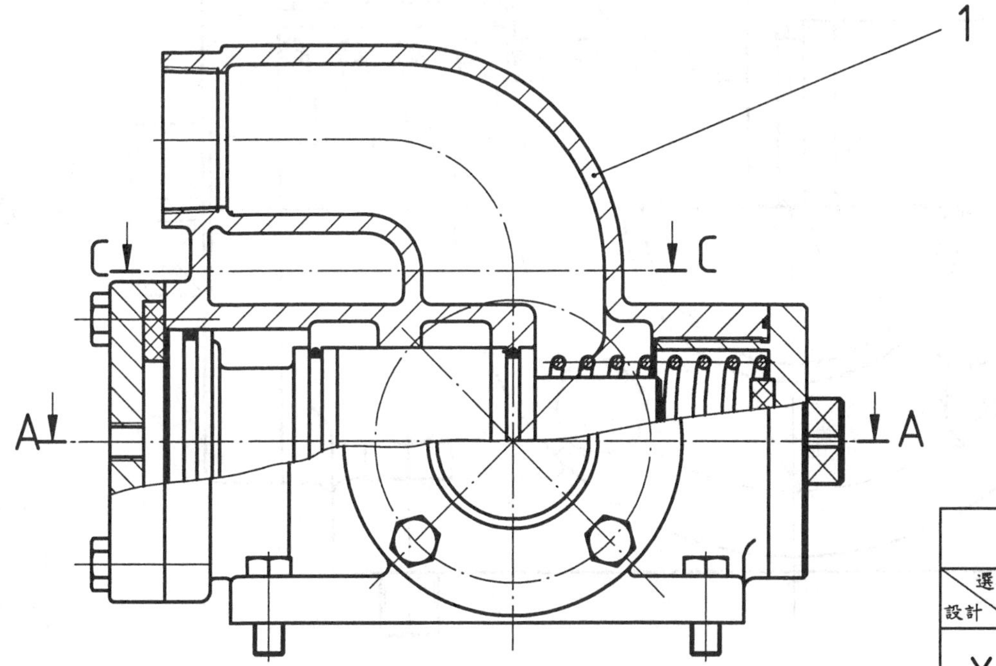

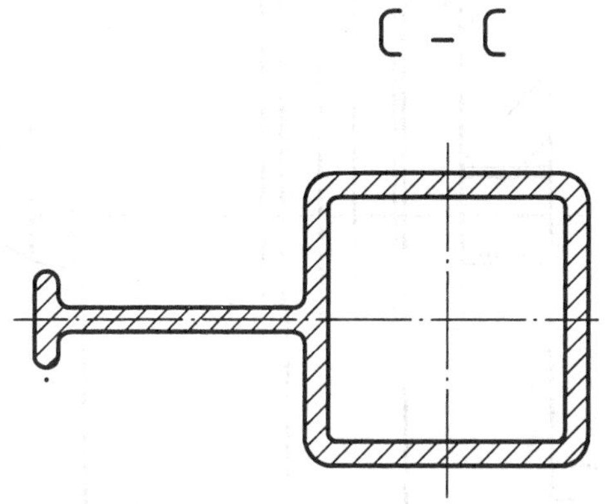

變更設計表		
選項 / 設計	1	2
X	件6: O型環P105 件7: O型環P85	件6: O型環P110 件7: O型環P90
Y	件4: M16六角螺栓(魚眼孔)	件4: M12六角承窩螺栓 (深埋型承窩孔)

電腦輔助機械設計製圖 乙級技術士技能檢定	核定 單位	勞動力發展署 技能檢定中心	圖 名	三通閥		時 數	4 小時	A. 工作圖	試 題 編 號
			投 影	第三角法	比 例 1 : 4	日 期	民國 99 年12 月		20800-990208-A 1/4

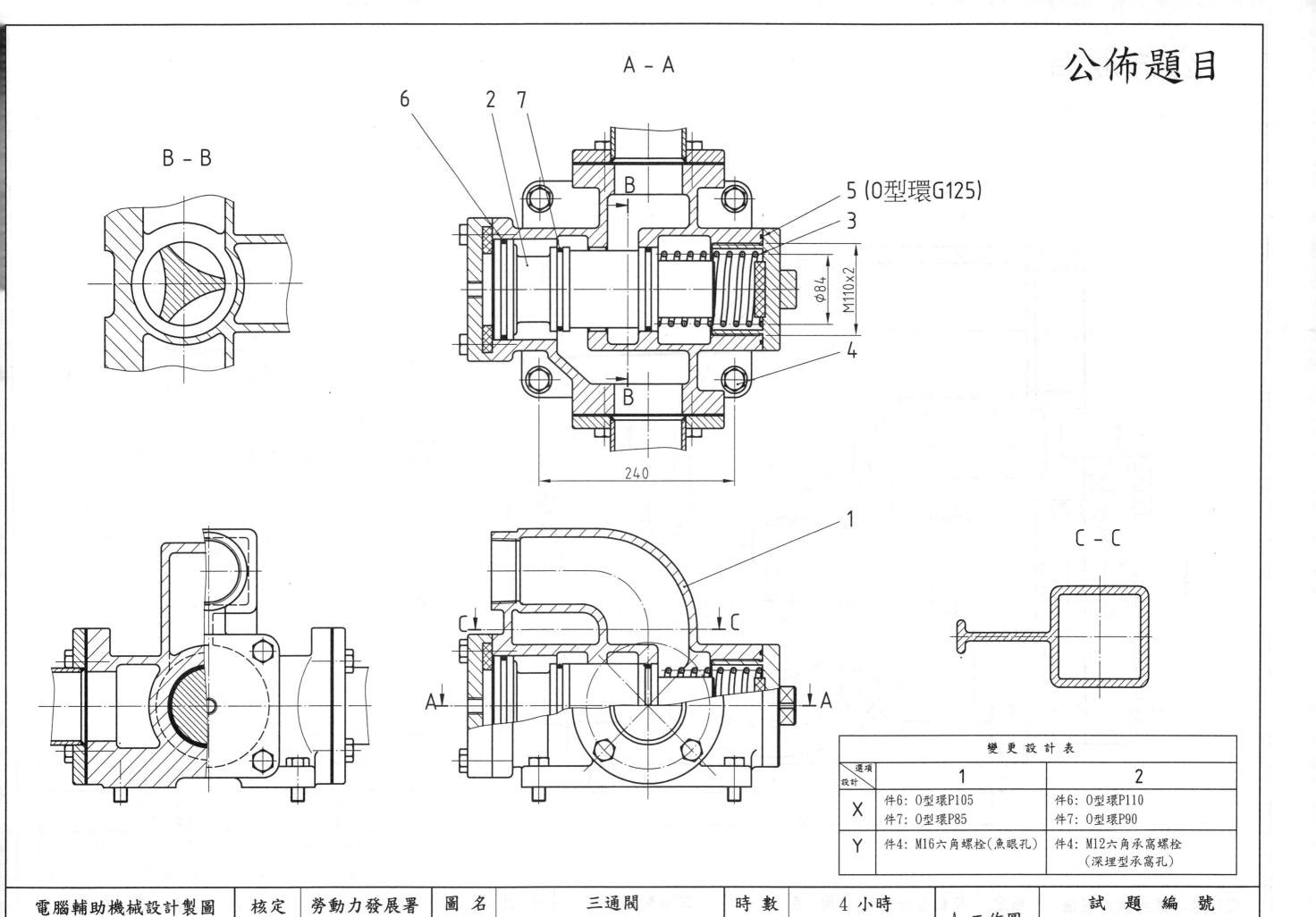

公佈題目

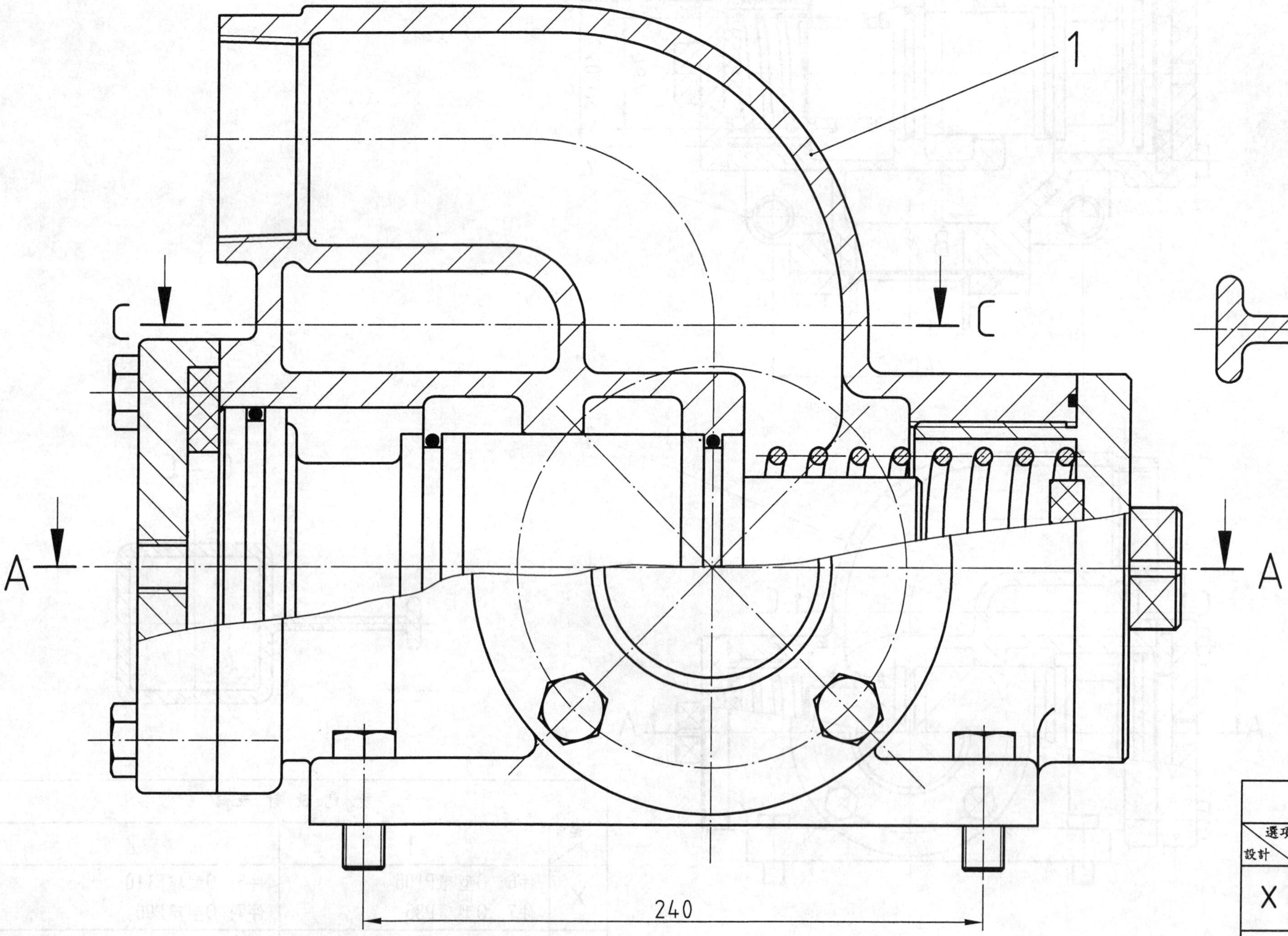

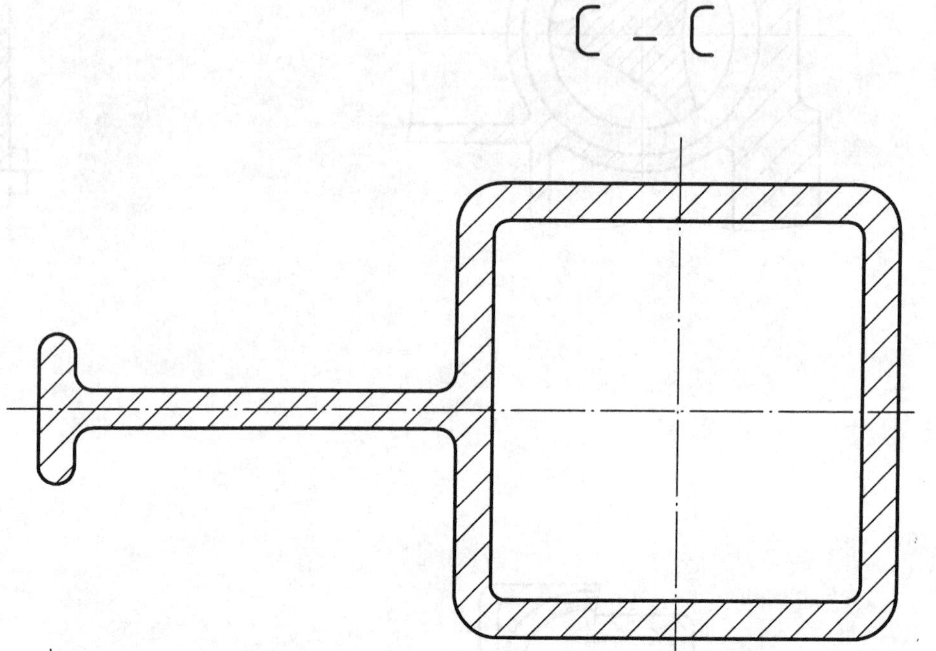

變更設計表		
選項 設計	1	2
X	件6: O型環P105 件7: O型環P85	件6: O型環P110 件7: O型環P90
Y	件4: M16六角螺栓(魚眼孔)	件4: M12六角承窩螺栓 (深埋型承窩孔)

電腦輔助機械設計製圖 乙級技術士技能檢定	核定 單位	勞動力發展署 技能檢定中心	圖 名	三通閥	時 數	4 小時	A. 工作圖	試 題 編 號
			投 影	第三角法	比 例	1 : 2	日 期	民國 99 年12 月		20800-990208-A 2/4

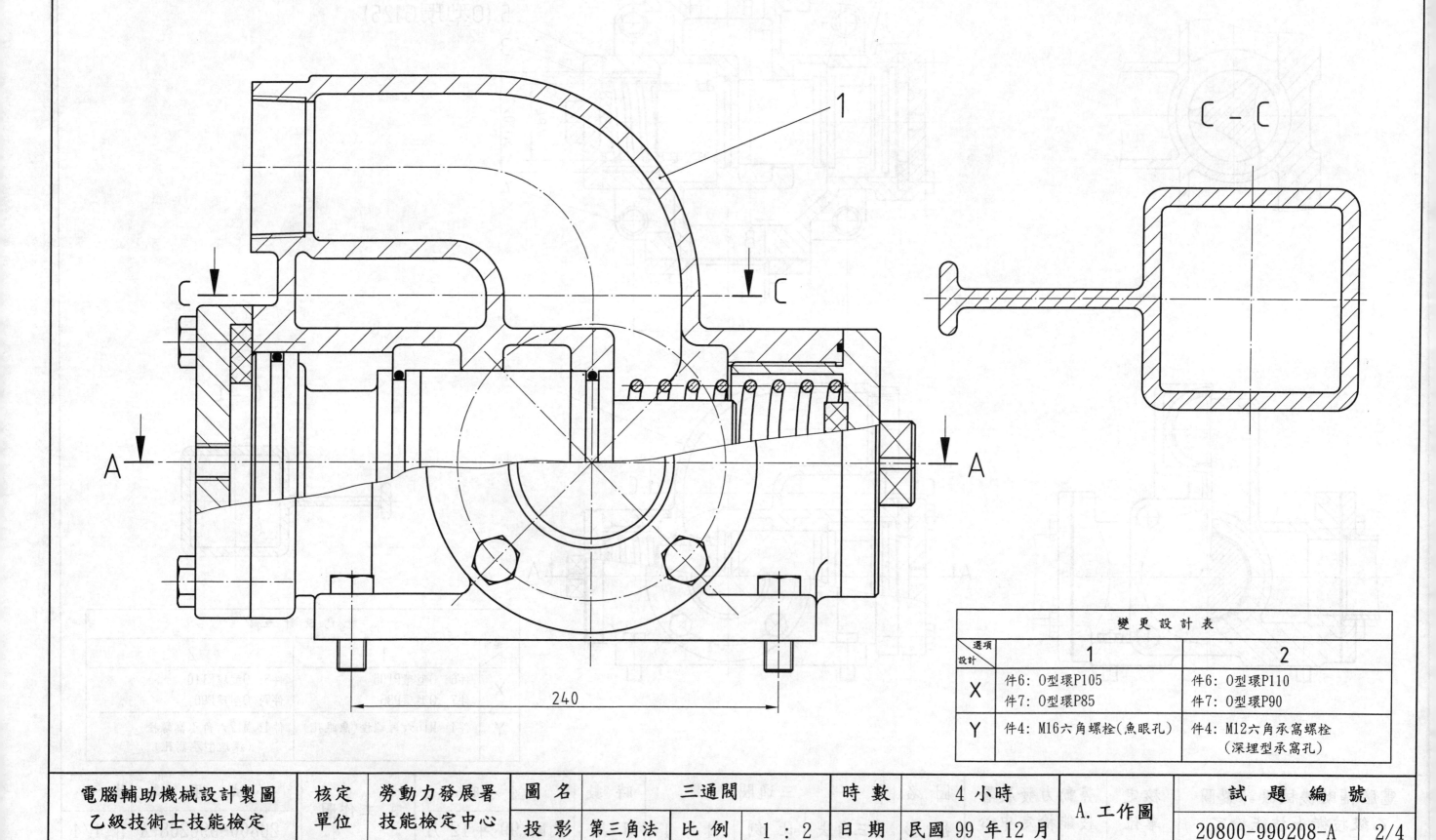

公佈題目

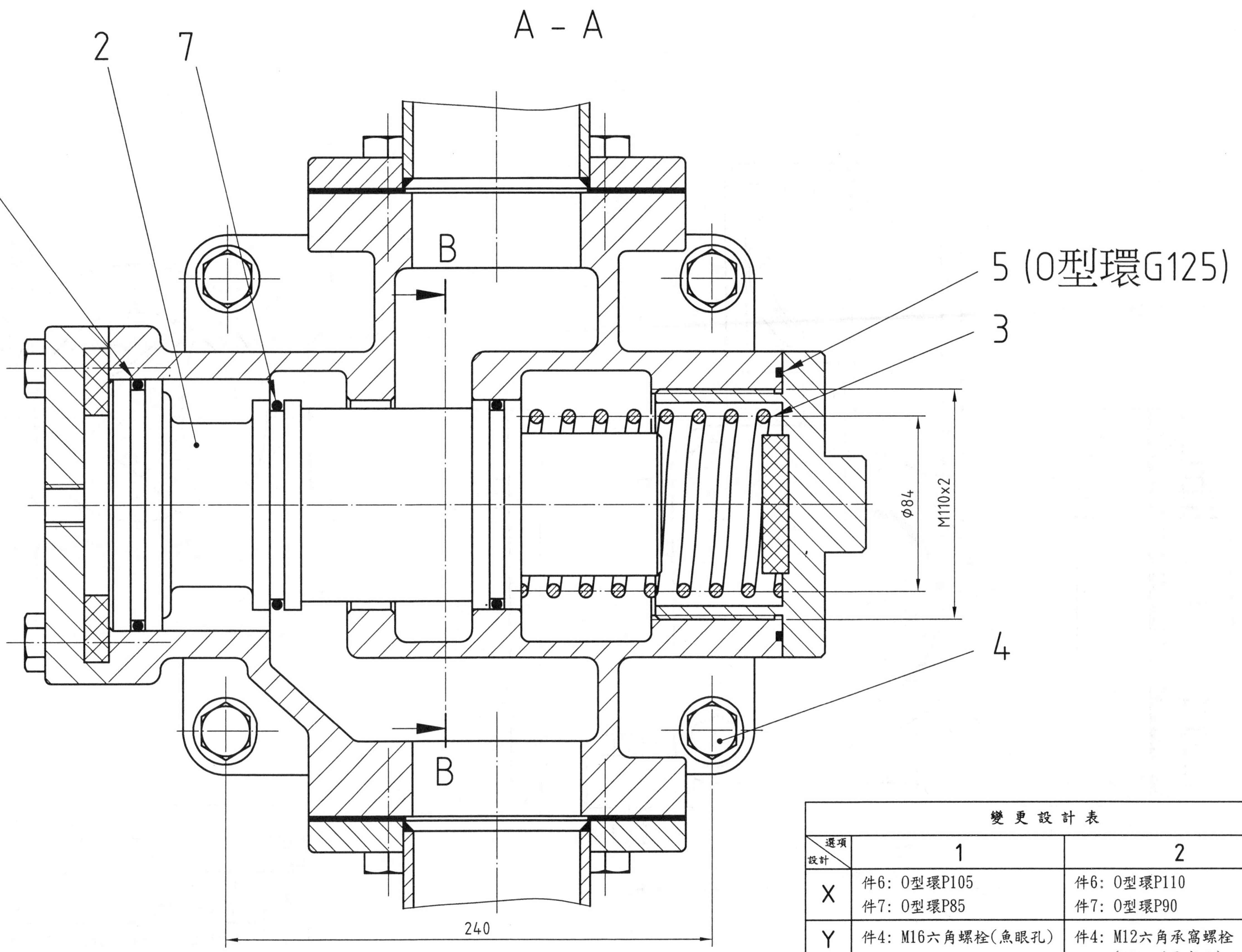

變更設計表		
選項 / 設計	1	2
X	件6: O型環P105 件7: O型環P85	件6: O型環P110 件7: O型環P90
Y	件4: M16六角螺栓(魚眼孔)	件4: M12六角承窩螺栓 (深埋型承窩孔)

電腦輔助機械設計製圖 乙級技術士技能檢定	核定 單位	勞動力發展署 技能檢定中心	圖名	三通閥	時數	4 小時	A. 工作圖	試題編號
			投影	第三角法	比例 1 : 2	日期	民國 99 年12 月	20800-990208-A 3/4

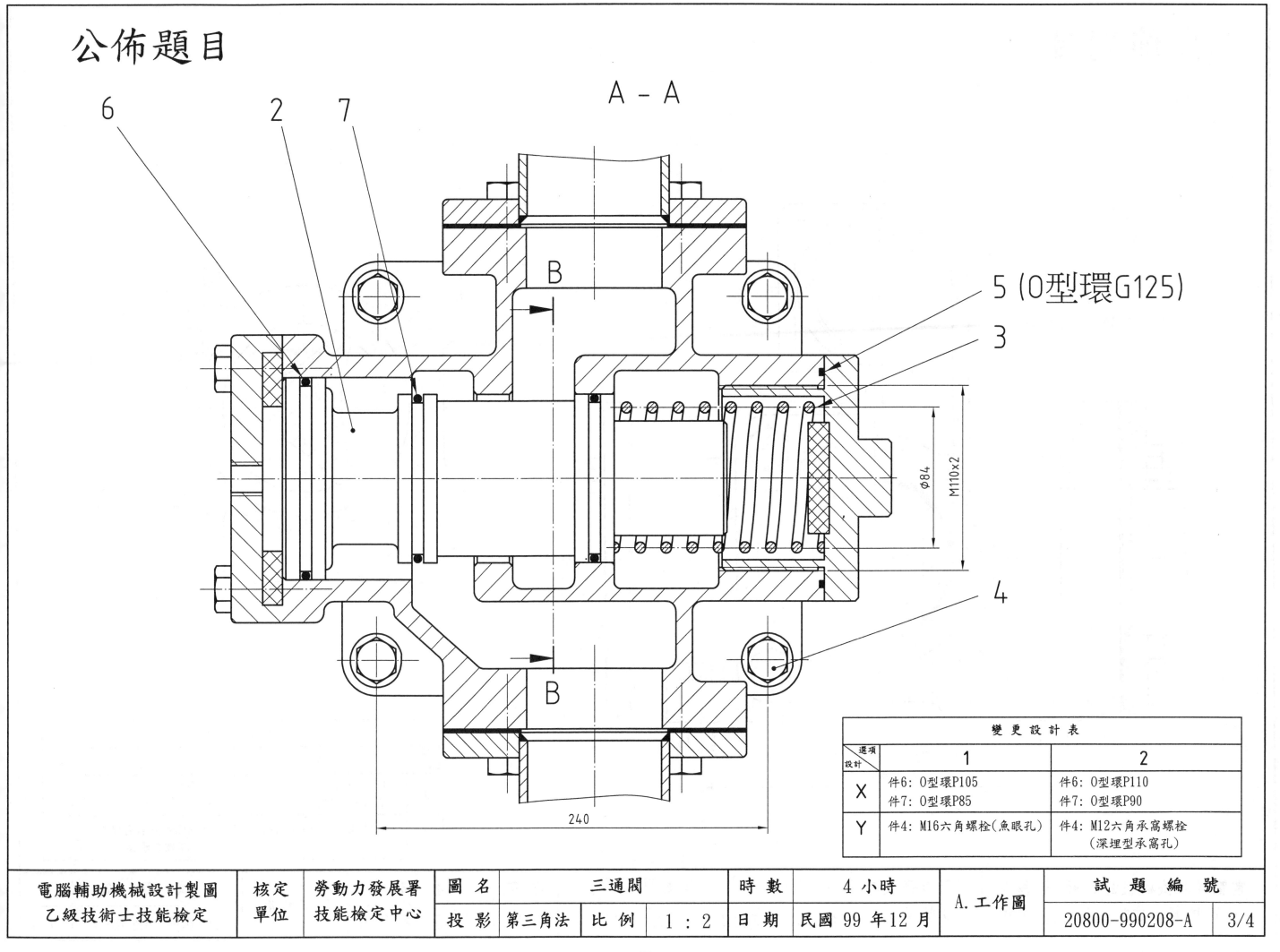

公佈題目

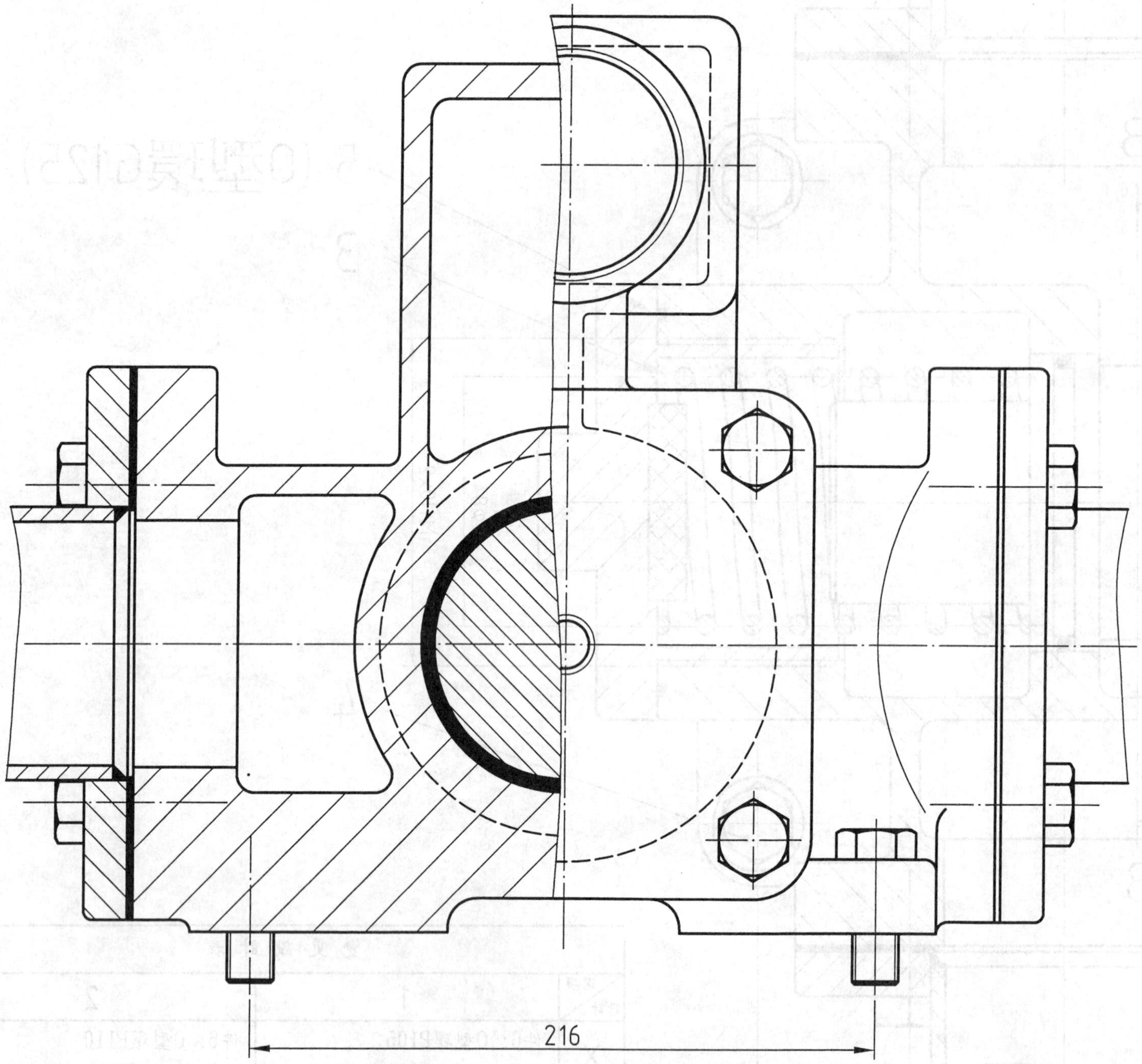

B -B

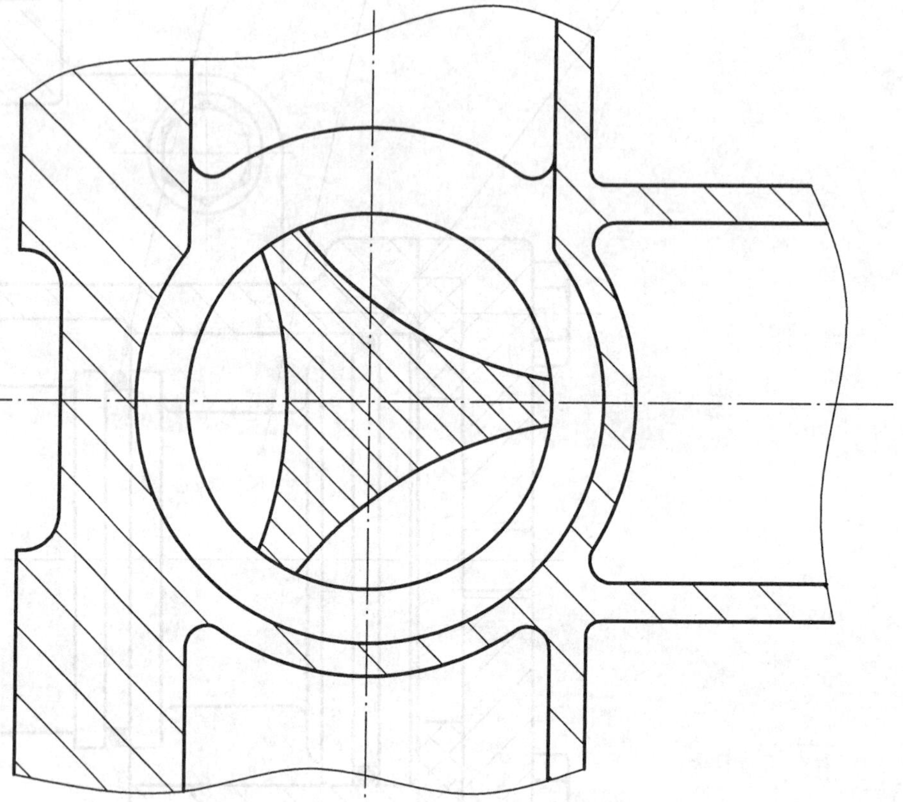

變更設計表

設計 \ 選項	1	2
X	件6：O型環P105 件7：O型環P85	件6：O型環P110 件7：O型環P90
Y	件4：M16六角螺栓(魚眼孔)	件4：M12六角承窩螺栓 (深埋型承窩孔)

電腦輔助機械設計製圖 乙級技術士技能檢定	核定 單位	勞動力發展署 技能檢定中心	圖 名	三通閥		時 數	4 小時	A.工作圖	試 題 編 號
			投 影	第三角法	比 例	1：2	日 期	民國 99 年12 月	20800-990208-A 4/4

試題編號：20800-990209-A

工作圖試題說明：

一、 本工作圖試題繪製**時間4小時**(可提前交卷但不加分)，不含出圖時間。試題依第三角法 命題，應檢人可選用第一角法或第三角法繪製，惟不得混用。

二、 應檢人繪製時，圖中的線條、數字及符號等應依照最近公佈之CNS國家標準繪製。

三、 應檢人依規定可使用之自備工具爲：**直尺**、**量角器**、**比例尺**等。只可參閱場地 提供之設計資料檔，嚴禁攜帶**自備之設計資料**及**任何儲存媒體**。

四、 『**變更設計**』由監評人員現場抽定(寫於黑板上)，依試題所示之變更設計X及Y處繪製， 變更設計將加重計分。

五、 **試題**：(依監評人員抽定之變更設計繪製)

1. 繪製零件 1：出圖於一張 A2 圖紙

   依 1：1 之比例，繪製零件 1 之工作圖於一張 A2 圖紙，工作圖須含尺度標註、公差配合、幾何公差、表面織構符號及零件表等。

2. 繪製零件 2、零件 4：出圖於一張 A3 圖紙

   依 1：1 之比例，繪製零件 2；比例 2：1 繪製零件 4 之工作圖於一張 A3 圖紙，工作圖須含尺度標註、公差配合、幾何公差、表面織構符號及零件表等。

六、 各圖面請繪製如**圖**(a)所示之A2及A3有裝訂邊圖框、標題欄及零件表，如**表**(a)所示，並填妥適當之內容。

七、 繪製時間結束時，請以『**准考證號碼**』爲檔名，存入電腦資料碟中(嚴禁使用自備之任 何儲存媒體)，並確認已經存檔後，電腦螢幕須保留現況，即離開崗位將試題交回給監 評人員，並出場等候出圖之指示。

八、 **出圖**：

1. 中途離場或放棄出圖者須告知監評人員，並在評審表"放棄出圖者"處簽名後離場，若未依規定而離場者視同不及格。
2. 應檢人請依監評人員之指示，將電腦繪製之圖面以黑色列印於規定圖紙上；倘若圖 面未完整列印，得重新出圖，並將前一張圖紙作廢。
3. 應檢人出圖後須確認圖面，並在**右下角簽名**後始得離場。監評人員則在右上角簽章 確認。

表(a) 零件表

件 號	名 稱	數 量	材 料	備 註
1	本體	1	FC250	
2	分度鳩尾座	1	FC250	
4	定位圓柱	1	S45C	

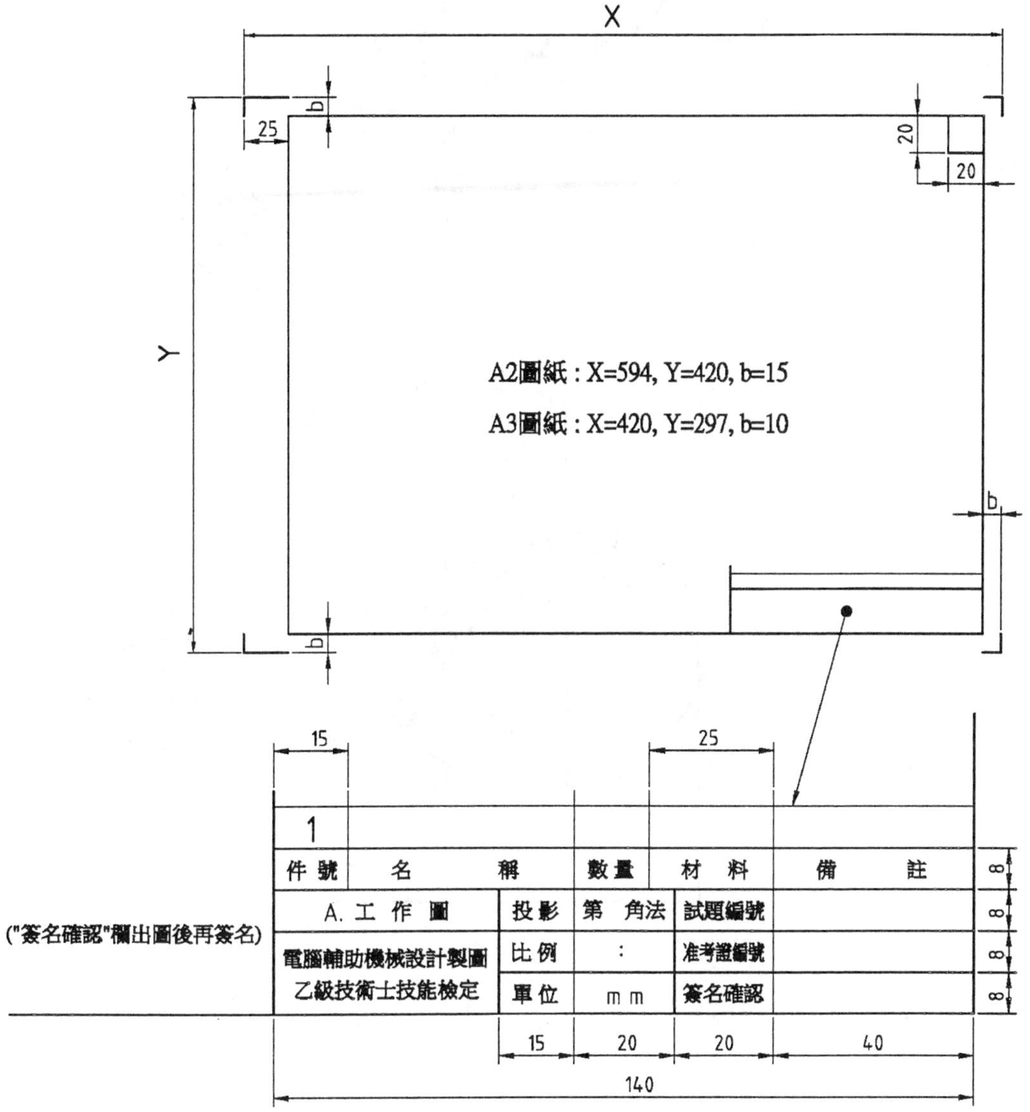

圖(a)

公佈題目

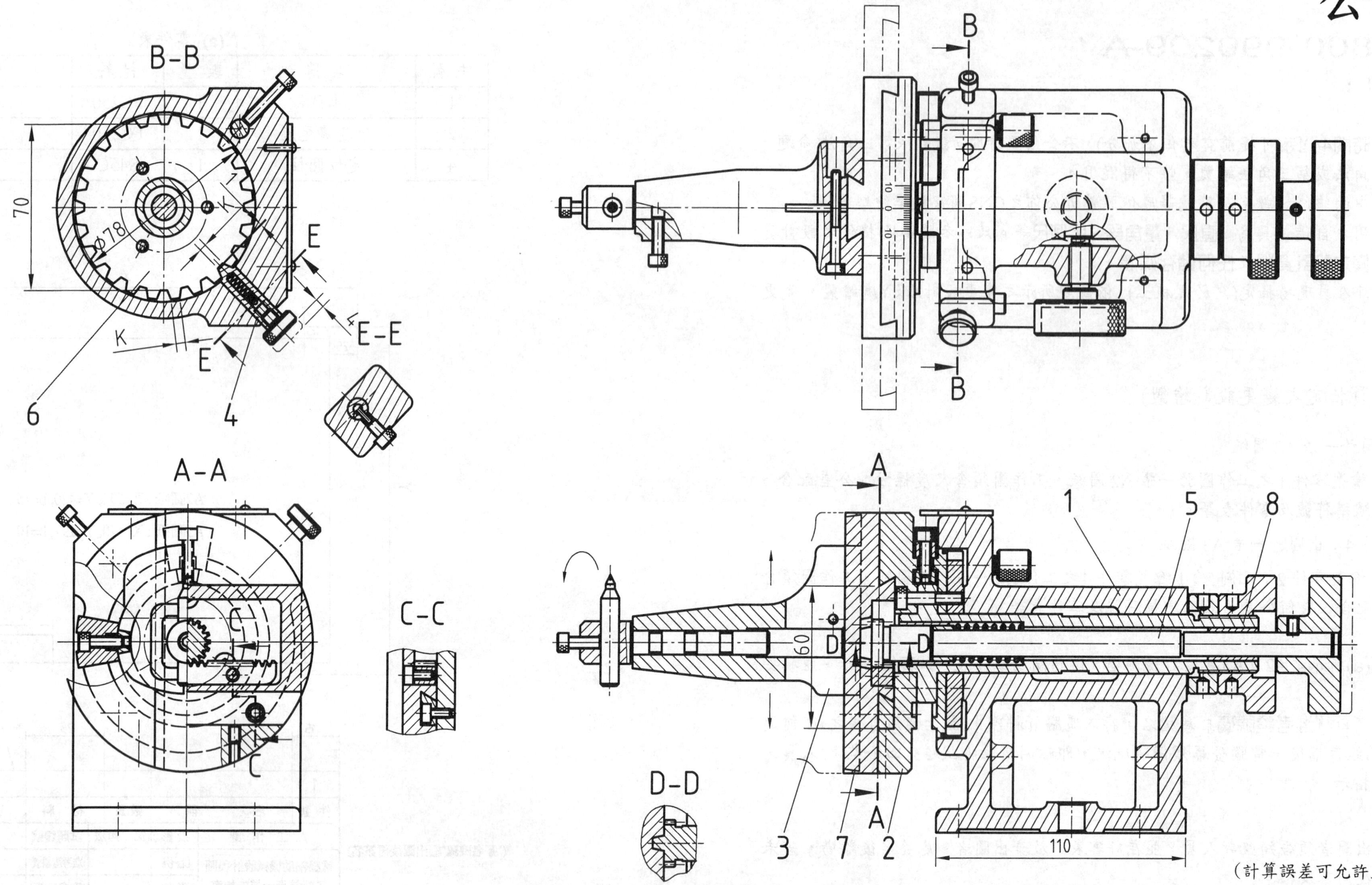

(計算誤差可允許至小數點第三位)

(計算角度誤差可允許至個位數秒)

變更設計表		
選項 / 設計	1	2
X	件2:鳩尾座角度60°	件2:鳩尾座角度55°
Y	件6:棘輪齒數24, K=3 棘輪大小徑不變	件6:棘輪齒數24, K=3.5 棘輪大小徑不變

電腦輔助機械設計製圖 乙級技術士技能檢定	核定 單位	勞動力發展署 技能檢定中心	圖 名	砂輪修整器		時 數	4 小時	A.工作圖	試 題 編 號
			投 影	第三角法	比 例 1 : 2	日 期	民國 99 年12 月		20800-990209-A 1/4

公佈題目

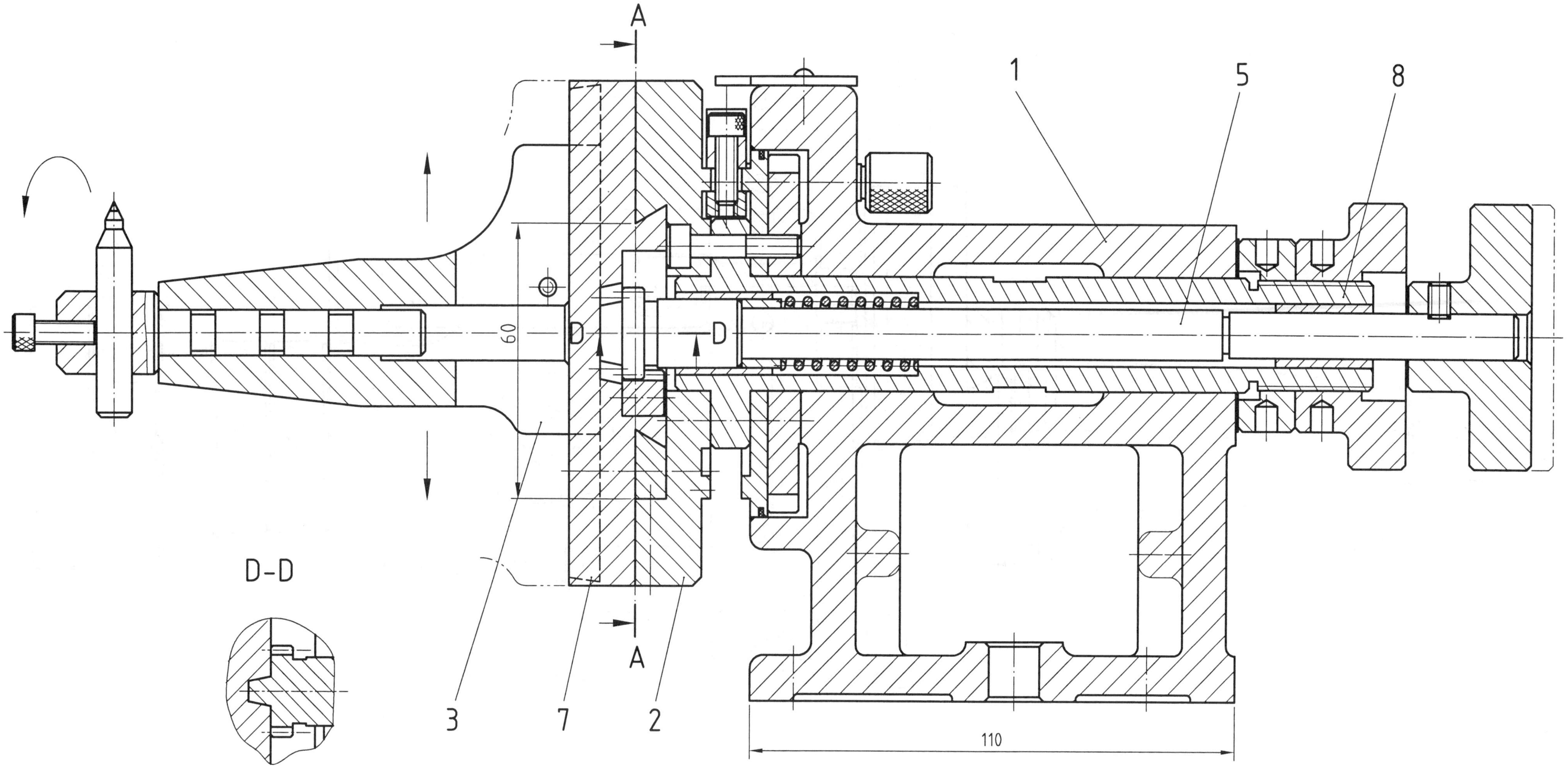

前視圖

電腦輔助機械設計製圖 乙級技術士技能檢定	核定 單位	勞動力發展署 技能檢定中心	圖　名	砂輪修整器			時　數	4 小時	A. 工作圖	試　題　編　號	
			投　影	第三角法	比　例	1 : 1	日　期	民國 99 年12 月		20800-990209-A	2/4

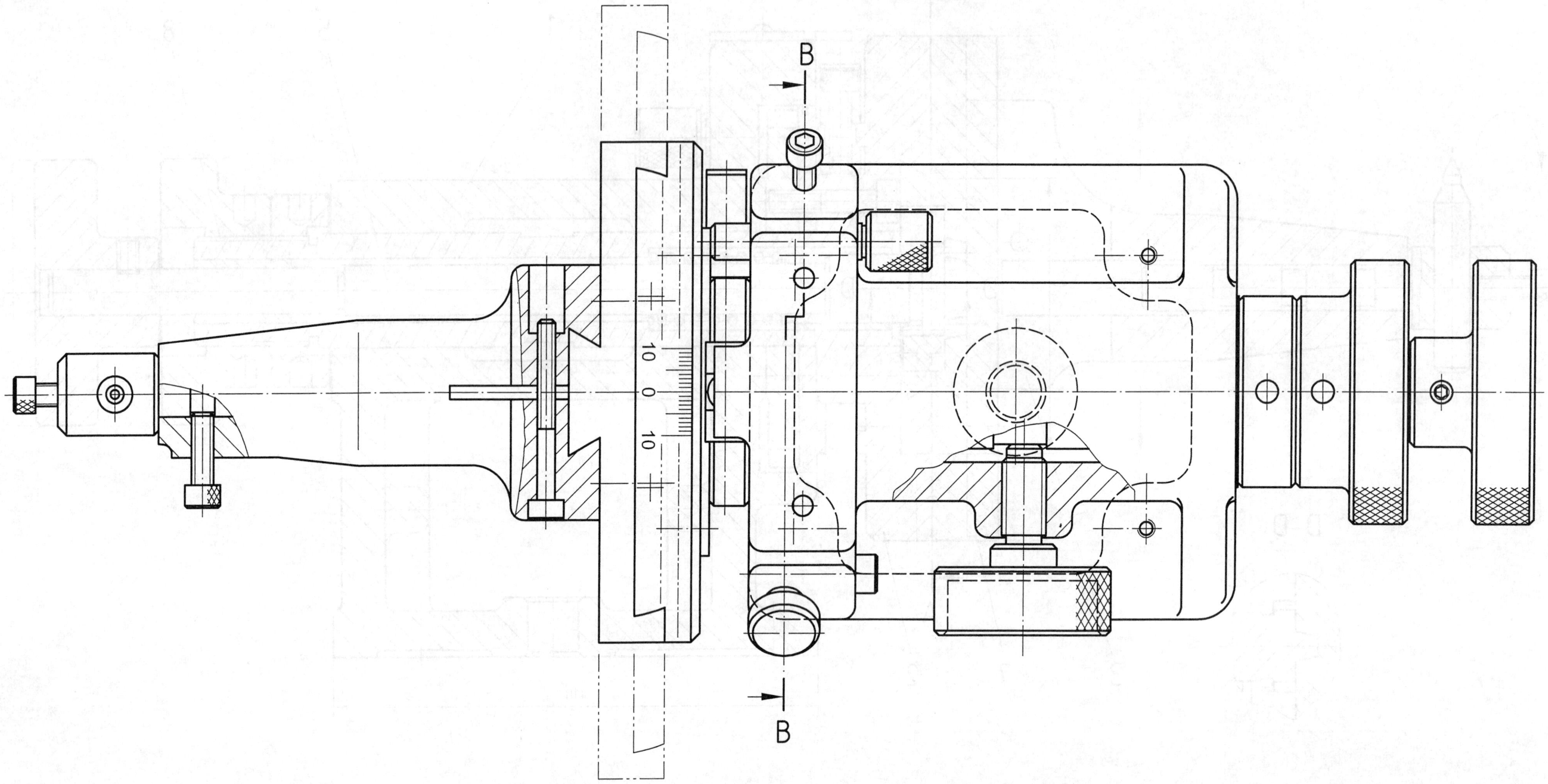

俯視圖

電腦輔助機械設計製圖	核定	勞動力發展署	圖 名	砂輪修整器		時 數	4 小時	A.工作圖	試 題 編 號	
乙級技術士技能檢定	單位	技能檢定中心	投 影	第三角法	比 例 1 : 1	日 期	民國 99 年12 月		20800-990209-A	3/4

公佈題目

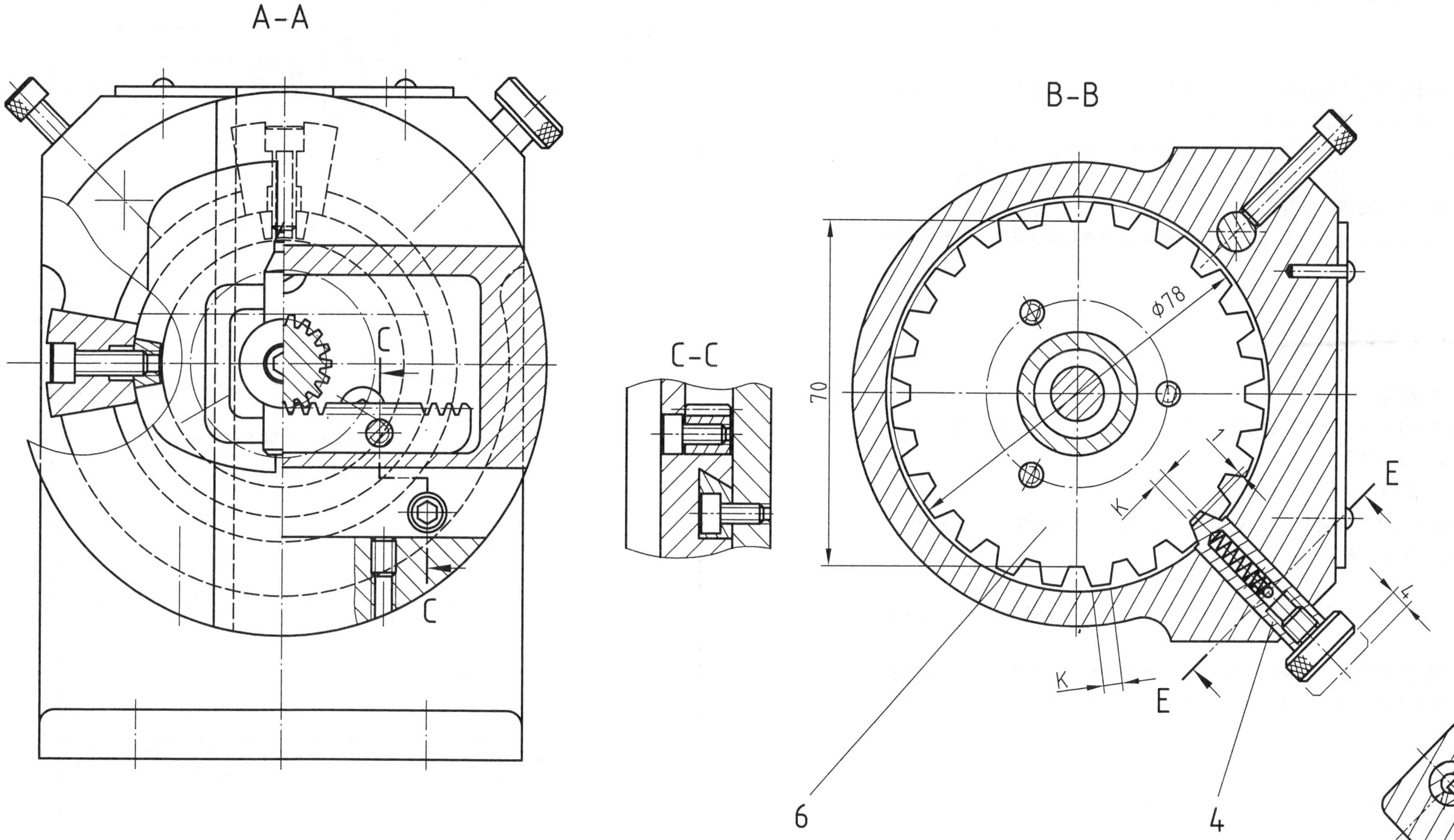

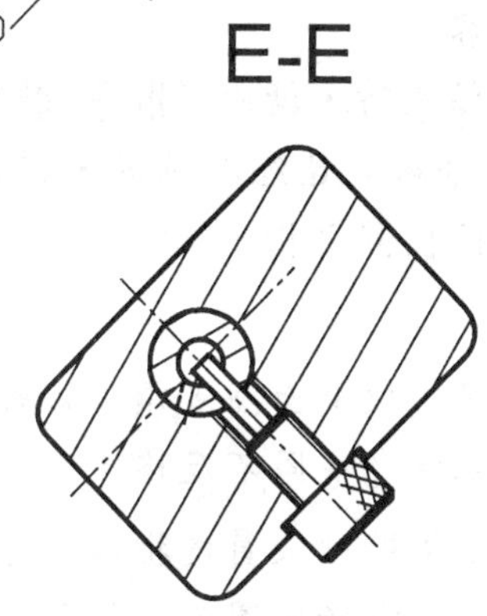

(計算誤差可允許至小數點第三位)
(計算角度誤差可允許至個位數秒)

左側視圖

變更設計表		
選項 / 設計	1	2
X	件2:鳩尾座角度60°	件2:鳩尾座角度55°
Y	件6:棘輪齒數24, K=3 棘輪大小徑不變	件6:棘輪齒數24, K=3.5 棘輪大小徑不變

電腦輔助機械設計製圖 乙級技術士技能檢定	核定 單位	勞動力發展署 技能檢定中心	圖 名	砂輪修整器			時 數	4 小時	A. 工作圖	試 題 編 號
			投 影	第三角法	比 例	1 : 1	日 期	民國 99 年12 月		20800-990209-A 4/4

試題編號：20800-990210-A

工作圖試題說明：

一、 本工作圖試題繪製**時間4小時**(可提前交卷但不加分)，不含出圖時間。試題依第三角法命題，應檢人可選用第一角法或第三角法繪製，惟不得混用。

二、 應檢人繪製時，圖中的線條、數字及符號等應依照最近公佈之CNS國家標準繪製。

三、 應檢人依規定可使用之自備工具爲：**直尺**、**量角器**、**比例尺**等。只可參閱場地提供之設計資料檔，嚴禁攜帶**自備之設計資料**及**任何儲存媒體**柱

四、 『**變更設計**』由監評人員現場抽定(寫於黑板上)，依試題所示之變更設計X及Y處繪製，變更設計將加重計分。

五、 **試題**：(依監評人員抽定之變更設計繪製)

1. 繪製零件 1：出圖於一張 A2 圖紙

   依 1：2 之比例，繪製零件 1 之工作圖於一張 A2 圖紙，工作圖須含尺度標註、公差配合、幾何公差、表面織構符號及零件表等。

2. 繪製零件 2：出圖於一張 A3 圖紙

   依 2：1 之比例，繪製零件 2 之工作圖於一張 A3 圖紙，工作圖須含尺度標註、公差配合、幾何公差、表面織構符號及零件表等。

六、 各圖面請繪製如**圖**(a)所示之A2及A3有裝訂邊圖框、標題欄及零件表，如**表**(a)所示，並填妥適當之內容。

七、 繪製時間結束時，請以『**准考證號碼**』爲檔名，存入電腦資料碟中(嚴禁使用自備之任 何儲存媒體)，並確認已經存檔後，電腦螢幕須保留現況，即離開崗位將試題交回給監 評人員，並出場等候出圖之指示。

八、 **出圖**：

1. 中途離場或放棄出圖者須告知監評人員，並在評審表勾選放棄出圖及簽名後離場，若未依規定而離場者視同不及格。
2. 應檢人請依監評人員之指示，將電腦繪製之圖面以黑色列印於規定圖紙上；倘若圖 面未完整列印，得重新出圖，並將前一張圖紙作廢。
3. 應檢人出圖後須確認圖面，並在**右下角簽名**後始得離場。監評人員則在右上角簽章 確認。

表(a) 零件表

件號	名稱	數量	材料	備註
1	泵體	1	FC200	
2	主軸	1	S45C	

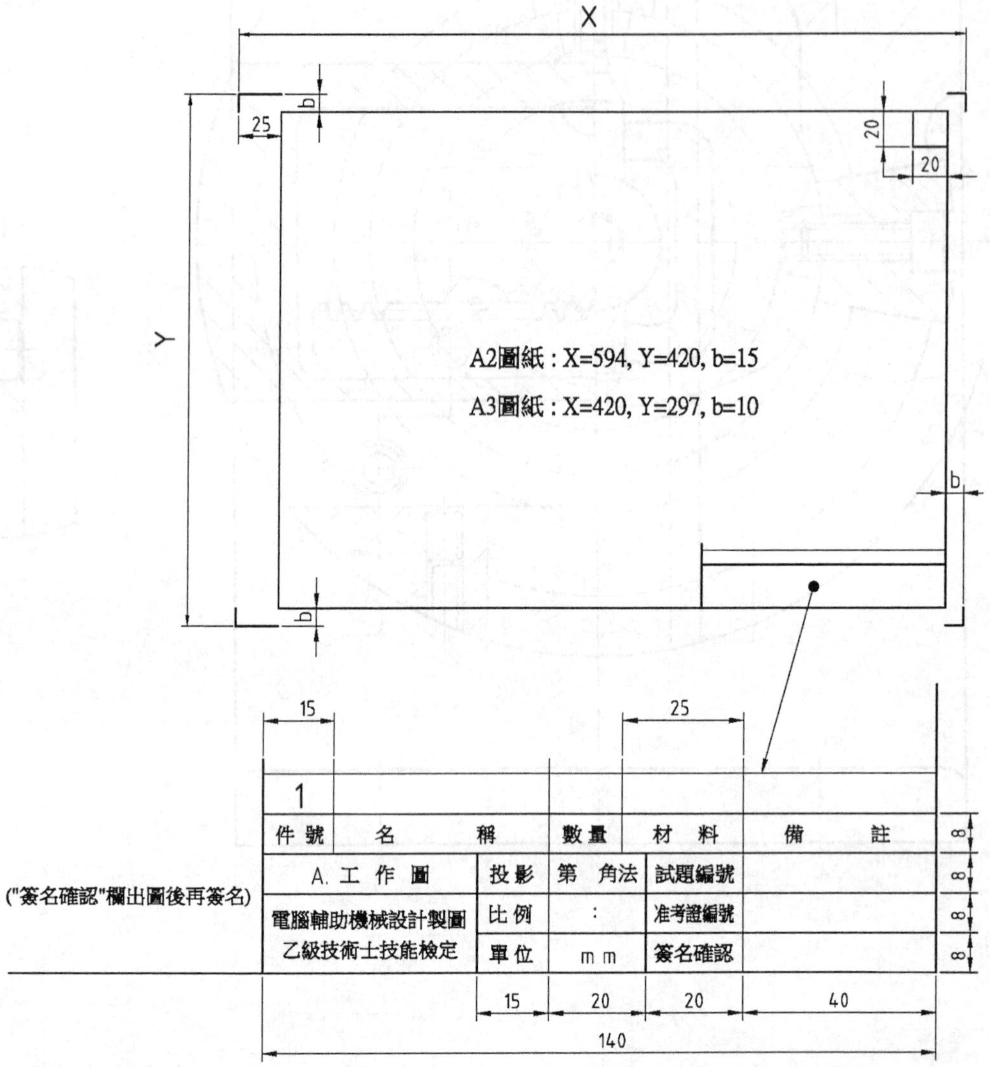

圖(a)

公佈題目

變更設計表		
選項／設計	1	2
X	於件2左端錐面中間處，增設一2x2雙頭圓平行鍵，長16，角度與錐面平行。	於件2左端錐面中間處，增設一3x10半圓鍵。
Y	於件2左外側增設一外螺紋軸端，外徑8，長12(含讓切槽寬2)，以配合螺帽及墊圈鎖合。	於件2左端內側增設一內螺紋孔，根徑4，鑽孔深10、牙深8.5，以配合六角承窩螺釘及墊圈鎖合。

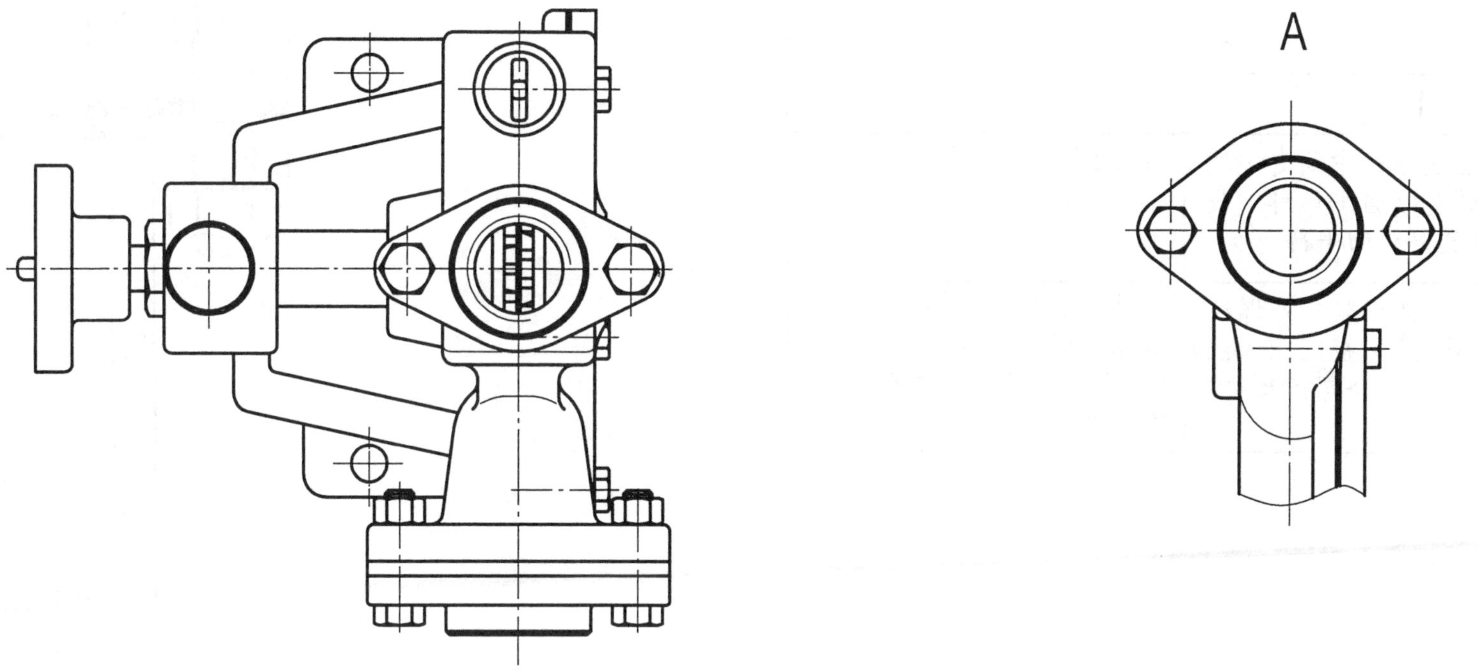

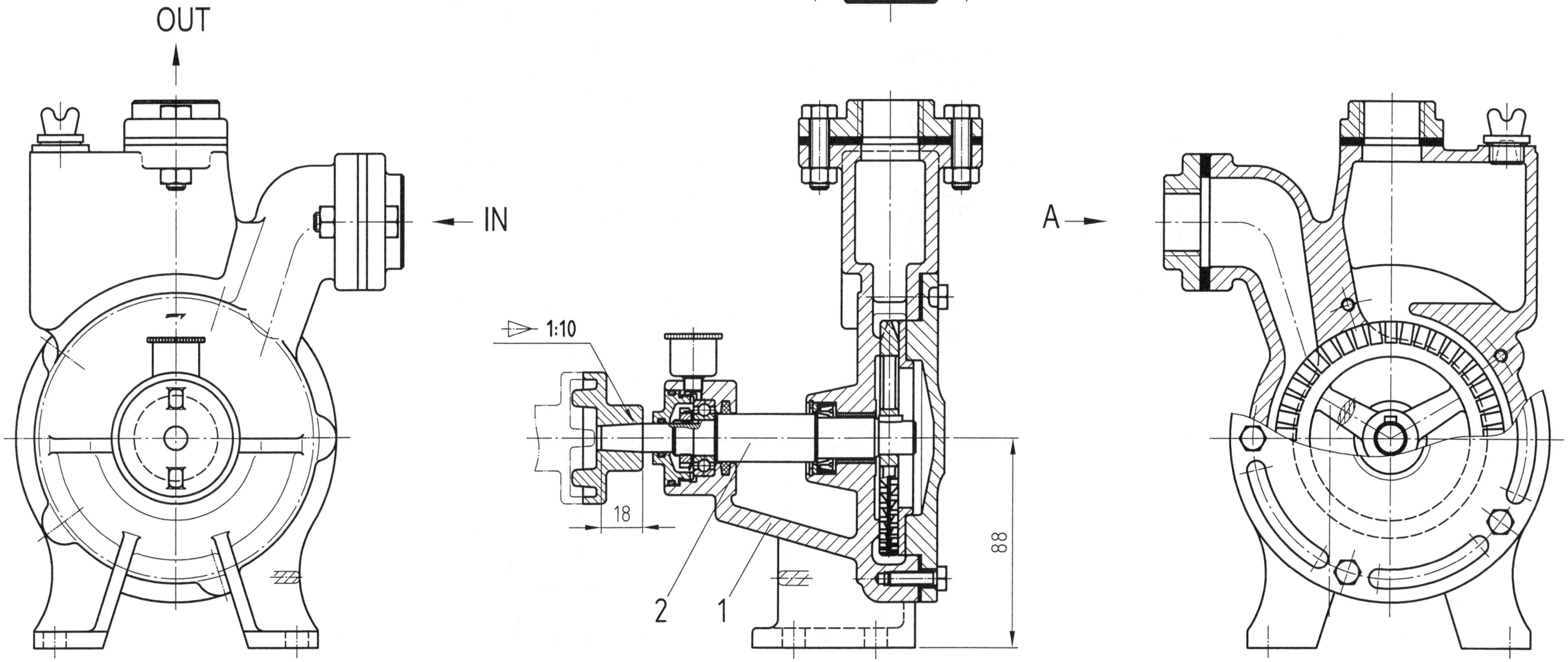

電腦輔助機械設計製圖 乙級技術士技能檢定	核定 單位	勞動力發展署 技能檢定中心	圖　名	抽水泵	時　數	4 小時	A.工作圖	試　題　編　號
			投　影	第三角法　比　例　1 ： 2	日　期	民國 99 年12 月		20800-990210-A　1/5

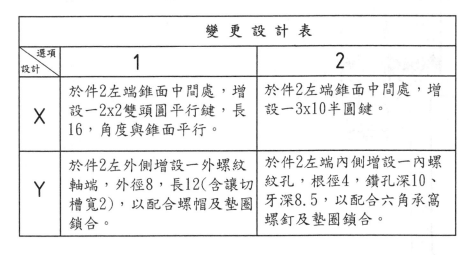

公佈題目

變更設計表		
選項 設計	1	2
X	於件2左端錐面中間處，增設一2x2雙頭圓平行鍵，長16，角度與錐面平行。	於件2左端錐面中間處，增設一3x10半圓鍵。
Y	於件2左外側增設一外螺紋軸端，外徑8，長12(含讓切槽寬2)，以配合螺帽及墊圈鎖合。	於件2左端內側增設一內螺紋孔，根徑4，鑽孔深10、牙深8.5，以配合六角承窩螺釘及墊圈鎖合。

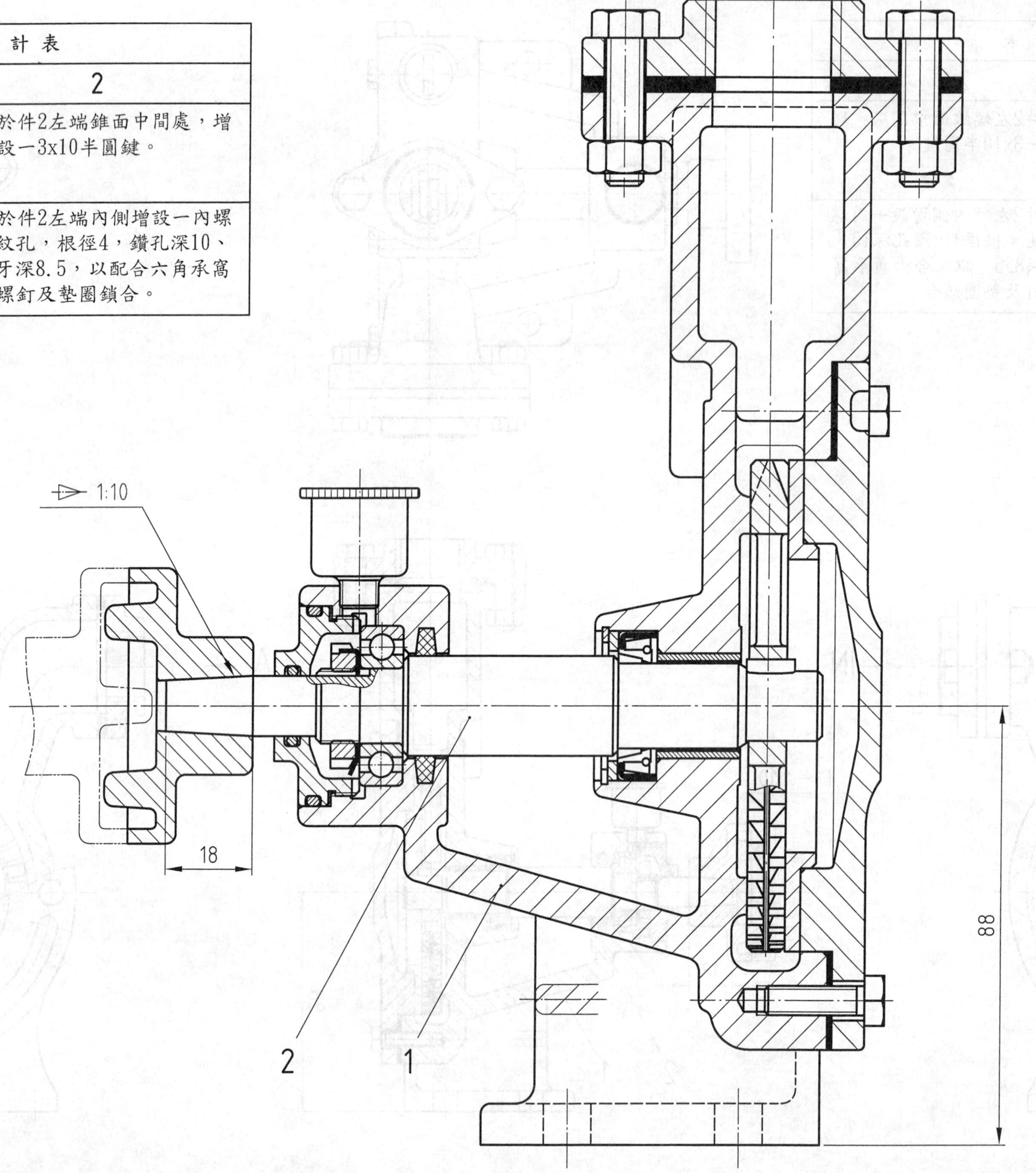

電腦輔助機械設計製圖 乙級技術士技能檢定	核定 單位	勞動力發展署 技能檢定中心	圖 名	抽水泵	時 數	4 小時	A.工作圖
			投 影	第三角法 / 比 例 1：1	日 期	民國 99 年12 月	試題編號 20800-990210-A 2/5

公佈題目

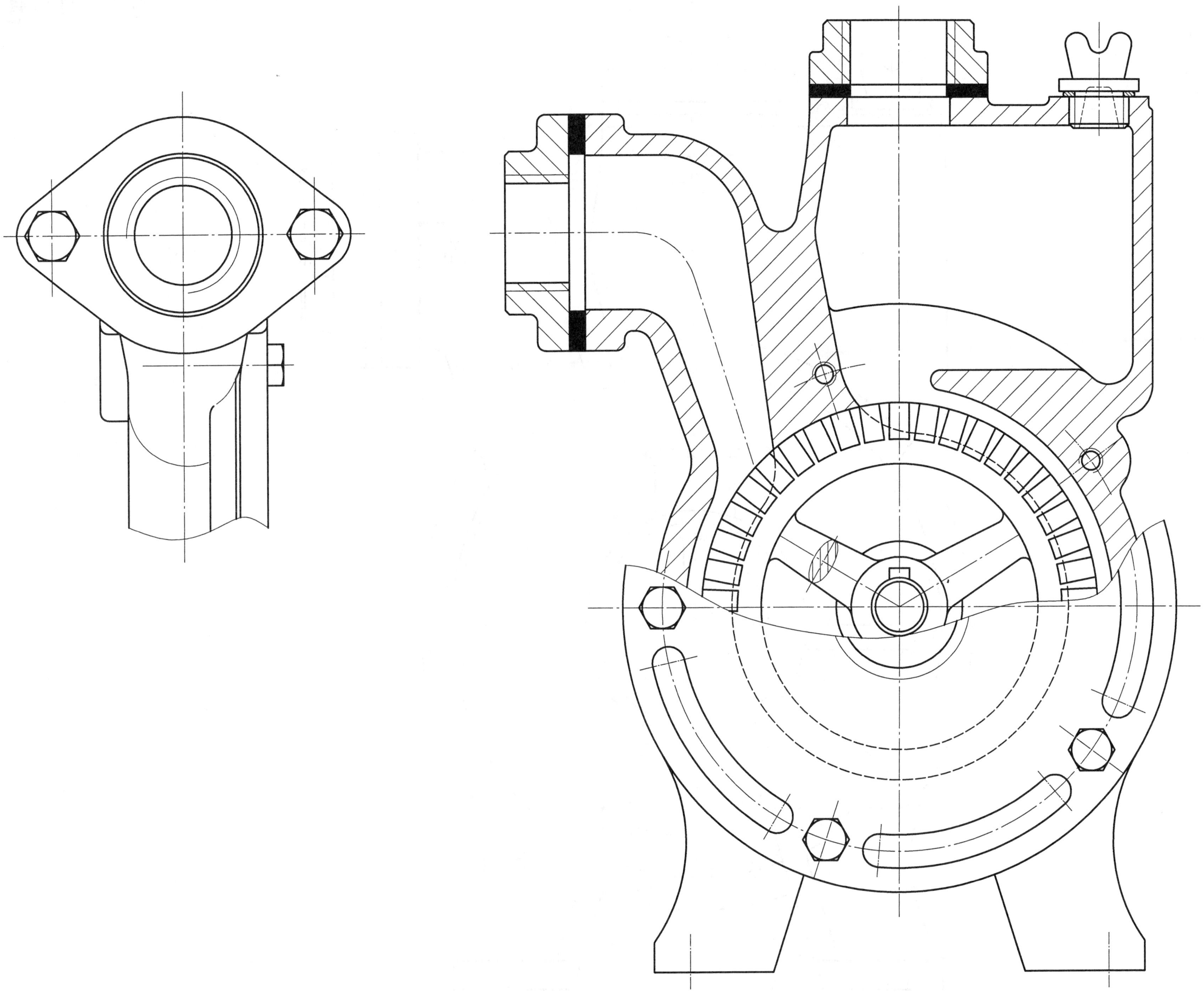

電腦輔助機械設計製圖 乙級技術士技能檢定	核定 單位	勞動力發展署 技能檢定中心	圖 名	抽水泵			時 數	4 小時	A. 工作圖	試 題 編 號	
			投 影	第三角法	比 例	1 : 1	日 期	民國 99 年12 月		20800-990210-A	3/5

公佈題目

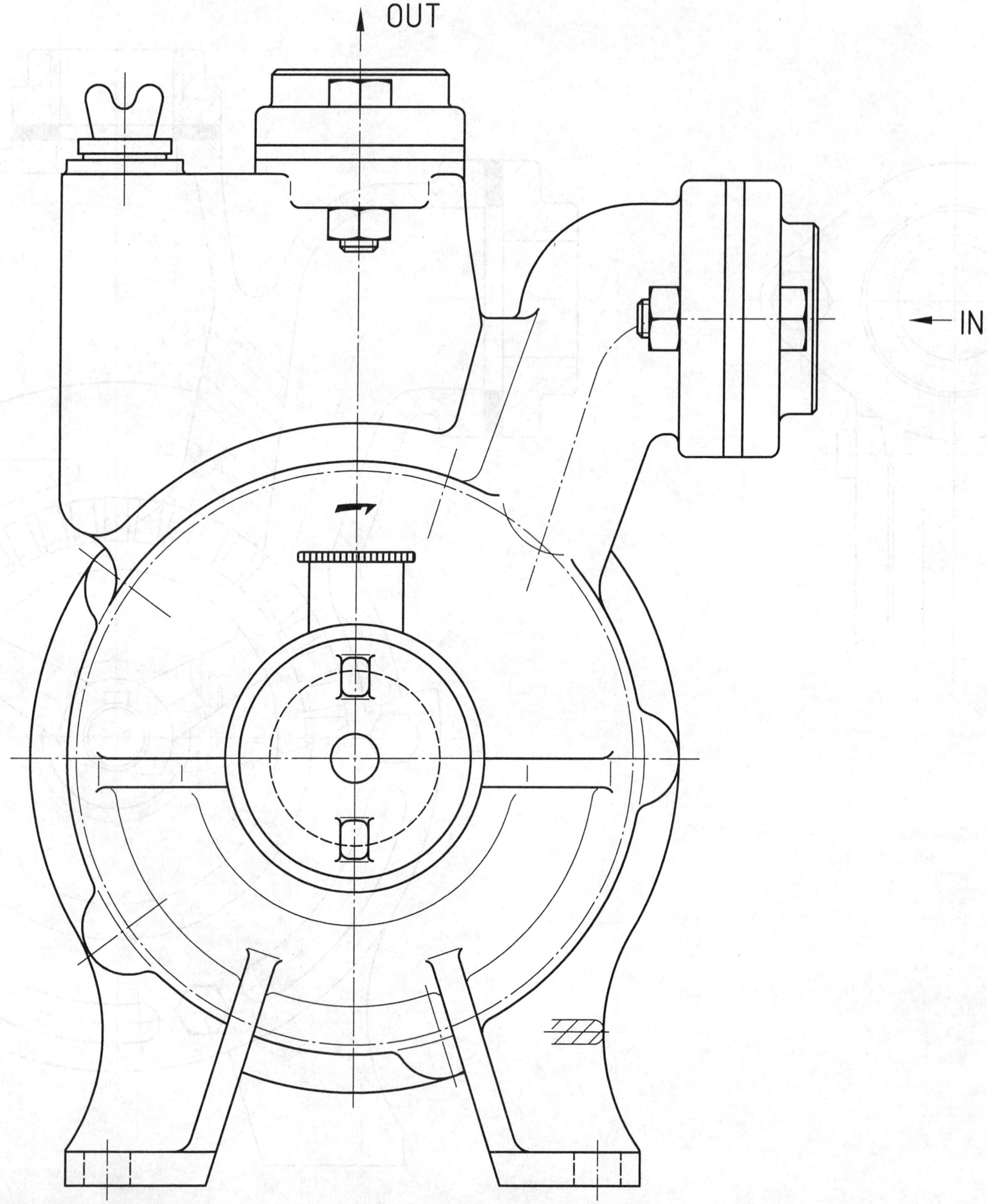

電腦輔助機械設計製圖	核定	勞動力發展署	圖 名	抽水泵		時 數	4 小時	A. 工作圖	試 題 編 號	
乙級技術士技能檢定	單位	技能檢定中心	投 影	第三角法	比 例 1：1	日 期	民國 99 年12 月		20800-990210-A	4/5

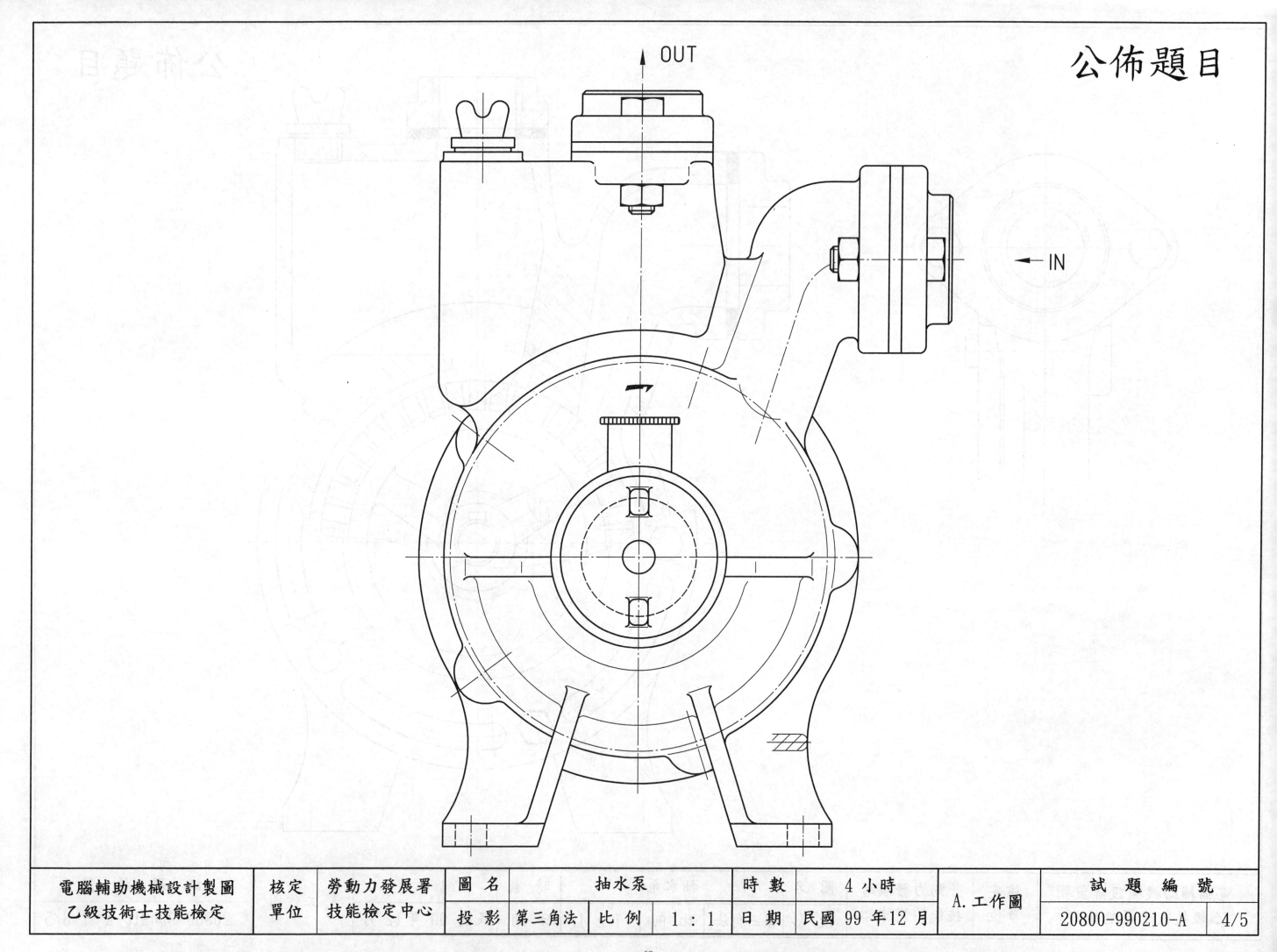

公佈題目

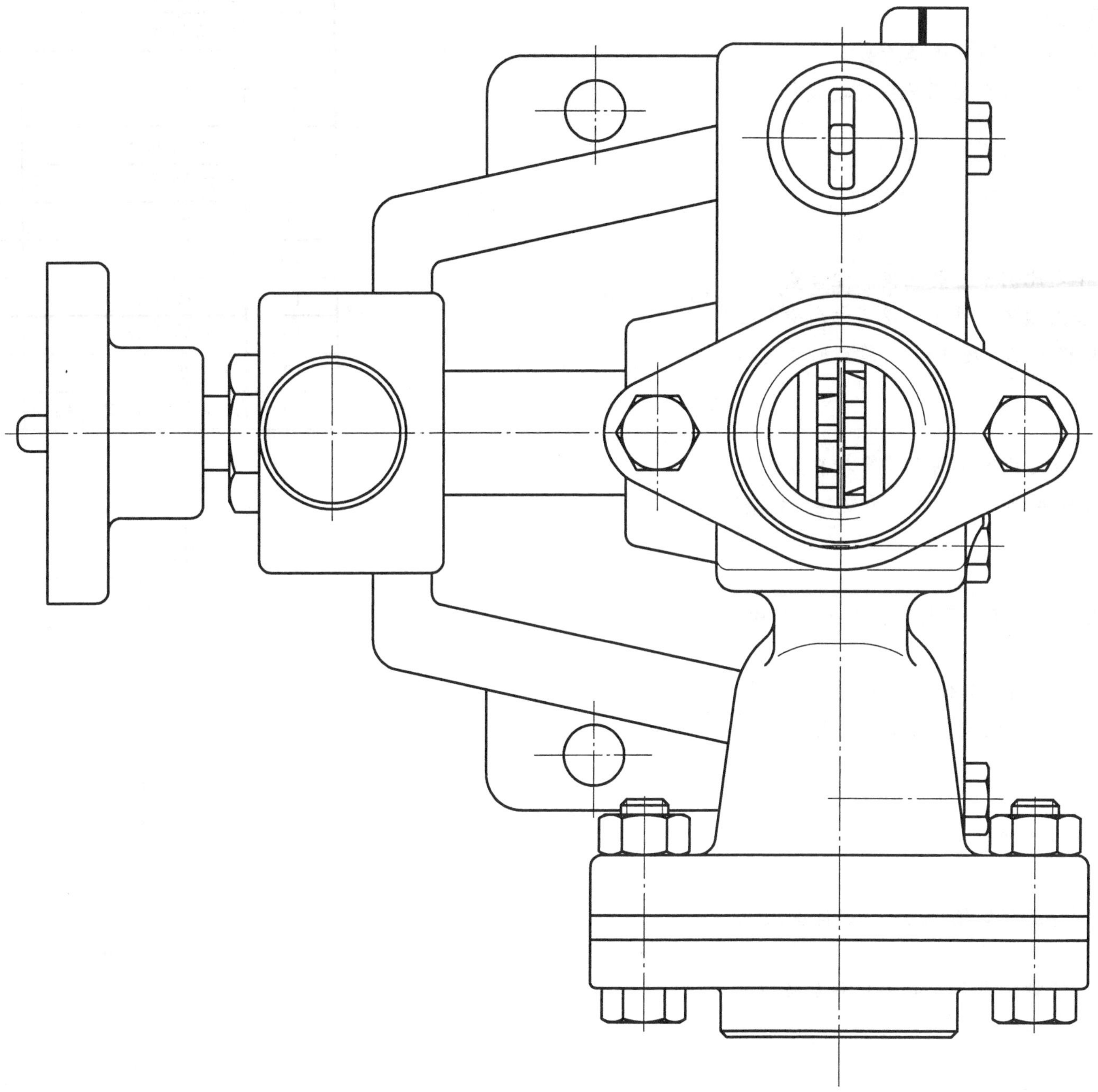

電腦輔助機械設計製圖 乙級技術士技能檢定	核定 單位	勞動力發展署 技能檢定中心	圖　名	抽水泵		時　數	4 小時	A.工作圖	試　題　編　號
			投　影	第三角法	比　例　1 : 1	日　期	民國 99 年12 月		20800-990210-A　5/5

試題編號：20800-990201-B

相關圖試題說明：

一、本相關圖試題爲組合圖繪製時間 2.5 小時(可提前交卷但不加分)，不含出圖時間。試題依第三角法命題，應檢人可選用第一角法或第三角法繪製，惟不得混用。

二、應檢人繪製時，圖中的線條、數字及符號等應依照最近公佈之 CNS 國家標準繪製。

三、應檢人依規定可使用之自備工具爲：直尺、量角器及比例尺等。只可參閱場地提供之設計資料檔，嚴禁攜帶自備之設計資料及任何儲存媒體。

四、試題：(變速機構)

1. 繪製正投影組合圖：出圖於一張 A3 圖紙

　　按試題所給之零件圖及零件表如表(a)所示，依 1：1 之比例，繪製正投影組合圖於一張 A3 圖紙，尺度不足處請依比例自行量測。正投影組合圖須依零件 1 之視圖方向繪製其前視圖及左側視圖，含適當剖面、件號及組合尺度(如規格、總尺度等)等，繪製時免畫零件表。

2. 繪製立體分解系統圖：出圖於一張 A3 圖紙

　　按試題所給之零件圖及零件表如表(a)所示，依約 1：2 之比例，繪製等角投影立體分解系統圖(爆炸圖)於一張 A3 圖紙。立體分解系統圖以黑白潤飾表現，須含系統線。繪製時免畫剖面、件號及零件表等。

五、各圖面請繪製如圖(a)所示之標題欄及零件表，並填妥適當之內容。只需畫標題欄時，標題欄上方之零件表無需繪製。

六、繪製時間結束時，請以『准考證號碼』爲檔名，存入電腦資料碟中(嚴禁使用自備之任何儲存媒體)，並確認已經存檔後，將試題交回給監評人員，並等候指示在個人崗位電腦上出圖，出圖後電腦螢幕須保留現況。

七、出圖：

1. 中途離場或放棄出圖者須告知監評人員，並在評審表“放棄出圖者”處簽名後離場，若未依規定而離場者視同不及格。
2. 應檢人請依監評人員之指示，將電腦繪製之圖面以黑色列印於規定圖紙上；倘若圖面未完整列印，得重新出圖，並將前一張圖紙作廢。
3. 應檢人出圖後須確認圖面，並在右下角簽名後始得離場。監評人員則在右上角簽章確認。

表(a) 零件表

件 號	名稱	數 量	材 料	備註
1	本體	1	FC200	
2	蓋	1	FC200	
3	主動齒輪軸	1	S45C	
4	從動齒輪軸	1	S45C	
5	輪	1	FC200	
6	墊片	1	硬橡膠	t=0.3
7	滾珠軸承 A	2	--	6202、6202U 各 1
8	滾珠軸承 B	2	--	6201、6201U 各 1
9	C 形扣環	1	SUP3	Ø 35x1.5
10	直銷	2	S50C	Ø4x30
11	六角螺栓 A	1	S20C	M8x8
12	六角螺栓 B	7	S20C	M6x28
13	彈簧墊圈	7	SUP3	Ø6
14	六角承窩頭固定螺釘	1	S20C	M4x8

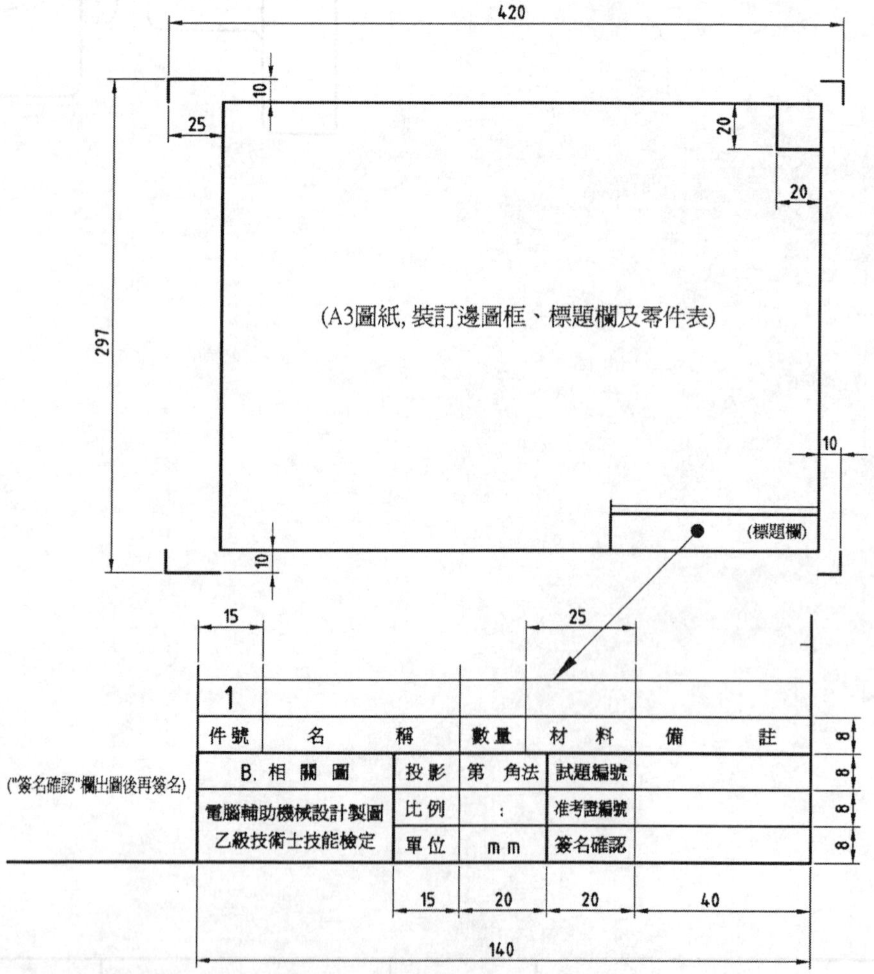

圖(a)

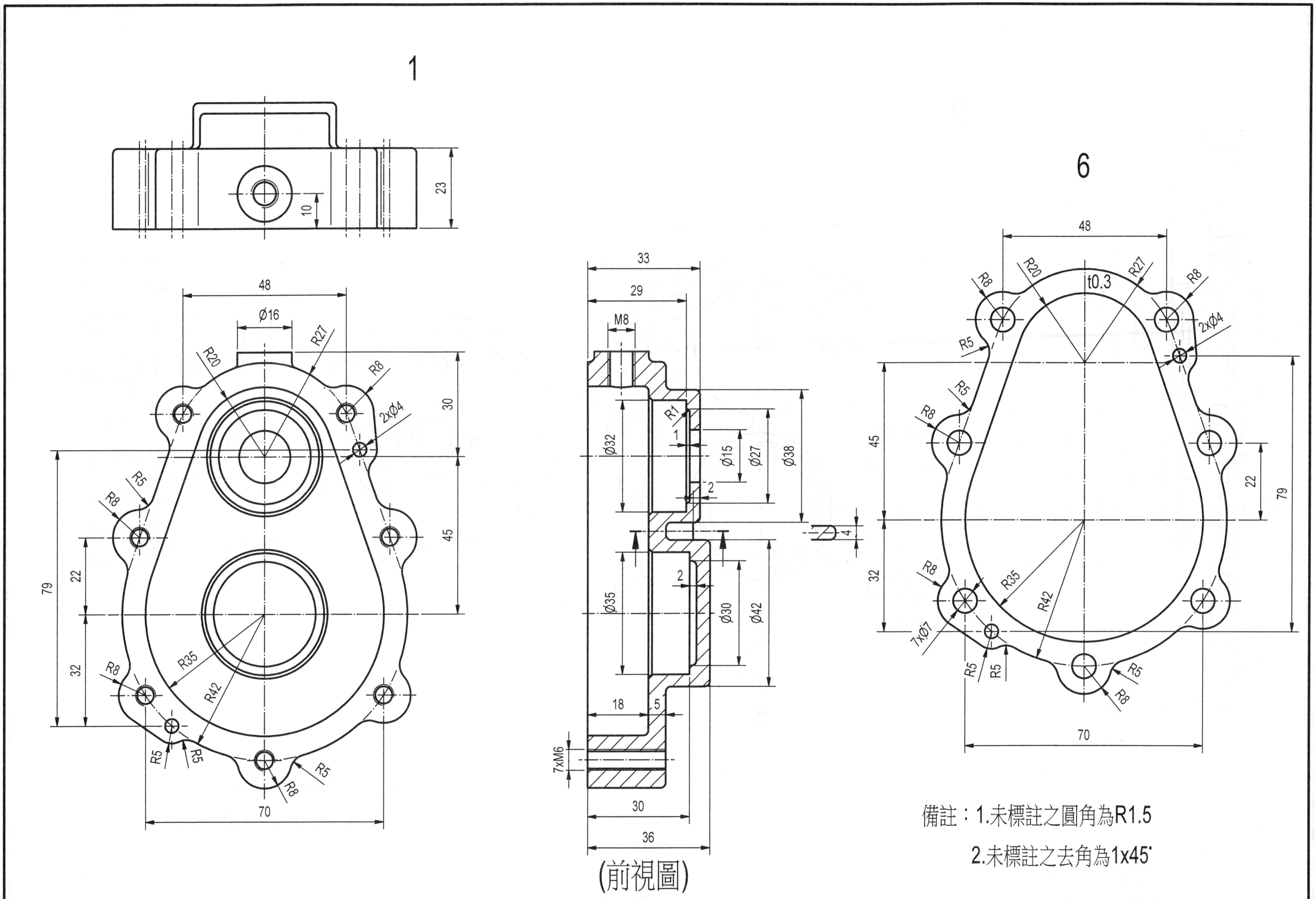

電腦輔助機械設計製圖 乙級技術士技能檢定	核定單位	勞動力發展署 技能檢定中心	圖名	變速機構	時數	2.5 小時	B.相關圖	試題編號
			投影	第三角法 比例 1:1	日期	民國99年12月		20800-990201-B 1/3

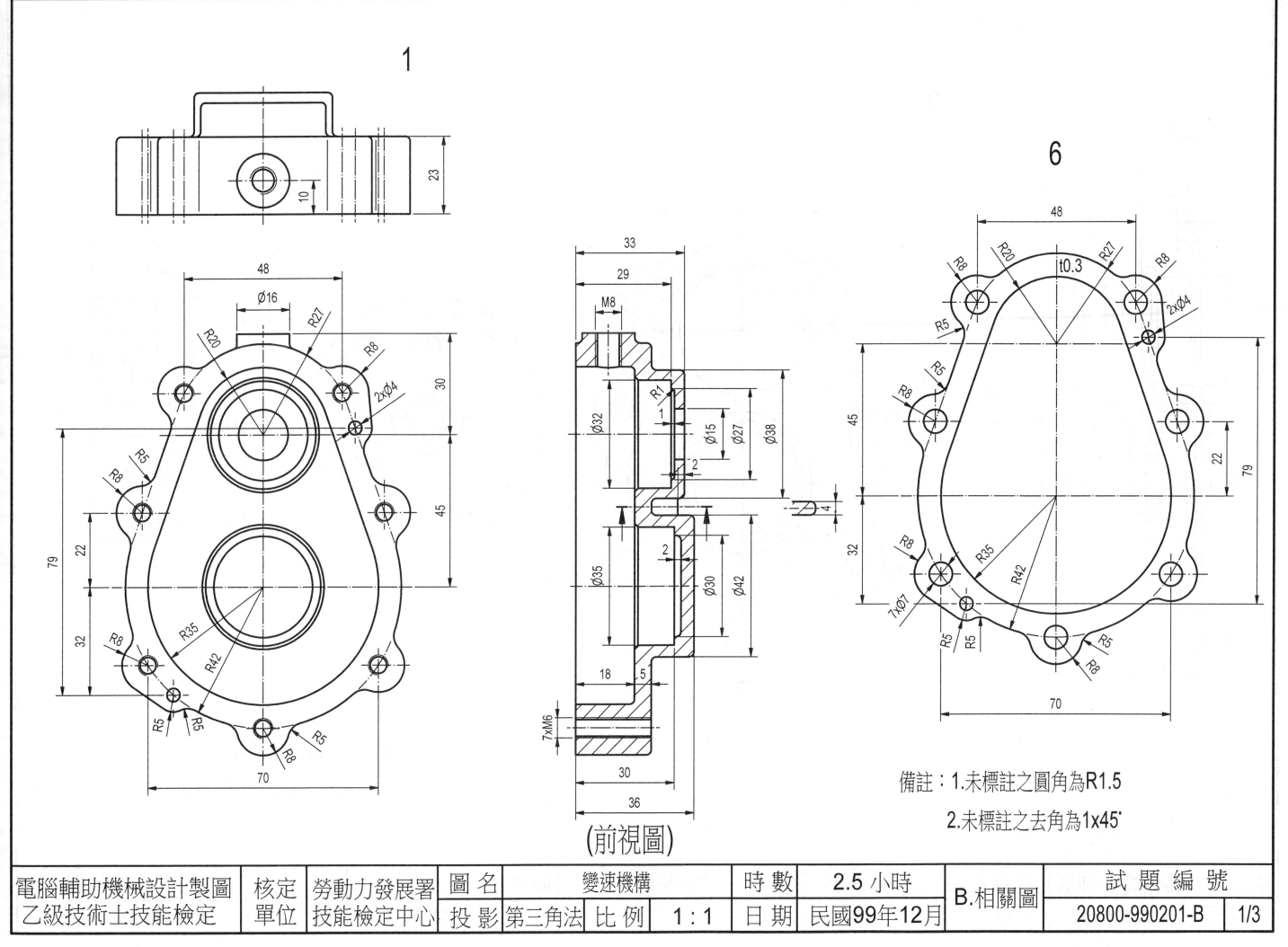

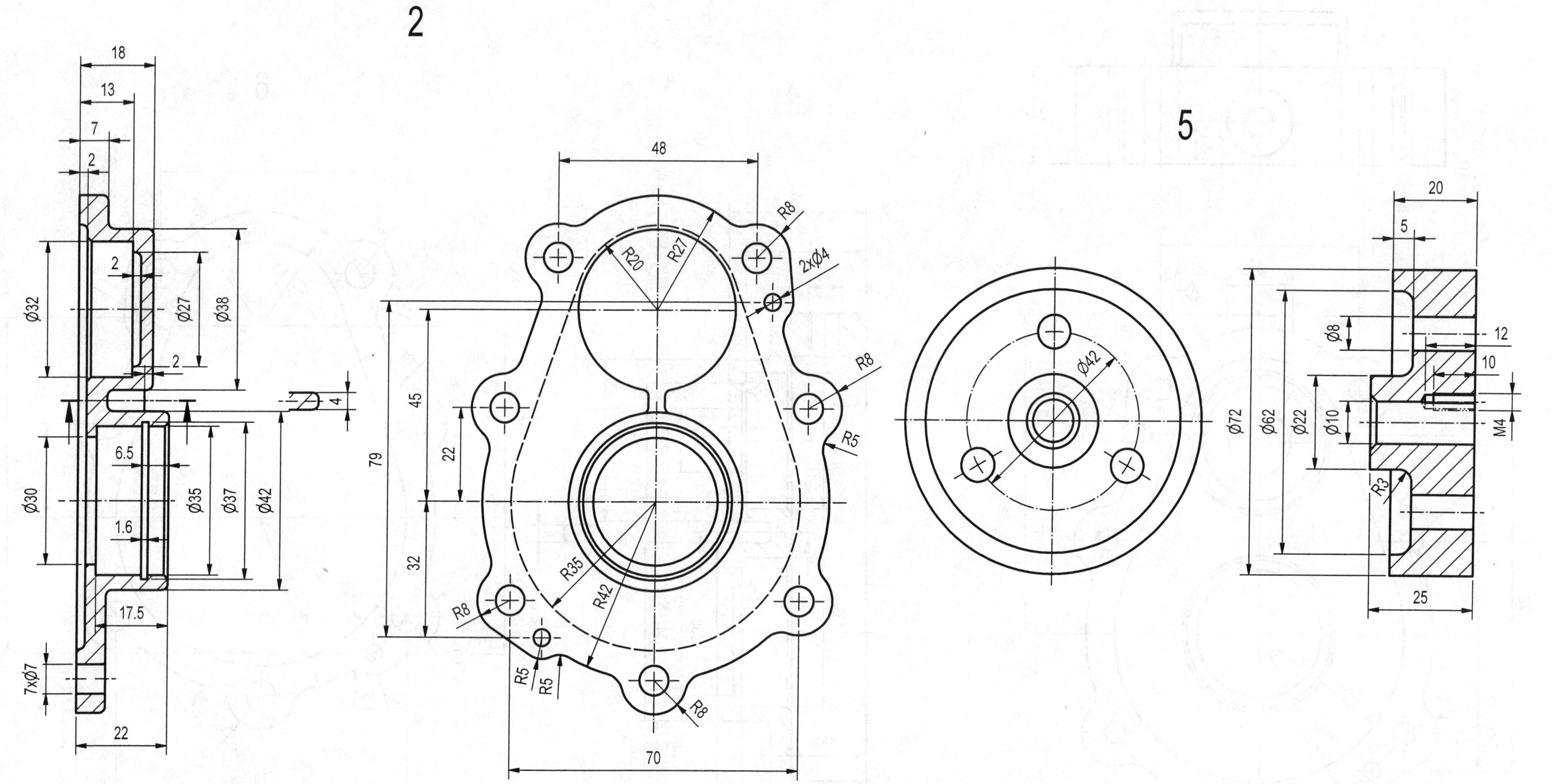

備註：1.未標註之圓角為R1.5

2.未標註之去角為1x45˚

電腦輔助機械設計製圖	核定	勞動力發展署	圖 名	變速機構			時 數	2.5 小時	B.相關圖	試 題 編 號	
乙級技術士技能檢定	單位	技能檢定中心	投 影	第三角法	比 例	1 : 1	日 期	民國99年12月		20800-990201-B	2/3

3

件3 正齒輪數據表	
模數	2.5
齒數	24
壓力角	20˚
齒制	標準齒
節圓直徑	Ø60
嚙合齒輪件號	4
嚙合齒輪齒數	12
中心距離	45

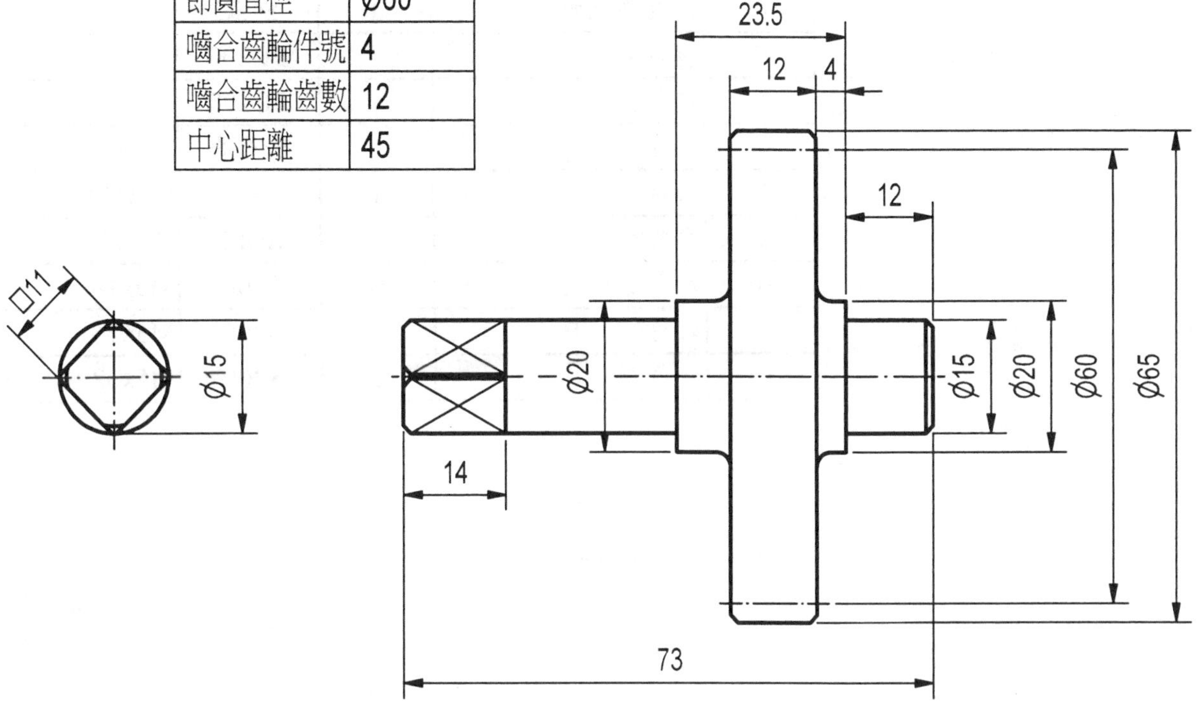

4

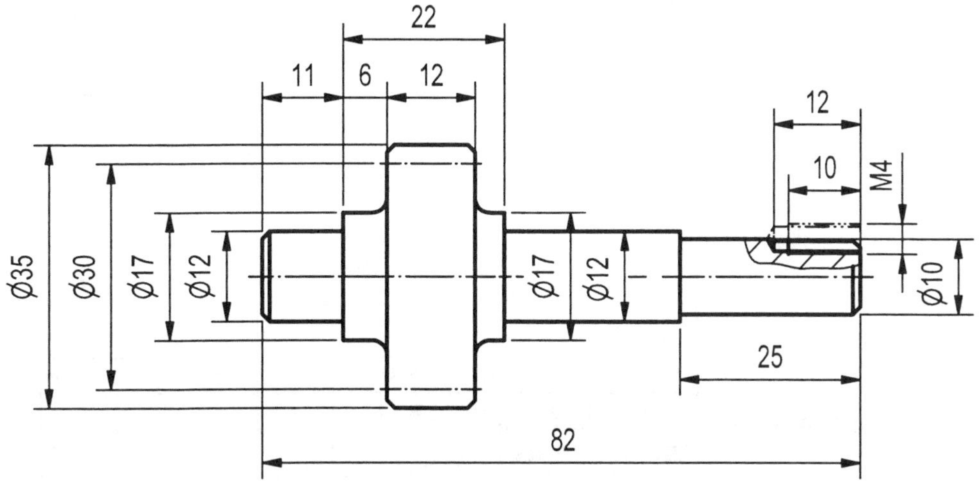

件4 正齒輪數據表	
模數	2.5
齒數	12
壓力角	20˚
齒制	標準齒
節圓直徑	Ø30
嚙合齒輪件號	3
嚙合齒輪齒數	24
中心距離	45

7 6202 , 6202U

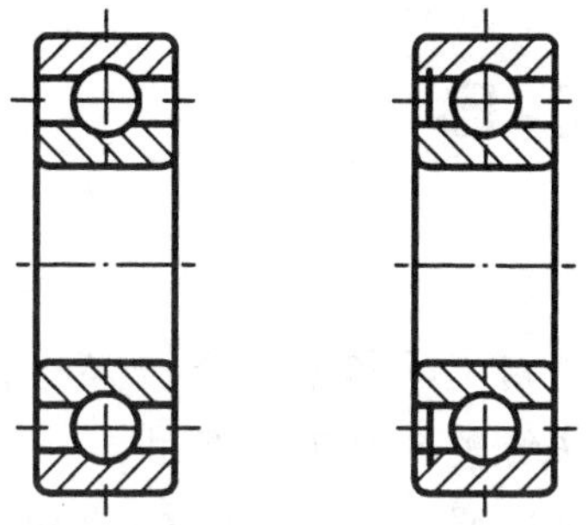

8 6201 , 6201U

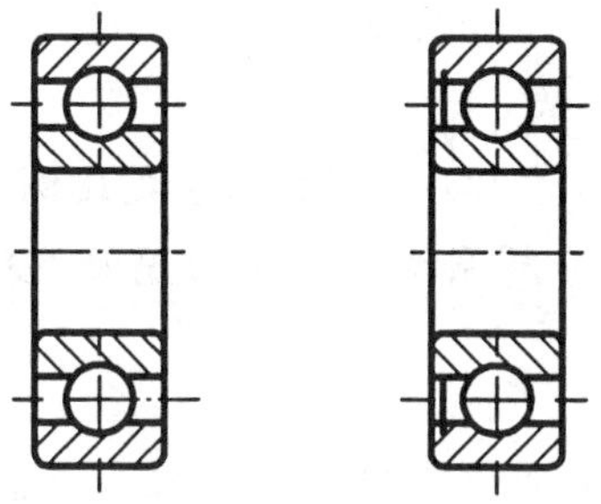

9 Ø35x1.5

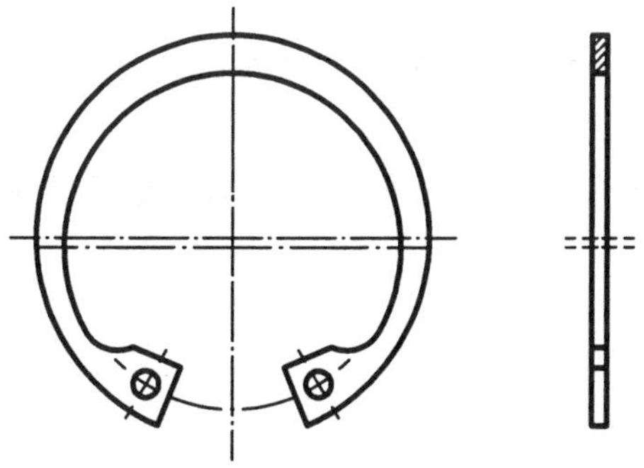

10 Ø4x30

11 M8x8

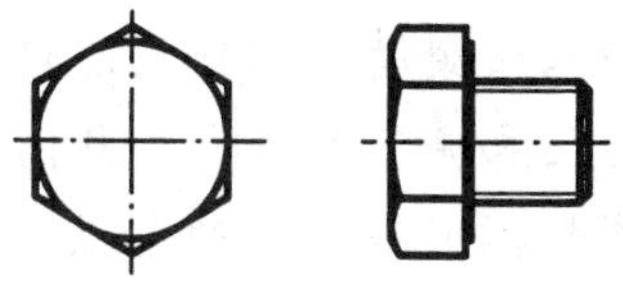

12 M6x28

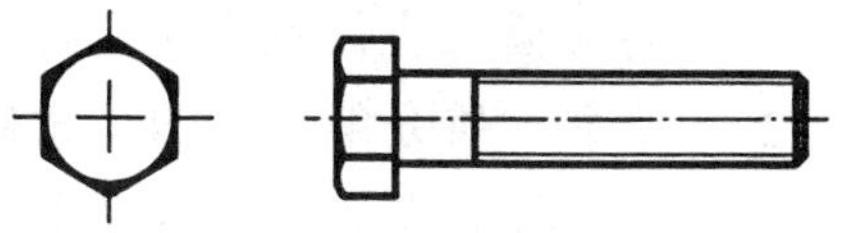

13 Ø6

14 M4x8

備註：1.未標註之圓角為R2

2.未標註之去角為1x45˚

電腦輔助機械設計製圖 乙級技術士技能檢定	核定單位	勞動力發展署 技能檢定中心	圖 名	變速機構		時 數	2.5 小時	B.相關圖	試 題 編 號
			投 影	第三角法	比 例 1 : 1	日 期	民國99年12月		20800-990201-B 3/3

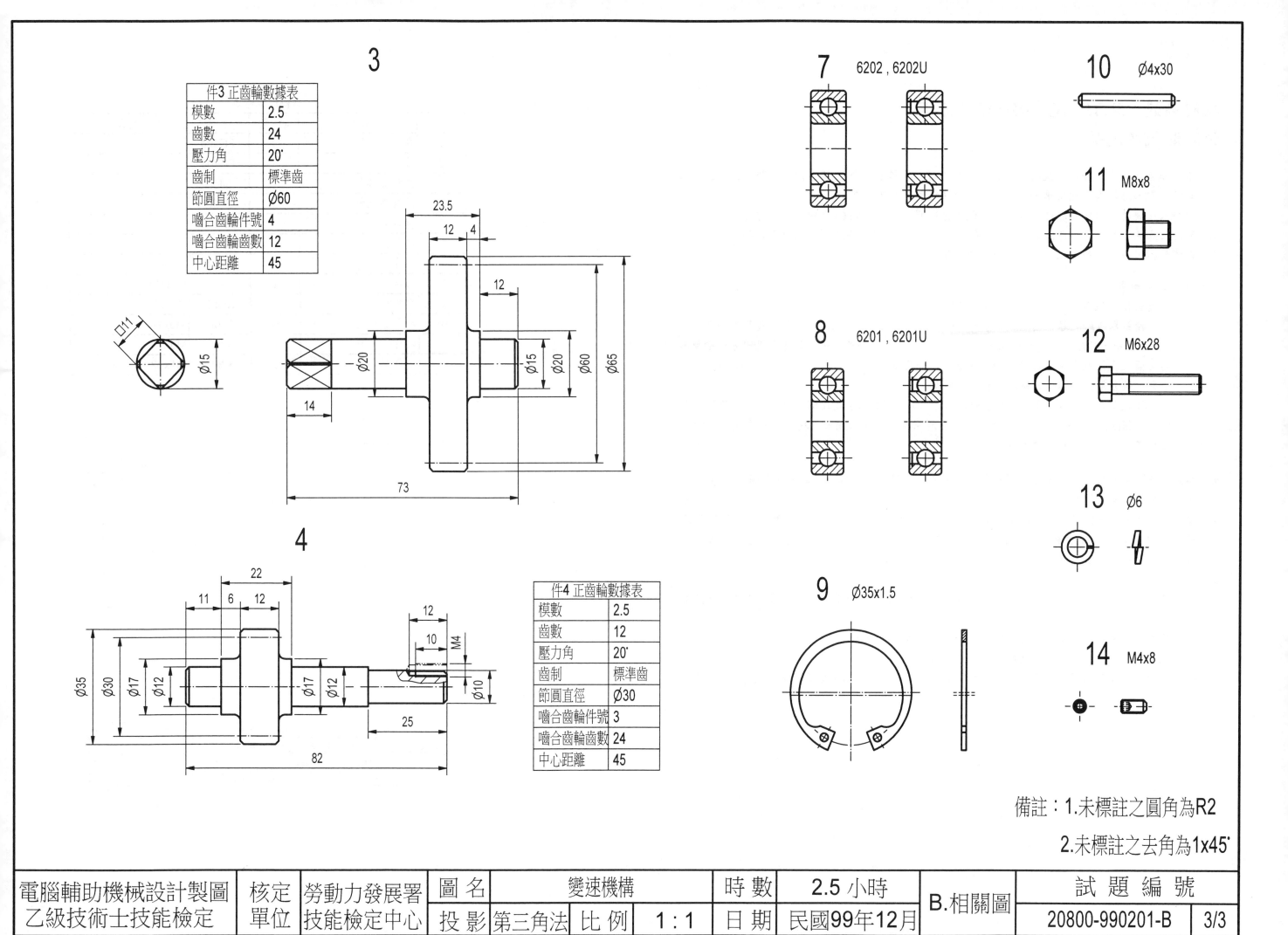

試題編號：20800-990202-B

相關圖試題說明：

一、本相關圖試題爲組合圖繪製時間 2.5 小時(可提前交卷但不加分)，不含出圖時間。試題依第三角法命題，應檢人可選用第一角法或第三角法繪製，惟不得混用。

二、應檢人繪製時，圖中的線條、數字及符號等應依照最近公佈之 CNS 國家標準繪製。

三、應檢人依規定可使用之自備工具爲：直存媒體尺、量角器及比例尺等。只可參閱場地提供之設計資料檔，嚴禁攜帶自備之設計資料及任何儲。

四、試題：(齒輪泵)

1. 繪製正投影組合圖：出圖於一張 A3 圖紙

   按試題所給之零件圖及零件表如表(a)所示，依 1：1 之比例，繪製正投影組合圖於一張 A3 圖紙，尺度不足處請依比例自行量測。正投影組合圖須依零件 1 之視圖方向繪製其前視圖及左側視圖，含適當剖面、件號、組合尺度(如規格、總尺度等)及零件表等。

2. 繪製立體分解系統圖：出圖於一張 A3 圖紙

   按試題所給之零件圖及零件表如表(a)所示，依約 1：2 之比例，繪製等角投影立體分解系統圖(爆炸圖)於一張 A3 圖紙。立體分解系統圖以黑白潤飾表現，須含系統線。繪製時免畫剖面、件號及零件表等。

五、各圖面請繪製如圖(a)所示之標題欄及零件表，並填妥適當之內容。只需畫標題欄時，標題欄上方之零件表無需繪製。

六、繪製時間結束時，請以『准考證號碼』爲檔名，存入電腦資料碟中(嚴禁使用自備之任何儲存媒體)，並確認已經存檔後，將試題交回給監評人員，並等候指示在個人崗位電腦上出圖，出圖後電腦螢幕須保留現況。

七、出圖：

1. 中途離場或放棄出圖者須告知監評人員，並在評審表“放棄出圖者”處簽名後離場，若未依規定而離場者視同不及格。
2. 應檢人請依監評人員之指示，將電腦繪製之圖面以黑色列印於規定圖紙上；倘若圖面未完整列印，得重新出圖，並將前一張圖紙作廢。
3. 應檢人出圖後須確認圖面，並在右下角簽名後始得離場。監評人員則在右上角簽章確認。

表(a) 零件表

件 號	名稱	數 量	材 料	備註
1	本體	1	FC200	
2	蓋	1	FC200	
3	主動齒輪軸	1	S45C	
4	從動齒輪軸	1	S45C	
5	填料蓋	1	FC200	
6	皮帶輪	1	FC200	
7	墊片	1	硬橡膠	t=0.3
8	油封	1	--	Sx Ø14
9	彈簧墊圈	6	SUP3	Ø5
10	六角螺釘 A	6	S20C	M5x18
11	六角螺釘 B	2	S20C	M5x16
12	六角螺釘 C	1	S20C	M5x12

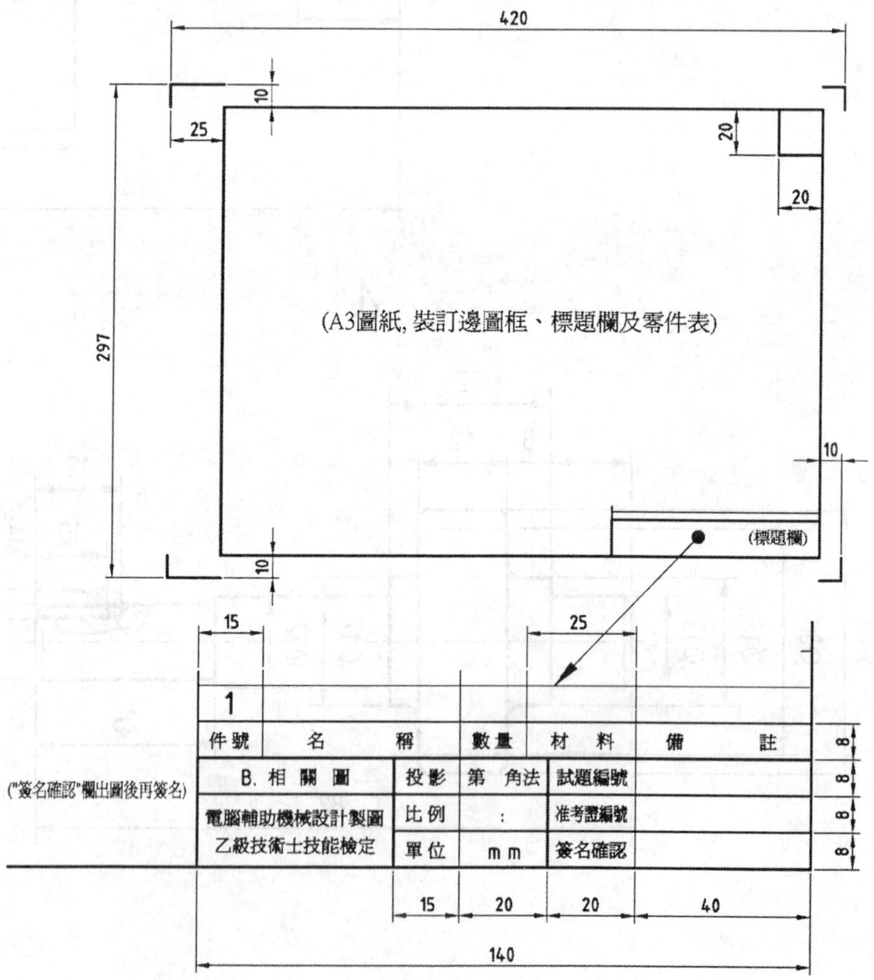

圖(a)

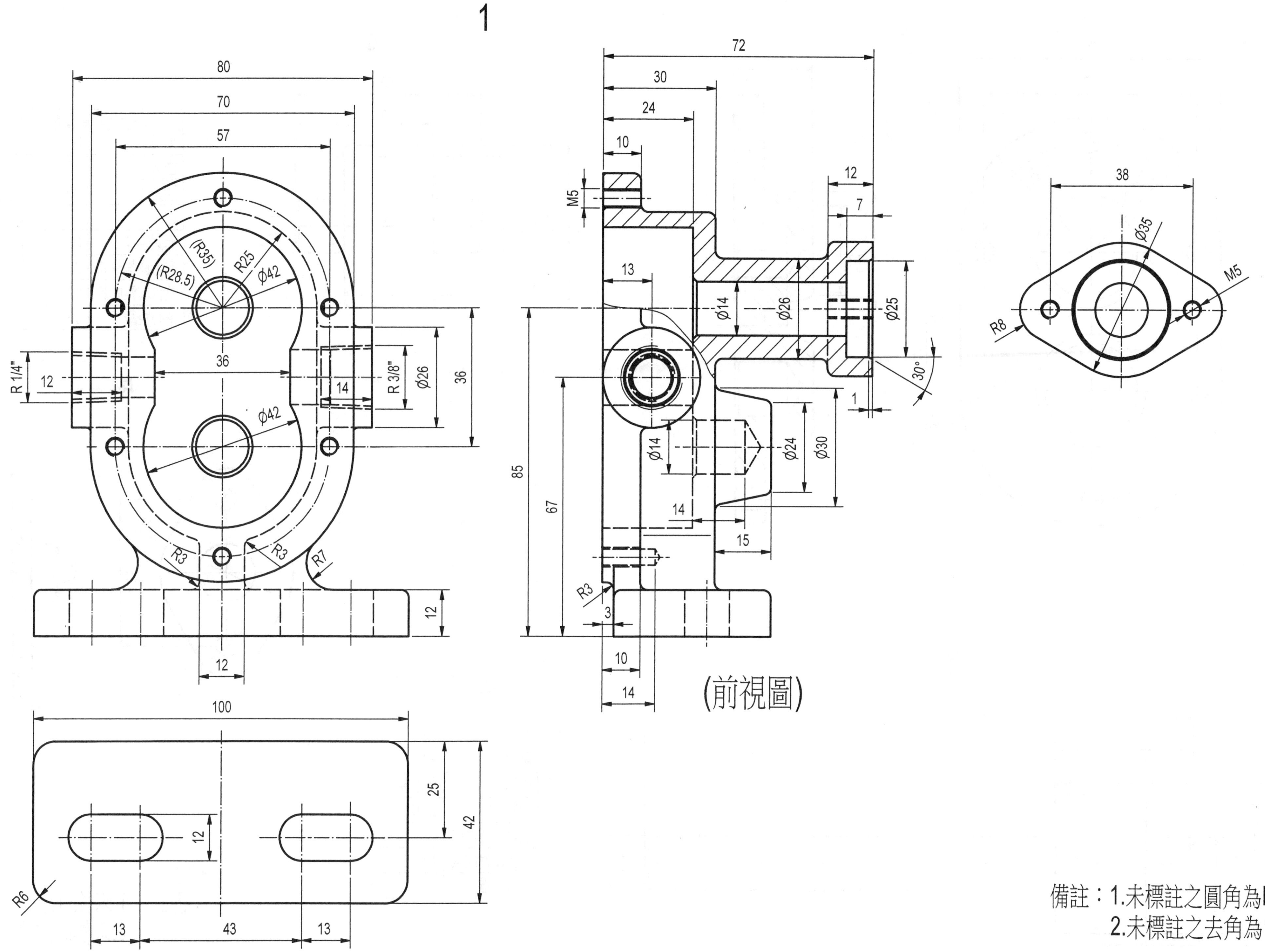

備註：1.未標註之圓角為R2
2.未標註之去角為1x45˚

電腦輔助機械設計製圖	核定	勞動力發展署	圖 名	齒 輪 泵			時 數	2.5 小時	B.相關圖	試 題 編 號	
乙級技術士技能檢定	單位	技能檢定中心	投 影	第三角法	比 例	1 : 1	日 期	民國99年12月		20800-990202-B	1/3

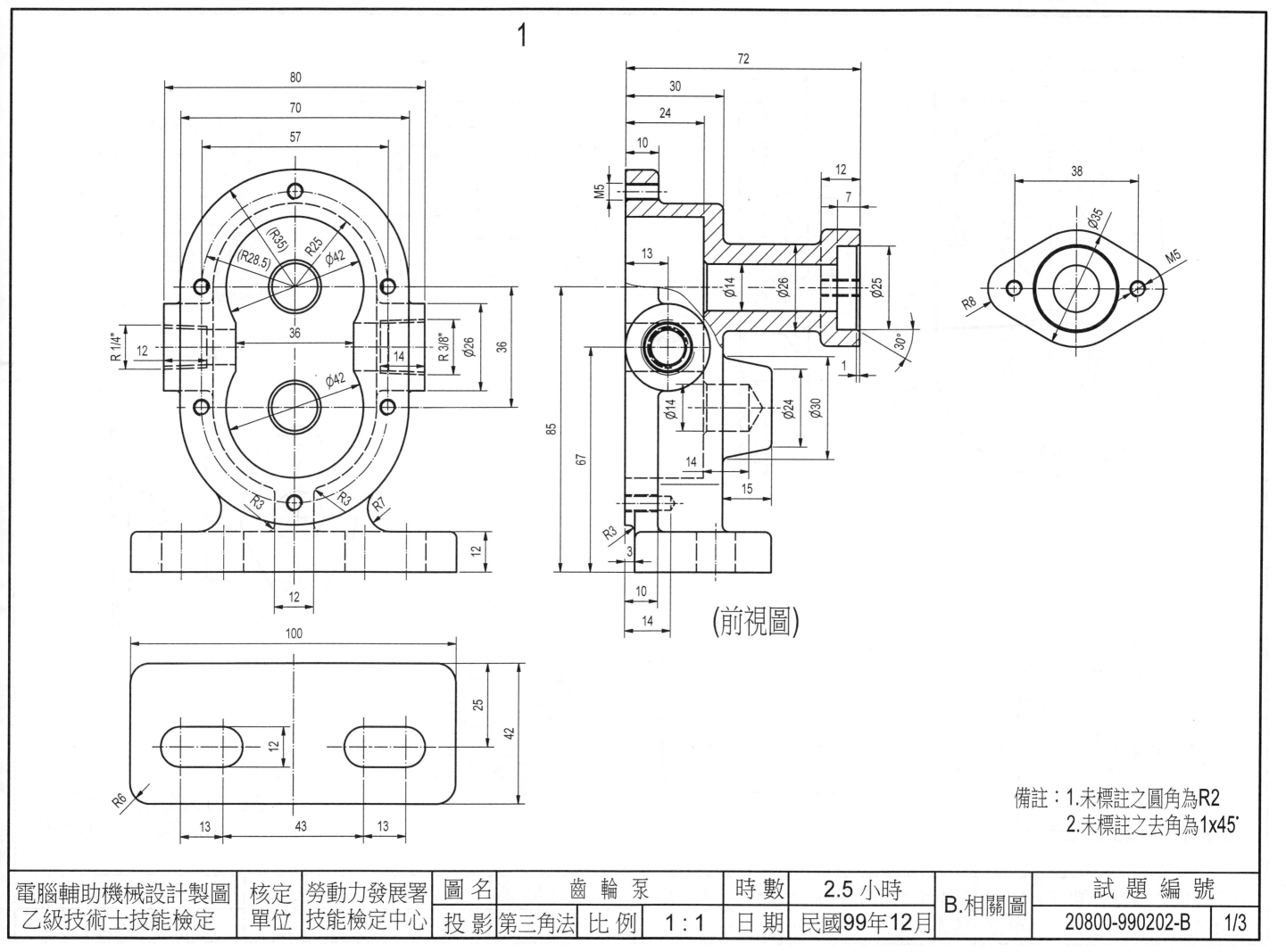

2

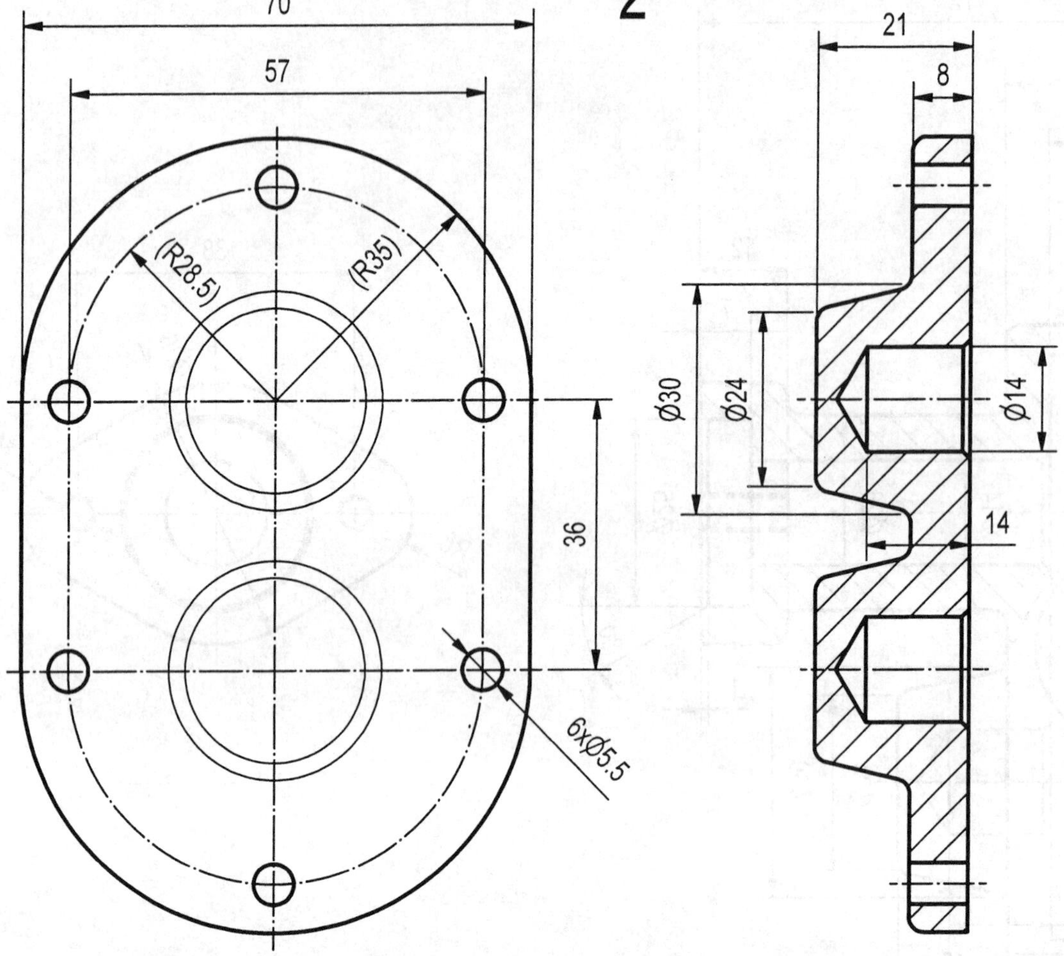

4

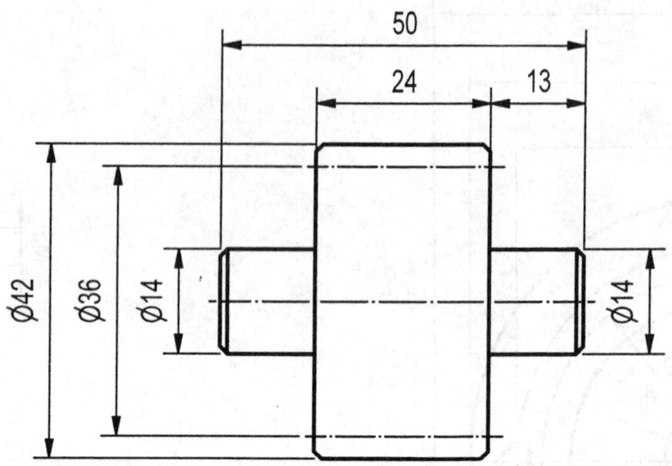

件4正齒輪數據表	
模數	3
齒數	12
壓力角	20°
齒制	標準齒
節圓直徑	Ø36
嚙合齒輪件號	3
嚙合齒輪齒數	12
中心距離	36

5

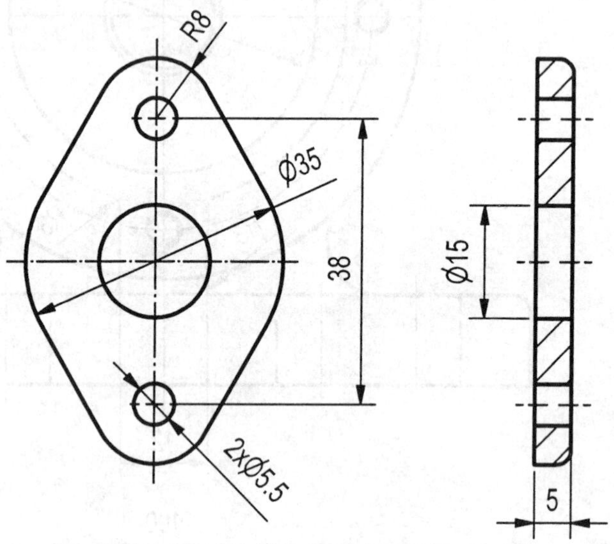

3

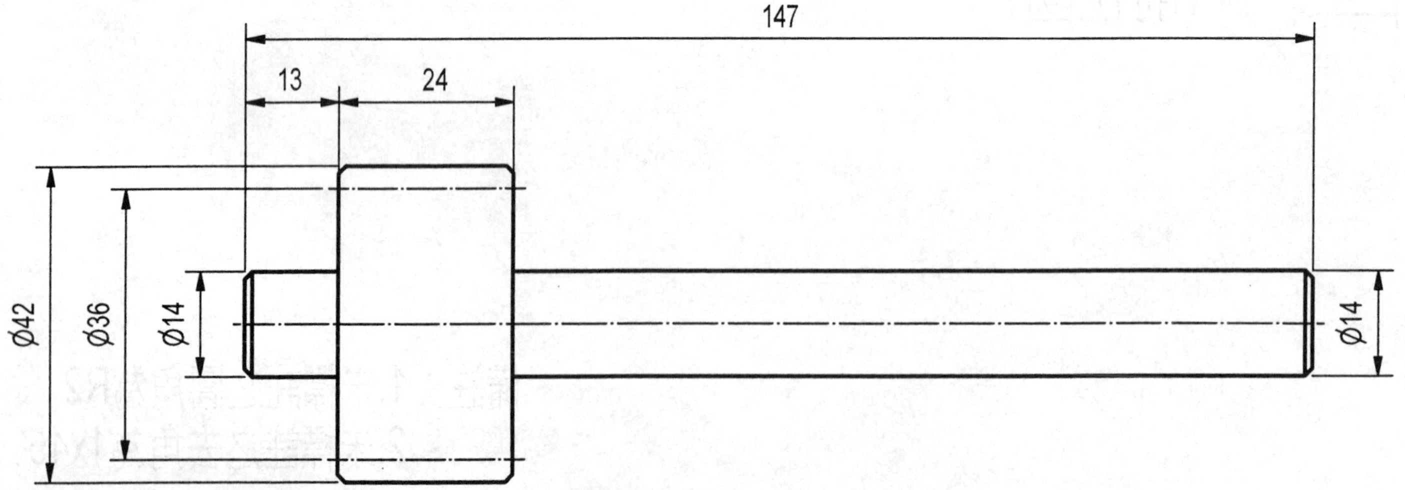

件3正齒輪數據表	
模數	3
齒數	12
壓力角	20°
齒制	標準齒
節圓直徑	Ø36
嚙合齒輪件號	4
嚙合齒輪齒數	12
中心距離	36

備註：1.未標註之圓角為R2
2.未標註之去角為1x45°

電腦輔助機械設計製圖乙級技術士技能檢定	核定單位	勞動力發展署技能檢定中心	圖 名	齒 輪 泵		時 數	2.5 小時	B.相關圖	試 題 編 號
			投 影	第三角法	比 例 1 : 1	日 期	民國99年12月		20800-990202-B 2/3

6　　　　　　　　7

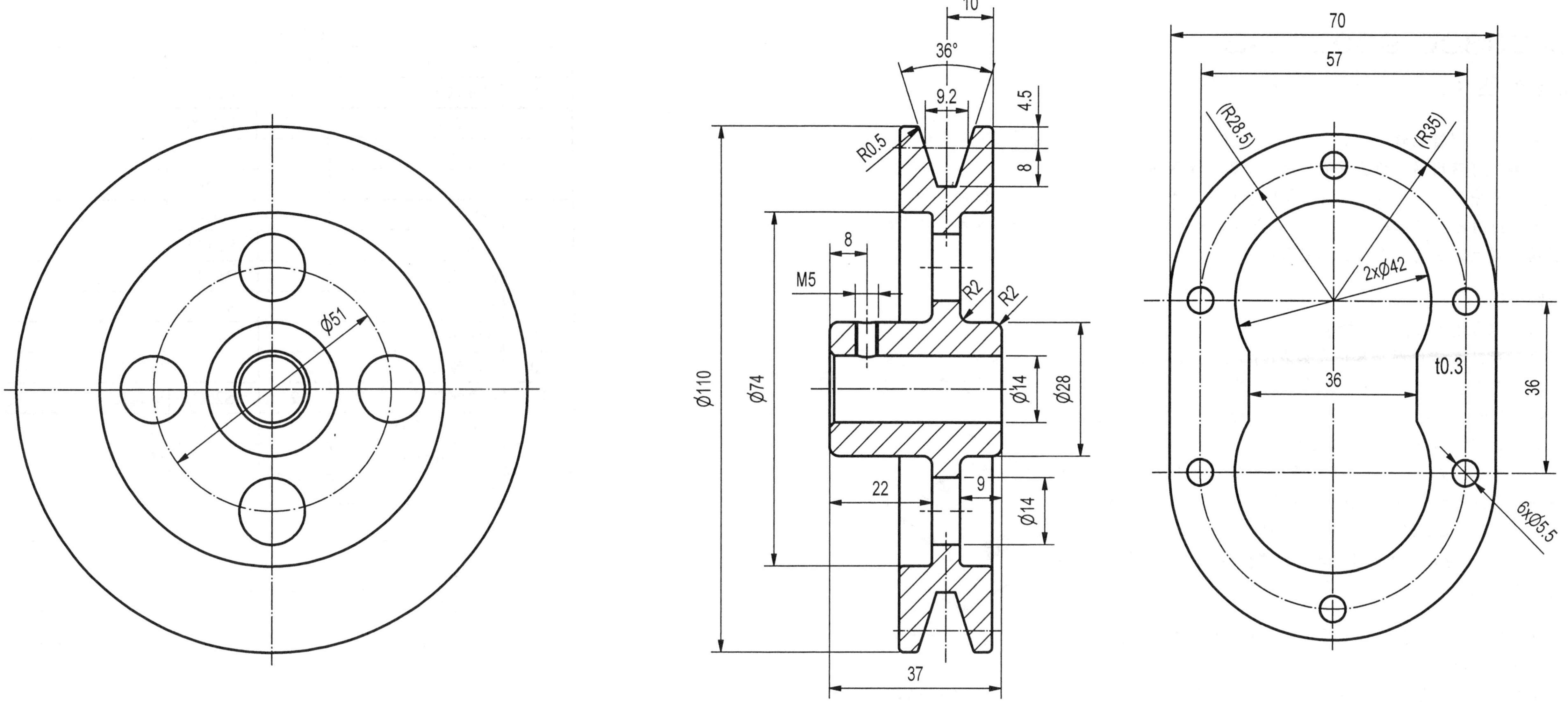

8 SxØ14　　9 Ø5　　10 M5x18　　11 M5x16　　12 M5x12

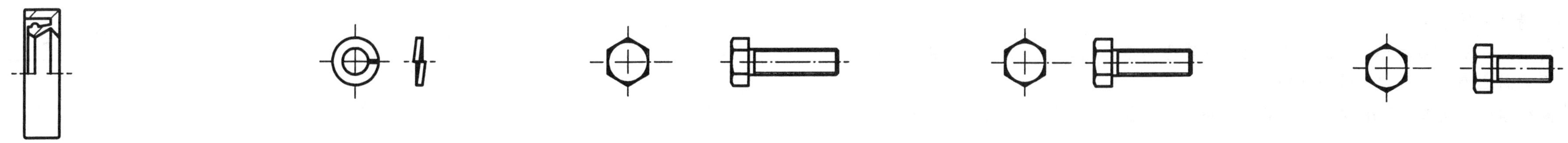

備註：1.未標註之圓角為R1
　　　2.未標註之去角為1x45°

電腦輔助機械設計製圖 乙級技術士技能檢定	核定 單位	勞動力發展署 技能檢定中心	圖 名	齒 輪 泵			時 數	2.5 小時	B.相關圖	試 題 編 號
			投 影	第三角法	比 例	1 : 1	日 期	民國99年12月		20800-990202-B　3/3

試題編號：20800-990203-B

相關圖試題說明：

一、本相關圖試題為組合圖繪製時間 2.5 小時(可提前交卷但不加分)，不含出圖時間。試題依第三角法命題，應檢人可選用第一角法或第三角法繪製，惟不得混用。

二、應檢人繪製時，圖中的線條、數字及符號等應依照最近公佈之 CNS 國家標準繪製。

三、應檢人依規定可使用之自備工具為：直尺、量角器及比例尺等。只可參閱場地提供之設計資料檔，嚴禁攜帶自備之設計資料及任何儲存媒體。

四、試題：(旋轉虎鉗)

1. 繪製正投影組合圖：出圖於一張 A3 圖紙

　　按試題所給之零件圖及零件表如表(a)所示，依 1：1 之比例，繪製組合圖於一張 A3 圖紙，尺度不足處請依比例自行量測。組合圖須依零件 1 之視圖方向繪製其前視圖及俯視圖，含適當剖面、件號、組合尺度(如規格、總尺度等)及零件表等。

2. 繪製立體組合圖：出圖於一張 A3 圖紙

　　按試題所給之零件圖及零件表如表(a)所示，依約 1：1 之比例，繪製等角投影立體組合圖於一張 A3 圖紙。立體組合圖之等角方向如右圖所示，以黑白潤飾表現，件 1「虎鉗底座」與件 2「固定鉗座」必須傾角 30°，部分零件表面須呈現出特徵(如螺紋、輥紋等)。繪製時免畫件號及零件表等。

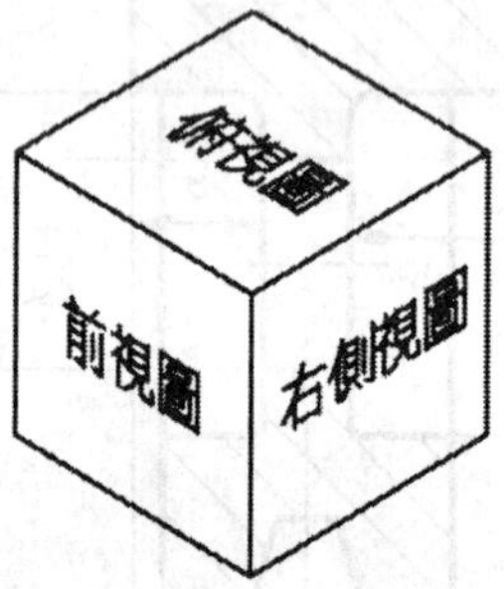

五、各圖面請繪製如圖(a)所示之標題欄及零件表，並填妥適當之內容。只需畫標題欄時，標題欄上方之零件表無需繪製。

六、繪製時間結束時，請以『准考證號碼』為檔名，存入電腦資料碟中(嚴禁使用自備之任何儲存媒體)，並確認已經存檔後，將試題交回給監評人員，並等候指示在個人崗位電腦上出圖，出圖後電腦螢幕須保留現況。

七、出圖：

1. 中途離場或放棄出圖者須告知監評人員，並在評審表“放棄出圖者”處簽名後離場，若未依規定而離場者視同不及格。
2. 應檢人請依監評人員之指示，將電腦繪製之圖面以黑色列印於規定圖紙上；倘若圖面未完整列印，得重新出圖，並將前一張圖紙作廢。
3. 應檢人出圖後須確認圖面，並在右下角簽名後始得離場。監評人員則在右上角簽章確認。

表(a) 零件表

件號	名稱	數量	材料	備註
1	虎鉗底座	1	FC200	
2	固定鉗座	1	FC200	
3	活動鉗座	1	FC200	
4	螺桿	1	S45C	
5	轉把	1	S45C	
6	支架	2	SS400	
7	固定夾塊	1	SS490	
8	活動夾塊	1	SS490	
9	轉軸螺釘	2	S45C	
10	六角螺釘 A	2	S25C	M5×22
11	六角螺釘 B	2	S25C	M5×12
12	六角承窩螺釘	4	S45C	M4×8
13	十字平頭螺釘	1	S25C	M3×6
14	直銷	1	S50C	Ø2×8

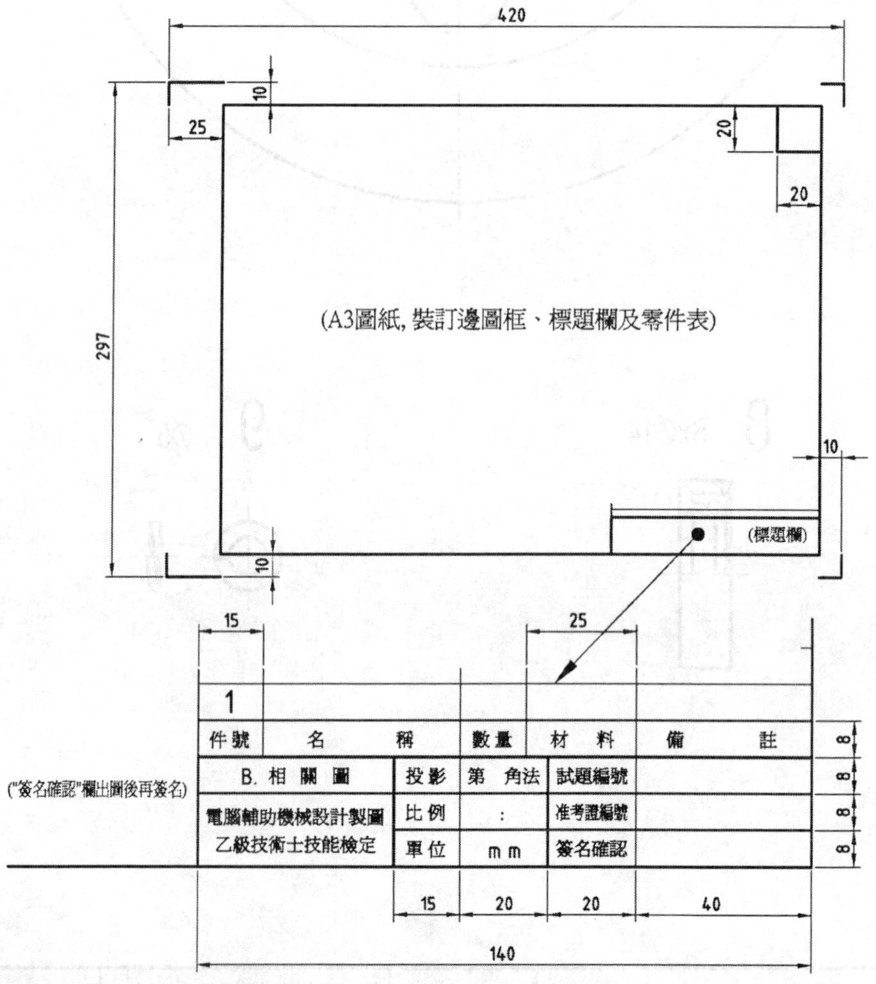

圖(a)

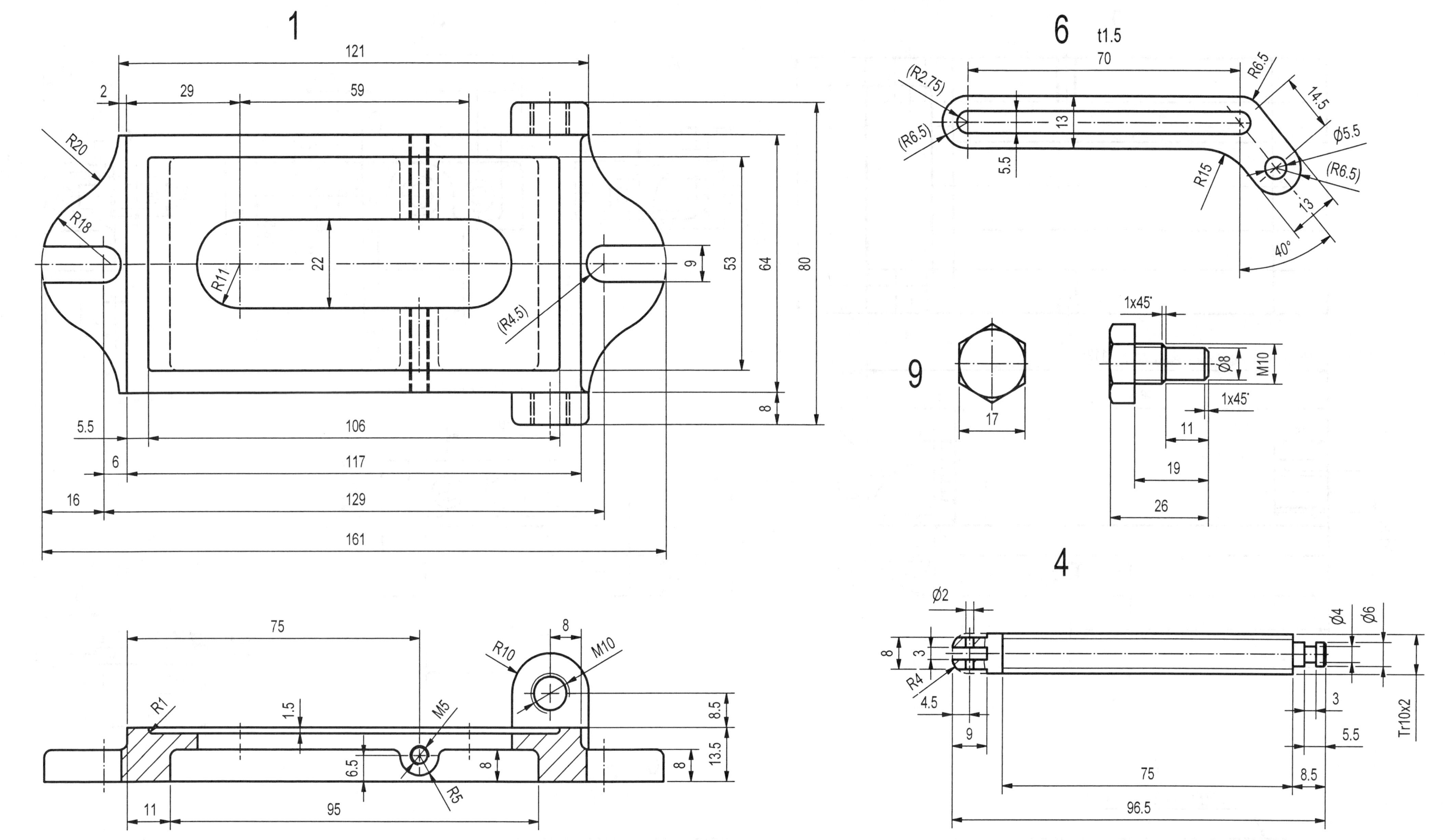

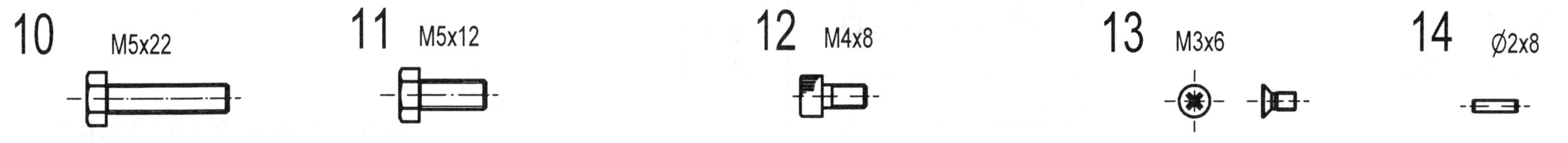

備註：1.未標註之圓角為R2
2.未標註之去角為0.5x45°

電腦輔助機械設計製圖乙級技術士技能檢定	核定單位	勞動力發展署技能檢定中心	圖名	旋轉虎鉗	時數	2.5小時	B.相關圖	試題編號
			投影	第三角法	比例 1：1	日期 民國99年12月		20800-990203-B 1/2

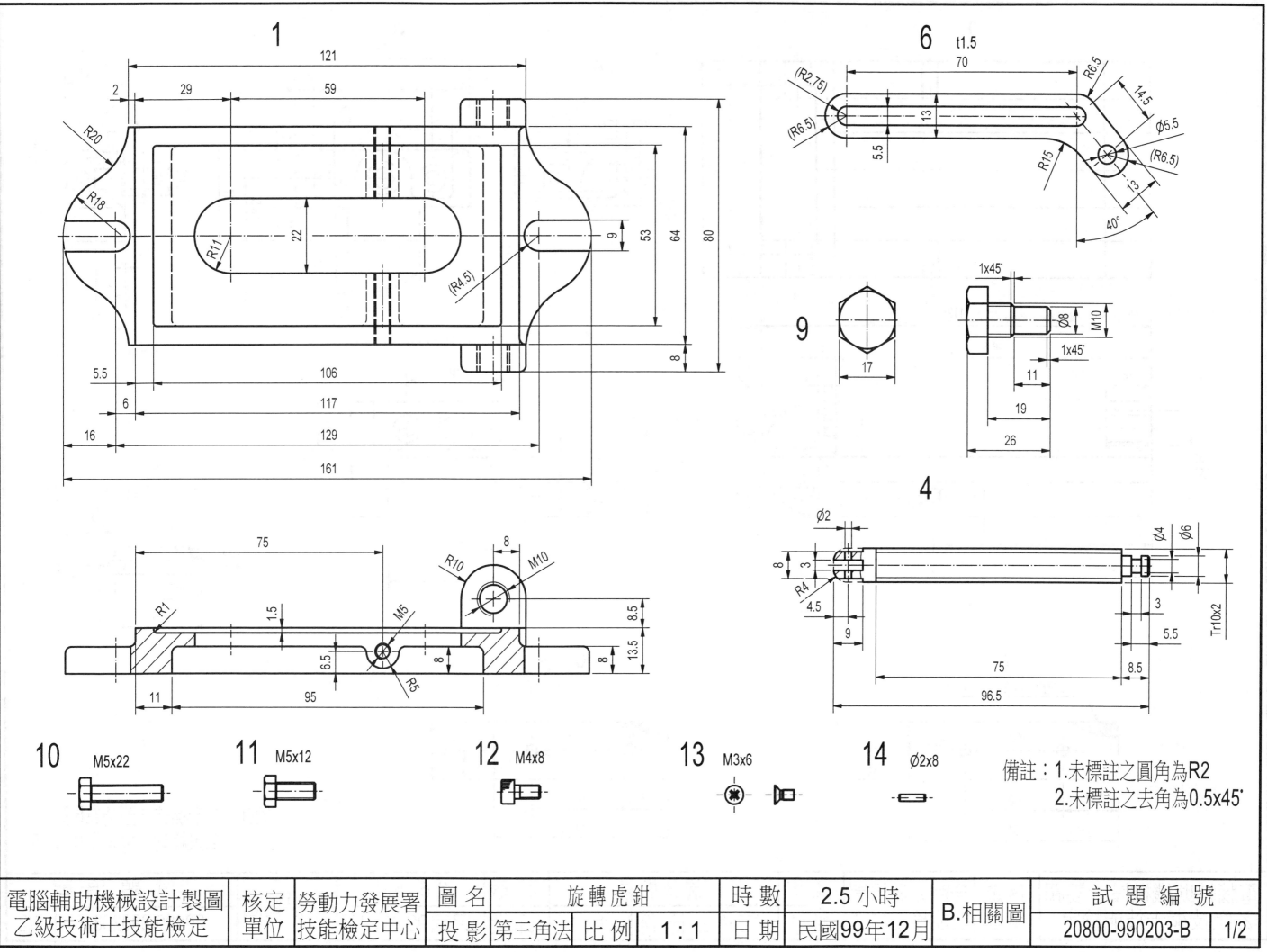

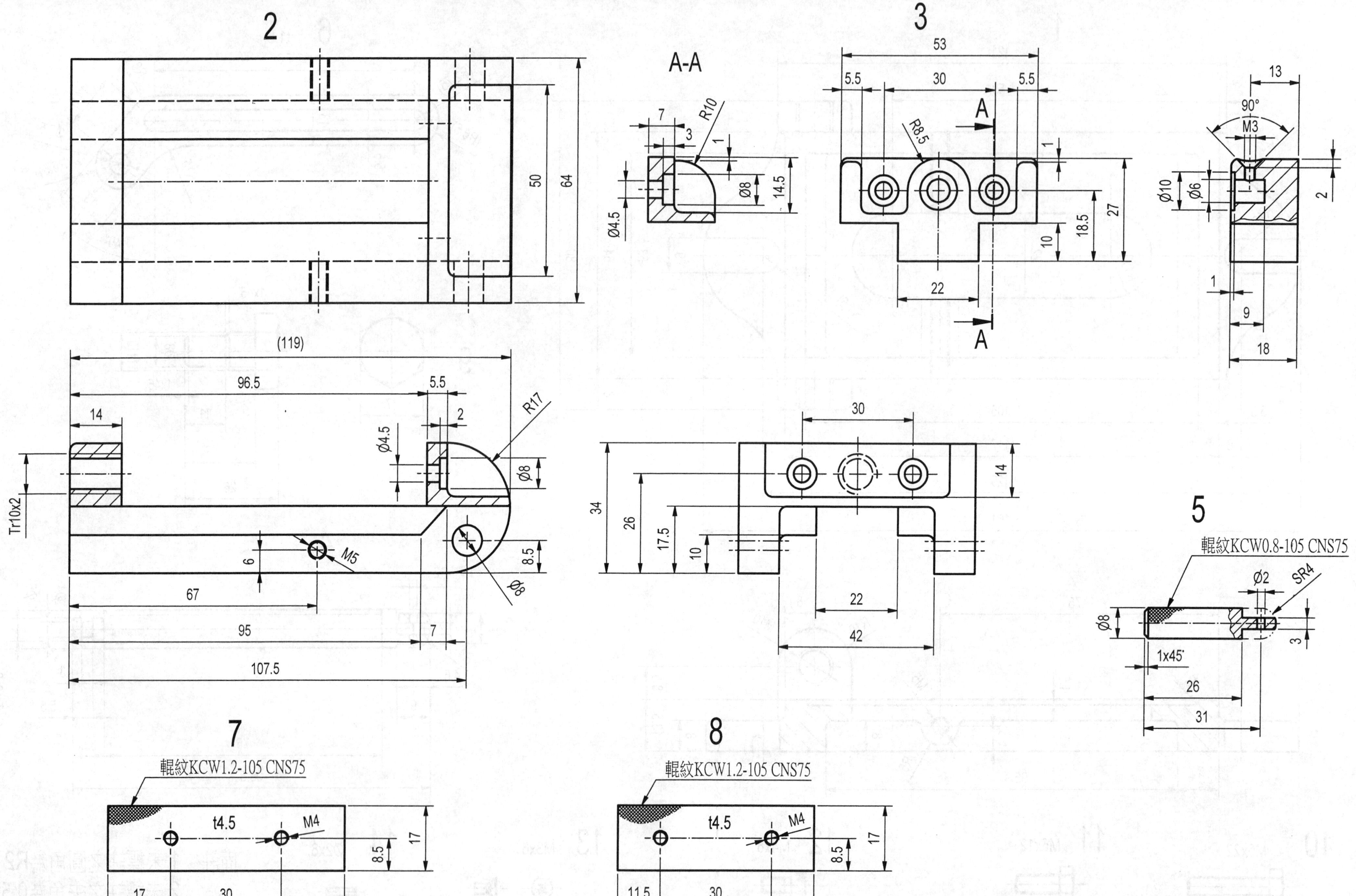

備註：1.未標註之圓角為R2
2.未標註之去角為0.5x45˚

電腦輔助機械設計製圖 乙級技術士技能檢定	核定 單位	勞動力發展署 技能檢定中心	圖 名	旋轉虎鉗		時 數	2.5 小時	B.相關圖	試 題 編 號	
			投 影	第三角法	比 例 1 : 1	日 期	民國99年12月		20800-990203-B	2/2

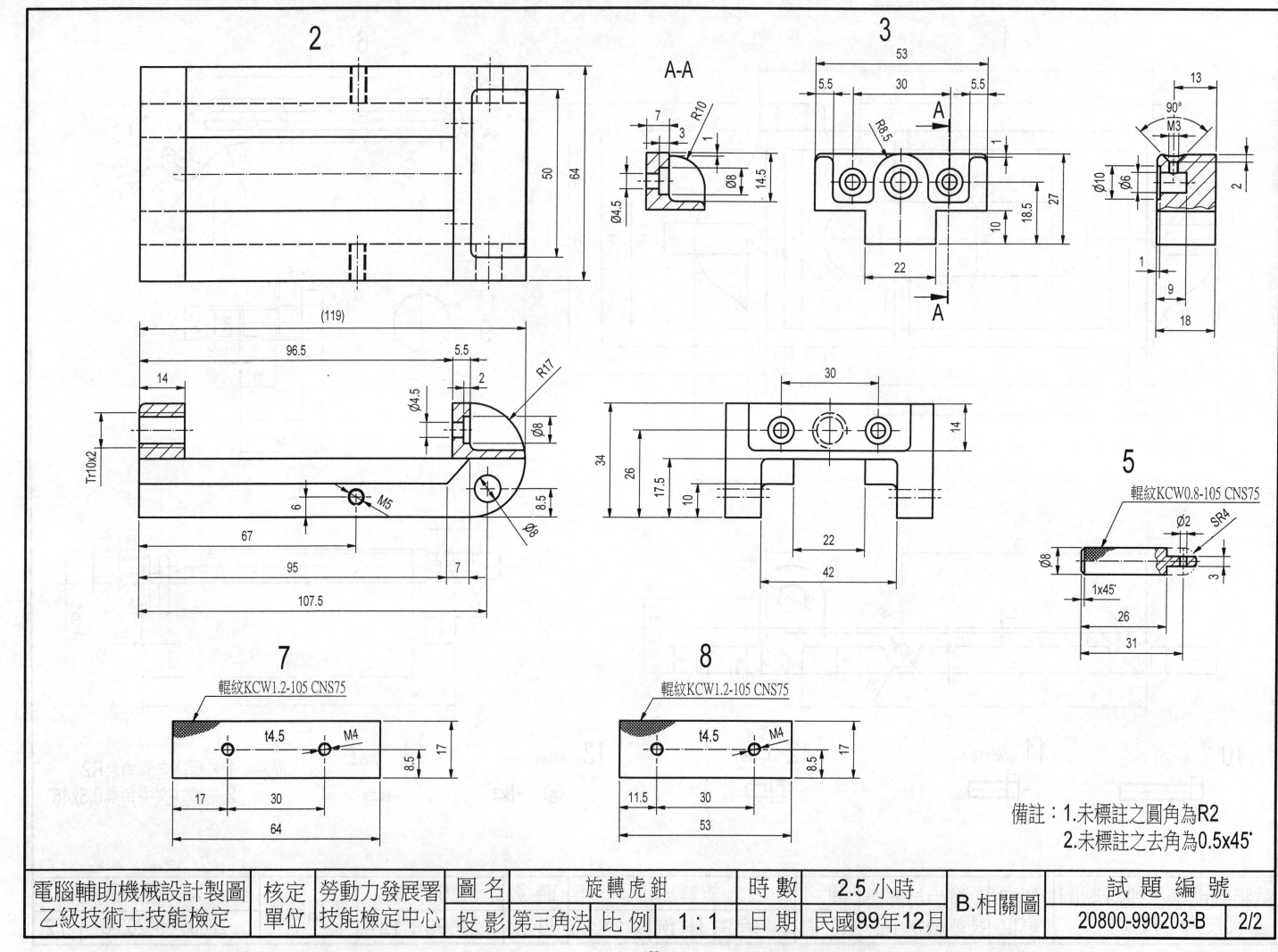

試題編號：20800-990204-B

相關圖試題說明：

一、相關圖試題爲組合圖繪製時間 2.5 小時(可提前交卷但不加分)，不含出圖時間。試題依第三角法命題，應檢人可選用第一角法或第三角法繪製，惟不得混用。

二、應檢人繪製時，圖中的線條、數字及符號等應依照最近公佈之 CNS 國家標準繪製。

三、應檢人依規定可使用之自備工具爲：直尺、量角器及比例尺等。只可參閱場地提供之設計資料檔，嚴禁攜帶自備之設計資料及任何儲存媒體。

四、試題：(鑽孔夾具)

1. 繪製正投影組合圖：出圖於一張 A3 圖紙

   按試題所給之零件圖及零件表如表(a)所示，依 1：1 之比例，繪製組合圖於一張 A3 圖紙。組合圖須依零件 1 之視圖方向繪製其前視圖及俯視圖，含適當剖面、件號、組合尺度(如規格、總尺度等)等，繪製時免畫零件表。

2. 繪製立體分解系統圖：出圖於一張 A3 圖紙

   按試題所給之零件圖及零件表如表(a)所示，依約 1：1 之比例，繪製等角投影方向之立體分解系統圖(爆炸圖)於一張 A3 圖紙。立體分解系統圖以黑白潤飾表現，須含系統線。繪製時免畫剖面、件號及零件表等。

五、各圖面請繪製如圖(a)所示之標題欄及零件表，並填妥適當之內容。只需畫標題欄時，標題欄上方之零件表無需繪製。

六、繪製時間結束時，請以『准考證號碼』爲檔名，存入電腦資料碟中(嚴禁使用自備之任何儲存媒體)，並確認已經存檔後，將試題交回給監評人員，並等候指示在個人崗位電腦上出圖，出圖後電腦螢幕須保留現況。

七、出圖：

1. 中途離場或放棄出圖者須告知監評人員，並在評審表"放棄出圖者"處簽名後離場，若未依規定而離場者視同不及格。
2. 應檢人請依監評人員之指示，將電腦繪製之圖面以黑色列印於規定圖紙上；倘若圖面未完整列印，得重新出圖，並將前一張圖紙作廢。
3. 應檢人出圖後須確認圖面，並在右下角簽名後始得離場。監評人員則在右上角簽章確認。

表(a) 零件表

件 號	名 稱	數 量	材 料	備註
1	固定座	1	S20C	
2	固定底座	1	S20C	
3	壓板	1	S20C	
4	轉動圓柱	1	S20C	
5	固定圓柱 A	1	S20C	
6	握桿	1	S20C	
7	偏心塊	1	S20C	
8	圓柱	1	S20C	鑽孔加工件

表(a) 零件表(續)

件 號	名 稱	數 量	材 料	備註
9	襯套	1	S20C	
10	彈簧	1	SWPA	
11	鑽頭導套	1	S45C	
12	定位圓柱	1	S20C	
13	固定圓柱 B	1	S20C	
14	六角承窩螺釘 A	1	S20C	M5 x 20
15	六角承窩螺釘 B	2	S20C	M5 x 35
16	直銷	1	S50C	Ø3 x 14
17	E 型扣環	3	SUP3	Ø6
18	握把	1	PVC	
19	套筒	4	S20C	

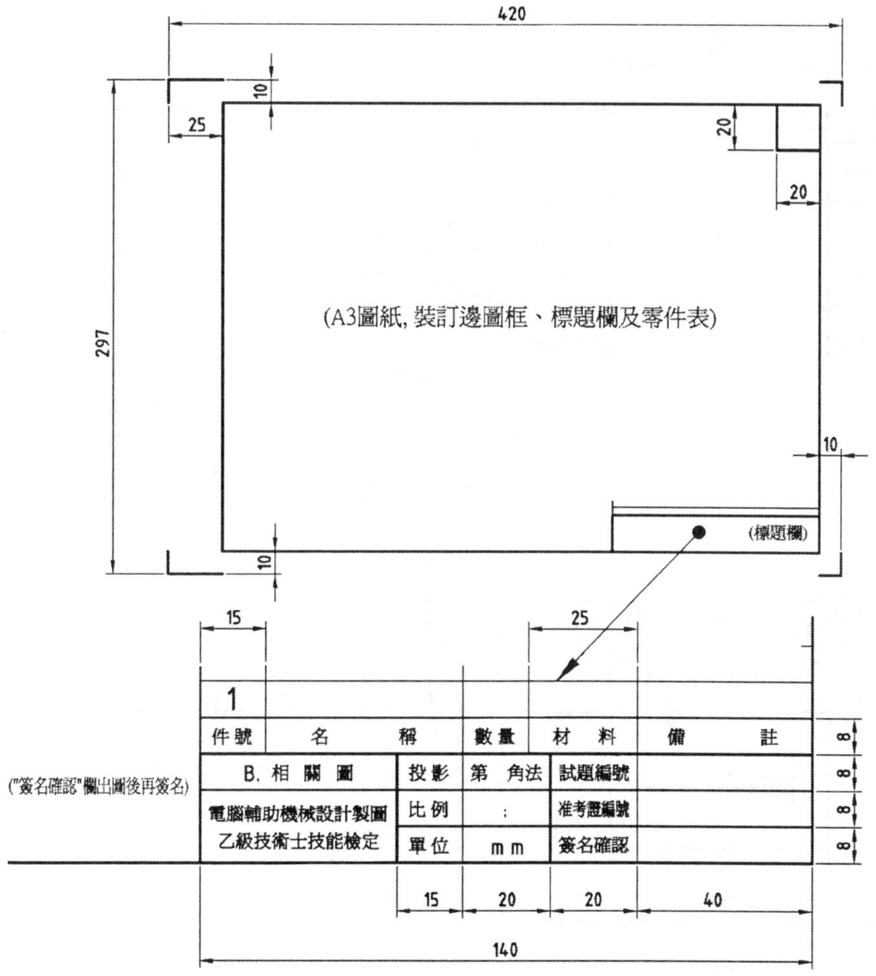

圖(a)

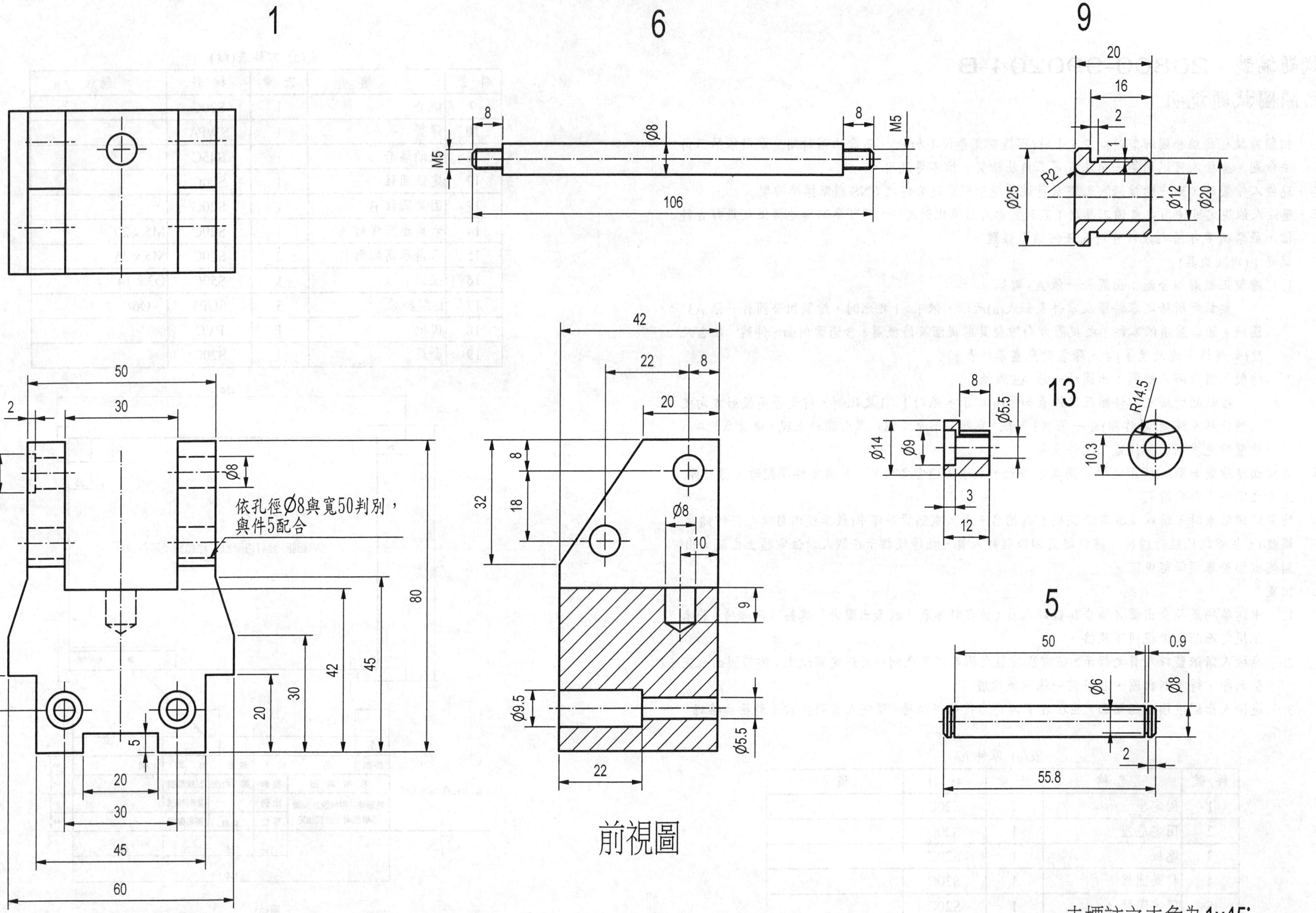

未標註之去角為1x45°

電腦輔助機械設計製圖 乙級技術士技能檢定	核定 單位	勞動力發展署 技能檢定中心	圖名	鑽孔夾具		時數	2.5 小時	B.相關圖	試題編號	
			投影	第三角法	比例 1:1	日期	民國99年12月		20800-990204-B	1/3

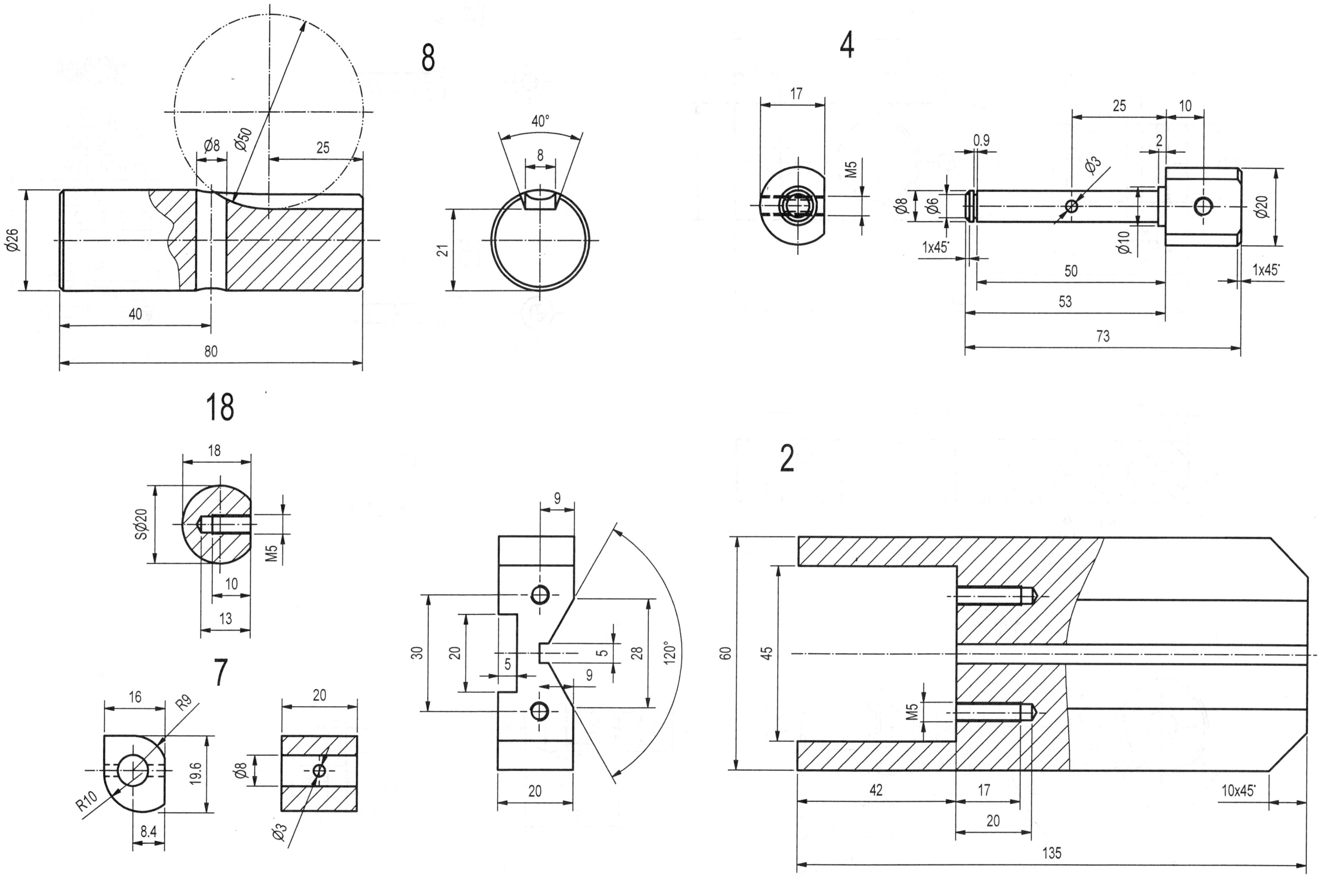

未標註之去角為1x45°

電腦輔助機械設計製圖 乙級技術士技能檢定	核定 單位	勞動力發展署 技能檢定中心	圖 名	鑽孔夾具			時 數	2.5 小時	B.相關圖	試 題 編 號	
			投 影	第三角法	比 例	1 : 1	日 期	民國99年12月		20800-990204-B	2/3

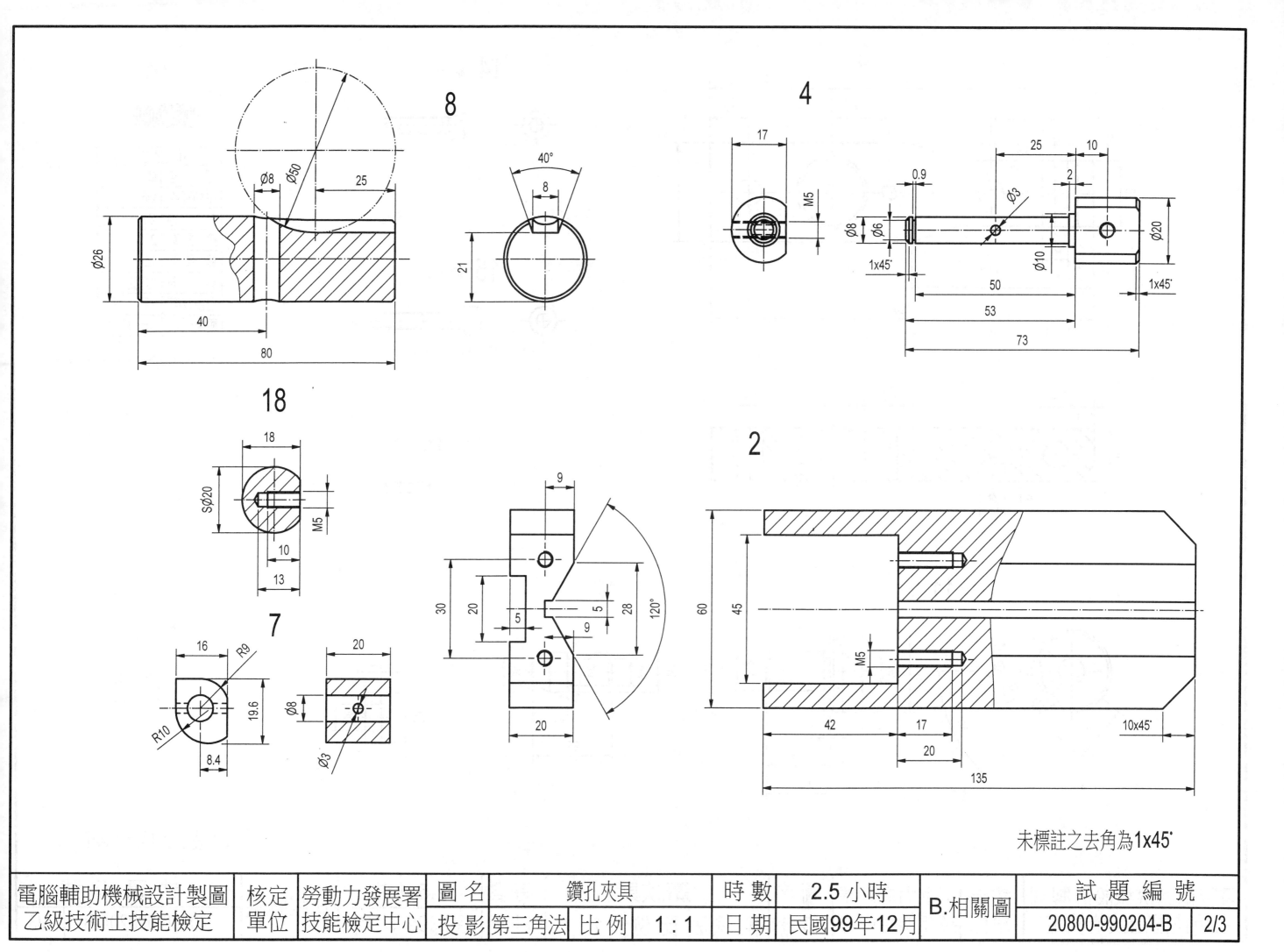

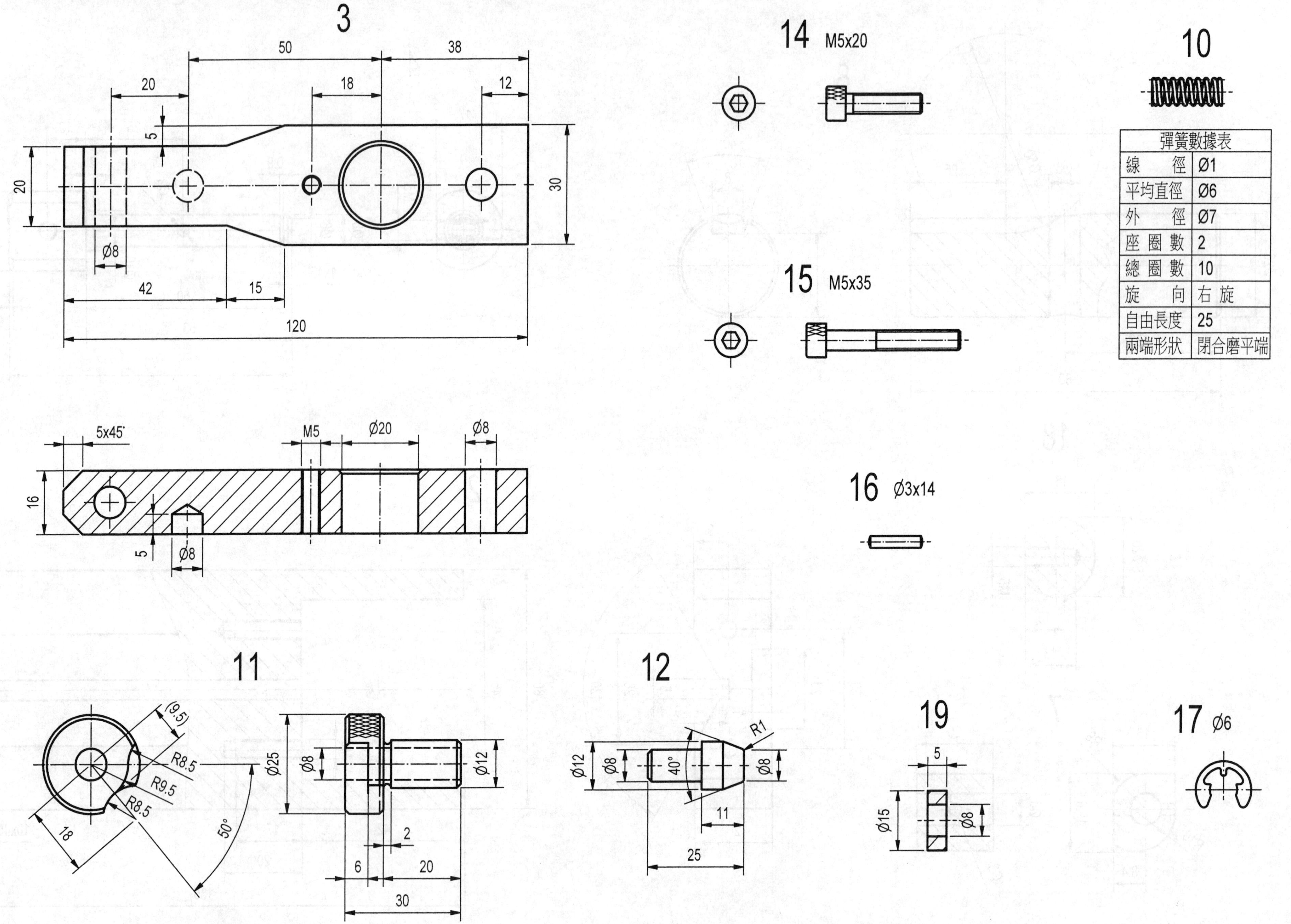

彈簧數據表	
線　徑	Ø1
平均直徑	Ø6
外　徑	Ø7
座圈數	2
總圈數	10
旋　向	右旋
自由長度	25
兩端形狀	閉合磨平端

未標註之去角為1x45°

電腦輔助機械設計製圖 乙級技術士技能檢定	核定 單位	勞動力發展署 技能檢定中心	圖名	鑽孔夾具		時數	2.5 小時	B.相關圖	試題編號	
			投影	第三角法	比例 1：1	日期	民國99年12月		20800-990204-B	3/3

試題編號：20800-990205-B

相關圖試題說明：

一、本相關圖試題爲組合圖繪製時間 2.5 小時(可提前交卷但不加分)，不含出圖時間。試題依第三角法命題，應檢人可選用第一角法或第三角法繪製，惟不得混用。

二、應檢人繪製時，圖中的線條、數字及符號等應依照最近公佈之 CNS 國家標準繪製。

三、應檢人依規定可使用之自備工具爲：直尺、量角器及比例尺等。嚴禁攜帶自備之設計資料及任何儲存媒體。

四、試題：(歐丹軸機構)

1. 繪製正投影組合圖：出圖於一張 A3 圖紙

   按試題所給之零件圖及零件表如表(a)所示，依 1：2 之比例，繪製正投影組合圖於一張 A3 圖紙，尺度不足處請依比例自行量測。正投影組合圖須依零件 1 之視圖方向繪製其前視圖及俯視圖，含適當剖面、件號、組合尺度(如規格、總尺度等)及零件表等。裝配時零件 3 移動支架須靠邊組裝。

2. 繪製立體分解系統圖：出圖於一張 A3 圖紙

   按試題所給之零件圖及零件表如表(a)所示，依約 1：2 之比例，繪製等角投影方向之立體分解系統圖(爆炸圖)於一張 A3 圖紙。立體分解系統圖以黑白潤飾表現，須含系統線。繪製時免畫剖面、件號及零件表等。

五、各圖面請繪製如圖(a)所示之標題欄及零件表，並填妥適當之內容。只需畫標題欄時，標題欄上方之零件表無需繪製。

六、繪製時間結束時，請以『准考證號碼』爲檔名，存入電腦資料碟中(嚴禁使用自備之任何儲存媒體)，並確認已經存檔後，將試題交回給監評人員，並等候指示在個人崗位電腦上出圖，出圖後電腦螢幕須保留現況。

七、出圖：

1. 中途離場或放棄出圖者須告知監評人員，並在評審表"放棄出圖者"處簽名後離場，若未依規定而離場者視同不及格。
2. 應檢人請依監評人員之指示，將電腦繪製之圖面以黑色列印於規定圖紙上；倘若圖面未完整列印，得重新出圖，並將前一張圖紙作廢。
3. 應檢人出圖後須確認圖面，並在右下角簽名後始得離場。監評人員則在右上角簽章確認。

表(a) 零件表

件號	名稱	數量	材料	備註
1	底座	1	FC200	
2	固定支架	1	FC200	
3	移動支架	1	FC200	
4	軸	2	S45C	
5	襯套	2	BC7	
6	旋轉頭	2	S20C	
7	十字滑塊	1	S20C	
8	齒輪	2	S45C	
9	推拔銷	2	S45C	Ø 5x32
10	六角螺帽	2	S20C	M8
11	六角螺栓 A	2	S20C	M8x32
12	六角螺栓 B	2	S20C	M8x25
13	墊圈	4	S20C	Ø 8
14	帶頭斜鍵	2	S20C	6x6x25

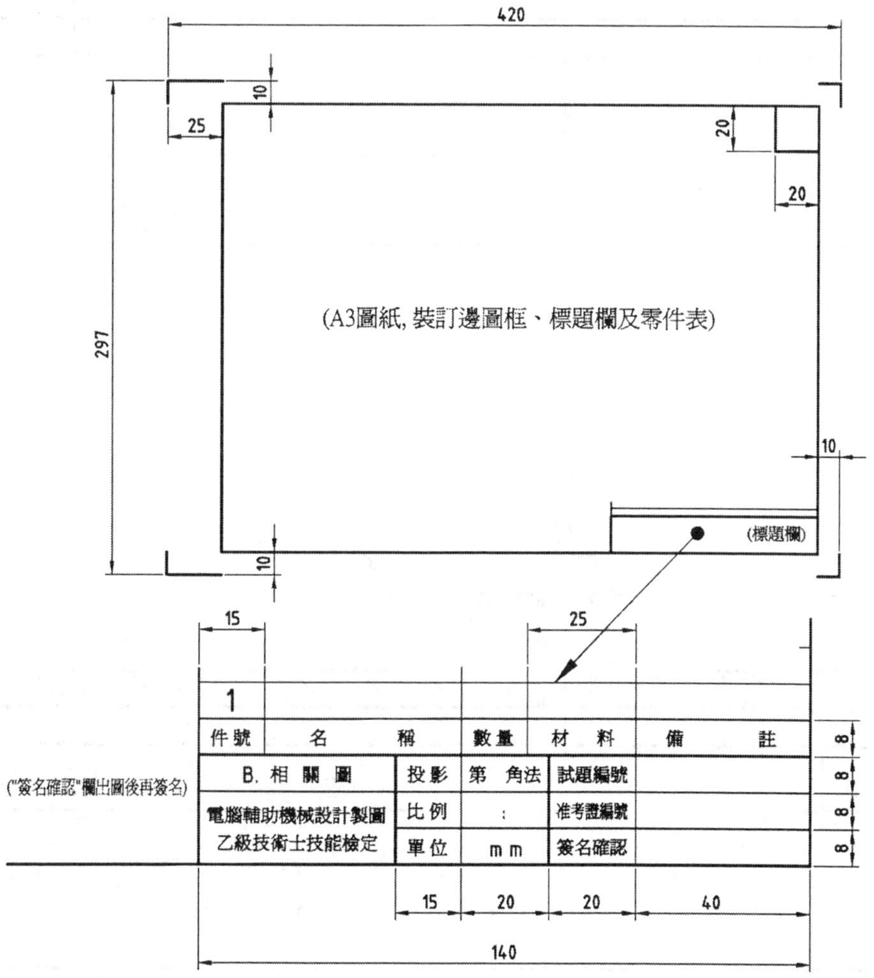

圖(a)

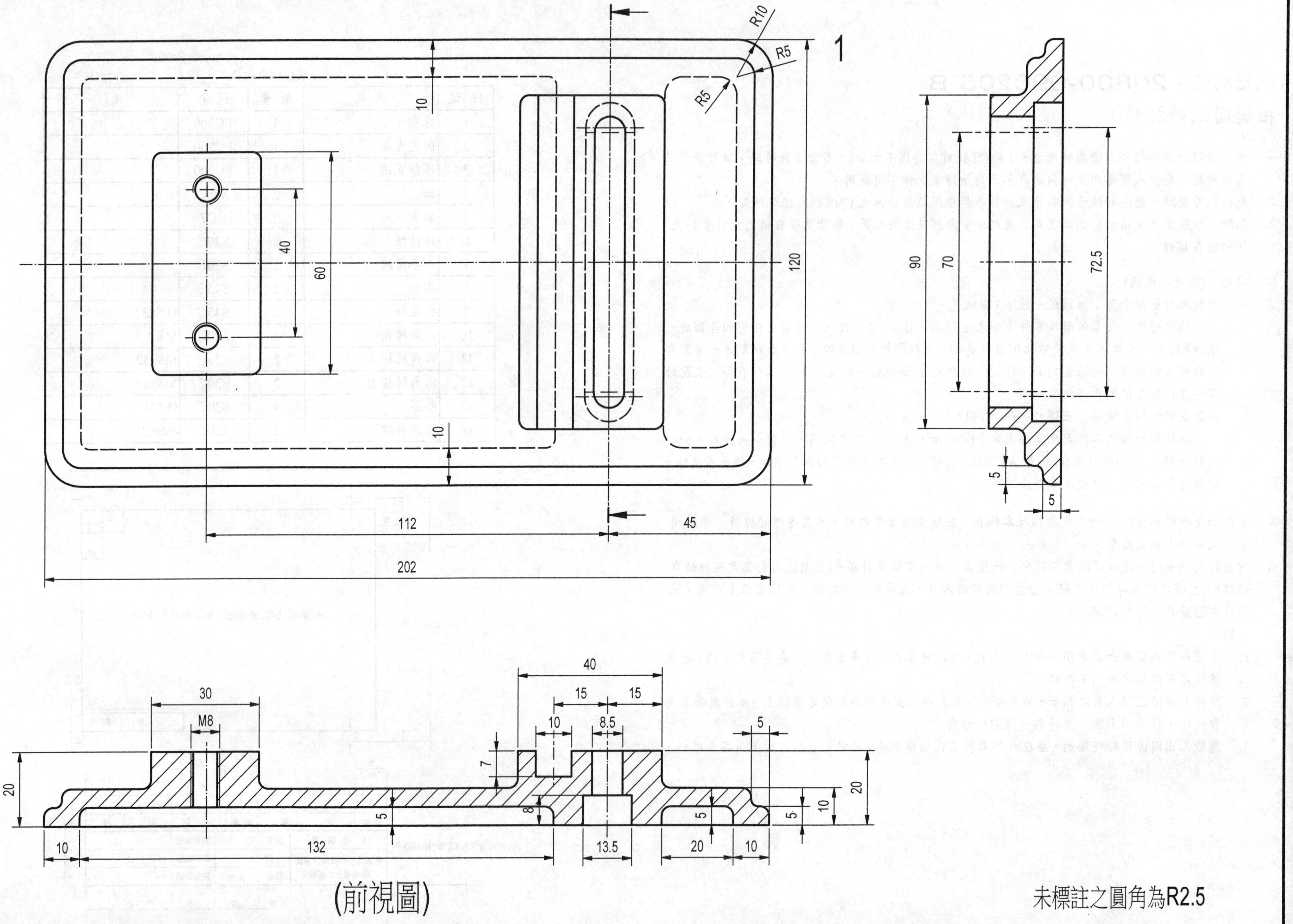

電腦輔助機械設計製圖 乙級技術士技能檢定	核定 單位	勞動力發展署 技能檢定中心	圖名	歐丹軸機構		時數	2.5 小時	B.相關圖	試題編號
			投影	第三角法	比例 1:1	日期	民國99年12月		20800-990205-B 1/4

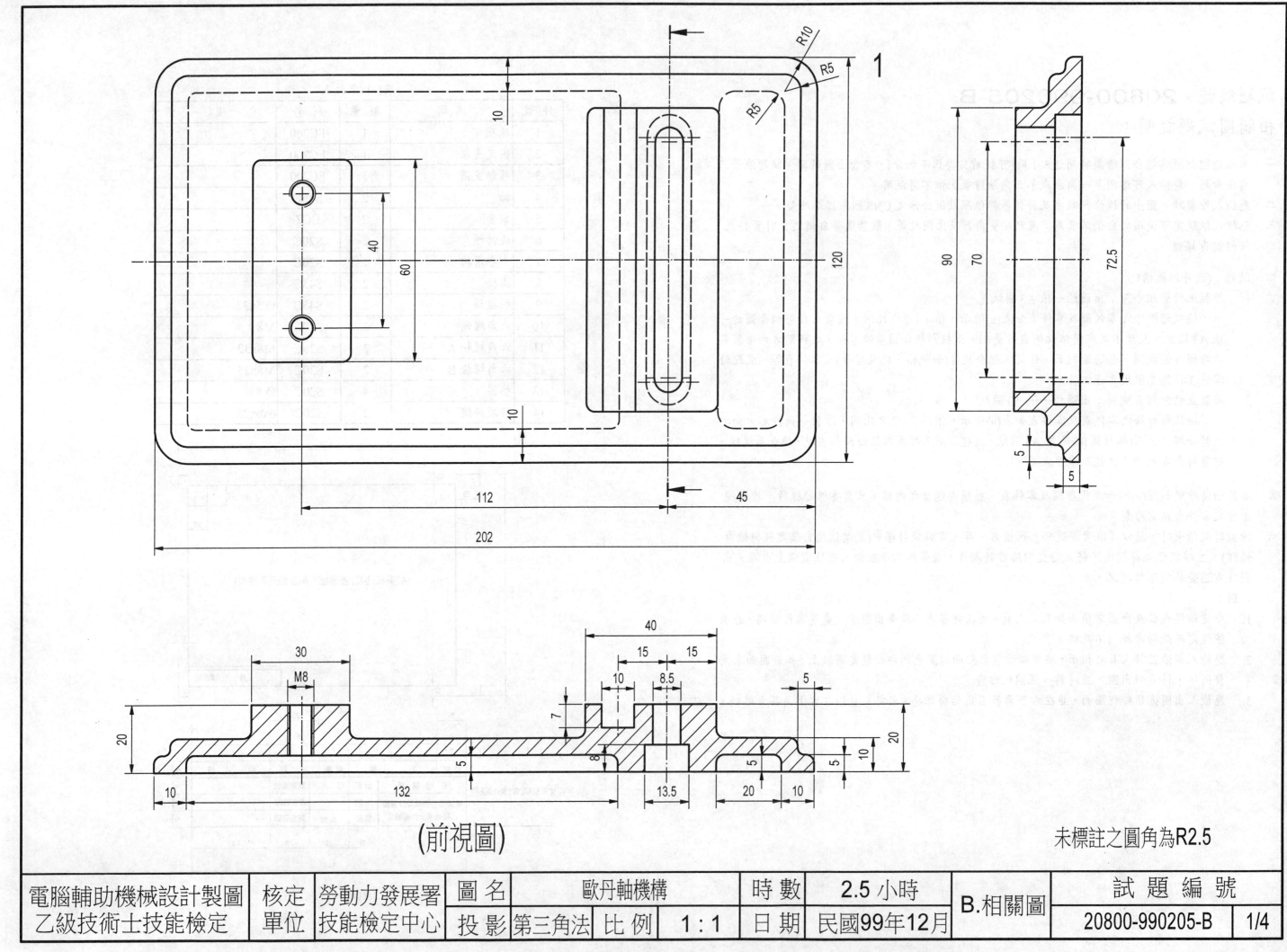

2

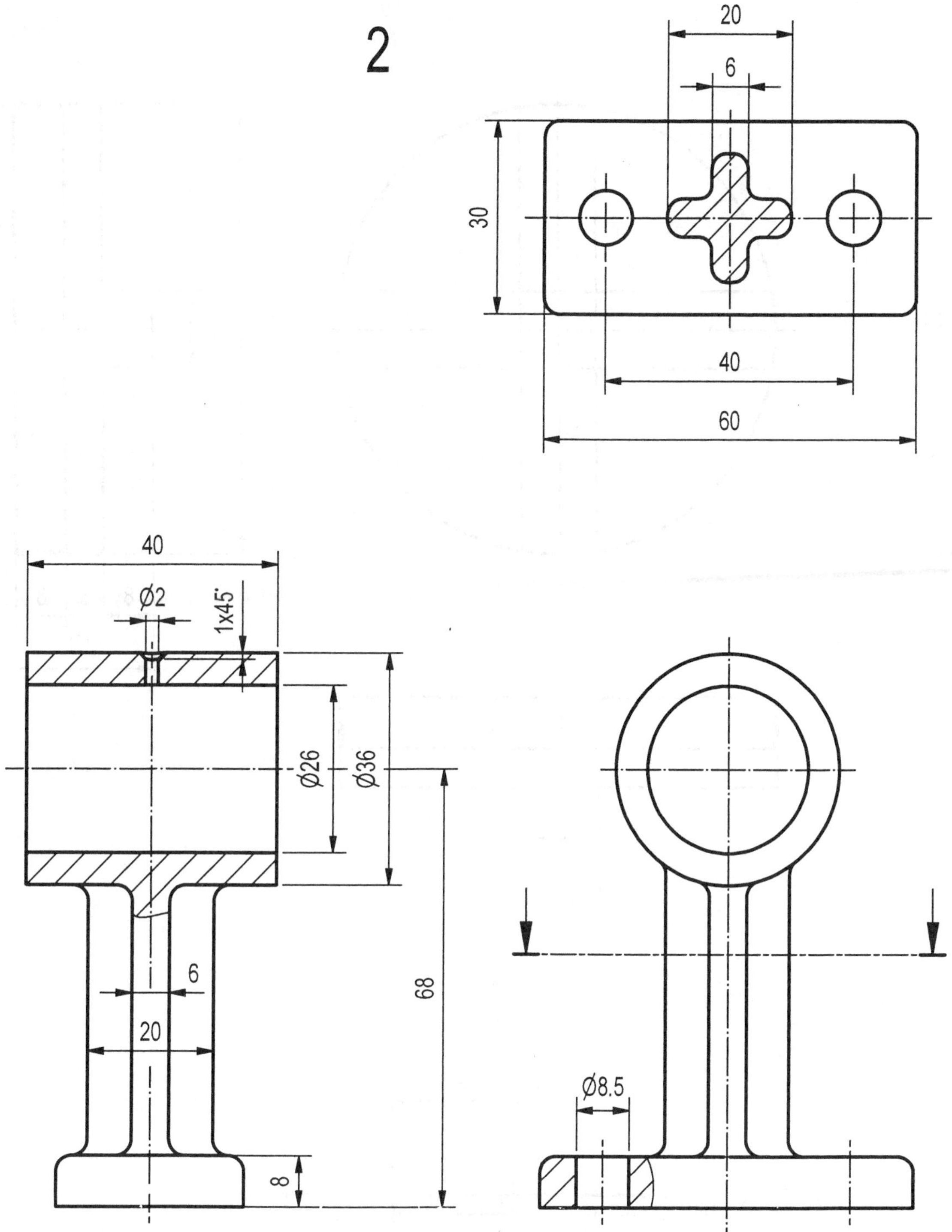

3

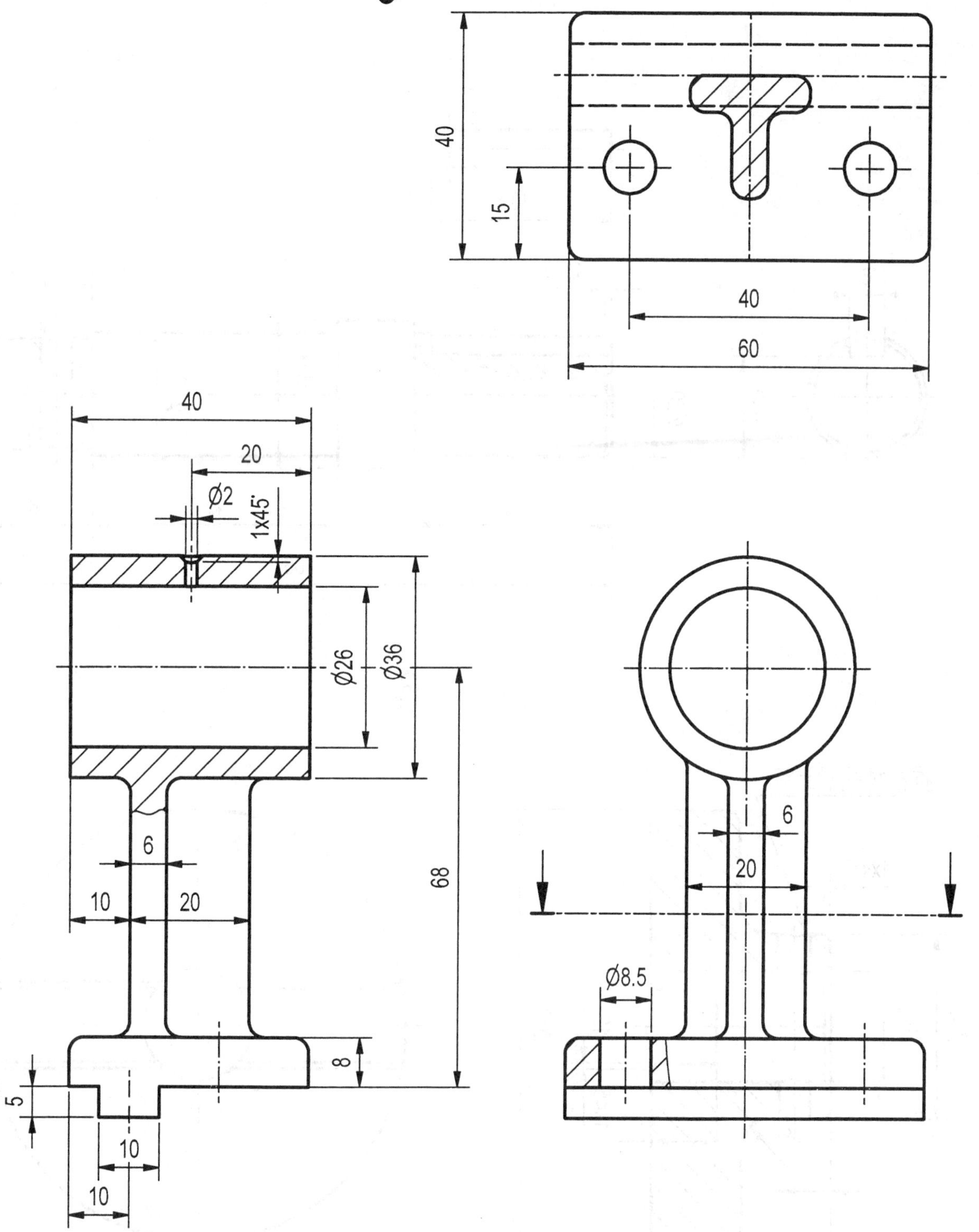

未標註之圓角為R2.5

電腦輔助機械設計製圖 乙級技術士技能檢定	核定 單位	勞動力發展署 技能檢定中心	圖 名	歐丹軸機構		時 數	2.5 小時	B.相關圖	試 題 編 號
			投 影	第三角法	比 例 1 : 1	日 期	民國99年12月		20800-990205-B 2/4

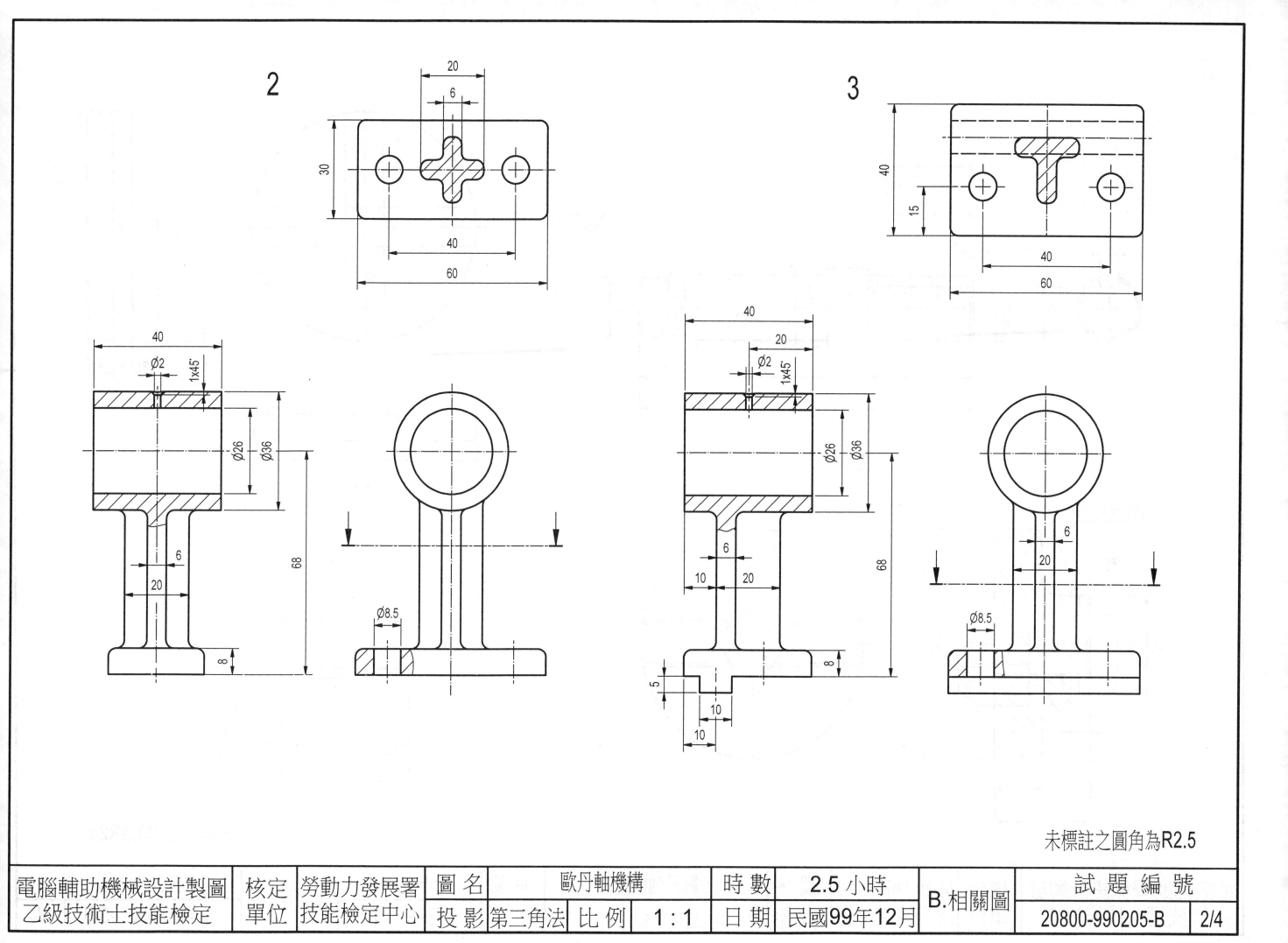

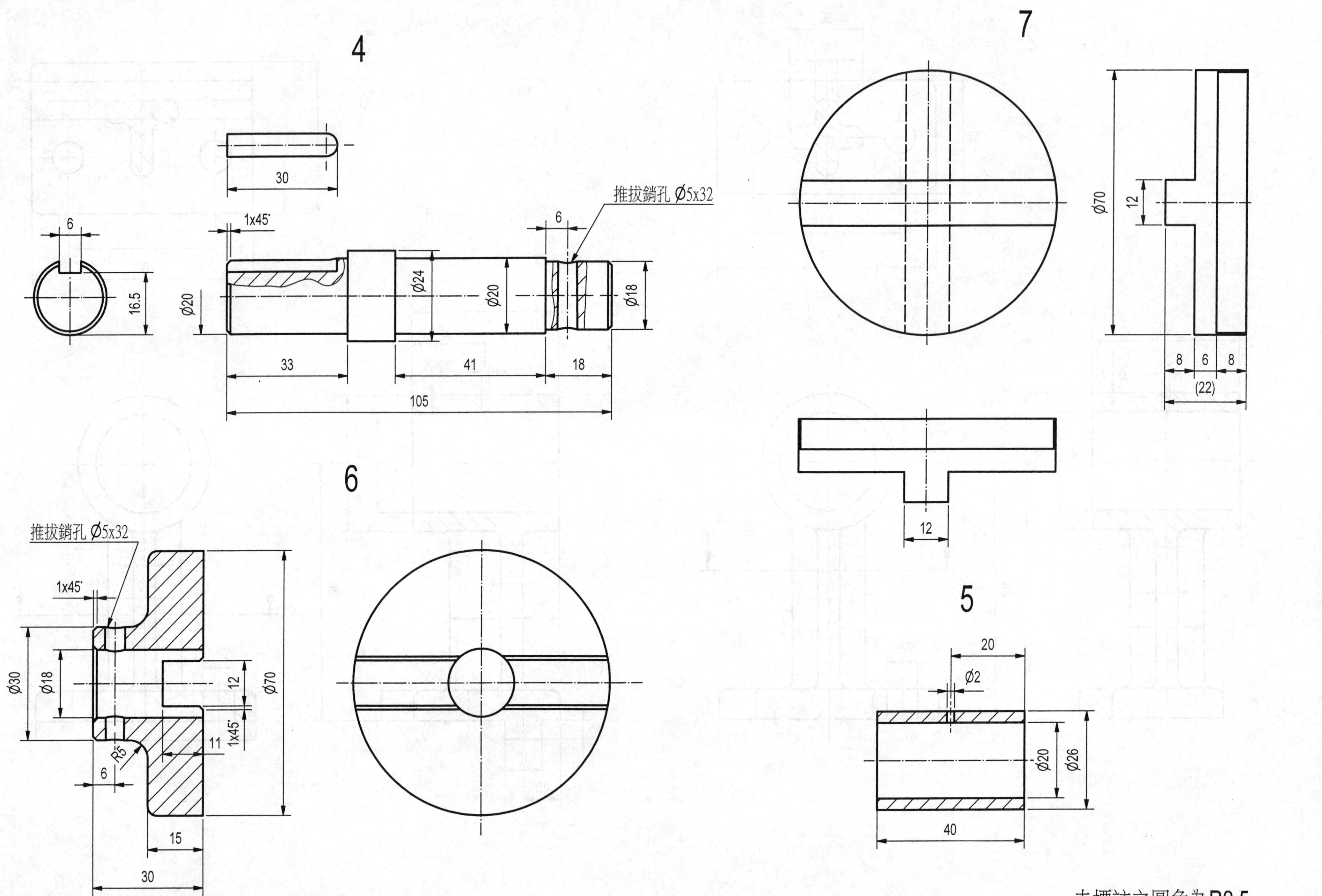

未標註之圓角為R2.5

電腦輔助機械設計製圖 乙級技術士技能檢定	核定 單位	勞動力發展署 技能檢定中心	圖 名	歐丹軸機構			時 數	2.5 小時	B.相關圖	試 題 編 號	
			投 影	第三角法	比 例	1 : 1	日 期	民國99年12月		20800-990205-B	3/4

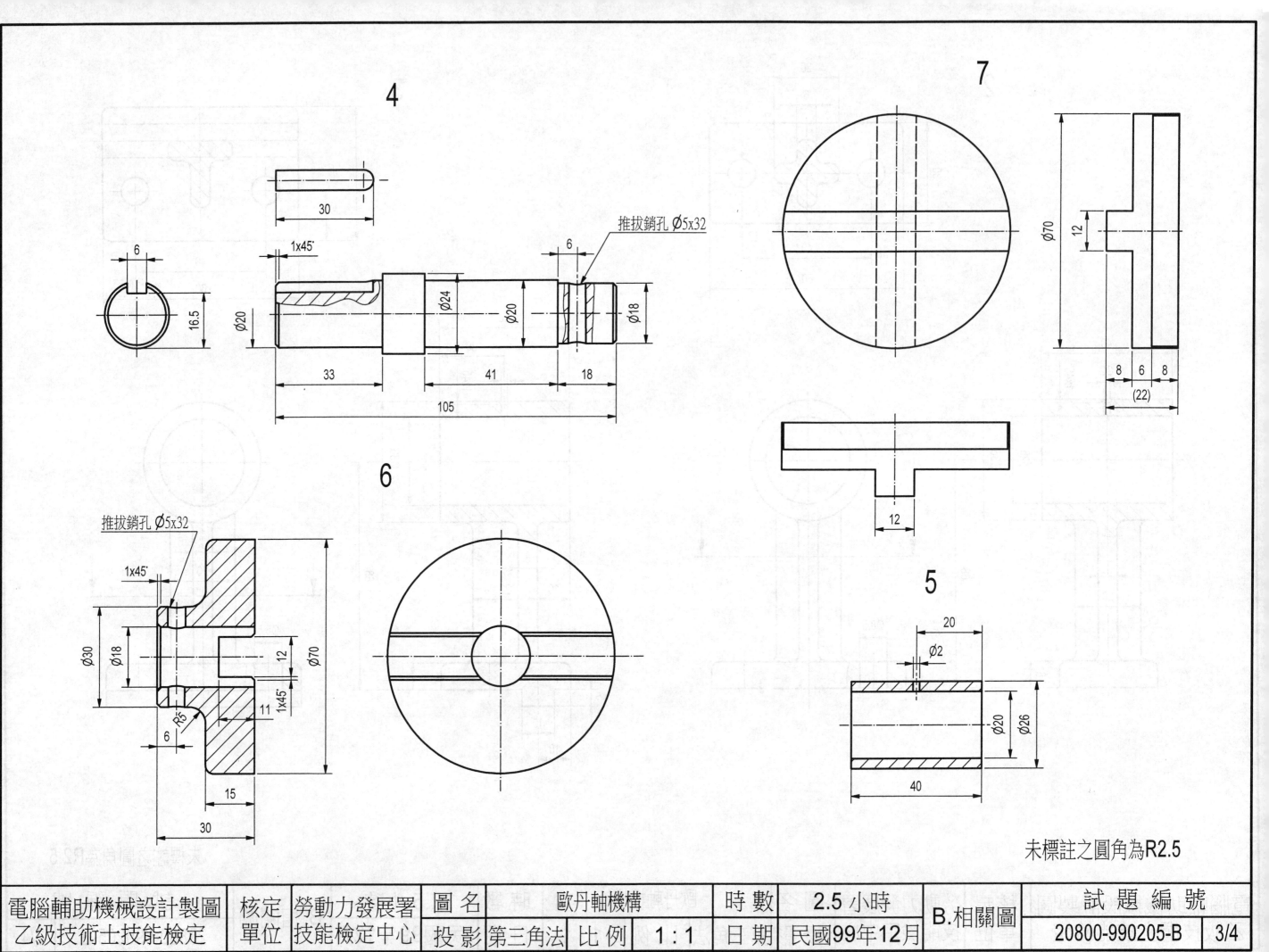

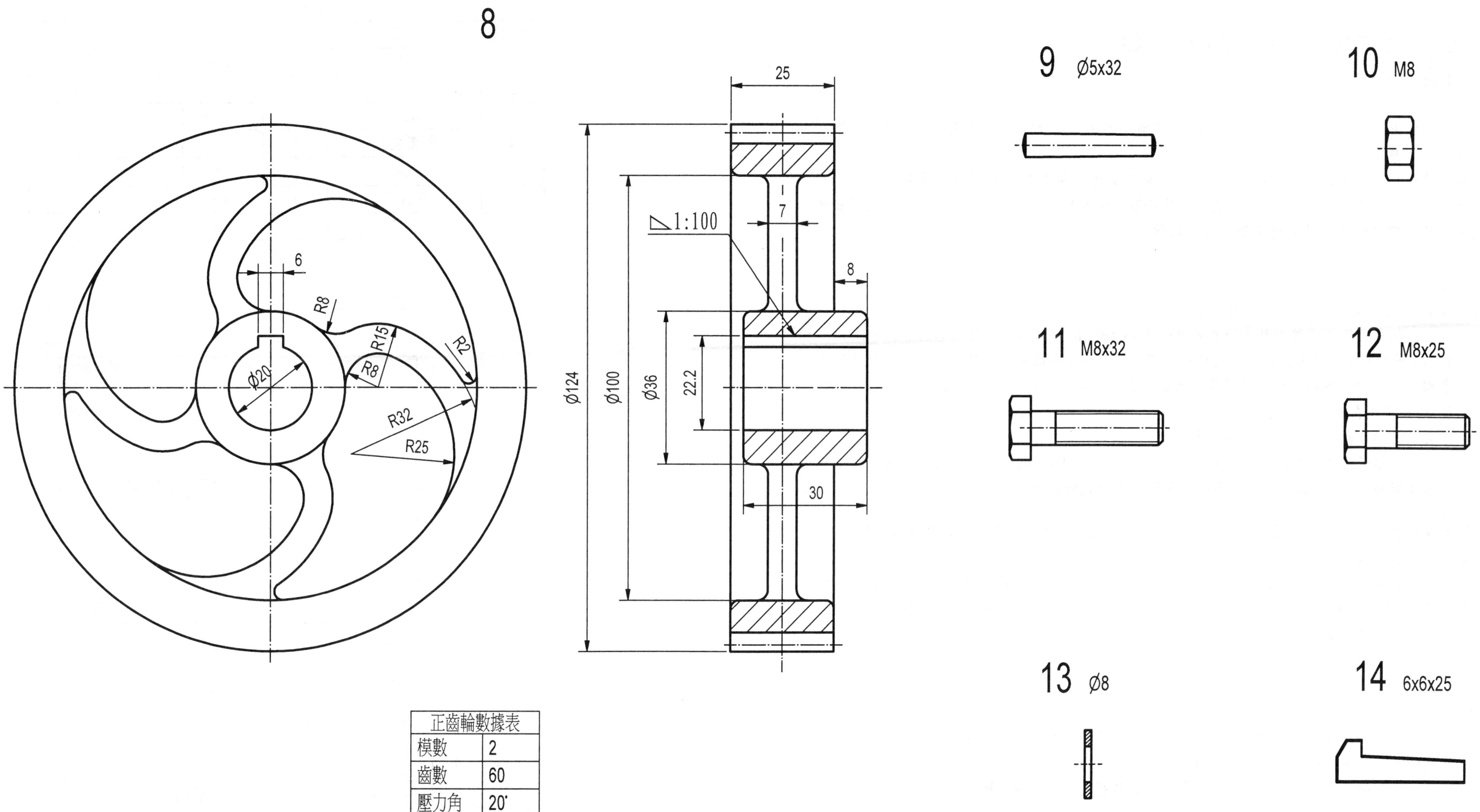

正齒輪數據表	
模數	2
齒數	60
壓力角	20°
齒制	標準

未標註之圓角為R2

電腦輔助機械設計製圖乙級技術士技能檢定	核定單位	勞動力發展署技能檢定中心	圖名	歐丹軸機構			時數	2.5 小時	B.相關圖	試題編號	
			投影	第三角法	比例	1 : 1	日期	民國99年12月		20800-990205-B	4/4

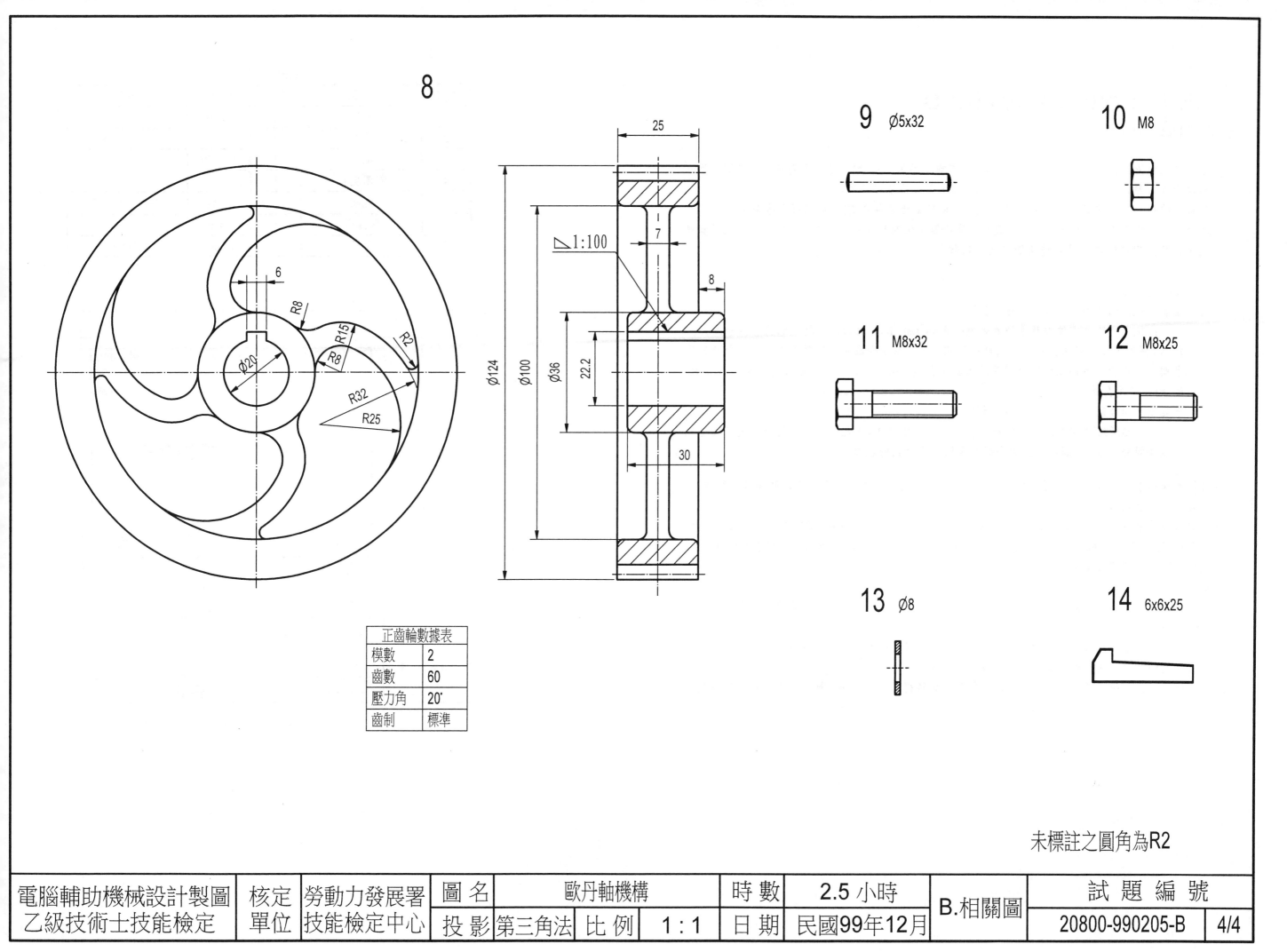

試題編號：20800-990206-B

相關圖試題說明：

一、本相關圖試題爲組合圖繪製時間 2.5 小時(可提前交卷但不加分)，不含出圖時間。試題依第三角法命題，應檢人可選用第一角法或第三角法繪製，惟不得混用。

二、應檢人繪製時，圖中的線條、數字及符號等應依照最近公佈之 CNS 國家標準繪製。

三、應檢人依規定可使用之自備工具爲：直尺、量角器及比例尺等。只可參閱場地提供之設計資料檔，嚴禁攜帶自備之設計資料及任何儲存媒體。

四、試題：(旋塞閥)

1. 繪製正投影組合圖：出圖於一張 A3 圖紙

   按試題所給之零件圖及零件表如表(a)所示，依 1：1 之比例，繪製正投影組合圖於一張 A3 圖紙，尺度不足處請依比例自行量測。正投影組合圖須依零件 1 之視圖方向繪製其半剖之前視圖、半剖之右側視圖及俯視圖，含適當剖面、件號、組合尺度(如規格、總尺度等)及零件表等。

2. 繪製立體組合圖：出圖於一張 A3 圖紙

   按試題所給之零件圖及零件表如表(a)所示，依約 1：1 之比例，繪製等角投影立體半剖組合圖於一張 A3 圖紙。立體半剖組合圖以黑白潤飾表現。

五、各圖面請繪製如圖(a)所示之標題欄及零件表，並填妥適當之內容。只需畫標題欄時，標題欄上方之零件表無需繪製。

六、繪製時間結束時，請以『准考證號碼』爲檔名，存入電腦資料碟中(嚴禁使用自備之任何儲存媒體)，並確認已經存檔後，將試題交回給監評人員，並等候指示在個人崗位電腦上出圖，出圖後電腦螢幕須保留現況。

七、出圖：

1. 中途離場或放棄出圖者須告知監評人員，並在評審表"放棄出圖者"處簽名後離場，若未依規定而離場者視同不及格。
2. 應檢人請依監評人員之指示，將電腦繪製之圖面以黑色列印於規定圖紙上；倘若圖面未完整列印，得重新出圖，並將前一張圖紙作廢。
3. 應檢人出圖後須確認圖面，並在右下角簽名後始得離場。監評人員則在右上角簽章確認。

表(a) 零件表

件號	名稱	數量	材料	備註
1	本體	1	BC6	
2	旋塞	1	BC6	
3	把手	1	FC250	
4	氈圈壓板	1	BC6	
5	氈圈	1	毛氈	Ø 38x Ø 26x7
6	摩擦環	1	BC6	
7	六角螺栓	2	S20C	M10x27

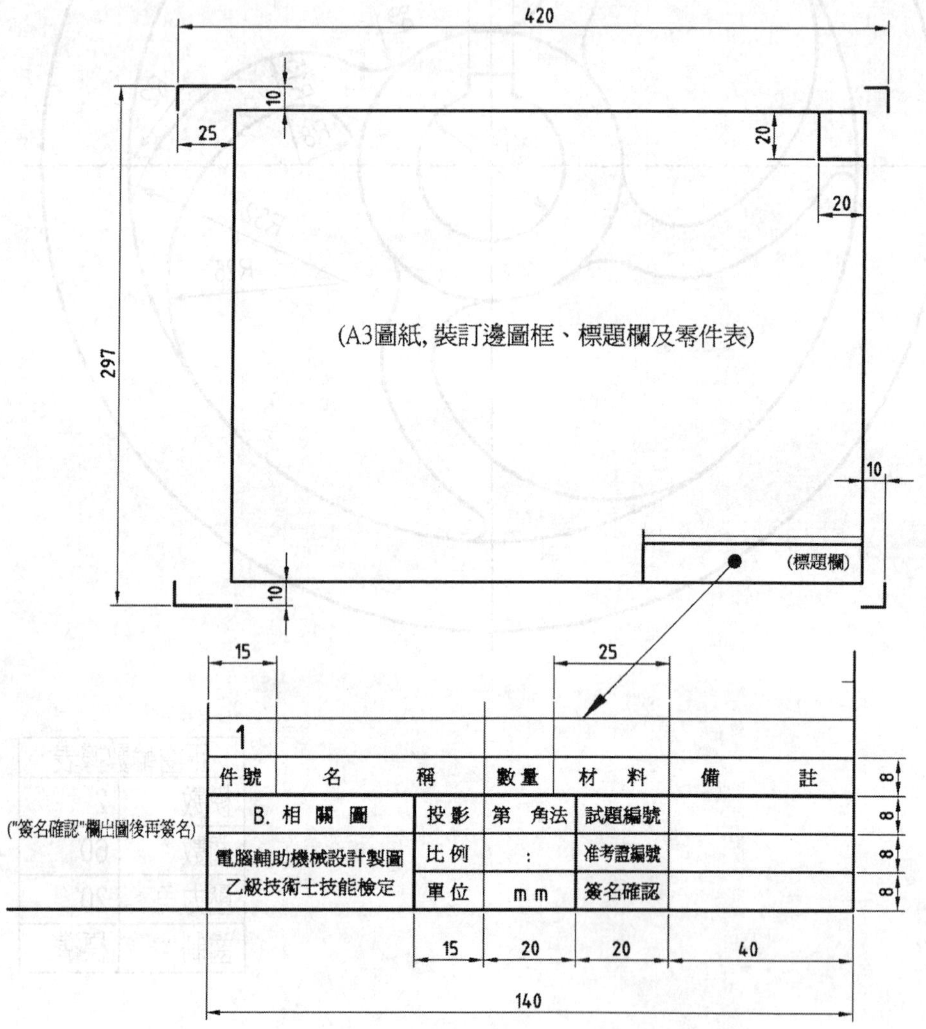

圖(a)

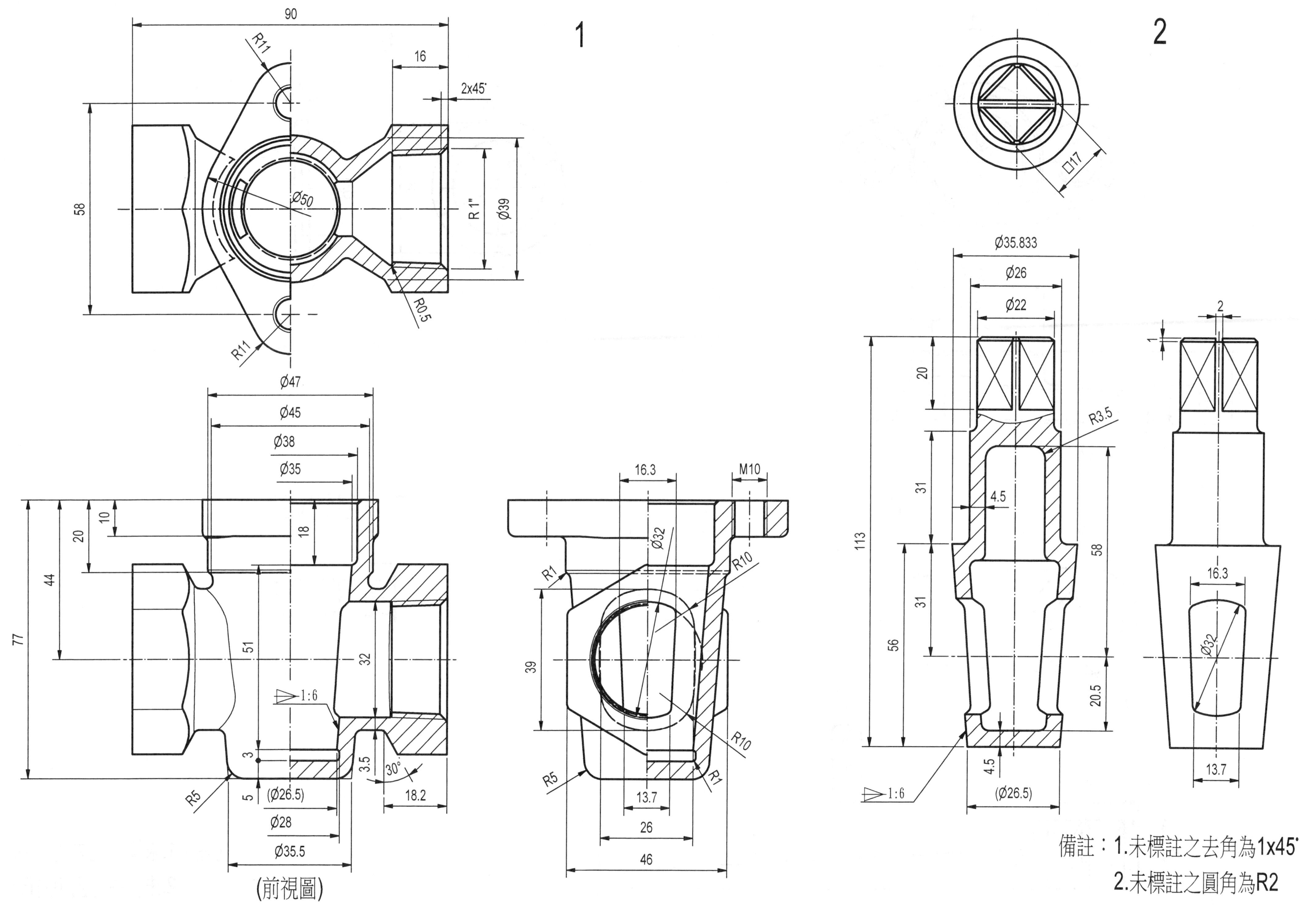

備註：1.未標註之去角為1x45°
2.未標註之圓角為R2

電腦輔助機械設計製圖	核定	勞動力發展署	圖 名	旋塞閥			時 數	2.5 小時	B.相關圖	試 題 編 號	
乙級技術士技能檢定	單位	技能檢定中心	投 影	第三角法	比 例	1 : 1	日 期	民國99年12月		20800-990206-B	1/2

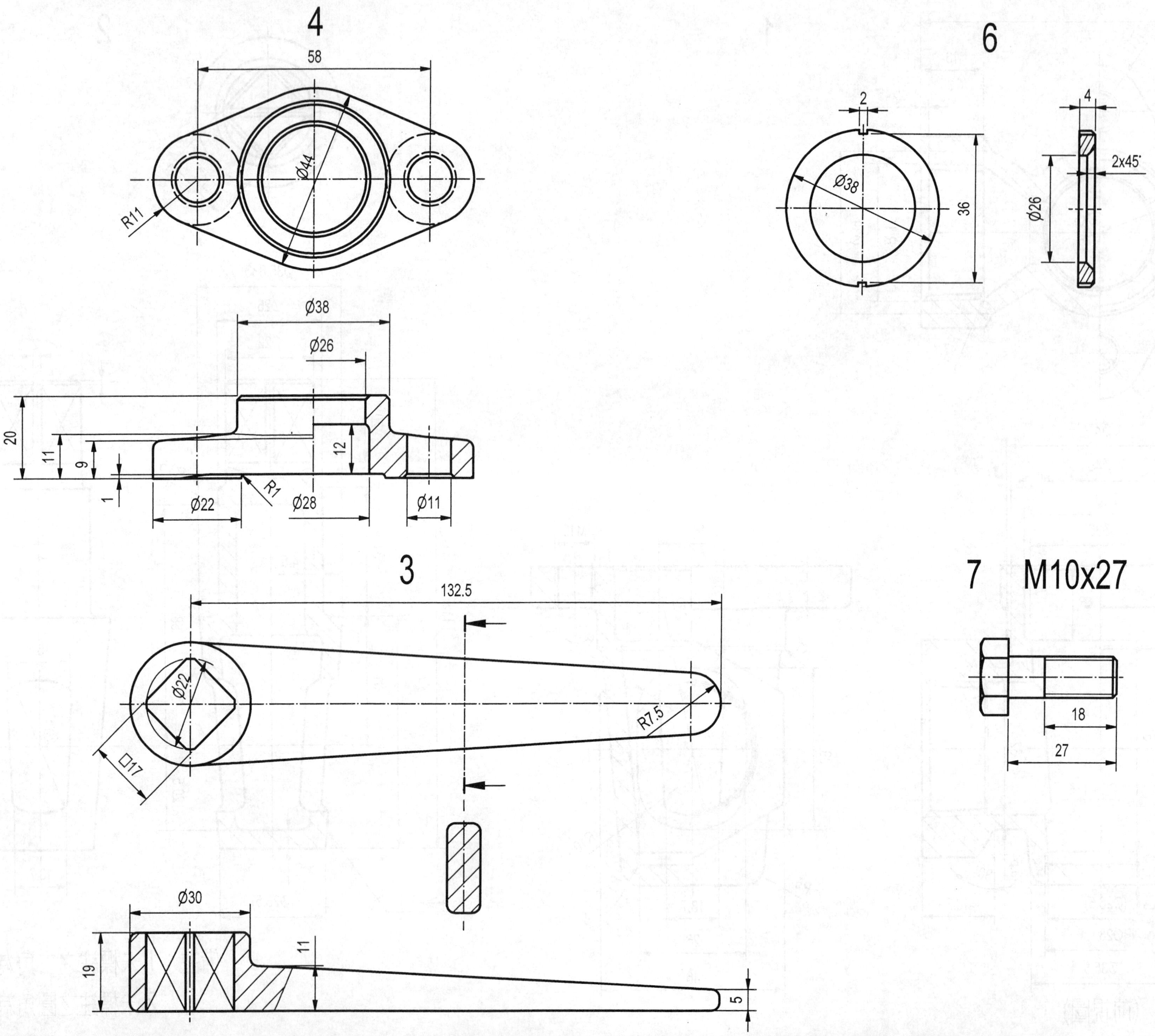

備註：1.未標註之去角為1x45°
2.未標註之圓角為R2

電腦輔助機械設計製圖	核定	勞動力發展署	圖名	旋塞閥			時數	2.5 小時	B.相關圖	試題編號	
乙級技術士技能檢定	單位	技能檢定中心	投影	第三角法	比例	1 : 1	日期	民國99年12月		20800-990206-B	2/2

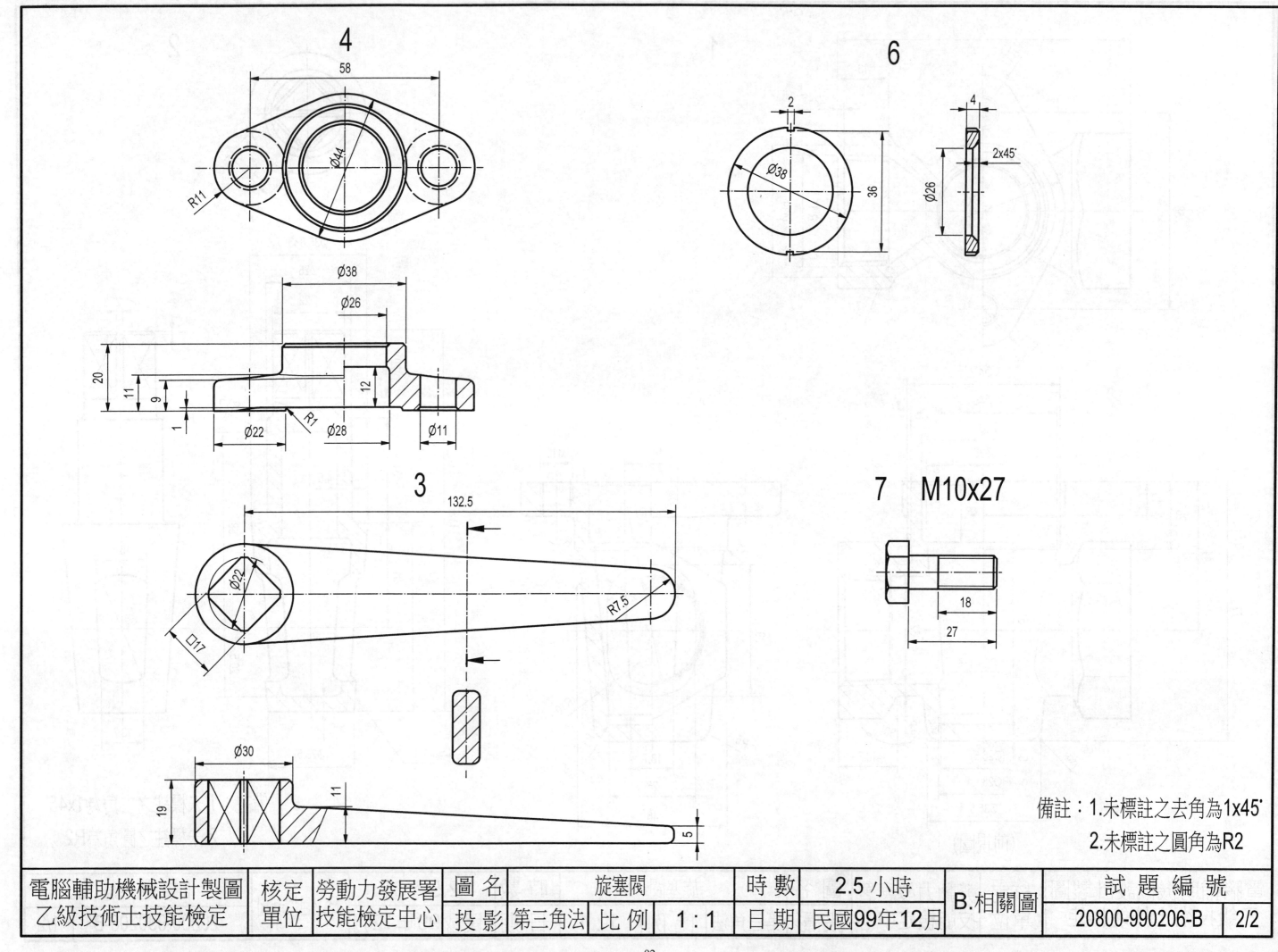

試題編號：20800-990207-B

相關圖試題說明：

一、本相關圖試題爲組合圖繪製時間 2.5 小時(可提前交卷但不加分)，不含出圖時間。試題依第三角法命題，應檢人可選用第一角法或第三角法繪製，惟不得混用。

二、應檢人繪製時，圖中的線條、數字及符號等應依照最近公佈之 CNS 國家標準繪製。

三、應檢人依規定可使用之自備工具爲：直尺、量角器、比例尺及計算機等。只可參閱場地提供之設計資料檔，嚴禁攜帶自備之設計資料及任何儲存媒體。

四、試題：(可調式定心器)

1. 繪製正投影組合圖：出圖於一張 A3 圖紙

   按試題所給之零件圖及零件表如表(a)所示，依 4：5 之比例，繪製組合圖於一張 A3 圖紙。組合圖須依零件 1 之視圖方向繪製其前視圖及左視圖，含適當剖面、件號、組合尺度(如規格、總尺度等)及零件表等。

2. 繪製立體分解系統圖：出圖於一張 A3 圖紙

   按試題所給之零件圖及零件表如表(a)所示，依約 4：5 之比例，繪製等角投影方向之立體分解系統圖(爆炸圖)於一張 A3 圖紙。立體分解系統圖以黑白潤飾表現，須含系統線。繪製時免畫剖面、件號及零件表等。

五、各圖面請繪製如圖(a)所示之標題欄及零件表，並填妥適當之內容。只需畫標題欄時，標題欄上方之零件表無需繪製。

六、繪製時間結束時，請以『准考證號碼』爲檔名，存入電腦資料碟中(嚴禁使用自備之任何儲存媒體)，並確認已經存檔後，將試題交回給監評人員，並等候指示在個人崗位電腦上出圖，出圖後電腦螢幕須保留現況。

七、出圖：

1. 中途離場或放棄出圖者須告知監評人員，並在評審表“放棄出圖者”處簽名後離場，若未依規定而離場者視同不及格。
2. 應檢人請依監評人員之指示，將電腦繪製之圖面以黑色列印於規定圖紙上；倘若圖面未完整列印，得重新出圖，並將前一張圖紙作廢。
3. 應檢人出圖後須確認圖面，並在右下角簽名後始得離場。監評人員則在右上角簽章確認。

表(a) 零件表

件號	名稱	數量	材料	備註
1	本體	1	FC200	
2	把手	1	FC200	
3	支持架	1	S30C	
4	傳動齒輪	1	S45C	
5	傳動齒條	1	S45C	
6	把手柄	1	S25C	
7	頂心	1	S50C	
8	墊圈	1	S20C	Ø12
9	六角螺栓 A	1	S20C	M12x40
10	六角螺栓 B	2	S20C	M8x20
11	六角螺栓 C	2	S20C	M5x16
12	六角螺栓 D	1	S20C	M6x12
13	雙頭圓鍵	1	S45C	8x7x20

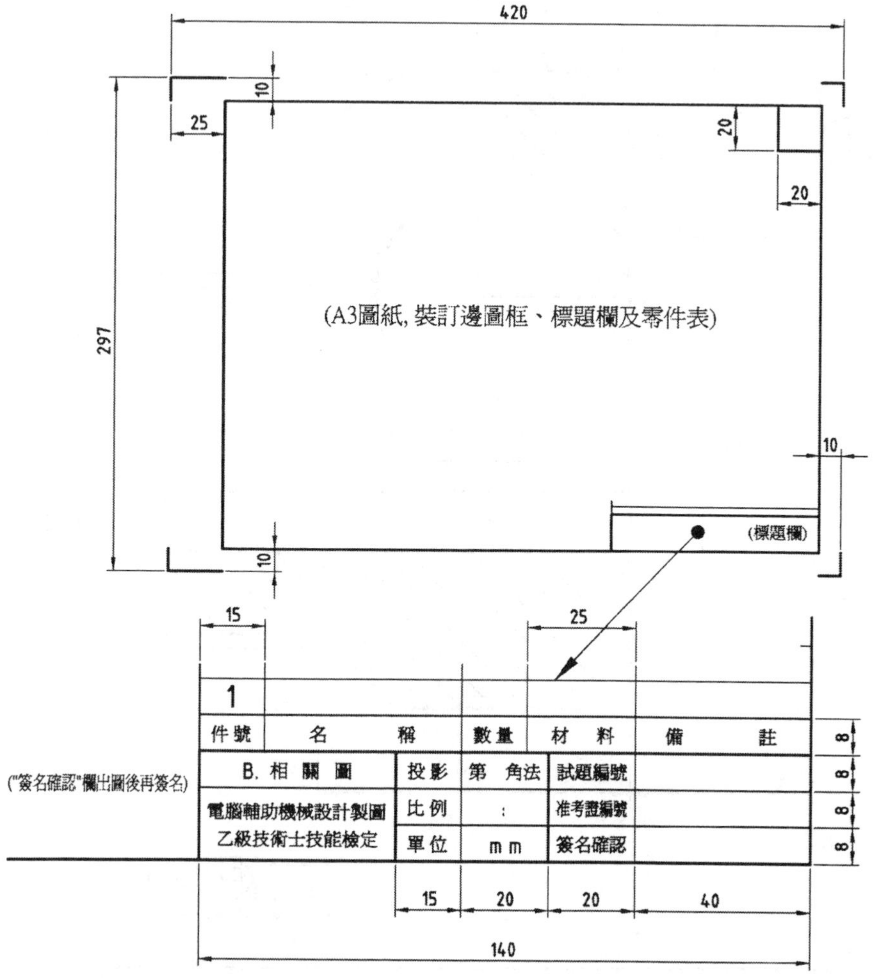

圖(a)

1

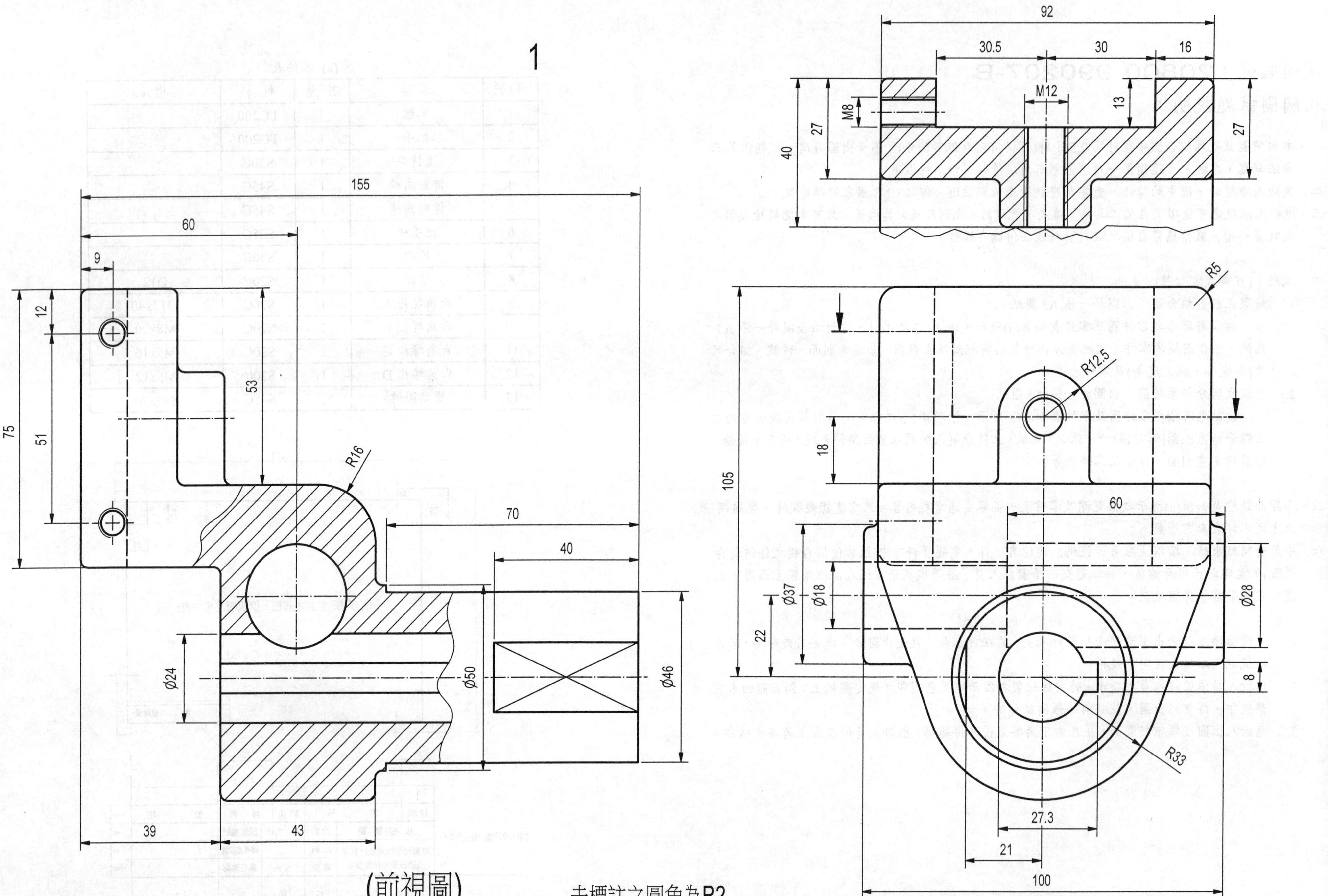

(前視圖)

未標註之圓角為R2

電腦輔助機械設計製圖 乙級技術士技能檢定	核定 單位	勞動力發展署 技能檢定中心	圖 名	可調式定心器	時 數	2.5 小時	B.相關圖	試 題 編 號
			投 影	第三角法	比 例	1：1	日 期	民國99年12月		20800-990207-B	1/3

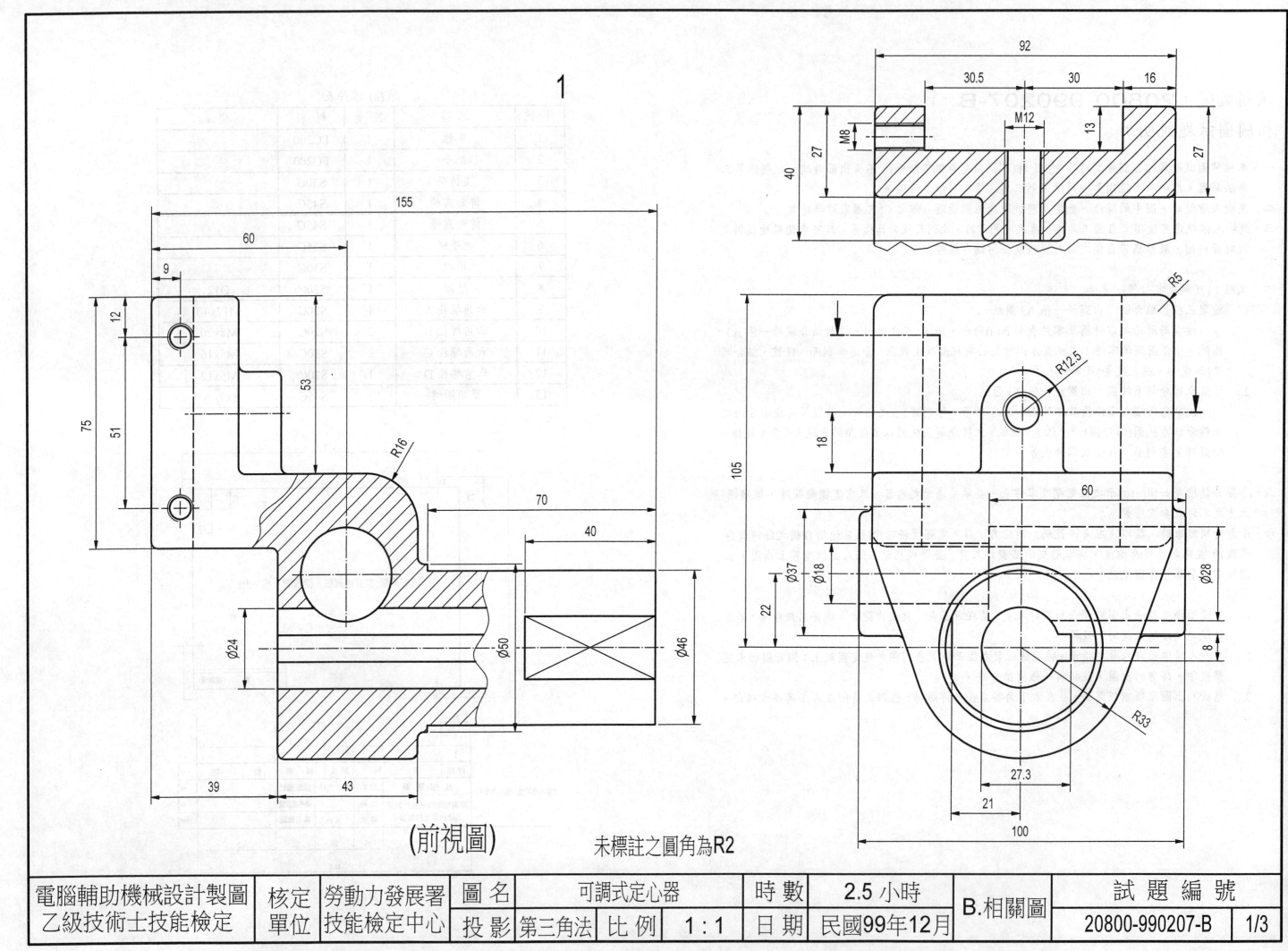

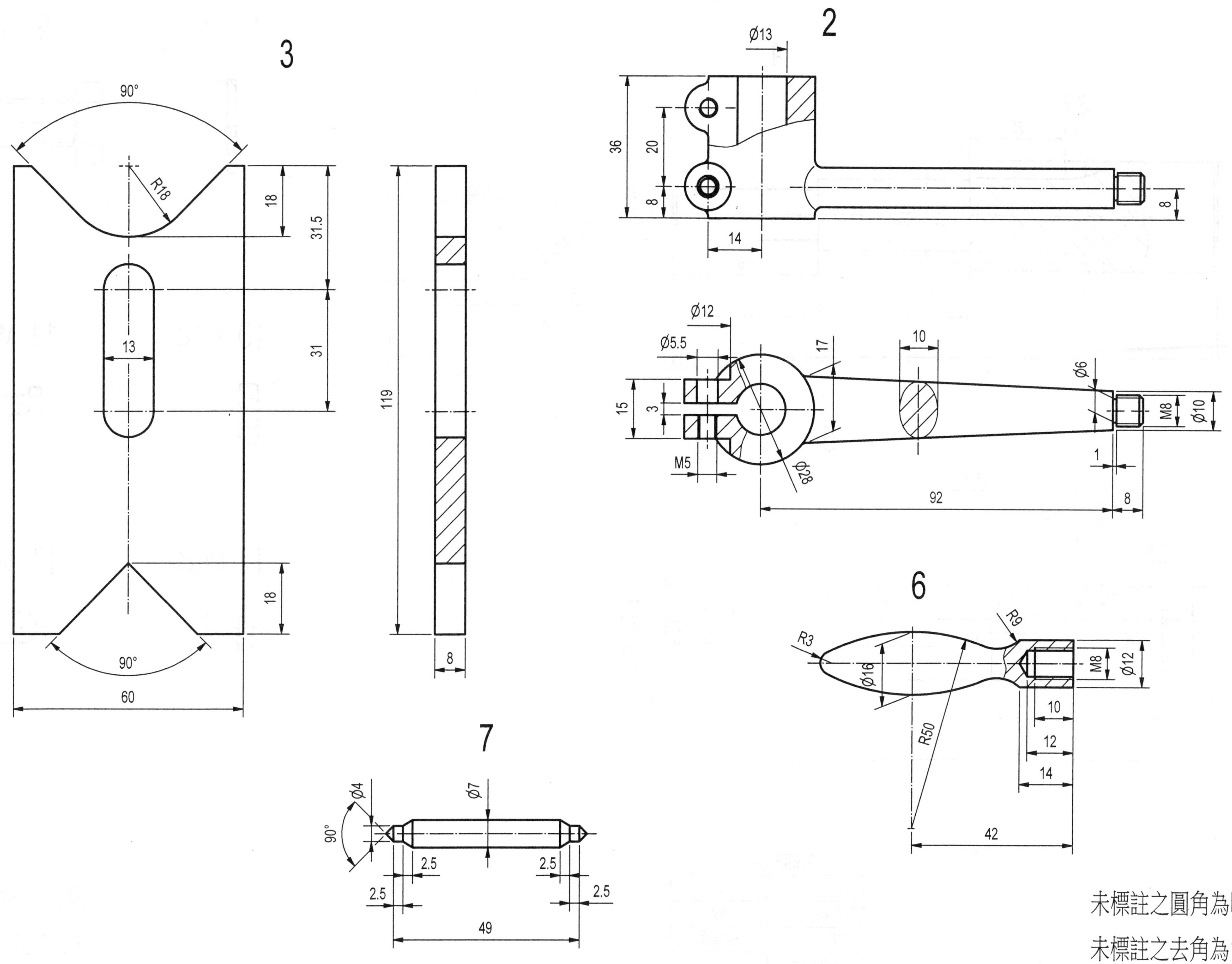

未標註之圓角為R2

未標註之去角為1x45°

電腦輔助機械設計製圖 乙級技術士技能檢定	核定 單位	勞動力發展署 技能檢定中心	圖 名	可調式定心器	時 數	2.5 小時	B.相關圖	試 題 編 號
			投 影	第三角法　比 例　1 : 1	日 期	民國99年12月		20800-990207-B　2/3

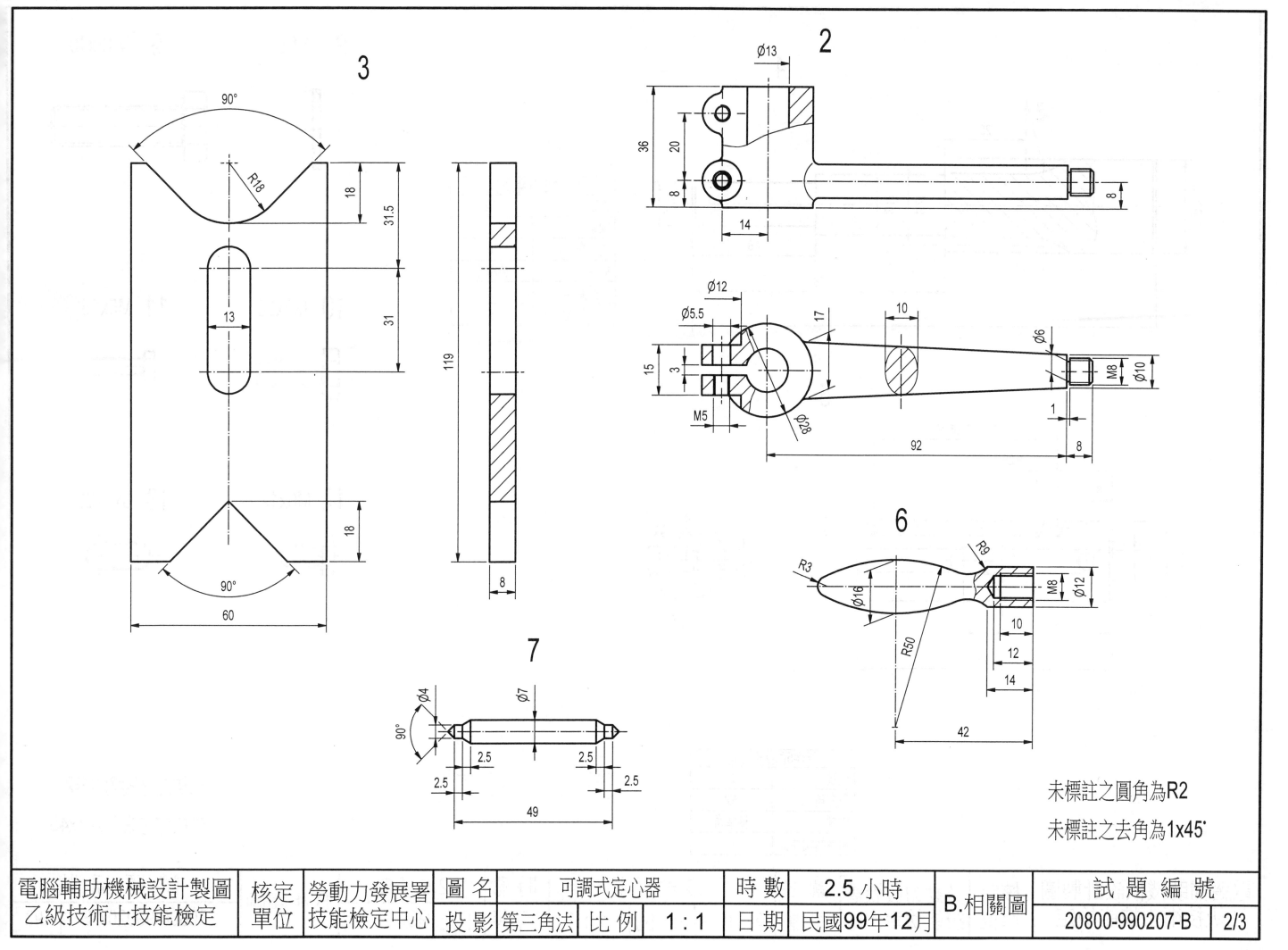

4

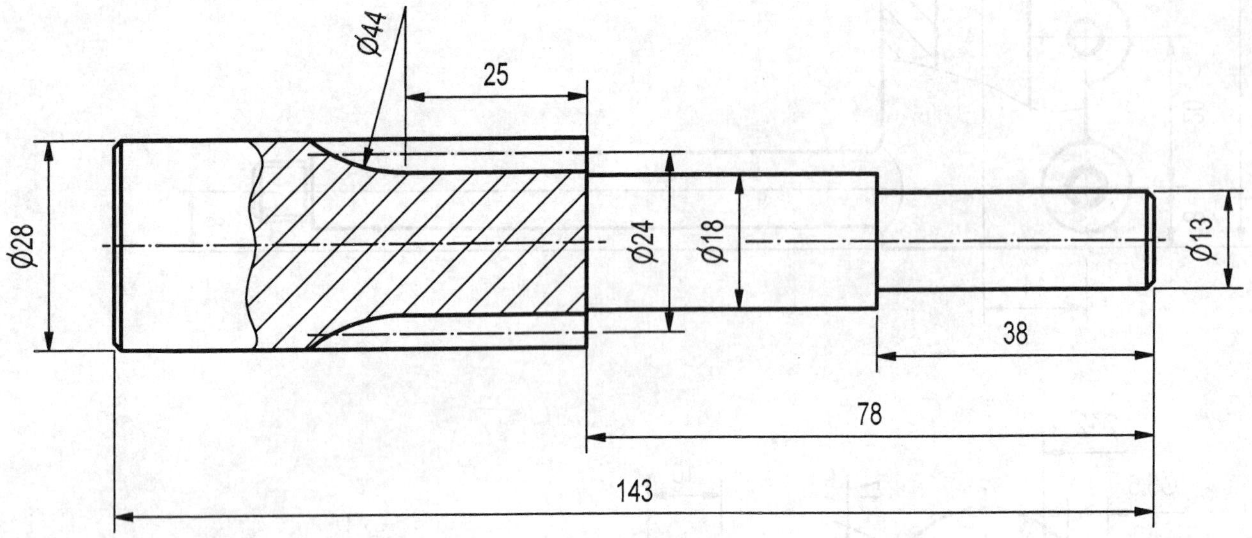

零件4正齒輪數據表	
齒數	12
模數	2
壓力角	20°
齒制	標準齒
節圓直徑	Ø24
嚙合齒輪件號	5

5

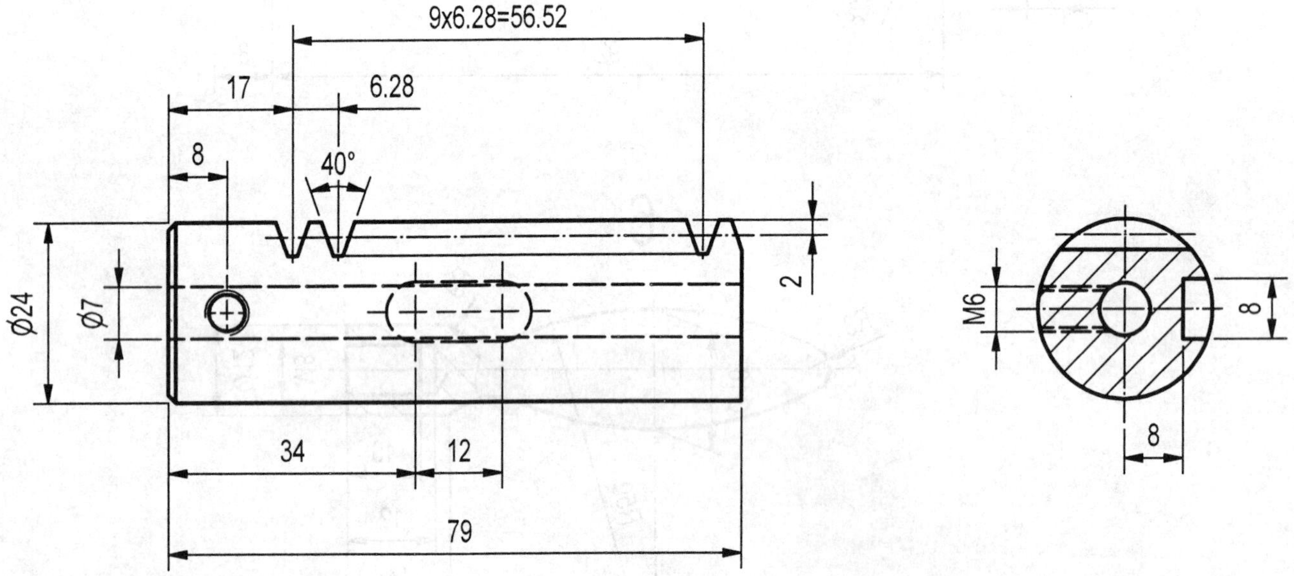

零件5齒條數據表	
模數	2
壓力角	20°
齒制	標準齒
嚙合齒輪件號	4

8 Ø12

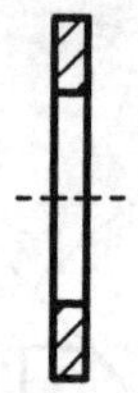

9 M12x40

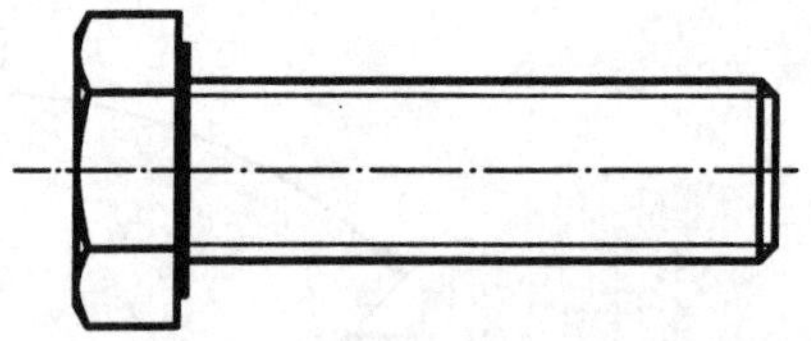

10 M8x20

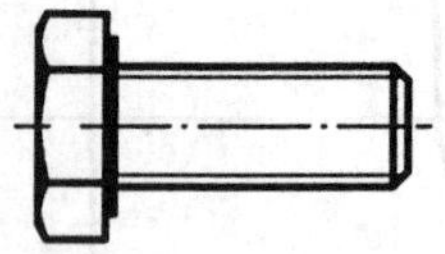

11 M5x16

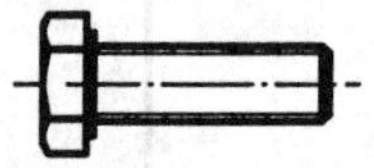

12 M6x12

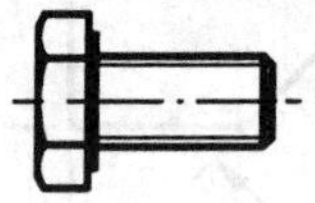

13 8x7x20

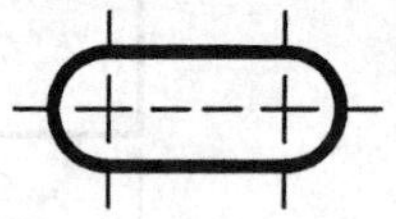

未標註之圓角為R2

未標註之去角為1x45˚

電腦輔助機械設計製圖 乙級技術士技能檢定	核定單位	勞動力發展署 技能檢定中心	圖 名	可調式定心器		時 數	2.5 小時	B.相關圖	試 題 編 號
			投 影	第三角法	比 例 1 : 1	日 期	民國99年12月		20800-990207-B 3/3

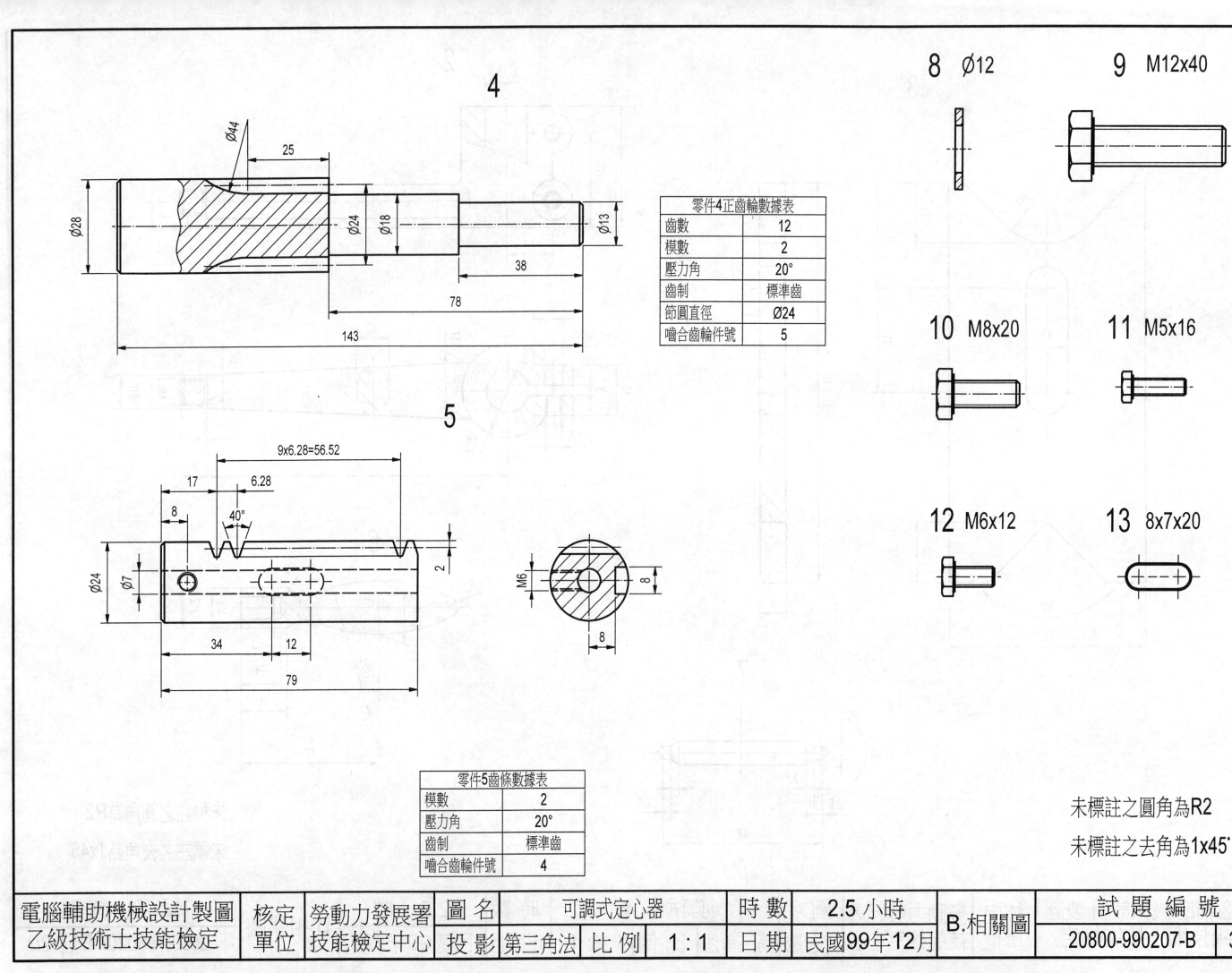

試題編號：20800-990208-B

相關圖試題說明：

一、本相關圖試題爲組合圖繪製時間2.5小時(可提前交卷但不加分)，不含出圖時間。試題依第三角法命題，應檢人可選用第一角法或第三角法繪製，惟不得混用。

二、應檢人繪製時，圖中的線條、數字及符號等應依照最近公佈之CNS國家標準繪製。

三、應檢人依規定可使用之自備工具爲：直尺、量角器及比例尺等。只可參閱場地提供之設計資料檔，嚴禁攜帶自備之設計資料及任何儲存媒體。

四、試題：(速回機構)

1. 繪製正投影組合圖：出圖於一張A3圖紙

   按試題所給之零件圖及零件表如表(a)所示，依1：1之比例，繪製組合圖於一張A3圖紙。尺度不足處請依比例自行量測。組合圖須依零件1之視圖方向繪製其前視圖及左側視圖，並含適當剖面、件號、組合尺度(如規格、總尺度等)及零件表等。

2. 繪製立體分解系統圖：出圖於一張A3圖紙

   按試題所給之零件圖及零件表如表(a)所示，依約1：1.4比例，繪製等角立體分解系統圖於一張A3圖紙。立體分解系統圖以黑白潤飾表現，須含系統線。繪製時免畫剖面、件號及零件表。

五、各圖面請繪製如圖(a)所示之標題欄及零件表，並填妥適當之內容。只需畫標題欄時，標題欄上方之零件表無需繪製。

六、繪製時間結束時，請以『准考證號碼』爲檔名，存入電腦資料碟中(嚴禁使用自備之任何儲存媒體)，並確認已經存檔後，將試題交回給監評人員，並等候指示在個人崗位電腦上出圖，出圖後電腦螢幕須保留現況。

七、出圖：

1. 中途離場或放棄出圖者須告知監評人員，並在評審表"放棄出圖者"處簽名後離場，若未依規定而離場者視同不及格。
2. 應檢人請依監評人員之指示，將電腦繪製之圖面以黑色列印於規定圖紙上；倘若圖面未完整列印，得重新出圖，並將前一張圖紙作廢。
3. 應檢人出圖後須確認圖面，並在右下角簽名後始得離場。監評人員則在右上角簽章確認。

表(a) 零件表

件號	名稱	數量	材料	備註
1	本體	1	FC250	
2	搖桿	1	SS400	
3	曲柄	1	FC250	
4	V型皮帶輪	1	FC250	
5	傳動肩螺釘	1	S45C	
6	單套筒	1	BC6	
7	雙套筒	2	BC6	
8	傳動軸	1	S45C	
9	搖擺心軸	1	S45C	
10	套環	1	SS410	
11	六角螺栓	3	S20C	M8x24
12	直銷	2	S45C	Ø3x20
13	六角螺帽	1	S20C	M8

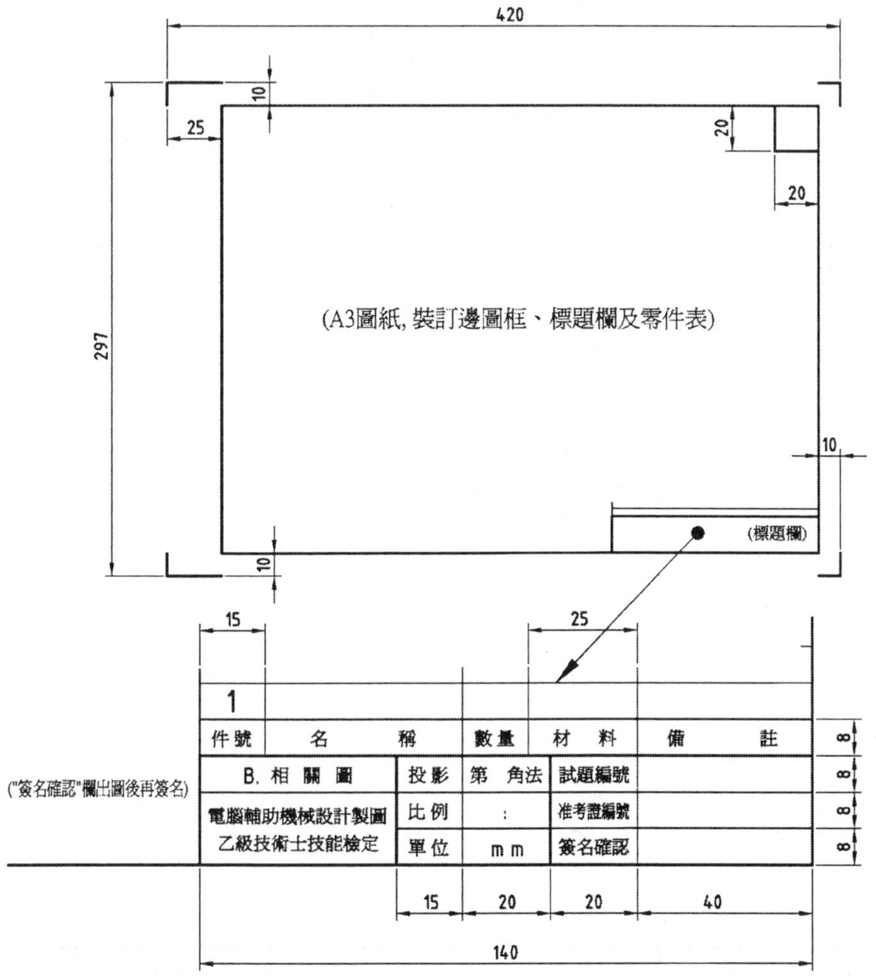

圖(a)

1

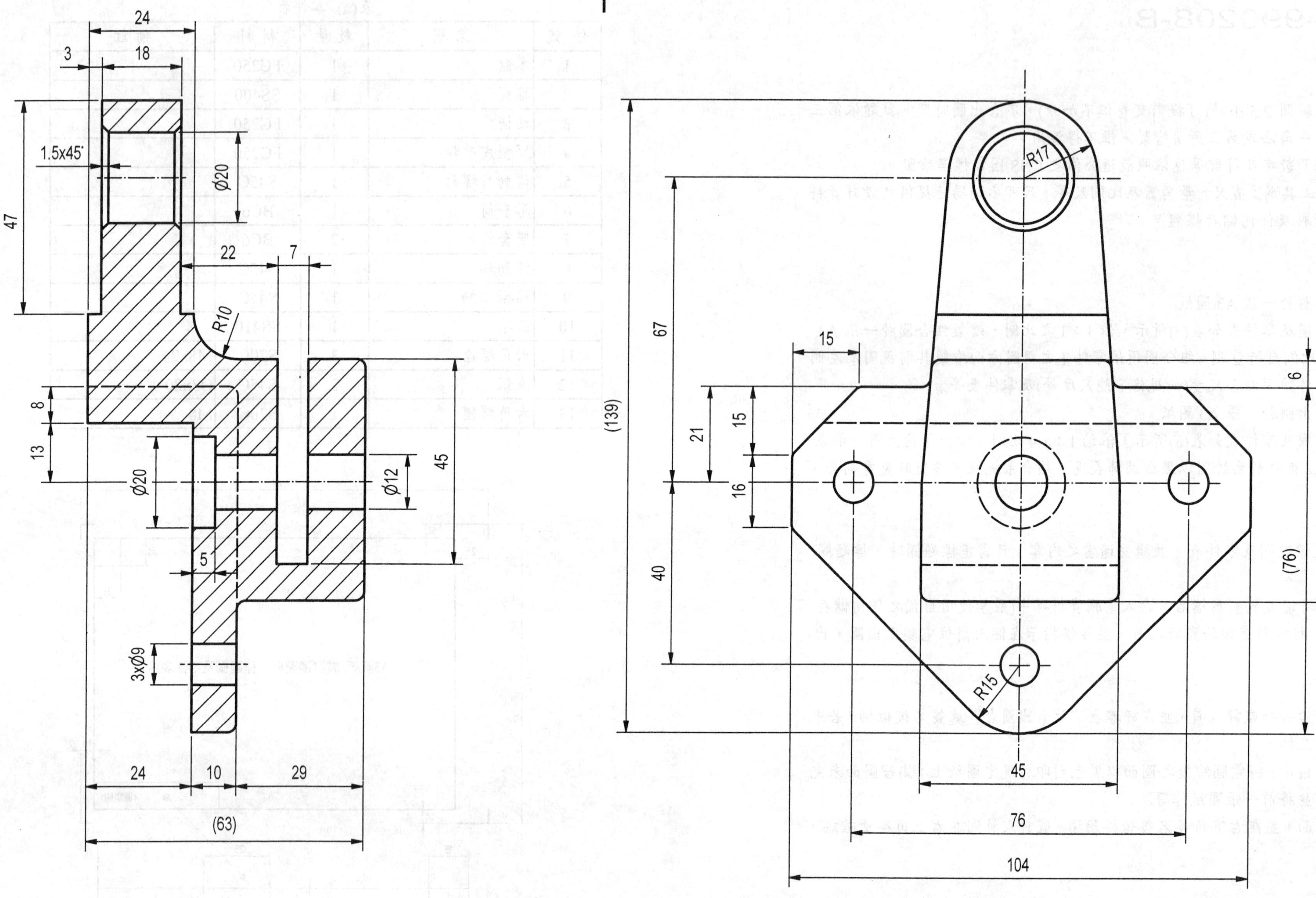

(前視圖)

備註：1.未標註之圓角為R2

2.未標註之去角為1x45°

電腦輔助機械設計製圖 乙級技術士技能檢定	核定 單位	勞動力發展署 技能檢定中心	圖 名	速 回 機 構	時 數	2.5 小時	B.相關圖	試 題 編 號
			投 影	第三角法	比 例	1 : 1	日 期	民國99年12月		20800-990208-B	1/3

2

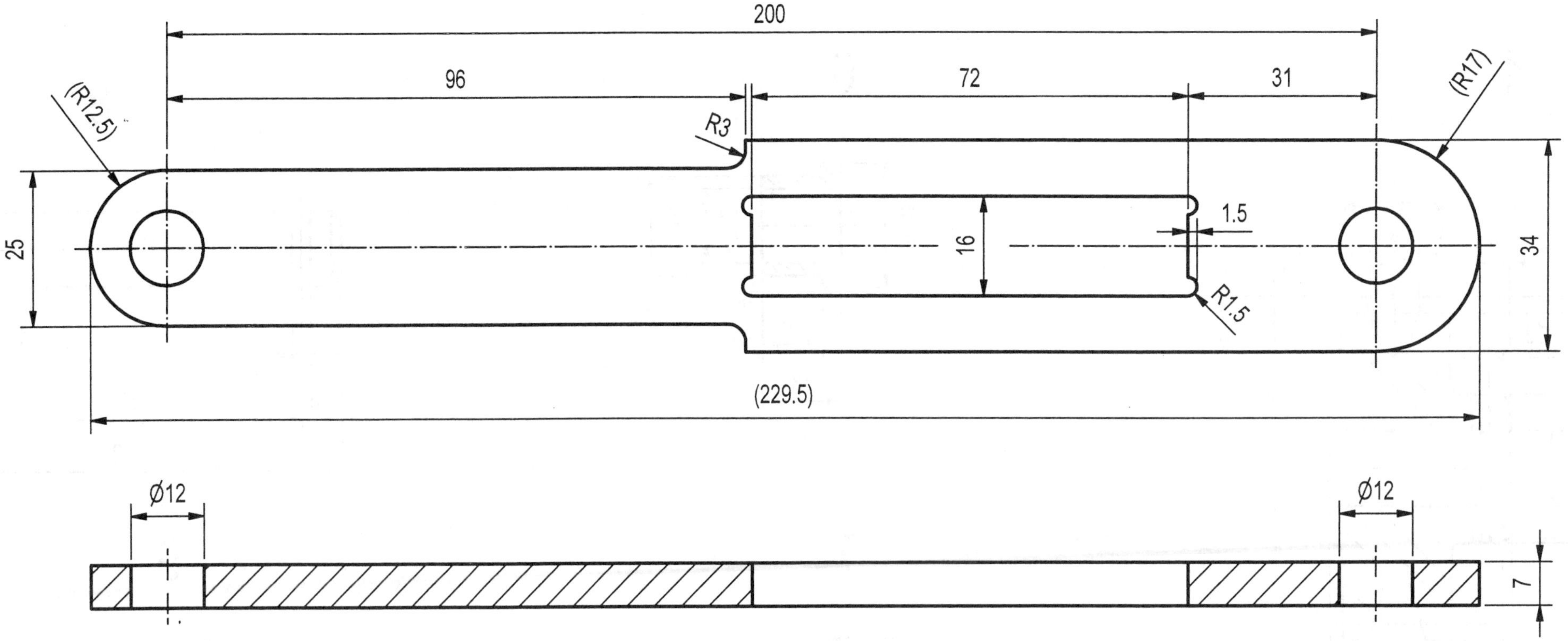

3

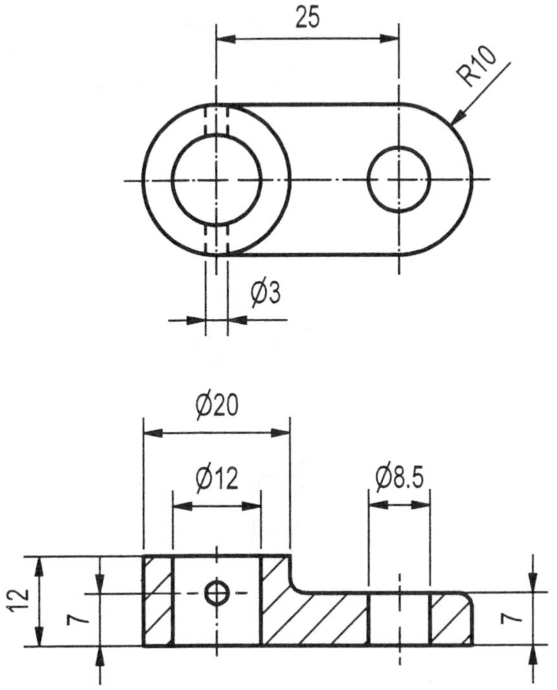

5

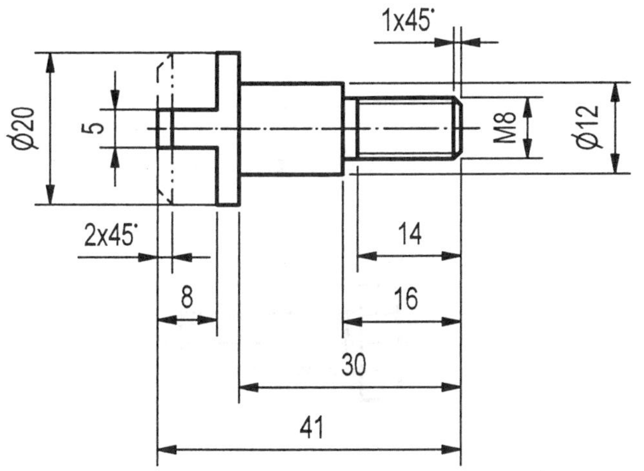

備註：1.未標註之圓角為R2

2.未標註之去角為1x45°

電腦輔助機械設計製圖 乙級技術士技能檢定	核定單位	勞動力發展署技能檢定中心	圖 名	速 回 機 構		時 數	2.5 小時	B.相關圖	試 題 編 號	
			投 影	第三角法	比 例	1 : 1	日 期	民國99年12月	20800-990208-B	2/3

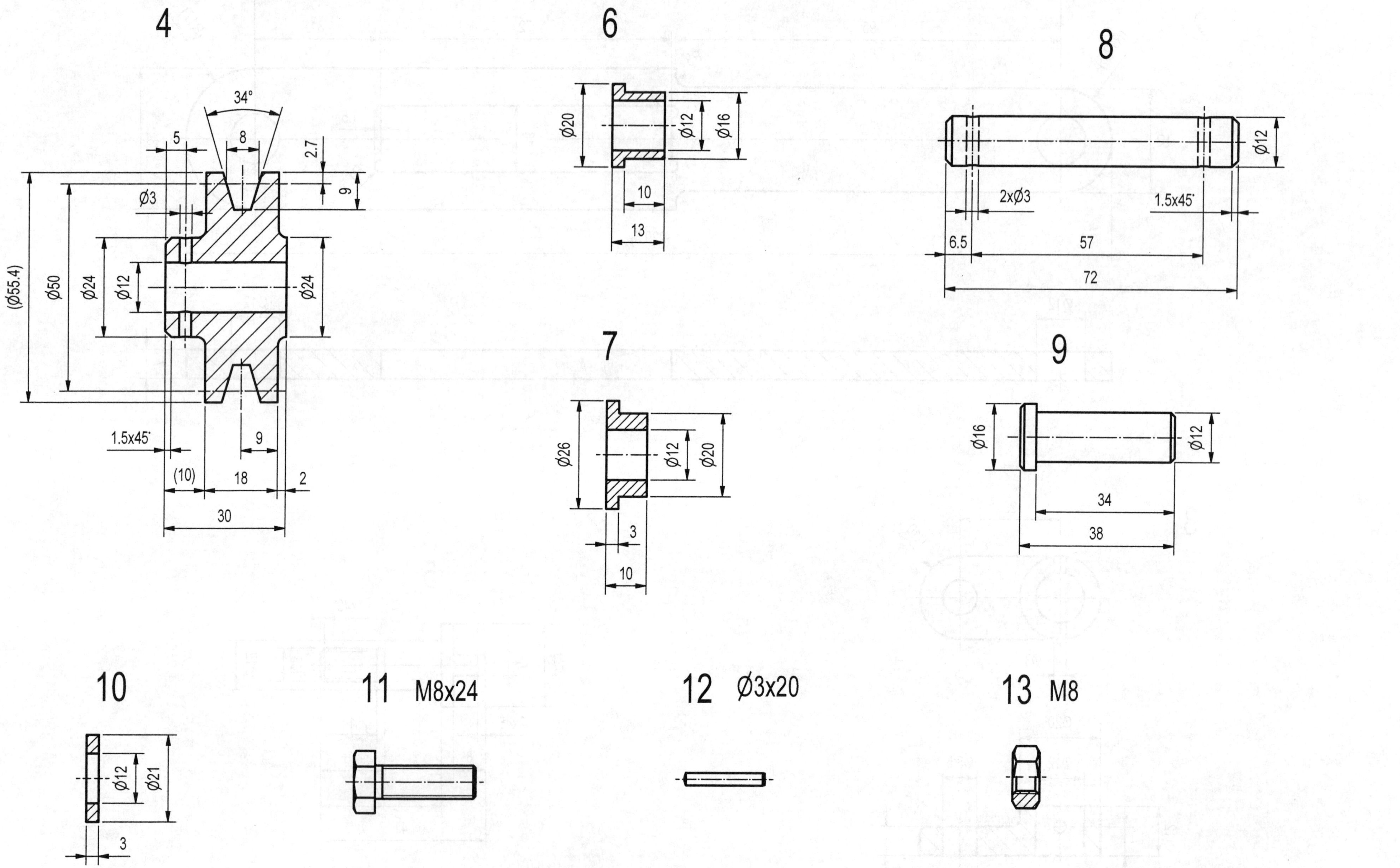

備註：1.未標註之圓角為R2

2.未標註之去角為1x45°

電腦輔助機械設計製圖	核定	勞動力發展署	圖名	速回機構			時數	2.5小時	B.相關圖	試題編號	
乙級技術士技能檢定	單位	技能檢定中心	投影	第三角法	比例	1:1	日期	民國99年12月		20800-990208-B	3/3

試題編號：20800-990209-B

相關圖試題說明：

一、本相關圖試題為組合圖繪製時間 2.5 小時(可提前交卷但不加分)，不含出圖時間。試題依第三角法命題，應檢人可選用第一角法或第三角法繪製，惟不得混用。

二、應檢人繪製時，圖中的線條、數字及符號等應依照最近公佈之 CNS 國家標準繪製。

三、應檢人依規定可使用之自備工具為：直尺、量角器及比例尺等。只可參閱場地提供之設計資料檔，嚴禁攜帶自備之設計資料及任何儲存媒體。

四、試題：(圓桿夾具)

1. 繪製正投影組合圖：出圖於一張 A3 圖紙

   按試題所給之零件圖及零件表如表(a)所示，依 1：2 之比例，繪製組合圖於一張 A3 圖紙。尺度不足處請依比例自行量測。組合圖須依零件 1 之視圖方向繪製其前視圖及俯視圖，並含適當剖面、件號、組合尺度(如規格、總尺度等)及零件表等。

2. 繪製立體分解系統圖：出圖於一張 A3 圖紙

   按試題所給之零件圖及零件表如表(a)所示，依約 1：3 之比例，繪製等角投影立體分解系統圖於一張 A3 圖紙。立體分解系統圖以黑白潤飾表現，須含系統線。繪製時免畫剖面、件號及零件表。

五、各圖面請繪製如圖(a)所示之標題欄及零件表，並填妥適當之內容。只需畫標題欄時，標題欄上方之零件表無需繪製。

六、繪製時間結束時，請以『准考證號碼』為檔名，存入電腦資料碟中(嚴禁使用自備之任何儲存媒體)，並確認已經存檔後，將試題交回給監評人員，並等候指示在個人崗位電腦上出圖，出圖後電腦螢幕須保留現況。

七、出圖：

1. 中途離場或放棄出圖者須告知監評人員，並在評審表“放棄出圖者”處簽名後離場，若未依規定而離場者視同不及格。
2. 應檢人請依監評人員之指示，將電腦繪製之圖面以黑色列印於規定圖紙上；倘若圖面未完整列印，得重新出圖，並將前一張圖紙作廢。
3. 應檢人出圖後須確認圖面，並在右下角簽名後始得離場。監評人員則在右上角簽章確認。

表(a) 零件表

件號	名稱	數量	材料	備註
1	底座	1	FC250	
2	立軸	1	S45C	
3	把手	1	FC250	
4	夾爪	1	FC250	
5	墊圈	1	SS400	
6	彈簧	1	SWPA	
7	V 形座	1	S45C	
8	直銷 A	1	S50C	Ø10x40
9	直銷 B	1	S50C	Ø8x50
10	六角窩頭螺釘	2	S45C	M10x28
11	直銷 C	1	S50C	Ø5x18

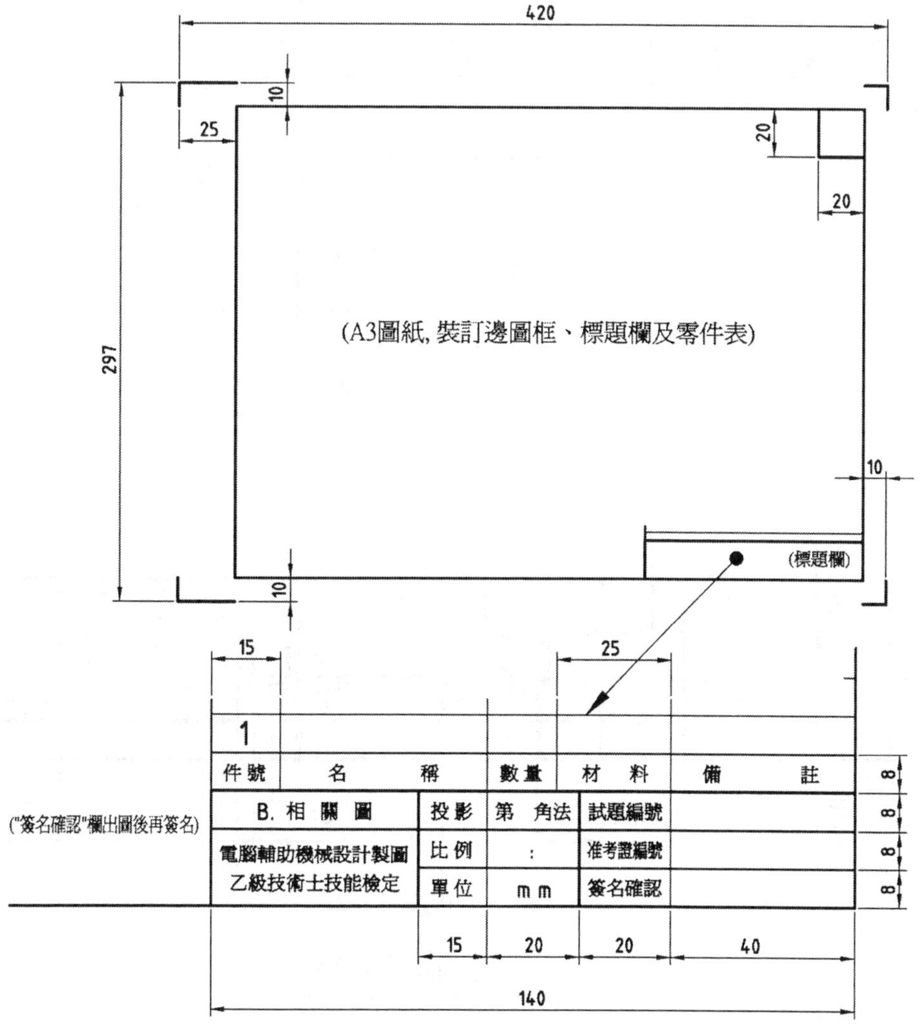

圖(a)

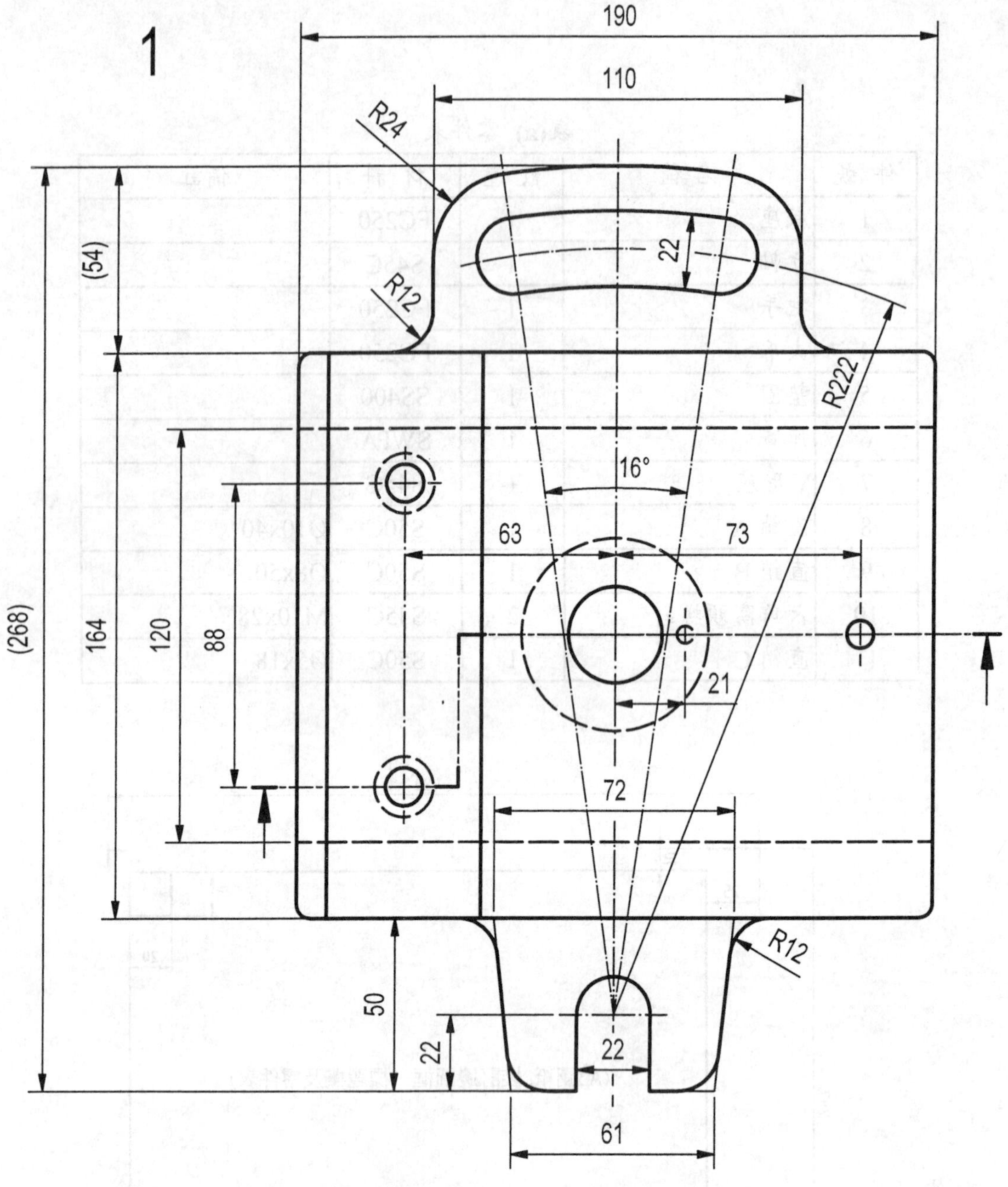

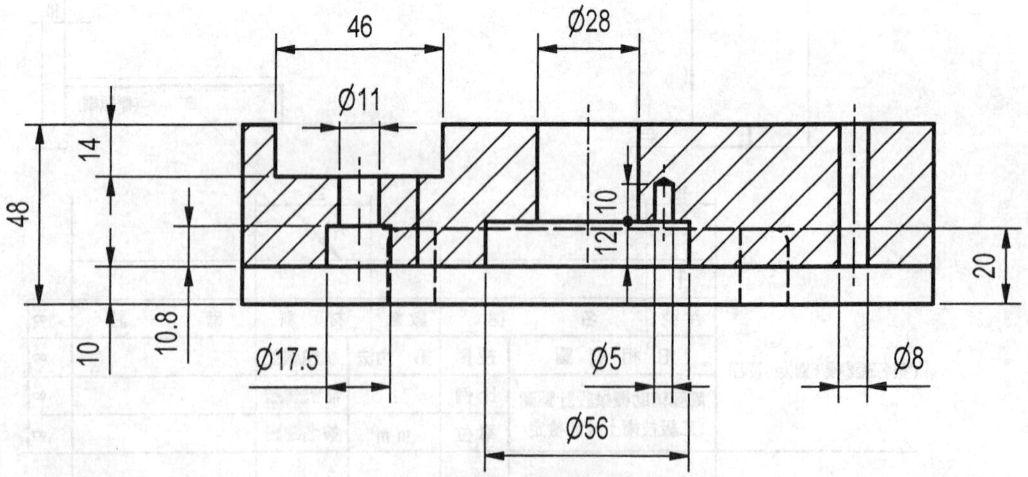

(前視圖)

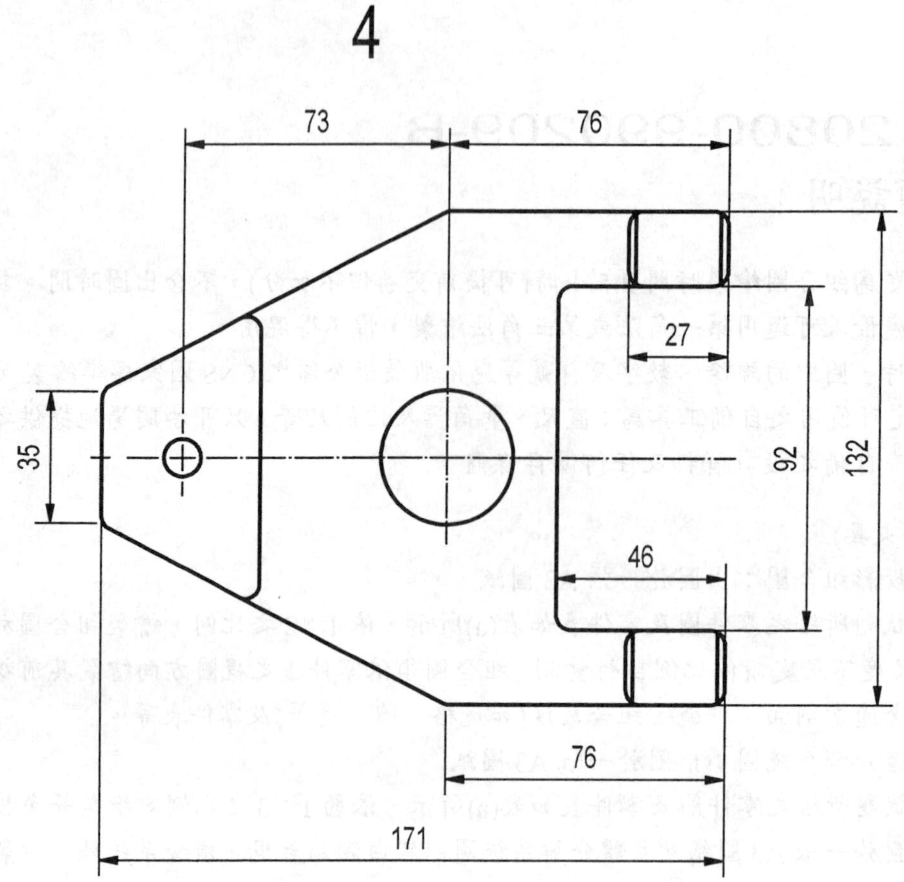

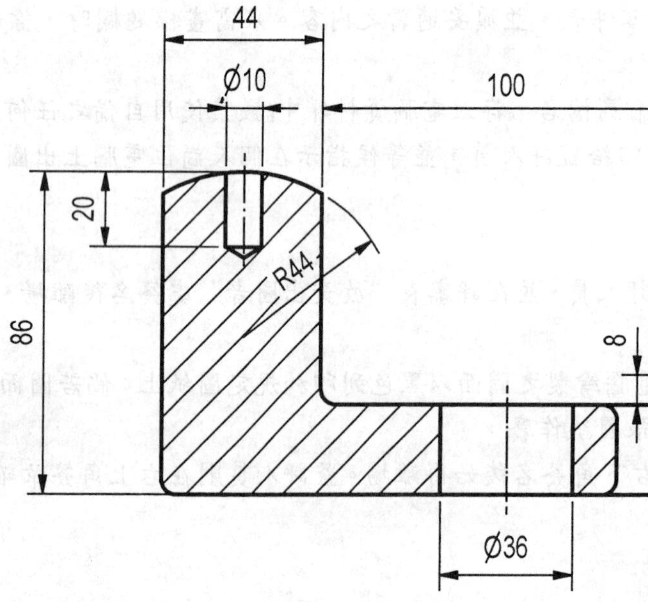

備註：1.未標註之圓角為R4

2.未標註之去角為2x45˚

電腦輔助機械設計製圖 乙級技術士技能檢定	核定 單位	勞動力發展署 技能檢定中心	圖 名	圓桿夾具	時 數	2.5 小時	B.相關圖	試 題 編 號
			投 影	第三角法 比 例 1：2	日 期	民國99年12月		20800-990209-B 1/2

3

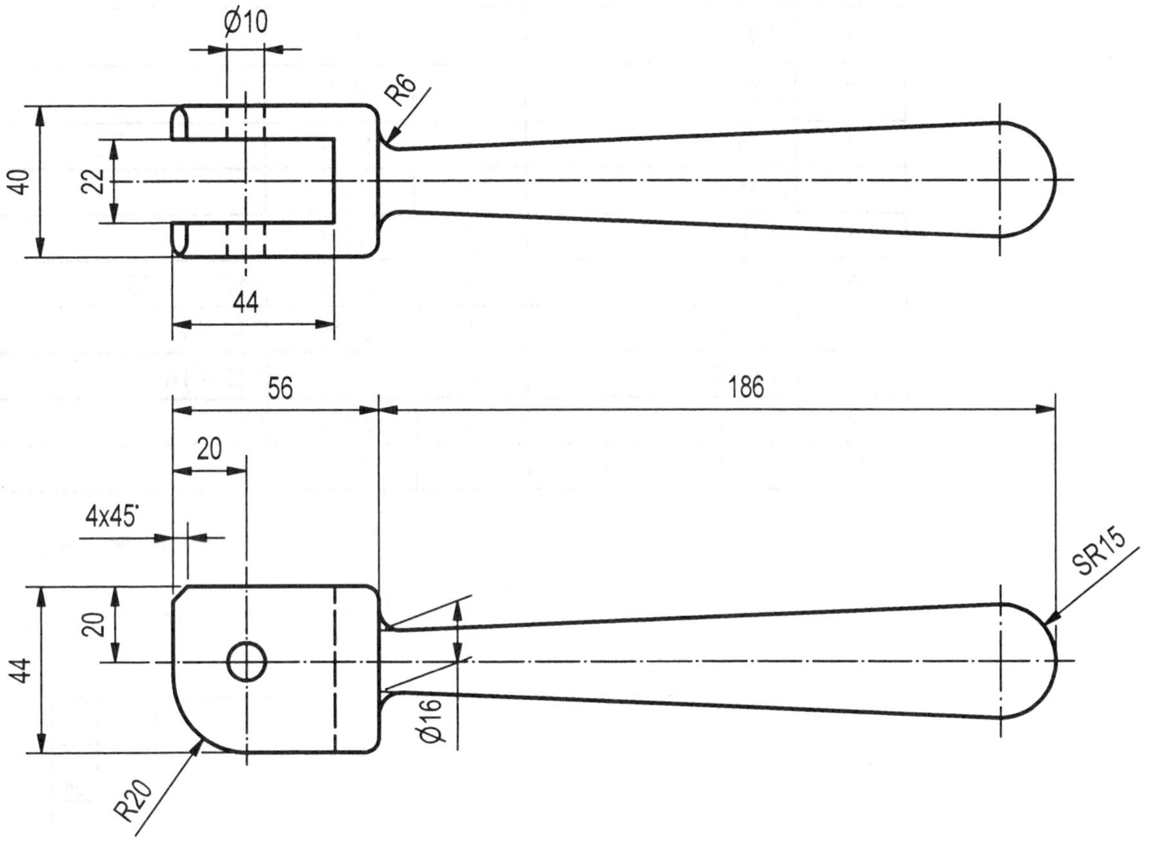

2

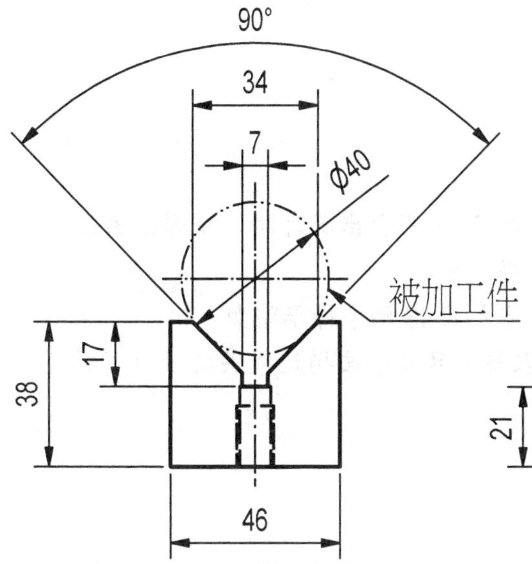

7

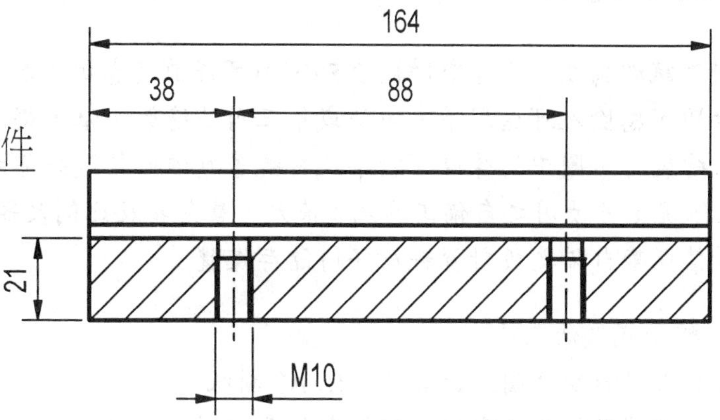

5 Ø28xØ44x10

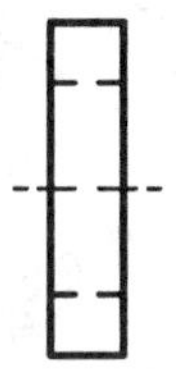

6

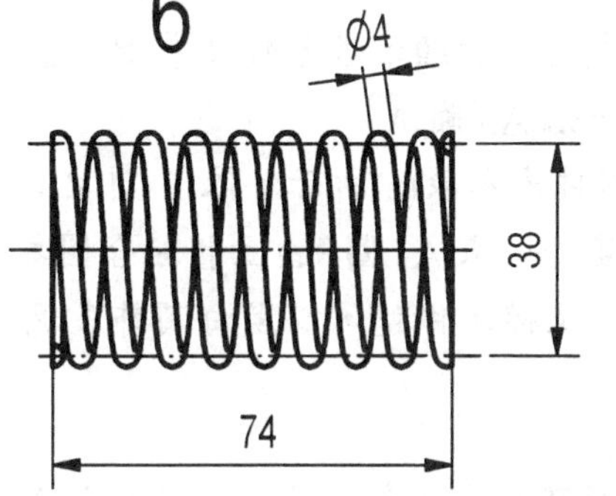

彈簧數據表	
線　徑	Ø4
平均直徑	Ø38
內　徑	Ø34
總圈數	8.5
座圈數	1.5
旋　向	右旋
自由長度	74

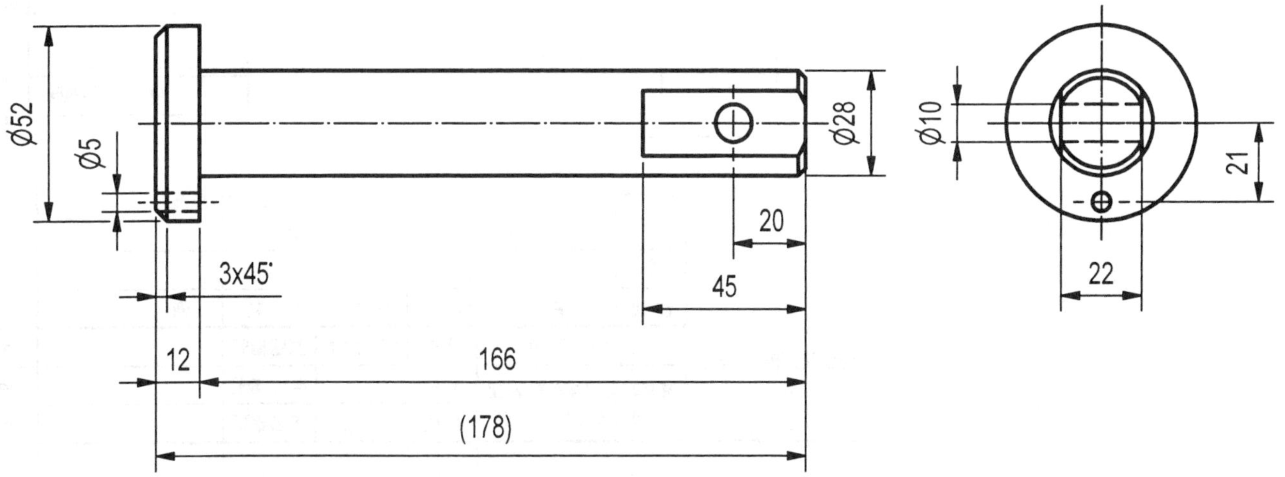

8 Ø10x40

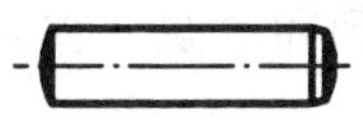

10 M10x28

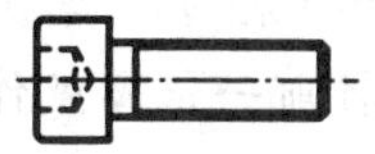

11 Ø5x18

9 Ø8x50

備註：1.未標註之圓角為R4

2.未標註之去角為2x45°

電腦輔助機械設計製圖 乙級技術士技能檢定	核定 單位	勞動力發展署 技能檢定中心	圖 名	圓桿夾具		時 數	2.5 小時	B.相關圖	試 題 編 號	
			投 影	第三角法	比 例 1 : 2	日 期	民國99年12月		20800-990209-B	2/2

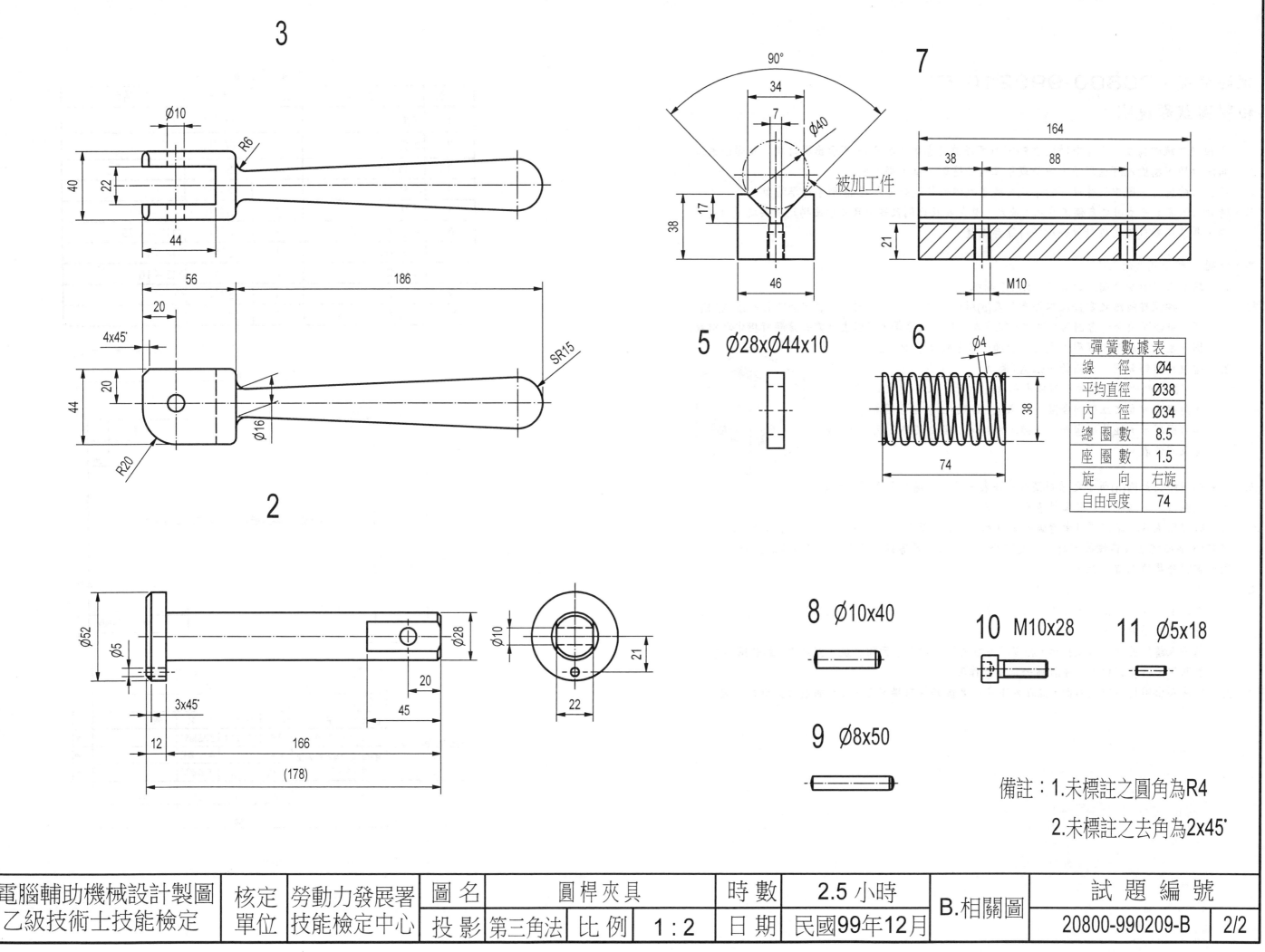

試題編號：20800-990210-B

相關圖試題說明：

一、本相關圖試題爲組合圖繪製時間 2.5 小時(可提前交卷但不加分)，不含出圖時間。試題依第三角法命題，應檢人可選用第一角法或第三角法繪製，惟不得混用。

二、應檢人繪製時，圖中的線條、數字及符號等應依照最近公佈之 CNS 國家標準繪製。

三、應檢人依規定可使用之自備工具爲：直尺、量角器及比例尺等。只可參閱場地提供之設計資料檔，嚴禁攜帶自備之設計資料及任何儲存媒體。

四、試題：(轉子式機油泵)

1. 繪製正投影組合圖：出圖於一張 A3 圖紙

   按試題所給之零件及零件表如表(a)所示，依 1：1 之比例，繪製組合圖於一張 A3 圖紙。組合圖須含適當剖面、件號、零件表及規格尺度等，視圖表達需含試題所指定之前視圖、左側視圖及俯視圖等或其他能顯示各零件之裝配位置。

2. 繪製立體組合圖：出圖於一張 A3 圖紙

   按試題所給之零件及零件表如表(a)所示，依 1：1 之比例，繪製等角投影方向之立體組合圖於一張 A3 圖紙。立體組合圖之等角方向如右圖所示，並作適當剖面及標示件號，以黑白潤飾表現，免畫虛線及零件表。

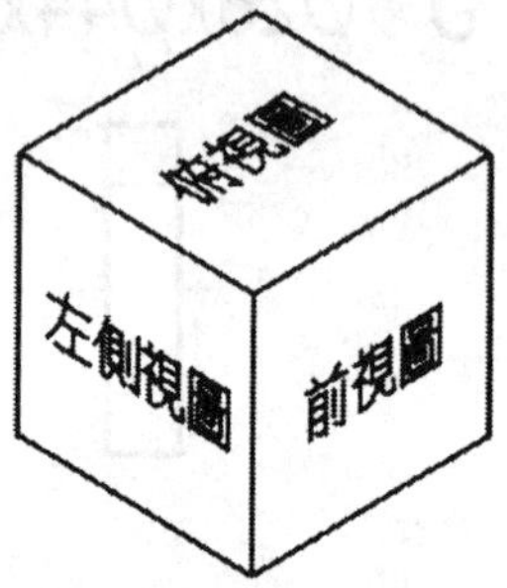

五、各圖面請繪製如圖(a)所示之標題欄及零件表，並填妥適當之內容。只需畫標題欄時，標題欄上方之零件表無需繪製。

六、繪製時間結束時，請以『准考證號碼』爲檔名，存入電腦資料碟中(嚴禁使用自備之任何儲存媒體)，並確認已經存檔後，將試題交回給監評人員，並等候指示在個人崗位電腦上出圖，出圖後電腦螢幕須保留現況。

七、出圖：

1. 中途離場或放棄出圖者須告知監評人員，並在評審表勾選放棄出圖及簽名後離場，若未依規定而離場者視同不及格。
2. 應檢人請依監評人員之指示，將電腦繪製之圖面以黑色列印於規定圖紙上；倘若圖面未完整列印，得重新出圖，並將前一張圖紙作廢。
3. 應檢人出圖後須確認圖面，並在右下角簽名後始得離場。監評人員則在右上角簽章確認。

表(a) 零件表

件 號	名 稱	數 量	材 料	備註
1	泵売	1	FC200	
2	底売	1	FC200	
3	驅動軸	1	S45C	
4	內轉子	1	S45C	
5	外轉子	1	S45C	
6	管塞(A)	1	S25C	M12×1.25
7	管塞(B)	1	S25C	M8×1
8	六角螺釘	4	S25C	M5×16
9	彈簧墊圈	4	S25C	Ø5
10	防漏環	1	橡膠	

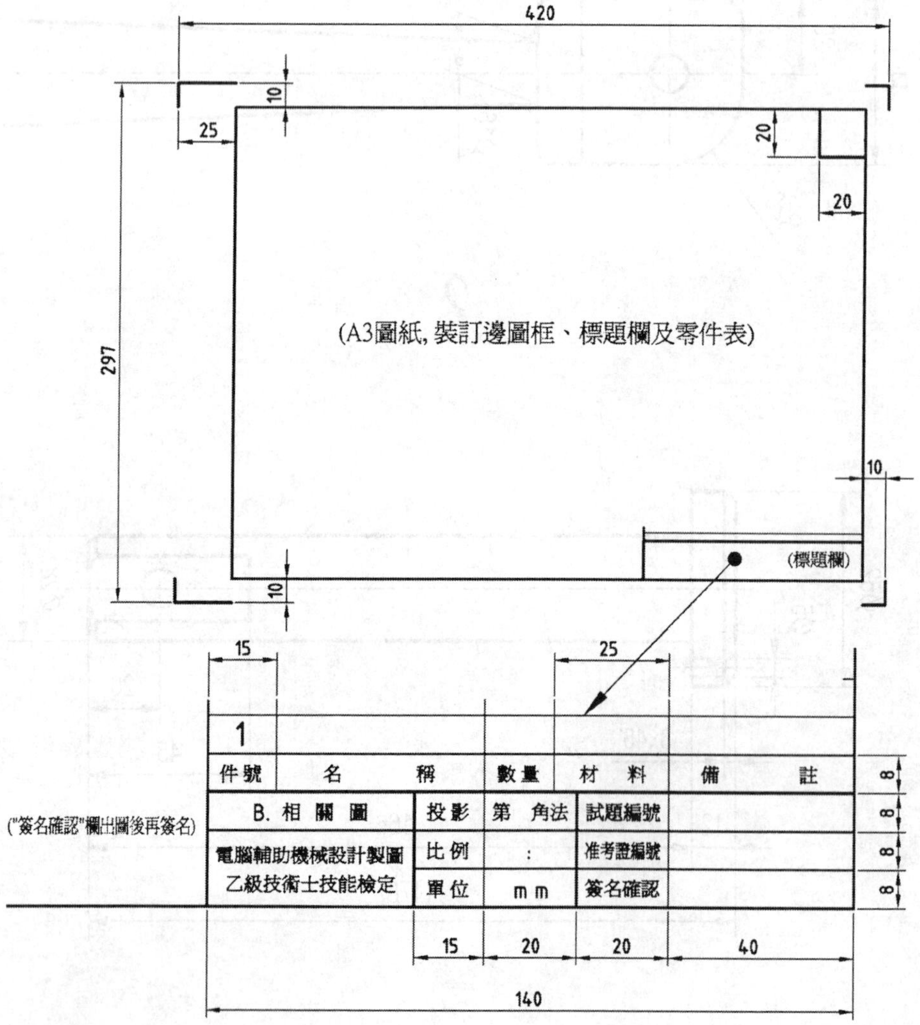

圖(a)

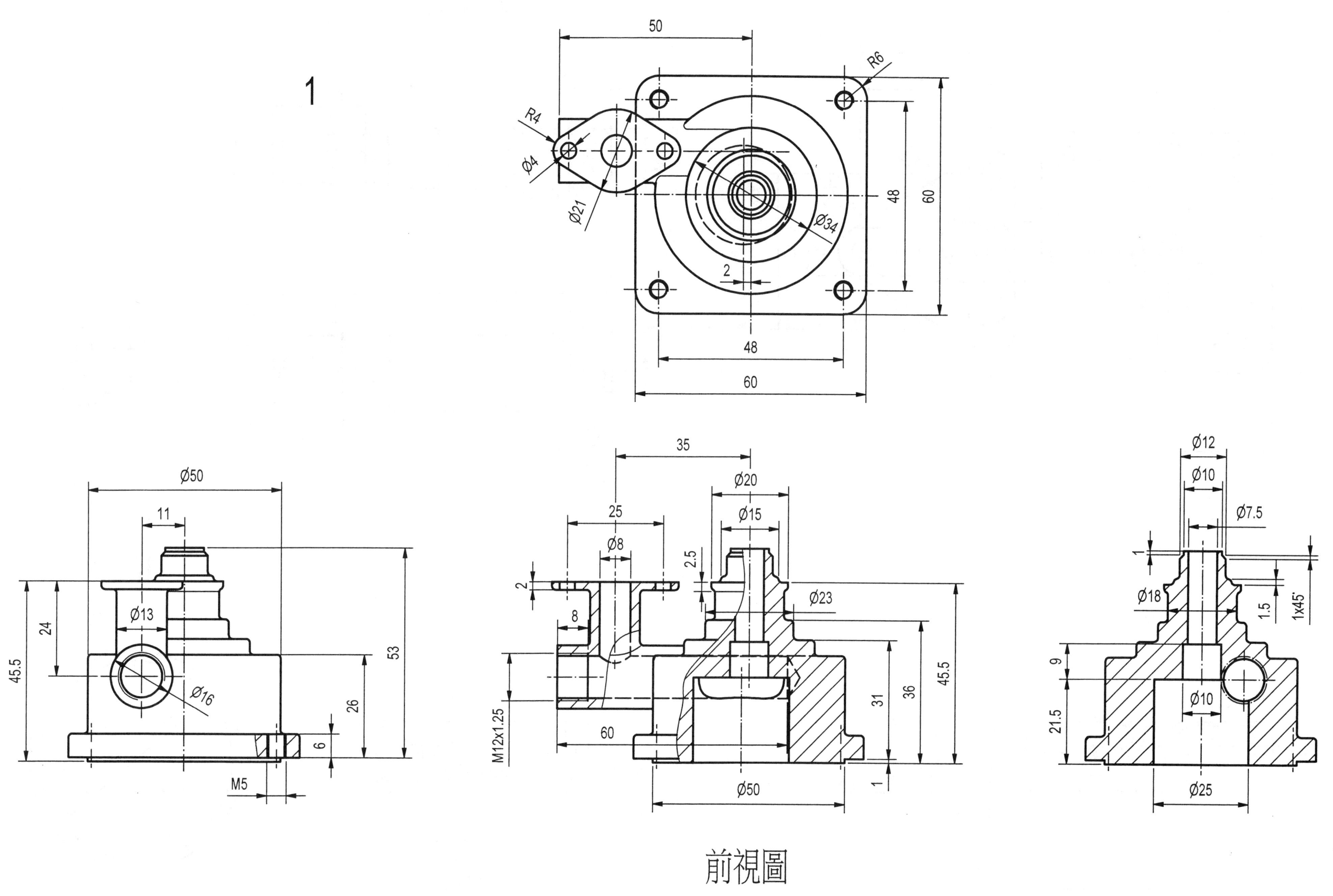

註：未標註之圓角為R1

電腦輔助機械設計製圖 乙級技術士技能檢定	核定單位	勞動力發展署 技能檢定中心	圖 名	轉子式機油泵		時 數	2.5 小時	B.相關圖	試 題 編 號
			投 影	第三角法	比 例 1:1	日 期	民國99年12月		20800-990210-B 1/3

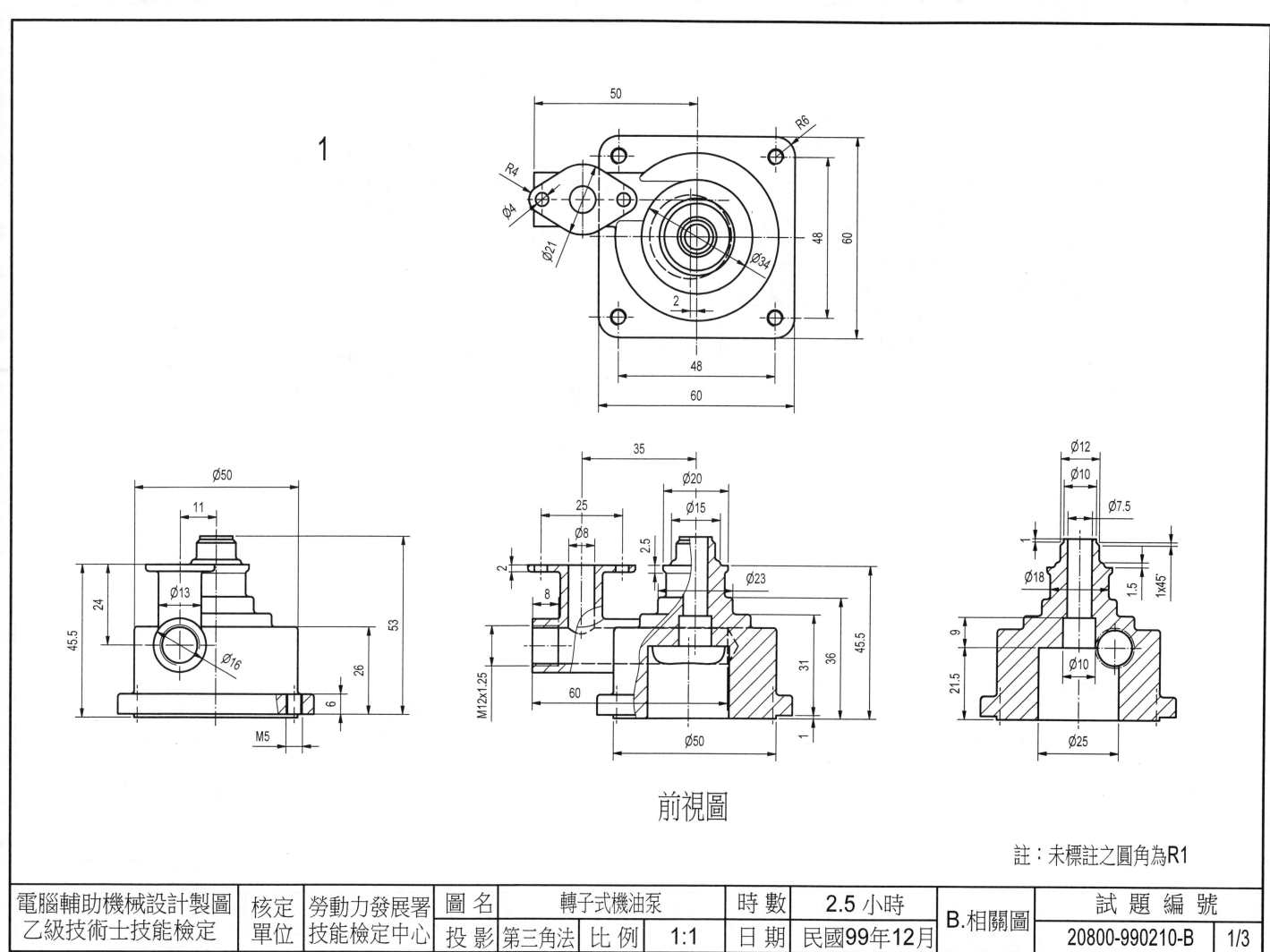

2

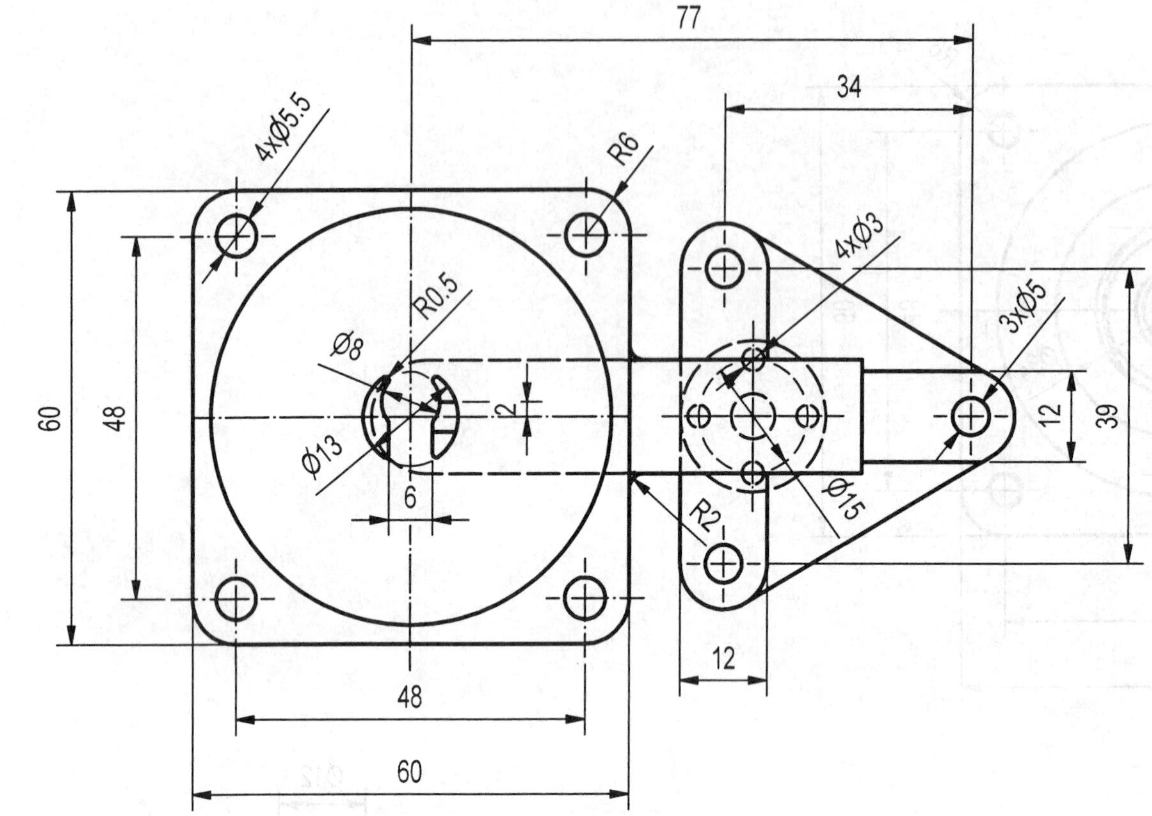

3 (2:1)

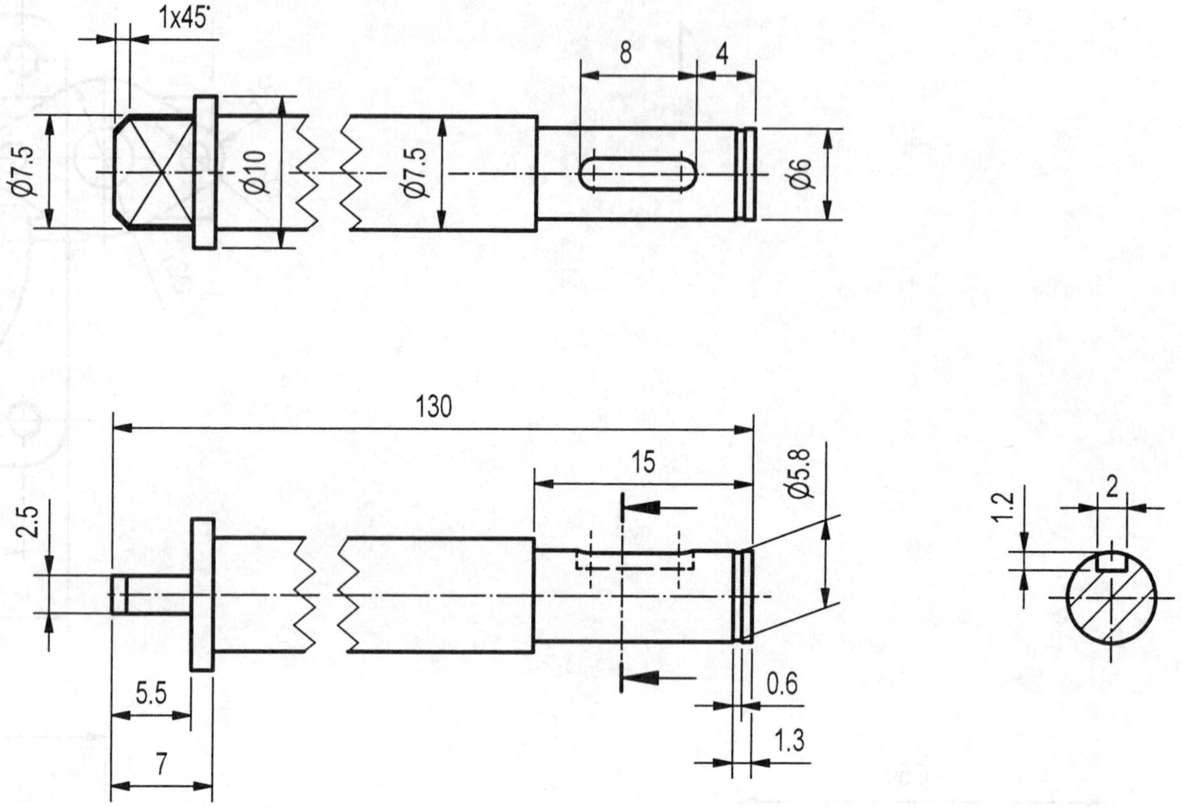

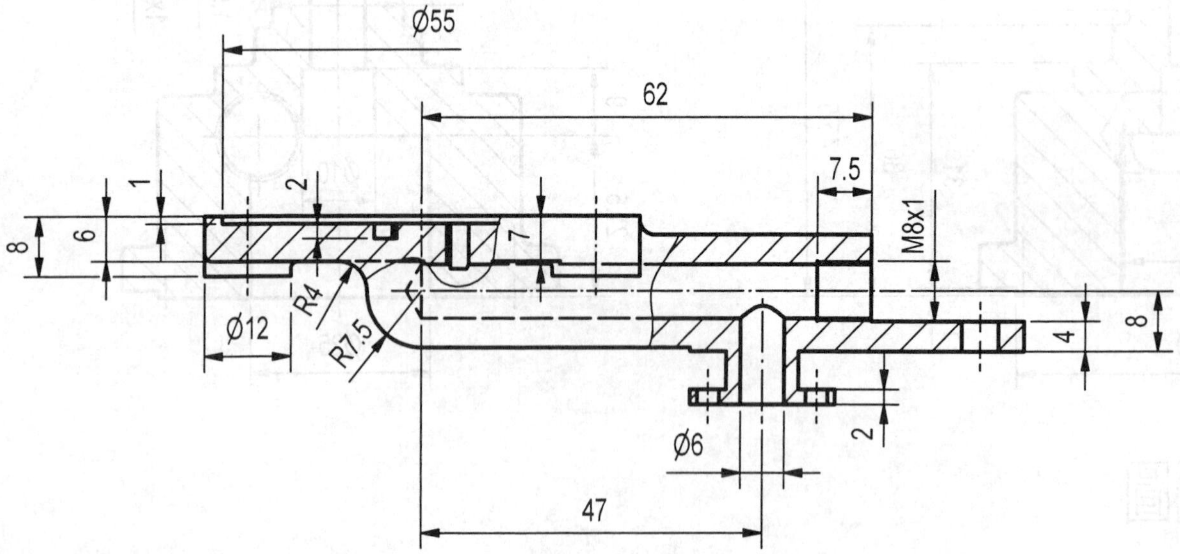

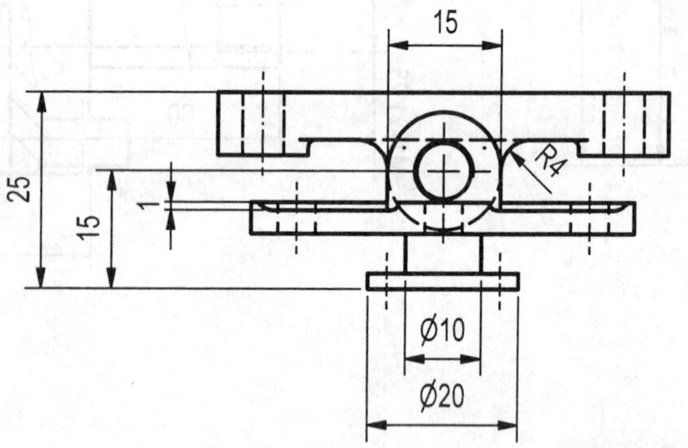

10

t1

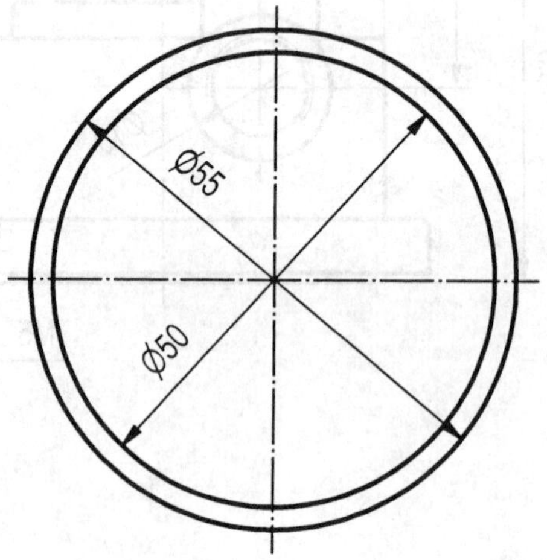

註：未標註之圓角為R1

電腦輔助機械設計製圖 乙級技術士技能檢定	核定 單位	勞動力發展署 技能檢定中心	圖 名	轉子式機油泵		時 數	2.5 小時	B.相關圖	試 題 編 號
			投 影	第三角法	比 例 1:1(2:1)	日 期	民國99年12月		20800-990210-B 2/3

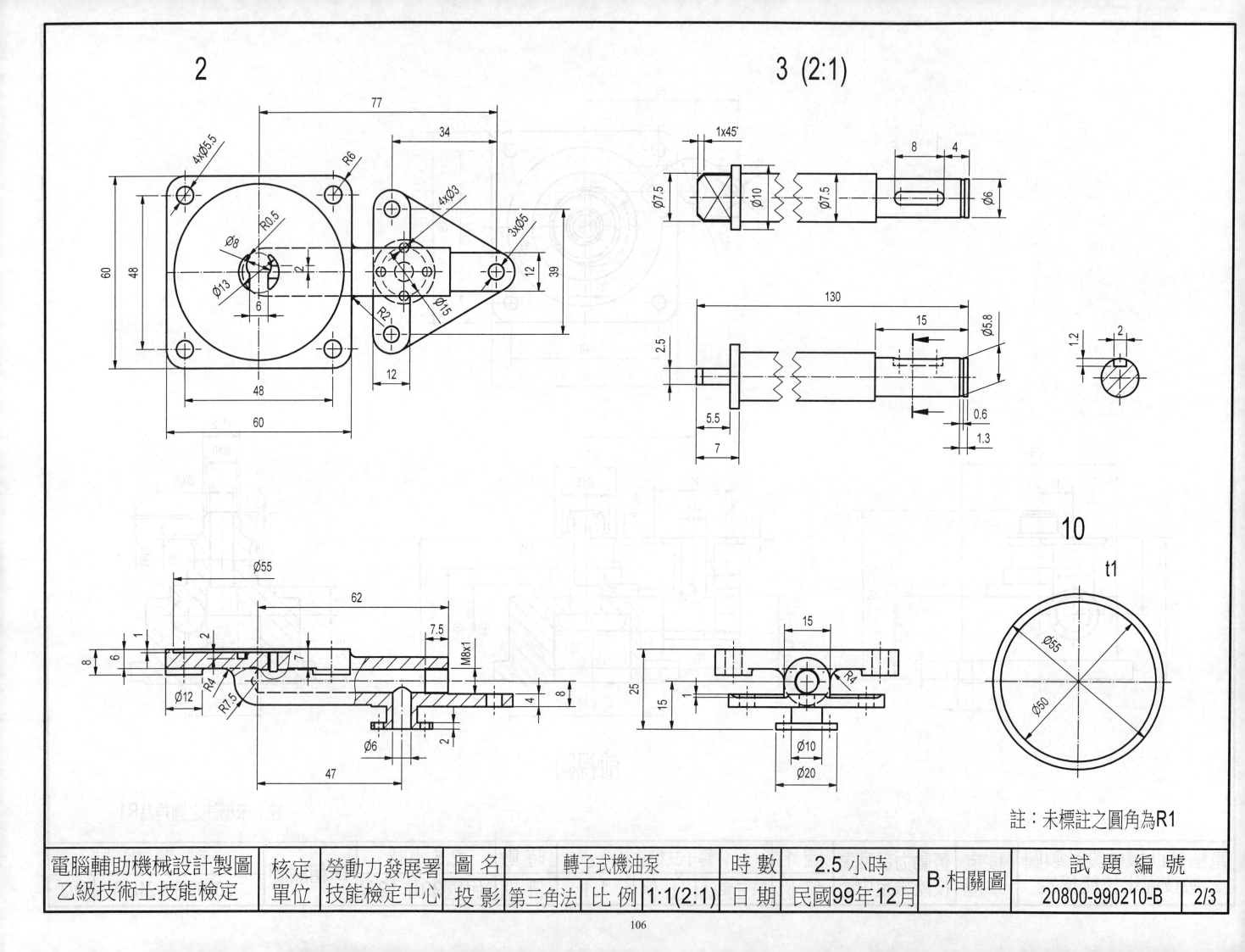

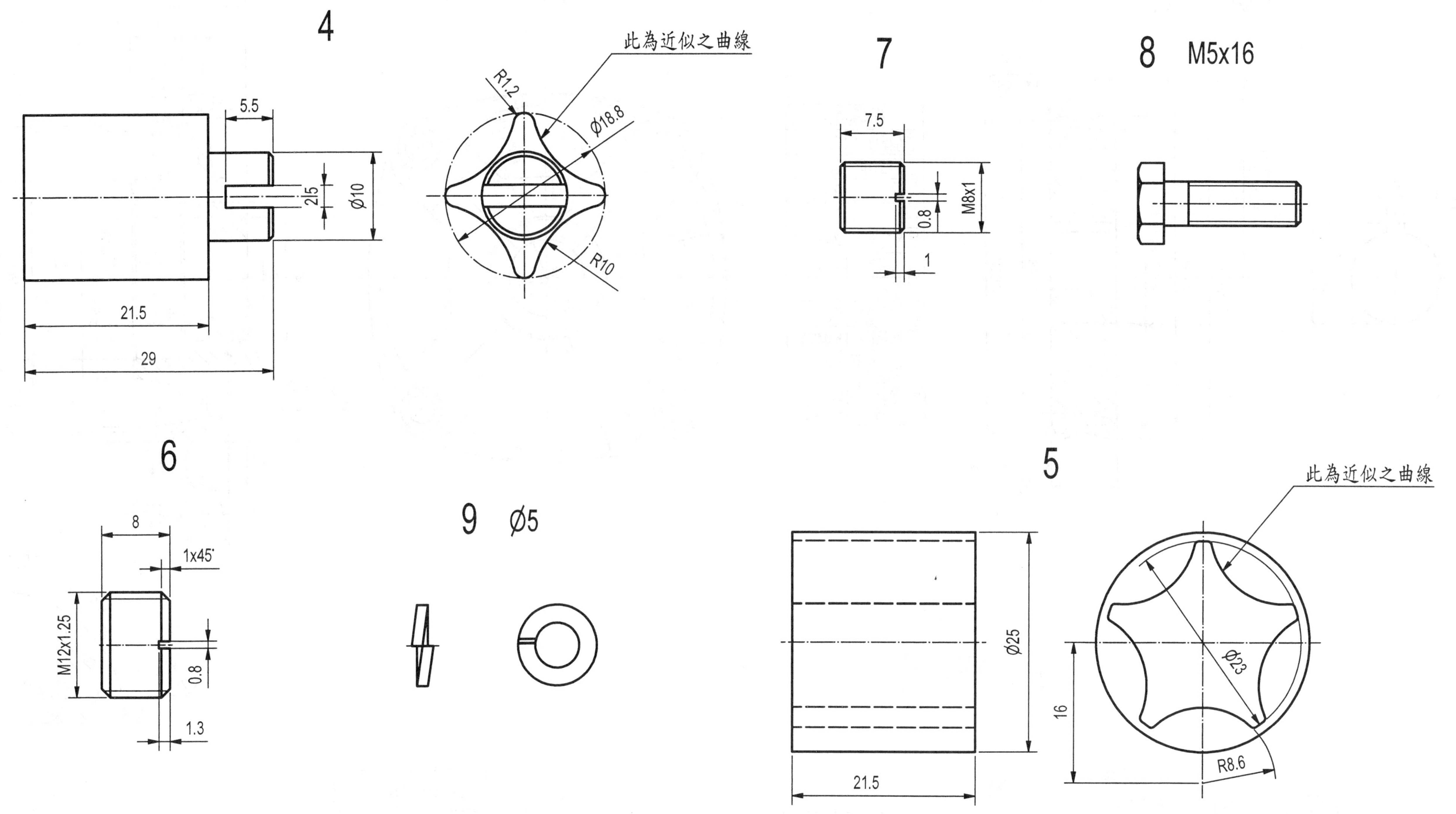

註：未標註之圓角為R0.5

未標註之去角為0.5x45°

<table>
<tr><td rowspan="2">電腦輔助機械設計製圖
乙級技術士技能檢定</td><td rowspan="2">核定
單位</td><td rowspan="2">勞動力發展署
技能檢定中心</td><td>圖 名</td><td colspan="3">轉子式機油泵</td><td>時 數</td><td>2.5 小時</td><td rowspan="2">B.相關圖</td><td colspan="2">試 題 編 號</td></tr>
<tr><td>投 影</td><td>第三角法</td><td>比 例</td><td>2:1</td><td>日 期</td><td>民國99年12月</td><td>20800-990210-B</td><td>3/3</td></tr>
</table>

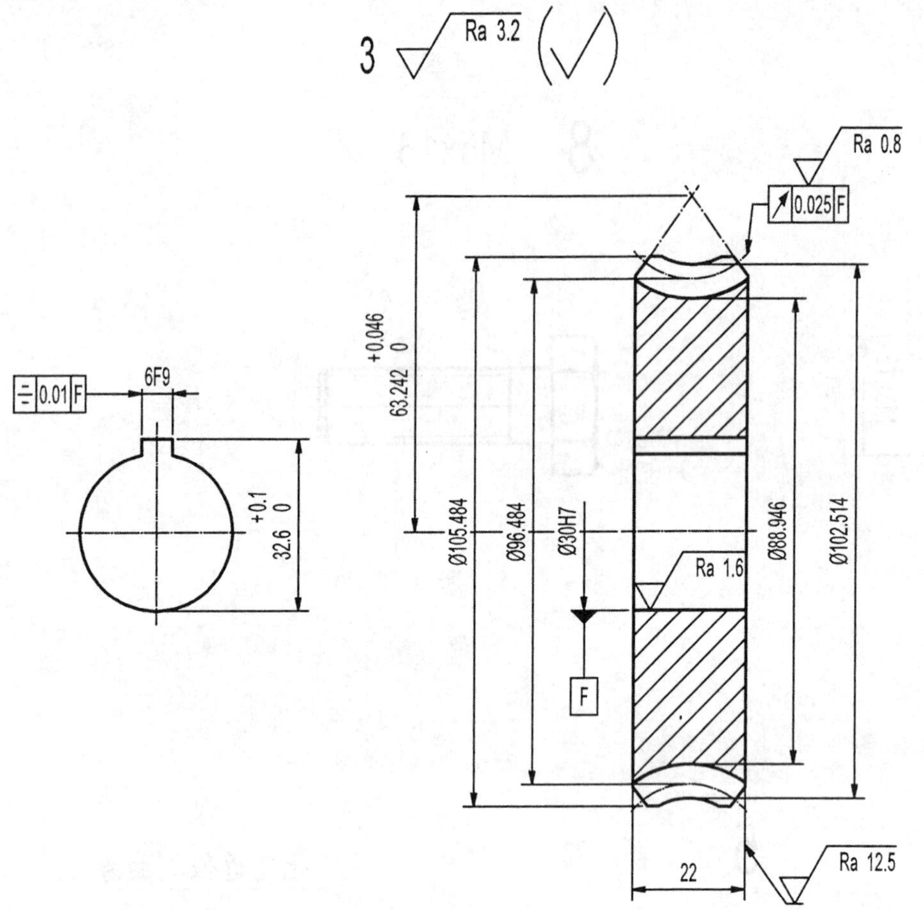

蝸輪數據表		
法面模數		3
法面壓力角		20°
節距		9.472
齒數		32
節圓直徑		Ø96.484
嚙合蝸桿	螺紋數	1
	旋向	右
	節圓直徑	Ø30
	導程角	5°44'21"
	軸向節距	9.472
嚙合蝸桿件號		2
中心距離		63.242

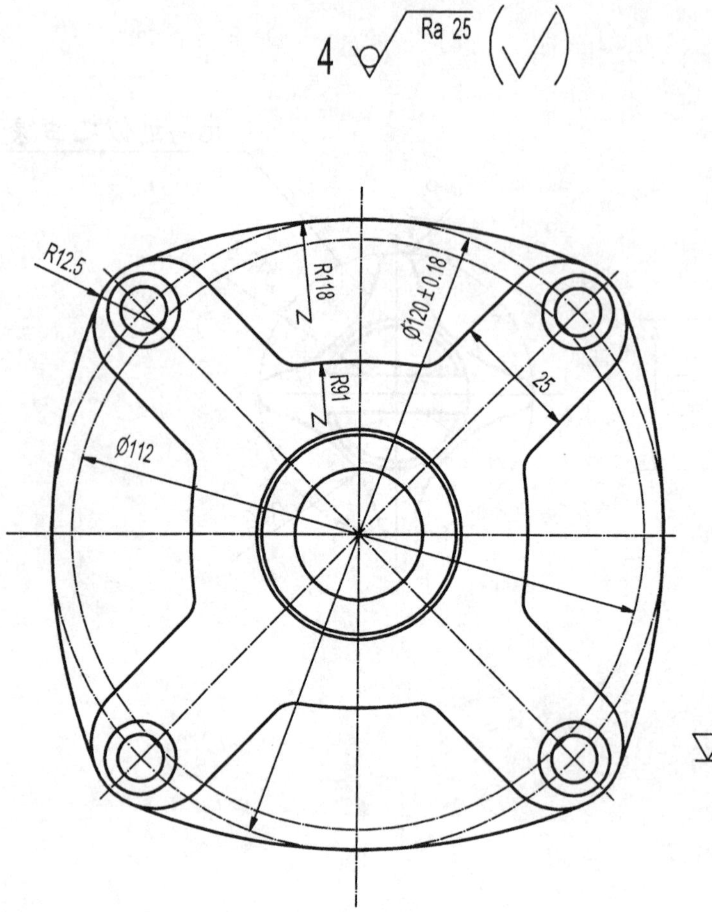

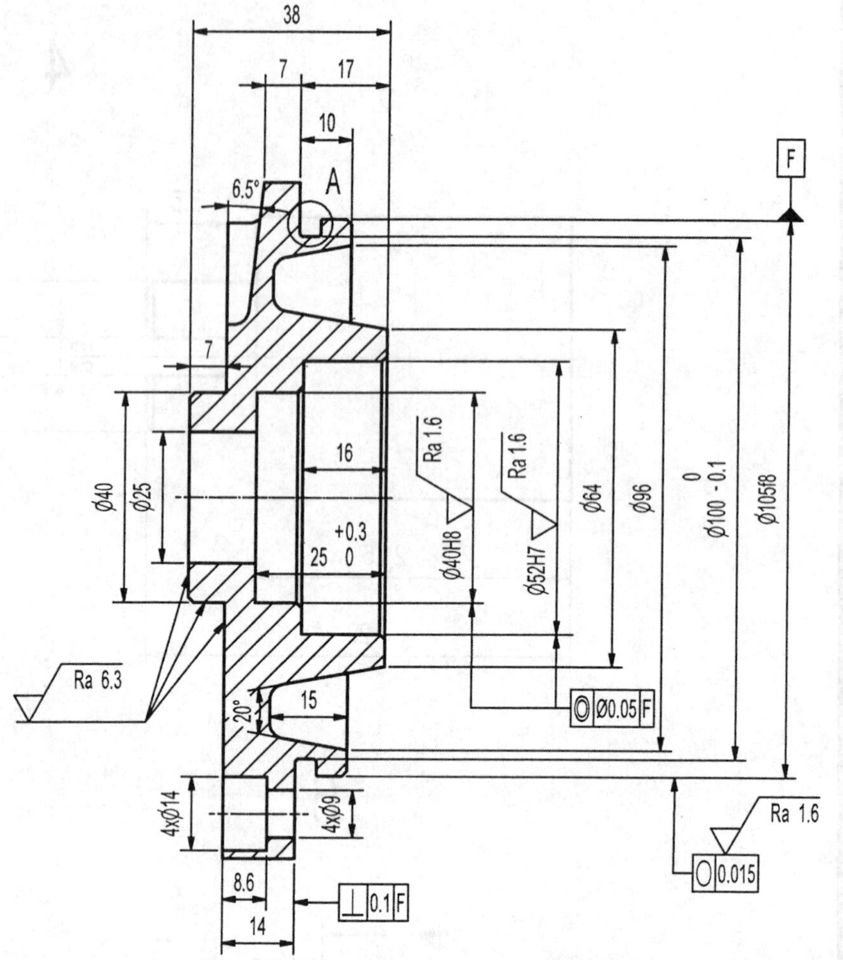

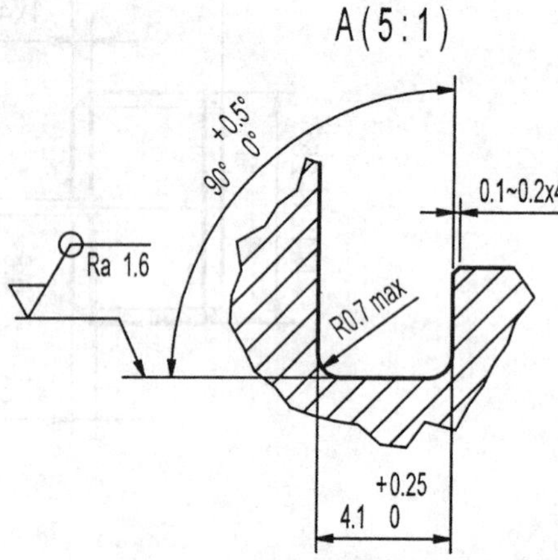

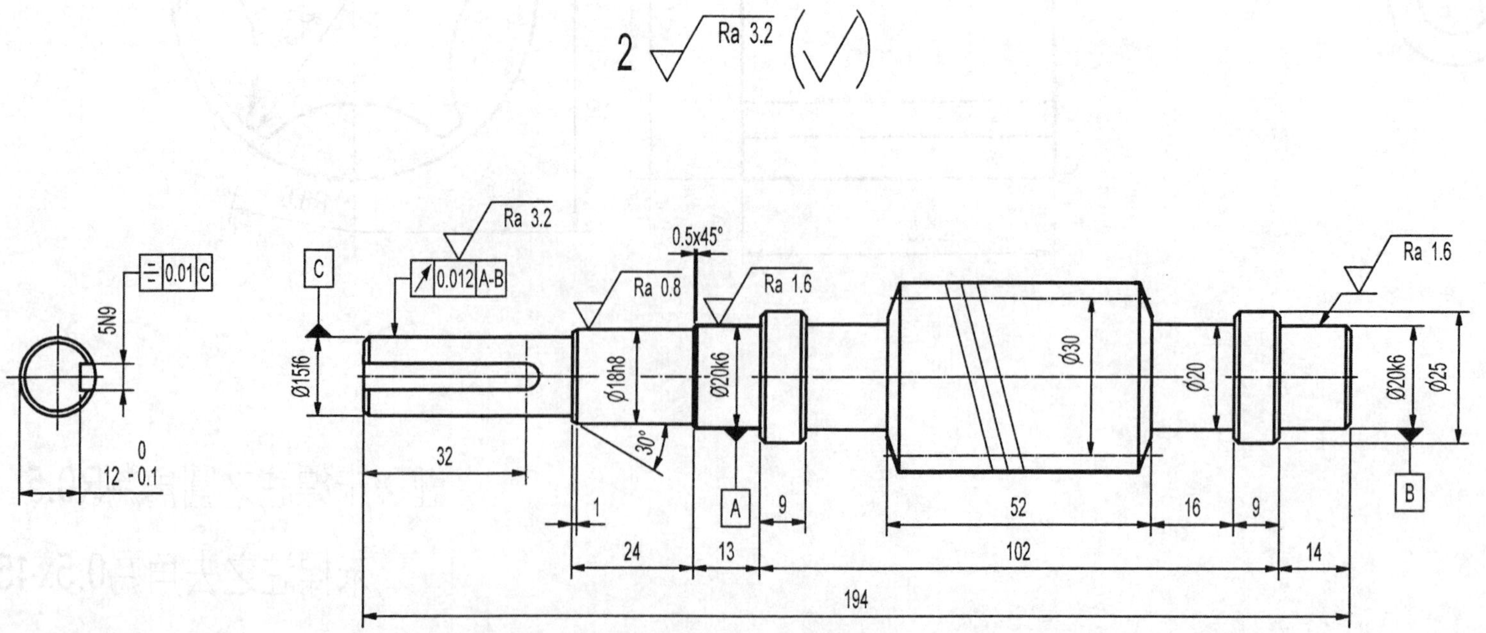

蝸桿數據表	
法面模數	3
法面壓力角	20°
軸向節距	9.472
螺紋數	1
旋向	右
節圓直徑	Ø30
導程角	5°44'21"
嚙合齒輪件號	3
嚙合齒輪齒數	32
中心距離	63.242

註:
1.鑄鐵件之一般公差依 CNS4021B1040之粗級規定
2.機削之一般公差依 CNS4018B1037之中級規定
3.未標註之圓角皆為 R3
4.未標註之倒角皆為 1x45°

件號	名稱	數量	材料	備註
4	下方軸蓋	1	FC200	
3	蝸輪	1	S25C	
2	蝸桿軸	1	S45C	

A.工作圖	投影	第三角法	試題編號	20800-990201-A
電腦輔助機械設計製圖	比例	1:1	准考證號碼	參考解答
乙級技術士技能檢定	單位	mm	簽名確認	WinCad

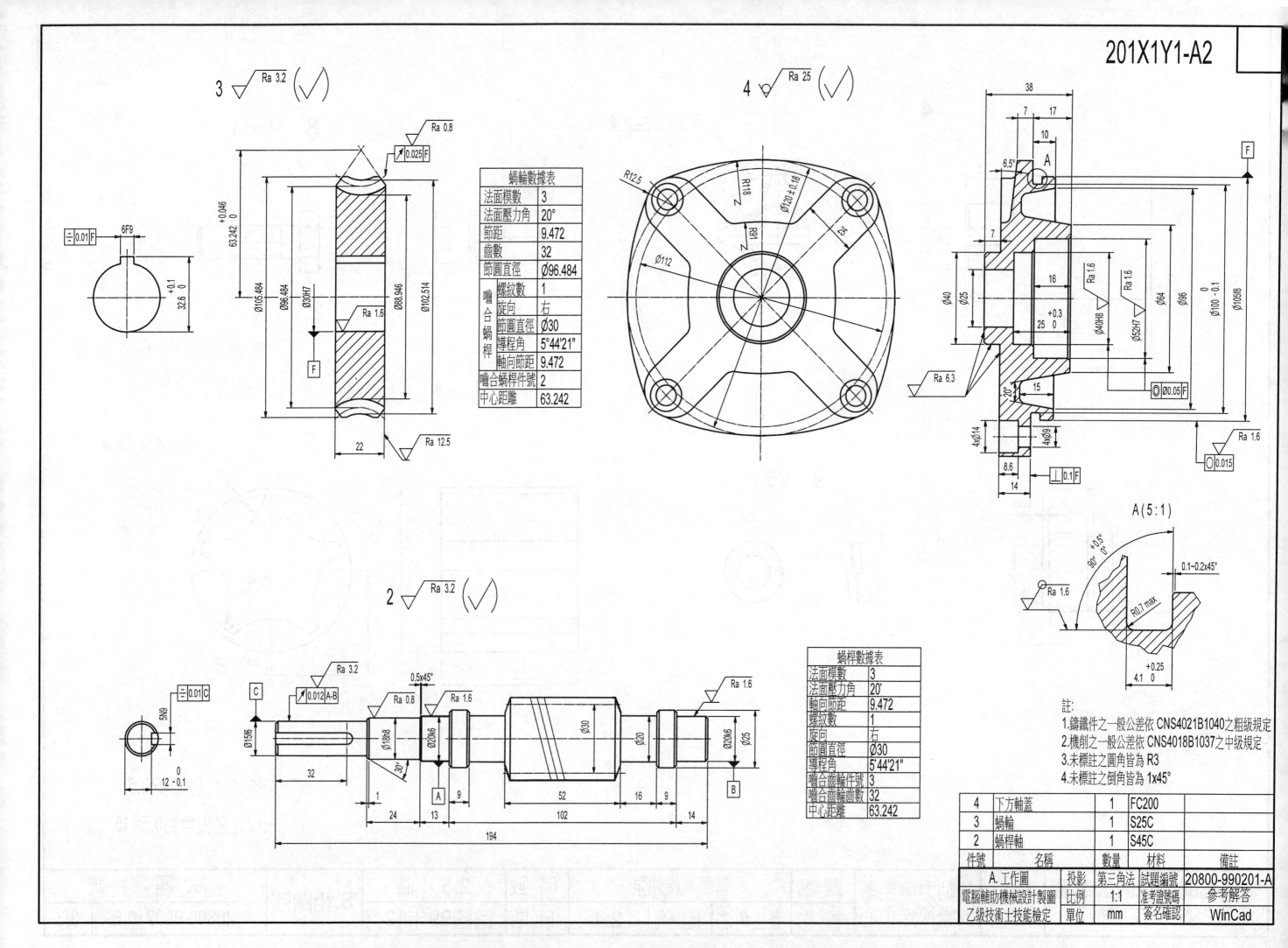

201X1Y1-A3

5

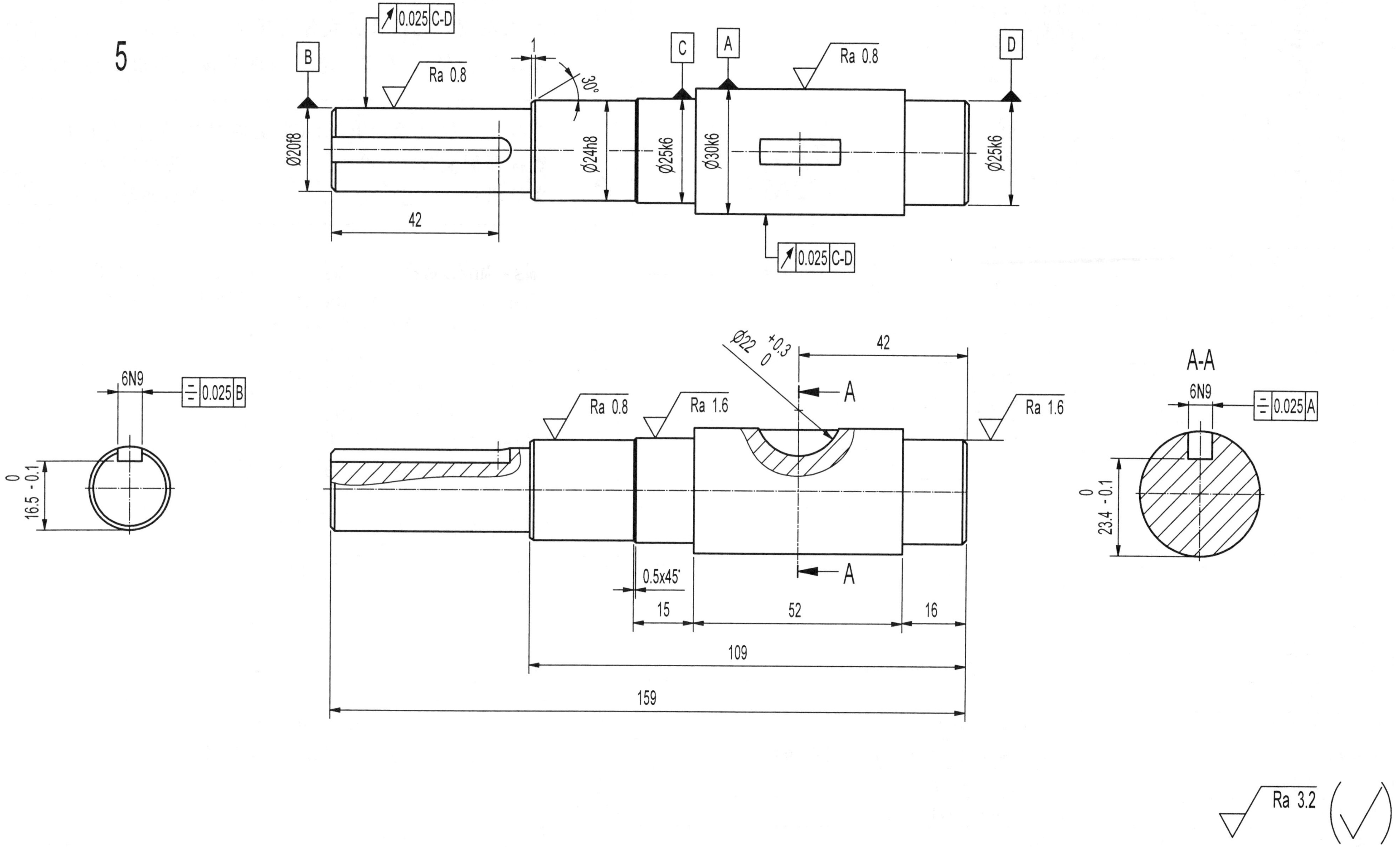

註:
1.機削之一般公差依 CNS4018B1037之中級規定
2.未標註之倒角皆為 1x45°

5	蝸輪軸		1	S45C	
件號	名稱		數量	材料	備註
A. 工作圖		投影	第三角法	試題編號	20800-990201-A
電腦輔助機械設計製圖		比例	1:1	准考證號碼	參考解答
乙級技術士技能檢定		單位	mm	簽名確認	WinCad

201X1Y1-A3

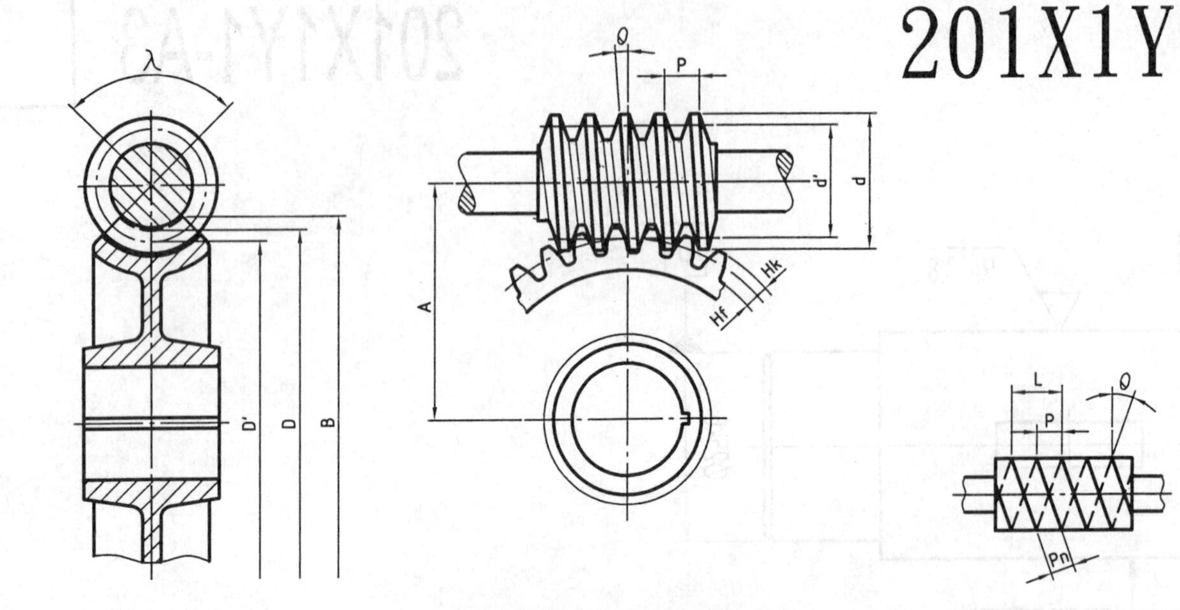

各部名稱	記號	計算公式
模數(軸直角)	Ms	Ms=D'/N=P/π=Mn/cosθ
法面模數(齒直角)	Mn	Mn=Ms×cosθ=Pn/π
(軸向)節距	P	P=πMs=(πD')/N=(πD)/(N+2)
法面節距	Pn	Pn=P×cos θ
齒數	N	N=D'/Ms=(D/Ms)-2=(π × D')/P
齒冠	Hk	Hk=Ms=0.3183P
齒根	Hf	Hf=Hk+C=1.25Ms=0.3979P
齒間隙	C	C<=0.25Ms
節線上之齒厚	T	T=P/2=(π ×Ms)/2
節線上法面齒厚	Tn	Tn=T×cosθ
齒有效高度	He	He=2Hk=2Ms=0.6366P
齒全高	H	H=Hk+Hf=He+C=0.7162P
蝸輪節圓直徑	D'	D'=Ms×N=(N×P)/π =0.3183NP
蝸輪喉直徑	D	D=D'+2Hk=(N+2)/Ms=((N+2)/π)P
蝸輪之面角	λ	λ =60°~80°
蝸輪之最大徑	B	B=D+(d'-2Hk)×(1-cos (λ/2))
蝸桿導程	L	L=P(1線螺紋), L=2P(2線螺紋), L=3P(3線螺紋)
蝸桿之節圓直徑	d'	d'=L/(π ×tanθ)
蝸桿之外徑	d	d=d'+(2Hk)=d'+2Ms
中心距離	A	A=(D'+d')/2
蝸桿之導程角	θ	tanθ =L/(π×d')

備考:tanθ=sinθ/cosθ,sin²θ+cos²θ=1,sin(90°-θ)=cosθ,cos(90°-θ)=sinθ,tan(90°-θ)=cotθ=1/tanθ

說明

1. 在底下空白處，依抽定之變更設計填入已知值，以手寫方式計算蝸桿之導程角θ、(軸向)節距P及中心距離A的值。
2. 手寫需清晰可讀，計算過程必須詳細及合邏輯，否則酌以扣分。
3. 須依左側之記號及公式書寫詳細計算過程。只寫答案者不予計分。
4. 本試卷(4/4)亦為答案卷，在測驗後連同出圖卷一同交給監評人員。

已知

依抽定之變更設計填入:(變更設計填:X 1 Y 1)

蝸桿節圓直徑d' =30　　法面模數 Mn = 3

螺紋數= 1　　蝸輪齒數 N = 32

蝸桿之導程角θ

∵ Ms= Mn/cosθ　∴ Ms = 3/cosθ(∵Mn=3);P=π×Ms

⇨ L=n×P=1×P=1×π×Ms=π×(3/cosθ)----①

tanθ=sinθ/cosθ----②

d' =L/(π×tanθ)--③

將①、②式 代入③式 整理可得

d' = Mn/sinθ=3/sinθ

⇨ 30=3/sinθ，sinθ=0.1

∴ θ=sin⁻¹(0.1)= 5.739°= 5°44'21"

蝸桿之導程角θ = 5.739°(5°44'21")

軸向節距P

∵ Ms= 3/cosθ，θ= 5.739°

∴ Ms=3.015

⇨ P=π×Ms=π×3.015=9.472

(軸向)節距 P = 9.472

中心距離A

∵ D' = Ms×N=3.015×32 =96.484

⇨ A = (D' +d')/2=(30+96.484)/2=63.242

中心距離 A = 63.242

准考證號碼		簽名	WINCAD 工作室

(計算誤差可允許至小數點第三位)(計算角度誤差可允許至個位數秒)

電腦輔助機械設計製圖 乙級技術士技能檢定	核定單位	勞動力發展署 技能檢定中心	圖名	蝸桿蝸輪減速機(一)	時數	4 小時	A.工作圖	試題編號	
			投影	第三角法　比例	日期	民國 99 年12 月		20800-990201-A	4/4

201X2Y2-A2

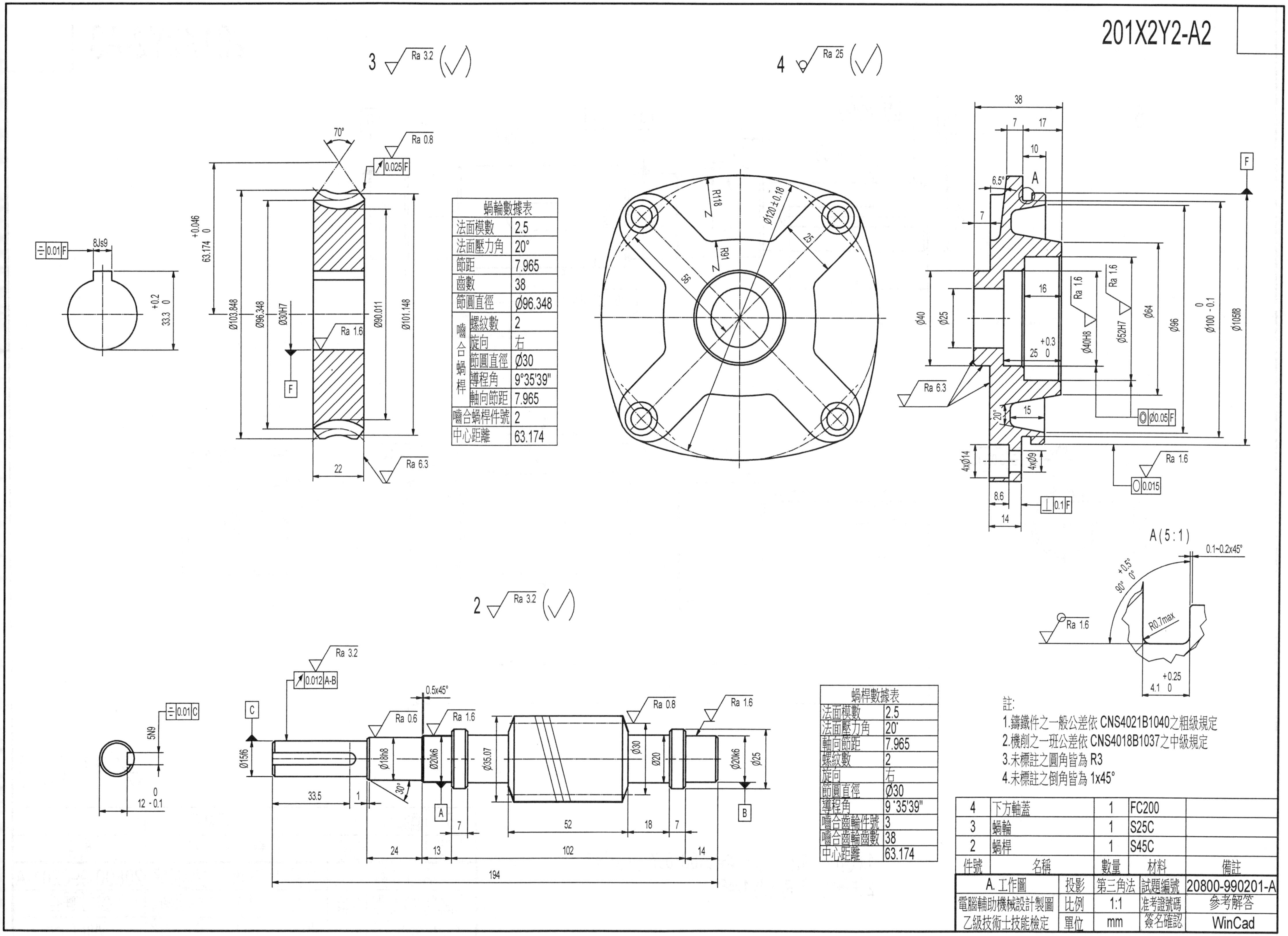

蝸輪數據表

法面模數		2.5
法面壓力角		20°
節距		7.965
齒數		38
節圓直徑		Ø96.348
嚙合蝸桿	螺紋數	2
	旋向	右
	節圓直徑	Ø30
	導程角	9°35'39"
	軸向節距	7.965
嚙合蝸桿件號		2
中心距離		63.174

蝸桿數據表

法面模數	2.5
法面壓力角	20°
軸向節距	7.965
螺紋數	2
旋向	右
節圓直徑	Ø30
導程角	9°35'39"
嚙合齒輪件號	3
嚙合齒輪齒數	38
中心距離	63.174

註:
1.鑄鐵件之一般公差依 CNS4021B1040之粗級規定
2.機削之一班公差依 CNS4018B1037之中級規定
3.未標註之圓角皆為 R3
4.未標註之倒角皆為 1x45°

件號	名稱	數量	材料	備註
4	下方軸蓋	1	FC200	
3	蝸輪	1	S25C	
2	蝸桿	1	S45C	

A. 工作圖	投影	第三角法	試題編號	20800-990201-A
電腦輔助機械設計製圖	比例	1:1	准考證號碼	參考解答
乙級技術士技能檢定	單位	mm	簽名確認	WinCad

201X2Y2-A3

5

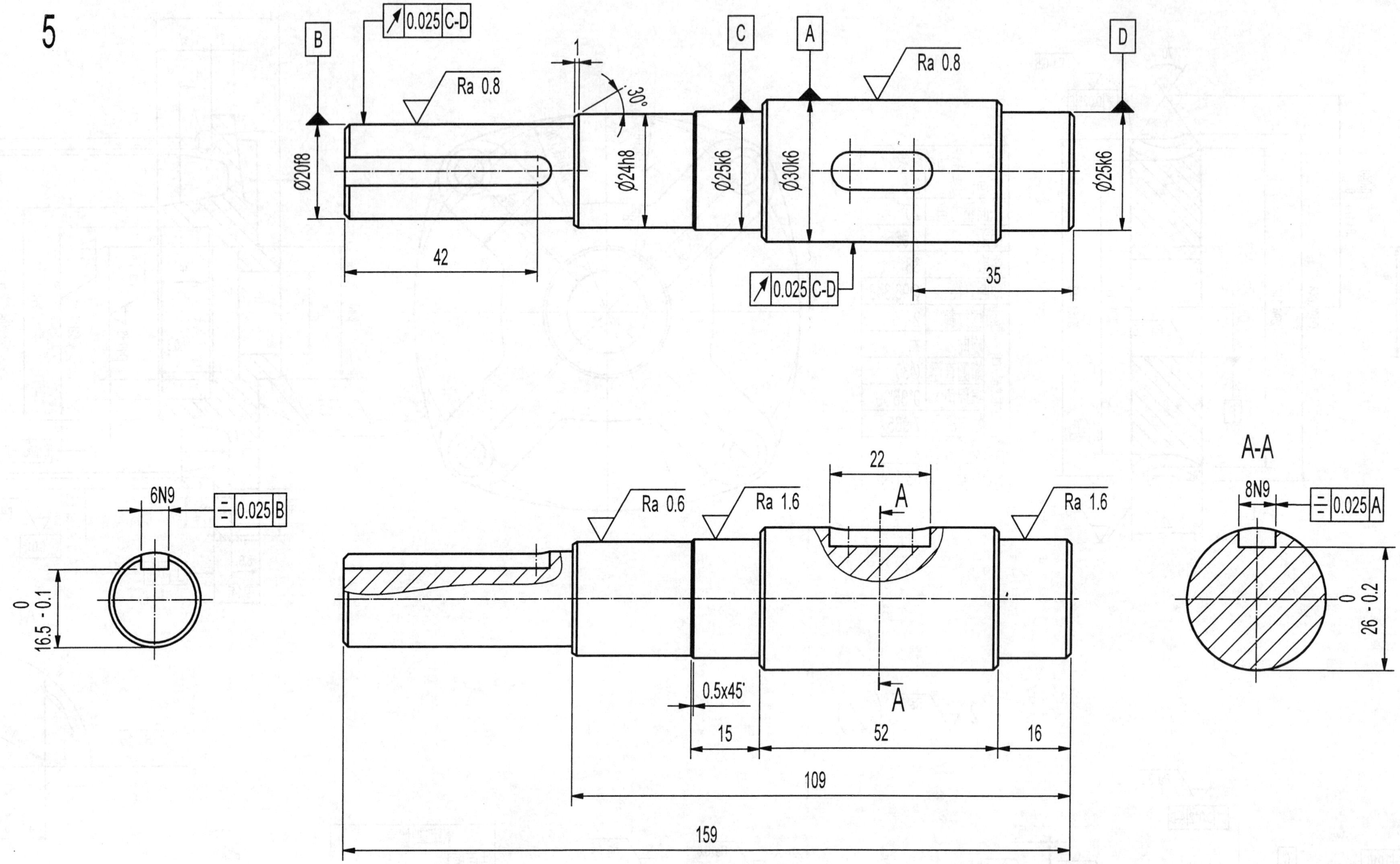

Ra 3.2 (√)

註:
1.機削之一般公差依 CNS4018B1037之中級規定
2.未標註之倒角皆為 1x45°

5	蝸輪軸	1	S45C	
件號	名稱	數量	材料	備註
A. 工作圖	投影	第三角法	試題編號	20800-990201-A
電腦輔助機械設計製圖	比例	1:1	准考證號碼	參考解答
乙級技術士技能檢定	單位	mm	簽名確認	WinCad

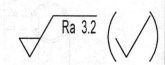

201X2Y2-A3

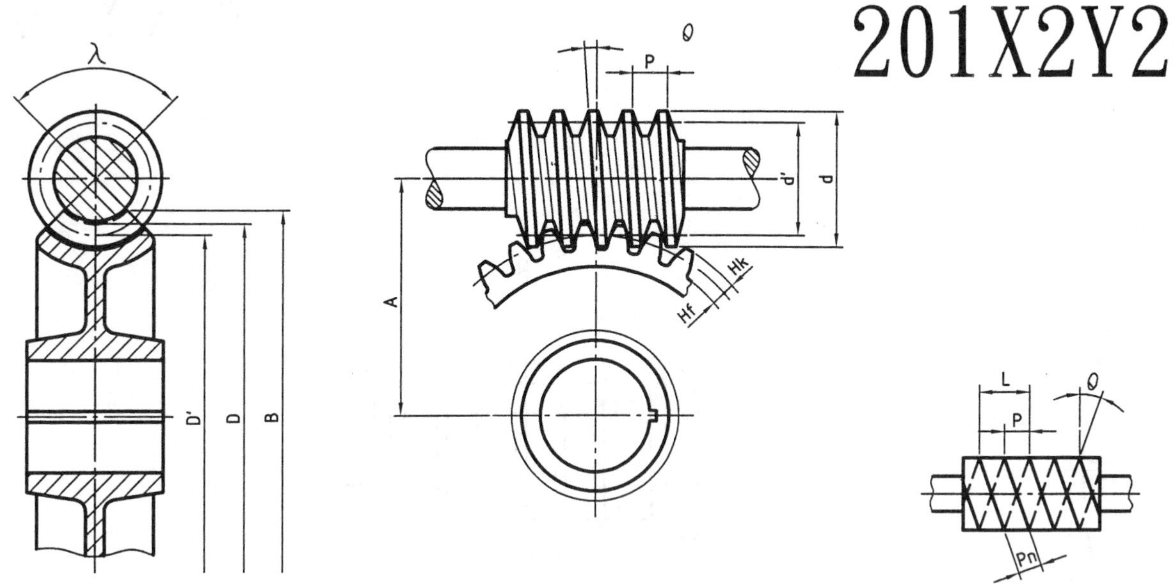

各部名稱	記號	計算公式
模數(軸直角)	Ms	Ms=D'/N=P/π=Mn/cosθ
法面模數(齒直角)	Mn	Mn=Ms×cosθ=Pn/π
(軸向)節距	P	P=πMs=(πD')/N=(πD)/(N+2)
法面節距	Pn	Pn=P×cosθ
齒數	N	N=D'/Ms=(D/Ms)-2=(π×D')/P
齒冠	Hk	Hk=Ms=0.3183P
齒根	Hf	Hf=Hk+C=1.25Ms=0.3979P
齒間隙	C	C<=0.25Ms
節線上之齒厚	T	T=P/2=(π×Ms)/2
節線上法面齒厚	Tn	Tn=T×cosθ
齒有效高度	He	He=2Hk=2Ms=0.6366P
齒全高	H	H=Hk+Hf=He+C=0.7162P
蝸輪節圓直徑	D'	D'=Ms×N=(N×P)/π =0.3183NP
蝸輪喉直徑	D	D=D'+2Hk=(N+2)/Ms=((N+2)/π)P
蝸輪之面角	λ	λ=60°~80°
蝸輪之最大徑	B	B=D+(d'-2Hk)×(1-cos(λ/2))
蝸桿導程	L	L=P(1線螺紋), L=2P(2線螺紋), L=3P(3線螺紋)
蝸桿之節圓直徑	d'	d'=L/(π×tanθ)
蝸桿之外徑	d	d=d'+(2Hk)=d'+2Ms
中心距離	A	A=(D'+d')/2
蝸桿之導程角	θ	tanθ=L/(π×d')

備考：$\tan\theta=\sin\theta/\cos\theta, \sin^2\theta+\cos^2\theta=1, \sin(90°-\theta)=\cos\theta, \cos(90°-\theta)=\sin\theta, \tan(90°-\theta)=\cot\theta=1/\tan\theta$

說明

1. 在底下空白處，依抽定之變更設計填入已知值，以手寫方式計算蝸桿之導程角θ、(軸向)節距P及中心距離A的值。
2. 手寫需清晰可讀，計算過程必須詳細及合邏輯，否則酌以扣分。
3. 須依左側之記號及公式書寫詳細計算過程。只寫答案者不予計分。
4. 本試卷(4/4)亦為答案卷，在測驗後連同出圖卷一同交給監評人員。

已知

依抽定之變更設計填入：(變更設計填：X 2 Y 2)

蝸桿節圓直徑d'=30　　法面模數 Mn = 2.5

螺紋數= 2　　蝸輪齒數 N = 38

蝸桿之導程角θ

∵ $Ms = Mn/\cos\theta$　∴ $Ms = 2.5/\cos\theta$ (∵ Mn=2.5); $P=\pi\times Ms$

⇨ $L=n\times P=2\times P=2\times\pi\times Ms=\pi\times(5/\cos\theta)$ ----①

$\tan\theta=\sin\theta/\cos\theta$ ----②

$d'=L/(\pi\times\tan\theta)$ --③

將①、②式 代入③式 整理可得

$d' = Mn/\sin\theta=5/\sin\theta$

⇨ $30=5/\sin\theta$，$\sin\theta=0.166$

∴ $\theta=\sin^{-1}(0.166)= 9.594° = 9°35'39''$

蝸桿之導程角θ = 9.594°(9°35'39")

軸向節距P

∵ $Ms= 2.5/\cos\theta$，$\theta= 9.594°$

∴ Ms=2.535

⇨ $P=\pi\times Ms=\pi\times 2.535=7.964$

(軸向)節距 P = 7.964

中心距離A

∵ $D' = Ms\times N=2.535\times 38 =96.348$

⇨ $A = (D'+d')/2=(30+96.348)/2=63.174$

中心距離 A = 63.174

准考證號碼		簽名	WINCAD 工作室

(計算誤差可允許至小數點第三位)(計算角度誤差可允許至個位數秒)

電腦輔助機械設計製圖乙級技術士技能檢定	核定單位	勞動力發展署技能檢定中心	圖名	蝸桿蝸輪減速機(一)		時數	4小時	A.工作圖	試題編號	
			投影	第三角法	比例	日期	民國99年12月		20800-990201-A	4/4

202X1Y1-A2

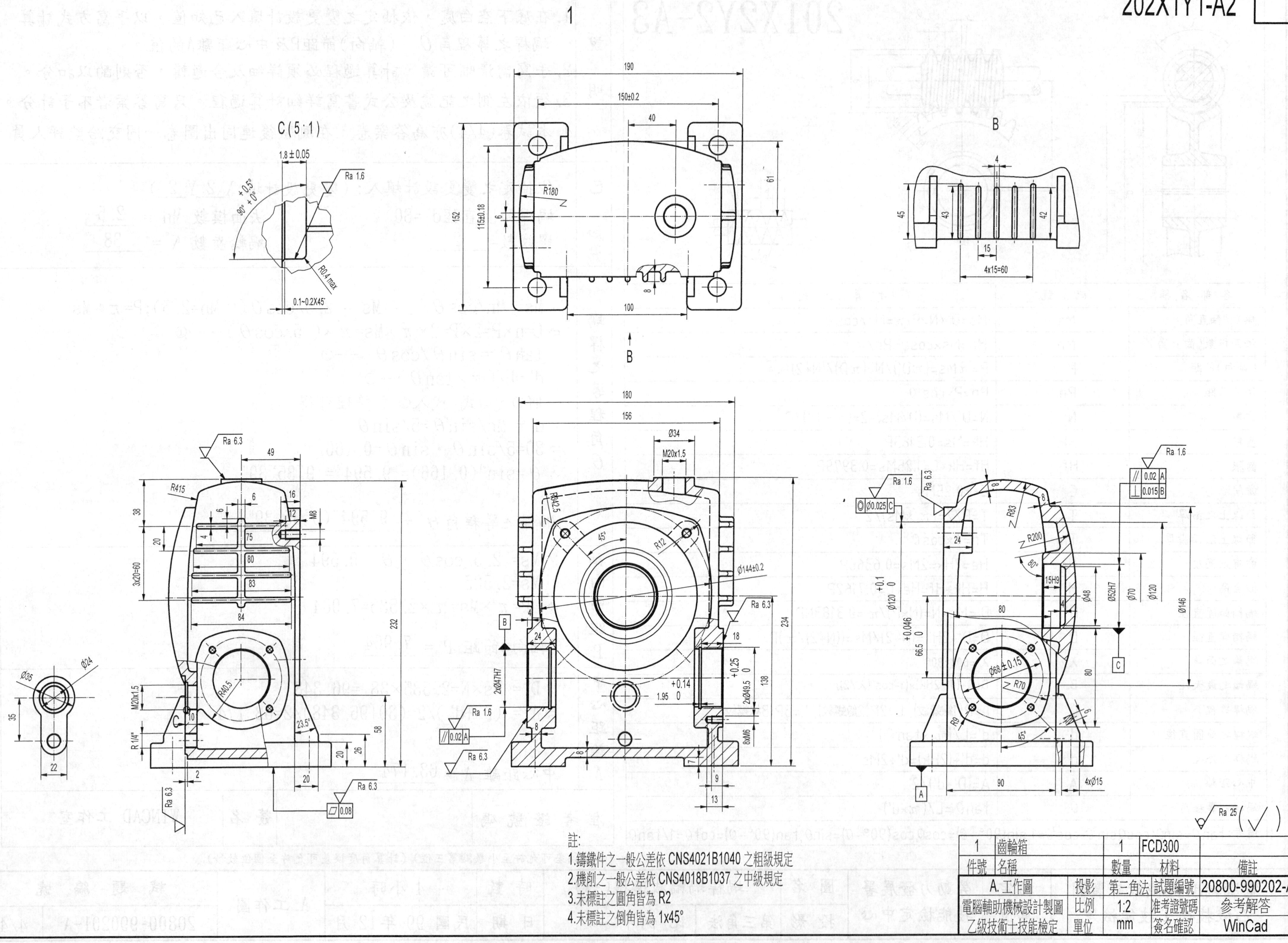

註:
1.鑄鐵件之一般公差依 CNS4021B1040 之粗級規定
2.機削之一般公差依 CNS4018B1037 之中級規定
3.未標註之圓角皆為 R2
4.未標註之倒角皆為 1x45°

1	齒輪箱	1	FCD300		
件號	名稱	數量	材料		備註
A.工作圖		投影	第三角法	試題編號	20800-990202-A
電腦輔助機械設計製圖		比例	1:2	准考證號碼	參考解答
乙級技術士技能檢定		單位	mm	簽名確認	WinCad

202X1Y1-A3

6

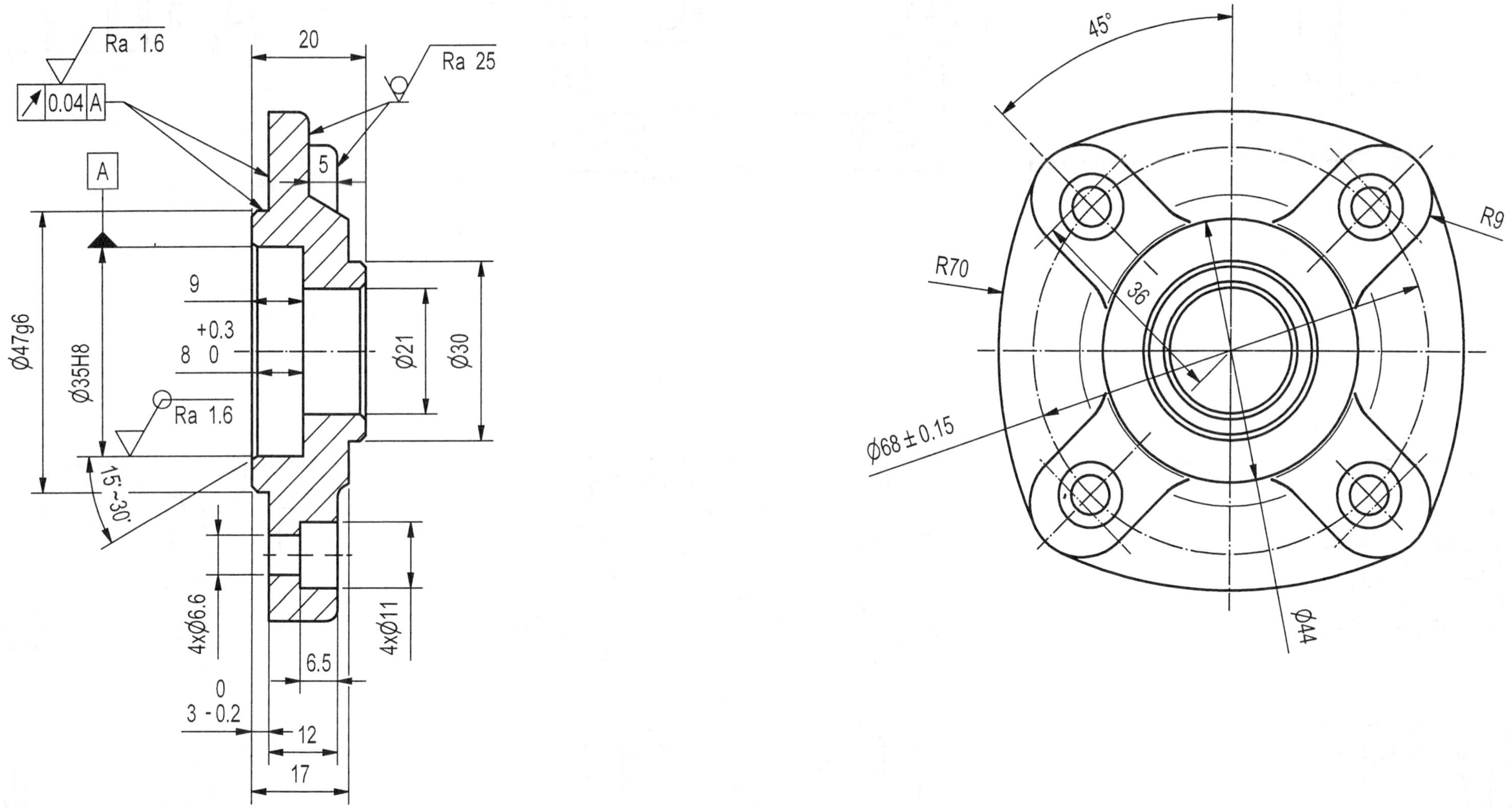

Ra 6.3 (√)

註:
1.鑄鐵件之一般公差依 CNS4021B1040 之粗級規定
2.機削之一般公差依 CNS4018B1037 之中級規定
3.未標註之圓角皆為 R2
4.未標註之倒角皆為 1x45°

6	蝸桿蓋		1	FCD250	
件號	名稱		數量	材料	備註
A. 工 作 圖		投 影	第三角法	試題編號	20800-990202-A
電腦輔助機械設計製圖		比 例	1:1	准考証編號	參考解答
乙級技術士技能檢定		單 位	mm	簽名確認	WinCad

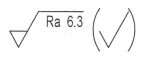

202X2Y2-A2

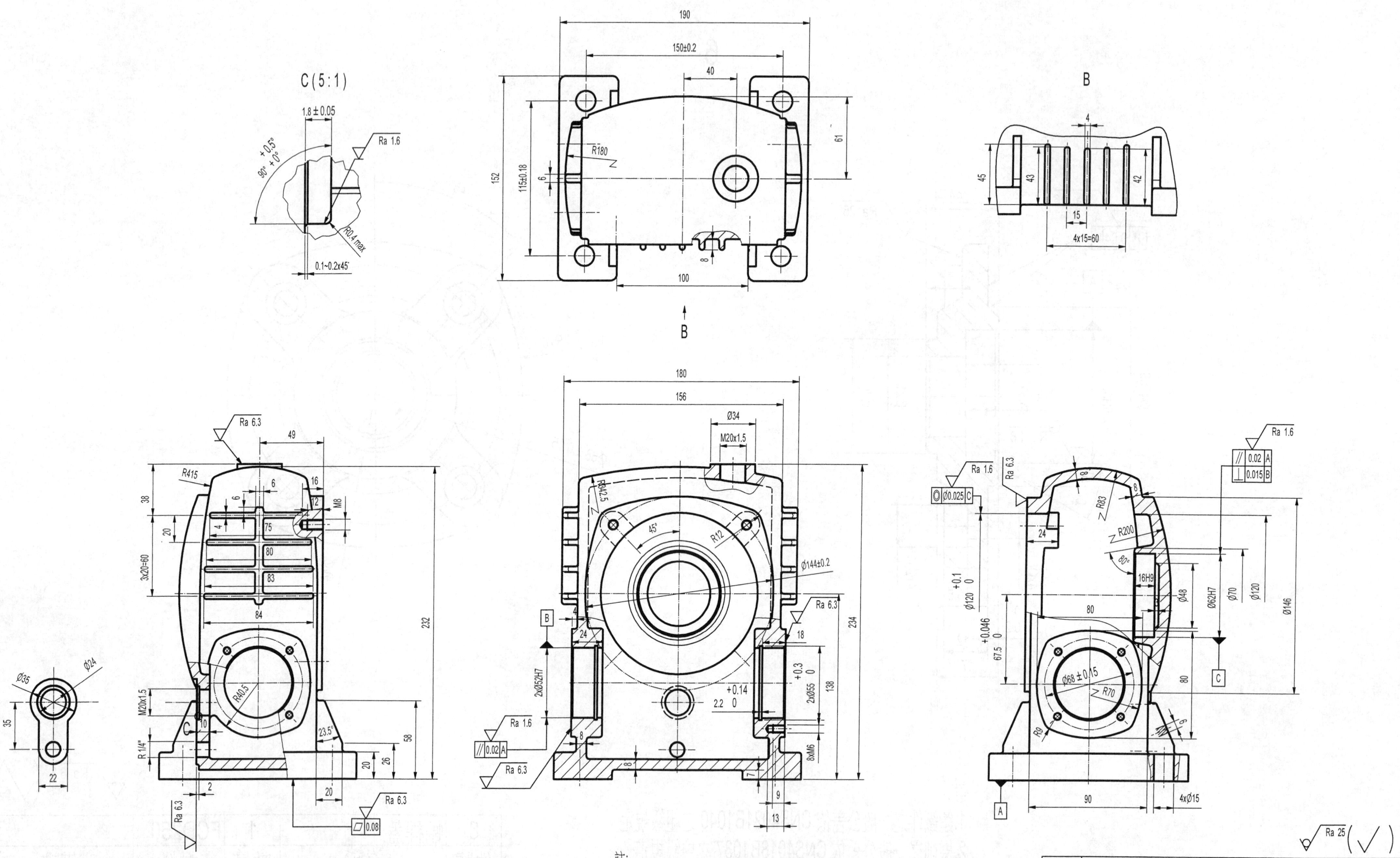

註:
1.鑄鐵件之一般公差依 CNS4021B1040 之粗級規定
2.機削之一般公差依 CNS4018B1037 之中級規定
3.未標註之圓角皆為 R2
4.未標註之倒角皆為 1x45°

1	齒輪箱		1	FCD300	
件號	名稱		數量	材料	備註
A. 工作圖		投影	第三角法	試題編號	20800-990202-A
電腦輔助機械設計製圖		比例	1:2	准考證號碼	參考解答
乙級技術士技能檢定		單位	mm	簽名確認	WinCad

202X2Y2-A3

6

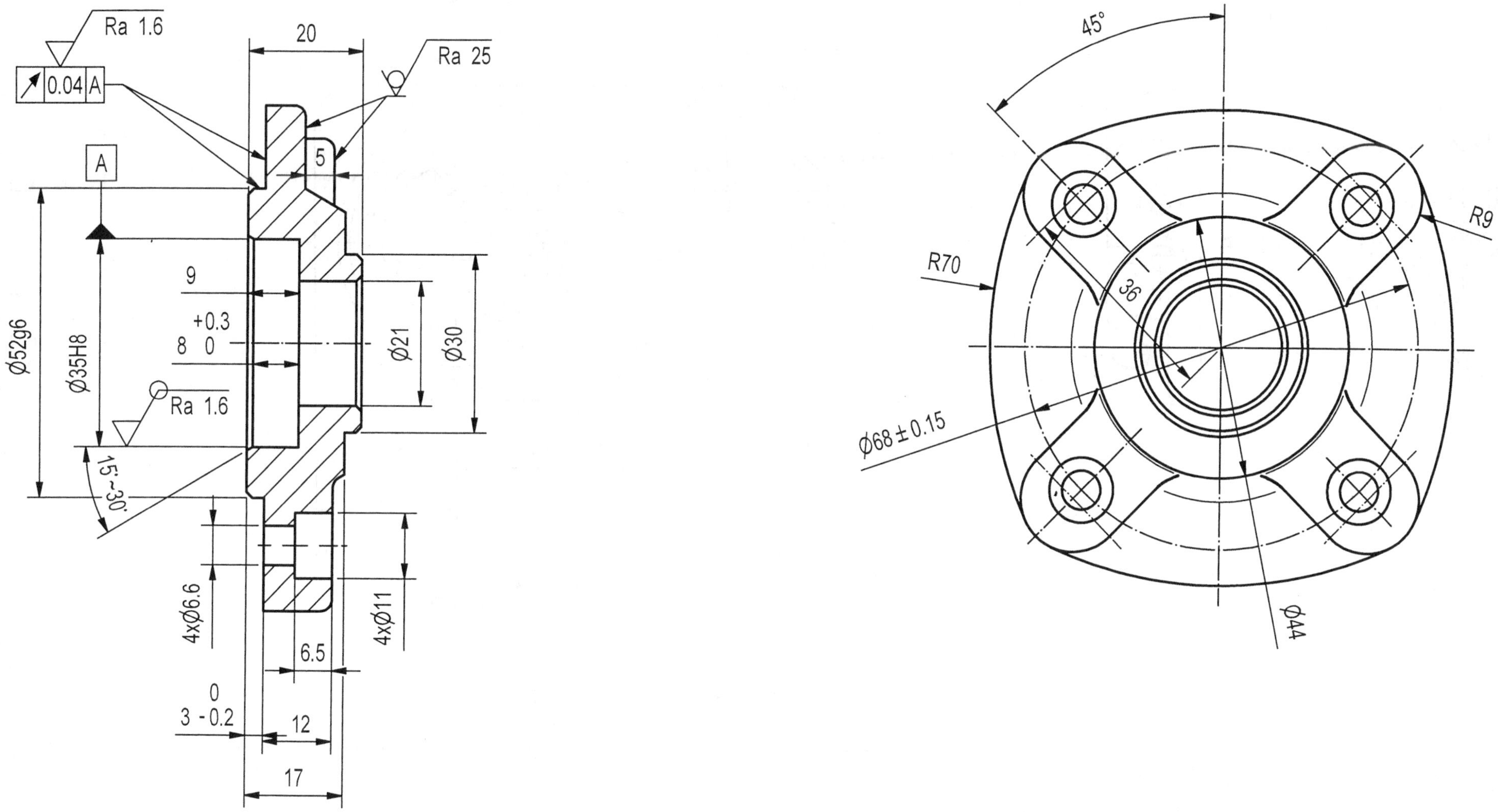

Ra 6.3 (✓)

註:
1.鑄鐵件之一般公差依 CNS4021B1040 之粗級規定
2.機削之一般公差依 CNS4018B1037 之中級規定
3.未標註之圓角皆為 R2
4.未標註之倒角皆為 1x45°

6	蝸桿蓋		1	FCD250	
件號	名稱		數量	材料	備註
A. 工 作 圖	投 影	第三角法	試題編號	20800-990202-A	
電腦輔助機械設計製圖	比 例	1:1	准考証編號	參考解答	
乙級技術士技能檢定	單 位	mm	簽名確認	WinCad	

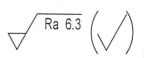

203X1Y1-A2

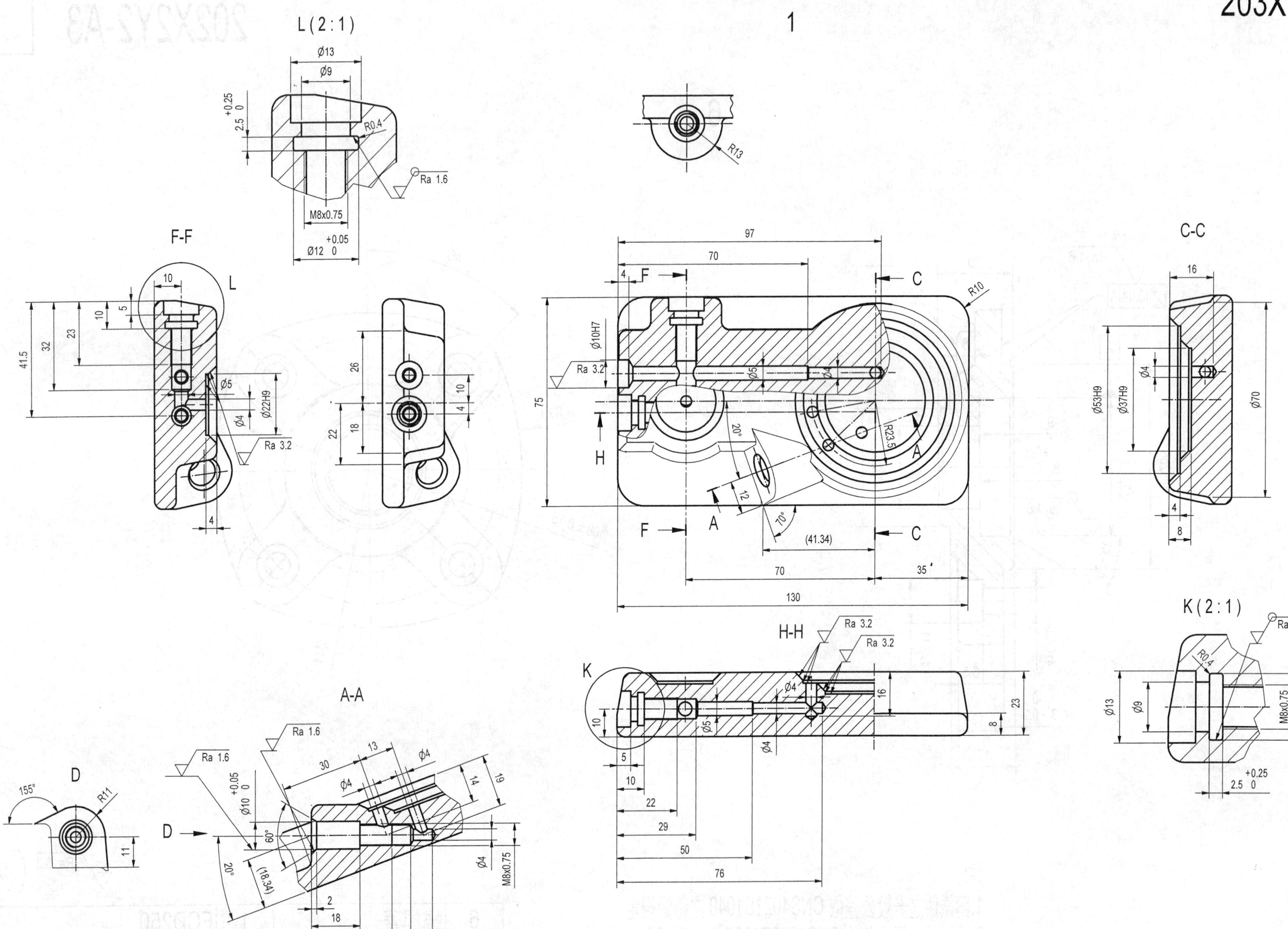

註：1.未標註之倒角皆為3x45°
2.未標註之圓角皆為R3
3.鍛造之一般公差依CNS4027B1046之中級規定
4.機削之一般公差依CNS4018B1037之中級規定
5.未註明的鍛件脫模角為10°

1	底座	1	SF450	
件號	名稱	數量	材料	備註
A. 工作圖	投影	第三角法	試題編號	20800-990203-A
電腦輔助機械設計製圖	比例	1:1	准考証編號	參考解答
乙級技術士技能檢定	單位	mm	簽名確認	WinCad

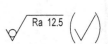

203X1Y1-A3

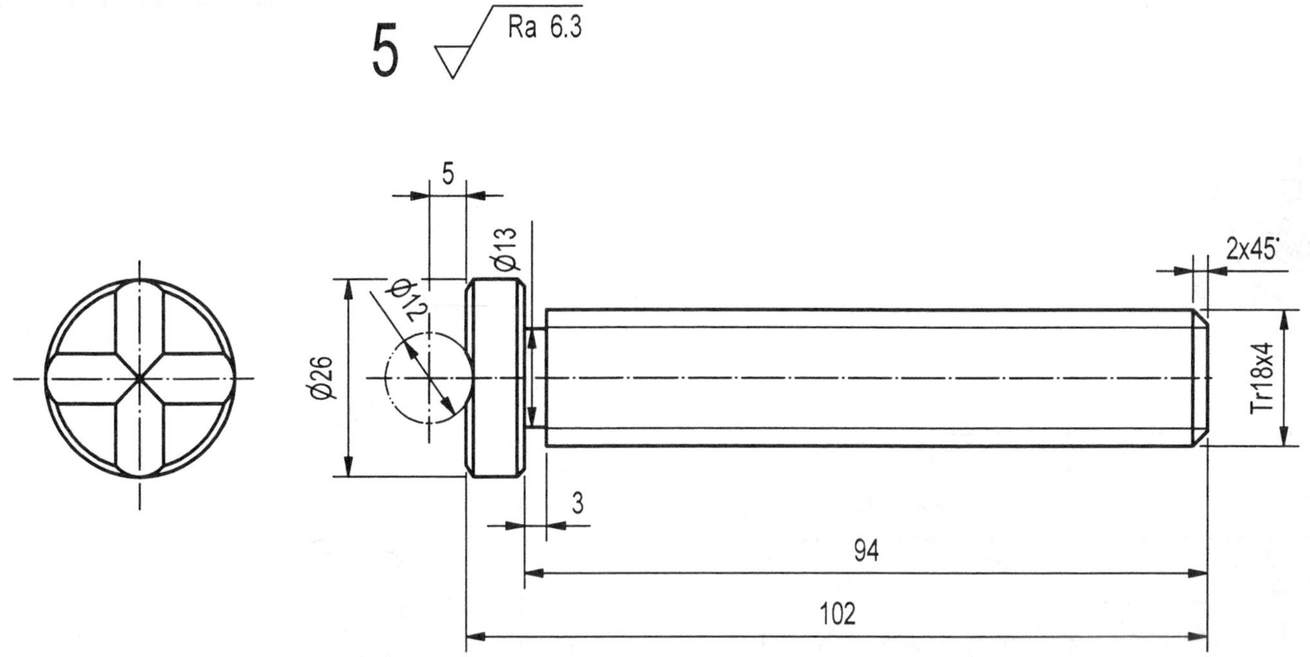

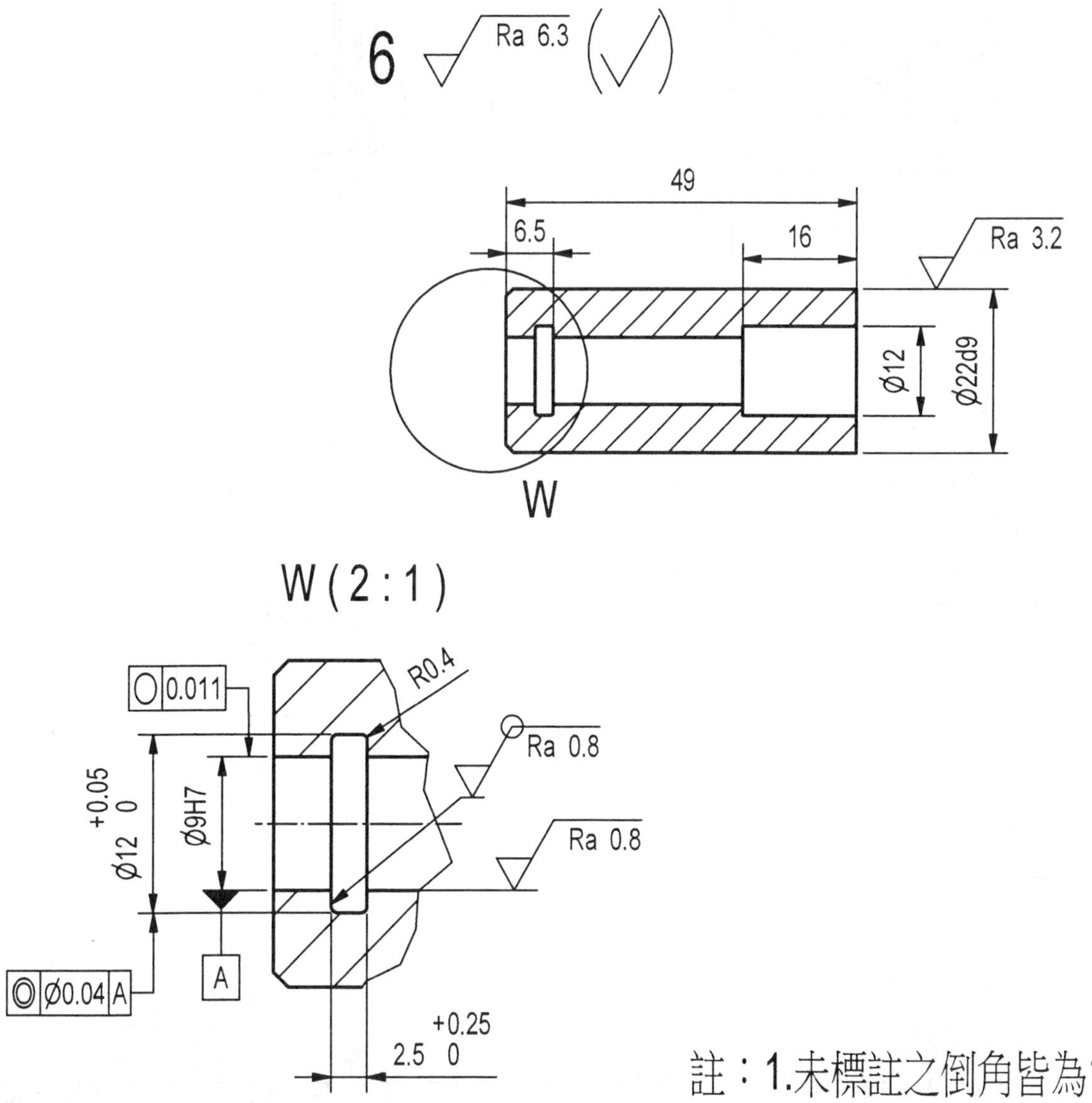

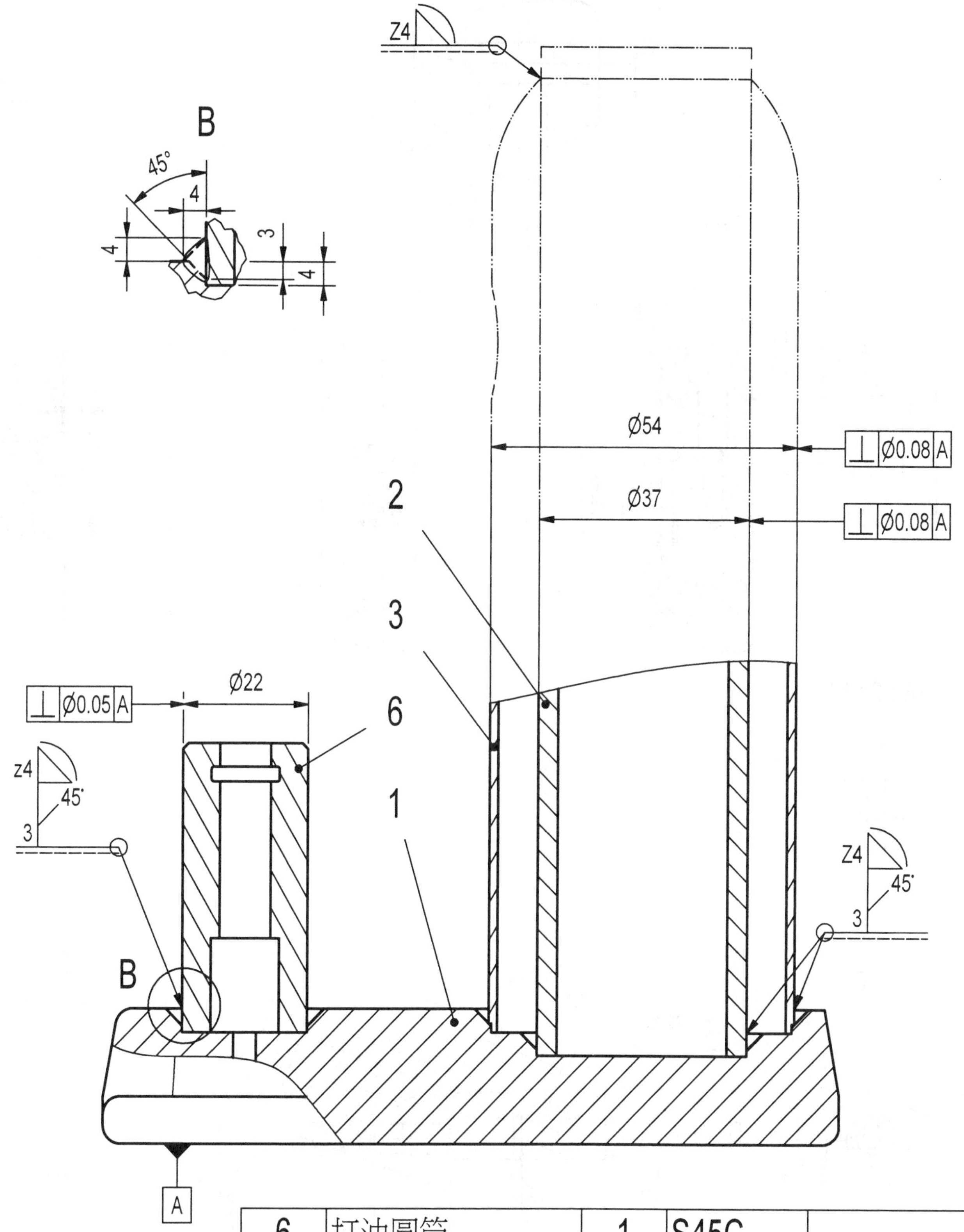

註：1.未標註之倒角皆為1x45°

2..機削之一般公差依CNS4018B1037之中級規定

6	打油圓筒	1	S45C	
5	補助螺桿	1	S45C	
件號	名稱	數量	材料	備註

A. 工 作 圖	投 影	第三角法	試題編號	20800-990203-A
電腦輔助機械設計製圖	比 例	1:1	准考証編號	參考解答
乙級技術士技能檢定	單 位	mm	簽名確認	WinCad

203X2Y2-A2

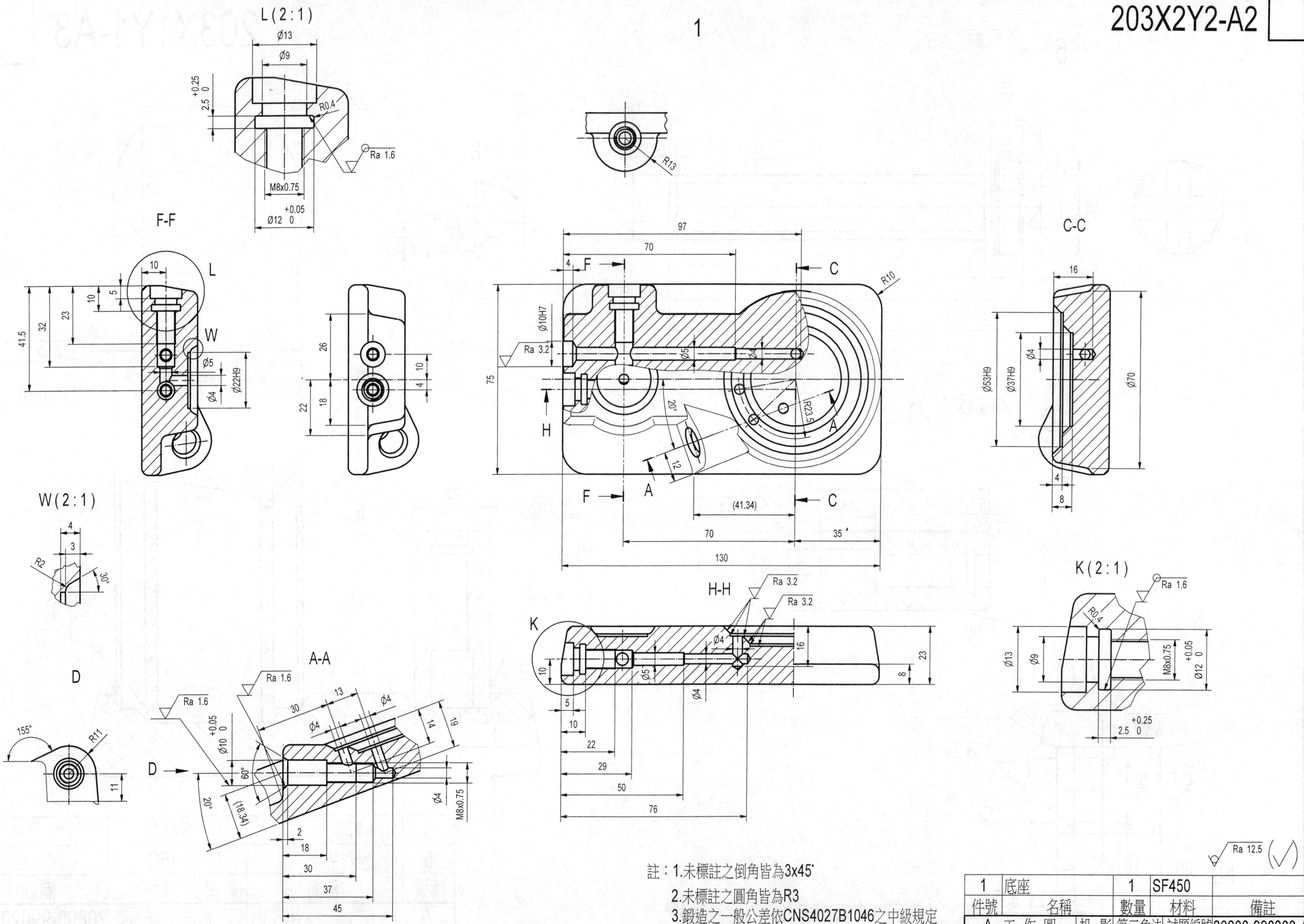

註：1.未標註之倒角皆為3x45°
2.未標註之圓角皆為R3
3.鍛造之一般公差依CNS4027B1046之中級規定
4.機削之一般公差依CNS4018B1037之中級規定
5.未註明的鍛件脫模角為10°

1	底座	1	SF450	
件號	名稱	數量	材料	備註
A. 工作圖	投影	第三角法	試題編號	20800-990203-A
電腦輔助機械設計製圖	比例	1:1	准考証編號	參考解答
乙級技術士技能檢定	單位	mm	簽名確認	WinCad

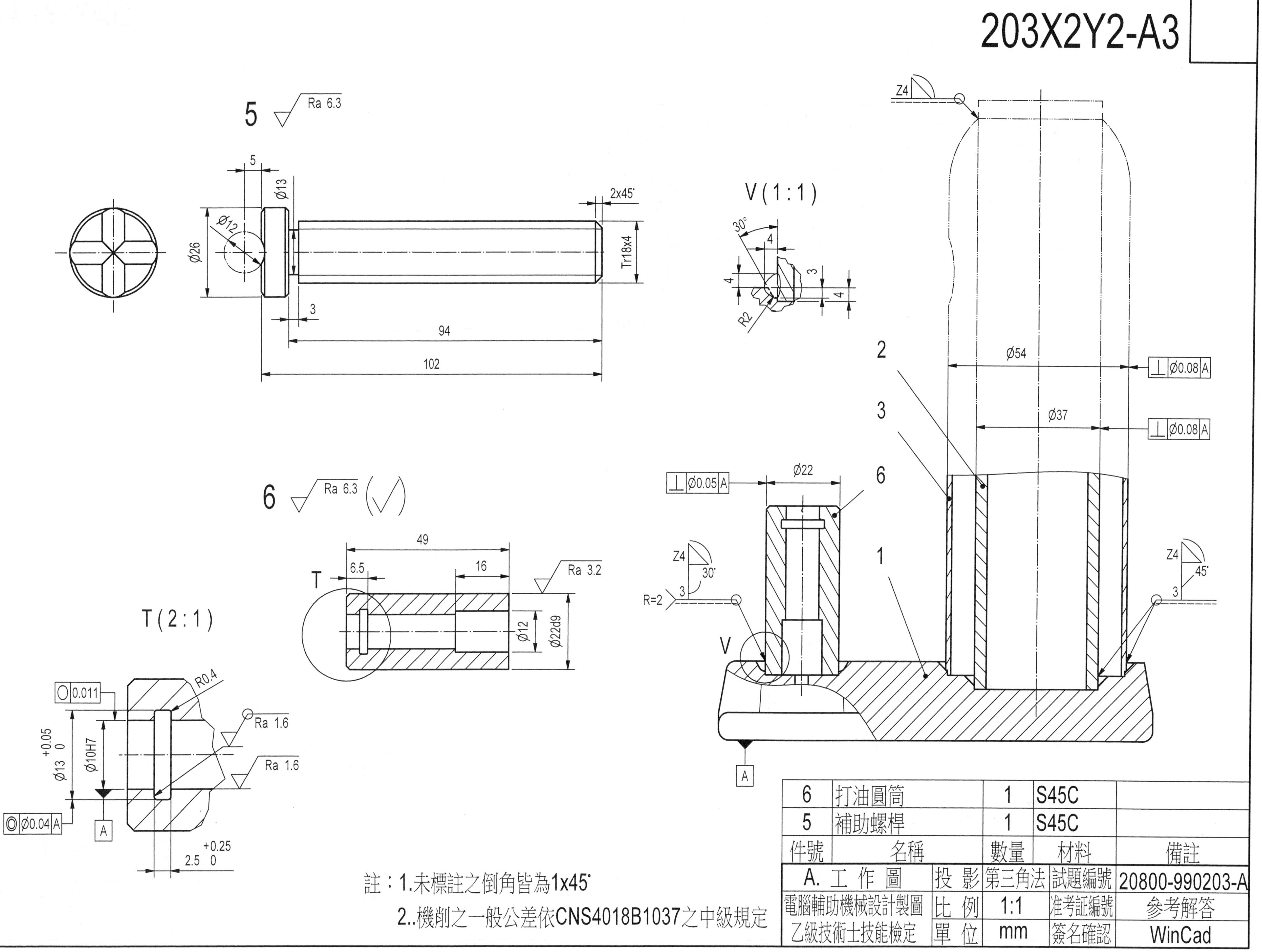

註：1.未標註之倒角皆為1x45°

2..機削之一般公差依CNS4018B1037之中級規定

6	打油圓筒	1	S45C	
5	補助螺桿	1	S45C	
件號	名稱	數量	材料	備註

A. 工 作 圖	投 影	第三角法	試題編號	20800-990203-A
電腦輔助機械設計製圖	比 例	1:1	准考証編號	參考解答
乙級技術士技能檢定	單 位	mm	簽名確認	WinCad

1

204X1Y1-A2

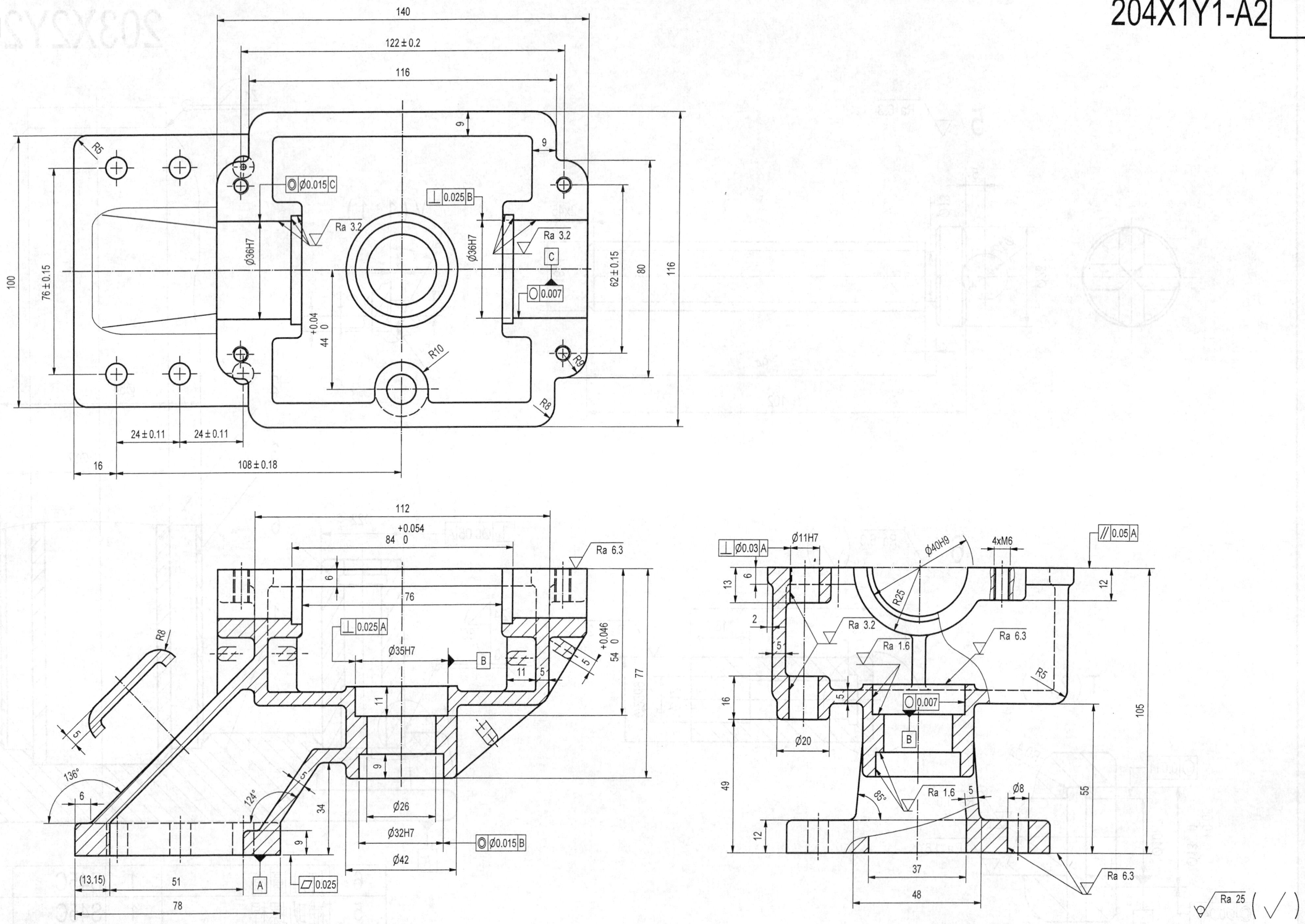

1	底座	1	FC250	
件號	名稱	數量	材料	備註
A. 工 作 圖	投 影	第三角法	試題編號	20800-990204-A
電腦輔助機械設計製圖	比 例	1:1	准考証編號	參考解答
乙級技術士技能檢定	單 位	mm	簽名確認	WinCad

註:1.未標註之圓角皆為R2
2.鑄鐵件之一般公差依 CNS4021B1040 之粗級規定
3.機削之一般公差依 CNS4027B1046 之中級規定

204X1Y1-A3

3

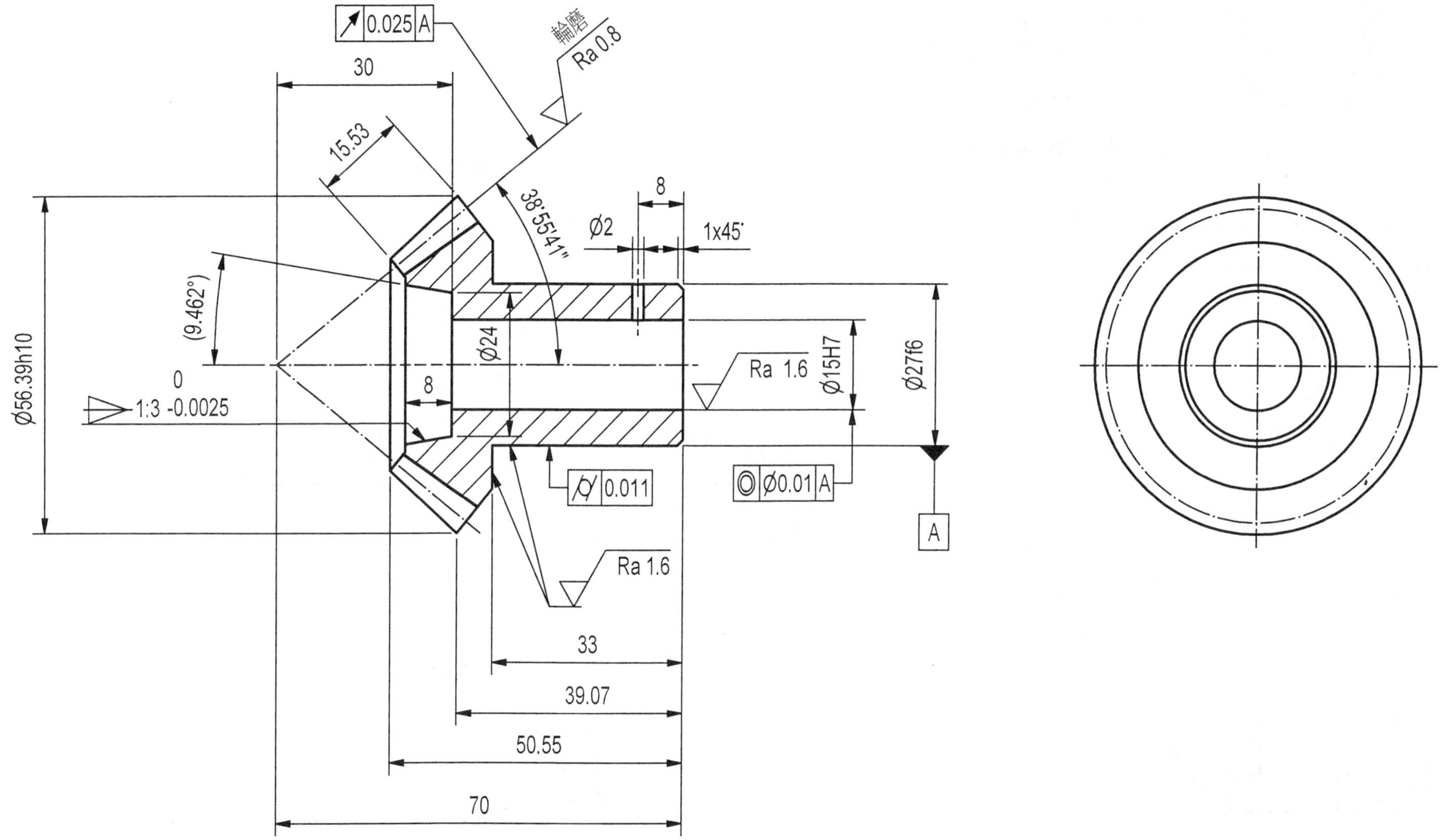

斜齒輪數據表	
件號	3
齒數	21
模數	2.5
壓力角	20°
齒制	標準齒
節圓直徑	Ø52.5
節圓錐角	38°55'41"
齒頂圓錐角	42°21'7"
齒底圓錐角	34°39'0"
嚙合齒輪件號	4
嚙合齒輪齒數	26
軸間角	90°

Ra 6.3 (✓)

註：機削之一般公差依CNS4027B1046之中級規定

3	離合斜齒輪	2	S45C	
件號	名稱	數量	材料	備註
A. 工 作 圖	投 影	第三角法	試題編號	20800-990204-A
電腦輔助機械設計製圖	比 例	1:1	准考証編號	參考解答
乙級技術士技能檢定	單 位	mm	簽名確認	WinCad

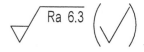

204X2Y2-A2

1

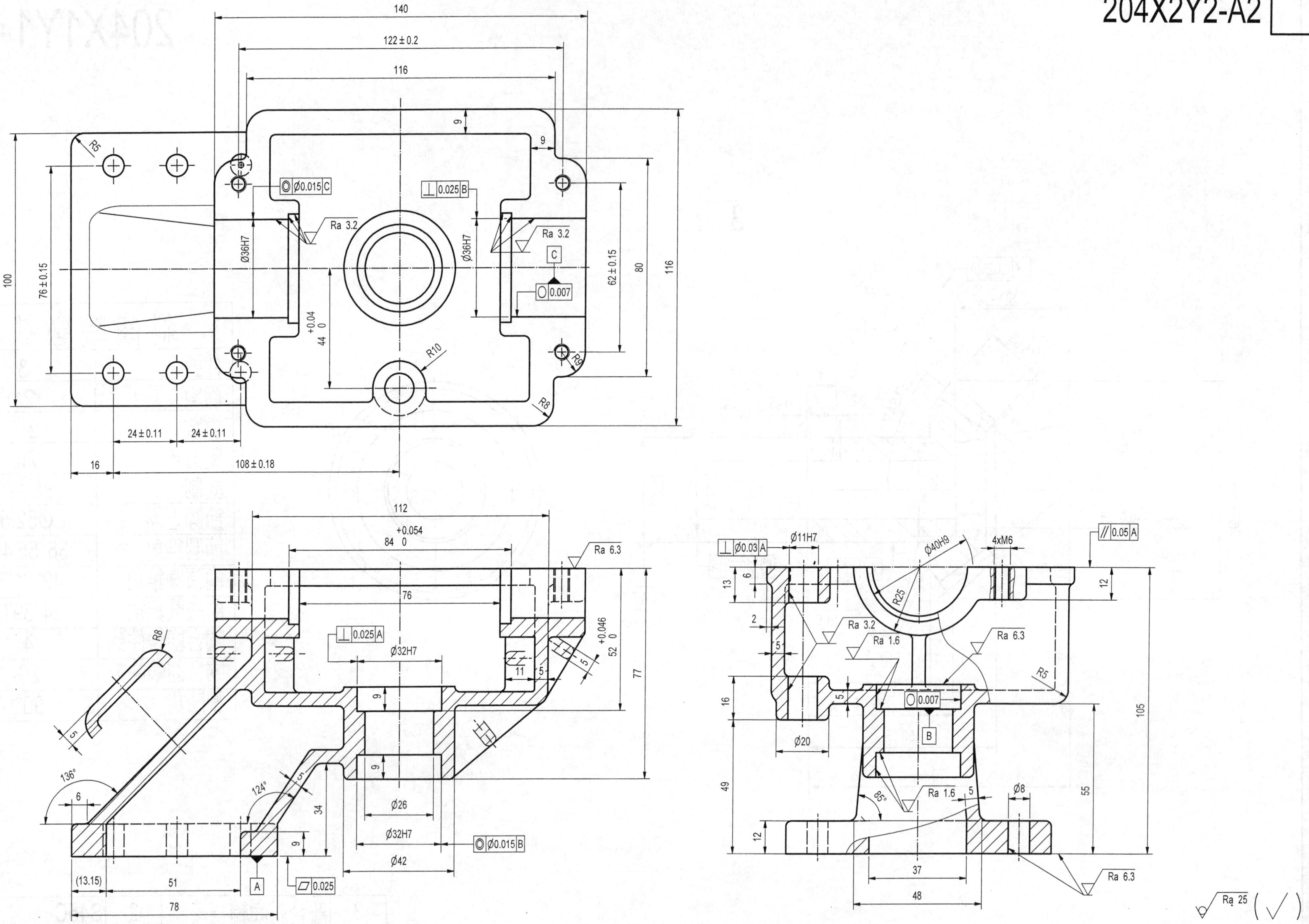

1	底座	1	FC250	
件號	名稱	數量	材料	備註
A. 工 作 圖	投 影	第三角法	試題編號	20800-990204-A
電腦輔助機械設計製圖	比 例	1:1	准考証編號	參考解答
乙級技術士技能檢定	單 位	mm	簽名確認	WinCad

註 1.未標註之圓角皆為R2
2.鑄鐵件之一般公差依CNS4021B1040之粗級規定
3.機削公差依CNS4027B1046之中級規定

204X2Y2-A3

3

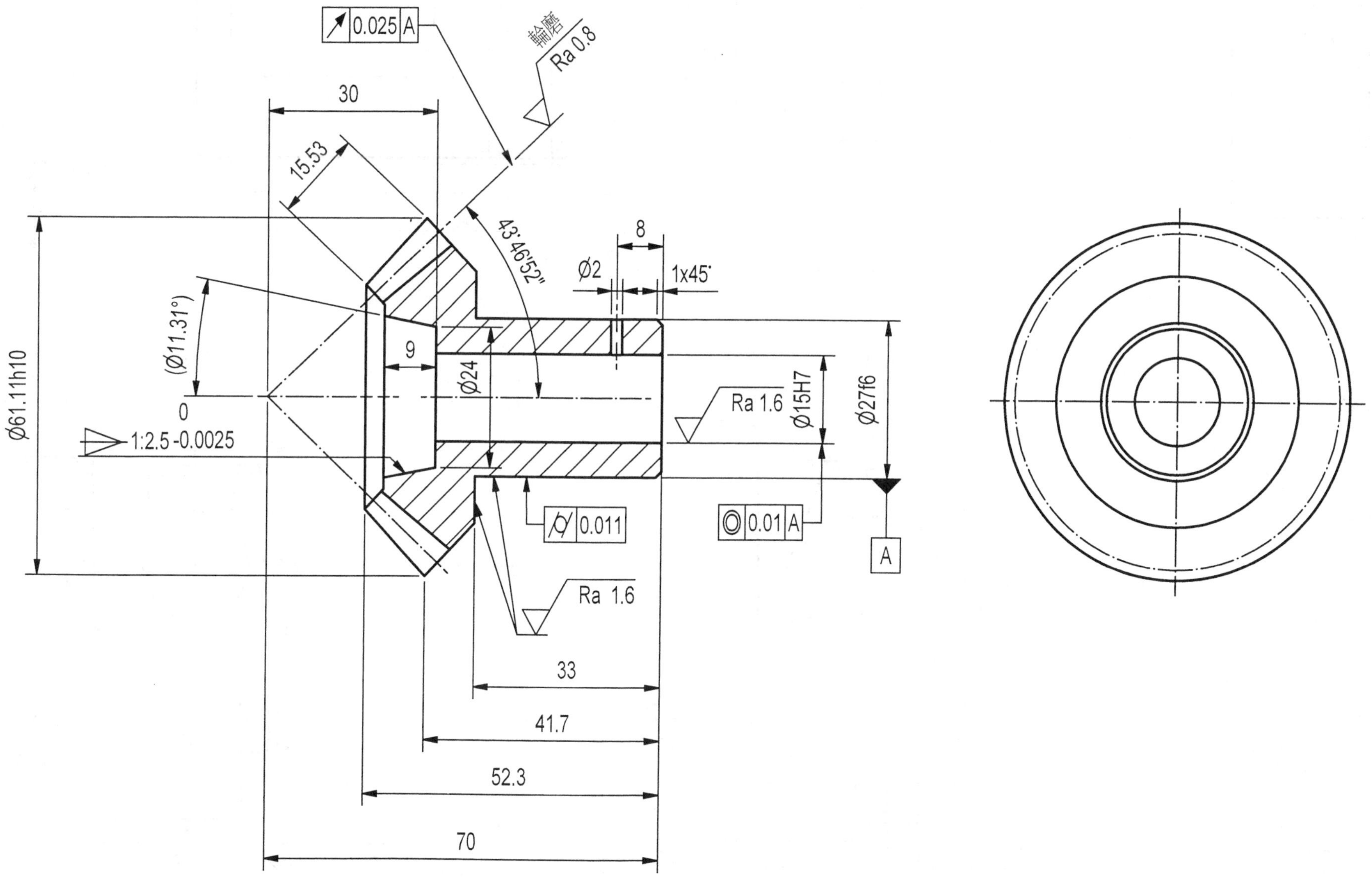

斜齒輪數據表	
件號	3
齒數	23
模數	2.5
壓力角	20°
齒制	標準齒
節圓直徑	Ø57.5
節圓錐角	43°46'52"
齒頂圓錐角	47°13'26"
齒底圓錐角	39°28'48"
嚙合齒輪件號	4
嚙合齒輪齒數	24
軸間角	90°

Ra 6.3 (√)

3	離合斜齒輪		2	S45C	
件號	名稱		數量	材料	備註
A. 工 作 圖		投 影	第三角法	試題編號	20800-990204-A
電腦輔助機械設計製圖		比 例	1:1	准考証編號	參考解答
乙級技術士技能檢定		單 位	mm	簽名確認	WinCad

註：機削之一般公差依CNS4027B1046之中級規定

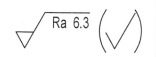

205X1Y1-A2

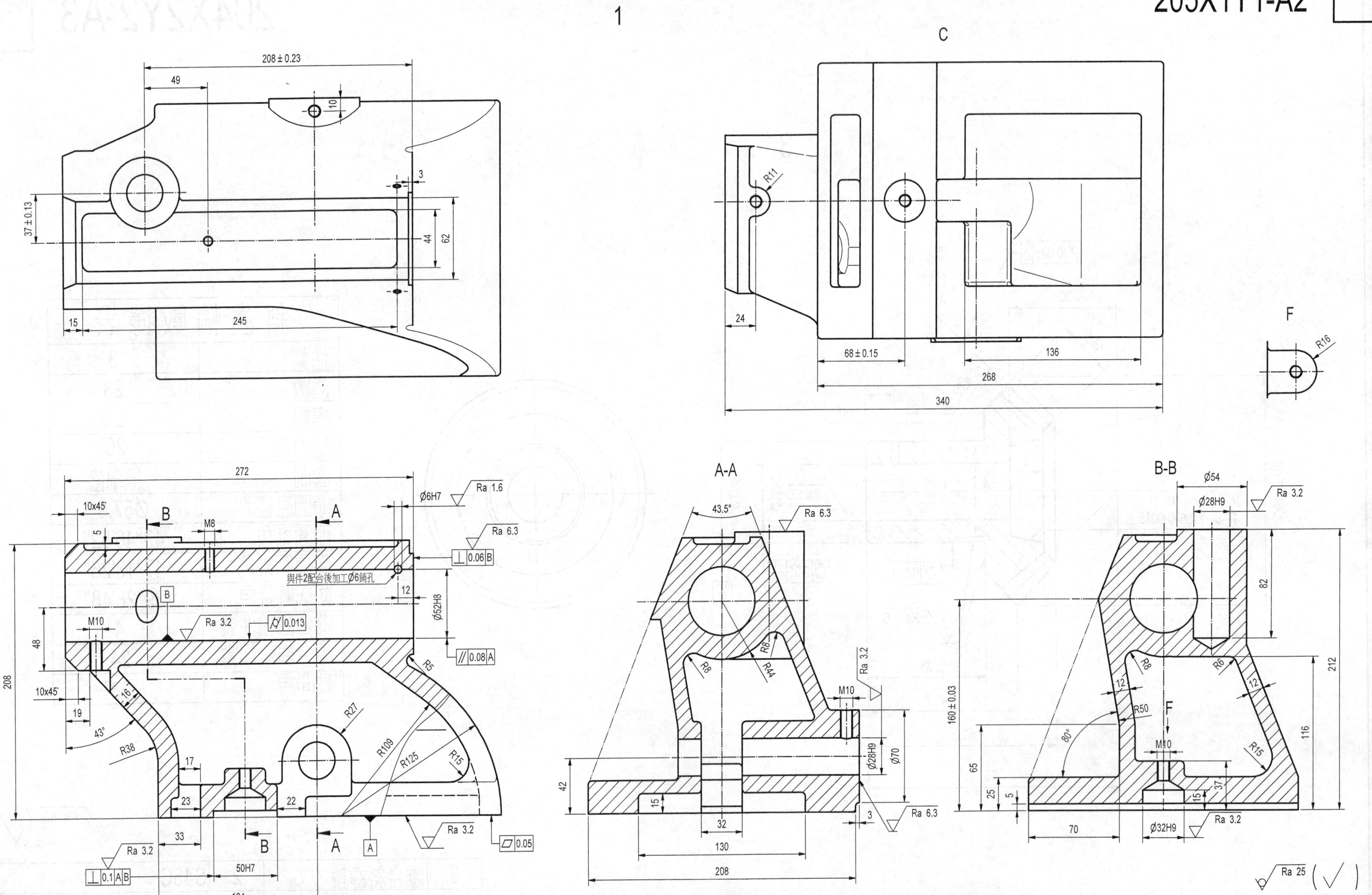

註：1.鑄鐵件之一般公差依CNS4021B1040之粗級規定
2.機削之一般公差依CNS4018B1037之中級規定
3.未標註之圓角皆為R3
4.未標註之倒角皆為1x45˚

1	尾座本體	1	FC300	
件號	名稱	數量	材料	備註
A. 工 作 圖	投 影	第三角法	試題編號	20800-990205-A
電腦輔助機械設計製圖	比 例	1:2	准考証編號	參考解答
乙級技術士技能檢定	單 位	mm	簽名確認	WinCad

205X1Y1-A3

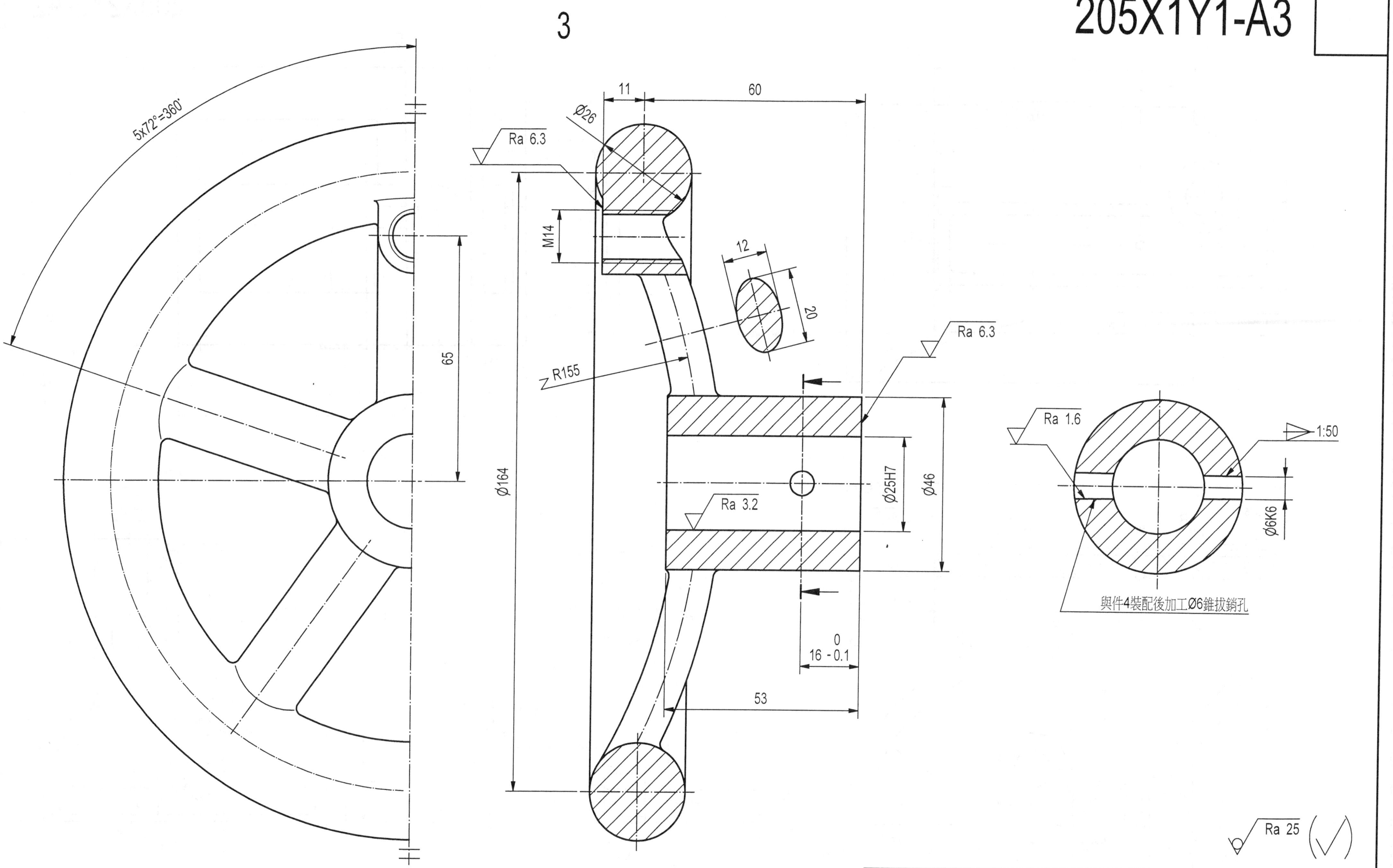

註：1.鑄鐵件之一般公差依CNS4021B1040之粗級規定
2.機削之一般公差依CNS4018B1037之中級規定
3.未標註之圓角皆為R3
4.未標註之倒角皆為1x45°

3	手輪		1	FC300	
件號	名稱		數量	材料	備註
A. 工 作 圖	投 影	第三角法	試題編號	20800-990205-A	
電腦輔助機械設計製圖	比 例	1:1	准考証編號	參考解答	
乙級技術士技能檢定	單 位	mm	簽名確認	WinCad	

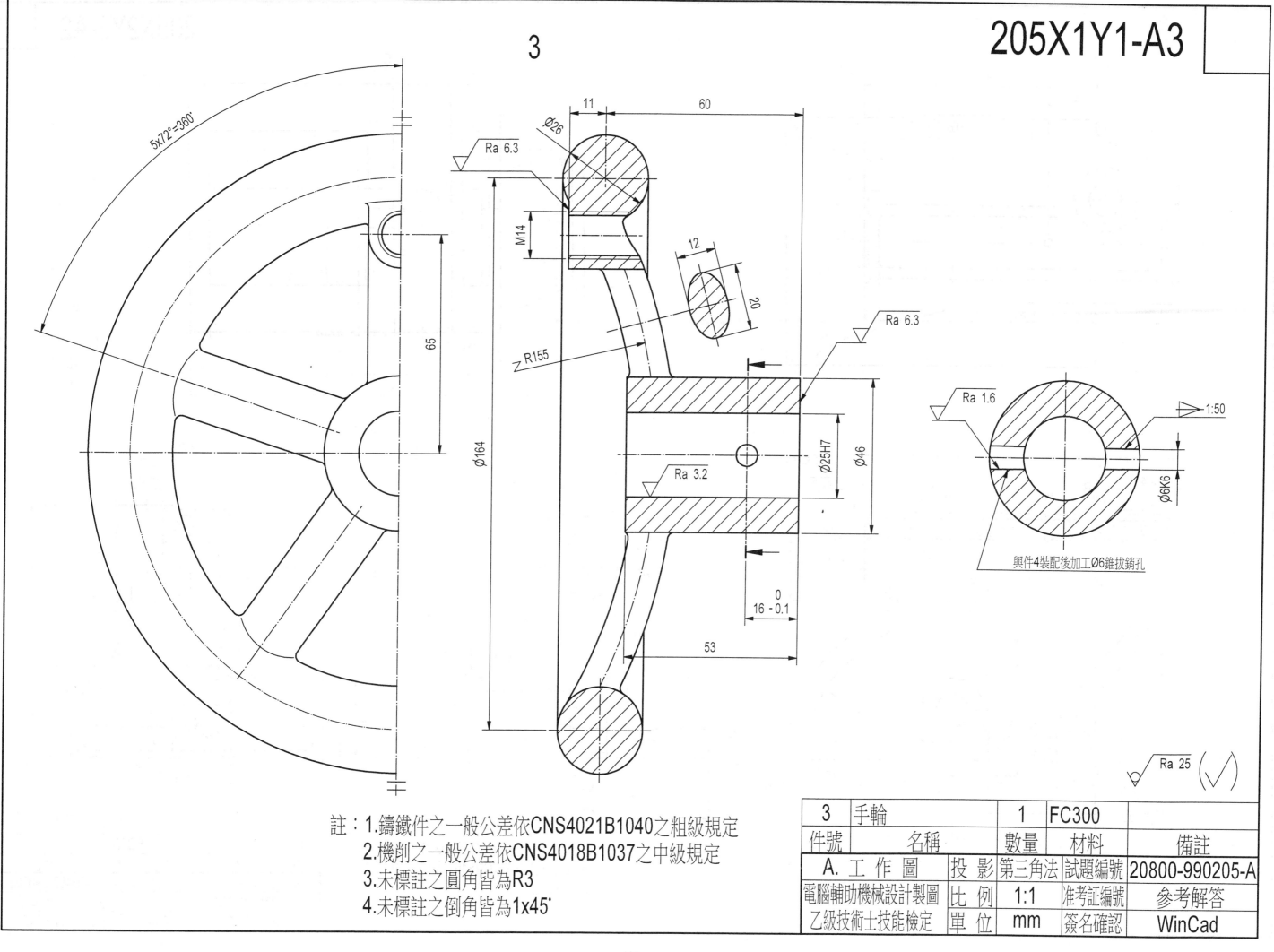

205X2Y2-A2

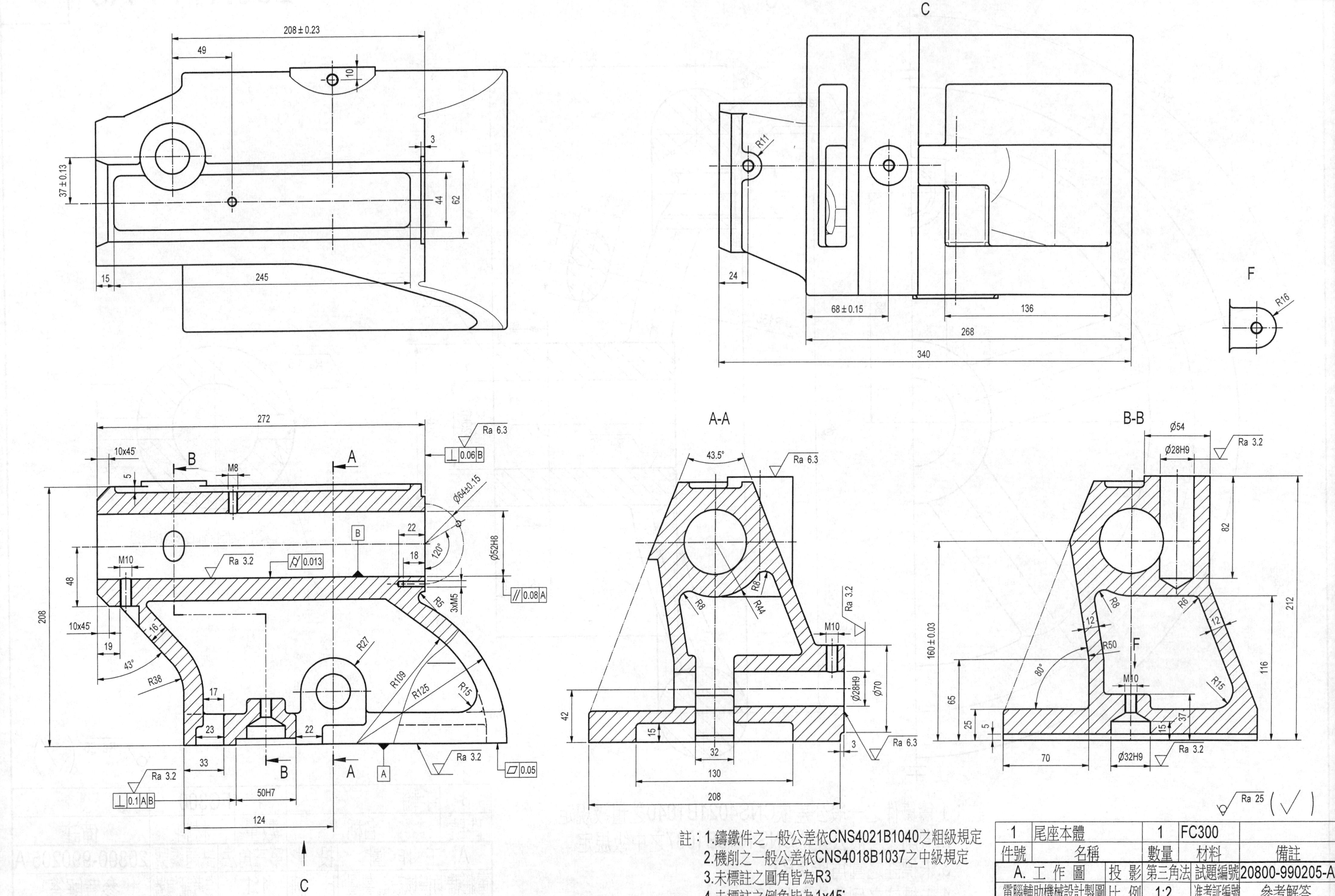

註：1.鑄鐵件之一般公差依CNS4021B1040之粗級規定
2.機削之一般公差依CNS4018B1037之中級規定
3.未標註之圓角皆為R3
4.未標註之倒角皆為1x45˚

1	尾座本體	1	FC300	
件號	名稱	數量	材料	備註
A. 工 作 圖	投 影	第三角法	試題編號	20800-990205-A
電腦輔助機械設計製圖	比 例	1:2	准考証編號	參考解答
乙級技術士技能檢定	單 位	mm	簽名確認	WinCad

205X2Y2-A3

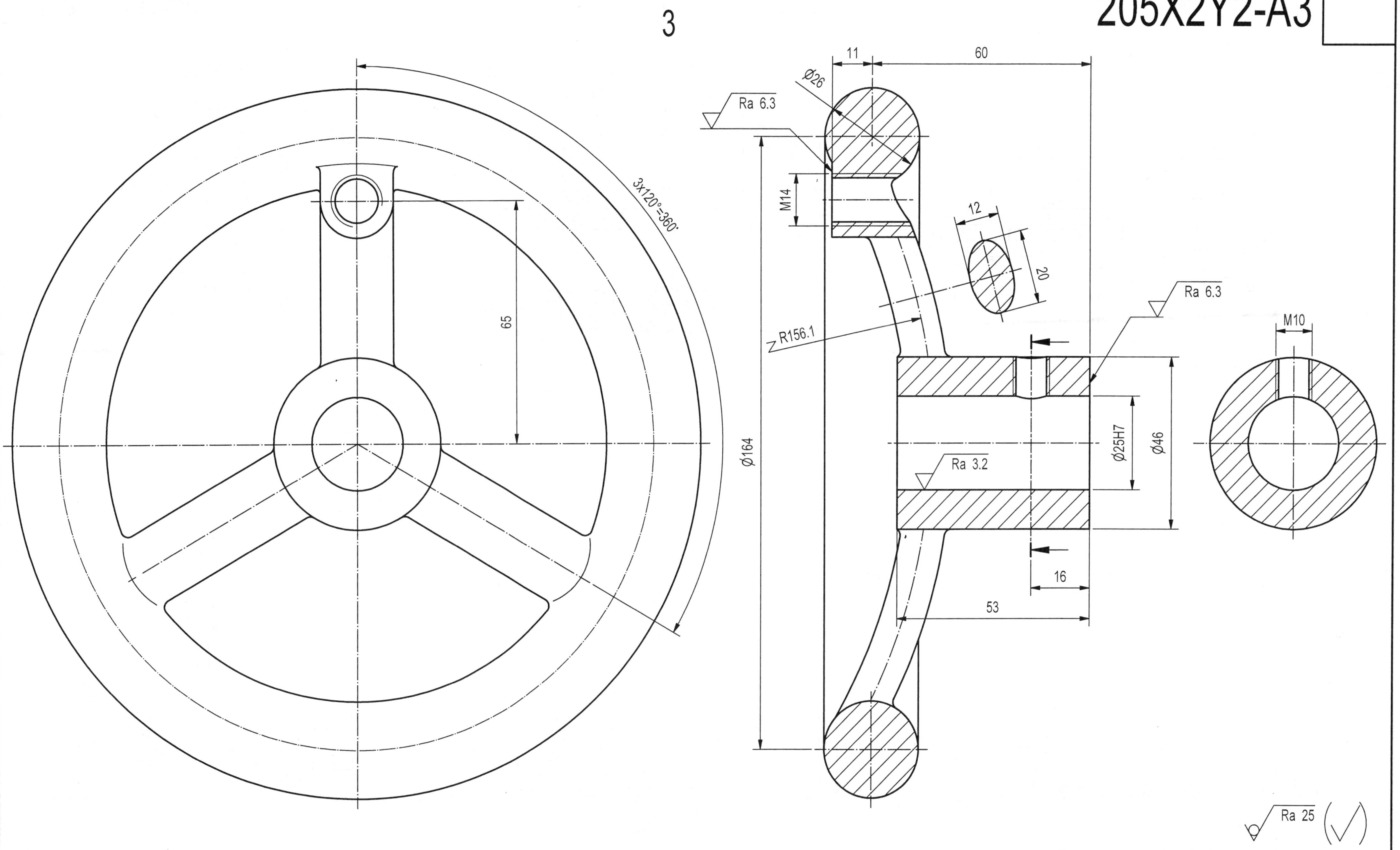

註：1.鑄鐵件之一般公差依CNS4021B1040之粗級規定
2.機削之一般公差依CNS4018B1037之中級規定
3.未標註之圓角皆為R3
4.未標註之倒角皆為1x45°

3	手輪		1	FC300		
件號	名稱		數量	材料	備註	
A. 工 作 圖		投 影	第三角法	試題編號	20800-990205-A	
電腦輔助機械設計製圖		比 例	1:1	准考証編號	參考解答	
乙級技術士技能檢定		單 位	mm	簽名確認	WinCad	

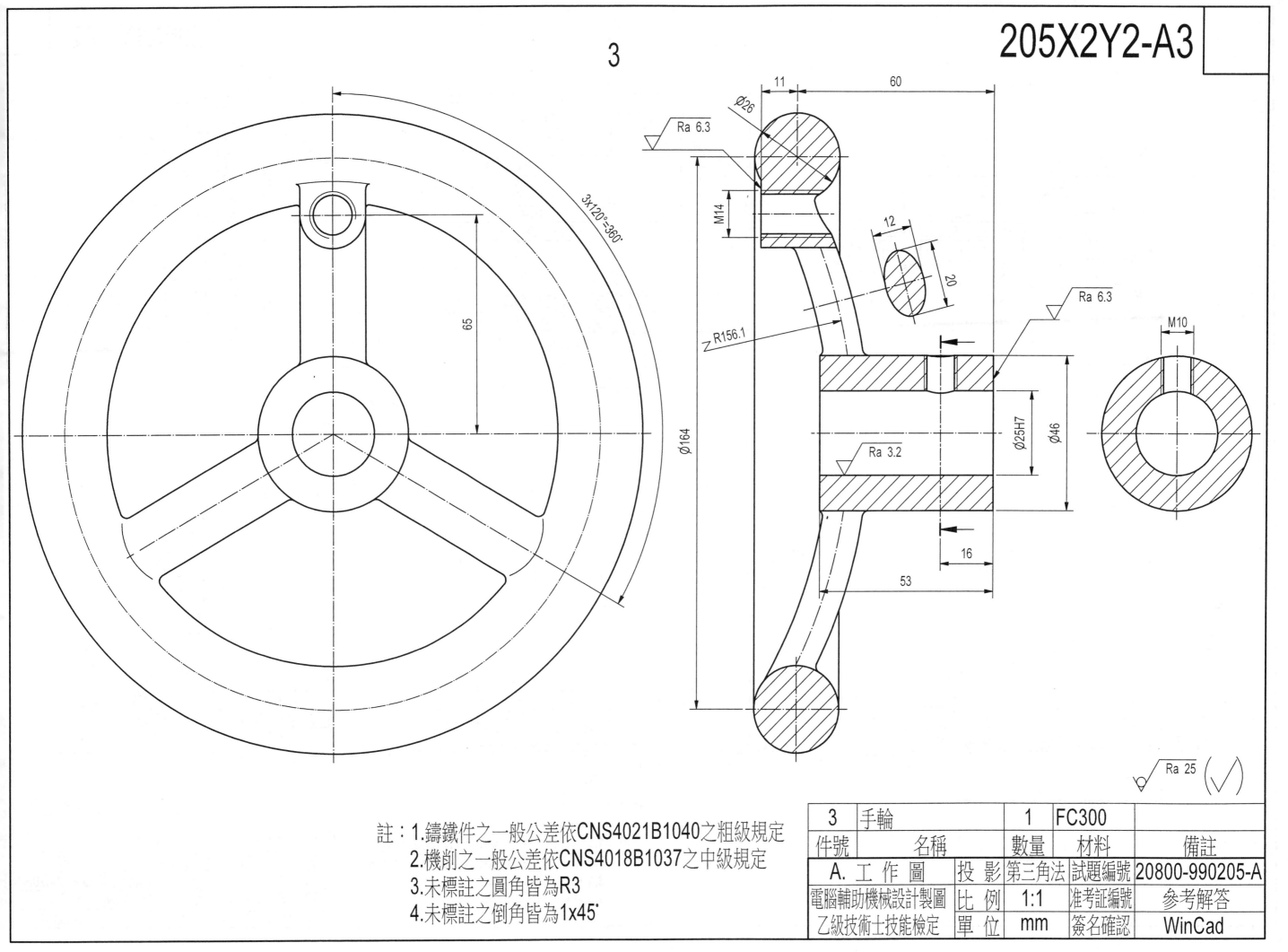

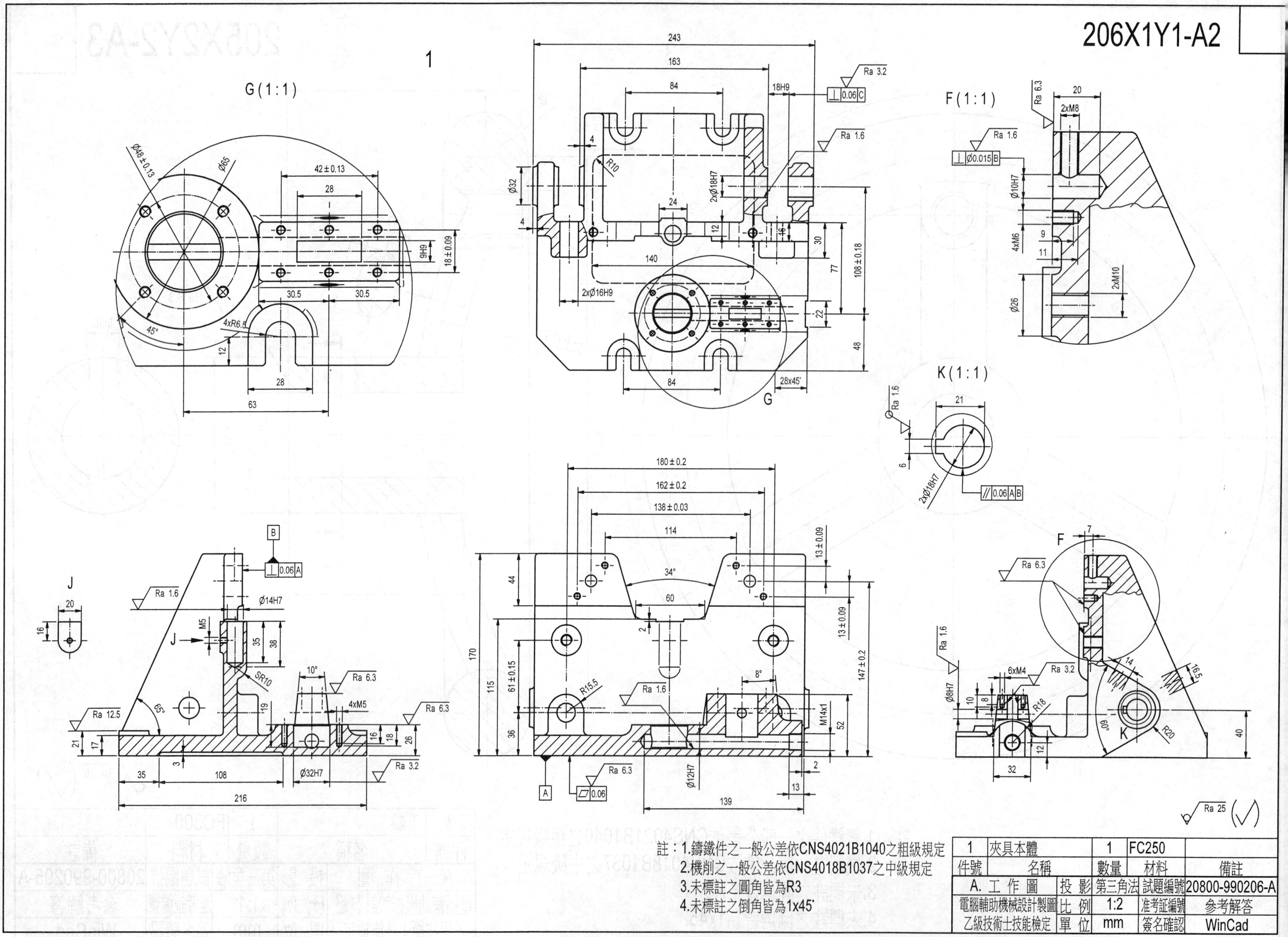

註：1.鑄鐵件之一般公差依CNS4021B1040之粗級規定
2.機削之一般公差依CNS4018B1037之中級規定
3.未標註之圓角皆為R3
4.未標註之倒角皆為1x45˚

1	夾具本體	1	FC250	
件號	名稱	數量	材料	備註
A. 工 作 圖	投 影	第三角法	試題編號	20800-990206-A
電腦輔助機械設計製圖乙級技術士技能檢定	比 例	1:2	准考証編號	參考解答
	單 位	mm	簽名確認	WinCad

206X1Y1-A3

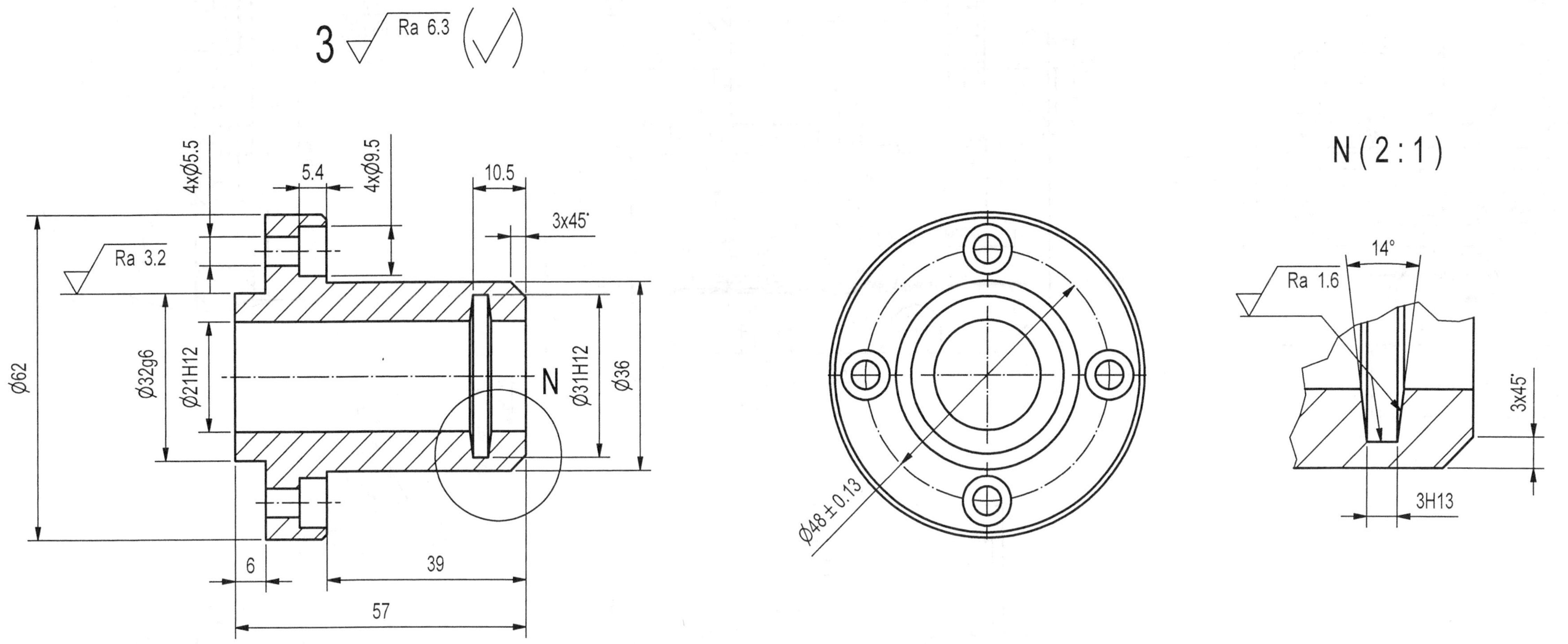

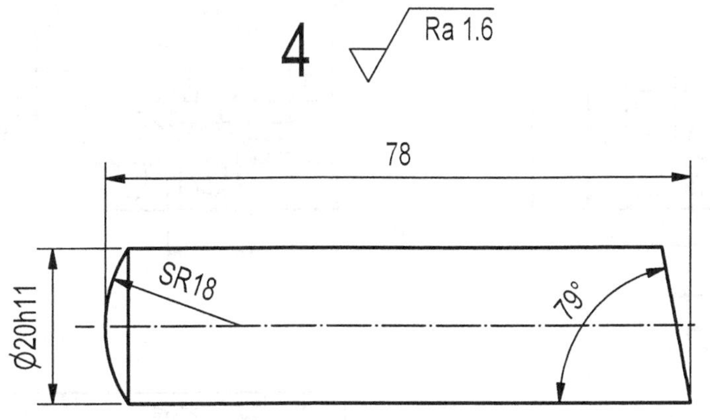

註： 1.機削之一般公差依CNS4018B1037之中級規定
2.未標註之倒角皆為1x45°

4	立柱	1	S45C	
3	立柱承座	1	S45C	
件號	名稱	數量	材料	備註

A. 工 作 圖	投 影	第三角法	試題編號	20800-990206-A
電腦輔助機械設計製圖	比 例	1:1	准考証編號	參考解答
乙級技術士技能檢定	單 位	mm	簽名確認	WinCad

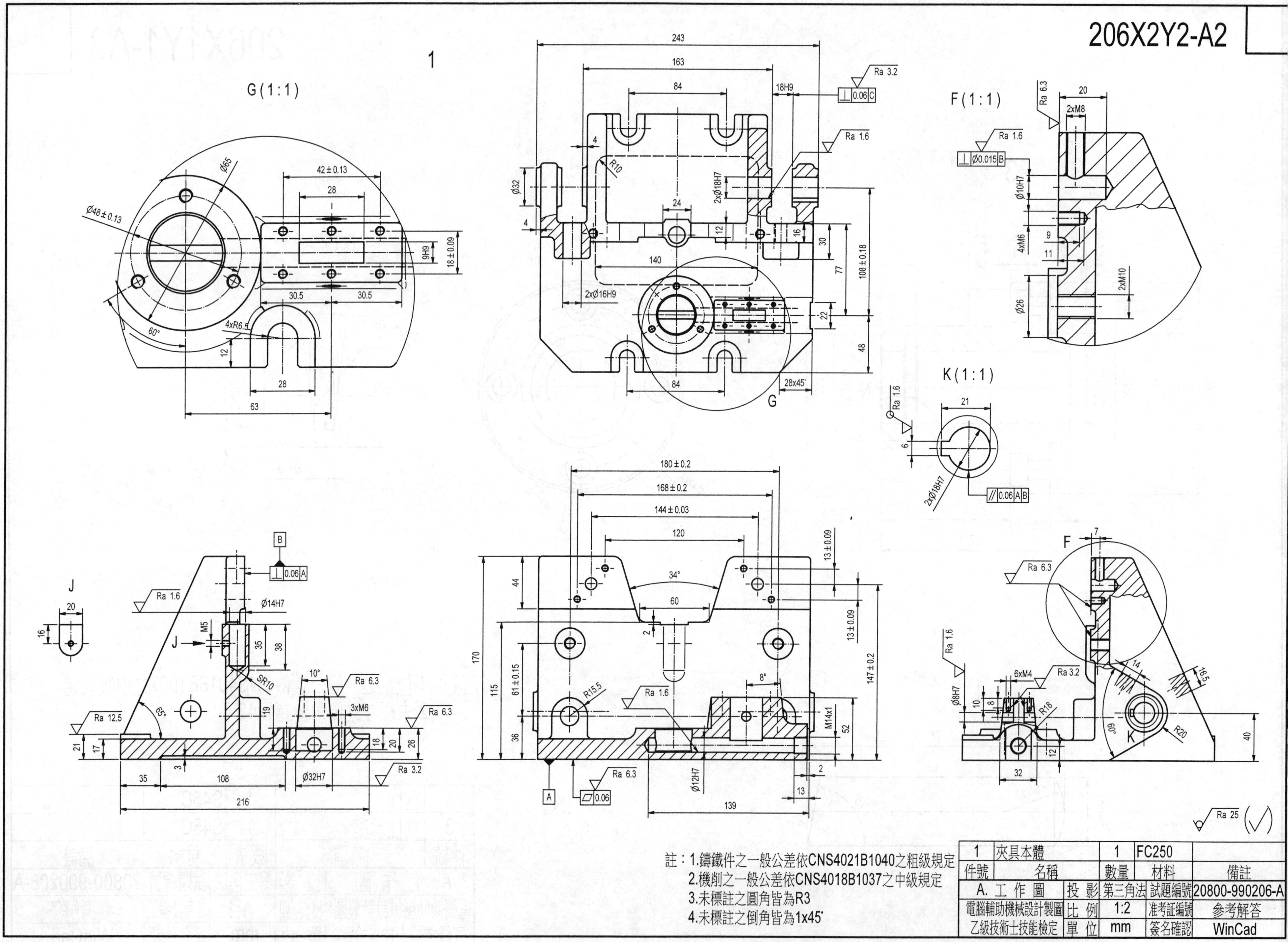

註：1.鑄鐵件之一般公差依CNS4021B1040之粗級規定
2.機削之一般公差依CNS4018B1037之中級規定
3.未標註之圓角皆為R3
4.未標註之倒角皆為1x45˚

1	夾具本體	1	FC250	
件號	名稱	數量	材料	備註
A. 工 作 圖	投 影	第三角法	試題編號	20800-990206-A
電腦輔助機械設計製圖	比 例	1:2	准考証編號	參考解答
乙級技術士技能檢定	單 位	mm	簽名確認	WinCad

206X2Y2-A3

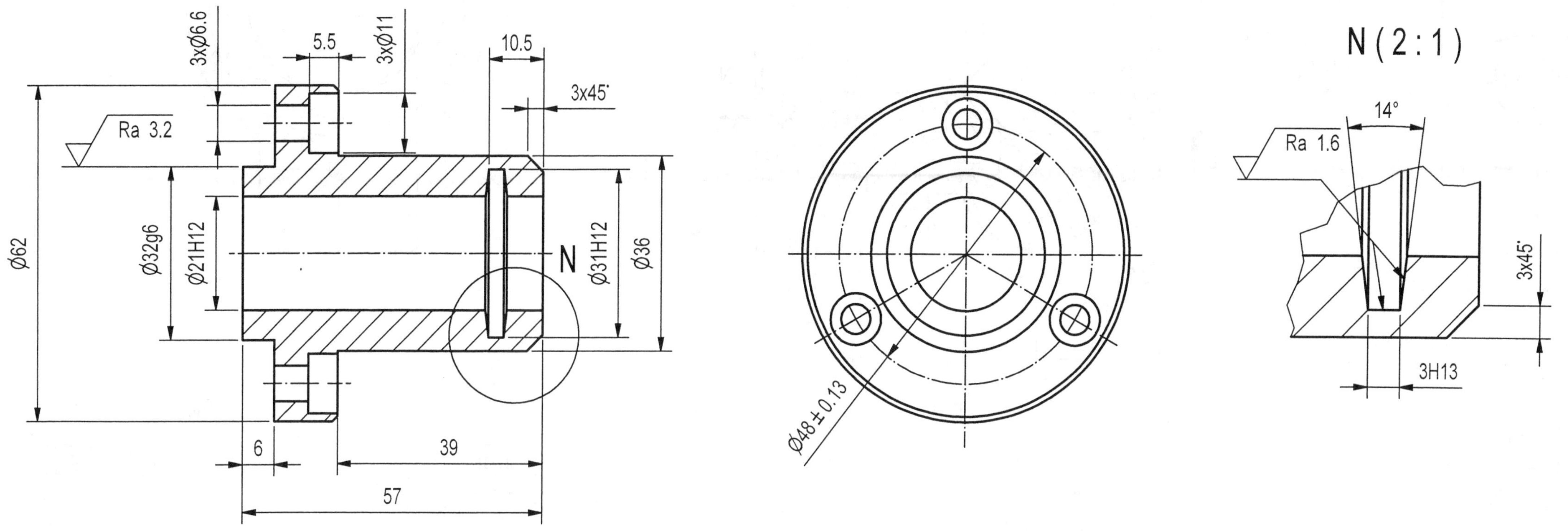

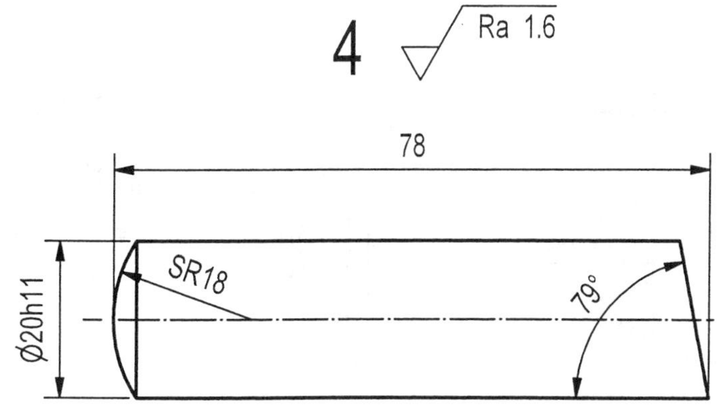

註：1.機削之一般公差依CNS4018B1037之中級規定
2.未標註之倒角皆為1x45˚

4	立柱	1	S45C	
3	立柱承座	1	S45C	
件號	名稱	數量	材料	備註

A. 工 作 圖	投 影	第三角法	試題編號	20800-990206-A
電腦輔助機械設計製圖	比 例	1:1	准考証編號	參考解答
乙級技術士技能檢定	單 位	mm	簽名確認	WinCad

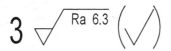

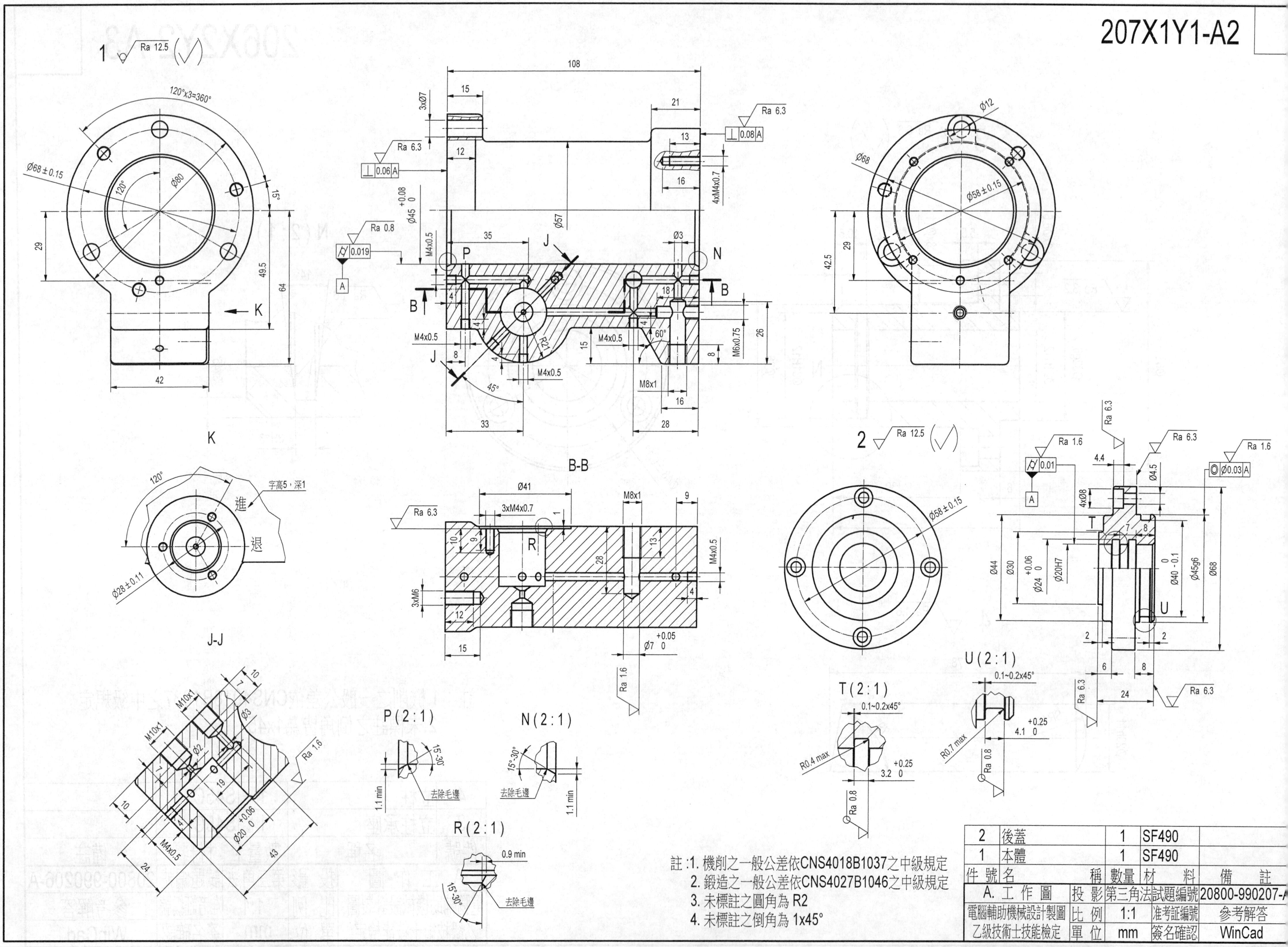

註：1. 機削之一般公差依CNS4018B1037之中級規定
2. 鍛造之一般公差依CNS4027B1046之中級規定
3. 未標註之圓角為 R2
4. 未標註之倒角為 1x45°

2	後蓋	1	SF490	
1	本體	1	SF490	
件號	名稱	數量	材料	備註
A. 工作圖	投影	第三角法	試題編號	20800-990207-A
電腦輔助機械設計製圖	比例	1:1	准考証編號	參考解答
乙級技術士技能檢定	單位	mm	簽名確認	WinCad

207X1Y1-A3

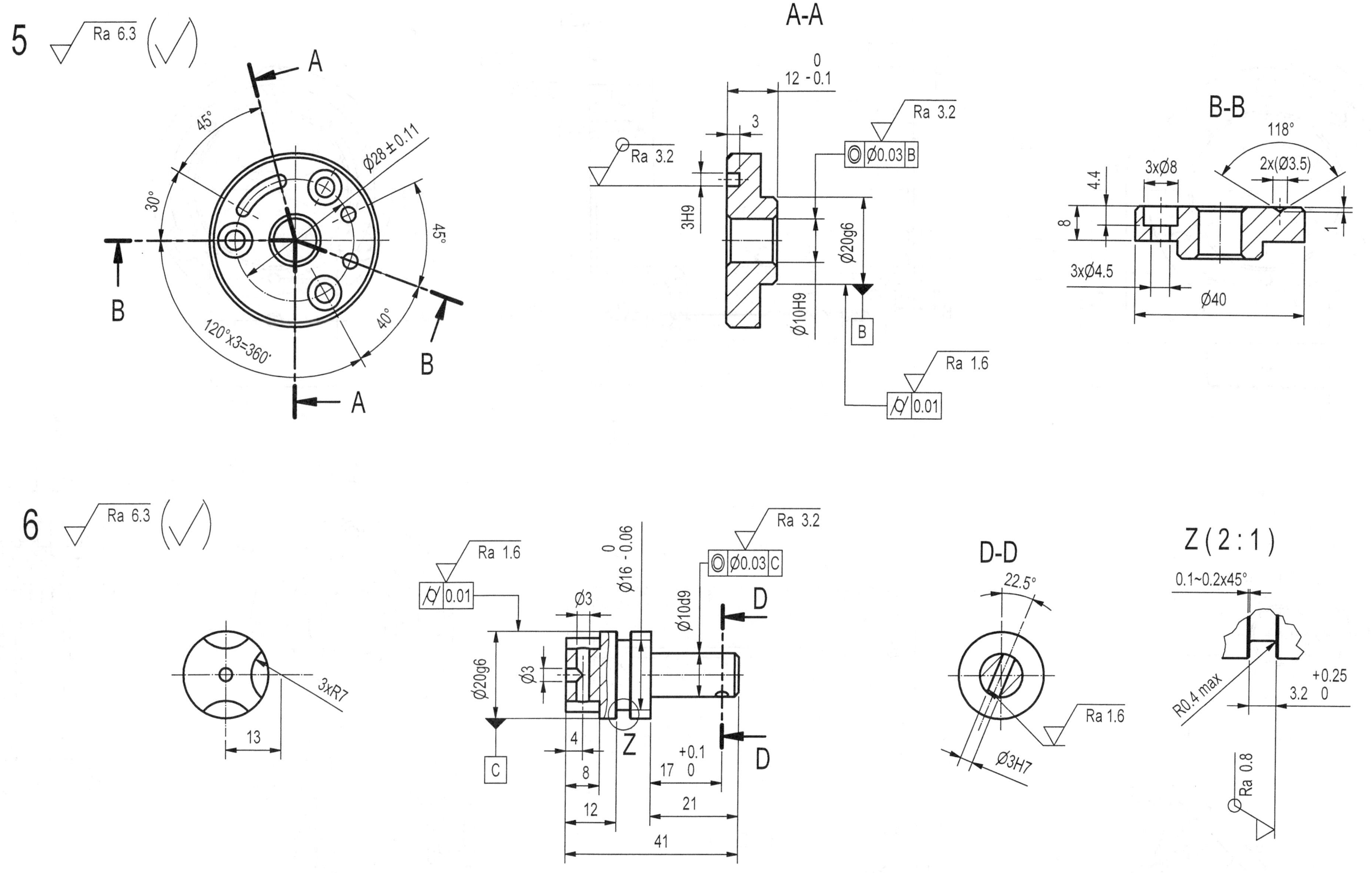

註：1. 鑄鐵件之一般公差依CNS4021B1040之粗級規定
　　2. 機削之一般公差依CNS4018B1037之中級規定
　　3. 未標註之圓角為 R1
　　4. 未標註之倒角為 1x45°

6	分流芯		1	FCD400	
5	定位蓋		1	S45C	
件號	名稱		數量	材料	備註
A. 工作圖	投影	第三角法	試題編號	20800-990207-A	
電腦輔助機械設計製圖	比例	1:1	准考証編號	參考解答	
乙級技術士技能檢定	單位	mm	簽名確認	WinCad	

207X2Y2-A2

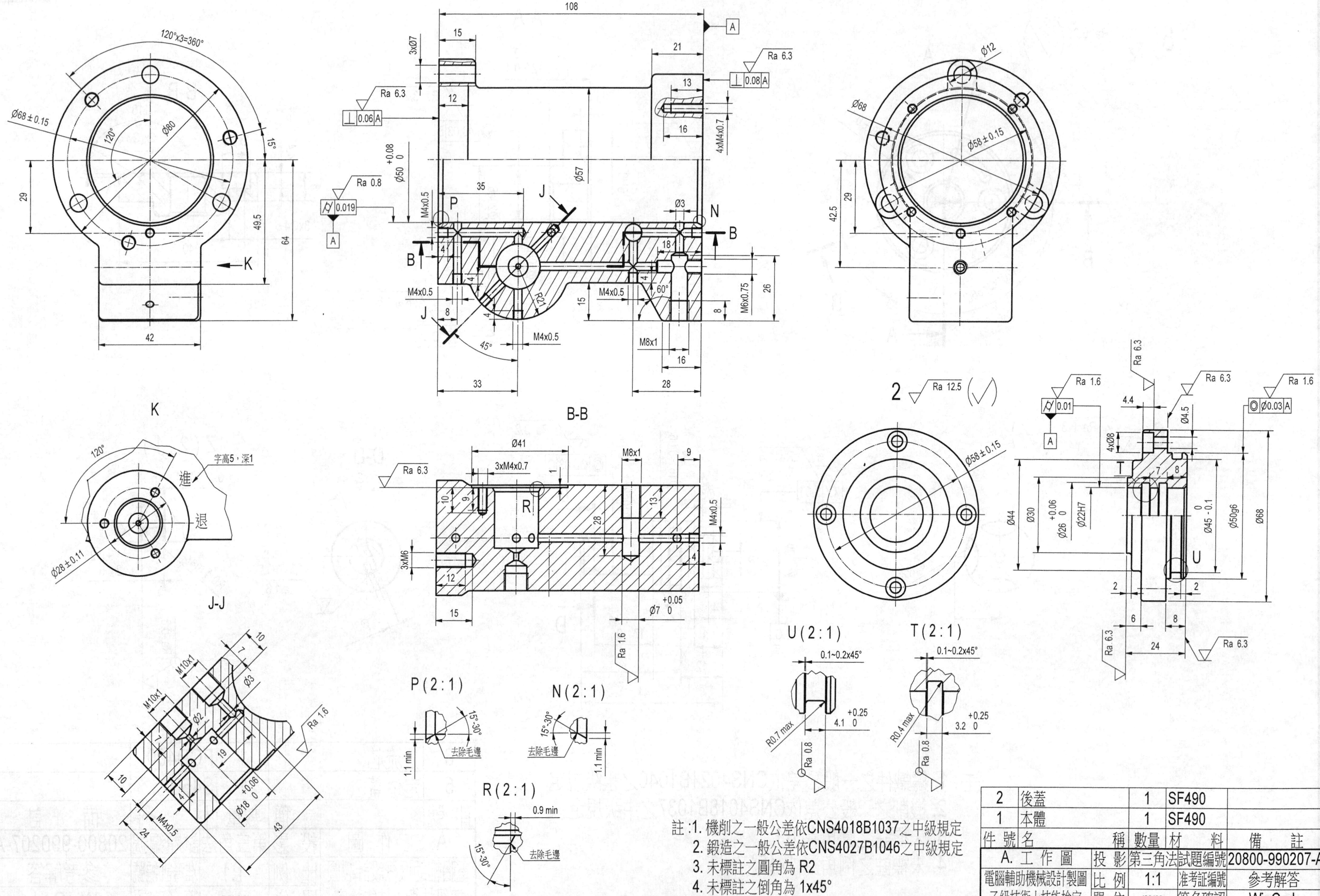

註：1. 機削之一般公差依CNS4018B1037之中級規定
2. 鍛造之一般公差依CNS4027B1046之中級規定
3. 未標註之圓角為 R2
4. 未標註之倒角為 1x45°

2	後蓋	1	SF490	
1	本體	1	SF490	
件號	名稱	數量	材料	備註
A. 工作圖	投影	第三角法	試題編號	20800-990207-A
電腦輔助機械設計製圖	比例	1:1	准考証編號	參考解答
乙級技術士技能檢定	單位	mm	簽名確認	WinCad

207X2Y2-A3

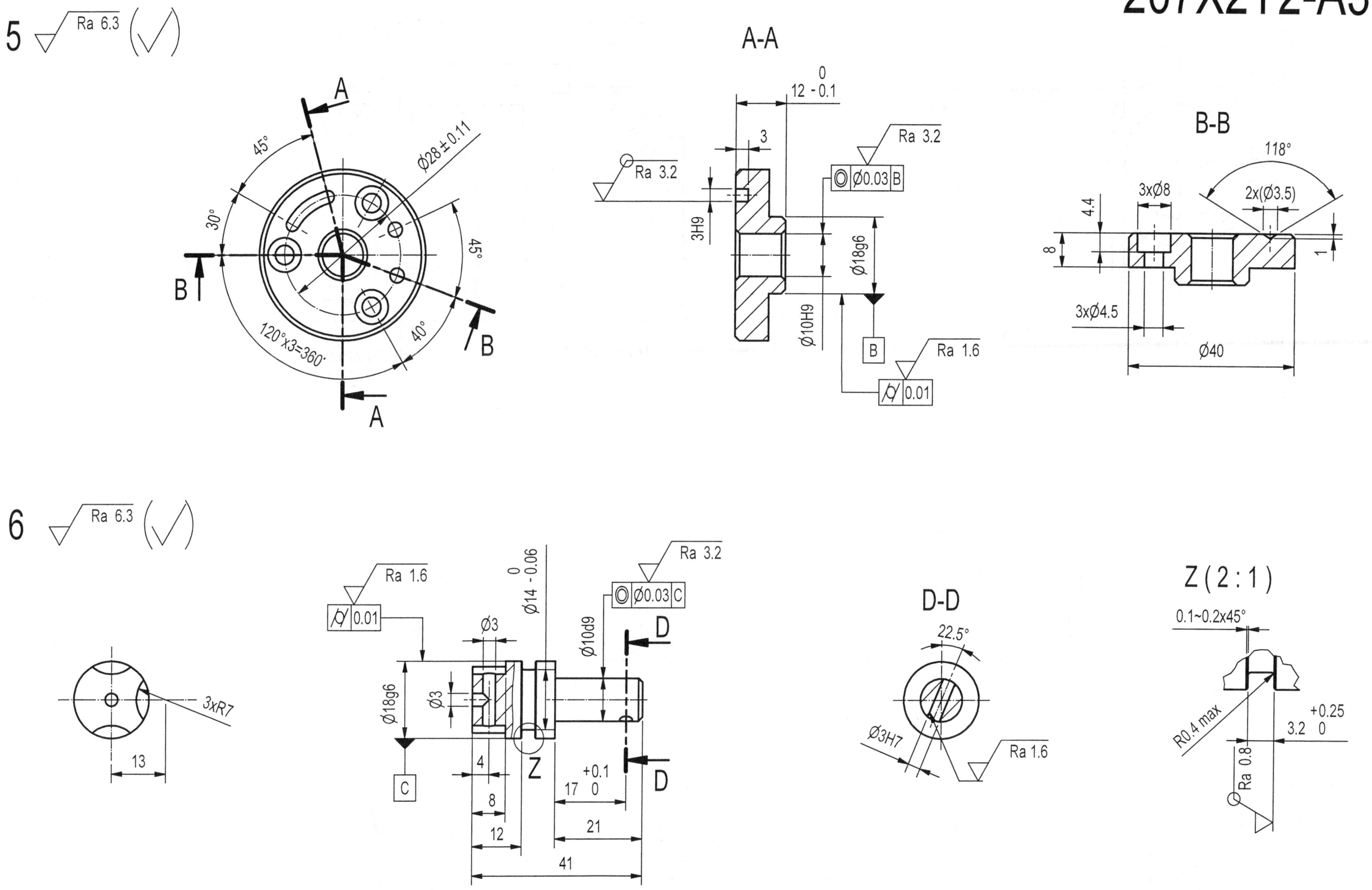

註：1. 鑄鐵件之一般公差依CNS4021B1040之粗級規定
2. 機削之一般公差依CNS4018B1037之中級規定
3. 未標註之圓角為 R1
4. 未標註之倒角為 1x45°

6	分流芯	1	FCD400	
5	定位蓋	1	S45C	
件號	名稱	數量	材料	備註
A. 工作圖	投影	第三角法	試題編號	20800-990207-A
電腦輔助機械設計製圖	比例	1:1	准考証編號	參考解答
乙級技術士技能檢定	單位	mm	簽名確認	WinCad

208X1Y1-A2

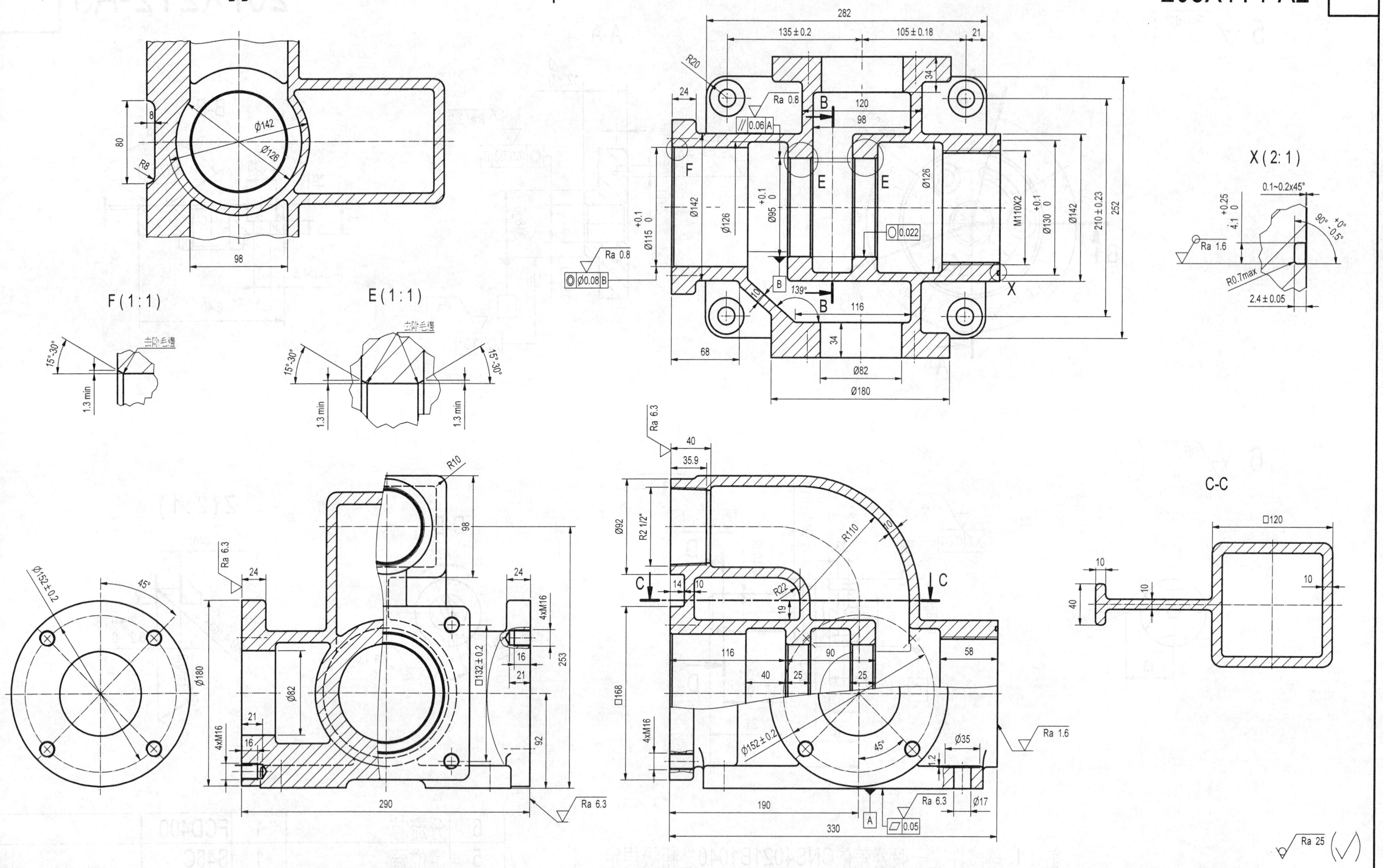

註：1. 機削之一般公差依 CNS4018 B1037之中級規定
2. 鋼鑄件之一般公差依 CNS4024 B1043之中級規定
3. 未標註之圓角為 R4
4. 未標註之倒角為 2x45°

1	閥體	1	SC450	
件號	名稱	數量	材料	備註
A. 工作圖	投影	第三角法	試題編號	20800-990208-A
電腦輔助機械設計製圖	比例	1:2.5	准考証編號	參考解答
乙級技術士技能檢定	單位	mm	簽名確認	WinCad

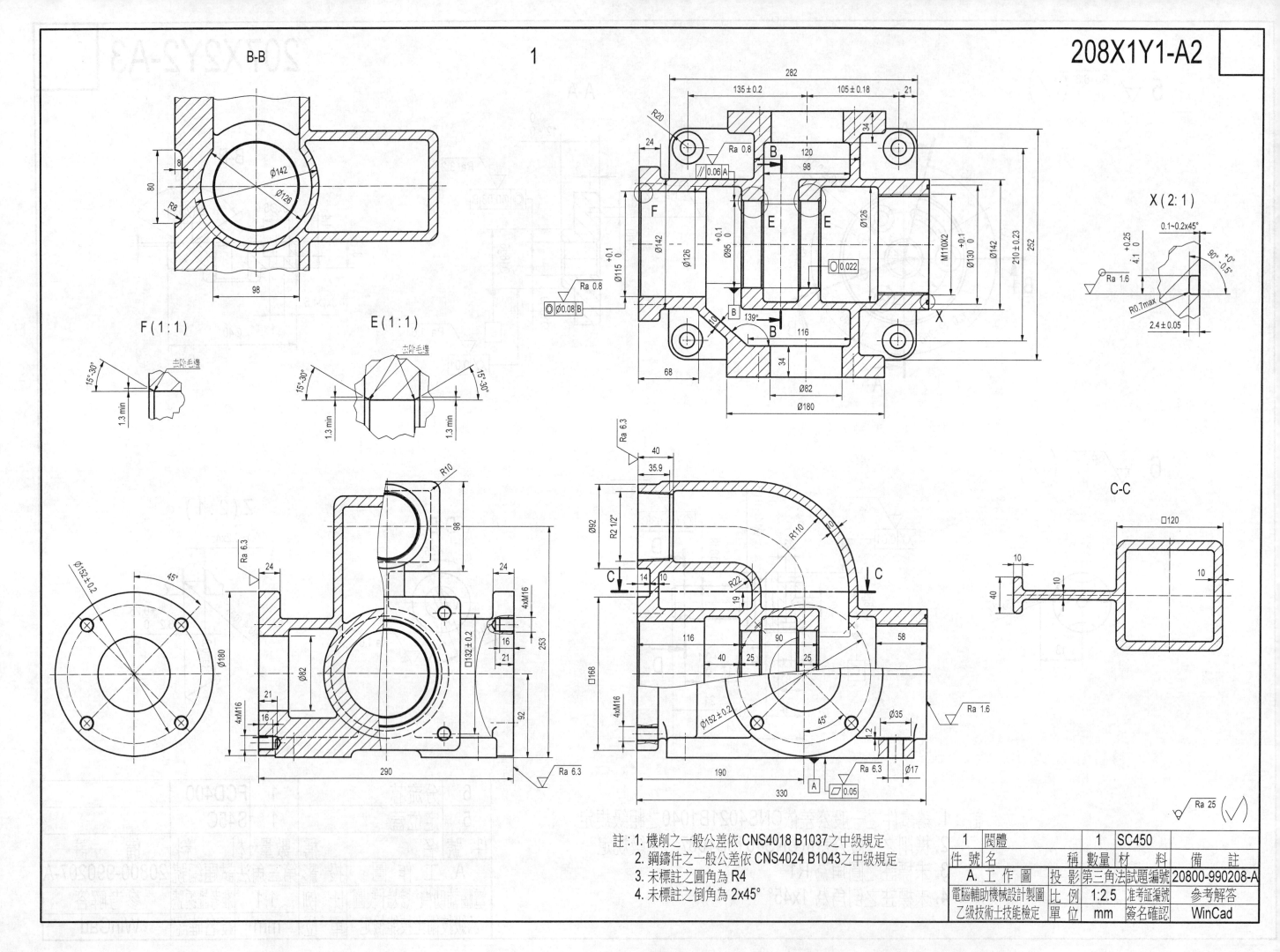

2

208X1Y1-A3

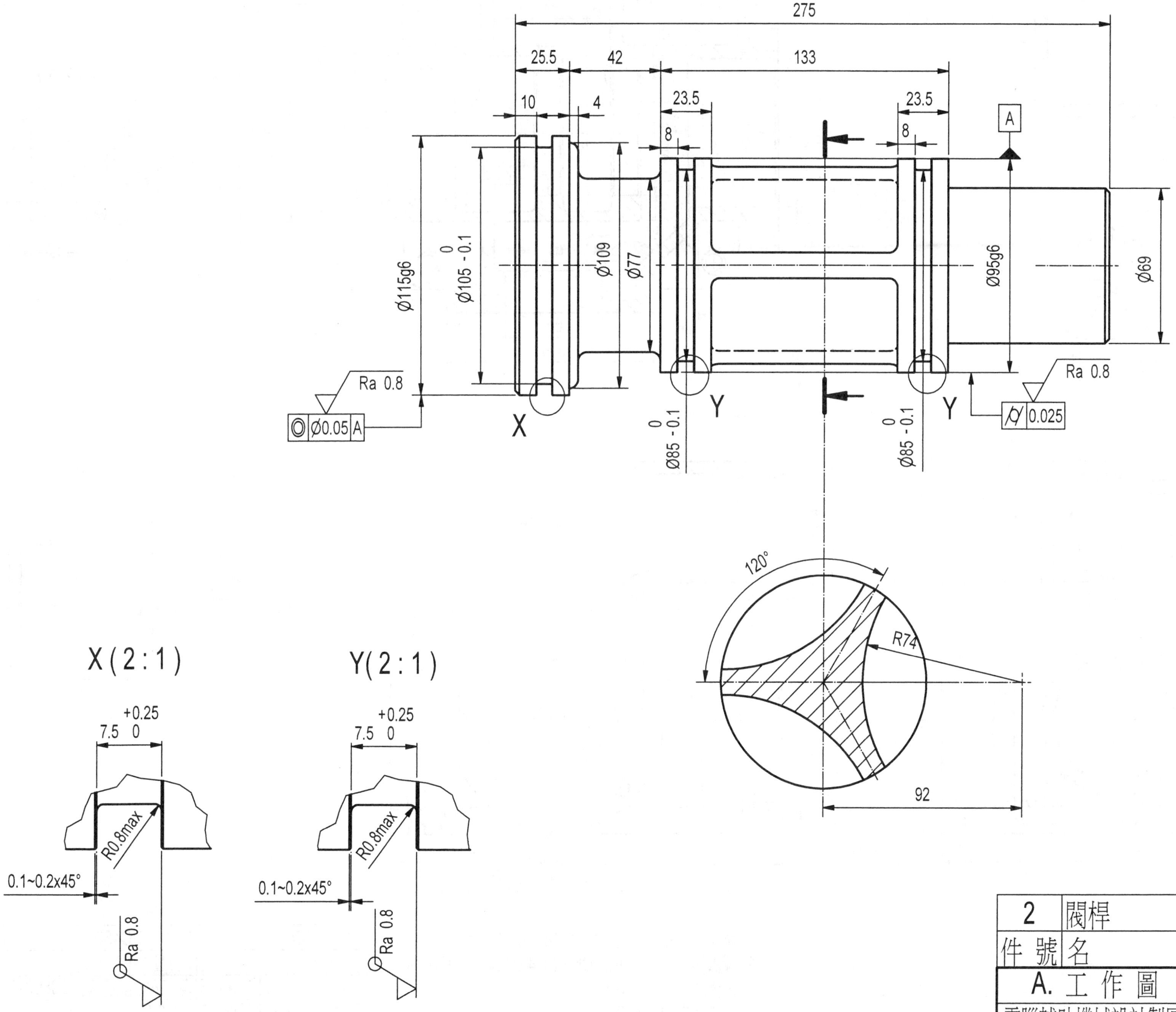

註：1. 機削之一般公差依
CNS4018 B1037之中級規定
2. 未標註之圓角為 R4
3. 未標註之倒角為 2x45°

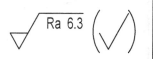

Ra 6.3 (√)

件號	名稱	數量	材料	備註
2	閥桿	1	S45C	

A. 工作圖	投影	第三角法	試題編號	20800-990208-A
電腦輔助機械設計製圖	比例	1:2(2:1)	准考証編號	參考解答
乙級技術士技能檢定	單位	mm	簽名確認	WinCad

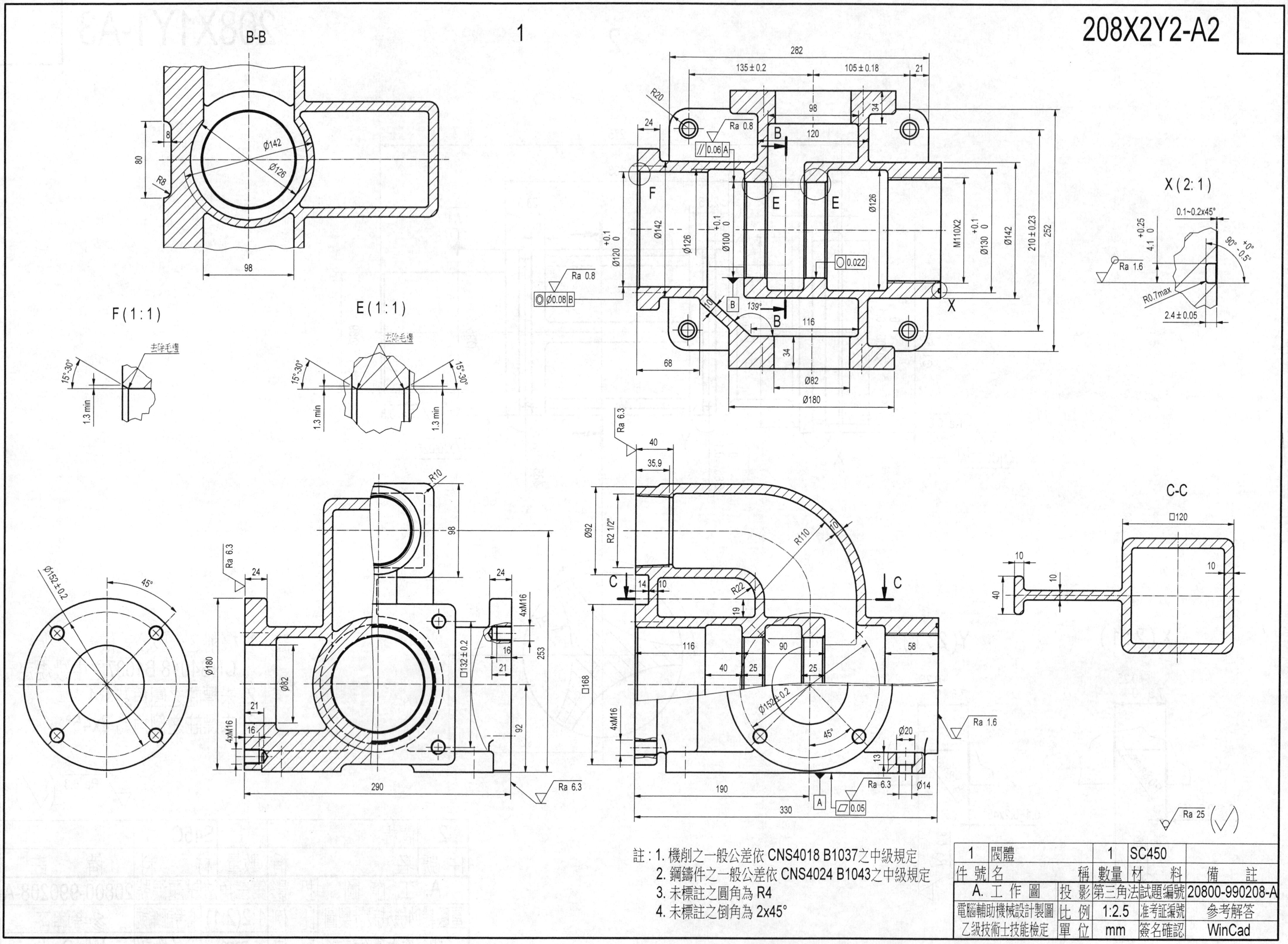

註：1. 機削之一般公差依 CNS4018 B1037之中級規定
2. 鋼鑄件之一般公差依 CNS4024 B1043之中級規定
3. 未標註之圓角為 R4
4. 未標註之倒角為 2x45°

1	閥體	1	SC450	
件號	名稱	數量	材料	備註
A. 工作圖	投影	第三角法	試題編號	20800-990208-A
電腦輔助機械設計製圖	比例	1:2.5	准考証編號	參考解答
乙級技術士技能檢定	單位	mm	簽名確認	WinCad

208X2Y2-A3

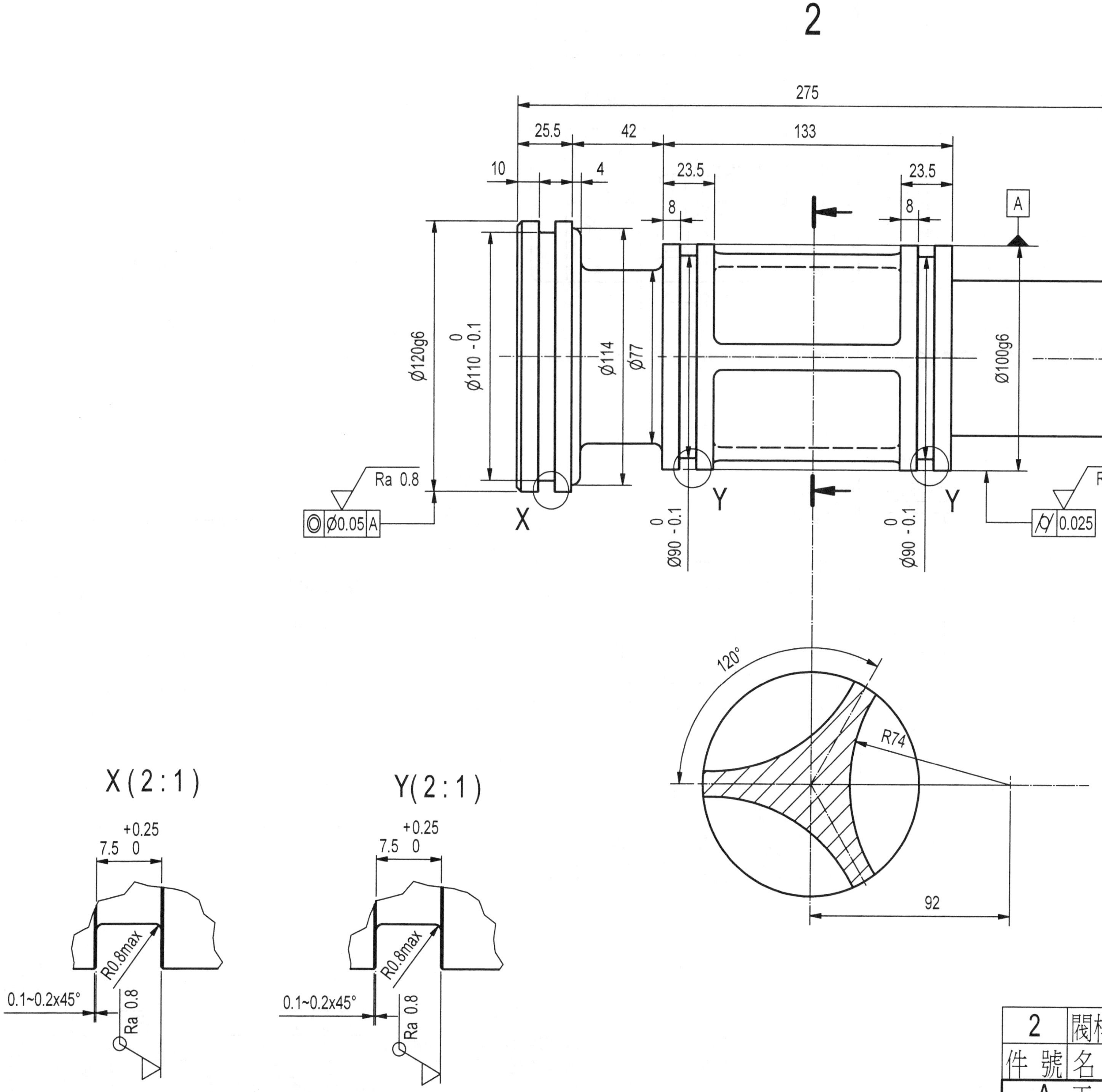

註：1. 機削之一般公差依
CNS4018 B1037之中級規定
2. 未標註之圓角為 R4
3. 未標註之倒角為 2x45°

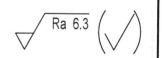

Ra 6.3 (✓)

2	閥桿	1	S45C	
件號	名稱	數量	材料	備註
A. 工作圖	投影	第三角法	試題編號	20800-990208-A
電腦輔助機械設計製圖	比例	1:2(2:1)	准考証編號	參考解答
乙級技術士技能檢定	單位	mm	簽名確認	WinCad

209X1Y1-A2

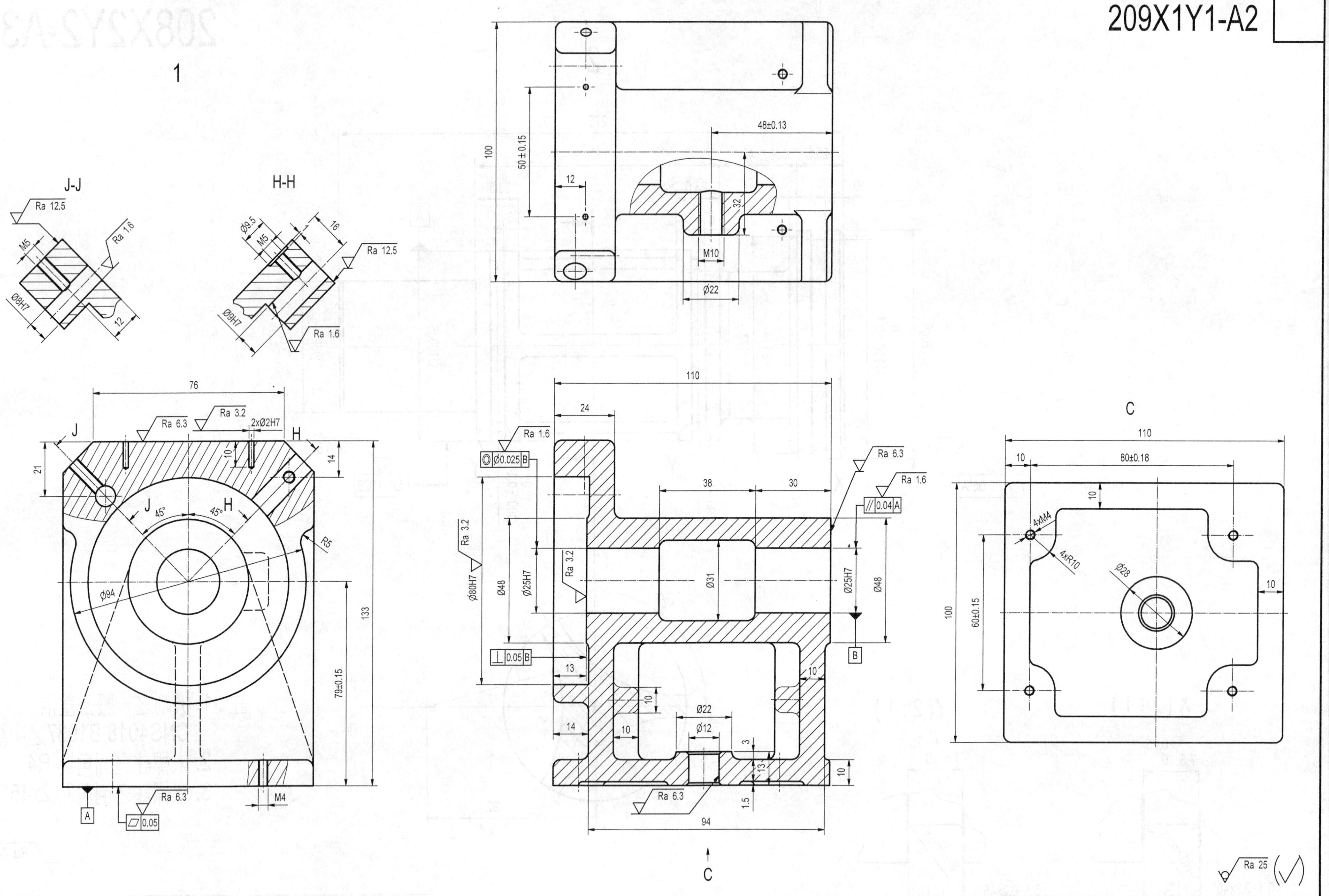

註：
1.鑄鐵件之一般公差依 CNS4021B1040 之粗級規定
2.機削之一般公差依 CNS4018B1037 之中級規定
3.未標註之圓角皆為 R3
4.未標註之倒角皆為1x45°

1	本體	1	FC250	
件號	名稱	數量	材料	備註
A.工作圖	投影	第三角法	試題編號	20800-990209-A
電腦輔助機械設計製圖	比例	1:1	准考證號碼	參考解答
乙級技術士技能檢定	單位	mm	簽名確認	WinCad

209X1Y1-A3

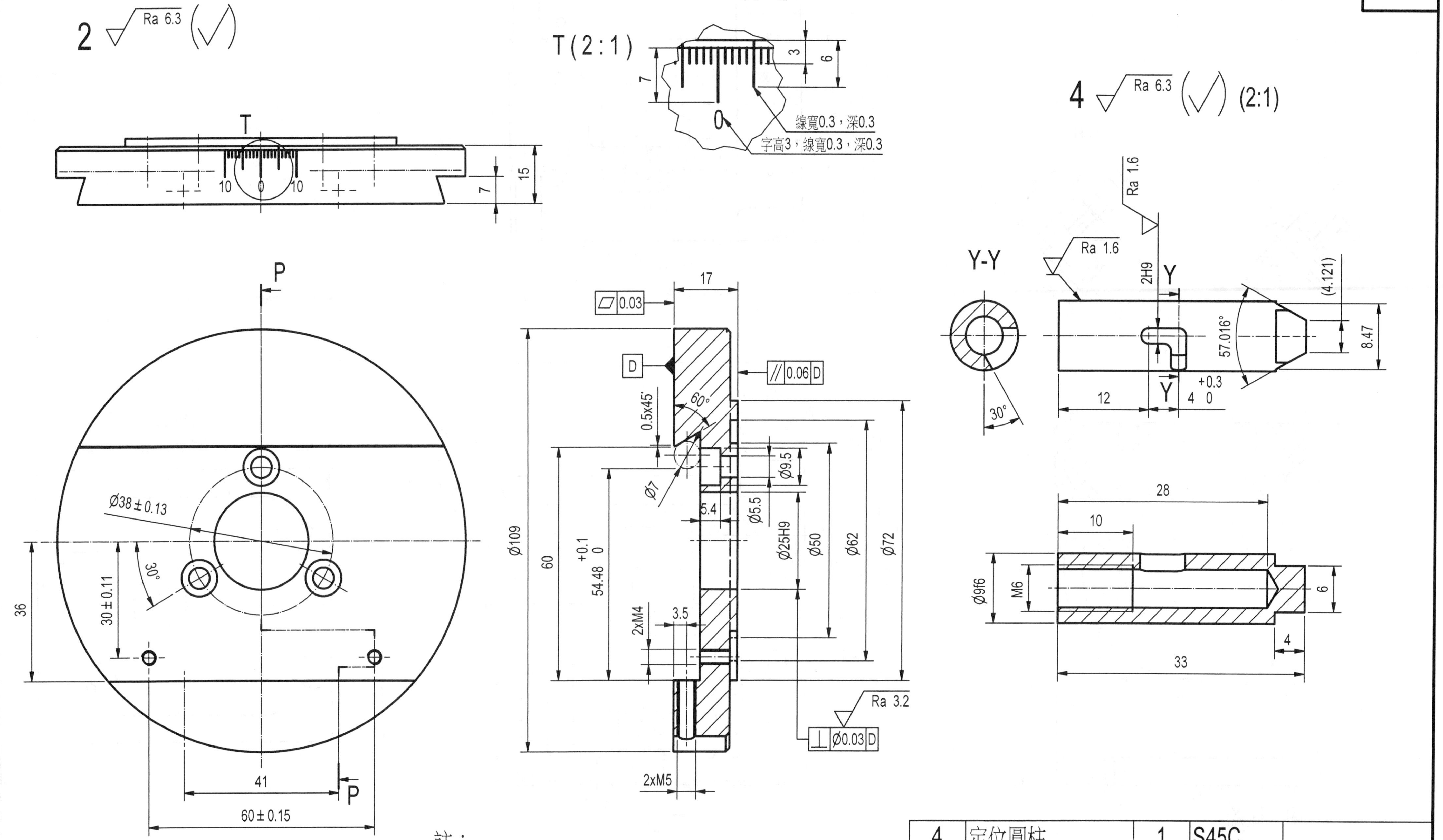

註：
1.鑄鐵件之一般公差依 CNS4021B1040 之粗級規定
2.機削之一般公差依 CNS4018B1037 之中級規定
3.未標註之圓角皆為 R3
4.未標註之倒角皆為1x45°

4	定位圓柱	1	S45C	
2	分度鳩尾座	1	FC250	
件號	名稱	數量	材料	備註

A.工作圖	投影	第三角法	試題編號	20800-990209-A
電腦輔助機械設計製圖	比例	1:1	准考證號碼	參考解答
乙級技術士技能檢定	單位	mm	簽名確認	WinCad

209X2Y2-A2

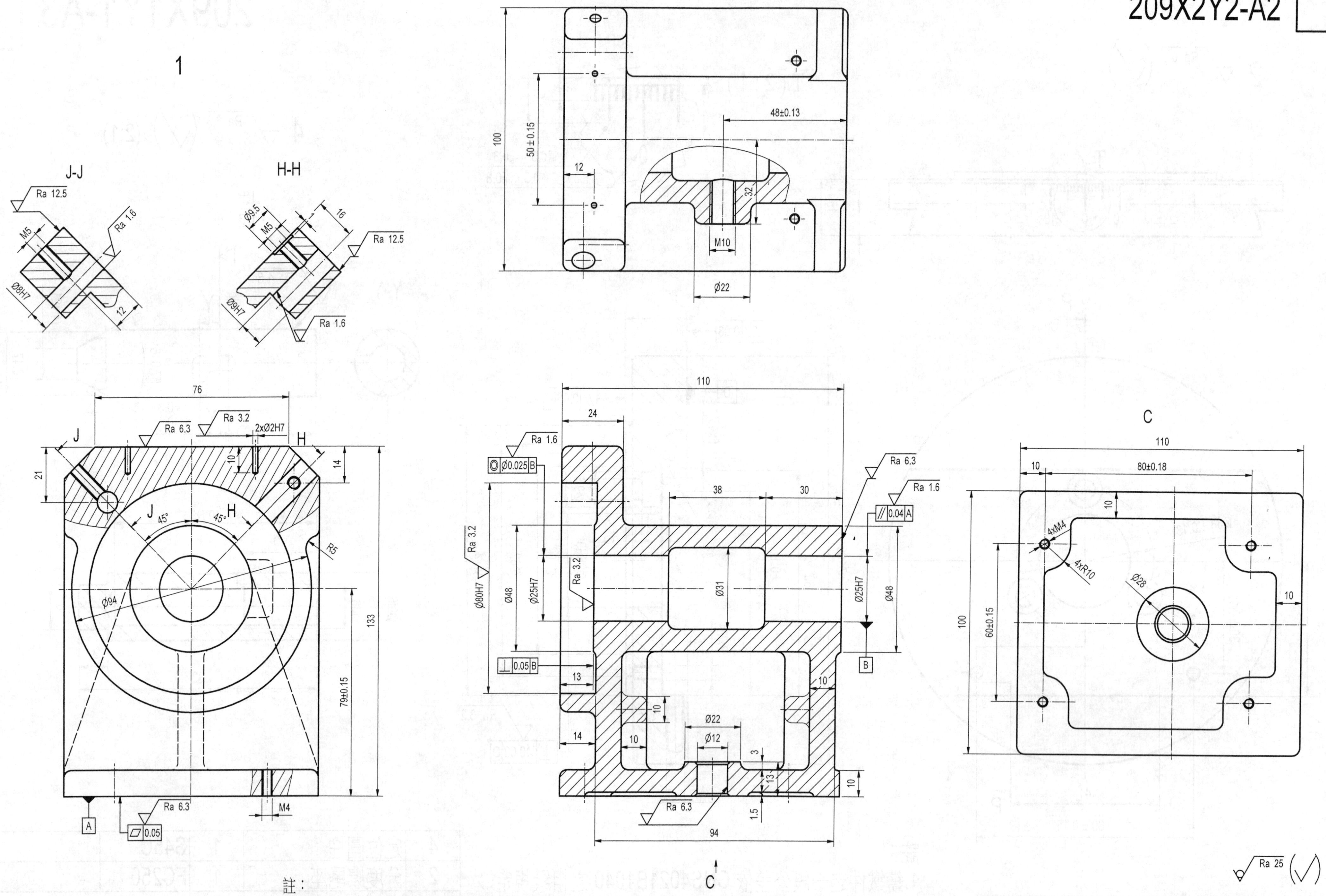

註：

1.鑄鐵件之一般公差依 CNS4021B1040 之粗級規定

2.機削之一般公差依 CNS4018B1037 之中級規定

3.未標註之圓角皆為 R3

4.未標註之倒角皆為1x45°

1	本體	1	FC250	
件號	名稱	數量	材料	備註
A.工作圖	投影	第三角法	試題編號	20800-990209-A
電腦輔助機械設計製圖	比例	1:1	准考證號碼	參考解答
乙級技術士技能檢定	單位	mm	簽名確認	WinCad

209X2Y2-A3

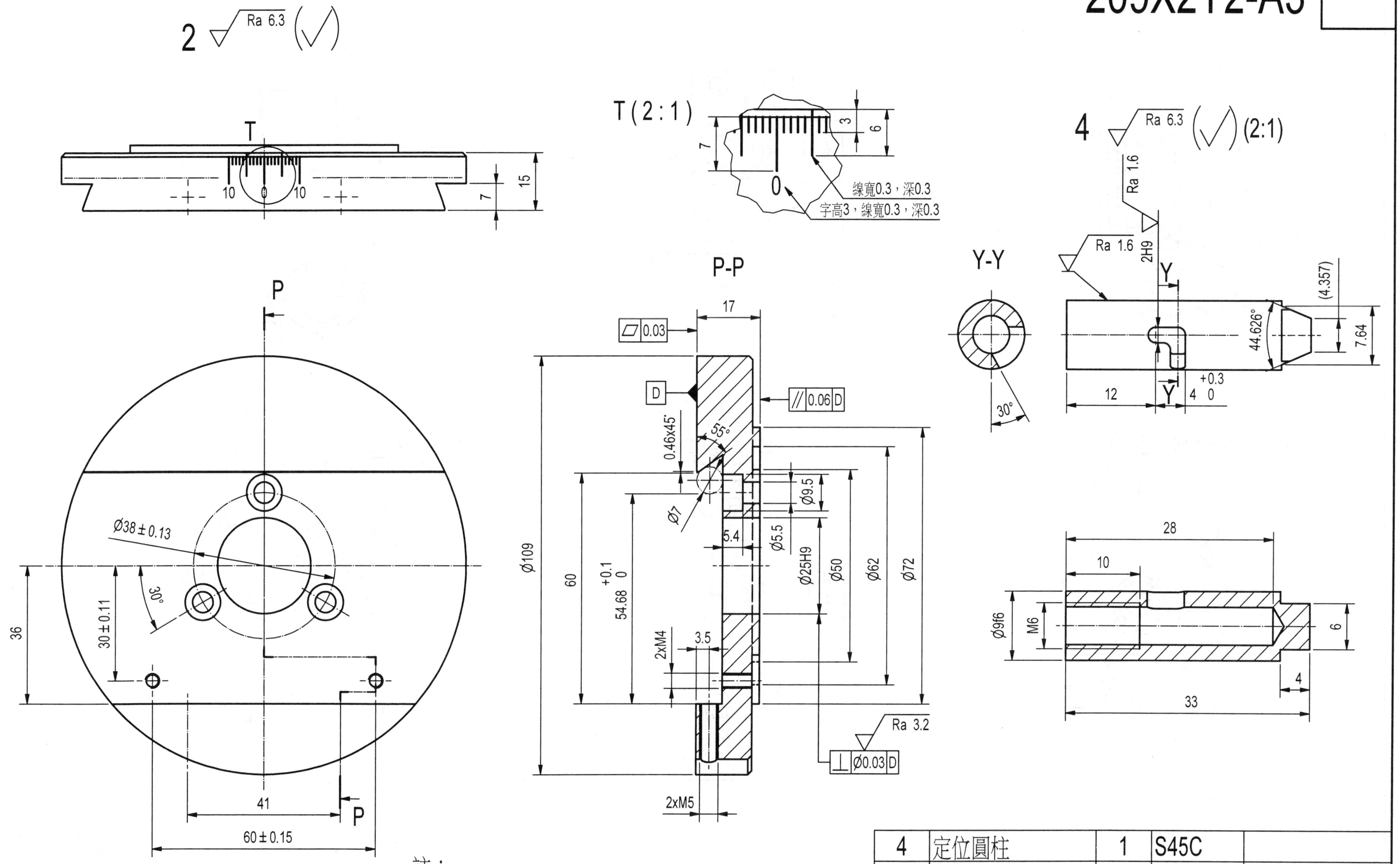

註：

1.鑄鐵件之一般公差依 CNS4021B1040 之粗級規定
2.機削之一般公差依 CNS4018B1037 之中級規定
3.未標註之圓角皆為 R3
4.未標註之倒角皆為1x45°

件號	名稱	數量	材料	備註
4	定位圓柱	1	S45C	
2	分度鳩尾座	1	FC250	

A.工作圖	投影	第三角法	試題編號	20800-990209-A
電腦輔助機械設計製圖	比例	1:1	准考證號碼	參考解答
乙級技術士技能檢定	單位	mm	簽名確認	WinCad

210X1Y1-A2

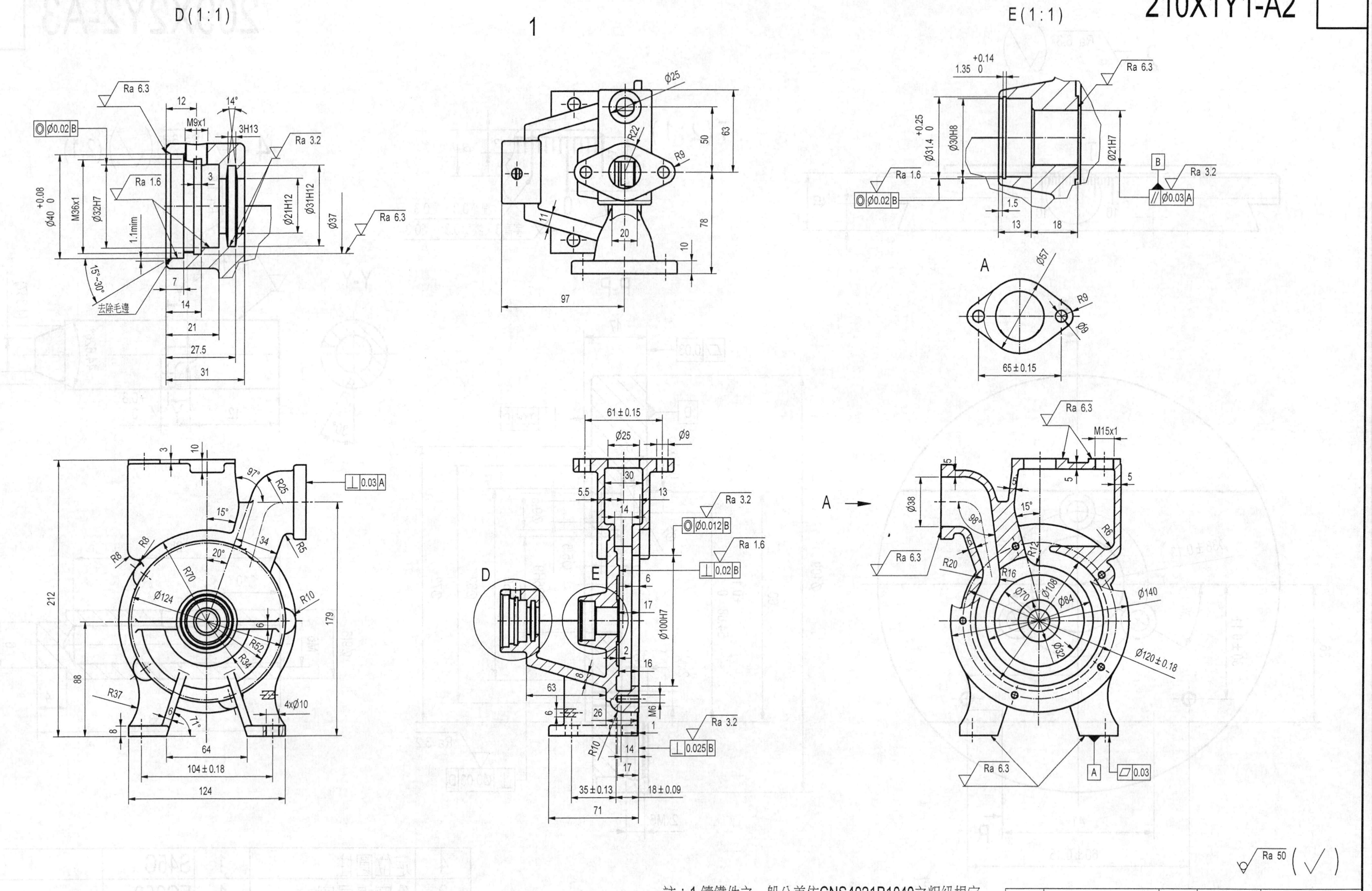

註：1.鑄鐵件之一般公差依CNS4021B1040之粗級規定
2.機削之一般公差依CNS4018B1037之中級規定
3.未標註之圓角皆為R2
4.未標註之倒角皆為1x45˚

1	泵體	1	FC200	
件號	名稱	數量	材料	備註
A. 工 作 圖	投 影	第三角法	試題編號	20800-990210-A
電腦輔助機械設計製圖	比 例	1:2	准考証編號	參考解答
乙級技術士技能檢定	單 位	mm	簽名確認	WinCad

2

210X1Y1-A3

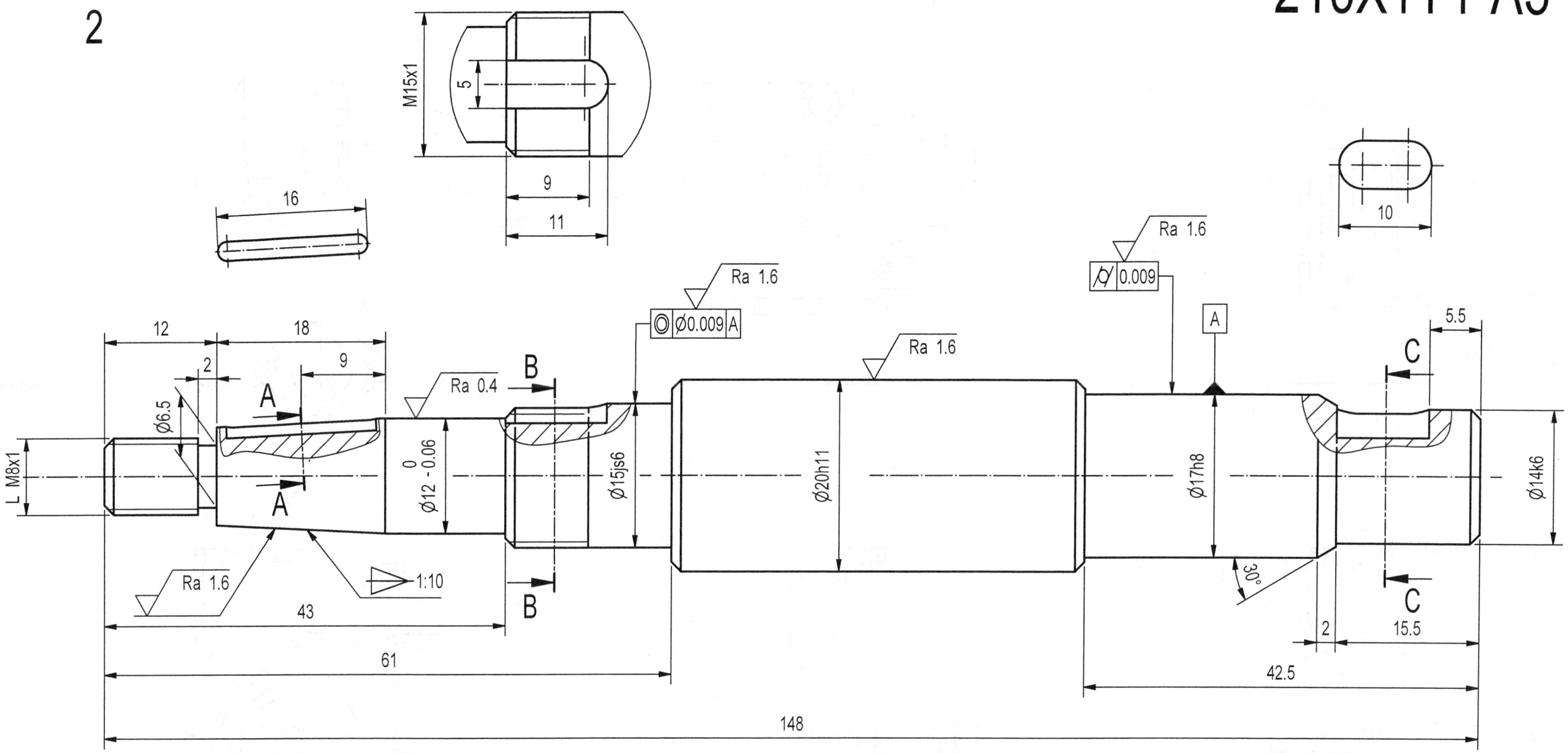

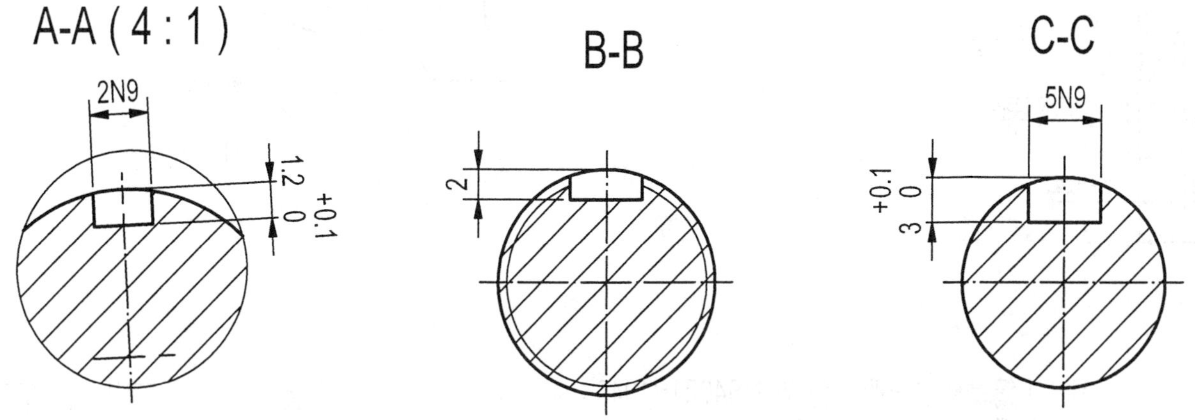

註：1.機削之一般公差依CNS4018B1037之中級規定
2.未標註之倒角皆為1x45˚

Ra 3.2 (√)

2	主軸	1	S45C	
件號	名稱	數量	材料	備註
A. 工 作 圖	投 影 第三角法		試題編號	20800-990210-A
電腦輔助機械設計製圖	比 例	2:1	准考証編號	參考解答
乙級技術士技能檢定	單 位	mm	簽名確認	WinCad

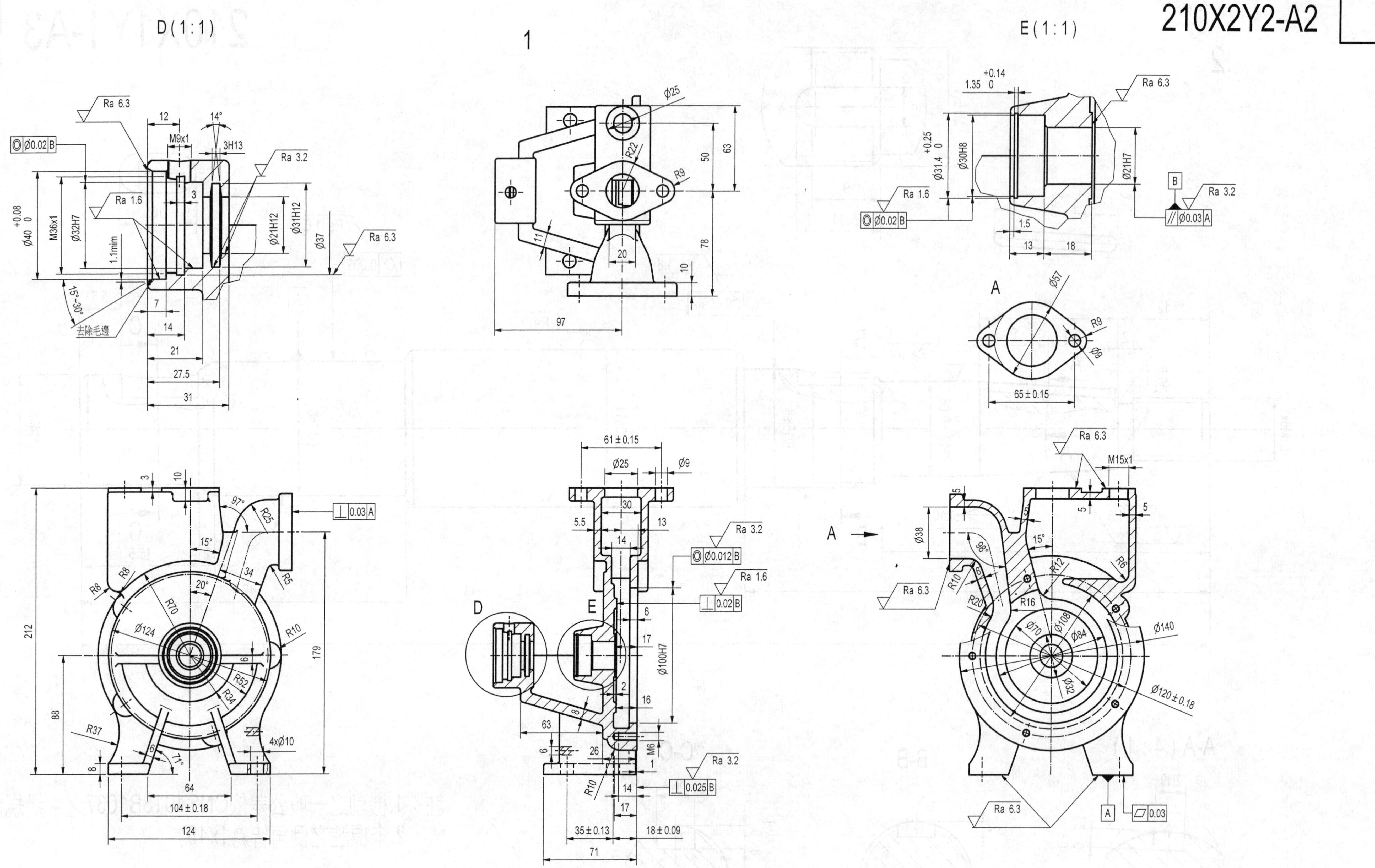

Ra 50 (✓)

註：1.鑄鐵件之一般公差依CNS4021B1040之粗級規定
2.機削之一般公差依CNS4018B1037之中級規定
3.未標註之圓角皆為R2
4.未標註之倒角皆為1x45˚

1	泵體	1	FC200	
件號	名稱	數量	材料	備註
A. 工 作 圖	投 影	第三角法	試題編號	20800-990210-A
電腦輔助機械設計製圖	比 例	1:2	准考証編號	參考解答
乙級技術士技能檢定	單 位	mm	簽名確認	WinCad

210X2Y2-A3

2

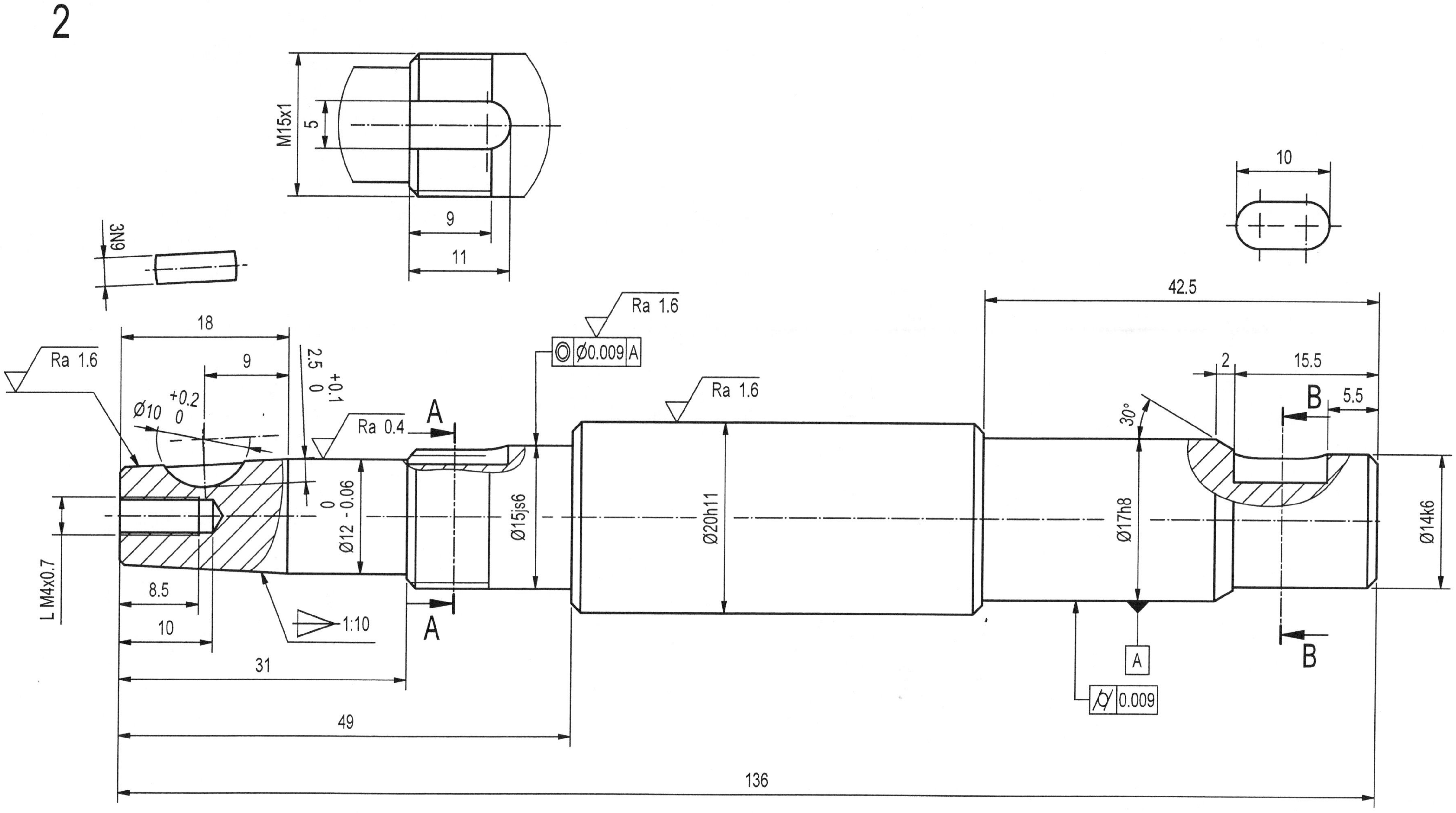

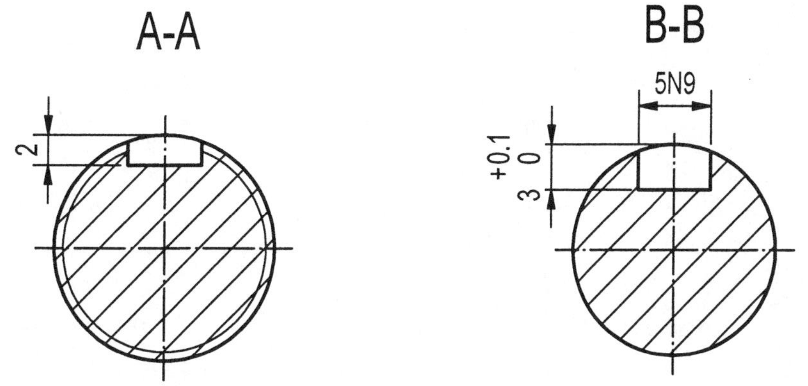

註：1.機削之一般公差依CNS4018B1037之中級規定
2.未標註之倒角皆為1x45˚

Ra 3.2 (✓)

2	主軸	1	S45C	
件號	名稱	數量	材料	備註
A. 工 作 圖	投 影	第三角法	試題編號	20800-990210-A
電腦輔助機械設計製圖	比 例	2:1	准考証編號	參考解答
乙級技術士技能檢定	單 位	mm	簽名確認	WinCad